Wilhelm Matek
Dieter Muhs
Herbert Wittel
Manfred Becker
Dieter Jannasch

Roloff / Matek Maschinenelemente Aufgabensammlung

Das sollten Sie beachten!

Wie soll mit der Aufgabensammlung gearbeitet werden?
Jedem Studierenden fällt es anfangs schwer, zu mancher gestellten Aufgabe den richtigen Lösungsansatz zu finden. Zur Überwindung dieser Schwierigkeit sollen einige allgemeine Regeln für das systematische Vorgehen bei der Lösung einer Aufgabe gegeben werden:

- **Kontrollfragen**
  Jedem Abschnitt sind Verständnisfragen vorangestellt, damit die theoretischen Hintergründe abgefragt und überprüft werden können. Wie bisher gibt es auch für diese Verständnisfragen Lösungshinweise.

- **Verstehen der Aufgabe**
  Aufgabentext und zugehörige Skizze sind vom Studierenden sorgfältig *durchzuarbeiten,* um die Aufgabenstellung und das Aufgabenziel eindeutig erfassen zu können. Der Studierende muss imstande sein, die Aufgabe mit eigenen Worten formulieren zu können.

- **Aufstellen des Lösungsplanes**
  Das Finden des Lösungsweges setzt planmäßige, bewusste Gedankenarbeit voraus. Die Aufgabe möglichst in Teilaufgaben mit entsprechender Zielsetzung zerlegen. Alle Gleichungen zur Lösung der Teilaufgaben mit Quellenangabe zusammenfügen, wobei kritisch zu prüfen ist, ob diese Gleichungen den vorliegenden Sachverhalt voll erfassen. Wird selbst nach eingehender Durcharbeitung der Aufgabe der Lösungsgang nicht gefunden, dann erste Information dem zugehörigen Lösungshinweis entnehmen. *Lösungshinweis nur als Denkanstoß betrachten!*

- **Lösung**
  Jeder Lösungsschritt ist *übersichtlich* niederzuschreiben. Alle zur Lösung erforderlichen Werte mit entsprechender Quellenangabe zusammentragen. Zwischen- und Endergebnisse klar herausstellen. Bei zeichnerischen Verfahren auf den Maßstab achten. Nie genauer als unbedingt notwendig rechnen!

- **Überprüfen der Lösung**
  Errechnete Zahlenwerte möglichst durch Überschlagsrechnung kontrollieren. Prüfen, ob Endergebnis in der errechneten Größe (Zahlenwert und Einheit) überhaupt möglich ist! Alle eigenverantwortlich gewählten Werte (Sicherheiten, Rauhtiefen, Fertigungsart und -verfahren, Reibungszahlen usw.) nochmals überprüfen. Ergebnis mit den Werten im Ergebnisteil dieser Aufgabensammlung vergleichen. Abweichungen sind möglich; anhand der Zwischenwerte verfolgen, wie diese Abweichungen zustande kommen.

Diese fünf Stufen zur Lösung der Aufgaben sollte sich jeder Studierende einprägen, um sich bei laufender Anwendung des Verfahrens eine entsprechende Technik des praktischen Aufgabenlösens anzueignen.

Viel Erfolg! *Die Autoren*

Marian Fujara 2001

Wilhelm Matek
Dieter Muhs
Herbert Wittel
Manfred Becker
Dieter Jannasch

Roloff / Matek Maschinenelemente Aufgabensammlung

Aufgaben
Lösungshinweise
Ergebnisse

11. überarbeitete und erweiterte Auflage

Mit 464 Aufgaben, 209 Kontrollfragen und 347 Abbildungen

vieweg

Die Deutsche Bibliothek – CIP-Einheitsaufnahme
Ein Titeldatensatz für diese Publikation ist bei
der Deutschen Bibliothek erhältlich.

1\. Auflage 1967
2., verbesserte und erweiterte Auflage 1971
3., durchgesehene Auflage 1972
Nachdruck 1973
4., neubearbeitete Auflage 1975
7 Nachdrucke
5., vollständig neubearbeitete Auflage 1984
6., durchgesehene Auflage 1984
Nachdruck 1985
Nachdruck 1986
7., neubearbeitete Auflage 1987
Nachdruck 1988
8., verbesserte Auflage 1989
2 Nachdrucke
9., vollständig überarbeitete und erweiterte Auflage 1992
10., verbesserte Auflage 1994
11., überarbeitete und erweiterte Auflage August 2000

Der Verlag Vieweg ist ein Unternehmen der Fachverlagsgruppe BertelsmannSpringer.

www.vieweg.de

Technische Redaktion: Hartmut Kühn von Burgsdorff
Konzeption und Layout des Umschlags: Ulrike Weigel, www.CorporateDesignGroup.de
Druck und buchbinderische Verarbeitung: Druckhaus „Thomas Müntzer", Bad Langensalza
Gedruckt auf säurefreiem Papier
Printed in Germany

ISBN 3-528-04015-7

Vorwort

Die vorliegende 11. Auflage der Aufgabensammlung Maschinenelemente ist die Ergänzung des Lehrbuches „Roloff/Matek **Maschinenelemente**“ und ist abgestimmt auf dessen 14. Auflage. Viele wertvolle Hinweise und Vorschläge von den Benutzern dieses Buches wurden weitgehend eingearbeitet.

Zu jedem Kapitel werden einleitende Vorbemerkungen gebracht, in denen auf allgemeine Besonderheiten für die Lösung der Aufgaben hingewiesen wird. Die jeweils ersten *Aufgaben* sind vielfach *Grundaufgaben* ohne Bindung an einen bestimmten Anwendungsfall, aus denen vor allem die Zusammenhänge verschiedener Einflussgrößen erkannt werden sollen. Bei den sich anschließenden Aufgaben, die sich auf einen praktischen Anwendungsfall beziehen, werden die oft zahlreichen Möglichkeiten zur Lösungsfindung durch direkte Vorgaben begrenzt, obwohl in vielen Fällen auch dann noch mehrere Lösungswege möglich sein können. Abbildungen, teils als Schemaskizzen, teils als konstruktiv ausführlichere Darstellungen, sollen zum Verständnis der Aufgaben beitragen. Mit zunehmendem Lernfortschritt werden auch Aufgaben gestellt, in denen das Zusammenspiel verschiedener zusammengehöriger Elemente gezeigt und durch Berechnung bestätigt wird, so dass die Möglichkeit zur Wiederholung und Vertiefung des umfangreichen Stoffes gegeben ist.

Zu jeder Aufgabe sind Lösungshinweise gegeben, die nähere Erläuterungen zur Aufgabe oder Lösung bzw. Hinweise auf den betreffenden Abschnitt im Lehrbuch sein können. Besonders bei schwierigen Aufgaben werden auch Lösungsgänge angedeutet sowie eventuell notwendige Ergänzungen zum entsprechenden Kapitel oder betreffenden Abschnitt im Lehrbuch gegeben.

Die am Schluss der Sammlung zusammengestellten Ergebnisse mit in Klammern gesetzten Zwischenergebnissen und die Skizzen sollen zur Nachprüfung der eigenen Lösung dienen bzw. die Lösung selbst wiedergeben. Dabei können die eigenen Berechnungsergebnisse von denen im Ergebnisteil durchaus abweichen, da die in Eigenverantwortung getroffenen unterschiedlichen Annahmen von Betriebs- und Korrekturfaktoren, Kerbwirkungszahlen, Sicherheitswerten sowie auch geringfügige Differenzen beim Ablesen von Diagrammwerten u. a. andere Ergebnisse zulassen. Diese brauchen daher aber nicht etwa falsch zu sein, denn es liegt eben in der Art der praktischen Aufgaben begründet, dass verschiedene Lösungsmöglichkeiten gegeben sind, die zu einem brauchbaren Ergebnis führen. Es sollten aber abweichende Ergebnisse immer einer kritischen Kontrolle unterzogen und hinterfragt werden, warum es zu diesen Abweichungen gekommen ist.

Die Autoren hoffen, dass auch die 11. Auflage der Aufgabensammlung in Verbindung mit dem Lehrbuch „Maschinenelemente“ den Benutzern in Ausbildung und Praxis eine wertvolle Hilfe sein wird. Sie sind weiterhin für Anregungen und Hinweise, die zur Verbesserung und Vervollständigung beitragen können, stets dankbar.

Hinweis:
Sowohl das Lehrbuch als auch die vorliegende Aufgabensammlung wurde in erster Linie für die Lehre konzipiert. Bei der Benutzung des Lehr- und Lernsystems „Roloff/Matek Maschinenelemente“ in der Praxis ist es notwendig und in vielen Fällen auch zwingend erforderlich, die jeweils neuesten Ausgaben der DIN-Normen, der technischen Regelwerke und Herstellerkataloge bei der Auslegung der Konstruktionen zugrundezulegen.

Braunschweig/Reutlingen/Hartha/Augsburg, im Frühjahr 2000

Dieter Muhs
Herbert Wittel
Manfred Becker
Dr. Dieter Jannasch

Inhaltsverzeichnis

1

Aufgaben

1 Allgemeine Grundlagen, Normzahlen

Vorbemerkungen

Die nachstehend einfachen und teilweise stilisierten Beispiele sollen in das Arbeiten mit Normzahlen einführen und einige Anwendungsmöglichkeiten aufzeigen.

Zum Beispiel können Konstruktionen verschiedener Größe, die derselben Beanspruchung bzw. demselben Druck ausgesetzt sind, wenn sie für gleiche Arbeitsgeschwindigkeit ausgelegt werden, geometrisch ähnlich ausführbar und damit dann mechanisch gleichwertig sein. Die Spannungsgleichheit ist jedoch nicht das einzige Kriterium dafür. Manchmal tritt als wesentliches Kriterium die Gleichheit des Verhaltens hinsichtlich Verformung oder Arbeitsaufnahme an die Stelle oder an die Seite des Spannungskriteriums bzw. sind theoretische oder elektrische Ähnlichkeitsgesetze wirksam. Es würde zu weit führen, besondere Probleme der Ähnlichkeitsmechanik zu untersuchen, da diese oft die volle Beherrschung des ganzen Fragenkomplexes erfordern, wenn festzulegen ist wie z. B. in Kreiselpumpen einer nach Fördermengen gestuften Reihe mit gleichem Druck *Laufraddurchmesser, Wellendurchmesser, Länge* und *Breite* des Gehäuses usw. wachsen.

Es ist jedoch empfehlenswert, zusätzliche einfache Aufgaben mit Hilfe der Ähnlichkeitsgesetze an passenden Stellen des laufenden Unterrichts verschiedener Fachgebiete zwecks Vertiefung zu behandeln, um für die Konstruktionspraxis wichtige Erkenntnisse zu gewinnen. Hinweise können aus der umfangreichen Literatur über Normzahlen entnommen werden.

1 Der Begriff *Maschinenelement* ist zu beschreiben und anzugeben, nach welchen Ordnungskriterien sich die Maschinenelemente allgemein einteilen lassen.
Lösungshinweis siehe Lehrbuch 1.1.

2 Die bekannten Normen-Organisationen (nationale und internationale) sind zu nennen und ihre jeweiligen regionalen Gültigkeitsbereiche anzugeben. Besteht eine generelle Anwendungspflicht der Normen und der technischen Regelwerke bzw. wann können diese eine verbindliche Rechtsfunktion besitzen?
Lösungshinweis siehe Lehrbuch 1.2.1 und 1.2.2.

3 Die Bedeutung der *Dezimalklassifikation* ist anzugeben, nach welchen Ordnungskriterien ist sie aufgebaut und welche Hauptgruppe ist für den technischen Anwendungsbereich zutreffend?
Lösungshinweis siehe Lehrbuch 1.2.3.

4 Der Unterschied zwischen einer arithmetisch und einer geometrisch gestuften Reihe ist anhand einer entsprechenden Zahlenfolge anzugeben und die jeweilige mathematische Beziehung der Nachbarglieder innerhalb der Reihe untereinander zu nennen.
Lösungshinweis siehe Lehrbuch 1.3.

5 Was unterscheidet die allgemein geometrisch gestufte Reihe von der dezimal-geometrisch gestuften Reihe und wie wird diese bezeichnet?
Lösungshinweis siehe Lehrbuch 1.3.

6 Wie viele Normzahlreihen sind im technischen Anwendungsbereich sinnvoll einzusetzen, wie werden sie bezeichnet, welche Bedeutung hat die jeweilige Bezeichnung und was sind typische Anwendungsbeispiele im technischen Bereich?
Lösungshinweis siehe Lehrbuch 1.3.

7 Die mathematische Beziehung zur Ermittlung des Stufensprunges einer dezimalgestuften Reihe ist allgemein sowie für die nach DIN 323 genormten Reihen sind die Stufensprünge quantitativ anzugeben.
Lösungshinweis siehe Lehrbuch 1.3.

8 Was bedeutet die Ziffer 5 in der Bezeichnung R5 und welche Zahlenfolge ergeben die Normzahlreihen R5 und R10 für den Bereich 1 ... 100? Welche grundsätzliche Aussage kann durch die Gegenüberstellung der Glieder der Reihen gemacht werden?
Lösungshinweis siehe Lehrbuch 1.3.2.

9 Für die Grundreihe R10 und die Auswahlreihen R10/2(1), R10/4(10) und R20/-3(100) sind jeweils 5 Folgeglieder anzugeben.
Lösungshinweis siehe Lehrbuch 1.3.2.

10 Wie können Flächen und Volumina für Folgeglieder innerhalb einer geometrisch gestuften Reihe ermittelt werden, wenn der Längenmaßstab q_L bekannt ist?
Lösungshinweis siehe Lehrbuch 1.3.3.

11 Die vom Konstrukteur zu beachtenden allgemeinen Konstruktionsgrundsätze sind zu nennen und anhand von Beispielen zu erläutern.
Lösungshinweis siehe Lehrbuch 1.4.1.

12 Die 4 Hauptphasen des allgemeinen Konstruktionsprozesses sind in der zeitlichen Reihenfolge zu nennen und inhaltlich zu beschreiben.
Lösungshinweis siehe Lehrbuch 1.4.2.

13 Die unterschiedlichen Arten der allgemeinen Lösungsfindung innerhalb des Konstruktionsprozesses sind anzugeben und die jeweilige Vorgehensweise ist zu beschreiben.
Lösungshinweis siehe Lehrbuch 1.4.2.

14 Die sinnvollen Einsatzmöglichkeiten von Datenverarbeitungsanlagen innerhalb der Konstruktionsphase sind anzugeben und für die Abkürzungen CAD, CAM, CNC, CIM sind die Begriffe zu nennen und inhaltlich zu erläutern.
Lösungshinweis siehe Lehrbuch 1.4.4.

1.1 Von folgenden begrenzten abgeleiteten Reihen sind die Normzahlfolgen und die Stufensprünge zu bestimmen:

a) R20/3(140 ...) mit 8 Größen (Gliedern)
b) R10/2(200 ... 2000)
c) R5/4(0,16 ...) mit 5 Größen
d) R40/3(11,8 ...) mit 6 Größen
e) R20/-2(1600 ...) mit 6 Größen
f) R10/-3(400 ...) mit 4 Größen

1.2 a) Laut Lieferauftrag sollen die Durchmesser d des Kaufteiles nach R′10 gestuft werden. Welche Durchmesser d für den Bereich 4 ... 25 mm (ganze Werte) sind lieferbar?

b) Rundungshalbmesser nach DIN 250 sind von $R = 0{,}4$ bis 16 mm nach R″5 gestuft. Welche Rundungshalbmesser R in mm sind vorzugsweise vorgesehen?

1.3 Das Kurzzeichen der folgenden Normzahlreihen ist mit Angabe der unteren bzw. der oberen Grenze und des jeweiligen Stufensprungs anzugeben:

a) 5 8 12,5 20 31,5
b) 0,0053 0,0071 0,0095 0,0125
c) 6,3 40 250 1600
d) 200 140 100 71 50
e) 18 25 36 50 70
f) 560 450 360 280 220 180

1.4 Sechs Wellendurchmesser d sollen nach der abgeleiteten NZ-Reihe R20/3 gestuft werden. Der kleinste Durchmesser ist 20 mm. Die zugehörigen Querschnitte A in cm^2 sind nach Ermittlung des kleinsten Querschnittes normzahlgestuft anzugeben und die Stufensprünge zu bestimmen.

1.5 Die Inhalte V in ℓ von 4 zylindrischen Behältern, deren kleinster 2 ℓ fasst, sollen nach Normzahlen so gestuft werden, dass sich ihr Inhalt jeweils verdoppelt. Bei allen Behältern soll dem Größenempfinden entsprechend das Verhältnis Höhe h zum Durchmesser d gleich dem Stufensprung der NZ-Grundreihe für die Inhalte gewählt werden.
Nach Nennung des Kurzzeichens der jeweiligen Reihe sind für die Inhalte in ℓ die zugehörigen Maße d und h in mm tabellarisch anzugeben. Eine Proberechnung, z. B. für den 3. Behälter, ist durchzuführen.

1.6 Es sollen 4 NZ-gestufte zylindrische Behälter gefertigt werden, deren Inhalte angenähert $V = 3\ 6\ 12\ 24\ \ell$ betragen.

a) Das Kurzzeichen der NZ-Reihe für V ist anzugeben.
b) Welches Kurzzeichen der genannten NZ-Reihe von V für den Durchmesser d und für die Höhe h muss gewählt werden?
c) d und h in mm sind für die entsprechenden V tabellarisch zu nennen, wenn das Verhältnis h/d jeweils gleich dem Quadrat des Stufensprunges der Grundreihe für V beträgt.

1.7 Das Modell einer Maschine hat eine Leistung $P_0 = 4\,\text{kW}$ bei einer Drehzahl $n_0 = 1250\,\text{min}^{-1}$. Geplant wird der Bau einer größeren Maschine aus gleichen Werkstoffen, deren Hauptabmessungen in Normzahlen das 5fache der Modellabmessungen betragen soll. Die Leistung P_1 und die Drehzahl n_1 für die geplante Maschine sind zu ermitteln.

1.8 Eine Maschine soll in 5 steigenden Größen hergestellt werden, wobei die Leistungen zweckmäßig nach der abgeleiteten Rundwertreihe R″20/4 gestuft sind. Die Hauptgrößen der kleinsten Maschine sind:
Leistung $P_1 = 5$ kW, Drehzahl $n_1 = 560\,\text{min}^{-1}$, Schwungraddurchmesser $D_1 = 900$ mm.
Nach Nennung der Reihenkurzzeichen sind die Hauptgrößen der abgeleiteten Maschinen zu den entsprechenden Leistungen tabellarisch anzugeben, wenn berücksichtigt wird, dass D in mm und n in min^{-1} bei nahezu gleicher Umfangsgeschwindigkeit des Schwungrades v in m/s nach abgeleiteten Grundreihen gestuft werden sollen. Durch Proberechnung ist z. B. für die 1. und 4. Maschinengröße nachzuweisen, dass $v_1 \approx v_4$.

1

1.9 Ein gusseiserner Lagerbalken wurde für die Biegebeanspruchung bei der Belastung $F = 2\,\text{kN}$ mit folgenden Abständen und max. Querschnittabmessungen nach Normzahlen festgelegt: $l_1 = 1400\,\text{mm}$, $l_2 = 900\,\text{mm}$, $b_1 = 125\,\text{mm}$, $h_1 = 200\,\text{mm}$, $b_2 = 100\,\text{mm}$, $h_2 = 140\,\text{mm}$.
Zwecks Typung und Aufnahme in die Werksnorm sollen für insgesamt 4 Belastungen $F = 2 \;\; 2{,}5 \;\; 3{,}2 \;\; 4\,\text{kN}$ bei nahezu gleicher Biegebeanspruchung die Abstände und die Querschnittsabmessungen zu den entsprechenden Belastungen sowie die zugehörigen Widerstandsmomente W_x in cm^3 nach abgeleiteten Grundreihen gestuft tabellarisch zusammengestellt werden.

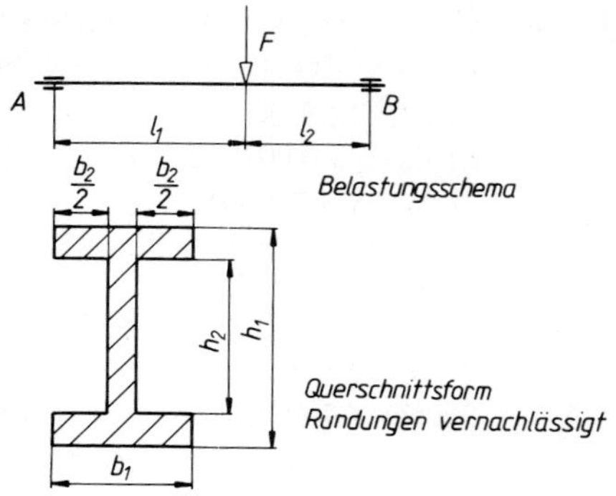

1.10 Die Ergebnisse der Aufgabe 1.9 sind in einem NZ-Datenblatt, ausgehend von den Werten der kleinsten Größe, darzustellen; die Achsen sind zur Ablesung aller Größen exakt zu beschriften.

2 Toleranzen, Passungen, Oberflächenbeschaffenheit

Vorbemerkung

Bei den in der Praxis gestellten „Passungsaufgaben" handelt es sich normalerweise um für betriebsmäßig zusammenpassende Teile geeignete, der Art des Zusammenspiels entsprechende und möglichst genormte ISO-Toleranzklassen bzw. -Passungen zu bestimmen.

Vielfach sind jedoch Forderungen gestellt, die nicht ohne weiteres durch genormte Passungskombinationen zu erfüllen und auch nicht sogleich zu übersehen sind. In solchen Fällen müssen die Toleranzen rechnerisch ermittelt werden.

Den Passungsaufgaben sind allgemeine Fragen zum Kapitel 2 vorangestellt.

1 Der Unterschied zwischen *Toleranz* und *Passung* ist anhand eines Beispiels zu erklären und anzugeben, weshalb die Angabe von Toleranzen unbedingt erforderlich ist.
Lösungshinweis siehe Lehrbuch 2.1 und 2.2.

2 Der für die Festlegung der Toleranzgröße maßgebende Toleranzfaktor $i(I)$ ist in der Form $i = f(D)$ bzw. $I = f(D)$ anzugeben und der Aufbau der Tabelle TB2-1 mit den Zahlenwerten für die Grundtoleranzen IT zu erklären.
Lösungshinweis siehe Lehrbuch 2.1.1-2 und TB2-1; $D =$ geometrisches Mittel der Grenzen eines Nennmaßbereiches, siehe zu Gl. (2.4).

3 Die Toleranzfeldlagen für Außen- und Innenpassflächen in Bezug zur Nulllinie durch Buchstaben $a \ldots z$ bzw. $A \ldots Z$ sind schematisch darzustellen und zu erläutern, wie sich die Abmaße $ES(es)$ und $EI(ei)$ zur Ermittlung der jeweiligen Maßtoleranz T_W und T_B ergeben.
Lösungshinweis siehe Lehrbuch 2.1.1-4 zu Bild 2-3; ein Abmaß ist in Bezug zur Nulllinie mathematisch festgelegt, siehe TB2-2 und TB2-3.

4 Für die Passungen H7/s6, K7/h6, H8/d9, N7/h6 sind das jeweilige Passsystem (Einheitsbohrung *EB* bzw. Einheitswelle *EW*) und die Art der Passung (Spiel-, Übergangs-, Übermaßpassung) anzugeben sowie die Lage der Toleranzfelder T_B und T_W zur Nulllinie und die des Passtoleranzfeldes P_T schematisch darzustellen.
Passsystem siehe Lehrbuch 2.2.2-1 mit Bild 2-9; Lage der Toleranzfelder siehe Lehrbuch 2.1.1-4 mit Bild 2-3; Passungsart nach Lehrbuch 2.2.3 mit Bild 2-10; Passtoleranzfeld nach Lehrbuch 2.2.1 mit Bild 2-8 und TB2-9.

5 Arten der Form- und Lagetoleranzen sind zu nennen, ihre Bedeutung zu erklären und anzugeben, wann die Angabe dieser Toleranzen zwingend erforderlich ist. Anhand eines Beispiels ist die Eintragung von Form- und Lagetoleranzen vorzunehmen.
Lösungshinweis siehe Lehrbuch 2.1.2 bis 2.1.4 und TB2-7 und TB2-8.

6 Anhand eines Zahlenbeispiels ist darzulegen, weshalb Maßketten mit tolerierten Maßen nicht sinnvoll sind und vermieden werden sollten und anzugeben, wie der Bearbeitungsspielraum bei nichttolerierten Maßen durch eine allgemeine Zeichnungseintragung begrenzt werden kann.
Lösungshinweis: nichttolerierte Maße siehe Lehrbuch 2.1.1-6 und TB2-6.

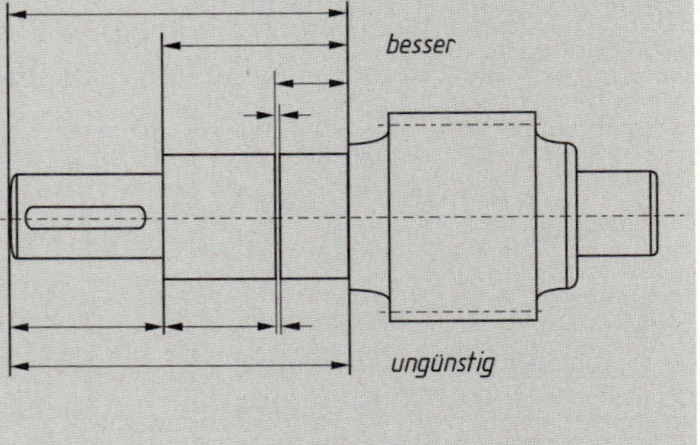

2

7 Mögliche Abweichungen in der Beschaffenheit einer technischen Oberfläche von der geometrisch idealen Oberfläche sind schematisch darzustellen und die sich daraus ergebenden möglichen Konsequenzen für die Funktionserfüllung sind anzugeben. Durch welche Zeichnungseintragungen kann die zulässige Abweichung begrenzt werden (Eintragungsbeispiele)?
Lösungshinweis siehe Lehrbuch 2.3 mit Bild 2-11 und Lehrbuch 2.3.2.

8 Anhand einer Skizze ist der Unterschied zwischen der *Rautiefe* R, der *gemittelten Rautiefe* R_z und dem *Mittenrauwert* R_a zu erklären sowie die Begriffe *Welligkeit* W_t, und *Tragflächenanteil* t_f zu erläutern.
Lösungshinweis siehe Lehrbuch 2.3.1 mit Bild 2-13.

9 Es ist anzugeben, ob ein ursächlicher und funktionaler zahlenmäßiger Zusammenhang in der Form $y = f(x)$ besteht zwischen der Maßtoleranz einerseits und der Oberflächenbeschaffenheit andererseits und von welchen Einflussgrößen die sinnvolle Zuordnung von Maßtoleranz und Oberflächenrauheit abhängt und wie diese Zuordnung vorgenommen werden kann.
Lösungshinweis siehe Lehrbuch 2.3.1 mit TB 2-11.

10 Anhand von Beispielen sind Eintragungen zur Festlegung der zulässigen Oberflächenrauheit vorzunehmen.
Lösungshinweis siehe Lehrbuch 2.3.2.

2.1 Für folgende Zusammenbaubeispiele sind geeignete ISO-Passungen zwischen Außen- und Innenteil (Bohrung und Welle) für das System *Einheitsbohrung* (*EB*) zu wählen:

a) eine Lagerbuchse soll ohne nachträgliche Sicherung gegen Verdrehen in eine Gehäusebohrung eingepresst werden;
b) ein Zahnrad ist auf eine größere Getriebewelle aufzusetzen, eine Sicherung gegen Verdrehen durch eine Passfeder ist vorgesehen;
c) eine Kupplungsnabe soll auf einem Wellenende möglichst fest sitzen, eine zusätzliche Sicherung gegen Verdrehen ist vorgesehen;
d) der Zentrieransatz eines Lagerdeckels zur Fixierung des Deckels in einem Gehäuse.

2.2 Für die nachfolgend aufgeführten Toleranzklassen sind für das Nennmaß $N = 110$ mm die Grenzabmaße *ES* und *EI* bzw. *es* und *ei* zu ermitteln und die Toleranzfelder maßstabsgerecht darzustellen:

a) H7, H8, H9, H11;
b) K5, K6, K7, K8;
c) f5, f6, f7, f8;
d) m5, m6, m7, m8.

2.3 Zur Befestigung einer Keilriemenscheibe auf dem Wellenzapfen mit dem Nenndurchmesser $d = 50$ mm wurde die Passung H7/k6 und zur Verdrehsicherung eine Passfeder nach DIN 6885 vorgesehen.
Zu ermitteln bzw. darzustellen sind:

a) die Grenzabmaße *ei* und *es* für die Welle (Außenmaß), *EI* und *ES* für die Bohrung (Innenmaß),
b) die Grenzmaße G_{uW} und G_{oW} für die Welle, G_{uB} und G_{oB} für die Bohrung,
c) die Grenzpassungen P_o und P_u sowie die Passtoleranz P_T,
d) die Lagen der Toleranzfelder T_W für die Welle und T_B für die Bohrung.

2.4 Für das Nennmaß $N = 30$ mm sind für die Bohrung mit der Toleranzklasse H7 die Toleranzfelder bildlich darzustellen für die nach DIN 7154 empfohlenen Toleranzklassen der Welle s6, r6, n6, m6, k6, j6, g6, f7 sowie anzugeben, um welche Paarungsart (Spiel-, Übergangs- oder Übermaßpassung) es sich jeweils handelt.

2.5 Für die Befestigung eines Zahnrades aus Einsatzstahl auf der Getriebewelle aus Baustahl mit $d = 55$ mm ist konstruktiv ein Pressverband vorgesehen. Zur sicheren Übertragung der Zahnkräfte wurde rechnerisch die Grenzpassung $P_o = -93$ µm (entspricht dem Mindestübermaß $\ddot{U}_u$) und aufgrund der zulässigen Fugenpressung zwischen Zahnrad/Welle die Grenzpassung $P_u = -142$ µm (entspricht dem Höchstübermaß $\ddot{U}_o$) errechnet.
Zu ermitteln sind:

a) die Passtoleranz P_T,
b) die Bohrungstoleranz T_B und die Wellentoleranz T_W unter der Annahme, dass $T_B \approx 0{,}6 \cdot P_T$ ist,
c) für das ISO-Passsystem *EB* eine geeignete Toleranzklasse für die Bohrung,
d) die Grenzabmaße für die Welle,
e) eine geeignete Toleranzklasse für die Welle.

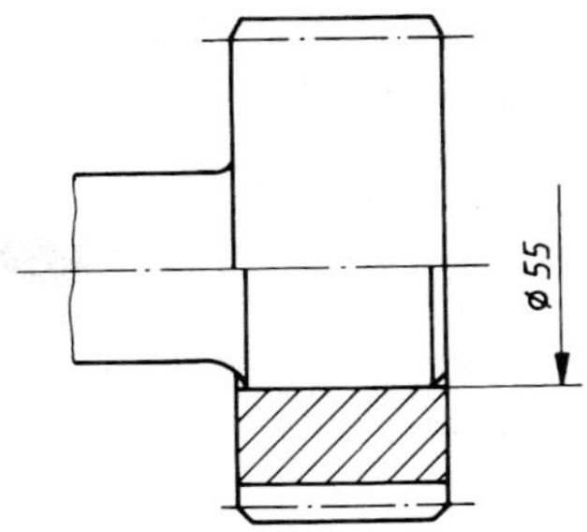

2.6 Der Schaft einer Passschraube soll zur Lagerung einer Seilrolle verwendet werden. Der Schraubenschaft hat einen Durchmesser $d = 25$k6.
Welche ISO-Toleranz ist für die Nabenbohrung vorzusehen, wenn die Passung zwischen Schaft und Nabenbohrung etwa der Spielpassung H8/e8 entsprechen soll?

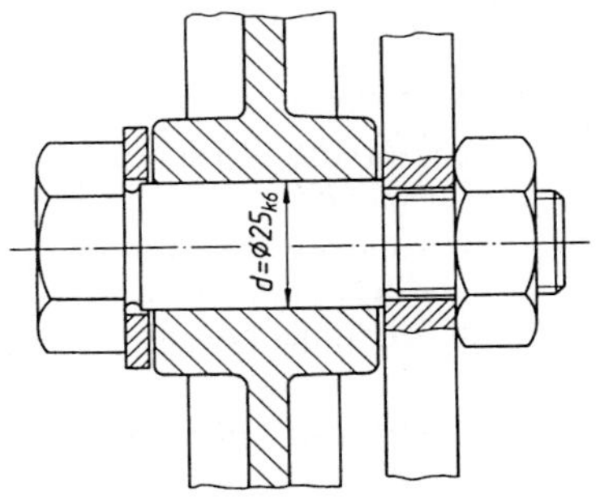

2.7 Für den Einbau eines Ritzels sind zu ermitteln:

a) eine geeignete ISO-Passung zwischen Welle und Buchsenbohrung für einen normalen Laufsitz,
b) die auf das Nennmaß 30 mm bezogene Maßtoleranz T_l für die Nabenlänge *l*, so dass ein seitliches Mindestspiel $S_u = 0{,}2$ mm und ein Höchstspiel $S_o = 0{,}4$ mm eingehalten wird; die normgerechte Maßeintragung ist anzugeben.

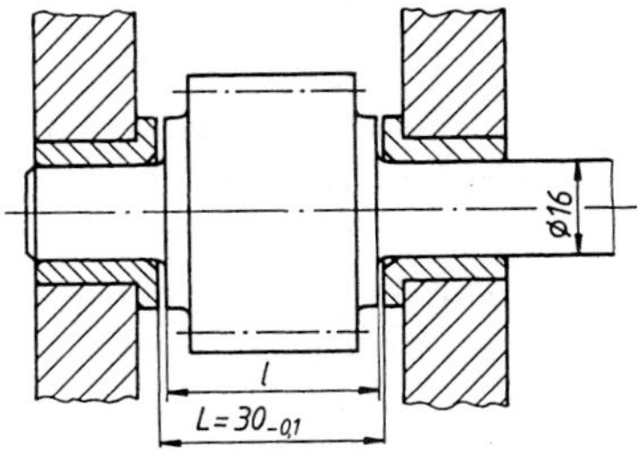

2.8 Für die Lagerung einer Schaltrolle in einem Kontakthebel sind zu ermitteln:

a) geeignete ISO-Toleranzen für die Hebelbohrungen und die Rollenbohrung, wenn die Achse aus geschliffenem Rundstahl ∅ 5h6 nach DIN 59361 in der Rolle festsitzen und in den Hebelbohrungen sich drehen soll; die Passtoleranz ist bildlich darzustellen.
b) die auf das Nennmaß $N = 10$ mm bezogene Maßtoleranz T_L für die Gabelweite *L*, wenn ein seitliches Mindestspiel von $S_u = 0{,}2$ mm und ein Höchstspiel von $S_o = 0{,}4$ mm eingehalten werden soll; die normgerechte Maßeintragung ist anzugeben.

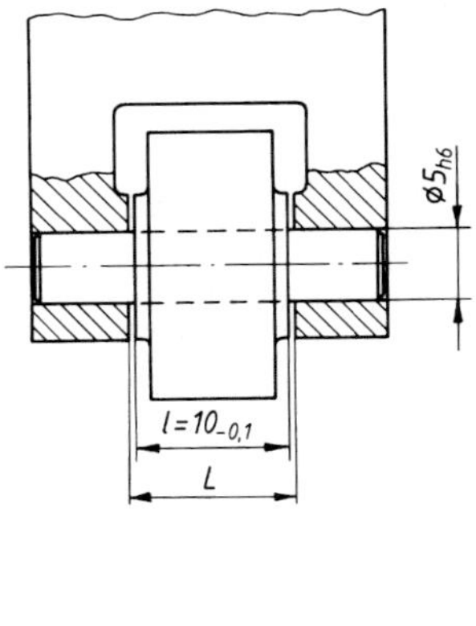

2

2.9 Die auf dem Achszapfen gelagerte Steuerrolle soll durch eine Sicherungsscheibe nach DIN 6799 axial festgelegt werden.
Zu ermitteln sind:

a) eine geeignete Spielpassung zwischen Laufrollenbuchse und Zapfen.,
b) das Nennmaß N (ganze Zahl) und die erforderliche Maßtoleranz T_a für den Abstand a von der Achsschulter bis zur äußeren Nutkante, wenn das seitliche Spiel S der Buchse ungefähr 0,2 ... 0,5 mm betragen darf; die normgerechte Maßeintragung ist anzugeben,
c) die vorzusehene Oberflächenrautiefe für den Wellenzapfen; die normgerechte Zeichnungseintragung ist anzugeben.

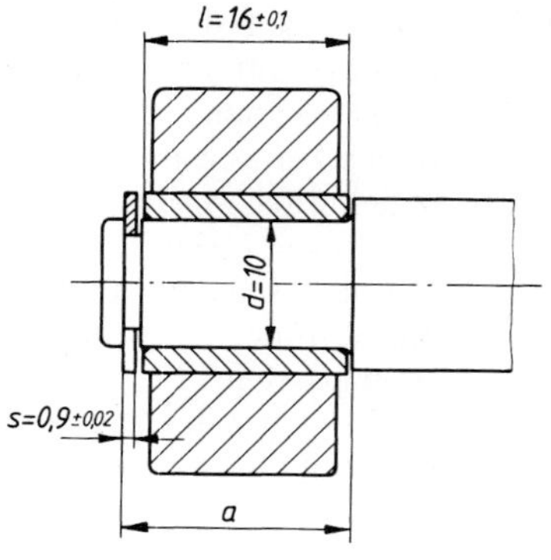

2.10 Ein Rillenkugellager 6310 soll auf dem Lagerzapfen mit $d = 50k6$ durch einen Sicherungsring axial festgelegt werden. Nach DIN 616 hat der Lagerinnenring die Breite $b = 27_{-0,1}$ mm, der Sicherungsring die Dicke $s = 2_{-0,05}$ mm.
Zu ermitteln sind:

a) für den Abstand a von der Wellenschulter bis zum äußeren Nutrand das Nennmaß N und die Maßtoleranz T_a, bei der ein seitliches Lagerspiel S von 0 bis höchstens 0,2 mm zugelassen ist; die normgerechte Maßeintragung ist anzugeben.
b) Welche Maßtoleranz würde sich ergeben für den Fall, dass das seitliche Lagerspiel 0 bis höchstens 0,1 mm betragen darf?
c) die für den Wellenzapfen vorzusehende Oberflächenrauhtiefe; die normgerechte Zeichnungseintragung ist anzugeben.

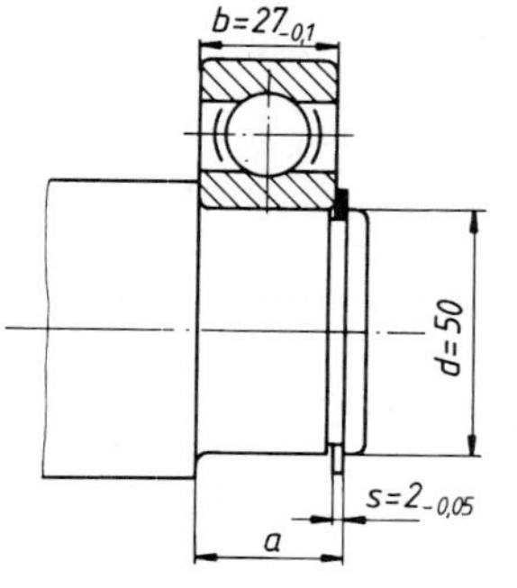

2.11 Für die Hebellagerung sind das Nennmaß N und die Maßtoleranz T_l für die Schaftlänge l des Bolzens zu ermitteln, wodurch für die Hebelnabe ein seitliches Mindestspiel $S_u = 0{,}2$ mm und ein Höchstspiel $S_o = 0{,}6$ mm gewährleistet sind; die normgerechte Maßeintragung ist anzugeben.

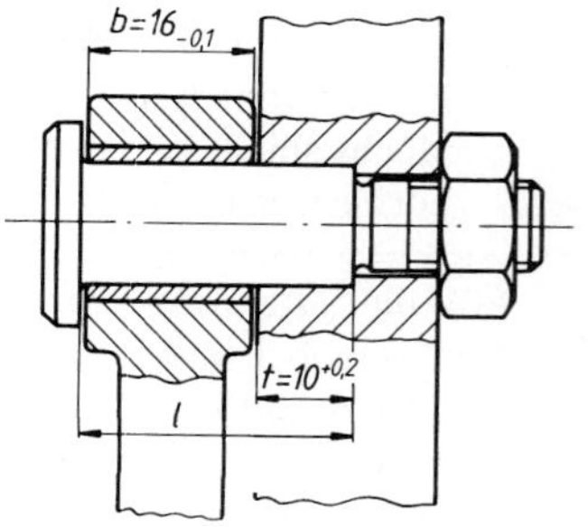

2.12 Eine Passschraube mit der Schaftlänge $L = 50^{+0,1}$ mm soll zur Lagerung einer Seilrolle verwendet werden.
Für die Nabenlänge l sind das Nennmaß N und die Maßtoleranz T_l zu ermitteln für ein seitliches Spiel S von 0,2...0,6 mm; die normgerechte Maßeintragung ist anzugeben.

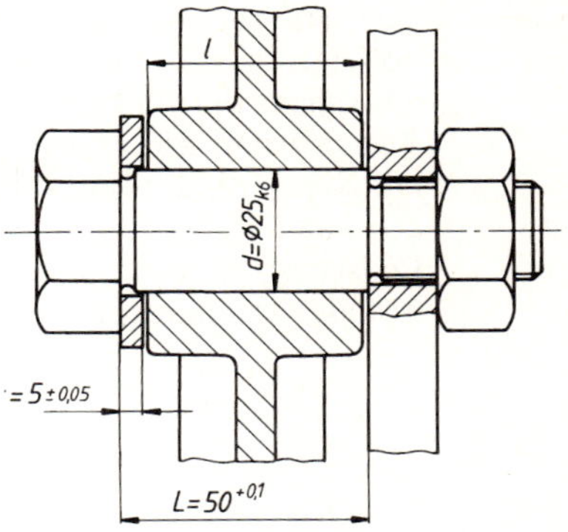

2.13 Ein ölgeschmiertes Lager ist durch eine Dichtungsscheibe zwischen Lagerdeckel und Gehäuse abzudichten. Der Dichtring mit der (Nenn-)Dicke $s = 2{,}4$ mm kann bis auf $s = 1{,}9$ mm zusammengepresst werden.
Für die Länge l des Zentrieransatzes des Deckels sind das Nennmaß N und die Maßtoleranz T_l zu ermitteln, so dass eine „gepresste" Ringdicke zwischen 1,9 mm und 2,3 mm eingehalten wird; die normgerechte Maßeintragung ist anzugeben.

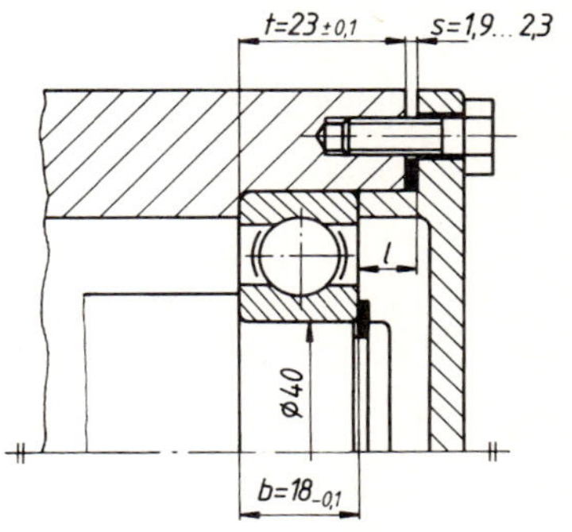

2.14 Die radiale Pressung eines Dichtringes mit dem Profildurchmesser $d_1 = 7 \pm 0{,}25$ mm soll, um ausreichend abzudichten, wenigstens 10%, zur Vermeidung übermäßiger Beanspruchung aber höchstens 20% des Profildurchmessers betragen.
Zu berechnen sind das Nennmaß N der Eindrehung D und die Maßtoleranz T_D, bei der die Mindestpressung δ_{min} nicht unter-, die Höchstpressung δ_{max} nicht überschritten wird.

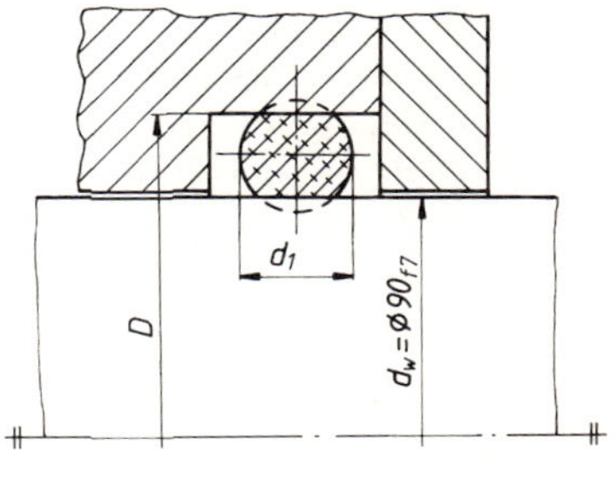

2.15 Ein Winkelhebel führt um eine Achse Pendelbewegungen aus und soll durch Nadeln gelagert werden. Die Hebelbohrung wird mit $D = 50\text{H}7$ ausgeführt. Die vorgesehenen Nadeln haben einen Durchmesser von $d = 5_{-0,01}$ mm.
Für ein günstiges Radialspiel S der Nadeln zwischen Welle und Bohrung von 0,05...0,12 mm sind das Nennmaß N und die etwa entsprechende ISO-Toleranzklasse für die Welle zu ermitteln.

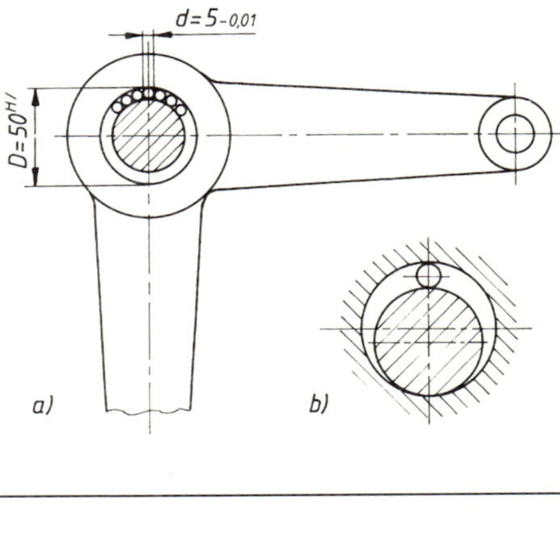

2

2.16 Das Höchst- und Mindestmaß der Bohrung d_1 in der Lasche A sind zu ermitteln, damit diese mit einem Spiel von $S_u = 0$ (Mindestspiel) bis $S_o = 0{,}08$ mm (Höchstspiel) auf die Platte B mit den Zylinderstiften $d = 10$m6 gesetzt werden kann.
Es ist festzustellen, ob diese Bedingung mit einer ISO-Toleranzklasse erfüllt werden kann.

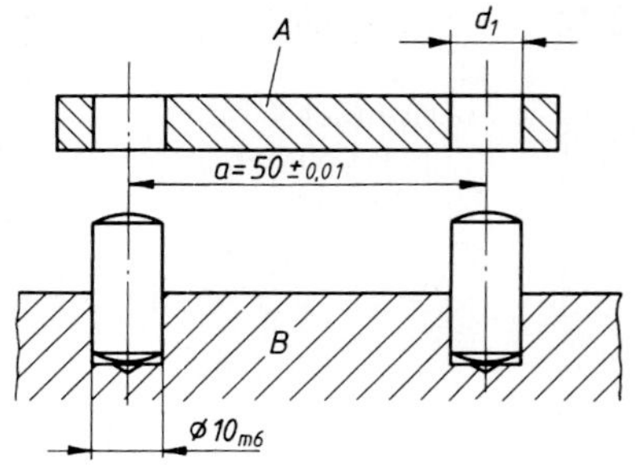

2.17 Eine Klemmleiste soll mit 2 Zylinderschrauben M4 auf einer Grundplatte befestigt werden. Für die Lochabstände a sind für Leiste und Grundplatte gleichgroße Maßtoleranzen anzugeben. Die normgerechte Maßeintragung ist anzugeben.

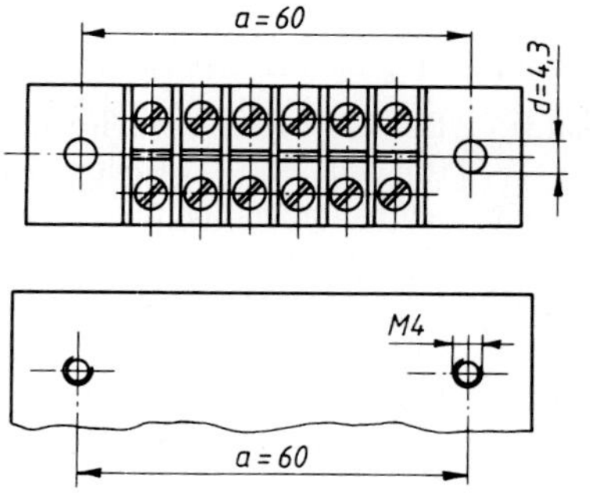

2.18 Welchen Höchst- und Mindestdurchmesser d müssen die Aufnahmestifte einer Bohrvorrichtung haben, damit die Kettenlaschen zum Bohren der Löcher A (zur Befestigung von Mitnehmern) in der Vorrichtung ein Spiel von $S_u = 0$ bis $S_o = 0{,}3$ mm haben?

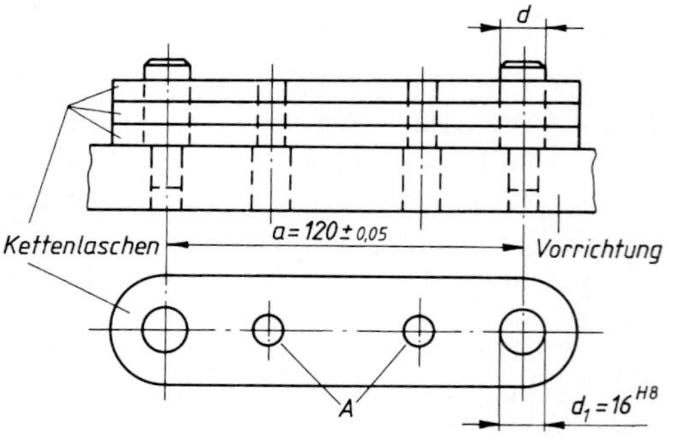

3 Festigkeitsberechnung

Vorbemerkungen

Die folgenden Aufgaben sollen insbesondere dazu dienen, das Aufsuchen von Festigkeitswerten zu üben sowie die Zusammenhänge, besonders zwischen den dynamischen Festigkeitswerten und die Einflussgrößen beherrschen zu lernen, was für Festigkeitsberechnungen an Maschinenteilen unerlässliche Voraussetzung ist. Es sollen also in erster Linie die Grundlagen gefestigt werden. Am Schluss sind auch einige „praktische" Anwendungsaufgaben zur Festigkeitsberechnung von Bauteilen gegeben. Die eigentliche Anwendung, d. h. die Ermittlung der Bauteilfestigkeit und ihr Vergleich mit den Nennspannungen im konkreten Maschinenelement („Nennspannungskonzept"), erfolgt in den Aufgaben der nachfolgenden Kapitel, z. B. in den Aufgaben über Schrauben-, Federn- oder Wellenberechnungen und stellt damit praktisch immer nur einen Teil innerhalb dieser dar.

1 Welche Spannungsarten werden bei der Berechnung von Maschinenelementen unterschieden? Die Formeln für die Nennspannungen sind anzugeben.
Lösungshinweis siehe Lehrbuch 3.2.

2 Die möglichen Arten einer dynamischen Beanspruchung sind in einem Diagramm darzustellen.
Lösungshinweis siehe Lehrbuch 3.2.

3 Die Bruchfläche eines durch einen Dauerbruch zerstörten Bauteiles ist zu beschreiben.
Lösungshinweis siehe Lehrbuch 3.3.2.

4 Was ist ein Schwingspiel und welche Kenngrößen charakterisieren es?
Lösungshinweis siehe Lehrbuch 3.2.

5 Nach welcher Hypothese werden im gleichen Bauteilquerschnitt auftretende Normal- und Schubspannungen bei zähen und bei spröden Werkstoffen zusammengefasst?
Lösungshinweis siehe Lehrbuch 3.2.

6 Wie wirkt sich eine geometrische Kerbe an einem dynamisch belasteten Bauteil aus und wie ist diese Wirkung begründbar?
Lösungshinweis siehe Lehrbuch 3.5.1.

7 Was sind Entlastungs- und was Durchdringungskerben und wie wirken sie?
Lösungshinweis siehe Lehrbuch 3.5.1.

8 Der Unterschied zwischen einer Fließgrenze und einer 0,2%-Dehngrenze ist zu erläutern.
Lösungshinweis siehe Lehrbuch 3.3.1.

9 Der Begriff „Wöhlerlinie" ist anhand einer Grafik zu erläutern.
Lösungshinweis siehe Lehrbuch 3.3.2.

10 Was ist Gestaltfestigkeit und welche Einflussgrößen werden hierbei berücksichtigt?
Lösungshinweis siehe Lehrbuch 3.5.

11 Was wird unter Mittelspannungsempfindlichkeit und was unter Vergleichsmittelspannung verstanden?
Lösungshinweis siehe Lehrbuch 3.5.2 und 3.7.3.

12 Die Begriffe Spannung, zulässige Spannung und Festigkeitswert sind zu erläutern.
Lösungshinweis siehe Lehrbuch 3.2, 3.3 und 3.7.1.

13 Zeichnen Sie den Verlauf des Drehmomentes der Antriebswelle eines an einen Asynchronmotor direkt angeflanschten Getriebes bei schwankender Belastung. Zeichnen Sie das äquivalente und das maximale Drehmoment ein und erläutern Sie deren Einfluss auf die Bauteilbemessung.
Lösungshinweis siehe Lehrbuch 3.2.

3

3.1 Für die Baustähle S235, S275 und E335 sind folgende Festigkeitswerte anzugeben:

a) die Zugfestigkeit R_m für Bauteildicken $d = 32$ mm und 150 mm,
b) die Streckgrenze R_e für Bauteildicken $d = 32$ mm und 150 mm,
c) das Verhältnis R_e/R_m,
d) die Biegefließgrenze σ_{bF},
e) die Verdrehfließgrenze τ_{tF}.

3.2 Für die Baustähle S275, E335, die Vergütungsstähle C45E und 30CrNiMo8 (im vergüteten Zustand) sowie Gusseisen EN-GJL-250 und EN-GJS-400-18 sind für ein rundes Hohlprofil mit $d_a = 60$ mm und $d_i = 40$ mm folgende Festigkeitswerte anzugeben:

a) die Zugfestigkeit R_m,
b) die Zugschwellfestigkeit σ_{zSch},
c) die Biegewechselfestigkeit σ_{bW},
d) die Verdrehwechselfestigkeit τ_{tW}.

3.3 Für einen Stab aus der Aluminium-Knetlegierung ENAW-AlCu4PbMgMn-T3 ist die zulässige Zugspannung bei vorwiegend ruhender Belastung und einer mittleren Sicherheit festzulegen.

3.4 Ein Bauteil aus GS-52, Rohteildurchmesser 60 mm, wird vorwiegend ruhend auf Verdrehung beansprucht. Es sind die für den einfachen statischen Nachweis erforderliche Bauteilfestigkeit und die Mindestsicherheit anzugeben.

3.5 In einem Dauerfestigkeitsversuch ergab sich für ein Bauteil die Schwellfestigkeit $\sigma_{Sch} = 360\ \text{N/mm}^2$. Wie hoch ist die Ausschlagfestigkeit σ_A? Das Spannungs-Zeit-Diagramm ist zu skizzieren.

3.6 Für einen Probestab ergab ein Dauerbiegeversuch eine gerade noch ertragbare Ausschlagspannung von $\pm 150\ \text{N/mm}^2$ bei einer Mittelspannung von $70\ \text{N/mm}^2$. Anhand eines Spannungs-Zeit-Diagramms sind zu ermitteln:

a) die Ausschlagfestigkeit σ_{bA} des Stabes,
b) die Oberspannung σ_O und die Unterspannung σ_U,
c) das Grenzspannungsverhältnis κ.

3.7 Ein glatter, kerbfreier Probestab mit Normabmessung aus Vergütungsstahl 25CrMo4 wird dynamisch mit $\sigma_{ba} = 250\ \text{N/mm}^2$ um eine Mittelspannung $\sigma_{bm} = 450\ \text{N/mm}^2$ biegend belastet. Zu ermitteln sind:

a) die gerade noch dauernd ertragbare Erhöhung der Ausschlagspannung σ_{ba} für $\sigma_m = \text{konst.}$ und $S_D = 1$,
b) die ertragbare Oberspannung σ_O und Unterspannung σ_U für $\sigma_m = \text{konst.}$,
c) das Grenzspannungsverhältnis κ für die maximale Ausschlagspannung bei $\sigma_m = \text{konst.}$,
d) die mögliche Erhöhung von σ_{ba} für $\kappa = \text{konst.}$ (σ_{bm} erhöht sich mit σ_{ba}).

3.8 Für eine mit einer Passfedernut Form N1 ($R_z \approx 10\ \mu\text{m}$) versehene Getriebewelle aus Vergütungsstahl 50CrMo4 ist die Gestaltausschlagfestigkeit bei Biegewechselbelastung zu ermitteln. Die Welle mit dem Durchmesser $d = 60$ mm soll mit $R_z \approx 10\ \mu\text{m}$ gedreht werden.

3.9 Für eine mit einer Sg-Ring-Nut versehenen mit $R_z \approx 16\ \mu\text{m}$ gedrehten Welle von 50 mm Durchmesser aus Baustahl E295 sind die statischen und dynamischen Konstruktionswerte (Gesamteinflussfaktoren) für Biegung und Torsion zu berechnen.

3.10 In DIN 5418 sind die Anschlussmaße für Wälzlager festgelegt.
Für die angegebenen Lagerzapfenabmessungen sind für eine angenommene Biegebeanspruchung die Kerbwirkungszahlen β_k für die Übergangsstelle nach Schaubild (experimentelle Werte) zu errechnen für die Werkstoffe

a) S235
b) C60E
c) 50CrMo4

Welche Schlussfolgerung kann aus den Ergebnissen gezogen werden?

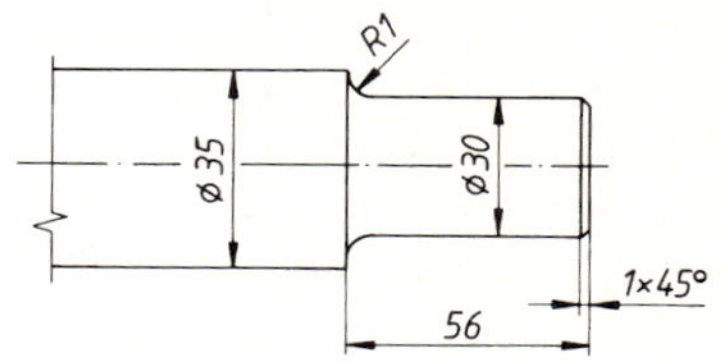

3.11 Für eine angenommene Biegebeanspruchung sind für die Übergangsstelle der Welle aus C60E die Kerbwirkungszahlen β_k über die Formzahl α_k zu errechnen für

a) Rundungsradius R1
b) Rundungsradius R1,6
c) Rundungsradius R2,5
d) einen Freistich DIN 509 – F1 × 0,2

Welche Schlussfolgerung kann aus den Ergebnissen gezogen werden?

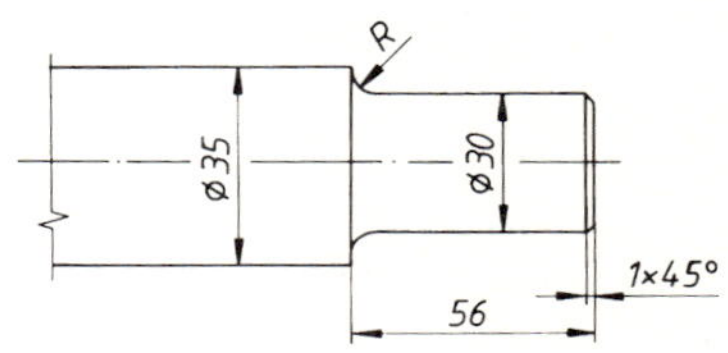

3.12 Eine feingedrehte Welle aus C22E, $d = 30$ mm, mit aufgeschrumpfter festsitzender Nabe, wird durch ein Nenndrehmoment $T_{nenn} = 100$ Nm in einer Drehrichtung beansprucht. Die Betriebsverhältnisse sind durch einen Anwendungsfaktor $K_A = 1{,}5$ zu berücksichtigen. Die auftretende rein wechselnd wirkende Biegespannung wurde bereits mit $\sigma_{ba\,eq} = 70$ N/mm² errechnet. Welche Sicherheit gegen Dauerbruch ergibt sich, wenn

a) eine sehr hohe Schalthäufigkeit vorliegt,
b) die Momentenübertragung selten unterbrochen wird (quasistatische Belastung),
c) wie b), zusätzlich die dynamische Überlagerung durch K_A berücksichtigt wird.

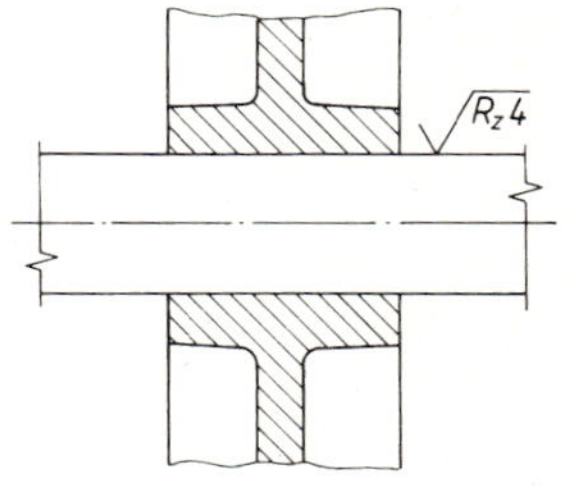

3.13 Zur rechnerischen Überprüfung des konstruktiv festgelegten Zapfendurchmessers ist die für die gefährdeten Querschnitte maßgebende Gestaltfestigkeit zu ermitteln. Zur Aufnahme der Kupplung wurde die Passung H7/k6 vorgesehen. Als Wellenwerkstoff wurde der Vergütungsstahl C35E (verg.) festgelegt. Das Moment wird über die Kupplung wechselnd auf die Welle übertragen. Die Ergebnisse sind zu beurteilen.

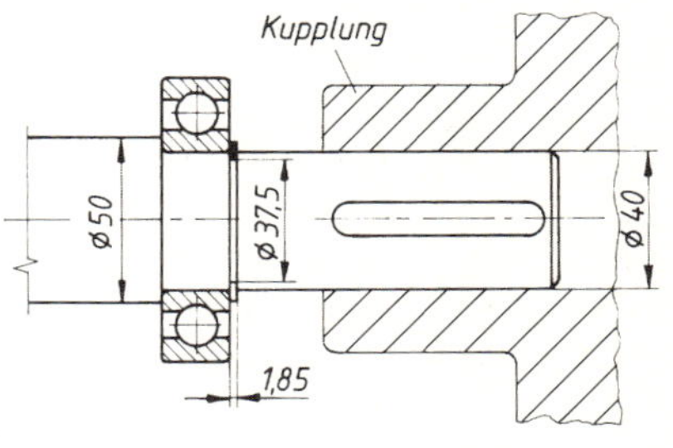

3.14 Für die nebenstehend skizzierten zugbeanspruchten Flachstähle mit jeweils gleicher Dicke s sind schematisch darzustellen bzw. anzugeben

a) der Verlauf der über den Querschnitt vorhandenen Zugspannung
b) Möglichkeiten zur Verminderung der Spannungsspitzen bei den Ausführungen b) und c)

Es ist davon auszugehen, dass die Zugkraft F jeweils gleichmäßig über den Querschnitt eingeleitet wird.

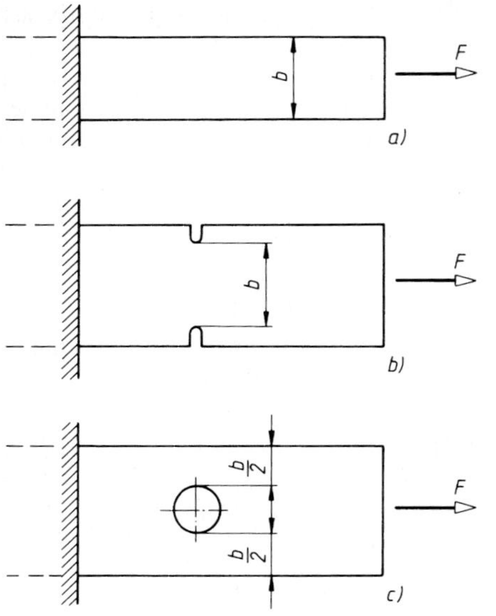

3.15 Zur Aufnahme eines fast scharfkantigen Bauteiles (keine Fase) ist eine rechtwinklige Anlage für die Wellenschulter erforderlich. Es sind Lösungsmöglichkeiten anzugeben, die keine allzu großen Spannungsspitzen erwarten lassen.

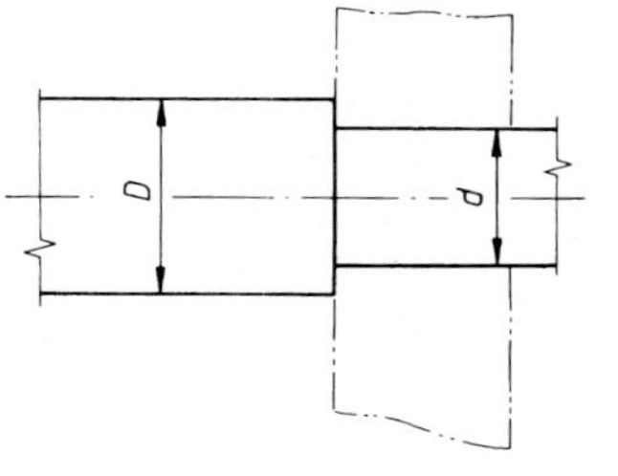

4 Klebverbindungen

Vorbemerkungen
Auf Grund der Entwicklung neuartiger hochfester synthetischer Klebstoffe und der besonderen Vorteile von Klebverbindungen gegenüber anderen Verbindungsarten gestattet die heutige Klebtechnik die Übertragung hoher Belastungen, auch wenn die Eigenfestigkeit der Klebstoffe erheblich kleiner als die Festigkeit der metallischen Werkstoffe ist.
Die optimale Bemessung und die Berechnung von Klebverbindungen erweist sich jedoch als ein schwierig zu lösendes Problem, da die Festigkeit der Verbindung von vielen in der Gesamtheit noch nicht erfassbaren Einflussfaktoren bestimmt wird.
Zur Berechnung von Metallklebverbindungen wurden verschiedene Methoden entwickelt. Meist werden in den Rechnungen Fügeteile und Klebschicht gesondert betrachtet, obwohl die metallische Oberfläche über die Grenzschicht hinaus die Festigkeit der Verbindung beeinflusst. Die Rechenverfahren basieren auf Versuchen mit statischen Kurzzeitbelastungen. In allen Fällen muss berücksichtigt werden, dass vom Hersteller angegebene Festigkeitswerte nur erreicht werden können, wenn der Klebvorgang nach den beschriebenen Vorschriften in allen Einzelheiten verläuft und dass die ermittelten Festigkeitswerte an genormten Prüfkörpern gemessen wurden. Unterschiedliche Abmessungen ergeben stets andere Festigkeiten, selbst wenn die Qualität der Klebverbindungen gleich ist.
Aus allen diesen Gründen sind Festigkeitsangaben für den Entwurf und Berechnungen nur mit entsprechenden Sicherheitsfaktoren ausreichend.
Nachfolgend sind nach einführenden Grundaufgaben, in denen Festigkeitswerte ermittelt und damit Grundbegriffe eingeprägt werden sollen, noch einige Aufgaben gegeben, worin ausgeführte typische Klebverbindungen überschlägig geprüft werden.

4.1 Bei einem Zugversuch am Prüfstab ergab sich eine Bruchlast $F_m = 5200$ N. Wie groß ist die Bindefestigkeit τ_{KB} des verwendeten Reaktionsklebstoffes?

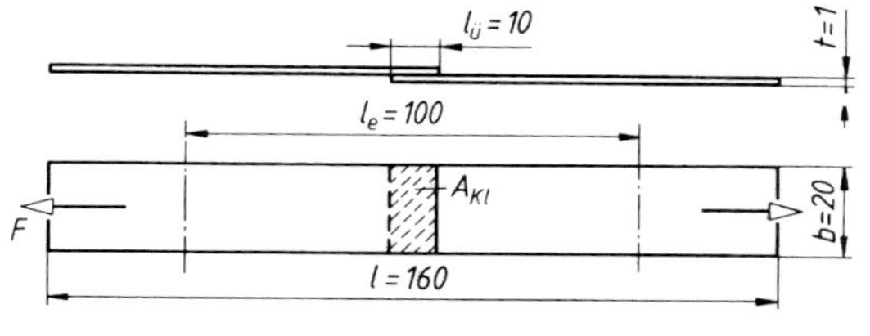

4.2 Zur Feststellung der Bindezugfestigkeit wurde der Prüfkörper zügig bis zur Bruchlast (Zerreißkraft) $F_m = 36{,}8$ kN auf Zug beansprucht. Welche Bindezugfestigkeit σ_{KB} der Klebverbindung ergab sich aus diesem Versuch?

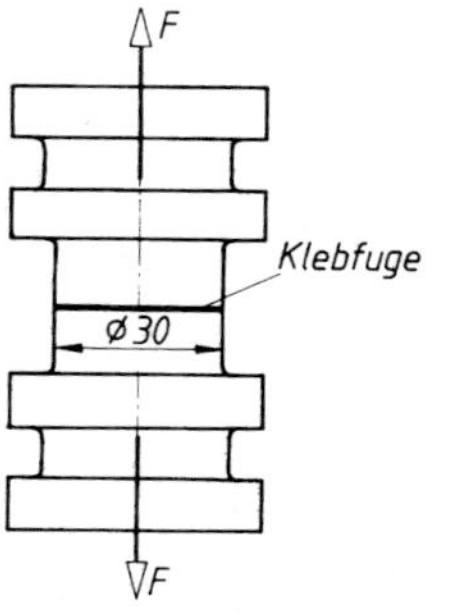

4

4.3 In einem Laborversuch soll die Verdreh-Bindefestigkeit τ_{KBt} eines für die Produktion vorgesehenen Klebstoffes ermittelt werden. Der zügig auf Verdrehen beanspruchte Prüfkörper zerbrach in der Klebfuge bei einem Drehmoment $T_B = 185$ Nm.

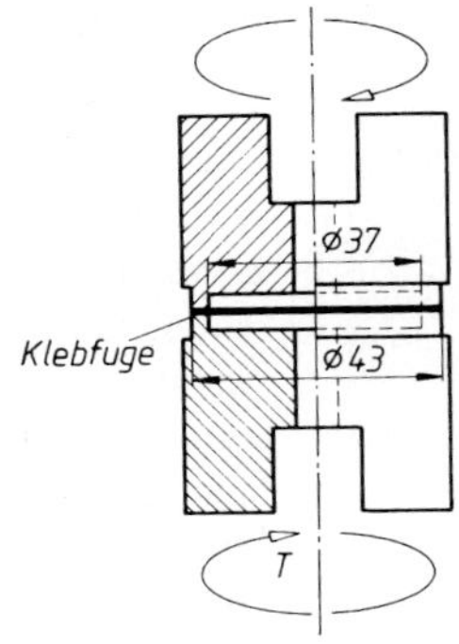

4.4 Bei einer Versuchsreihe zur Ermittlung des Einflusses der Überlappungslänge $l_ü$ auf die Bindefestigkeit τ_{KB} eines Klebstoffes wurden an Prüfkörpern aus AlCuMg (vgl. Bild zu Aufgabe 4.1) unter sonst gleichen Verhältnissen für $l_ü = 10$ mm, 15 mm, 20 mm, 25 mm und 30 mm die entsprechenden Zerreißkräfte $F_m = 4{,}6$ kN, 6,1 kN, 7,0 kN, 7,2 kN und 7,3 kN gemessen. Da bei wachsender Überlappungslänge $l_ü$ bzw. Klebfläche A_{Kl} und (nicht proportional) steigender Kraft F_m die Bindefestigkeit τ_{KB} kleiner wird, soll die durchschnittliche prozentuale Abnahme von τ_{KB} nach je 5 mm größerer Überlappungslänge bestimmt werden.

4.5 Bei einem Schälversuch an dem Prüfkörper war zum Einreißen der Klebverbindung eine Kraft $F_1 = 450$ N, zum fortlaufenden Schälen die Kraft $F_2 = 180$ N erforderlich.
Zu ermitteln sind:

a) die absolute Schälfestigkeit σ'_{abs},
b) die relative Schälfestigkeit σ'_{rel}.

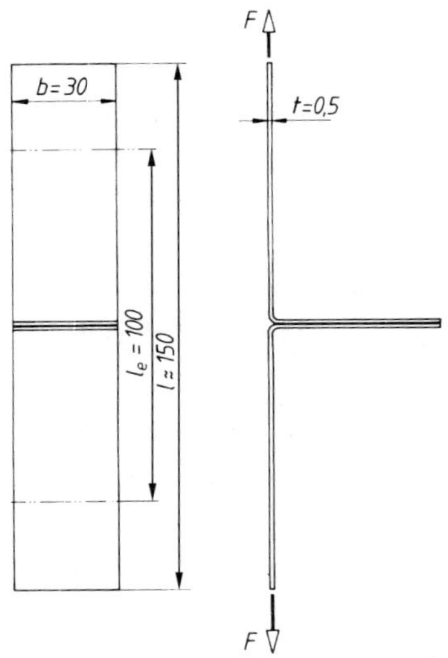

4.6 An einem Flachstahl DIN 174–S235JR–70 × 10 × 500 (blanker scharfkantiger Flachstahl) sollen an einem Ende zwei Flachstähle DIN 174–S235JR–50 × 6 × 400 ($R_m = 440$ N/mm^2) 60 mm überlappt geklebt werden. Verwendet wird ein Klebstoff, für den nach Herstellerangabe eine Bindefestigkeit $\tau_{KB} = 40$ N/mm^2 am Prüfkörper (vgl. Bild zur Aufgabe 4.1) bestimmt wurde, die jedoch nach jeweils 10 mm größerer Überlappung um durchschnittlich 8% absinkt. Die Verbindung soll mit $F = 15$ kN statisch auf Zug belastet werden.

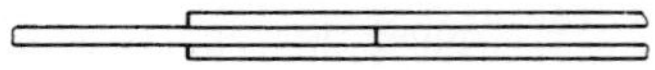
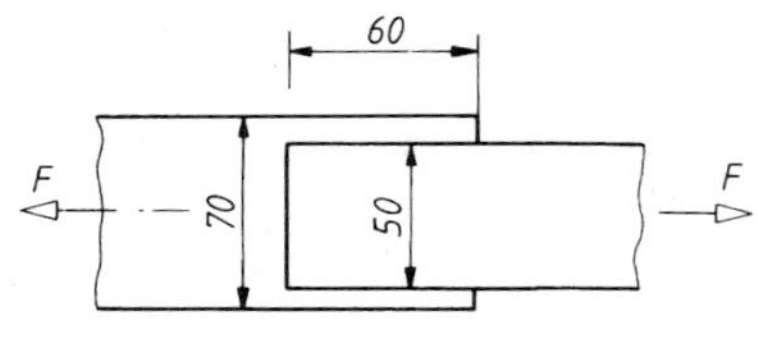

Zu ermitteln sind:

a) die Sicherheit S_1 gegen Bruch der überlappt geklebten Flachstähle,
b) die Sicherheit S_2 der Klebverbindung mit $\tau_{KB(60)}$ bei $l_{ü} = 60$ mm.

4.7 Das Ende eines Wasserrohres aus Polyvinylchlorid (PVC) von $d_a = 63$ mm Außendurchmesser und $t = 3$ mm Wanddicke wird mit einer geklebten Kappe verschlossen. Es ist zu prüfen, ob die Klebverbindung mit einem höchsten Wasserdruck $p = 4$ bar sicher hält, wenn die Bindefestigkeit des Klebers bei 20 mm Überlappungslänge $\tau_{KB} = 8$ N/mm^2 beträgt.

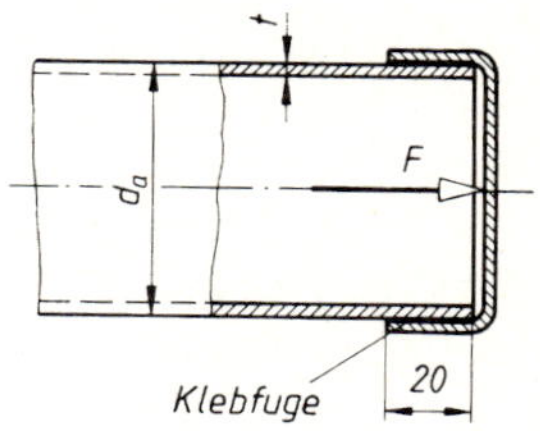

4.8 Bei einer Rohrleitung aus einer Aluminium-Legierung ENAW-AlMg3-H14 soll ein Flansch mit dem Rohr von 50 mm Außendurchmesser und 2 mm Wanddicke durch Kleben verbunden werden.
Wie groß ist die von der Klebverbindung aufzunehmende größte Rohrkraft F bei einer Bindefestigkeit $\tau_{KB} \approx 20$ N/mm^2 und einer mittleren Sicherheit S, wenn für die Überlappungslänge der kleinere der üblichen Werte zugrundegelegt wird?

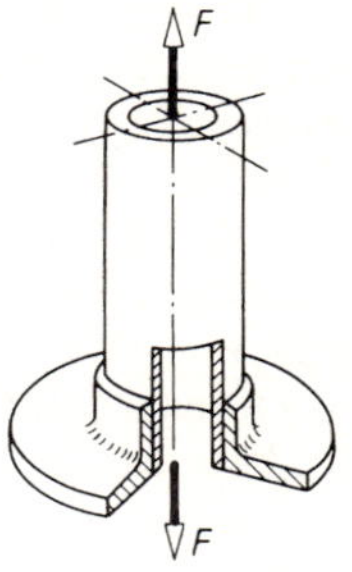

4.9 Der Bremstrommel-Innendurchmesser eines Lastkraftwagens beträgt $D_i = 280$ mm. Die auf die Bremsbacken aufgeklebten Beläge haben 60 mm Breite und 300 mm Länge. Im ungünstigsten Fall kann damit gerechnet werden, dass ein einziger Belagstreifen durch eingedrungenes Wasser an der Trommel anfriert und das größte Rad-Drehmoment $T \approx 3{,}5 \cdot 10^6$ Nmm von der Klebverbindung zu übertragen ist.
Es ist zu prüfen, ob für die Klebverbindung Bruchgefahr besteht, wenn für den vorgesehenen Kleber die Bindefestigkeit $\tau_{KB} = 15$ N/mm^2 beträgt.

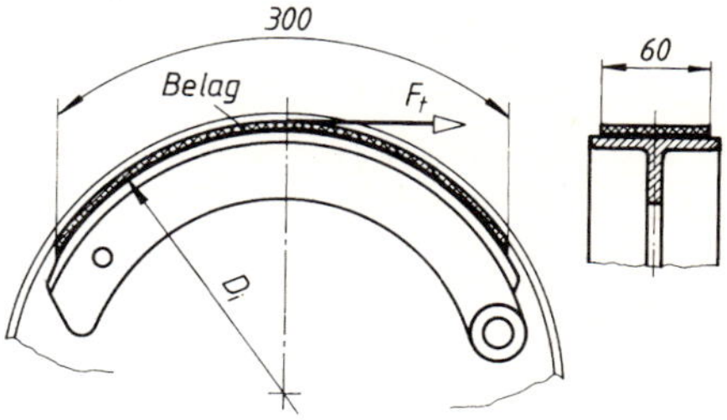

4.10 Für die Klebverbindung eines Zahnrades aus Polyamid mit einem Wellenzapfen aus Stahl ist ein Kaltkleber verwendet, der bei diesen Werkstoffen eine statische Bindefestigkeit $\tau_{KB} \approx 15$ N/mm^2 hat.
Welche Leistung in kW kann von der Verbindung bei einer Drehzahl $n = 125$ min^{-1} übertragen werden, wenn eine 2-fache Sicherheit gegenüber der dynamischen Bindefestigkeit τ_{KlSch} verlangt wird und ungünstige Betriebsverhältnisse durch den Betriebsfaktor $K_A \approx 1{,}5$ zu berücksichtigen sind?

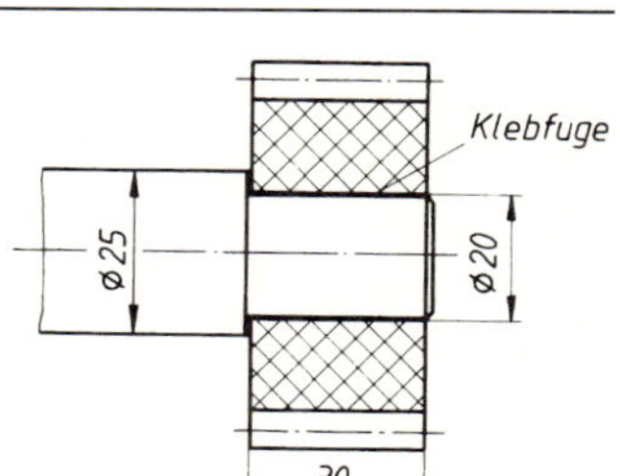

4

4.11 Ein Schaltritzel mit Modul $m = 3$ mm und einer Zähnezahl $z = 20$ hat die größte Leistung $P = 0{,}12$ kW bei einer Drehzahl $n = 160\ \text{min}^{-1}$ zu übertragen. Da die Drehrichtung ständig umkehrt und das Ritzel möglichst geräuscharm und elastisch arbeiten soll, ist der Zahnkranz aus Polyamid mit einer Nabe aus Stahl verklebt. Wie groß ist die gegen Dauerbruch vorhandene Sicherheit S der Klebverbindung, wenn nach Angaben des Herstellers für den Klebstoff mit der *statischen* Bindefestigkeit $\tau_{KB} \approx 12\ \text{N/mm}^2$ die *dynamische* Bindefestigkeit sich ergibt aus $\tau_{KlW} \approx 0{,}3 \cdot \tau_{KB}$? Ungünstige Betriebsverhältnisse sind nicht zu erwarten.

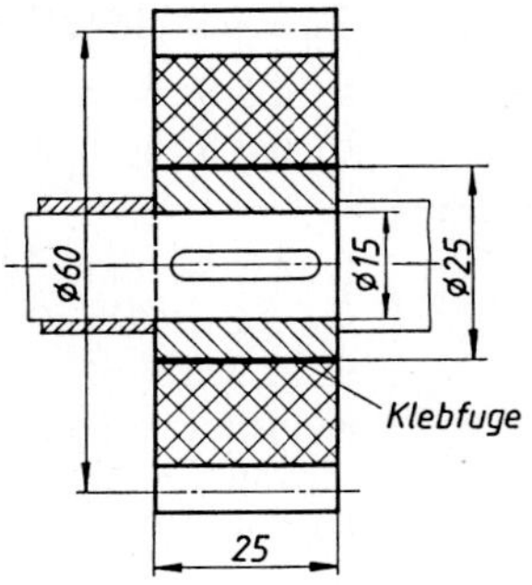

4.12 Bei dem in Klebkonstruktion ausgeführten Absperrschieber mit 80 mm Nennweite für einen überwiegend statischen Betriebsdruck $p = 10$ bar ist die Klebverbindung zwischen Gehäuse und Gehäusedeckel zu prüfen. Der Prüfdruck beträgt $p_{Pr} = 16$ bar. Die Bindefestigkeit des Klebers ist für die zu erwartenden höheren Betriebstemperaturen mit $\tau_{KB} \approx 10\ \text{N/mm}^2$ angegeben. Wie groß ist die Sicherheit S bzw. S_{Pr} gegen Bruch?

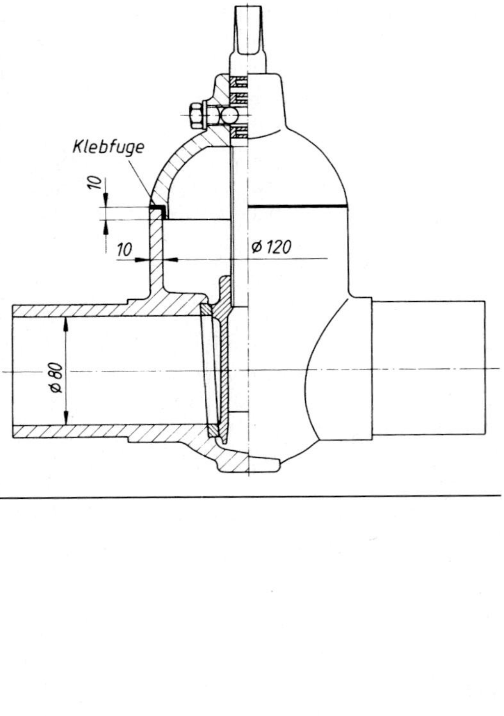

---

5 Lötverbindungen

Vorbemerkungen

Das Löten stellt ein Verfahren zur unlösbaren Verbindung von Bauteilen dar, ähnlich wie das Schweißen oder Kleben. Für den Konstrukteur ist die Kenntnis der Lötarten und der Lötverfahren wichtig, damit er entscheiden kann, welches Lot für die zu verbindenden Werkstoffe zu verwenden ist und welches Verfahren und welche Verbindungsart für die vorliegenden Bauteile am zweckmäßigsten und wirtschaftlichsten ist. Danach richtet sich dann die Gestaltung der Lötstellen und häufig sogar die Form der zu verbindenden Bauteile selbst. Es sind also in erster Linie konstruktive Probleme zu klären. Beachtet man, dass Lötverbindungen möglichst nur auf Schub beansprucht und *schälende* Beanspruchungen vermieden werden sollen, so lassen die Aufgaben erkennen, dass die konstruktiv festgelegten Werte den Anforderungen ohnehin genügen und eine *Berechnung* der Lötverbindung vielfach gar nicht erforderlich ist.

1 Wie werden die Lötverfahren nach der Arbeitstemperatur unterteilt?
Lösungshinweis siehe Lehrbuch 5.1.1.

2 Worauf ist beim Arbeiten mit cadmiumhaltigen Loten zu achten?
Lösungshinweis siehe Lehrbuch 5.1.3, Hartlote.

3 Weshalb eignen sich Weichlötverbindungen nicht bei Dauerbeanspruchung?
Lösungshinweis siehe Lehrbuch 5.1.3, Weichlote.

4 Von welchen Einflussgrößen hängt die Lötbarkeit eines Bauteiles ab?
Lösungshinweis siehe Lehrbuch 5.1.4.

5 Grundsätze zum lötgerechten Gestalten (Konstruktionsrichtlinien) sind anzugeben.
Lösungshinweis siehe Lehrbuch 5.2.

6 Von welchen Einflussfaktoren hängt die Festigkeit von Lötverbindungen ab?
Lösungshinweis siehe Lehrbuch 5.3.2.

5.1 Die skizzierte Ritzelwelle aus E335 (Zahnrad und Welle sind aus einem Stück gefertigt) erwies sich für eine zu erwartende Serienfertigung als zu aufwendig. Es sind Lösungsmöglichkeiten anzugeben, die kostengünstigere Herstellungen erwarten lassen, wobei die Zahnradabmessungen sowie die Zapfenabmessungen zur Gewährleistung der Funktion eingehalten werden müssen.

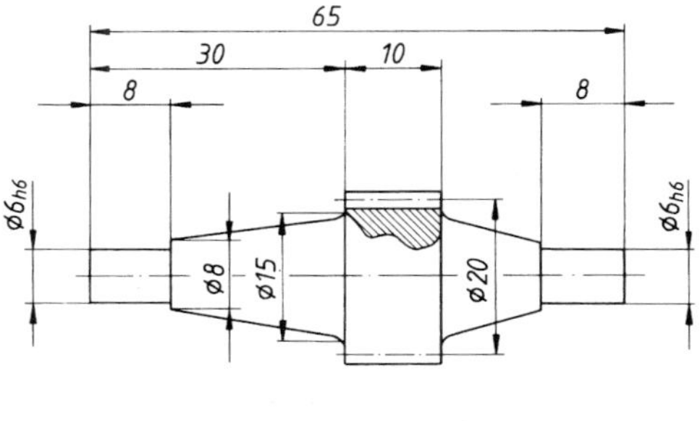

5.2 Eine Kaltwasserleitung aus Kupferrohr 54 × 2 wird nach Skizze mit einer weich aufgelöteten Kappe verschlossen.
Es ist zu prüfen, ob die Spaltlötverbindung für einen höchsten Wasserdruck von 8 bar sicher ausgelegt ist.

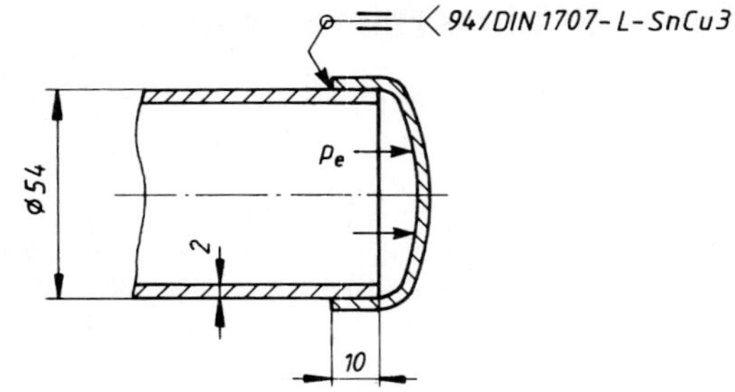

5.3 Die nahtlosen Mäntel eines kleinen Druckbehälters ∅ 315 mm aus SF-CuF20 sollen nach Skizze durch eine weichgelötete Rundnaht verbunden werden. Der Berechnungsdruck beträgt 6 bar, die Berechnungstemperatur 50 °C.
Zu berechnen bzw. zu prüfen sind:

a) Die erforderliche Wanddicke des Behältermantels (gerundet auf ganze oder halbe mm), wenn mit einer Wanddickenunterschreitung von 0,3 mm zu rechnen ist,
b) ob die Ausführung den Festlegungen der AD-Merkblätter entspricht,
c) die mindestens erforderliche Überlappungslänge $l_{ü}$,
d) die beim Berechnungsdruck in der Lötnaht auftretende Scherspannung.

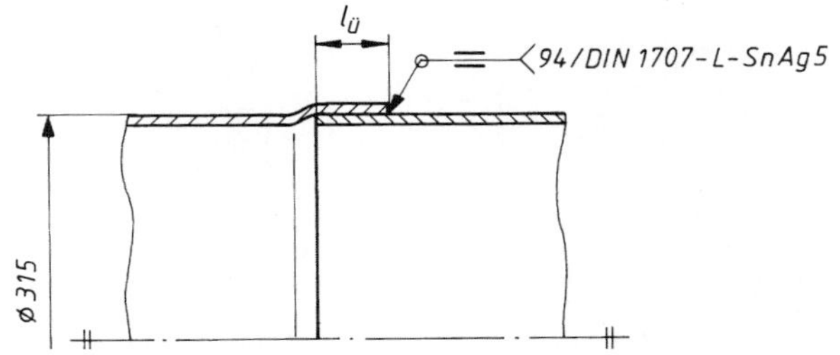

5.4 Ein kleiner Druckbehälter aus SF-CuF20 wird bei einem Außendurchmesser von 400 mm mit der erlaubten Mindestwanddicke von 2 mm ausgeführt. Der Behältermantel erhält eine Rundnaht mit weich aufgelöteter Lasche.
Zu bestimmen sind:

a) Die Laschenbreite und -dicke nach den Festlegungen der AD-Merkblätter,
b) die beim zulässigen Betriebsüberdruck von 1,6 bar in der Lötnaht auftretende Scherspannung.

5.5 Der Mantel eines Druckbehälters aus S235JR, Außendurchmesser 355 mm, soll mit hartgelöteter Längsnaht ausgeführt werden. Der Berechnungsdruck beträgt 6 bar, die Berechnungstemperatur 50 °C.
Zu berechnen sind:

a) Die erforderliche Wanddicke des Behältermantels, wenn eine Wanddickenunterschreitung des Mantelbleches von 0,12 mm zu berücksichtigen ist,
b) die erforderliche Überlappungslänge beim Einsatz von Hartlot L-Ag30Cd.

5.6 Auf die Welle eines Kleinmotors soll ein Ritzel nach Skizze hart aufgelötet werden. Die Verbindung hat ein mit mittleren Stößen ($K_A = 1{,}3$) auftretendes Drehmoment von maximal 7 Nm zu übertragen. Als Werkstoff für Ritzel und Welle ist E335 vorgesehen.

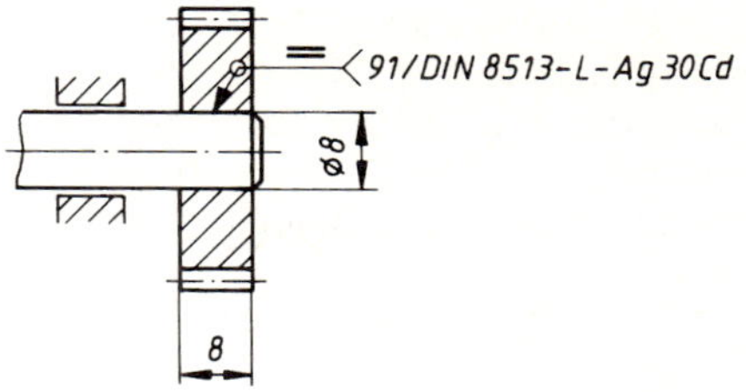

a) Welche Bruchsicherheit weist die Lötnaht auf?

b) Wie lang müsste die Lötnaht ausgeführt werden, wenn sie etwa die gleiche Bruchtragfähigkeit wie die Welle haben soll?

5.7 Ein Schalthebel soll nach Skizze auf den Zapfen einer Schaltwelle hart aufgelötet werden. Für die Bauteile ist der Werkstoff S235JR vorgesehen. Durch die stoßhaft und wechselnd auftretende Schaltkraft ($K_A = 1{,}5$) ist von der Lötverbindung ein größtes Drehmoment von 8 Nm zu übertragen. Der Lötzapfen wird dauerfest mit ⌀ 10 mm ausgeführt.
Mit welcher Dicke t (= Überlappungslänge $l_ü$) muss der Schalthebel mindestens ausgeführt werden, wenn für die Lötverbindung eine fünffache Sicherheit gefordert wird?

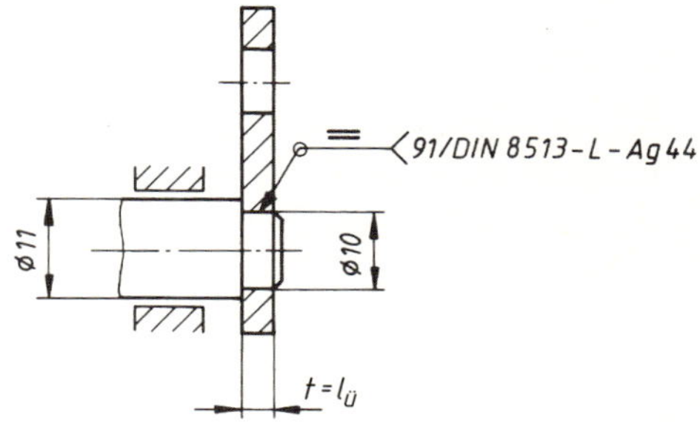

5.8 Weil ein Überlappstoß konstruktiv nicht möglich ist, sollen 2,5 mm dicke Bauteile aus S235JR und CuZn37 stumpf gestoßen werden.
Welche ruhend wirkende Längskraft F kann übertragen werden, wenn eine 3-fache Sicherheit gegen Bruch der Lötnaht gefordert wird?

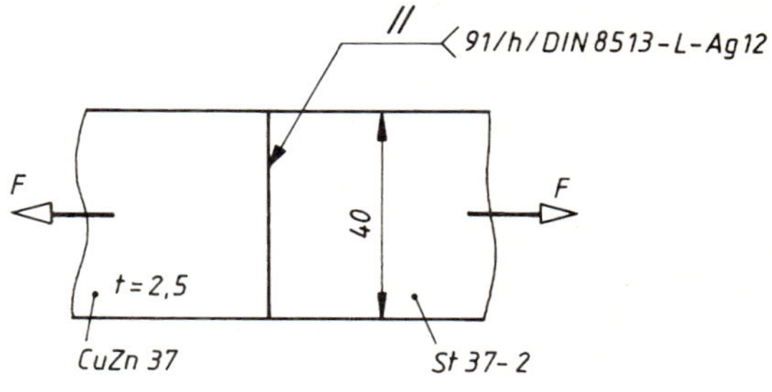

5.9 Ein Tragzapfen (E295) soll durch Hartlöten stumpf mit der Seitenwand (S355J2G3) einer umlaufenden Trommel verbunden werden. Die Lagerkraft tritt stoßhaft ($K_A = 1{,}3$) mit dem Größtwert $F_{max} = 1{,}12$ kN auf.
Mit welchem Durchmesser d ist der Zapfen auszuführen, wenn eine 2-fache Sicherheit gegen Dauerbruch der Lötverbindung verlangt wird?

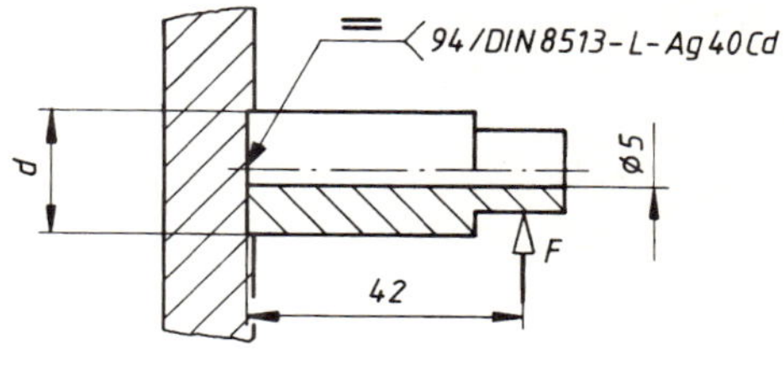

5

5.10 In einer Löt-Steckverbindung (Skizze) wird der Bolzen ∅ 12 mm mit einer Längskraft $F = 4{,}5$ kN und einem Torsionsmoment $T = 22$ Nm vorwiegend ruhend belastet. Die Bauteile sind aus S235JR.
Welche Sicherheit gegen Bruch weist die Lötnaht auf?

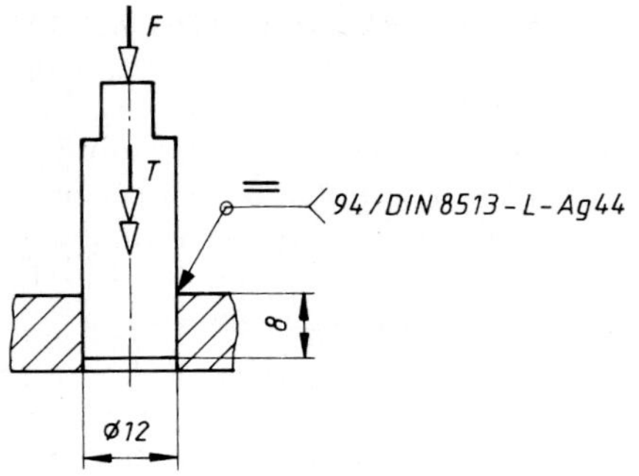

5.11 Ein biegebeanspruchter Lagerzapfen ∅ 18 mm wird nach Skizze als Löt-Steckverbindung ausgeführt. Die Lagerkraft $F = 1{,}6$ kN tritt mit mittleren Stößen auf ($K_A = 1{,}3$). Die Bauteile bestehen aus E295. Es ist zu prüfen, ob die Lötnaht ausreichend sicher bemessen ist.

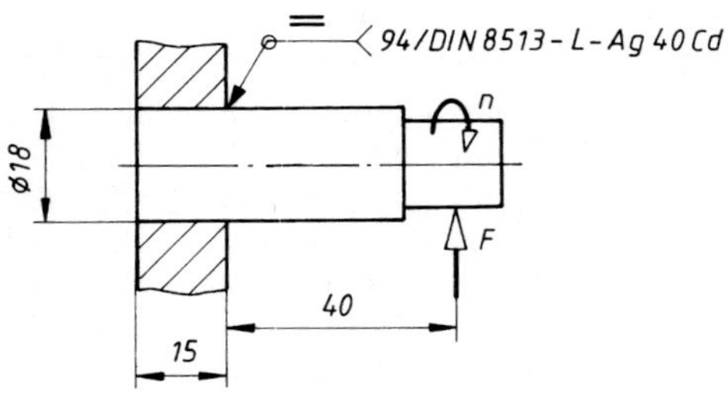

6 Schweißverbindungen

Vorbemerkungen
Während sich die Anwendung der Schweißtechnik anfangs auf die Reparatur gebrochener Werkstücke beschränkte, ist sie durch die stürmische Entwicklung der letzten Jahrzehnte zum wichtigsten Fügeverfahren geworden. Schweißgerecht ausgeführte Verbindungen ermöglichen sichere und wirtschaftliche Konstruktionen auf fast allen Gebieten der modernen Technik. Ihre Festigkeit hängt hauptsächlich von der Gestaltung, vom Werkstoff und vom Fertigungsverfahren ab.
Anhand der nachfolgend gegebenen Aufgaben soll das Berechnen und Gestalten einfacher Schweißverbindungen geübt werden. Aus den an der Schweißkonstruktion (z. B. Fachwerkbinder, Hebel) angreifenden äußeren Kräfte (z. B. Eigengewichte, Seilkräfte, Massenkräfte) werden nach den Regeln der Statik die an der Schweißverbindung angreifenden inneren Kräfte (z. B. Stabkräfte, Biegemomente) ermittelt. Mit der Annahme einer gleichmäßigen bzw. linearen Spannungsverteilung in den Nähten lassen sich daraus die Nennspannungen σ_w (τ_w) errechnen. Diese werden dann mit den in den Planungsnormen festgelegten zulässigen Nennspannungen $\sigma_{w\,zul}$ ($\tau_{w\,zul}$) verglichen. Es wird gefordert $\sigma_w \leq \sigma_{w\,zul}$ ($\tau_w \leq \tau_{w\,zul}$).
Die Aufgaben umfassen:

- Übungen zu den Stoß- und Nahtarten, sowie zur Gestaltung und Gütesicherung von Schweißkonstruktionen
- Schweißanschlüsse und Bauteile von Stahlbauten mit vorwiegend ruhender Belastung, insbesondere Stab- und Trägeranschlüsse und die Bemessung von Zug- und Druckstäben sowie Biegeträgern
- Schweißverbindungen im Druckbehälterbau nach dem AD-Regelwerk
- Dynamisch beanspruchte Schweißverbindungen im Maschinenbau nach der Vorschrift DS 952 01 der Deutschen Bahn AG
- Punktschweißverbindungen
- Übungen zur Schweißschrumpfung.

Von überragender Bedeutung für die Festigkeit von Schweißkonstruktionen ist die Verwendung von schweißgeeigneten Werkstoffen. Dies wurde lange Zeit nicht erkannt und führte zu katastrophalen Schäden (Brückeneinstürze, Schiffsuntergänge, Bersten von Behältern). In den Aufgaben am Schluss dieses Kapitels wird gezeigt, dass jeder Schweißvorgang zur Entstehung von Schrumpfspannungen und Verwerfungen führt. Diese zu vermindern oder klein zu halten (Schweißfolge, Vorwärmen, Entspannen) ist ein Problem der Fertigung und zeigt auch ihren bedeutenden Einfluss auf die Güte einer Schweißkonstruktion.
Mit der Erstellung geschweißter Tragwerke dürfen deshalb auch nur Betriebe betraut werden, die von den Fachkräften und der Einrichtung her die Gewähr für eine fachgemäße Ausführung bieten. Aber auch bei fachgemäß ausgeführten Schweißverbindungen kommt es in der Nahtzone zur Ausbildung eines räumlichen (dreiachsigen) Zugspannungszustandes. Ein ungeeigneter Werkstoff kann dadurch nicht mehr fließen und verhält sich, besonders bei großen Wanddicken, spröde. (Gleichnis: Windschutzscheibe aus vorgespanntem Sicherheitsglas.) Der gefürchtete Sprödbruch (verformungsloser Trennbruch) kann dann durch Lastspitzen oder tiefe Temperaturen ausgelöst werden.
Bei einem Werkstoff, der über die Fähigkeit plastischer Formänderung vor dem Bruch verfügt, sind die Schrumpfspannungen weniger gefährlich. Beim Aufbringen der Last überlagern sie sich mit den dadurch hervorgerufenen Betriebsspannungen. In der Nahtzone wird dann die Fließgrenze überschritten, sie verformt sich plastisch (gibt ohne Kraftsteigerung nach). Bei weiterer Belastung steigen nur die Spannungen in den umgebenden Bereichen mit elastischer Formänderung weiter an. Die Schrumpfspannungen werden bei schweißgeeigneten Stählen mit ausreichendem Formänderungsvermögen durch plastische Verformung rissfrei abgebaut.

1 Es sind drei wesentliche Vorteile und zwei wesentliche Nachteile von Schweißkonstruktionen zu nennen (z. B. gegenüber Guss- und Schraubkonstruktionen).
Lösungshinweis: Siehe Lehrbuch 6.1.1.

2 a) Von welchen drei Einflussgrößen hängt die Schweißbarkeit eines Bauteiles ab?
b) Die Schweißeignung der Baustähle E335 und S355J2G4 ist zu beurteilen.
Lösungshinweis: a) Siehe Lehrbuch 6.2.1, b) Siehe Lehrbuch 6.2.1-1.

3 Zwei in einer Ebene liegende 16 mm dicke Bleche stoßen auf ein rechtwinklig dazwischen liegendes 20 mm dickes Blech (S235J2G3).
a) Um welche Stoßart handelt es sich?
b) Welche Nahtart sollte bei dynamischer Zugbeanspruchung gewählt werden?
c) Welche Gefahr besteht für das Querblech?
d) Durch welche Maßnahmen kann der unter c) genannten Gefahr begegnet werden?
Lösungshinweis: Siehe Lehrbuch 6.2.2, mit Bildern 6-10 und 6-11.

4 Für eine Schweißverbindung im Stahlbau sind Bleche (S235J2G3) der Dicken 4 mm, 10 mm und 25 mm stumpf zu stoßen.
a) Welche Nahtform kommt bei MAG-Schweißung jeweils in Frage?
b) Für die unter a gewählten Nähte ist die Fuge jeweils maßstäblich aufzuzeichnen.
c) Die Normbezeichnung der Fugenform ist jeweils anzugeben (s. DIN EN 29692).
Lösungshinweis: Siehe Lehrbuch 6.2.2, mit Bild 6-11.

5 Ein Zugstab mit Rechteckquerschnitt (Flachstahl) ist durch Lichtbogenhandschweißen an ein gleich dickes Blech anzuschließen.
Alle ausführbaren Schweißstoßarten sind unter Angabe des Kraftflussverlaufs und ihrer Eignung im Maschinen- (Kran-) und Stahlbau zu beurteilen.
Lösungshinweis: Siehe Lehrbuch 6.2.2 und 6.2.5.

6 Die unten stehenden Schweißnahtangaben sind zu erläutern:

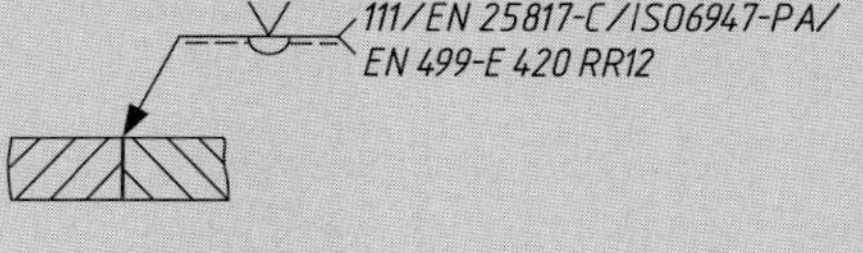

a)

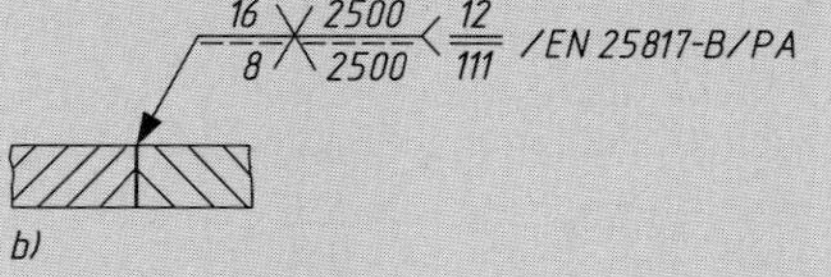

b)

Lösungshinweis: Siehe Lehrbuch 6.2.4.

7 a) Wodurch werden während des Schweißens und des anschließenden Abkühlens Schweißeigenspannungen und Schweißverzug hervorgerufen?
b) Welche Auswirkungen hat die Schweißschrumpfung am geschweißten Bauteil?
c) Durch welche Maßnahmen lassen sich die Schweißeigenspannungen verringern?
Lösungshinweis: Siehe Lehrbuch 6.1.3 und 6.2.5.

8 In geschweißten Bauteilen erreichen die Schweißeigenspannungen örtlich die Streckgrenze.
Es ist kurz zu begründen, warum sie durch die Betriebskräfte überhaupt noch belastet werden können ohne sofort zu versagen.
Lösungshinweis: Siehe Lehrbuch 6.1.3-3.

9 a) Welche Bedeutung haben bei Schweißverbindungen die Bewertungsgruppen?
b) Nach welchen Gesichtspunkten werden sie festgelegt?
Lösungshinweis: Siehe Lehrbuch 6.2.3-1.

10 Aufgrund der genannten Anforderungen ist für jede der nachfolgend genannten Schweißverbindungen eine Bewertungsgruppe nach DIN EN 25817 festzulegen.

a) Längsnaht im Mantel eines Druckluftbehälters aus S235JRG2.
Betriebsüberdruck 12 bar
Berechnungstemperatur 50 °C
Wanddicke 8 mm

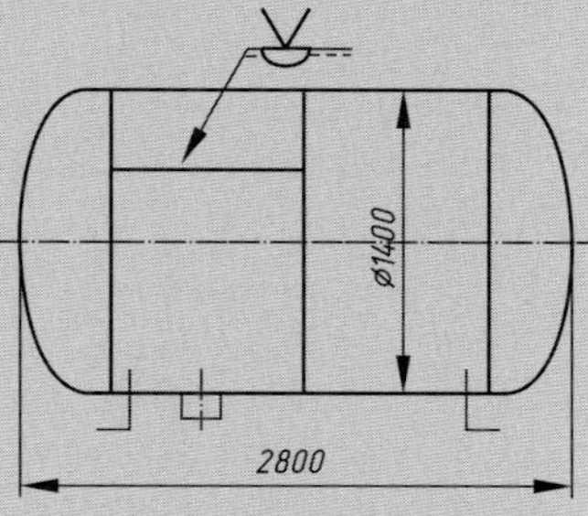

b) Rundnähte zur Verbindung eines Lagerkörpers mit der tragenden Gehäusewand. Das Gehäuse aus S235JR wird nach dem Schweißen spannungsarmgeglüht. Die rechnerischen Schubspannungen infolge der zu übertragenden Radiallast sind niedrig. Es liegt vorwiegend ruhende Beanspruchung vor.

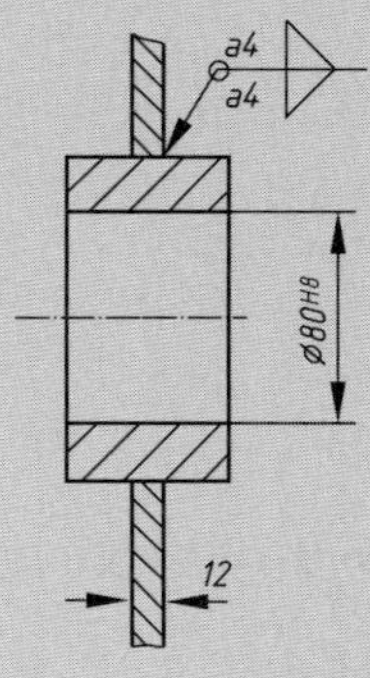

c) Durch Doppelkehlnähte in einen Maschinenständer eingeschweißte Rippe. Der Ständerfuß wird dadurch gegen die Wand abgesteift. Werkstoff S235JR.

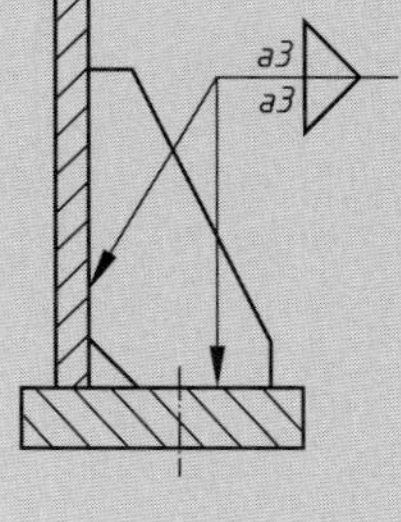

d) Schwellend hochbeanspruchter Stumpfstoß in einem Zugstab aus S355J2G3 für eine Fördereinrichtung. Beim Versagen der Schweißverbindung kann die ganze Konstruktion zerstört werden. Für das Bedienungspersonal bestünde Lebensgefahr.

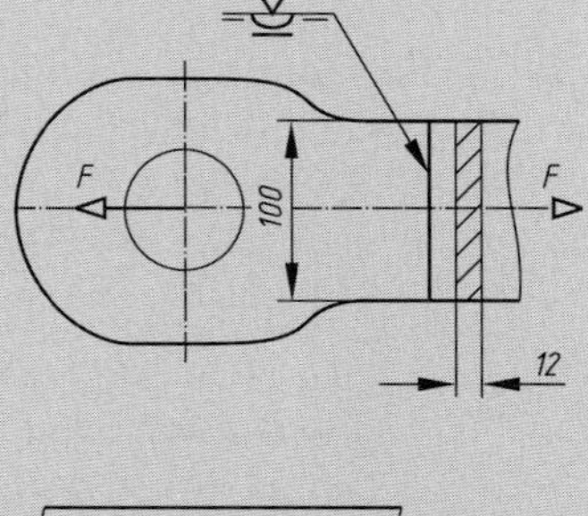

e) Stumpfstoß von Trägerprofilen aus S235JRG2 in einem schwellend beanspruchten Grundrahmen für einen Maschinensatz. Die Ausnutzung der zulässigen Spannungen beträgt ungefähr 75%.

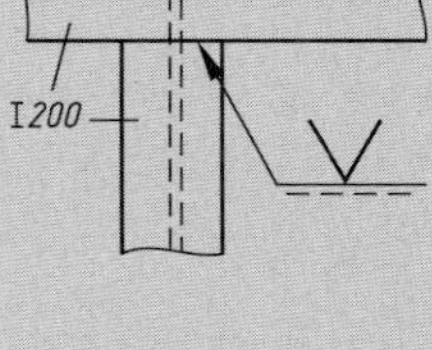

Lösungshinweis: Siehe Lehrbuch 6.2.3-1 und Tabellenbuch TB 6-2.

11 An einer wechselnd beanspruchten Schweißkonstruktion mit starker Kerbwirkung treten bereits einige Monate nach der Inbetriebnahme Risse auf. Man beschließt, für ein Folgeteil nur den Werkstoff zu ändern. Statt dem bisherigen Werkstoff S235J2G3 soll ein hochfester Feinkornbaustahl eingesetzt werden.
Die Entscheidung ist im Hinblick auf die Dauerhaltbarkeit des Bauteiles zu beurteilen.
Lösungshinweis: Siehe Lehrbuch 6.2.5-4.

12 Lage und Form der Schweißnähte haben einen wesentlichen Einfluss auf die Festigkeit und die wirtschaftliche Herstellung der Schweißkonstruktionen.

a) Gegen welche schweißtechnischen Gestaltungsregeln verstoßen die skizzierten Schweißverbindungen a bis c?
b) Eine bessere schweißtechnische Lösung ist anzugeben (Skizze) und zu begründen.

Lösungshinweis: Siehe Lehrbuch 6.2.5.

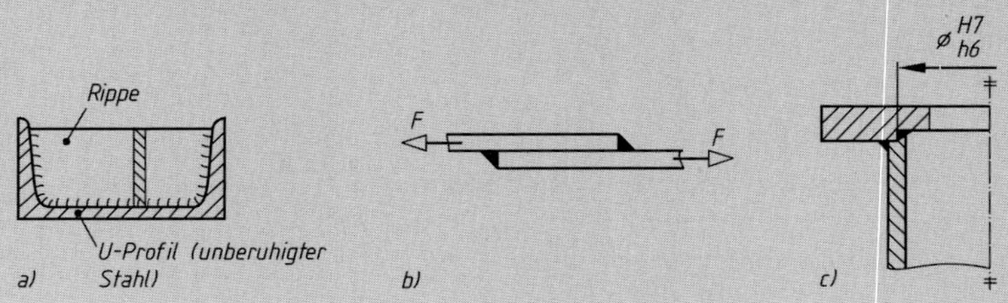

Schweißverbindungen im Stahlbau

6.1 Ein Flachstahl nach DIN 1017–S235JRG2–80 × 8 mit Stumpfstoß soll eine Zugkraft $F = 125$ kN übertragen. Durch Auslaufbleche wird für eine kraterfreie Ausführung der Nahtenden gesorgt. Die Nahtgüte wird nicht nachgewiesen.
Es ist zu prüfen, ob der Stab ausreichend bemessen ist.

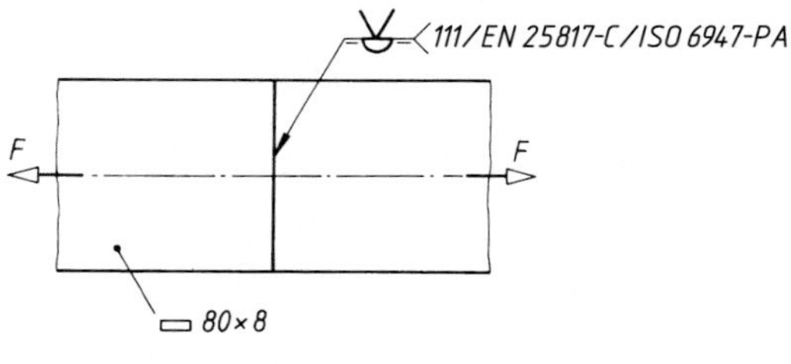

6.2 Ein Zugstab aus Breitflachstahl nach DIN 59200 – S355J2G3 – 200 × 15 wird durch eine auf der ganzen Länge vollwertige Stumpfnaht gestoßen.
Zu ermitteln ist die vom Stab übertragbare Zugkraft F_{max} bei

a) nachgewiesener Nahtgüte und
b) nicht nachgewiesener Nahtgüte.

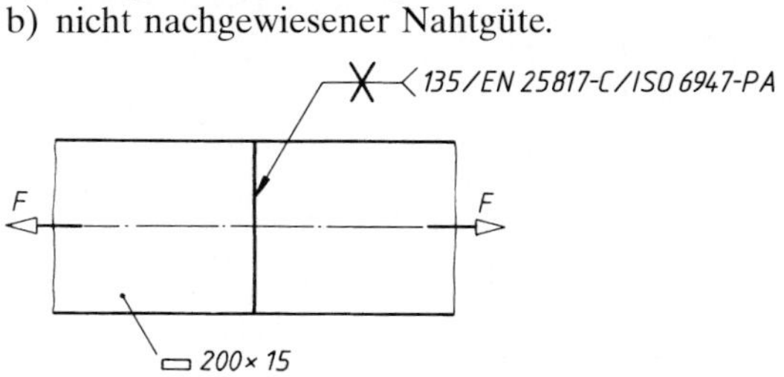

6.3 Ein Zugstab soll mit einem 8 mm dicken Knotenblech stumpf verschweißt werden. Die Zugkraft beträgt $F = 95$ kN. Die Bauteile sind aus S235JR. Welche Flachstahlbreite b ist erforderlich, wenn Stab und Knotenblech gleich dick sein sollen und die Nahtgüte nicht nachgewiesen ist?

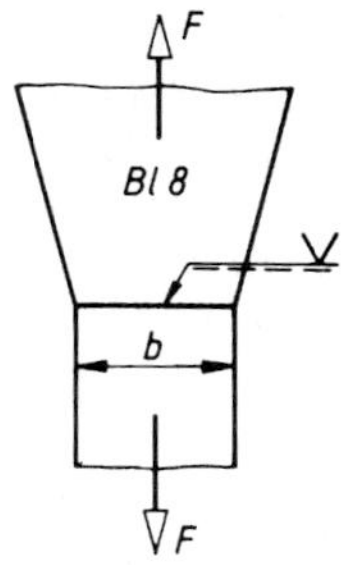

6.4 Ein aus zwei U-Stählen nach DIN 1026 – S235JR–U200 gebildeter Zugstab soll an ein 14 mm dickes Knotenblech so angeschlossen werden, dass die vom Gesamtstab übertragbare größte Zugkraft auch von der Schweißverbindung aufgenommen werden kann (Vollanschluss).

Zu ermitteln bzw. zu prüfen sind:

a) die von den zwei U-Stählen übertragbare größte zulässige Zugkraft F_{max},

b) die größte zulässige Dicke a_{max} der Flankenkehlnähte,

c) die zur Aufnahme der Zugkraft F_{max} erforderliche Überlapplänge gleich Nahtlänge l,

d) die Tragfähigkeit des Knotenbleches.

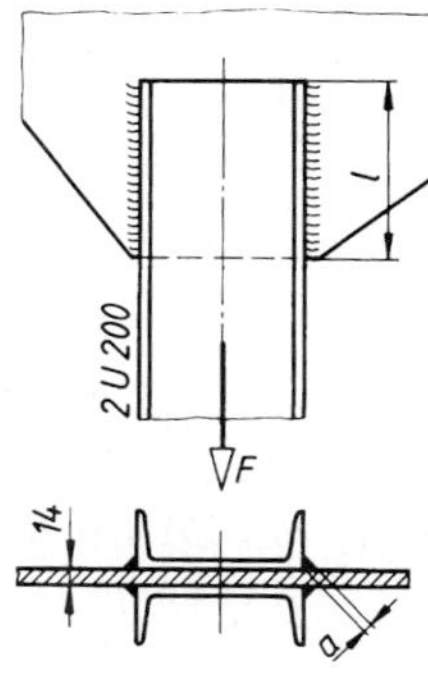

6.5 In einem Fachwerk aus S235JR soll ein aus zwei Winkelstählen nach EN 10056-1 – 75 × 50 × 6 gebildeter Zugstab über ein 8 mm dickes Knotenblech an den Steg eines T-Profiles EN 10055-T80 angeschlossen werden.

Zu berechnen sind:

a) die größte zulässige Stabkraft F_{max},

b) die für die größte zulässige Stabkraft nach a erforderliche Länge der Flankenkehlnähte (l_1, l_2), wenn die Nähte angenähert spannungsgleich ausgeführt werden sollen,

c) die Länge l der Anschluss-Stumpfnaht an den Stab T80 für die größte zulässige Stabkraft F nach a, wenn die Nahtgüte nicht nachgewiesen wird.

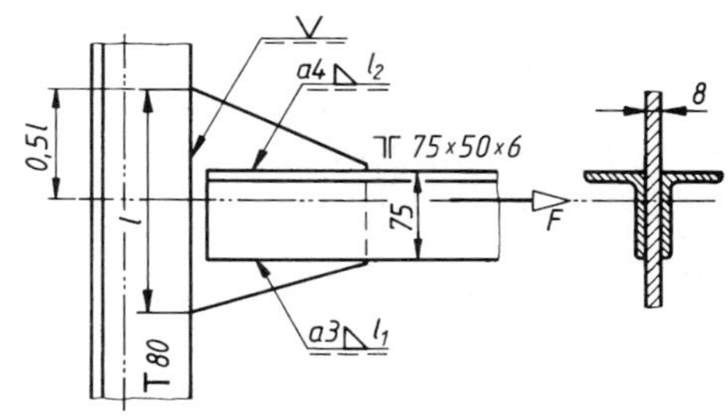

6.6 Ein geschweißter I-förmiger Zugstab aus S235JR soll mit einer Stumpfnaht und vier Doppelkehlnähten an ein Knotenblech angeschlossen werden. Der Stab hat eine Zugkraft $F = 330$ kN zu übertragen.

Festigkeitsmäßig nachzuprüfen sind:

a) der Zugstab im maßgebenden Querschnitt (Schnitt A–B),

b) der Schweißanschluss.

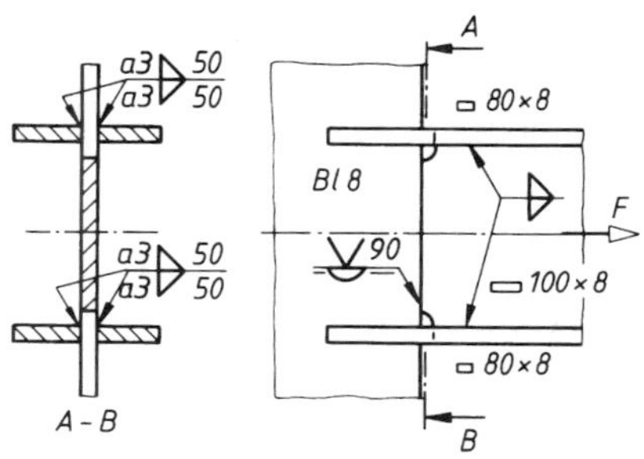

6.7 In einem Fachwerk soll der Diagonalstab aus T-Profil EN 10055 – S235JRG2 – T60 durch Stumpf- und Kehlnähte zentrisch an den Steg des Gurtstabes aus 1/2 I-Profil DIN 1025 – S235JRG2 – I200 angeschlossen werden. Der Stab hat eine Zugkraft $F = 150$ kN zu übertragen.

a) Der Zugstab T60 ist festigkeitsmäßig nachzuprüfen (allgemeiner Spannungsnachweis),

b) die erforderliche Bearbeitung des anzuschließenden T-Stahl-Endes ist zu beschreiben oder zu skizzieren,

c) der Schweißanschluss ist zu bemessen.

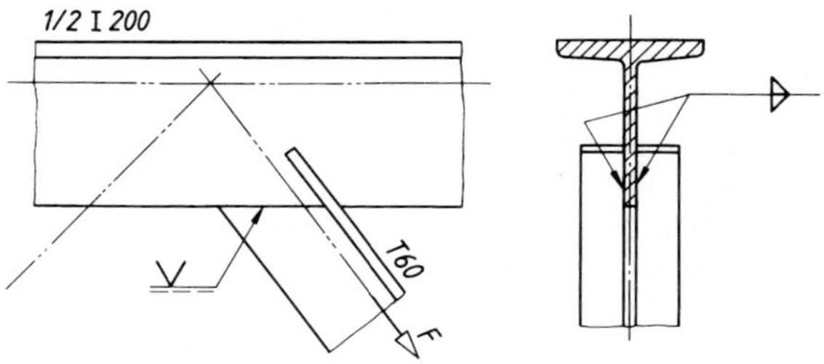

6.8 Ein Zugstab aus einem flach liegenden U-Profil DIN 1026–S235JR–U80 ist über Flankenkehlnähte an das Knotenblech eines Fachwerks angeschlossen.
Stab und Nähte sind für eine Zugkraft $F = 90$ kN zu prüfen.

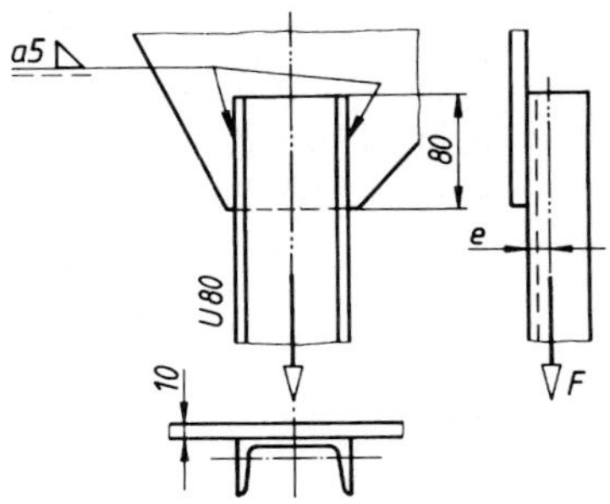

6.9 Ein Winkel EN 10056-1 – 60 × 60 × 6 soll an ein 8 mm dickes Knotenblech angeschlossen werden. Er hat eine Zugkraft $F = 112$ kN zu übertragen. Für Winkel und Knotenblech ist der Werkstoff S235JR vorgesehen.

a) Es ist nachzuprüfen, ob der Winkel ausreichend bemessen ist.

b) Die beidseitig gleich dick und gleich lang auszuführenden Flankenkehlnähte sind zu berechnen.

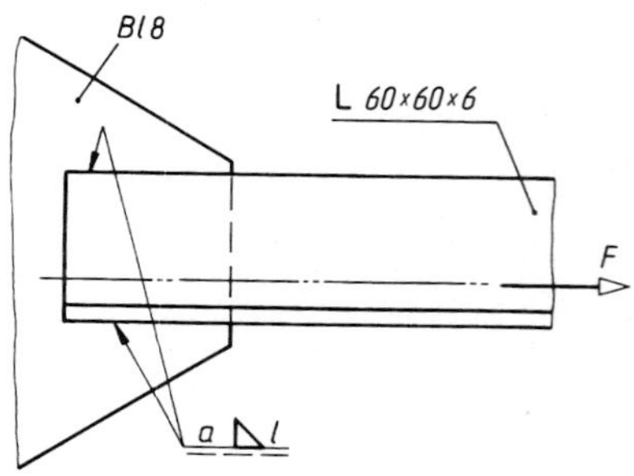

6.10 An das 8 mm dicke Knotenblech eines Fachwerkes soll ein ungleichschenkliger Winkel zur Übertragung einer Zugkraft $F = 164$ kN einseitig angeschweißt werden. Die Bauteile sind aus S355. Zu ermitteln sind:

a) der gut ausgenutzte ungleichschenklige Winkel nach EN 10056-1, dessen breiter Schenkel anliegt,

b) die Dicken a_1 und a_2 der Flankenkehlnähte,

c) die Längen l_1 und l_2 der Flankenkehlnähte, wobei die Spannungen in den Nähten möglichst gleich sein sollen.

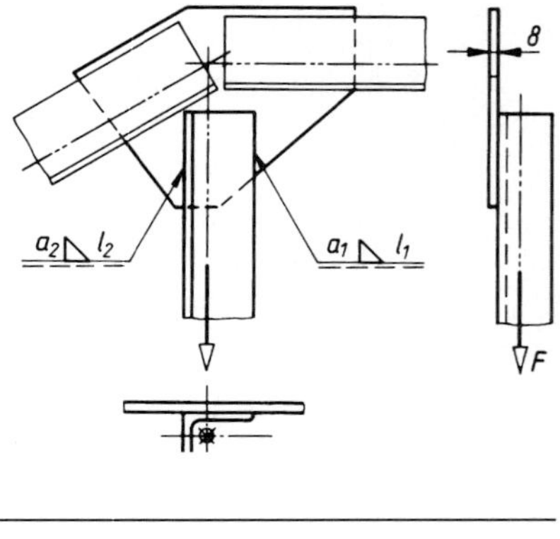

6.11 Ein Winkel EN 10056-1 – 60 × 6 × 6 soll durch 3 mm dicke Flanken- und Stirnkehlnähte an ein 8 mm dickes Knotenblech angeschlossen werden. Der Stab aus S235JR, dessen Achse im Anschlussbereich rechtwinklig zum Knotenblechrand verläuft, hat eine Zugkraft $F = 115$ kN zu übertragen.

Zu berechnen ist die Länge der Flankenkehlnähte (Überlapplänge) bei

a) einer Stirnkehlnaht am Knotenblechrand nach Bild a,

b) einer ringsumlaufenden Kehlnaht nach Bild b.

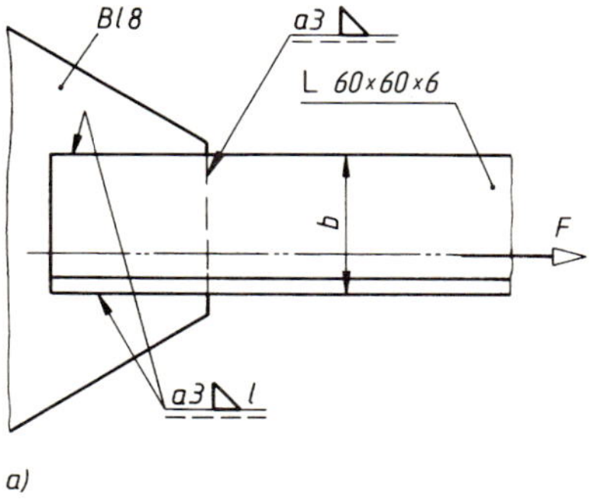

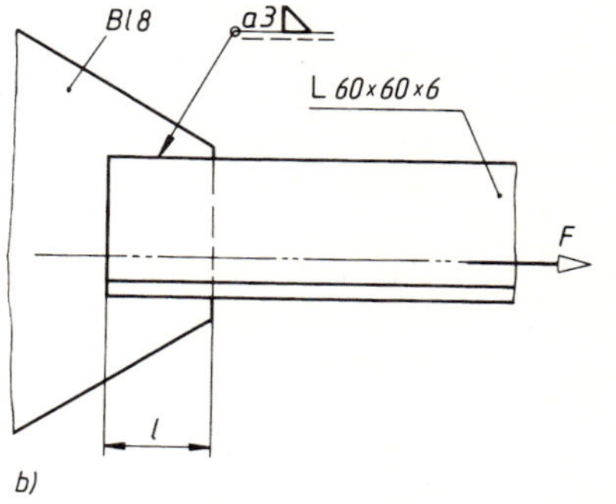

6.12 Ein Zugstab aus einem Winkel EN 10056-1 – 60 × 60 × 6 soll mit einer ringsumlaufenden 3 mm dicken Kehlnaht an den Steg eines 1/2 I 200 angeschlossen werden. Die Zugstabachse verläuft im Anschlussbereich unter einem Winkel α = 55° zum Stegrand des 1/2 I 200. Der Schweißanschluss ist für eine Zugkraft $F = 120$ kN und den Werkstoff S235JR zu bemessen.

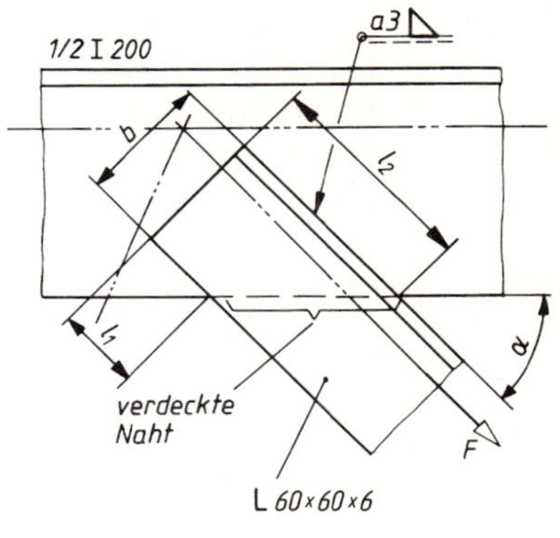

6.13 Eine beidseitig gelenkig gelagerte Stütze aus einem I-Träger (IPB-Reihe) DIN 1025 – S235JR, mit der freien Knicklänge $l_{kx} = l_{ky} = 4250$ mm, hat eine Druckkraft $F = -670$ kN aufzunehmen. Das Stützenende ist durch Fräsen rechtwinklig bearbeitet.

Zu berechnen bzw. zu wählen sind:

a) der erforderliche Stützenquerschnitt (Profilgröße IPB),

b) die Dicke a der ringsumlaufenden Kehlnaht für den Anschluss des Stützenschaftes an die Fußplatte.

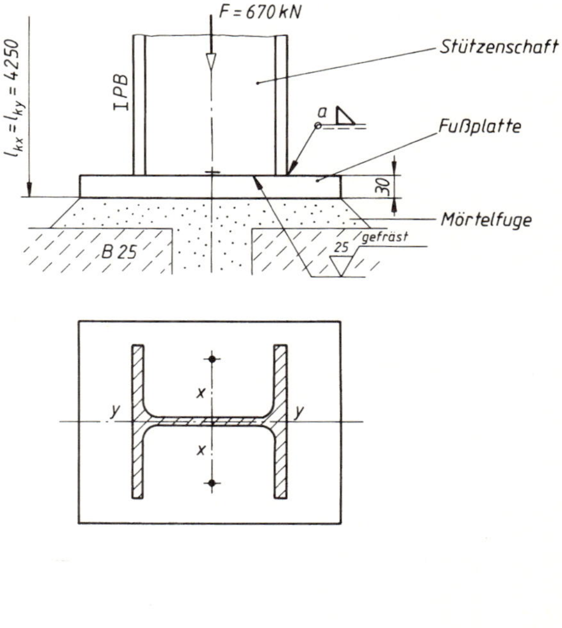

Hinweis: Die Anschlussnähte brauchen nach DIN 18801 nur für $F/10$ bemessen zu werden, da die Stütze nur auf Druck (ohne Biegung) beansprucht wird und das Schaftende durch Fräsen rechtwinklig bearbeitet ist (Kontaktstoß).

6.14 Ein mit der Druckkraft $F = -112$ kN belasteter Diagonalstab soll aus zwei gleichschenkligen Winkeln nach EN 10056-1 – S235 hergestellt werden. Die Stäbe werden durch eingeschweißte Flachstahlfutterstücke verbunden. Die Systemlänge des Stabes beträgt $l = 2592$ mm. Der Schwerpunktabstand der Schweißanschlüsse an den Stabenden wird nach der Zeichnung auf $l_S = 2420$ mm geschätzt.

Zu berechnen sind:

a) die erforderliche Profilgröße der Winkelstähle,

b) der Schweißanschluss an den Gurtstab 1/2 IPBv 220 durch Flankenkehlnähte, wenn die Nähte ungefähr spannungsgleich ausgeführt werden sollen.

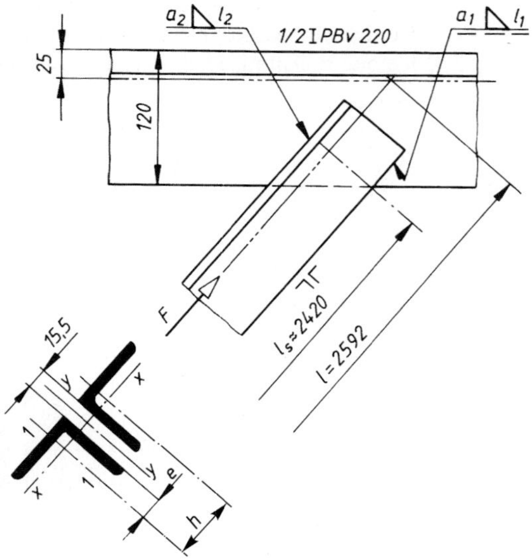

6.15 Ein Fachwerkstab aus zwei übereck gestellten gleichschenkligen Winkelstählen soll mit der Druckkraft $F = -100$ kN belastet werden. Die Netzlänge des Stabes aus S235JR beträgt $l = 3402$ mm. Der Schwerpunktabstand der Schweißanschlüsse wird nach der Zeichnung auf $l_S \approx 3200$ mm geschätzt.

Zu berechnen sind:

a) die erforderliche Profilgröße der Winkelstähle,

b) der Abstand (Feldweite) der Bindebleche,

c) der Schweißanschluss an den Gurtstab 1/2 I 320 mit gleich langen Flankenkehlnähten.

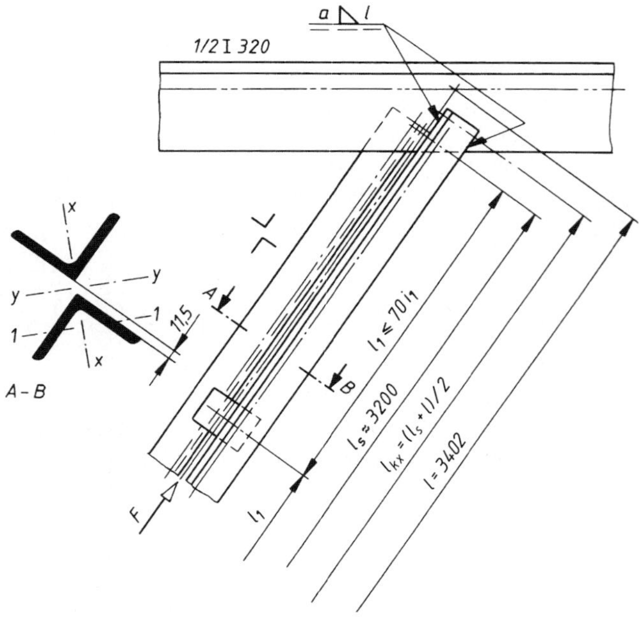

6.16 Für einen mit $F = -98$ kN belasteten Druckstab wurde überschlägig ein T-Profil EN 10055 – T100 aus S235JR gewählt. Der Stab mit der Netzlänge $l = 2150$ mm soll durch Flankenkehlnähte an den Gurtstab 1/2 I 300 angeschlossen werden.

a) Die Knicksicherheit des Druckstabes ist nachzuweisen.

b) Der Schweißanschluss ist zu bemessen.

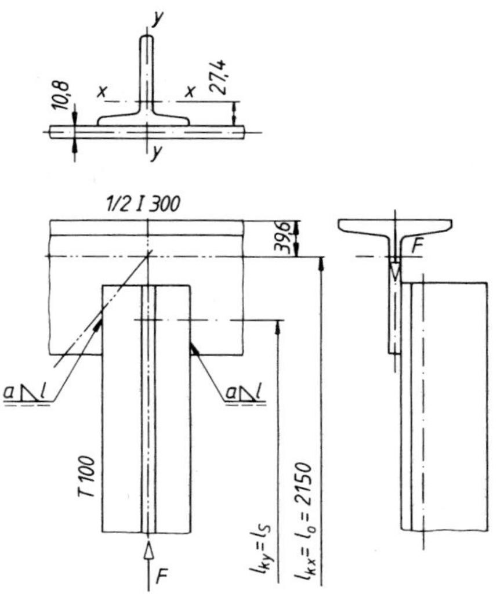

6.17 Ein Fachwerk-Füllstab aus einem einteiligen Winkelprofil soll für eine Bemessungslast $F = -14$ kN ausgelegt werden. Die Systemlänge des biegesteif am Gurtstab anzuschließenden Druckstabes aus S235JR beträgt $l = 1562$ mm.

Zu ermitteln sind:

a) Die Profilgröße des Diagonalstabes,

b) der biegesteife Schweißanschluss des Winkelschenkels an den Gurtstab T100.

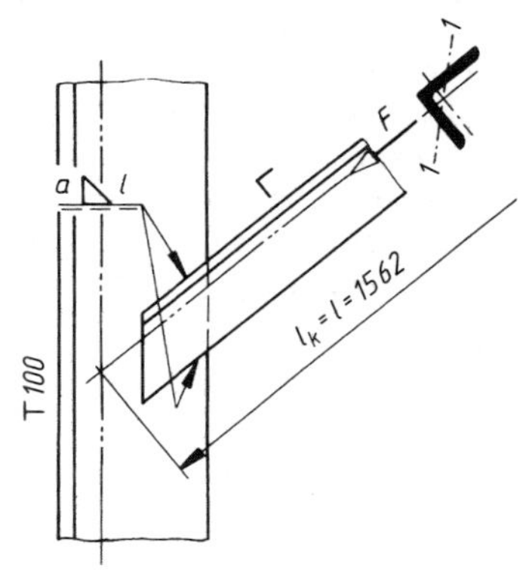

6.18 Auszug aus der „Vorstatik“:

Stab	Stabkraft in kN	Querschnitt
O_1	−378	I-Profil DIN 1025 – IPBl180[1)]
O_2	−353	I-Profil DIN 1025 – IPBl180[1)]
U_1	+367	U-Profil DIN 1026 – U160
U_2	+293,6	U-Profil DIN 1026 – U160
D_1	−39,3	T-Profil EN 10055 – T50
D_2	+57,6	T-Profil EN 10055 – T60

[1)] Breite I-Träger mit parallelen Flanschflächen, leichte Reihe, im Tabellenbuch nicht aufgeführt. Abmessungen: $h = 171$ mm, $b = 180$ mm, $s = 6$ mm, $t = 9{,}5$ mm, $r = 15$ mm.

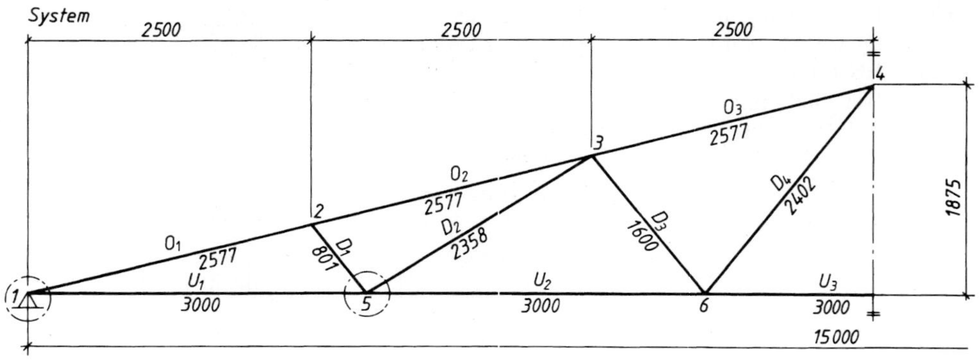

Für den geschweißten Dachbinder aus S235JR sind

a) die Stäbe U_1, D_1 und D_2 festigkeitsmäßig nachzuprüfen,
b) die Knoten 1 und 5 im Maßstab 1:1 schweißgerecht zu gestalten,
c) die schrägen Stabanschlüsse in den Knoten 1 und 5 zu bemessen.

6.19 Zur Lagerung eines Behälters ist ein 12 mm dickes Konsolblech aus S235JR mit einer ringsum verlaufenden Kehlnaht $a = 4$ mm an eine Stütze zu schweißen. Für die Auflagerkraft $F = 68$ kN ist festigkeitsmäßig zu prüfen

a) der Anschlussquerschnitt des Konsolbleches neben der Naht (Bild b),
b) der Schweißanschluss (Bild c).

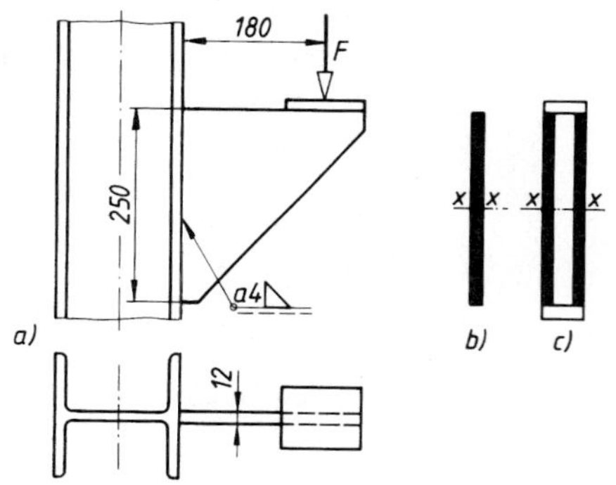

6.20 Zur Lagerung eines I-Trägers wird ein Winkel EN 10056-1 – 80 × 80 × 10 durch eine rings um den Schenkel verlaufende Kehlnaht mit einer Stütze verbunden. Zur Verkürzung des Stützabstandes ist der abstehende Schenkel um 2 ... 3 mm abgebogen, so dass der Abstand $c \approx 15$ mm beträgt. Der Schweißanschluss ist für eine Stützkraft $F = 65$ kN zu prüfen.

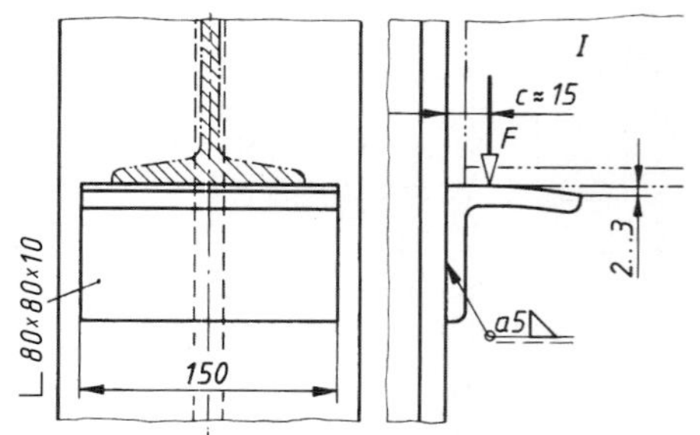

6.21 Eine aus dem zugeschnittenen Abfallende eines I-Profils DIN 1025 – S235JR – I 200 bestehende Konsole hat eine Kraglast $F = 100$ kN zu übertragen. Festigkeitsmäßig nachzuprüfen sind:

a) der Anschlussquerschnitt des Bauteiles (I-Träger) neben der Naht,
b) der mit Kehlnähten ausgeführte Schweißanschluss.

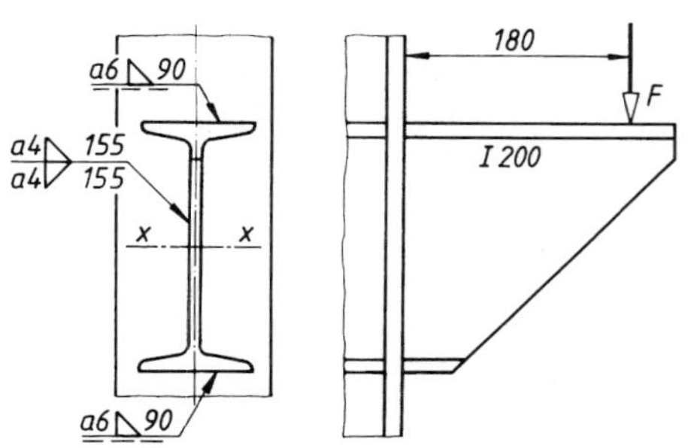

6.22 Ein mit $F = 76$ kN im Abstand 385 mm von der Anschlussfläche belasteter Kragträger aus I-Profil DIN 1025 – S235JR – IPB160 soll mit Kehlnähten biegesteif an einen Rahmenstiel angeschlossen werden.

a) Warum sind die Schweißnähte nicht durch die Hohlkehlen (Rundungen) geführt?

b) Nach der Wahl der Nahtdicken a ist anhand des skizzierten Nahtbildes der Anschluss festigkeitsmäßig nachzuprüfen.

(Des besseren Verständnisses wegen wurde auf eine symbolische Darstellung der Nähte verzichtet.)

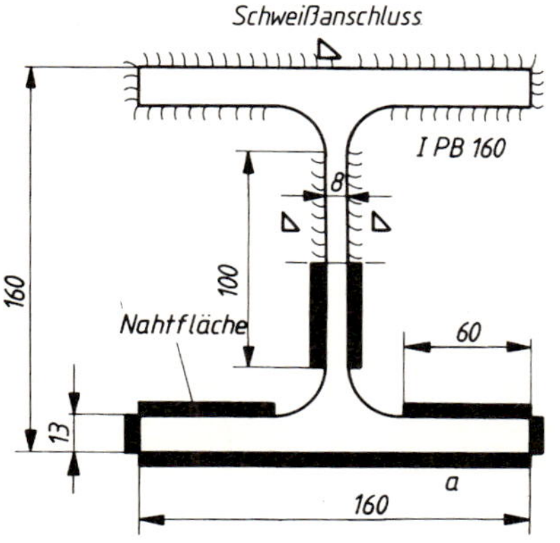

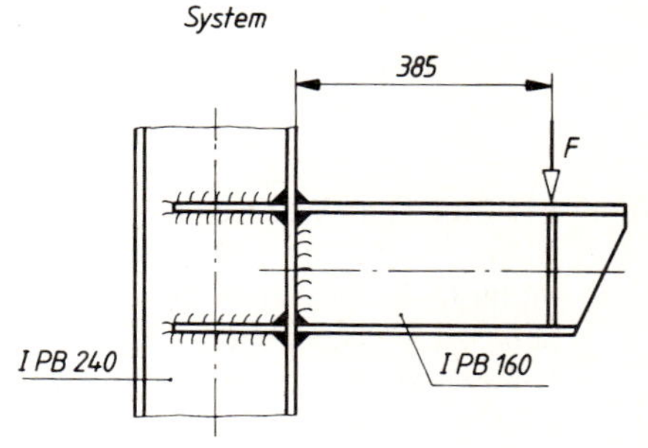

6.23 Ein nach Skizze ausgeführtes, zweiwandiges Konsol aus S235JR wird durch eine mittig zwischen den Stegen wirkende Kraglast $F = 72$ kN belastet. Festigkeitsmäßig nachzuprüfen sind:

a) der Bauteil-Anschlussquerschnitt 1 – 1,

b) der Kehlnahtanschluss.

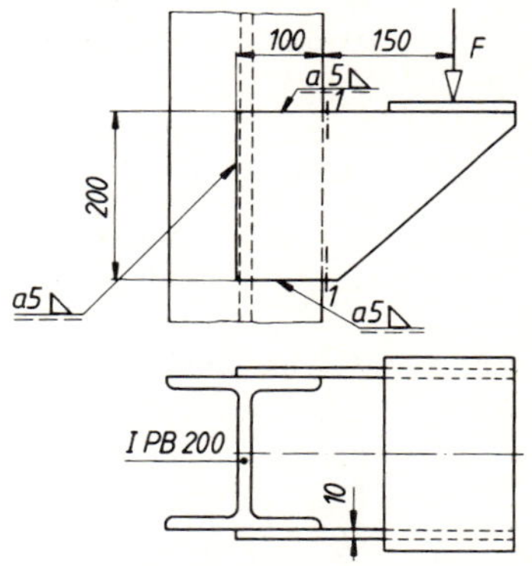

6.24 Zum Anschluss eines Abspannseiles soll ein Flachstahl DIN 1017 – S235JR – 120 × 12 mit einer ringsumlaufenden Kehlnaht überlappt an ein Gurtblech angeschweißt werden.

Für eine größte Kraft $F = 42$ kN ist

a) der Bauteil-Anschlussquerschnitt 1 – 1 zu prüfen,

b) die Dicke a der ringsumlaufenden Kehlnaht zu bestimmen.

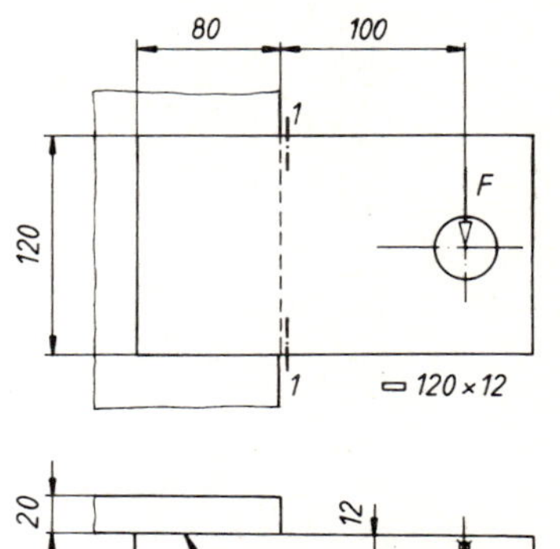

6

Schweißverbindungen im Maschinenbau

6.25 Ein geschmiedetes Stangenauge soll nach Skizze mit einer Zugstange ▭ 90 × 12 mm, beide aus S355J2G3, durch eine auf der ganzen Länge vollwertig ausgeführten Stumpfnaht verbunden werden. Der Stab wird durch eine ruhend wirkende Mittellast $F_m = +80$ kN und durch eine mit mittleren Stößen ($K_A \approx 1{,}4$) auftretende Wechsellast $F_a = \pm 50$ kN in Längsrichtung belastet. Es ist zu prüfen, ob die Stumpfnaht dauerfest ist, wenn sie kerbfrei bearbeitet und zu 100% durchstrahlt wird.

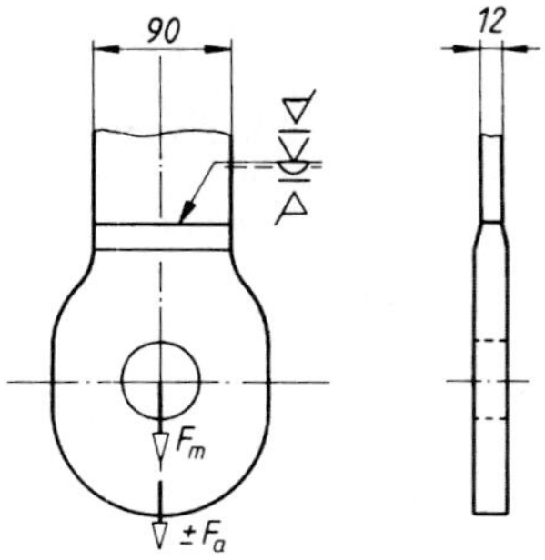

6.26 Ein mit der Wechsellast $F_a = \pm 48$ kN belastetes Bauteil aus Rohr DIN 2448–70 × 5 soll durch eine Stumpfnaht mit einer Kopfplatte verbunden werden. Zum Einhängen einer Feder wird an die Rohrwand ein nahezu unbelastetes Auge aus Flachstahl geschweißt. Die Last tritt mit mittleren Stößen, entsprechend $K_A = 1{,}3$, auf.
Für unbearbeitete Nähte und den Werkstoff S235JRG2 ist die Dauerhaltbarkeit zu prüfen für

a) den Querschnitt $A–B$ und
b) den Querschnitt $C–D$.

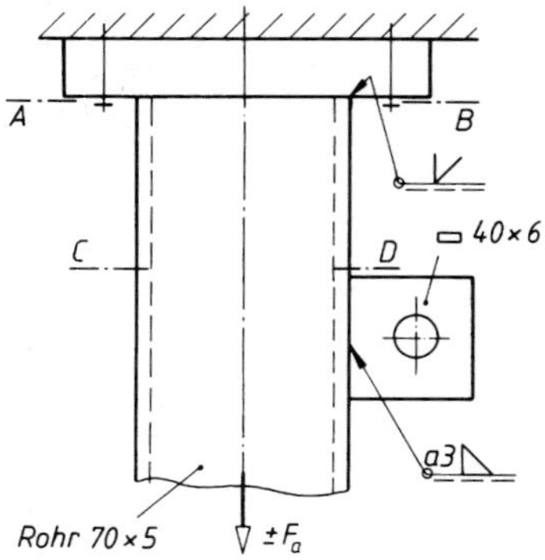

6.27 Zur Fertigung von Gelenkwellen in Rohrausführung soll das Gabelstück (1) aus GS-52 mit dem nahtlosen Präzisionsstahlrohr (2) aus S355GT durch die Stumpfnaht (3) verschweißt werden. Die Gelenkwelle hat bei wechselnder Drehrichtung ein Drehmoment $T = 315$ Nm bei starken Stößen (entsprechend $K_A = 2$) zu übertragen.
Welche Wanddicke muss für ein Rohr mit 50 mm Außendurchmesser gewählt werden?

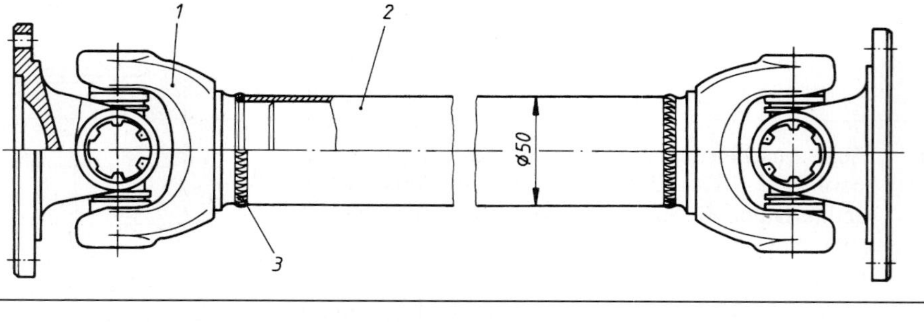

6.28 Ein Hebel soll mit einer 5 mm dicken Doppelkehlnaht auf eine Welle Ø 60 mm geschweißt werden. Die Umfangskraft am Hebel tritt wechselnd zwischen $F = +6{,}3$ kN und $F = -2{,}0$ kN mit mittleren Stößen ($K_A = 1{,}6$) auf. Für den Bauteilwerkstoff S235JRG2 ist zu prüfen, ob die Rundnaht dauerfest ist.

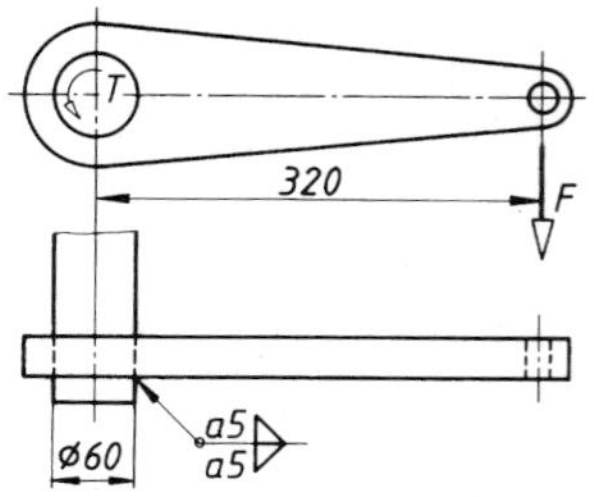

6.29 Die Kehlnahtverbindung einer Laufrollengabel ist für eine zwischen $F_{min} = 1{,}0$ kN und $F_{max} = 3{,}0$ kN schwellend wirkende Radlast auf Dauerhaltbarkeit zu prüfen. Auftretende Stöße sind dabei bereits berücksichtigt. Die Bauteile sind aus S235JR.

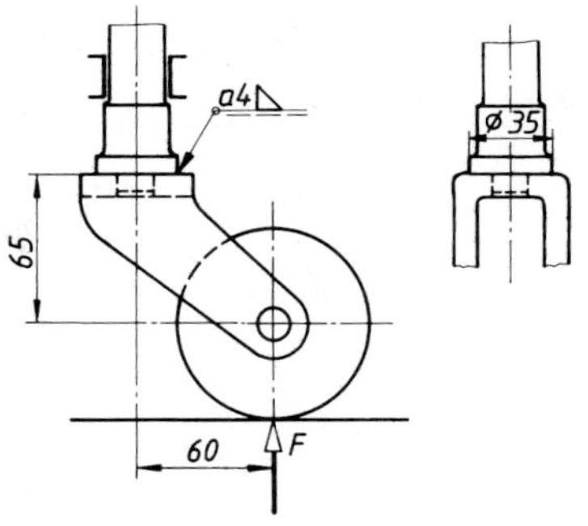

6.30 Der Kehlnahtanschluss einer Umlenkrollen-Gabel ist für eine schwellend auftretende Seilkraft $F = 5$ kN auf Dauerhaltbarkeit zu prüfen. Auftretende mittlere Stöße sind durch einen Betriebsfaktor (entsprechend $K_A = 1{,}35$) zu berücksichtigen. Die Bauteile sind aus S235JR.

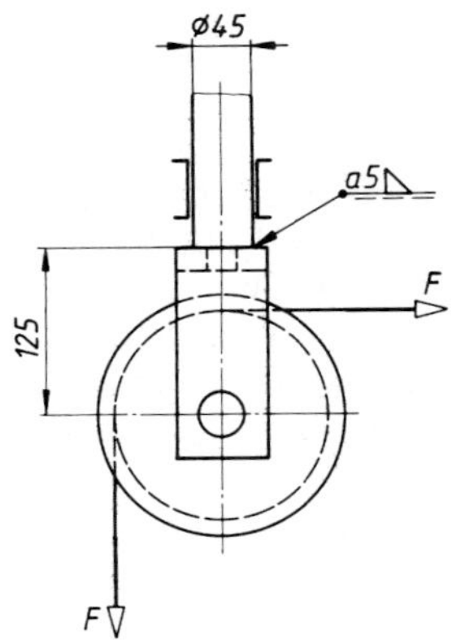

6.31 Die Kehlnähte *A* und *B* eines Führungskonsols aus S235JRG2 sind für eine mit leichten Stößen (entsprechend $K_A = 1{,}1$) auftretende Wechselkraft $F = \pm 5{,}6$ kN auf Dauerhaltbarkeit zu prüfen.

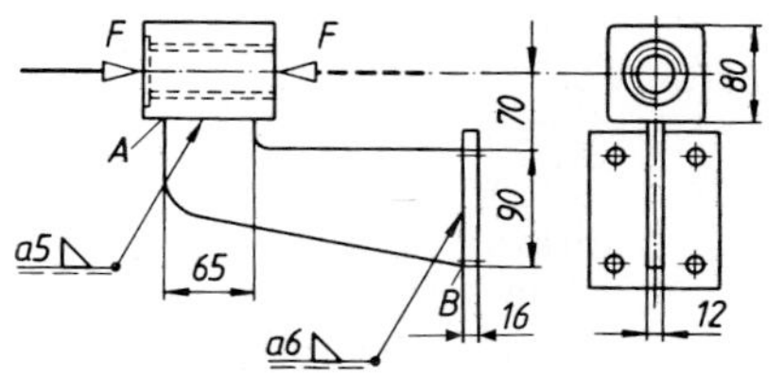

6.32 Die Kehlnähte *A*, *B* und *C* eines geschweißten Winkelhebels aus S235JRG2 sind für eine mit mittleren Stößen (entsprechend $K_A = 1{,}35$) schwellend auftretende Stangenkraft $F_1 = 2{,}5$ kN auf Dauerhaltbarkeit zu prüfen.

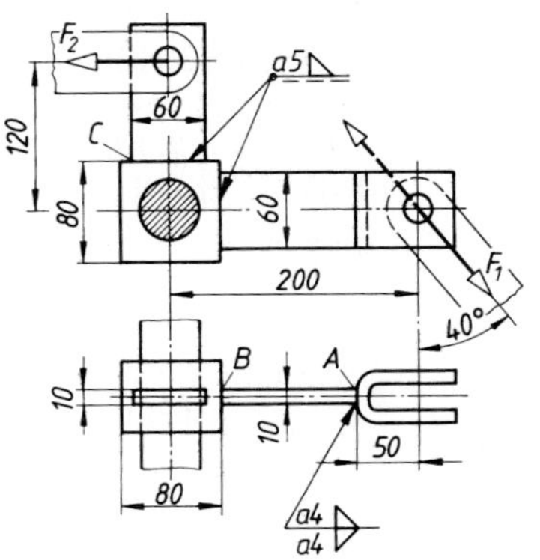

Schweißverbindungen im Druckbehälterbau

6.33 Ein nahtloses Präzisionsstahlrohr DIN 2391 – S235GTNBK 25 × 2 wird bei 20 °C einer Druckprüfung unterzogen. Die Abmessungen findet man vor der Druckprüfung durch Nachmessen bestätigt.

a) Ab welchem Prüfdruck (innerer Überdruck) ist mit einer bleibenden Dehnung zu rechnen?

b) In welchem Prüfdruckbereich ist ein Bruch des Rohres zu erwarten, wenn die Zugfestigkeit des Rohrwerkstoffes im Lieferzustand NBK im Bereich 340 ... 470 N/mm^2 gewährleistet ist?

c) In welcher Richtung reißt das Rohr beim Berstdruck auf?

6.34 Für den Sammler einer Heißwasseranlage sind die Böden auszulegen. Der zulässige Betriebsdruck beträgt 25 bar und die zulässige Betriebstemperatur 200 °C. Als Werkstoff ist S235JRG2 mit Abnahmeprüfzeugnis B vorgesehen.

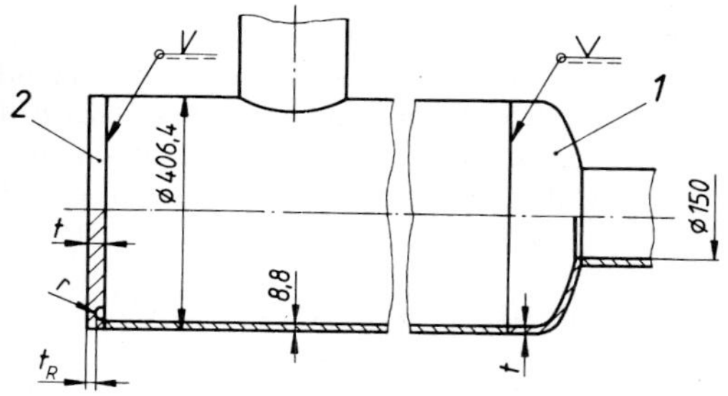

Zu berechnen sind:

a) die erforderliche Wanddicke des Klöpperbodens (1) mit Stutzen, wenn nach der Bodennorm das untere Abmaß der Wanddicke –0,3 mm beträgt,

b) die erforderliche Wanddicke des ebenen Bodens mit Entlastungsnut (2), wenn das untere Abmaß der Wanddicke –0,8 mm beträgt,

c) für die Entlastungsnut der Platte (2) den Nutenhalbmesser r und die Restwanddicke t_R.

6.35 Ein geschweißter Druckbehälter (Skizze), für 8000 l Inhalt bei 16 bar Betriebsüberdruck, soll festigkeitsmäßig ausgelegt werden. Die höchste Temperatur des Beschickungsmittels beträgt 360 °C. Die Behälterwand ist unbeheizt. Als Werkstoff ist der warmfeste Druckbehälterstahl P295GH (mit Abnahmeprüfzeugnis 3.1 A/C) vorgesehen.

Zu berechnen bzw. zu prüfen sind:

a) die erforderliche Wanddicke des Behältermantels (1) bei 100%iger Ausnutzung der Berechnungsspannung in der Schweißnaht ($v = 1{,}0$) und Verwendung von warmgewalztem Stahlblech der Klasse A,

b) die erforderliche Wanddicke der gewölbten Böden (2) in Korbbogenform, wenn nach der Bodennorm das untere Abmaß der Wanddicke –0,5 mm beträgt,

c) die Ausschnittverstärkung des Behältermantels durch das Stutzenrohr (3).

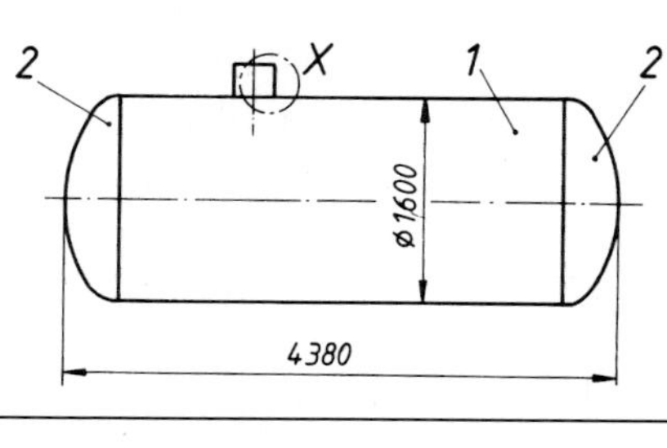

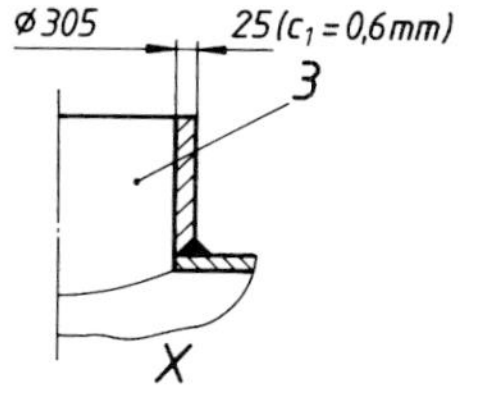

6.36 Der geschweißte Druckluftbehälter nach Skizze, mit einem Inhalt von 4000 *l*, soll bei einem Betriebsdruck von höchstens 12 bar betrieben werden. Die Berechnungstemperatur beträgt 50 °C. Für alle druckbeanspruchten Teile ist der Baustahl S235JRG2 (mit Abnahmeprüfzeugnis 3.1 B) vorgesehen.

Zu berechnen bzw. zu prüfen sind:

a) die Werkstoffwahl,
b) die erforderliche Wanddicke des Behältermantels aus warmgewalztem Stahlblech der Klasse A und bei verringertem Prüfaufwand für die Schweißnähte,
c) die erforderliche Wanddicke der gewölbten Böden in Klöpperform, wenn nach der Bodennorm das untere Abmaß der Wanddicke −0,3 mm beträgt,
d) die Sicherheit des Behältermantels bei der Wasserdruckprüfung.

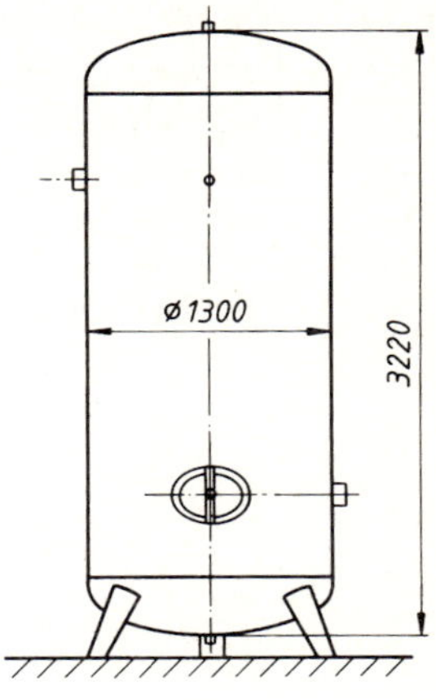

Punktschweißverbindungen

6.37 Für einen festen Bremsbandanschluss ist die 1,5 mm dicke Schlaufe mit dem 2 mm dicken und 70 mm breiten Bremsband durch 4 Schweißpunkte mit $d = 5$ mm Durchmesser verbunden. Das Band und die Schlaufe sind aus S235JR. Die stoßartig auftretende Höchstkraft beträgt unter Berücksichtigung des Betriebsfaktors $F_{max} = 6$ kN. Der Anschluss ist nachzuprüfen; im Interesse einer hohen Betriebssicherheit sind dabei die im Lastfall H zulässigen Spannungen auf die Hälfte herabzusetzen.

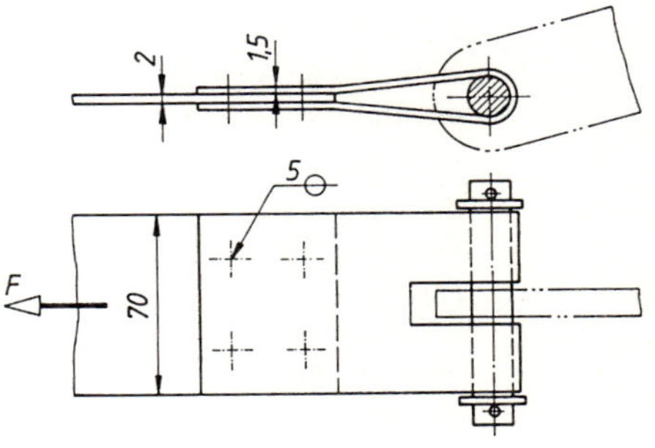

6.38 Die Punktschweißverbindung eines Gabelkopfes aus S235JR soll für eine Betriebslast $F = 25$ kN im Lastfall H ausgelegt werden.

Zu bestimmen sind:

a) die Anzahl der Schweißpunkte,
b) die Anordnung der Schweißpunkte (Abstände).

Hinweis: Die Anzahl der eingezeichneten Schweißpunkte braucht nicht mit der berechneten übereinzustimmen.

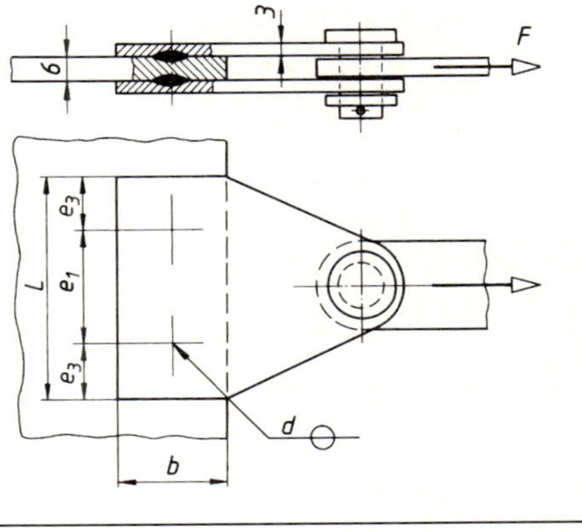

6

6.39 Zur Herstellung einer Keilriemenscheibe aus S235JR werden zwei 3 mm dicke Blechscheiben mit der Nabe durch 6 Schweißpunkte $d = 5$ mm verbunden. Die Riemenscheibe hat ein größtes Drehmoment von 50 Nm zu übertragen. Die Nabennaht ist nachzuprüfen. Um etwaiger Wechselbelastung Rechnung zu tragen, sollen die für den Lastfall H geltenden zulässigen Spannungen auf die Hälfte reduziert werden.

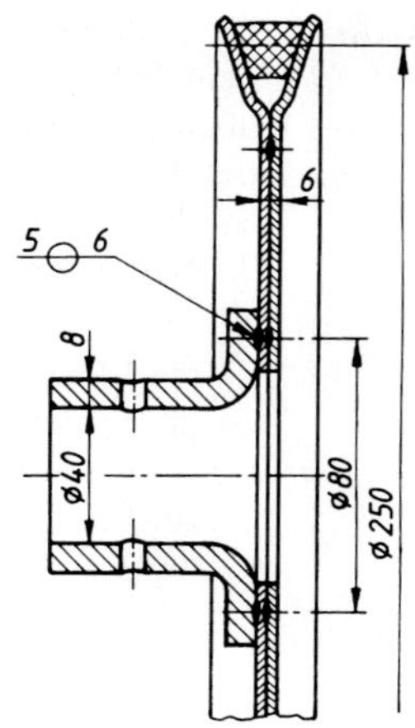

Schweißschrumpfung

6.40 Nach nebenstehenden Bedingungen gelagerte Stäbe aus S235 werden auf ihrer ganzen Länge von 20 °C auf 400 °C erwärmt und wieder auf 20 °C abgekühlt.

a) Wie groß ist die Längenausdehnung des frei aufliegenden Stabes bei der Erwärmung von 20 °C auf 400 °C? (Längen-Ausdehnungskoeffizient $\alpha = 13 \cdot 10^{-6}\ \mathrm{K}^{-1}$)

b) Welche Zugspannung würde im Stab die gleiche Längenzunahme wie unter a hervorrufen?

c) Die Auswirkung der Erwärmung (nur in Längsrichtung des Stabes) ist für alle Lagerungsbedingungen rein qualitativ zu untersuchen und das Ergebnis mittels Skizzen in tabellarischer Form darzulegen.

d) Welche Maßnahmen zur Vermeidung des Verzugs und der Eigenspannungen von geschweißten Werkstücken lassen sich aus obigem Modellversuch ableiten?

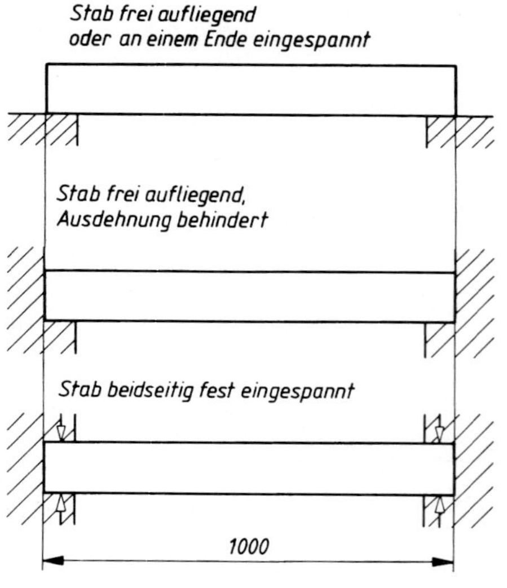

6.41 Die Auswirkung eines einseitig in kurzer Länge auf einen Stahlstab aufgebrachten Wärmebandes soll an Hand von Skizzen dargestellt werden.

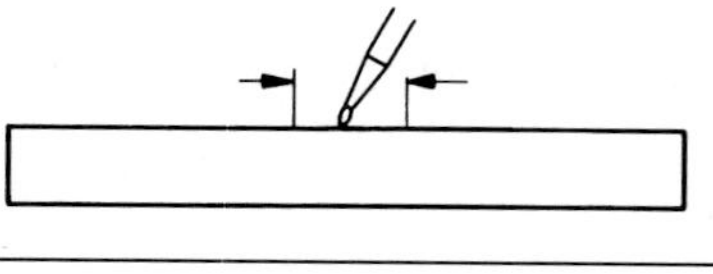

6.42 Für einen T-Stoß soll die durch das Schweißen der Kehlnaht entstehende Querschrumpfung Δl des Flanschbleches ermittelt werden. Das erwärmte Blechstück im Nahtbereich kann dabei als ausdehnungsbehinderter 30 mm langer Stab aufgefasst werden, welcher im Mittel um 400 K erwärmt wird ($\alpha = 13 \cdot 10^{-6}\ \text{K}^{-1}$).

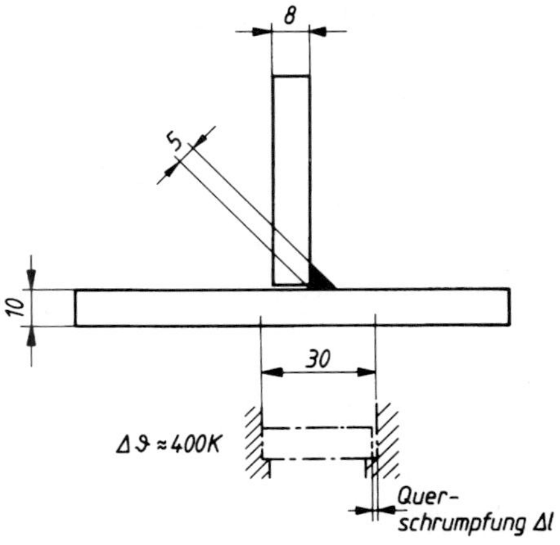

6.43 An dem geschweißten Blechträger aus S235 verursacht erfahrungsgemäß jeder aufgetragene mm² Nahtquerschnitt eine Längsschrumpfkraft von 6 kN.
Zu bestimmen sind:

a) die im Träger auftretende Längsschrumpfkraft,
b) die Längsschrumpfung (Verkürzung) des 5 m langen Trägers,
c) Maßnahmen zur Verringerung der Längsschrumpfung.

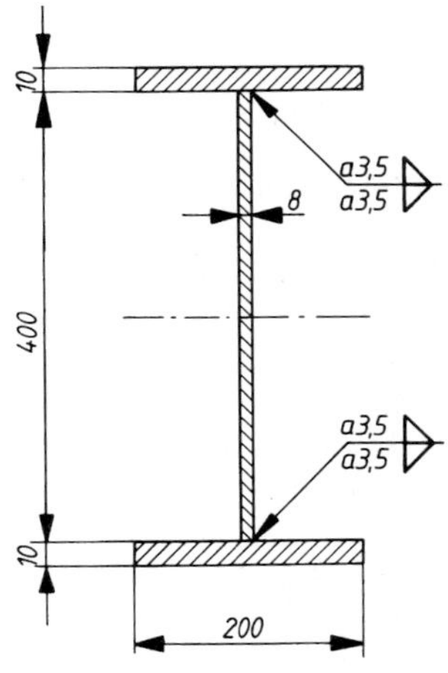

6.44 Für den geschweißten Blechträger sind anzugeben:

a) alle Auswirkungen des Schweißvorganges in zeitlicher Folge,
b) die im Nahtbereich auftretende Längsschrumpfkraft, wenn jeder mm² Schweißnahtquerschnitt 6 kN Schrumpfkraft verursacht,
c) die Krümmung (Durchbiegung).

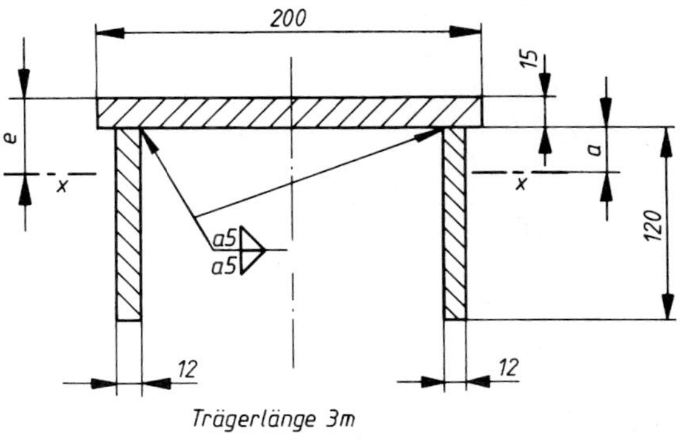

7 Nietverbindungen

Vorbemerkungen
Mit der Weiterentwicklung anderer Fügeverfahren hat das Nieten an Bedeutung verloren. Dichte, sowie feste und dichte Nietverbindungen an Druckbehältern und Rohrleitungen werden heute nicht mehr ausgeführt. Feste Nietverbindungen im Stahlhochbau sind von Schrauben- und Schweißverbindungen verdrängt worden, sie werden dort nur noch bei Reparaturen und solchen Bauteilen angewandt, die keinen Schweißverzug erlauben oder aus schweißungeeigneten Werkstoffen bestehen.
Im Leichtmetall-, Flugzeug- und Fahrzeugbau ermöglicht das Nieten sichere, leicht kontrollierbare Verbindungen guter Festigkeit, welche auch das Fügen unterschiedlicher bzw. schweißungeeigneter Werkstoffe ohne Gefügeumwandlung bzw. Verzug gestatten. Die heute angewandten Schnell- und Blindnietverfahren erlauben ein schnelles und sicheres Herstellen der Verbindung ohne Fachkräfte.
Die folgenden Aufgaben aus dem Stahlhoch- und Kranbau (DIN 18800-1 und DIN 15018), dem Leichtmetallbau (DIN 4113-1), sowie dem Maschinen- und Gerätebau (DIN 15018), können mit Hilfe der in den Normen festgelegten Berechnungsverfahren und Gestaltungsrichtlinien gelöst werden.
Nach den neuen Stahlbauvorschriften (DIN 18800-1, EC3) ergeben sich durch die Abhängigkeit der Lochleibungsspannung von den jeweils maßgebenden Rand- und Lochabständen für die einzelnen Niete eines Anschlusses unterschiedliche Beanspruchbarkeiten. Die Nietkräfte eines Anschlusses sind also nicht gleichmäßig verteilt.
Die Gesamttragfähigkeit eines Nietfeldes ergibt sich aus der Summe der Grenzlochleibungskräfte, wenn dabei die Abschertragfähigkeit berücksichtigt wird.
In der Praxis wird meist der Nachweis für den Niet mit der geringsten Grenzlochleibungskraft bei gleichmäßiger Nietkraftaufteilung geführt.

1 Wie wird nach DIN 8593-5 (Fügen durch Umformen) das Fügen durch Nietverfahren unterteilt und wie lautet die Definition der einzelnen Verfahren?
Lösungshinweis: Siehe Lehrbuch 7.1.

2 Für folgende Anwendungsfälle ist je eine geeignete genormte Nietform zu nennen:
a) Nicht lösbarer Gelenkstift.
b) Befestigung von Kupplungs- und Bremsbelägen.
c) Vernieten von Einzelelementen, bei denen die Schließkopfseite nicht zugänglich ist.
d) Verbinden von Ledergurten.
e) Aufnieten von Kunststoff-Schildern auf Blechflächen.
Lösungshinweis: Siehe Lehrbuch 7.2.1 mit Bild 7-2.

3 Früher wurden schwierigste Konstruktionen durch Nieten gefertigt, so z. B. Großbrücken, Wolkenkratzer, Druckbehälter.
a) Welche entscheidenden Nachteile haben zum Rückgang der Niettechnik in vielen Bereichen geführt?
b) In welchen Bereichen ist auch heute noch die Niettechnik nicht zu ersetzen?
c) Welche Vorteile können Nietverbindungen gegenüber Schweißverbindungen aufweisen?
Lösungshinweis: Siehe Lehrbuch 7.1.

4 Wie unterscheiden sich Warm- und Kaltnietung hinsichtlich der Kraftübertragung bei Belastung quer zur Nietachse?
Lösungshinweis: Siehe Lehrbuch 7.3.2 und 7.3.3.

5 a) Wodurch unterscheiden sich Blindniete von den herkömmlichen Voll- und Hohlnieten?
b) Anhand einer Skizze ist ein Blindnietsystem zu erklären.
Lösungshinweis: Siehe Lehrbuch 7.2.1.

6 Warum gelten Nietverbindungen in den Berechnungsvorschriften als Scher-Lochleibungs-Passverbindungen?
Lösungshinweis: Siehe Lehrbuch 7.5.3-3.

7 Welche Gefahr besteht bei der Vernietung von Aluminium mit Stahl?
Lösungshinweis: Siehe Lehrbuch 7.6.6.

Stahlhoch- und Kranbau

7.1 Für die Nietverbindung (Stahlbau) der beiden Platten aus S235 sind zu bestimmen bzw. anzugeben:

a) der zweckmäßige Rohnietdurchmesser d_1 und die Rohnietlänge l bei einem Halbrundkopf als Schließkopf (Maschinennietung), wobei eine genormte Länge festzulegen ist;

b) die vollständige, normgerechte Bezeichnung des Nietes bei Bestellung;

c) die übertragbare zulässige Kraft F eines Nietes aus USt36 bei ausreichenden Rand- und Lochabständen.

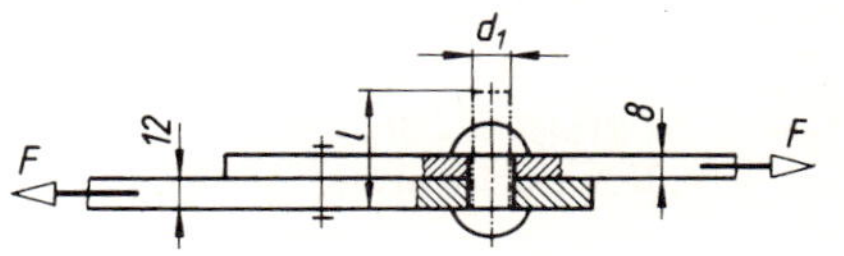

7.2 Für die Nietverbindung (Stahlbau) sind bei einem Bauteilwerkstoff S235 zu bestimmen bzw. anzugeben:

a) der günstige Rohnietdurchmesser d_1 und die Rohnietlänge l bei einem Halbrundkopf als Schließkopf (Maschinennietung), wobei eine genormte Nietlänge festzulegen ist;

b) die vollständige, normgerechte Bezeichnung des Nietes bei Bestellung;

c) die übertragbare zulässige Kraft F der Verbindung bei 3 Nieten und ausreichenden Rand- und Lochabständen.

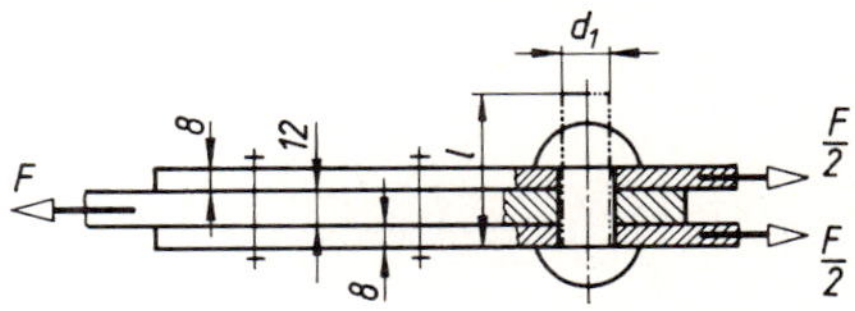

7.3 Zur Aufhängung eines Behälters sollen an Träger U200 Flachstähle nach DIN 1017 genietet werden. Diese haben jeweils eine Zugkraft von 68 kN zu übertragen (Stahlbau). Die Bauteile sind aus S235.
Von den gleich auszuführenden Anschlüssen ist einer zu konstruieren, d. h., nach der Bemessung des Stabes und der Niete ist der Anschluss maßstäblich (1:2 oder 1:5) zu gestalten.
Hinweis: Die Anzahl der eingezeichneten Niete braucht nicht mit der berechneten übereinzustimmen.

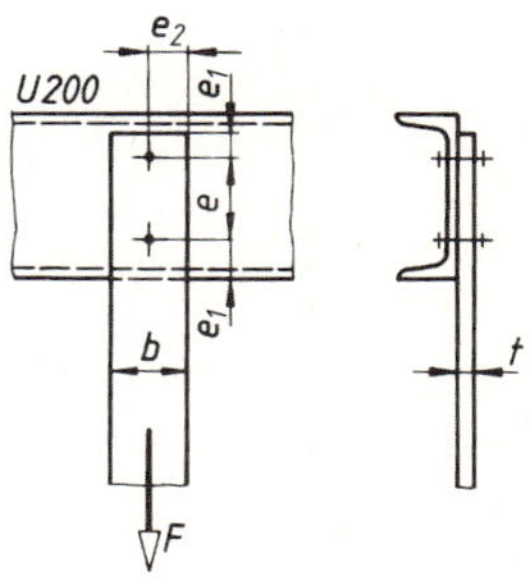

7.4 Ein mit der Zugkraft $F = 126$ kN belasteter Flachstahl 120 × 8 soll mit Halbrundnieten nach DIN 124 an ein 10 mm dickes Knotenblech angeschlossen werden. Die Bauteile sind aus S235. Die Nietverbindung (Stahlbau) ist zu berechnen und der Zugstab für die unterschiedlichen Nietbilder (*a* rechteckig, *b* rautenförmig) festigkeitsmäßig nachzuprüfen. Der günstigere Anschluss ist im Maßstab 1:2 zu entwerfen.

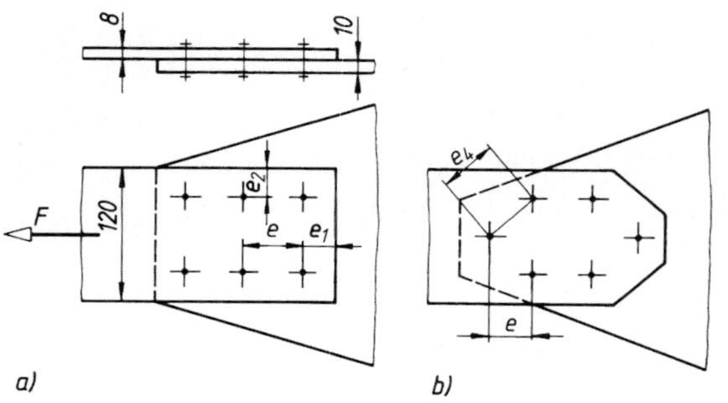

Hinweis: Die Anzahl der eingezeichneten Niete braucht nicht mit der berechneten übereinzustimmen.

7.5 Für den Nietanschluss des zweiteiligen Zugstabes ⌋⌊ 80 × 80 × 8 EN 10056-1 eines Kranfachwerkes aus S235 an ein 12 mm dickes Knotenblech sind im Lastfall H zu ermitteln bzw. auszuarbeiten:

a) der größte ausführbare Rohnietdurchmesser d_1;
b) die größte zulässige Stabkraft F_{max};
c) die für F_{max} erforderliche Nietzahl n;
d) die Nietlänge l für beidseitigen Halbrundkopf (Maschinennietung) und die normgerechte Bezeichnung der Niete bei Bestellung;
e) der Entwurf der Nietverbindung im Maßstab 1:2 (die Niete werden auf der Baustelle geschlagen);

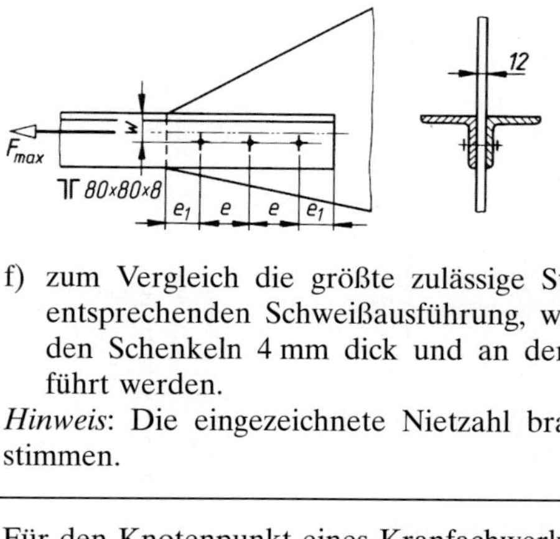

f) zum Vergleich die größte zulässige Stabkraft F_{max} und die Anschlusslänge einer entsprechenden Schweißausführung, wenn die Flankenkehlnähte an den anliegenden Schenkeln 4 mm dick und an den abstehenden Schenkeln 6 mm dick ausgeführt werden.

Hinweis: Die eingezeichnete Nietzahl braucht nicht mit der berechneten übereinzustimmen.

7.6 Für den Knotenpunkt eines Kranfachwerkes wurden folgende Stabkräfte für den Lastfall HZ ermittelt: $F_1 = 85$ kN, $F_2 = 88{,}8$ kN, $F_3 = 52$ kN und $F_4 = 14{,}5$ kN. Die Bemessung der Bauteile ergab folgende Profile: ⌋⌊ 75 × 50 × 8 für Stab S_1 – S_4, ⌋⌊ 45 × 45 × 4,5 für Stab S_2, ⌋⌊ 50 × 30 × 5 für Stab S_3. Die Knotenblechdicke ist mit 10 mm festgelegt. Die Bauteile sind aus S235.
Die Nietanschlüsse sind zu berechnen und der Knotenpunkt im Maßstab 1:2 zu entwerfen.

Hinweis: Die eingezeichnete Nietzahl braucht nicht mit der berechneten übereinzustimmen.

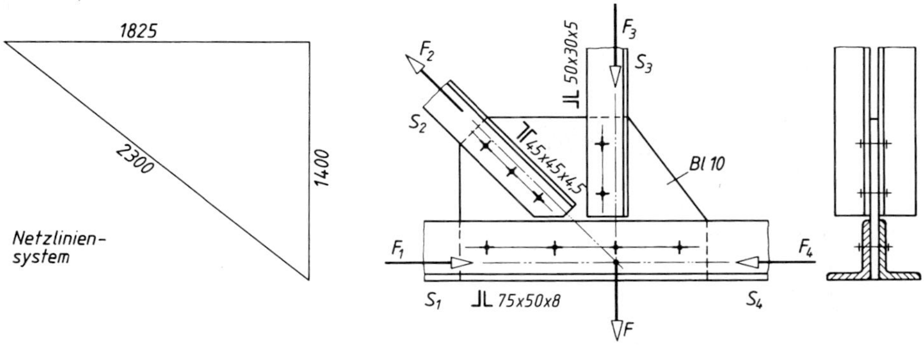

7.7 Aus der Werkstattzeichnung eines Fachwerkbinders (Stahlbau) ist der Anschluss eines Zugstabes JL EN 10056-1-90 × 90 × 9 aus S235 wieder gegeben.

a) Der Stab, das Knotenblech und die Nietverbindung sind für die Zugkraft $F = 375$ kN festigkeitsmäßig nachzuprüfen.

b) Welche Aufgabe haben die Beiwinkel?

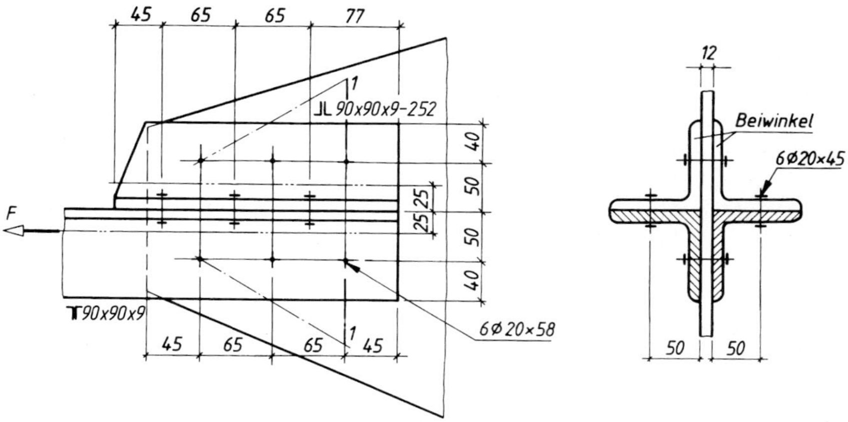

7.8 Der aus einem Einzelwinkel bestehende Diagonalstab eines Fachwerkes (Stahlbau) aus S355 ist für die Zugkraft $F = 85$ kN unter Berücksichtigung der unten wieder gegebenen Lagerliste zu bemessen; außerdem sind alle für die Ausführung des Nietanschlusses erforderlichen Daten zu ermitteln.
Lagerhaltige Profile: L60 × 60 × 6, L70 × 70 × 7, L80 × 80 × 8, L60 × 30 × 5, L65 × 50 × 5, L80 × 40 × 6, L100 × 65 × 7.
Hinweis: Die Anzahl der eingezeichneten Niete braucht nicht mit der berechneten übereinzustimmen.

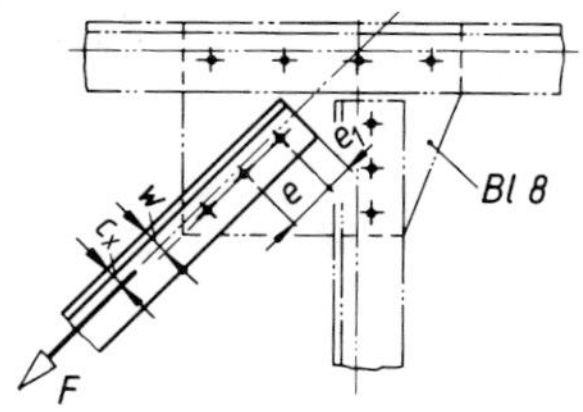

7.9 Für das an den breiten Schenkel eines L135 × 65 × 10 anzuschließende und mit $F = 12$ kN (Stahlbau) belastete 8 mm dicke Konsolblech aus S235 stehen die beiden den Bildern a und b entsprechenden Nietanordnungen zur Auswahl.
Der beanspruchungsmäßig günstigere Nietanschluss ist zu ermitteln und festigkeitsmäßig nachzuprüfen

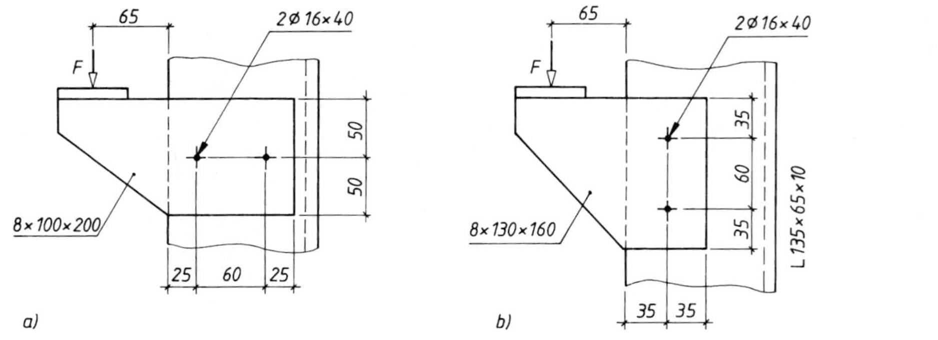

7.10 Für den skizzierten Nietanschluss 8 mm dicker Lagerschilde an Träger U100 ist der allgemeine Spannungsnachweis zu führen. Die Schilde dienen zur Lagerung einer Achse, welche die Umlenkrolle des mit $F = 6{,}5$ kN im Lastfall H (Kranbau) belasteten Fahrseiles einer Seillaufkatze trägt. Die Bauteile sind aus S235.

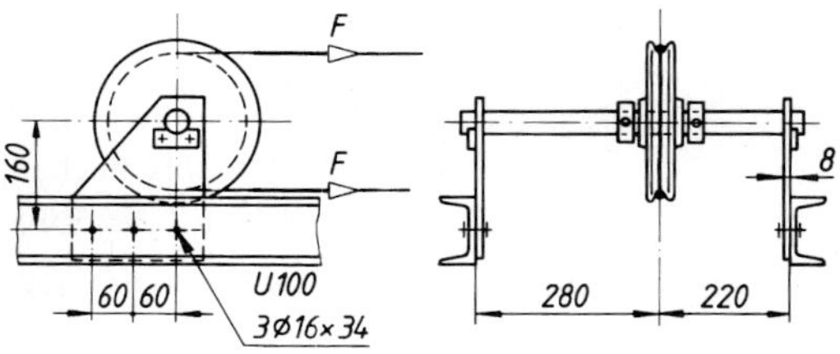

7.11 Für das an den breiten Schenkel eines L 200 × 100 × 10 anzuschließende und mit $F = 35$ kN im Lastfall H (Kranbau) belastete 8 mm dicke Konsolblech aus S235 stehen die beiden den Bildern a und b entsprechenden Nietanordnungen zur Auswahl.

a) Für jede Anordnung sind die am höchsten beanspruchten Niete zu ermitteln und für den Nietdurchmesser $d_1 = 20$ mm nachzuprüfen.

b) Die beanspruchungsmäßig günstigere Nietanordnung ist anzugeben.

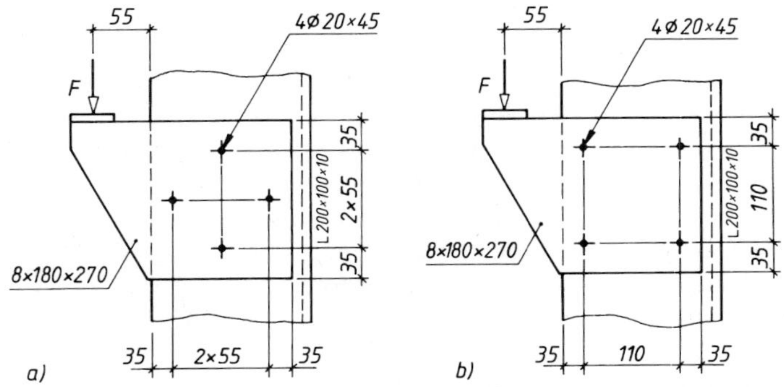

7.12 Bei einer Hallenkonstruktion (Stahlbau) aus S235 sind mit $F = 85$ kN belastete Konsolen an Stützen aus 2 U200 anzunieten. Für den Anschluss der 10 mm dicken Konsolbleche durch Niete mit $d_1 = 20$ mm liegen zwei Entwürfe vor, von denen zunächst die einreihige Ausführung nach Bild a zu prüfen ist. Reicht diese nicht aus, so ist noch die zweireihige Ausführung nach Bild b zu prüfen.

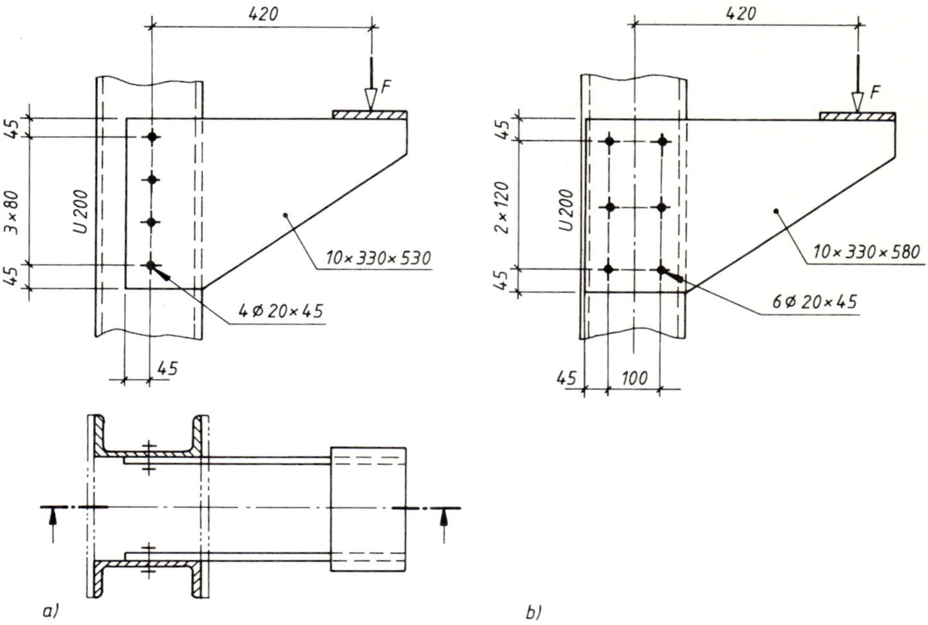

7.13 Zum Anschluss eines Trägers I400 an einen durchlaufenden Träger I550 wird der Steg des I400 durch Niete ∅ 20 mm mit gegenüberliegenden Winkeln L100 × 100 × 10 verbunden, deren abstehende Schenkel an den Steg des I550 angeschraubt werden. Die Nietverbindung (Stahlbau) ist für die Auflagerkraft $F = 212$ kN nachzuprüfen. Als Bauteilwerkstoff ist S235JR und als Nietwerkstoff USt 36 vorgesehen.

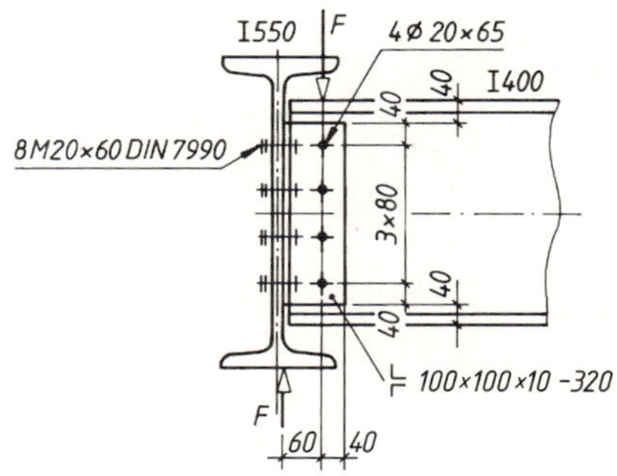

Leichtmetallbau

7.14 In einer Leichtmetallkonstruktion sollen zwei Zugbänder ▭ 80 × 6 aus AlMgSi1 F28 durch Doppellaschennietung verbunden werden. Die vorwiegend ruhend wirkende Zugkraft beträgt $F_H = 32$ kN im Lastfall H und $F_{H_S} = 22$ kN im Lastfall H_S.
Die Nietverbindung ist zu bemessen und im Maßstab 1:2 zu entwerfen.
Hinweis: Die Anzahl der eingezeichneten Niete braucht nicht mit der berechneten übereinzustimmen.

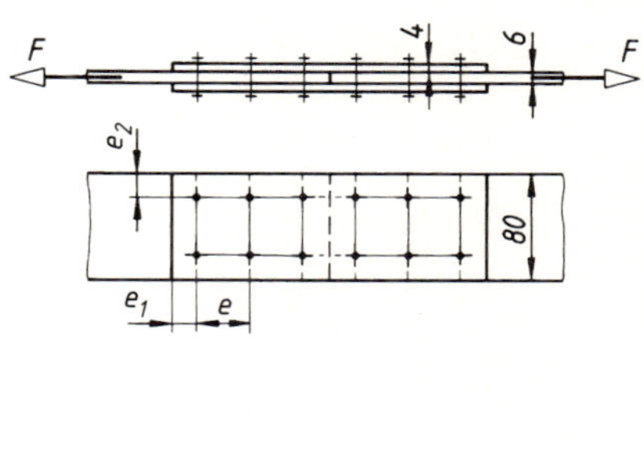

7.15 Das Bild zeigt den genieteten Knotenpunkt des Leichtmetall-Dachbinders einer Lagerhalle. Der Druckstab D_1 aus ⌉⌈ DIN 1771 – AlMgSi1F32 – $50 \times 30 \times 4$ mit den Querschnittswerten $A = 2 \cdot 305\ \text{mm}^2$, $e_y = 7{,}13$ mm und $i_{y1} = 8{,}42$ mm, wird im Lastfall H mit $F_1 = -26$ kN belastet. Der aus einem einzelnen ⌊ DIN 1771 – AlMgSi1F32 – $50 \times 30 \times 3$ bestehende Zugstab D_2, mit der Querschnittsfläche $A = 232\ \text{mm}^2$, erhält im Lastfall H die Stabkraft $F_2 = +15$ kN. Die Stäbe werden an das 6 mm dicke Knotenblech aus AlMgSi1F30 durch Niete mit dem Durchmesser $d_1 = 10$ mm aus AlMg5F31 angeschlossen. Der Kriecheinfluss ist einheitlich durch den Faktor $c = 0{,}84$ zu berücksichtigen.

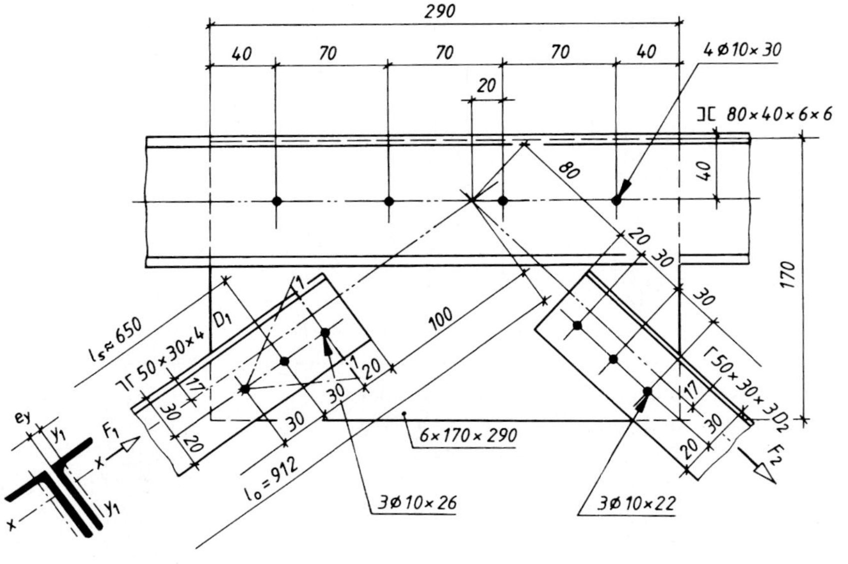

Zu prüfen sind:

a) die Knicksicherheit[1)] des Druckstabes D_1, wenn die Knicklängen $l_0 = 912$ mm und $l_s \approx 650$ mm betragen,
b) der Nietanschluss des Stabes D_1,
c) das Knotenblech im Anschlussbereich des Stabes D_1 (Querschnitt 1–1),
d) der Querschnitt des Zugstabes D_2,
e) der Nietanschluss des Stabes D_2.

7.16 In einer momentbelasteten Aluminiumkonstruktion aus AlZn4,5Mg1F35 sollen zwei U DIN 9713 – $60 \times 40 \times 4 \times 4$ nach Bild durch beiderseits angenietete Knotenbleche verbunden werden. Entwurfsmäßig vorgesehen sind Niete DIN 660 – 8×20 – AlMg5F31. Die vorwiegend ruhend wirkende Kraglast beträgt $F_H = 3{,}2$ kN im Lastfall H und $F_{H_S} = 0.9$ kN im Lastfall H_S.
Festigkeitsmäßig nachzuprüfen sind:

a) die waagerechte Nietgruppe,
b) die senkrechte Nietgruppe,
c) der gefährdete Querschnitt A–A der Knotenbleche.

[1)] Knickzahl für AlMgSi1F32 im Tabellenbuch nicht enthalten. Nach DIN 4113-1 gilt: $\omega \approx 2{,}62$ für $\lambda = 69$.

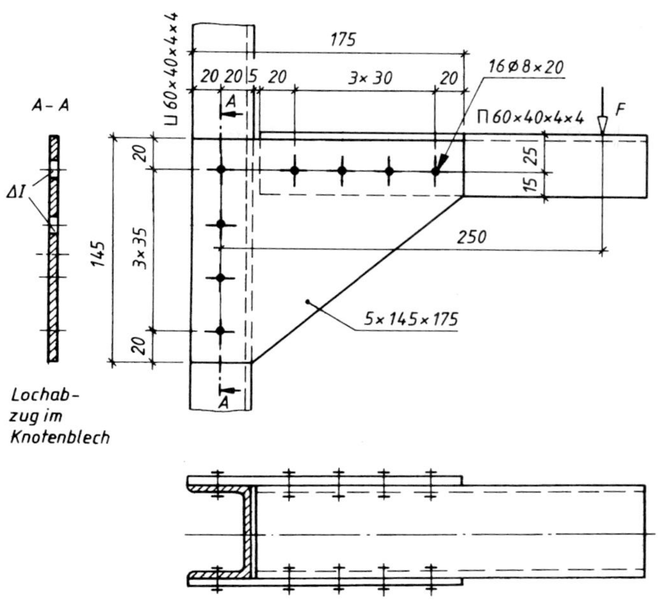

Maschinen- und Gerätebau

7.17 Für einen Bremsbandanschluss soll die 1,5 mm dicke Schlaufe mit dem 2 mm dicken und 70 mm breiten Bremsband durch Halbrundniete nach DIN 660 dauerfest verbunden werden. Die Bänder sind aus S235. Die ständig mit der Höchstlast auftretende Bandzugkraft beträgt unter Berücksichtigung der Betriebsverhältnisse $F_{max} = 6$ kN. Mit Rücksicht auf die Bedeutung des Bremsbandes für die Betriebssicherheit der Bandbremse wird eine dreifache Sicherheit gegen Dauerbruch gefordert.

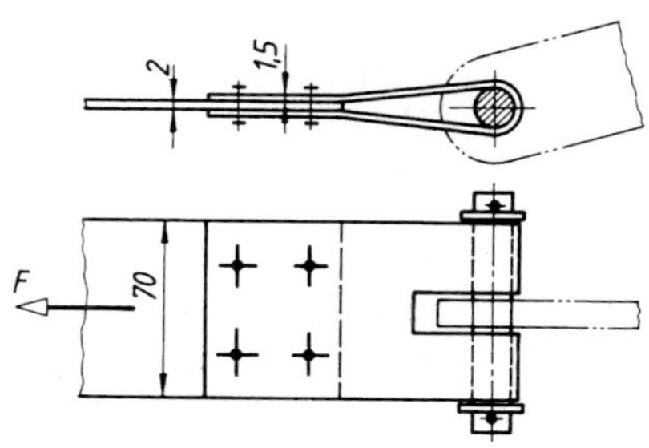

Der Nietanschluss ist für eine regelmäßige Benutzung bei unterbrochenem Betrieb zu bemessen und im Maßstab 1:2 zu entwerfen.

Hinweis: Die Anzahl der eingezeichneten Niete braucht nicht mit der berechneten übereinzustimmen.

7.18 Zur Herstellung einer Keilriemenscheibe aus Aluminium, die eine Leistung $P = 4$ kW bei der Drehzahl $n = 450\ \text{min}^{-1}$ stoßfrei zu übertragen hat, wird die Nabe aus GK-AlMg3 mit der aus zwei gepressten Blechen aus AlMg3F18 gefertigten Scheibe durch 6 Niete DIN 660 – 5 × 22 – AlMg5W27 verbunden.

Die Nietverbindung soll unter Berücksichtigung der Wellenkraft F_W nachgeprüft werden ($F_W \approx 2 \cdot F_t$), wobei wegen etwaiger Wechselbelastung die nach DIN 4113 im Lastfall H geltenden zulässigen Spannungen um 25% herabzusetzen sind.

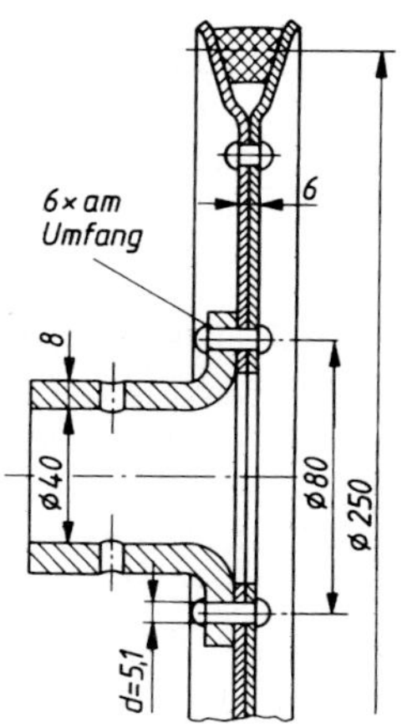

7

7.19 Eine Kettenradscheibe (2) aus E295 mit 70 Zähnen, passend für eine Rollenkette mit 8 mm Teilung, soll durch 6 am Umfang angeordnete Niete DIN 660 – 6 × 16 – St mit einer Anbaunabe (1) aus S235 verbunden werden. Das Kettenrad hat bei gleich bleibender Drehrichtung eine Leistung $P = 0{,}25\,\text{kW}$ bei einer Drehzahl $n = 18\,\text{min}^{-1}$ zu übertragen. Im Betrieb muss mit einer mittleren Häufigkeit der Höchstlast und starken Stößen gerechnet werden.

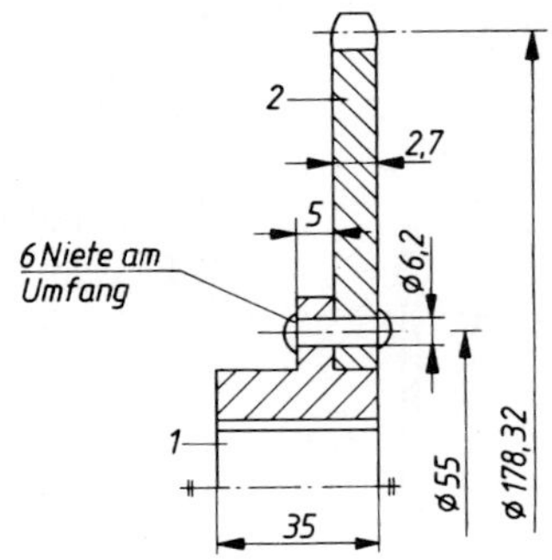

a) Die Nietverbindung ist für eine regelmäßige Benutzung im Dauerbetrieb festigkeitsmäßig nachzuprüfen.
b) Welche Vorteile hat die Kombination Kettenradscheibe – Anbaunabe gegenüber einteiligen Kettenrädern?

7.20 Bei einer biegeelastischen Membrankupplung soll die 0,3 mm dicke scheibenförmige Membran (1) aus Federstahl mit der starren Scheibe (3) aus S235 durch Halbrundniete nach DIN 660 (2) verbunden werden. Das zu übertragende Drehmoment $T = 40\,\text{Nm}$ tritt wechselnd mit mittleren Stößen auf.
Die Nietverbindung ist für regelmäßige Benutzung im Dauerbetrieb bei mittlerer Häufigkeit der Höchstlast auszulegen.

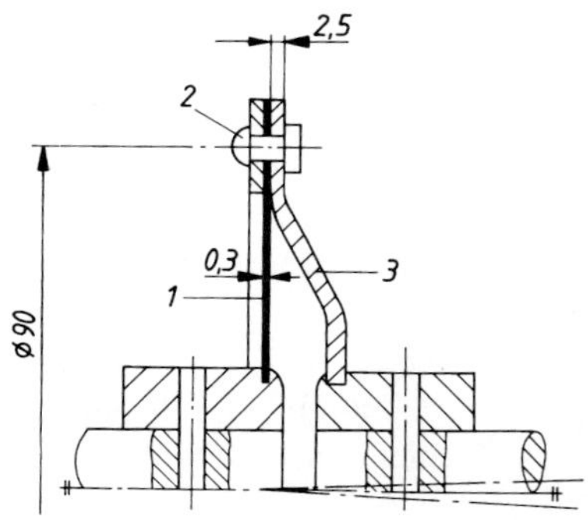

7.21 Welche Beanspruchung erfahren die Niete der skizzierten Kupplungsscheibe eines Nutzfahrzeugs bei einem zu übertragenden Drehmoment von 600 Nm?
Anmerkung: Die Ermittlung der in Kfz-Kupplungen wirklich auftretenden Nietbeanspruchung ist problematisch. Man kann zwar die Umfangskraft aus dem maximalen Motormoment errechnen, es sind jedoch Momentüberhöhungen durch den Ungleichförmigkeitsgrad des Motors und die Art des Einkuppelns zu berücksichtigen. So kann bei schlagartigem Einkuppeln ein gegenüber dem Motormoment zwei- bis dreifach höheres Moment auftreten. Dieser Umstand wird bei der Auslegung der Nietverbindung durch einen Zuschlag berücksichtigt. Stets müssen jedoch Versuche die Dauerhaltbarkeit der Nietverbindung bestätigen.

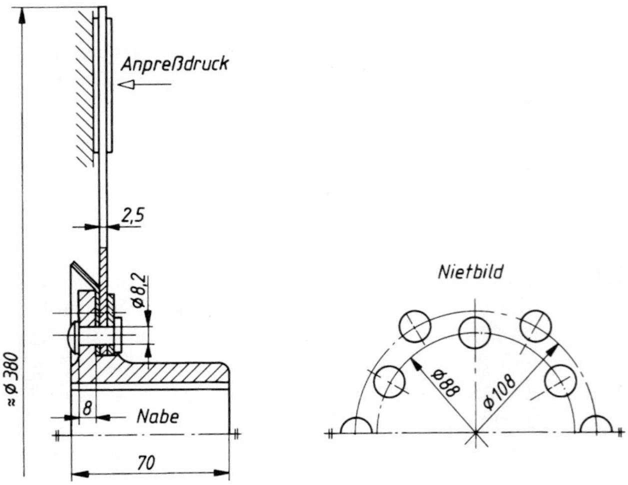

7.22 Bei einer Konstruktion aus Polyamid (PA 66) werden Gehäuse (1) und Lagerschild (2) durch Spritzgießen getrennt hergestellt. Das Lager mit vier angegossenen Nietschäften soll dann mit dem Gehäuse durch Ultraschallnieten verbunden werden.
Welcher Nietdurchmesser d ist erforderlich, wenn unter Berücksichtigung der ungünstigsten Betriebsbedingungen die radiale Lagerkraft $F = 300$ N beträgt?

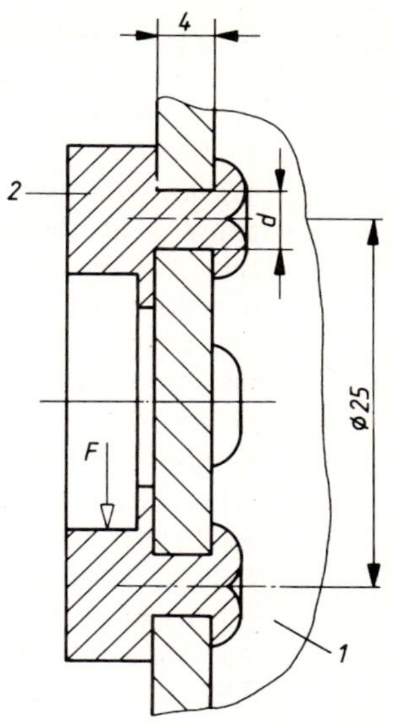

8

8 Schraubenverbindungen

Vorbemerkungen
Schraubenverbindungen sind die wohl wichtigsten lösbaren Verbindungen in der Technik. Aus zwei oder mehreren Teilen wird durch eine oder meist mehrere Schrauben ein Verbundteil gebildet. Damit dieses die auftretenden Betriebskräfte sicher übertragen kann, sind die Schrauben (und die Bauteile) entsprechend zu bemessen und notfalls gegen Lösen zu sichern. Bei tragenden Schraubenverbindungen im Bauwesen, Druckbehälter- und Dampfkesselbau sind dabei unbedingt folgende DIN-Normen, Richtlinien oder Vorschriften zu befolgen:

DIN 18800 T1, DIN 18801: Stahlbauten, Stahlhochbau
DIN 15018: Stahltragwerke für Krane
DS804: Vorschrift für Eisenbahnbrücken und sonstige Ingenieurbauwerke (VEI) (Deutsche Bahn)
AD-Merkblatt B7: Berechnung von Druckbehältern, Schrauben
TRD 309: Technische Regeln für Dampfkessel, Schrauben (Vereinigung der Technischen Überwachungsvereine e. V. Essen)

Eine Reihe von Aufgaben aus dem Stahl- und Kranbau behandelt Stab- und Konsolanschlüsse durch rohe Schrauben, Passschrauben und hochfeste Schrauben. Ihre Berechnung erfolgt wie bei Nietverbindungen auf Abscheren und Lochleibungsdruck. Verbindungen mit hochfesten Schrauben können grundsätzlich als Scher-Lochleibungsverbindungen (SL-Verb.) oder als gleitfeste Verbindungen (GV-Verb.) mit einem Lochspiel ≤ 2 mm und als Passverbindungen (SLP- bzw. GVP-Verb.) mit einem Lochspiel $\leq 0{,}3$ mm ausgeführt werden. Bei gleitfesten Verbindungen müssen die Reibflächen entsprechend vorbereitet (z. B. gestrahlt) und die Schrauben auf die vorgeschriebene Vorspannkraft angezogen werden. Mit hochfesten Passschrauben ausgeführte gleitfeste Verbindungen (GVP-Verb.) können durch gleichzeitigen Kraft- und Formschluss sehr hohe Kräfte übertragen.
Schraubenverbindungen im Maschinenbau haben meist dynamische Betriebskräfte zu übertragen. Ihre Berechnung erfolgt in Anlehnung an die VDI-Richtlinie 2230: Systematische Berechnung hochbeanspruchter Schraubenverbindungen. Die Schraubengröße wird dabei unter Berücksichtigung folgender Einflussfaktoren bestimmt:

Festigkeitsklasse der Schraube
Art der Krafteinleitung
Setz- und Lockerungsverhalten der Verbindung
Pressung an den Auflageflächen des Schraubenkopfes bzw. der Mutter
Dauerhaltbarkeit bei dynamischer Belastung
Streuung der Vorspannkraft beim Anziehen

Bei den zugehörigen Aufgaben handelt es sich meist um zentrisch belastete und zentrisch verspannte Verbindungen, bei denen die steifen Bauteile direkt aufeinander liegen. Durch die elastische Verformung der Bauteile verursachte Biegemomente im Schraubenschaft werden nicht berücksichtigt. Durch einfache Zerlegung der Betriebskraft (gleichmäßige Lastverteilung) lassen sich dann auch Vielschraubenverbindungen nach den im Lehrbuch angegebenen Verschraubungsfällen berechnen. Häufig ist die von der Schraube aufzunehmende Längs- bzw. Querkraft auch direkt gegeben. Exzentrisch belastete und verspannte Verbindungen oder solche, bei denen die Bauteile nicht direkt aufeinander liegen (z. B. Pleuellager-Deckelverschraubungen, Rohrflanschverbindungen), sind schwierig zu berechnen und werden deshalb nur näherungsweise behandelt.

1 Welche Gewindearten eignen sich
a) für Befestigungsschrauben?
b) für Bewegungsschrauben?
Lösungshinweis: Siehe Lehrbuch 8.1.2-1.

2 Welche Gewinde werden für druckdichte Verschraubungen bei Rohren, Fittings und Armaturen verwendet?
Lösungshinweis: Siehe Lehrbuch 8.1.2-1 und 18.3.2-3.

3 Folgende Gewinde-Kurzzeichen sind zu erläutern, das Profil zu skizzieren und ein Anwendungsbeispiel anzugeben.
a) S 40 × 14 P7 b) M36 × 2 – LH c) Tr 44 × 7 d) G 1 1/2
Lösungshinweis: Siehe Lehrbuch 8.1.2-1 und 8.1.2-2.

4 Was versteht man unter der Selbsthemmung bei einem Gewinde und von welchen Einflussgrößen hängt sie ab?
Lösungshinweis: Siehe Lehrbuch 8.5.5.

5 Was versteht man unter einem „Differenzgewinde"? (Prinzip, Funktion, Anwendung)
Lösungshinweis: Siehe Lehrbuch 8.2.2, Bild 8-6, Zeile 8.

6 Die Benennung der Schrauben erfolgt überwiegend nach den Merkmalen Gewinde und Kopf- bzw. Antriebsform. Zu nennen sind je zehn
a) Kopfformen (z. B. Flachrundkopf),
b) Antriebsformen (z. B. Innensechskant),
c) Schraubenarten (z. B. Vierkantschrauben).
Lösungshinweis: Siehe Lehrbuch 8.1.3-1 mit TB 8-5.

7 Folgende Normbezeichnungen sind zu erläutern und die Elemente außerdem zu skizzieren:
a) Zylinderschraube ISO 4762–M12 × 55–10.9
b) Sechskantmutter ISO 4032–M16-8
c) Scheibe DIN 125–17–140 HV
Lösungshinweis: Siehe Lehrbuch 8.1.3-4 und 8.1.4.

8 Die bei Schraubenverbindungen auftretenden Kräfte und Verformungen lassen sich anschaulich im Verspannungsschaubild darstellen.
a) Das Verspannungsschaubild ist rein qualitativ für den Montagezustand zu skizzieren.
b) Alle maßgebenden Kräfte und Verformungen sind einzutragen.
c) Wie stellt sich das Setzen im Verspannungsschaubild dar?
Lösungshinweis: Siehe Lehrbuch 8.3.1 und 8.3.2.

9 Anhand eines Verspannungsschaubildes ist zu erläutern, warum man mit Dehnschrauben eine höhere Dauerhaltbarkeit erreichen kann als mit Schaftschrauben.
Lösungshinweis: Siehe Lehrbuch 8.2.2.

10 Die Anziehverfahren für Schraubenverbindungen sind zu erläutern und hinsichtlich der Vorspannkraftstreuung zu vergleichen.
Lösungshinweis: Siehe Lehrbuch 8.3.5.

11 a) Warum und wann müssen Schraubenverbindungen gesichert werden?
b) Wie lassen sich Schraubenverbindungen hinsichtlich ihrer Funktion (Wirkprinzip) unterscheiden?
c) Zu erläutern sind Sicherungselemente, die geeignet sind als
– Setzsicherung
– Losdrehsicherung
– Verliersicherung
Lösungshinweis: Siehe Lehrbuch 8.3.10.

8

12 Dynamische Querschwingungen können Schraubenverbindungen (z. B. an Schwingsieben und Waschmaschinen) zu Schwachpunkten einer Konstruktion werden lassen.
a) Wieso können sich Schrauben selbsttätig losdrehen?
b) Wie können Schrauben gegen Losdrehen wirksam gesichert werden?
Lösungshinweis: Siehe Lehrbuch 8.3.10.

13 Regeln für die fertigungsgerechte Gestaltung von Gewindeteilen sind zu erläutern.
Lösungshinweis: Siehe Lehrbuch 8.2.1.

14 Wirksame Maßnahmen zur Verbesserung der Dauerhaltbarkeit von dynamisch beanspruchten Schraubenverbindungen sind zu beschreiben.
Lösungshinweis: Siehe Lehrbuch 8.2.2.

15 Bei einer Verschraubung mit „normaler" Mutter (Druckmutter) übernimmt der erste Gewindegang bis zu 34% der Gesamtlast.
Zu skizzieren und zu erläutern sind zwei konstruktive Maßnahmen zur Verbesserung der Lastverteilung auf die Gewindegänge.
Lösungshinweis: Siehe Lehrbuch 8.2.2, Bild 8-6, Zeile 1.

16 Im Stahlbau werden zunehmend GV-Verbindungen eingesetzt.
a) Wodurch unterscheiden sich diese grundsätzlich von SL-Verbindungen?
b) Wie ist die hohe Dauerfestigkeit der GV-Verbindungen zu erklären?
Lösungshinweis: Siehe Lehrbuch 8.4.3.

Schraubenverbindungen im Maschinenbau

8.1 Eine Augenschraube nach DIN 444 soll bei Montagearbeiten eine ruhende Last $F = 28$ kN tragen.
Vorrätig sind folgende Schraubengrößen der Festigkeitsklasse 5.6:
M8, M12, M16, M20 und M24.
Welche Schraube ist auf Grund der Gewindetragfähigkeit mindestens zu wählen?

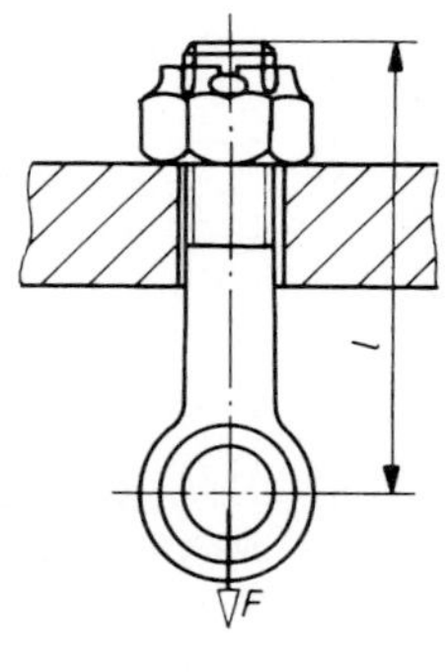

8.2 Aus Spannschlossmutter und Anschweißenden der Festigkeitsklasse 3.6 bestehende Spannschlösser nach DIN 1480 werden z. B. zum Spannen von Zugstangen und Nachstellen von Bremsbändern verwendet. Ihre Sicherung erfolgt durch Gegenmuttern oder Drahtschlaufen.
Zu bestimmen ist die Spannschlossgröße (Gewindedurchmesser d, genormt: Regelgewinde Reihe 1, M6 bis M56) für eine Zugkraft $F = 10$ kN bei
a) ruhender Belastung im Maschinenbau,
b) ruhender Belastung im Stahlbau,
c) schwellender Belastung im Maschinenbau (Ausschlagfestigkeit erfahrungsgemäß $\sigma_A \approx \pm 35$ N/mm^2).

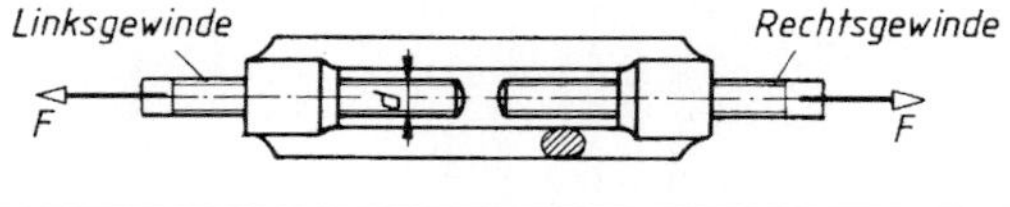

8.3 Ein Lasthaken für Hebezeuge, mit Gewindeschaft M42 (1), ist über die mit dem Spannstift (4) gesicherte Lasthakenmutter (2) in der Traverse (3) drehbar gelagert. Nach DIN 15400 beträgt für die Lasthaken-Festigkeitsklasse M (Werkstoff ASt41: $R_m = 400$ bis $490\ \text{N/mm}^2$, $R_{eH} = 235\ \text{N/mm}^2$) in der Triebwerkgruppe $1\,A_m$ seine Tragfähigkeit $m = 6300$ kg.

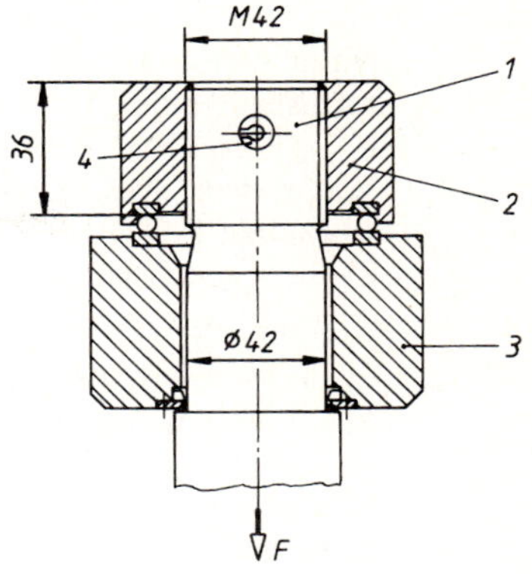

a) Es ist zu prüfen, ob der Gewindeschaft dauerfest ist, wenn die ertragbare Spannungsamplitude $\sigma_A \approx \pm 35\ \text{N/mm}^2$ beträgt.

b) Die Scherbeanspruchung im Bolzengewinde ist überschlägig unter der Annahme nachzuweisen, dass bereits der erste Gewindegang die halbe Nennlast aufnimmt und dabei $\tau_{zul} = 0{,}7 \cdot R_e$ nicht überschritten wird.

c) Durch welche Maßnahmen kann die Dauerhaltbarkeit des Gewindes verbessert werden?

8.4 Für die Verschraubungen a) bis c) sind überschlägig Schraubengröße (Regelgewinde) bzw. Festigkeitsklasse zu bestimmen.

	a	b		c	
Verschraubung	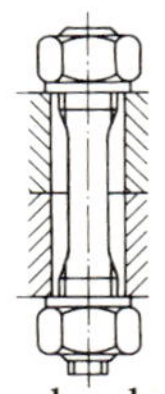 Schraubenbolzen	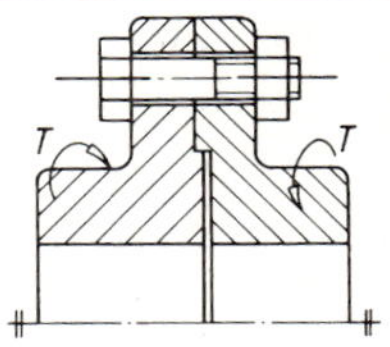 Scheibenkupplung		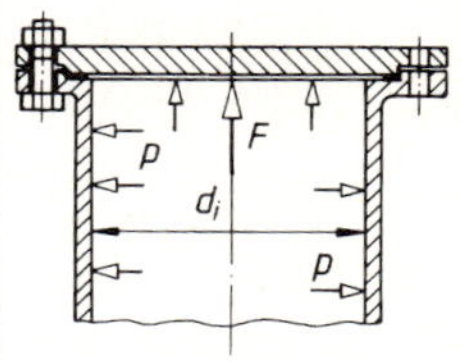 Druckbehälterdeckel	
Belastungsart	dynamisch axial	quer		statisch axial exzentrisch[1]	
Betriebskraft je Schraube in kN	58	2,5		14	
Schraubengröße	?	?	M10	?	M14
Festigkeitsklasse	10,9	5,6	?	4,6	?

[1] Zusätzliche Biegung für Deckel und Schrauben, da verspannter Deckelrand nicht aufliegt.

8.5 Für eine Sechskantschraube ISO 4014–M12 × 50–8.8–B3H[1] sind zu bestimmen:

a) die Spannkraft F_{sp},

b) das Spannmoment M_{sp},

c) das vorzuschreibende Anziehdrehmoment M_A bei drehmomentgesteuertem Anziehen mit einem Drehschrauber,

d) die Einschraublänge l_e in Gusseisen.

---

[1] Verschlüsselung für galvanische Überzüge nach DIN 267 T9. Überzugsmetall Kadmium (B), Schichtdicke 8 µm (3) und Glanzgrad blank (H); bzw. jetzt Fe/Cd8 nach DIN ISO 4042.

8

8.6 Für eine querbeanspruchte, reibschlüssige Schraubenverbindung wurde (unter Berücksichtigung des Vorspannkraftverlustes) eine Mindest-Vorspannkraft (= Normalkraft F_n) $F_{V\,min} = 16$ kN je Schraube ermittelt.
Vorgesehen sind geschwärzte und leicht geölte Sechskantschrauben ISO 4014–8.8 mit Sechskantmuttern ISO 4032–8.
Zu bestimmen ist die jeweils erforderliche Schraubengröße für folgende Anziehverfahren:

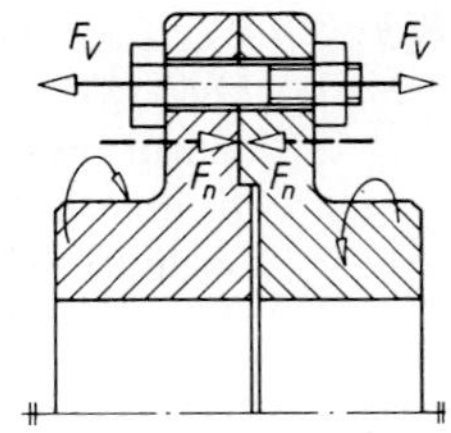

a) drehwinkelgesteuertes Anziehen,
b) drehmomentgesteuertes Anziehen mit dem Drehmomentschlüssel,
c) impulsgesteuertes Anziehen mit dem Schlagschrauber ohne Einstellkontrollen,
d) impulsgesteuertes Anziehen mit dem Schlagschrauber, mit Kontrolle durch Drehmomentschlüssel,
e) Anziehen von Hand ohne Drehmomentmessung.

8.7 Für eine phosphatierte, mit MoS_2 geschmierte Sechskantschraube ISO 4014–M16 × 60–5.6 sind zu bestimmen:

a) die Spannkraft F_{sp} = maximale Vorspannkraft $F_{V\,max}$,
b) das Spannmoment M_{sp},
c) die minimale Vorspannkraft $F_{V\,min}$, wenn die Schraube mit einem Schlagschrauber ohne Einstellkontrollen angezogen wird.

8.8 Durch eine Sechskantschraube ISO 4014–M12 × 55–8.8 mit Sechskantmutter ISO 4032–M12–8 sollen Platten aus E295 verspannt werden. Die Klemmlänge beträgt $l_k = 40$ mm.
Zu ermitteln sind:

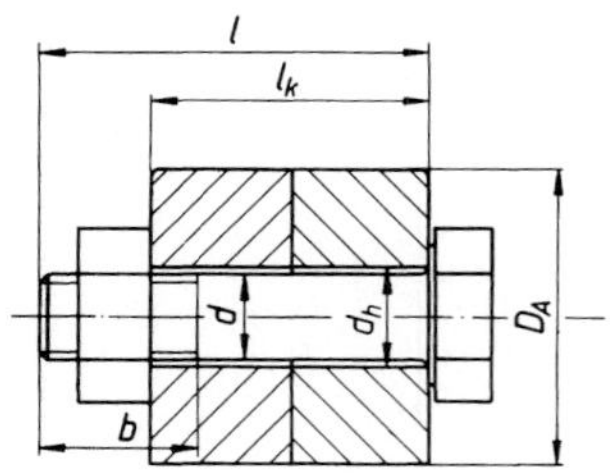

a) die elastische Nachgiebigkeit δ_S der Schraube,
b) die elastische Nachgiebigkeit δ_T der verspannten Platten bei $D_A = 40$ mm und Durchgangsloch nach DIN EN 20273 mittel,
c) das vereinfachte Kraftverhältnis Φ_k,
d) die Verlängerung f_S der Schraube und die Verkürzung f_T der verspannten Platten unter der Spannkraft F_{sp} im Montagezustand, bei geschwärzter, leicht geölter Schraube.

8.9 Eine phosphatierte, leicht geölte Dehnschraube der Festigkeitsklasse 10.9 mit Sechskantmutter ISO 4032–M12–10 wird mit einem Drehmomentschlüssel angezogen.
Zu ermitteln sind:

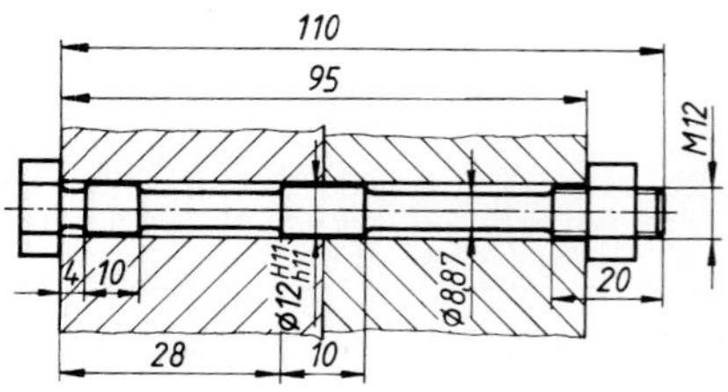

a) die größte Montagevorspannkraft F_{VM} = Spannkraft F_{sp} und das vorzuschreibende Anziehdrehmoment M_A,
b) die elastische Nachgiebigkeit δ_S der Dehnschraube,
c) die elastische Nachgiebigkeit δ_T der verspannten Bauteile aus C45E bei einem Außendurchmesser $D_A = 80$ mm,
d) das vereinfachte Kraftverhältnis Φ_k,
e) der zu erwartende Vorspannkraftverlust F_Z unter axialer Betriebskraft.

8.10 Zwei Bauteile aus EN-GJL-250 sollen durch eine zentrale Sechskantschraube ISO 4014–M16 × 70–8.8 mit Sechskantmutter ISO 4032–M16–8 verbunden werden. Die Schraube ist geschwärzt und leicht geölt. Das Anziehen erfolgt von Hand mit einem Drehmomentschlüssel.
Zu ermitteln sind:

a) die elastische Nachgiebigkeit δ_S der Schraube und δ_T der Bauteile und das vereinfachte Kraftverhältnis Φ_k,
b) die größte Montagevorspannkraft $F_{V\,max}$ = Spannkraft F_{sp} und die kleinste Montagevorspannkraft $F_{V\,min}$,
c) der Vorspannkraftverlust durch Setzen F_Z,
d) die größte zulässige schwellend wirkende Betriebskraft F_B, wenn die Restklemmkraft in der Trennfuge noch $F_{Kl} = 5$ kN betragen soll,
e) die Verlängerung der Schraube f_S und die Verkürzung der Bauteile f_T infolge der Vorspannkraft nach dem Setzen,
f) die Kontrolle der Flächenpressung unter Kopf- und Mutterauflage,
g) das vollständige Verspannungsschaubild der Schraubenverbindung (Kräftemaßstab: 1 kN ≙ 1 mm, Längenmaßstab: 1000 : 1).

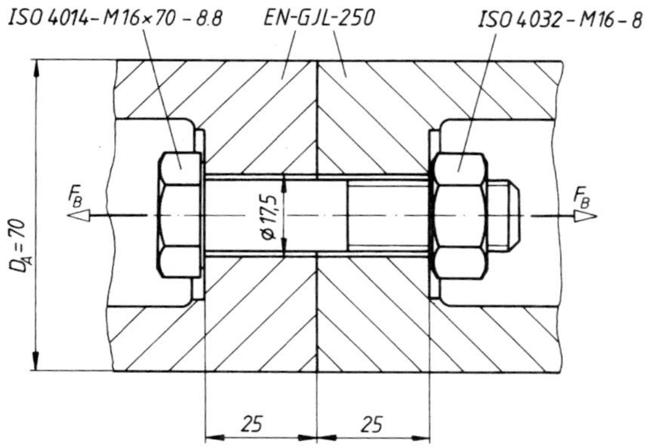

8.11 Für eine Schraubenverbindung mit Dehnschaft sind zu ermitteln:

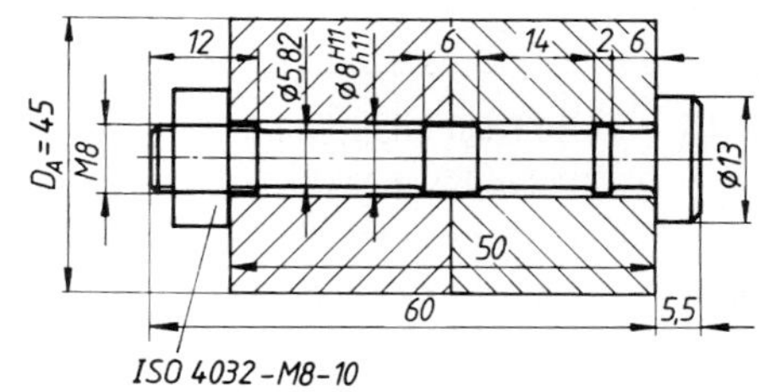

a) die elastische Nachgiebigkeit δ_S der Schraube und δ_T der Bauteile aus E295 bei $D_A = 45$ mm, sowie das vereinfachte Kraftverhältnis Φ_k,
b) die größte Montagevorspannkraft $F_{V\,max}$ = Spannkraft F_{sp} bei verkadmeter Schraube der Festigkeitsklasse 10.9,
c) die kleinste Montagevorspannkraft $F_{V\,min}$, wenn die Schraube mit einem Drehmomentschlüssel angezogen wird,
d) die Dauerhaltbarkeit der schlussvergüteten Schraube und die Restklemmkraft F_{Kl} in der Trennfuge für eine schwellend wirkende Betriebskraft $F_B = 7$ kN,
e) die Verlängerung der Schraube f_S und die Verkürzung der Bauteile f_T infolge der Vorspannkraft nach dem Setzen,
f) das vollständige Verspannungsschaubild der Schraubenverbindung (Kräftemaßstab: 1 kN ≙ 5 mm, Längenmaßstab: 1000 : 1).

8.12 Die Verbindung zweier Platten aus C45E mit einer Durchsteckschraube soll wahlweise als Schaft-(Starr-) oder Dehnschraube für eine zwischen $F_{Bu} = 4$ kN und $F_{Bo} = 16$ kN schwankende Betriebskraft bemessen werden. Dabei soll die Restklemmkraft noch mindestens $F_{Kl} = 3$ kN betragen. Die geschwärzte, leicht geölte Schraube wird von Hand mit einem Drehmomentschlüssel angezogen.

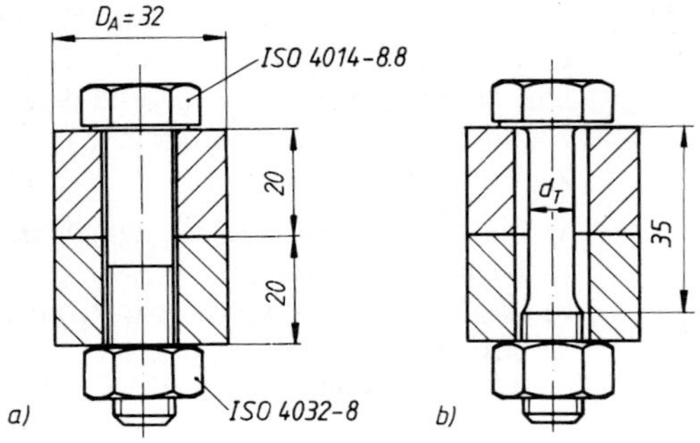

a) Für die als Schaftschraube zu verwendende Sechskantschraube ISO 4014–8.8 (Bild a) ist die Größe zu bestimmen und die Normbezeichnung anzugeben.

b) Die Ausführung als schlussvergütete Dehnschraube ist zu berechnen (Bild b), wobei der unter a) ermittelte Gewindedurchmesser beibehalten werden soll.

8.13 Um Rechenaufwand zu sparen, soll die Aufgabe 8.12 mit dem aus der VDI-Richtlinie 2230 abgeleiteten vereinfachten Verfahren gelöst werden. Die Ergebnisse sind zu vergleichen.

8.14 Ein Maschinenteil aus EN-GJL-250 soll mit einer geschwärzten und leicht geölten Zylinderschraube ISO 4762–8.8 befestigt werden, Durchgangsloch DIN EN 20273 mittel. Das Anziehen erfolgt von Hand ohne Messung des Anziehdrehmomentes. Die Schraubenverbindung ist für eine zwischen $F_{Bu} = 8$ kN und $F_{Bo} = 22$ kN schwankende Betriebskraft zu bemessen. Die Normbezeichnung der ermittelten Schraube ist anzugeben.

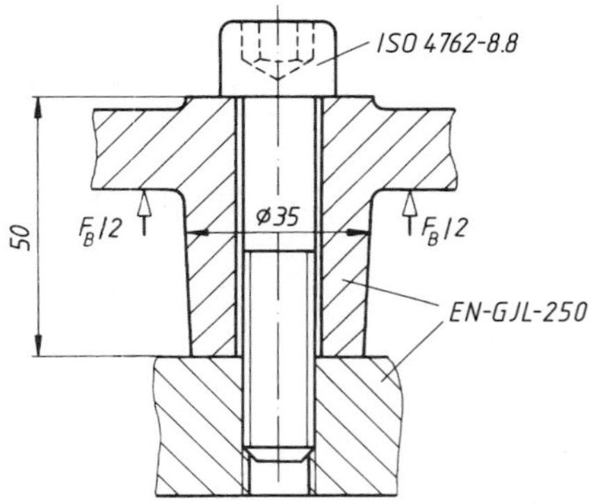

8.15 Um Rechenaufwand zu sparen, soll die Aufgabe 8.14 mit dem aus der VDI-Richtlinie 2230 abgeleiteten vereinfachten Verfahren gelöst werden. Die Ergebnisse sind zu vergleichen.

8.16 Der Verschlussdeckel aus EN-GJL-250 eines unter Innendruck stehenden Gehäuses soll mit Stiftschrauben DIN 939–5.6 und Sechskantmuttern ISO 4032–5 befestigt werden, Durchgangslöcher nach DIN EN 20273 mittel. Auf jede Schraube entfällt dabei eine vorwiegend ruhend wirkende Betriebskraft $F_B = 14$ kN, wobei die Restklemmkraft noch mindestens $F_{Kl} = 4$ kN betragen soll. Das Anziehen erfolgt mit einem Drehmomentschlüssel (Gewinde unbehandelt, leicht geölt).

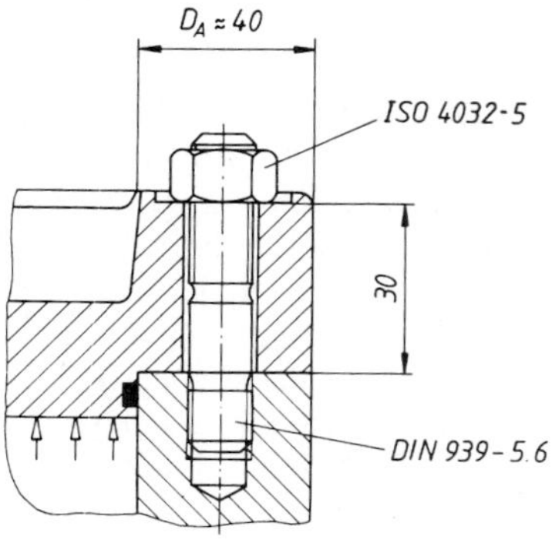

Die Deckelverschraubung ist zu bemessen, wobei wegen der großen Steifigkeit des Deckels der Einfluss der exzentrischen Verspannung und Belastung vernachlässigt werden soll.

Hinweis: Für unter die Druckbehälterverordnung fallende Anlagen ist die Verschraubung nach dem AD-Merkblatt B7 zu bemessen.

8.17 Deckel (1) und Gehäuse (2) einer Zahnradpumpe sollen durch 6 Zylinderschrauben ISO 4762 – M6 × 35 mit der Grundplatte (3) öldicht verbunden werden, Durchgangslöcher nach DIN EN 20273 mittel. Die Pumpenteile werden aus öldichtem und verschleißfestem Sondergusseisen gefertigt ($E_T \approx 120000\ N/mm^2$).

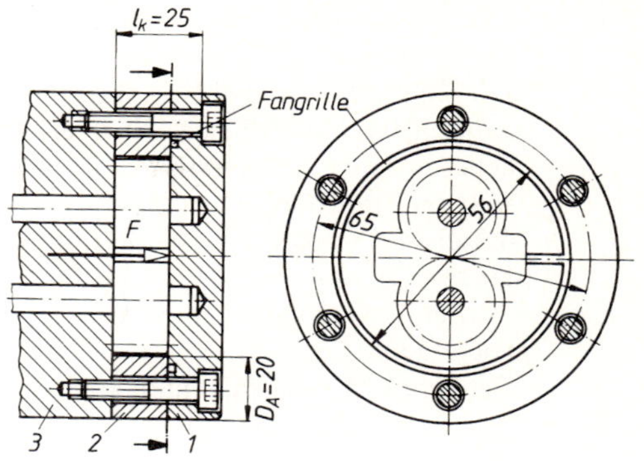

Zu ermitteln sind:

a) die auf den Deckel wirkende Druckkraft F, wenn der pulsierende maximale Innendruck $p_e = 25$ bar bis zur Fangrille wirksam ist,

b) die erforderliche Festigkeitsklasse der geschwärzten und leicht geölten Schrauben, wenn diese von Hand (ohne Messung des Anziehmomentes) angezogen werden und beim Betriebsdruck noch eine Restklemmkraft $F_{Kl} = 1{,}5$ kN je Schraube wirken soll. Wegen der großen Steifigkeit des Deckels darf der Einfluss der exzentrischen Verspannung und Belastung vernachlässigt werden.

8.18 Zur Verschraubung des Deckels für das Festlager der Schneckenwelle eines Schneckengetriebes sind 6 durch Verkleben des Gewindes gesicherte Sechskantschrauben ISO 4017 – 8.8 vorgesehen. Die Schrauben sollen von Hand mit einem Maulschlüssel angezogen werden. Gehäuse und Deckel sind aus Gusseisen (GJL).

Abzuschätzen bzw. anzugeben sind:

a) der Gewindedurchmesser der Schrauben nach Richtwerten für eine dynamische Axialkraft $F_a \approx 8{,}3$ kN,

b) die Normbezeichnung der gewählten Schrauben.

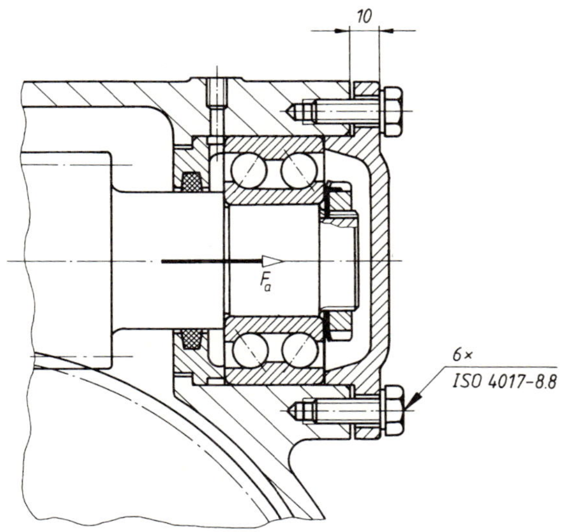

8

8.19 Eine Welle aus E295 soll über eine Kegelverbindung (Kegelpressverband) ein Drehmoment $T = 640$ Nm auf eine Riemenscheibe übertragen. Die erforderliche axiale Aufpresskraft $F_a \approx 44$ kN soll über den Gewindezapfen der Welle mittels einer Sechskantmutter ISO 8675–M30 × 2–05 aufgebracht werden, Gewinde unbehandelt und leicht geölt.

Zu ermitteln bzw. zu prüfen sind:

a) das Anziehdrehmoment der Mutter bei drehmomentgesteuertem Anziehen ohne Berücksichtigung des Vorspannkraftverlustes (unter der ersten Drehmomentbelastung gleiten die Kegelflächen schraubenförmig auf, so dass die Mutter nachgezogen werden muss),

b) die Festigkeit des Gewindezapfens.

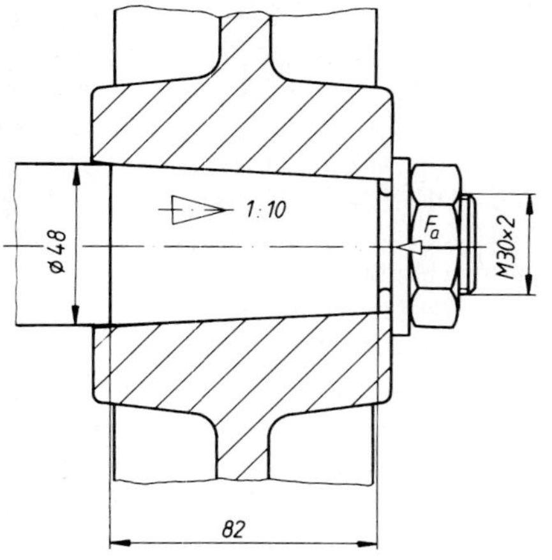

8.20 Zwei Keilriemenscheiben aus EN-GJL-200 sollen durch je zwei Ringfeder-Spannelemente 60 × 68 auf einer Welle befestigt werden. Die erforderliche axiale Gesamtspannkraft $F_a = 145$ kN soll durch 6 nabenseitig angeordnete Sechskantschrauben ISO 4014–8.8 aufgebracht werden. Die geschwärzten und leicht geölten Schrauben werden mit einem Drehmomentschlüssel angezogen.

Zu ermitteln bzw. anzugeben sind:

a) der Gewindedurchmesser der Spannschrauben ohne Berücksichtigung des Vorspannkraftverlustes, da die Schrauben nach kurzer Betriebsdauer (Setzen der Verbindung) nachgezogen werden,

b) die Normbezeichnung der gewählten Schrauben und der Lochkreisdurchmesser d_L,

c) Montagerichtlinien für das Anziehen der Spannschrauben.

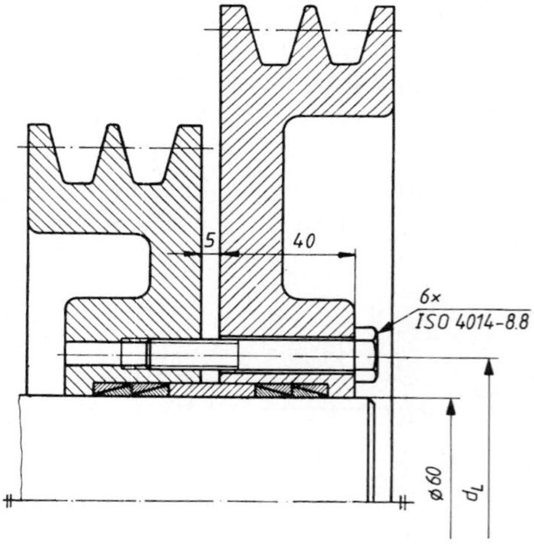

8.21 Eine als Blechziehteil hergestellte Ölwanne (1) soll mit dem Gussgehäuse (2) durch 12 Sechskantschrauben ISO 4017–8.8 öldicht verschraubt werden. Für die vorgesehene Weichstoff-Flachdichtung (3) beträgt nach Angabe des Herstellers die Mindestpressung (kritische Vorpressung) $p_{min} = 14$ N/mm² und die maximal zulässige Pressung $p_{max} = 70$ N/mm². Die Dichtfläche wird mit $A = 9500$ mm² ausgeführt.

Zu ermitteln bzw. zu prüfen sind:

a) der Gewindedurchmesser der geschwärzten und geölten Schrauben, wenn diese mit dem Drehmomentschlüssel angezogen werden und das Setzen der Dichtung einen Vorspannkraftverlust $F_Z \approx 4$ kN je Schraube erwarten lässt,

b) die Normbezeichnung der Schrauben bei einer Klemmlänge von ca. 3 mm,

c) die größte Pressung der Dichtung beim Vorspannen der Schrauben auf F_{sp}.

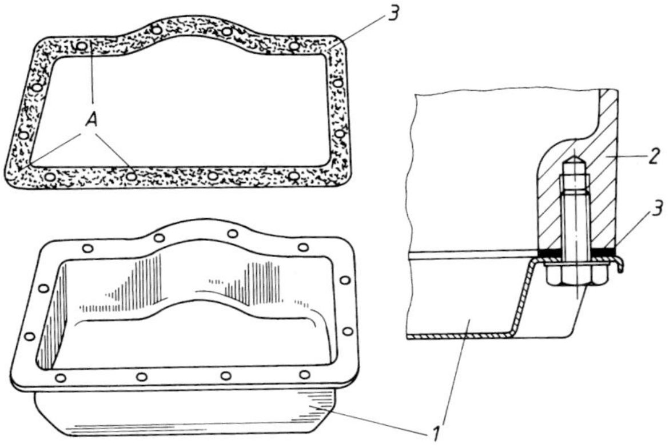

8.22 Zwei Hohlwellen aus C45E mit angeschmiedeten Kupplungsflanschen sollen durch 12 auf dem Lochkreisdurchmesser 130 mm angeordnete Sechskantschrauben ISO 4017–10.9 gleitsicher verbunden werden, Durchgangslöcher nach DIN EN 20273 mittel. Die Schrauben werden gegen Losdrehen durch Verkleben der Gewinde gesichert ($\mu_{ges} \approx 0{,}14$). Das Anziehen erfolgt von Hand mittels Drehmomentschlüssel.
Die Flanschverschraubung ist für ein wechselnd wirkendes Drehmoment $T = 2240$ Nm zu bemessen.

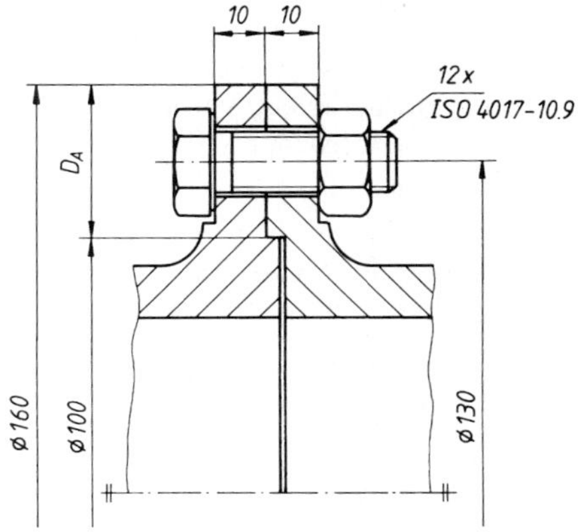

8.23 Die Verschraubung eines Schneckenrad-Zahnkranzes aus G-CuSn12 mit dem Radkörper aus EN-GJL-250 soll ein schwellend wirkendes Drehmoment $T = 550$ Nm gleitsicher übertragen.
Es ist zu prüfen, ob die Verbindung mit lagerhaltigen Sechskantschrauben ISO 4017–M8 × 25–8.8 ausgeführt werden kann, wenn die Schrauben mit dem Drehmomentschlüssel von Hand angezogen und mittels mikroverkapseltem Klebstoff gesichert werden.

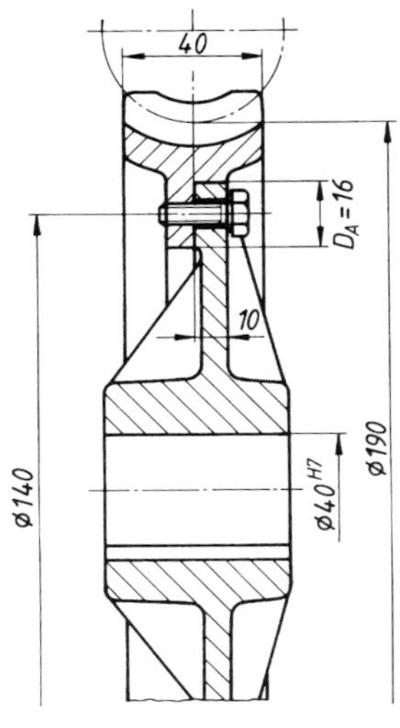

Schraubenverbindungen im Stahlbau

8.24 Der Zugstab ⅃L EN 10056-1 – 150 × 100 × 12 eines Fachwerkes (Stahlhochbau) soll mit Schrauben an ein 20 mm dickes Knotenblech angeschlossen werden. Die Einwirkungen betragen aus ständiger Last 190 kN, aus Verkehrslast 320 kN und aus Windlast 80 kN.
Als Bauteilwerkstoff wird S235 festgelegt. Die Schraubenverbindung soll in folgenden Ausführungsformen entworfen werden:

a) Scher-Lochleibungsverbindung (SL) mit rohen Schrauben nach DIN 7790 (4.6),
b) Scher-Lochleibungs-Passverbindung (SLP) mit Sechskant-Passschrauben nach DIN 7968 (5.6),
c) gleitfeste planmäßig vorgespannte Verbindung (GV) mit Sechskantschrauben nach DIN 6914 (10.9).

Für die GV-Verbindung wird außer dem Tragsicherheitsnachweis auch der Gebrauchstauglichkeitsnachweis mit den Teilsicherheitsbeiwerten $S_M = 1{,}0$, $S_{FG} = 1{,}05$ und $S_{FQ} = 1{,}1$ verlangt.
Jede Ausführungsform ist zu berechnen und im Maßstab 1:5 zu entwerfen. Über die erforderlichen Verbindungselemente sind alle für die Stückliste erforderlichen Angaben zu machen.

8.25 Ein aus 2 warm gewalzten Flachstählen DIN 1017 – S235JR – 110 × 10 gebildeter Zugstab wird durch 3 Sechskantschrauben DIN 7990 – M20 × 65 – Mu – 4.6 (mit Scheiben A nach DIN 7989) an ein 14 mm dickes Knotenblech aus S235JR angeschlossen.
Es ist zu prüfen, welche rechnerische Stabkraft F diese SL-Verbindung im Stahlbau übertragen kann.

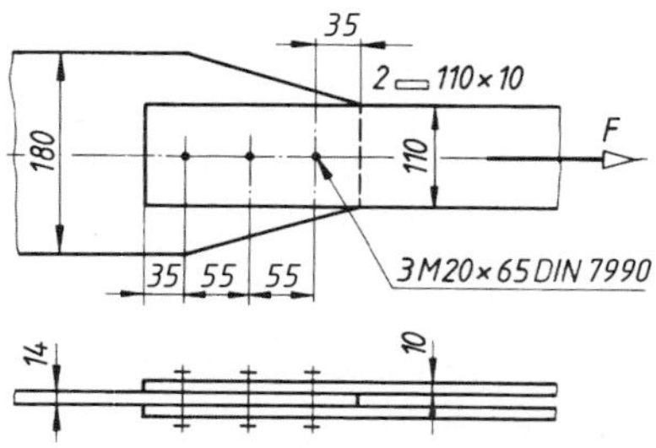

8.26 Der mit der Zugkraft $F = 85$ kN belastete einteilige Vertikalstab eines Fachwerkes (Stahlbau) aus S235 kann auf Grund einer überschlägigen Vorbemessung nach der Lagerliste mit folgenden Profilen ausgeführt werden:

a) L EN 10056-1 – 80 × 40 × 8
b) U-Profil DIN 1026 – U100

Nach der Bemessung der mit Sechskantschrauben nach DIN 7990 (rohe Schrauben, 4.6) auszuführenden Stabanschlüsse (Normbezeichnung und Anzahl der rohen Schrauben, Anschlusslänge l) sind die Profile festigkeitsmäßig nachzuprüfen.

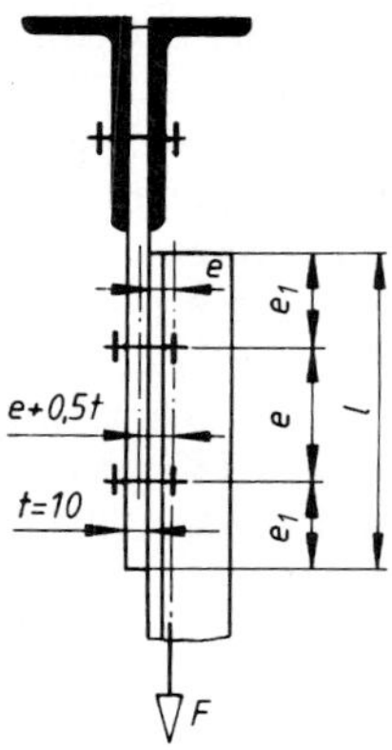

8.27 Der Vertikalstab eines Fachwerkes (Stahlbau) aus S235 mit der Systemlänge $l = 1850$ mm soll wahlweise mit 4 Sechskantpassschrauben DIN 7968–M16 × 45 –Mu–5.6 (Bild a) oder durch Flankenkehlnähte mit $a = 5$ mm (Bild b) an das 10 mm dicke Knotenblech angeschlossen werden. Für die Druckkraft $F = 100$ kN sind nachzuprüfen bzw. zu bestimmen:

a) der als U160 ausgeführte Druckstab,
b) die Schraubenverbindung,
c) die Länge l der Flankenkehlnähte,
d) welches Fügeverfahren den kürzeren Anschluss ermöglicht.

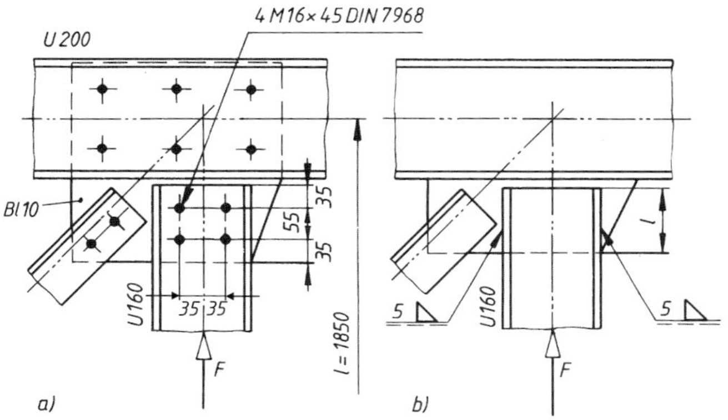

8.28 Eine aus einem I-Profil DIN 1025–S235JR–I380 geschnittene (kupierte) Konsole soll am Flansch einer Stütze aus I-Profil DIN 1025–S235JR–IPB240 mit 8 Sechskantschrauben nach DIN 7990–4.6 befestigt werden, deren Abstände gefühlsmäßig festgelegt wurden.
Die Schraubenverbindung (Stahlbau) ist für eine Auflagerkraft $F = 140$ kN mit allen für die Konstruktion erforderlichen Angaben auszulegen.

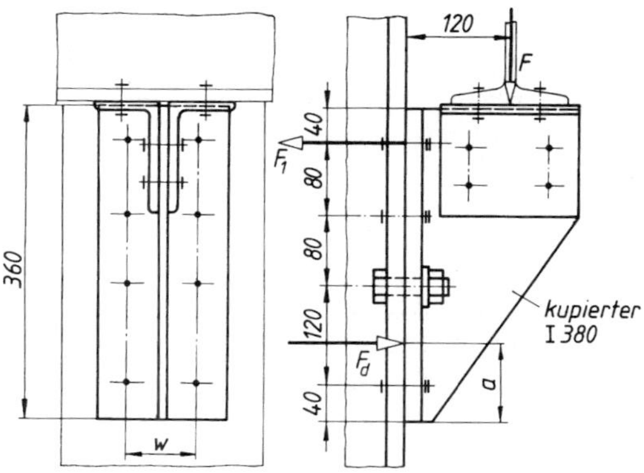

8.29 Zur Lagerung eines I220 ist ein Stützwinkel L EN 10056-1–100 × 50 × 8 vorgesehen, welcher mit 2 Sechskantschrauben DIN 7990–M16 × 50–Mu –4.6 (stets mit Scheiben A nach DIN 7989) an den Flansch eines I-Profils DIN 1025–S235JR–IPB240 angeschlossen werden soll. Die Auflagerkraft beträgt $F = 7$ kN (Stahlbau). Festigkeitsmäßig nachzuprüfen sind:

a) der Stützwinkel,
b) die Schraubenverbindung.

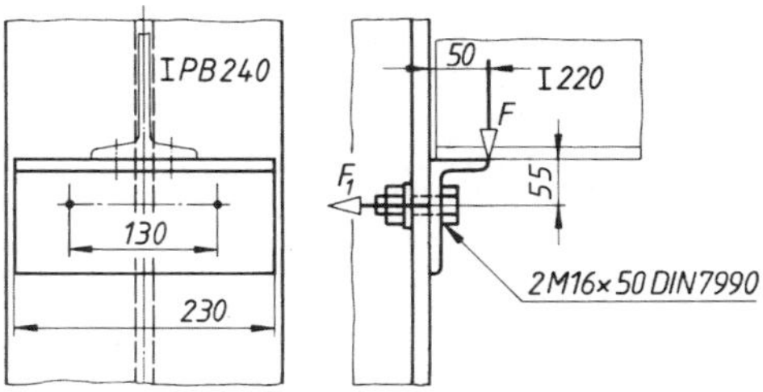

8

Bewegungsschrauben

8.30 Eine Reibspindelpresse für Zieharbeiten soll über eine Gewindespindel Tr48 × 24P8 eine größere Betriebskraft $F = 50$ kN aufbringen.
Zu prüfen sind:

a) die geschmierte Spindel aus E335 mit einer größten Länge $l = 1500$ mm;
b) die Mutter aus GZ-CuSn12 mit der Länge $l_1 = 100$ mm bei Dauerbetrieb;
c) die Möglichkeit der Selbsthemmung des Gewindes.

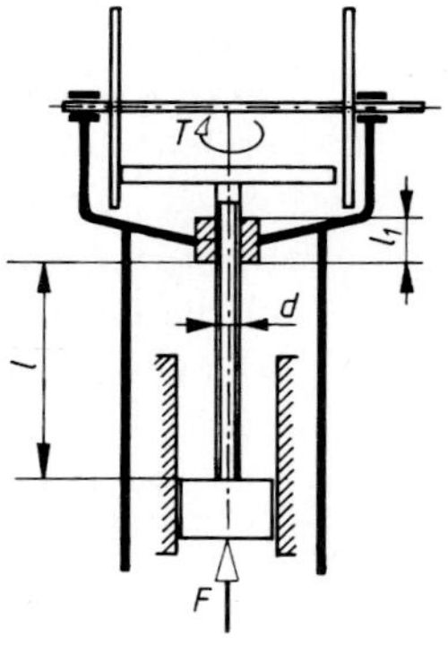

8.31 Zu einer Handspindelpresse für einfache Werkstattarbeiten sind Spindel, Mutter und Hebel für eine größte Betriebskraft $F = 31{,}5$ kN auszulegen.
Der Entwurf sieht vor:
Spindel aus E295, größte Länge $l = 800$ mm, Spindelanschluss am Stößel wälzgelagert;
zweiarmigen Hebel aus Rundstahl S235,
rechnerische Handkraft $F_H \approx 200$ N an beiden Hebelenden.

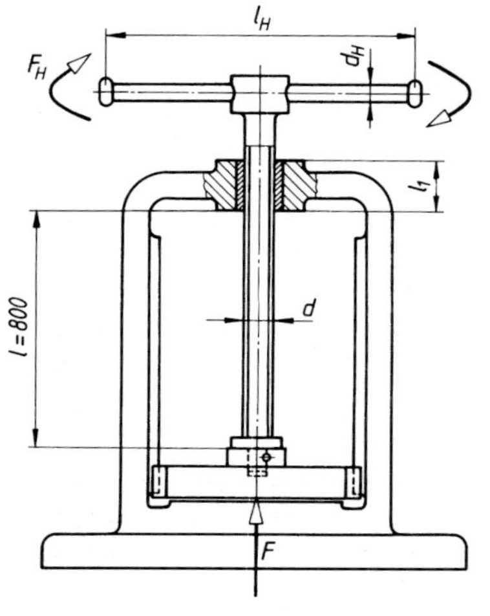

8.32 Für eine mechanische Abziehvorrichtung, zum Ausbau kleiner Wälzlager, sollen die Gewindespindel (E295, größte freie Länge $l \approx 200$ mm) und die beiden Halteschrauben (5.6) für überwiegend ruhende Belastung ausgelegt werden.
Die zum Abziehen der Wälzlager erforderliche Kraft ist meist sehr groß, weil sich die Ringe im Laufe der Zeit festsetzen. Dies gilt auch für lose gepasste Ringe, wenn sich während der Betriebszeit Passungsrost gebildet hat.

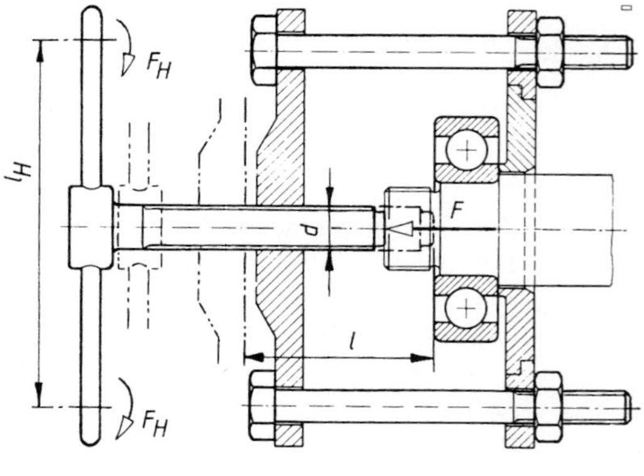

Um eine Überbeanspruchung der Bauteile beim gewaltsamen Lösen der Ringe zu verhindern, sollen für die Bemessung die bei größter Anstrengung erreichbaren Handkräfte $F_H \approx 400$ kN am wirksamen Hebelarm $l_H \approx 350$ mm zugrunde gelegt werden.
Das Reibungsmoment an der Stirnflächenauflage der Spindel wird auf 25% des Gewindereibungsmomentes geschätzt. Die das Muttergewinde tragende Traverse ist aus EN-GJMB-350-10.

8.33 Für eine einfache Schraubenwinde mit 5 t Tragkraft sind alle für die Konstruktion erforderlichen Angaben zu ermitteln.
Entwurfsmäßig festgelegt sind:

1. Spindel aus E295 mit größter freier Länge $l = 600$ mm.
2. Hebelarm der Handkraft $l_H \approx 710$ mm.
3. Außendurchmesser $D = 60$ mm und Innendurchmesser $d = 16$ mm des als Spurplatte dienenden Kronenstücks.
4. Ständer aus EN-GJL-250 mit eingeschnittenem Muttergewinde.

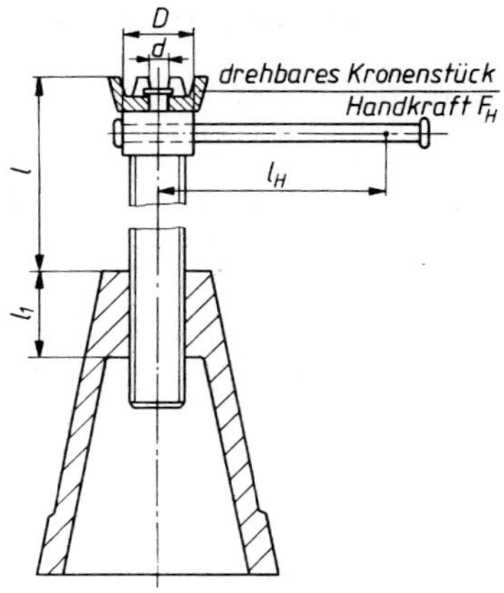

9 Bolzen-, Stiftverbindungen und Sicherungselemente

Vorbemerkungen

Die Bolzen- und Stiftverbindungen sind die wohl einfachsten und ältesten Verbindungen im Maschinenbau. Sie sind problemlos ein- und auszubauen und finden als genormte Massenartikel dank ihrer vielfältigen Formen und Abmessungen eine breite Verwendung. Bolzenverbindungen werden gewählt, wenn ein einfaches Lösen der Verbindung und eine gewisse Drehfähigkeit gefordert wird, so z. B. bei Stangenverbindungen, Rollenlagerungen oder Gelenkbolzen-Verbindungen im Stahlbau (Aufgaben 9.1 bis 9.15). Ein Versagen der Verbindung, sei es des Bolzens oder des Augenstabes, kann zum Ausfall der Hauptfunktion, im Stahlbau gar zum Einsturz eines Bauwerkes führen. Eine sichere Auslegung der Augenstäbe (Stangenköpfe) ist deshalb unerlässlich (Aufgaben 9.12 bis 9.15). Im Kupplungsbau übernehmen Brechbolzen die Aufgabe einer Überlastsicherung (Aufgabe 9.11). Lose gelagerte Bolzen sind durch Scheibe mit Splint, Sicherungsringe, Stellringe, Stifte und dgl. zu sichern.

Mit Stiften werden überwiegend feste Verbindungen hergestellt (Aufgaben 9.16 bis 9.25). Sie werden aber häufig auch als Bolzen verwendet (Aufgabe 9.1).

Die Abmessungen der Bolzen und Stifte wählt man meist in Abhängigkeit der Bauteilgrößen auf Grund von Erfahrungswerten. Erst bei größeren Belastungen und wenn entsprechende Regelwerke es vorschreiben (z. B. im Stahlbau), wird ein Spannungsnachweis durchgeführt. Die tatsächlich auftretenden Beanspruchungen sind oft nur schwer zu erfassen. Spannstifte z. B. entziehen sich einer elementaren Spannungskontrolle. Bewusst lässt man deshalb den Einfluss der Vorspannungen und elastischen Verformungen außer Acht und vergleicht nur die elementar ermittelten Beanspruchungen mit zulässigen Erfahrungswerten.

Bei der nachfolgend vorgenommenen Einteilung der Aufgaben in Bolzen- und Stiftverbindungen ist zu beachten, dass im technischen Sprachgebrauch die Begriffe Bolzen und Stift ineinander fließen.

1 a) Welche Bolzenformen sind genormt?
b) Welche Elemente werden zur Lagesicherung der Bolzen eingesetzt?
Lösungshinweis: a) Siehe Lehrbuch 9.2.1
b) Siehe Lehrbuch 9.1 und 9.4.

2 a) Wie werden die Bolzen in Gelenkverbindungen beansprucht?
b) Wie unterscheiden sich die Bolzenverbindungen von den Niet- und Schraubenverbindungen in der Art der Kraftübertragung?
Lösungshinweis: a) Siehe Lehrbuch 9.2.2
b) Siehe Lehrbuch 9.2, 7.3.2 und 8.3.1.

3 Die Beanspruchung eines Stangenkopfes (Augenstab) ist anhand einer Skizze zu erläutern.
Lösungshinweis siehe Lehrbuch 9.2.3 und 9.2.4.

4 Welche Stiftart (Bauform) erfüllt die gestellte Aufgabe am besten?
a) Präzise Lagesicherung von Bauteilen (weich) auch bei häufigem Lösen der Verbindung.
b) Wie a), Stifte jedoch nur einseitig zugänglich (z. B. bei Grundlöchern).
c) Präzise Lagesicherung gehärteter Bauteile (z. B. Werkzeugbau).
d) Anschlag für kleinen Hebel.
e) Übertragung hoher dynamischer (stoßartiger) Querkräfte bei absolut sicherem Sitz der Stifte.
f) Lagesicherung und Schubentlastung bei quer beanspruchter Schraubenverbindung mit Durchsteckschrauben.
Lösungshinweis siehe Lehrbuch 9.3.1.

5 a) Das Prinzip der Kerbstifte ist kurz zu beschreiben.
b) Welche wesentlichen Vorteile weist diese Stiftart auf?
Lösungshinweis siehe Lehrbuch 9.3.1-3

6 a) Ein Sicherungsring DIN 471 – 30 × 1,5 und eine Sicherungsscheibe DIN 6799 – 15 sind maßstäblich zu skizzieren.
b) Wodurch unterscheiden sich die unter a) skizzierten Sicherungselemente grundsätzlich?
c) Wodurch ist die exzentrische Form des Sicherungsringes begründet?
d) Was hat der Konstrukteur bei der Verwendung von Sicherungsringen zu beachten?
Lösungshinweis: Siehe Lehrbuch 9.4.1

Bolzenverbindungen

9.1 In einer Spannvorrichtung werden die Werkstücke (1) mit einem Druckverteilungsstück (2), das im Winkelhebel (3) drehbar gelagert ist, durch die Augenschraube DIN 444 – BM 12 × 150 – 4.6 (4) gespannt. Als Gelenkstifte dienen Zylinderstifte ISO 2338 – B – 12 × 32 – St bzw. ISO 2338 – B – 16 × 35 – St (5 bzw. 6). Der Gelenkstift (5) hat im Schraubenauge Spiel (H9/h8) und sitzt fest im Winkelhebel (N7/h8). Der Gelenkstift (6) dagegen hat im Winkelhebel Spiel (E8/h8) und sitzt fest im Lagerauge (N7/h8). Winkelhebel (3) und Lagerauge (7) sind aus S235JR, die Stifte aus Automatenstahl (9SMnPb28 + C).

a) Welche Spannkraft F_A darf hinsichtlich der Beanspruchung des Gelenkes A in der Augenschraube höchstens erzeugt werden, wenn häufige Betätigung und stoßfreies Spannen anzunehmen sind?
b) Ist das Gelenk B für die unter a) ermittelte Spannkraft ausreichend bemessen?

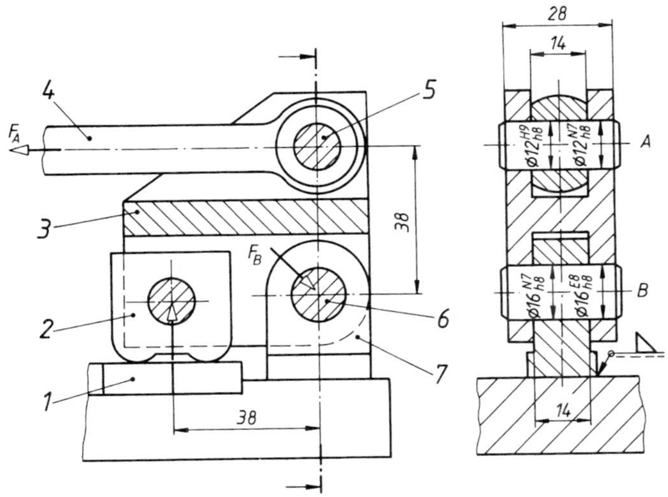

9.2 Eine Zugstange aus S235JR, mit der Stangenkopfdicke 24 mm, hat eine mit mittleren Stößen schwellend auftretende Kraft $F = 16$ kN zu übertragen. Die Stange soll mit der oberen Gabel durch einen Bolzen DIN EN 22340 (1) und mit der unteren Gabel durch einen Bolzen DIN EN 22341 (2) verbunden werden. Der Bolzen (1) sitzt in der Stange mit einer leichten Übermaßpassung und in der Gabel mit reichlichem Spiel, der Bolzen (2) sitzt in Gabel und Stange mit reichlichem Spiel.
Zu bestimmen sind:

a) die Bolzendurchmesser d und die Gabeldicken t_G bei nicht gleitenden Flächen, wenn die Gabeln aus EN-GJS-400-18 und die Bolzen aus Automatenstahl (9SMnPb28 + C) bestehen,
b) geeignete Passungen für die Bolzen (1) und (2) im System Einheitswelle,
c) die Normbezeichnung der Verbindungselemente (1) bis (4).

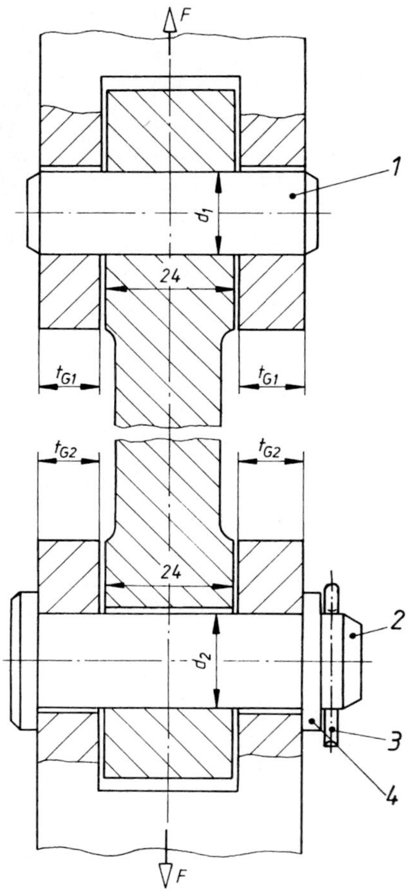

9.3 Zur Übertragung einer mit mäßigen Stößen ($K_A = 1{,}25$) wechselnd wirkenden Kraft $F = 11{,}2$ kN ist ein ruhendes Bolzengelenk zu entwerfen. Vorgesehen ist ein mit merklichem Spiel sitzender Bolzen mit Kopf, der durch einen Sicherungsring axial gesichert werden soll. Die Bauteile sind aus S235JR, der Bolzen aus Automatenstahl (9SMnPb28 + C).
Zu bestimmen sind:

a) die Hauptabmessungen (d, t_S, t_G und D) des Gelenkes,
b) eine geeignete Spielpassung zwischen Bolzen und Stangen- bzw. Gabelbohrung im System Einheitsbohrung.
c) die Normbezeichnung des Bolzens und des Sicherungsringes.

9.4 Die Kurbelstange (1) eines Webstuhles belastet über ein Gelenklager (2) den beidseitig in den Gabelwangen eingespannten Lagerbolzen (3) durch eine mit mittleren Stößen (entsprechend $K_A = 1{,}5$) wechselnd auftretende Stangenkraft $F = \pm 8$ kN. Der vergütete und mit einer größten zulässigen Rautiefe $R_z = 2{,}5$ µm geschliffene Bolzen besteht aus C22E + QT.
Weist der auf Grund der Lagerberechnung mit $d = 30$ mm ausgeführte Bolzen eine ausreichende Sicherheit gegen Dauerbruch auf, wenn mit 100% Häufigkeit der Höchstlast zu rechnen ist?

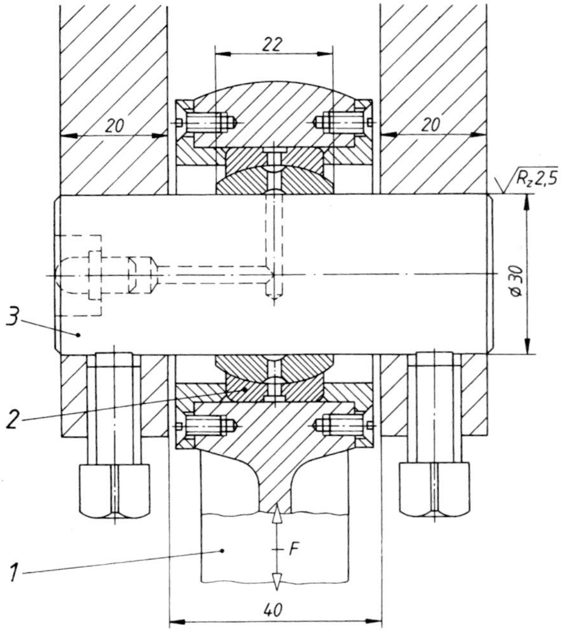

9.5 Die mit einem Gelenklager (2) ausgestattete Schubstange (1) einer Steinsäge belastet den Lagerbolzen (3) durch eine mit starken Stößen wechselnd auftretende Stangenkraft $F = \pm\ 38$ kN. Die Häufigkeit der Höchstlast beträgt dabei 100%.
Für den mit einem Querschmierloch versehenen Bolzen aus C45E + QT (vergütet) ist die Sicherheit gegen Dauerbruch nachzuweisen.

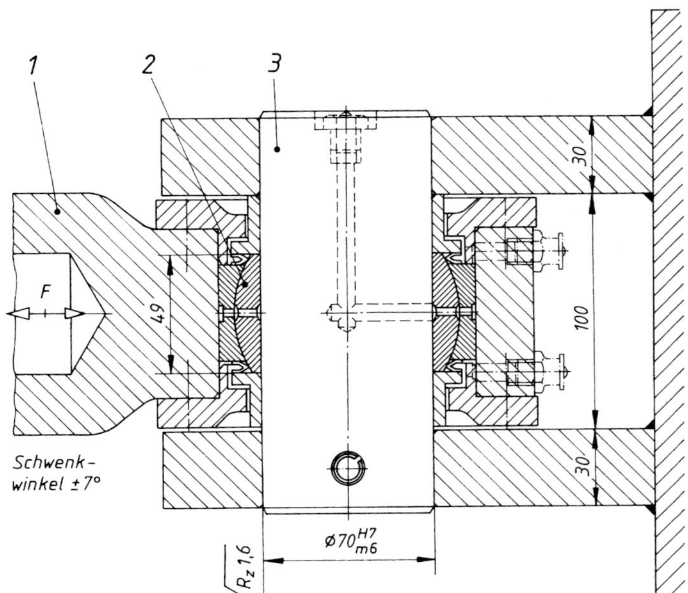

9.6 Der Bolzen DIN 1445–20h11 × 105 × 130–St (1) zur Lagerung der Seilrolle (3) einer Schwebebahn soll für eine mit 50% Häufigkeit schwellend auftretende Höchstlast $F = 3$ kN auf Dauerhaltbarkeit geprüft werden. Für die vorliegenden Betriebsverhältnisse ist mit einem Betriebsfaktor $K_A = 1$ zu rechnen. Seilrolle (3), Wälzlager, Hülse (4) aus E295 und Labyrinthringe (2) bilden eine einbaufertige, leicht auswechselbare Einheit. Nach dem Verspannen mit den Tragblechen (5) ist die Seilrolle schwimmend gelagert.

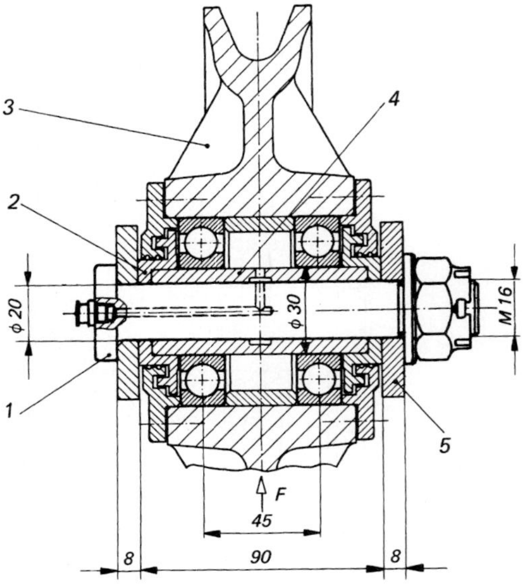

9.7 Für die geschmierte Lagerung einer Drehmomentstütze sind der Bolzendurchmesser d und die Dicke t_S der Stangennabe, sowie die Passungen für den mit Spiel sitzenden Bolzen zu bestimmen. Am Gelenk tritt eine mit mittleren Stößen – entsprechend dem Anwendungsfaktor $K_A = 1{,}5$ – wechselnd wirkende Kraft $F = \pm 70$ kN auf. Die mit Buchsen aus G-CuSn7ZnPb versehene Stangennabe führt Schwenkbewegungen von ± 4° aus. Um kleine Gelenkabmessungen zu bekommen, soll ein einsatzgehärteter Bolzen (16MnCr5) eingebaut werden. Als Gabelwerkstoff ist S235JR vorgesehen.

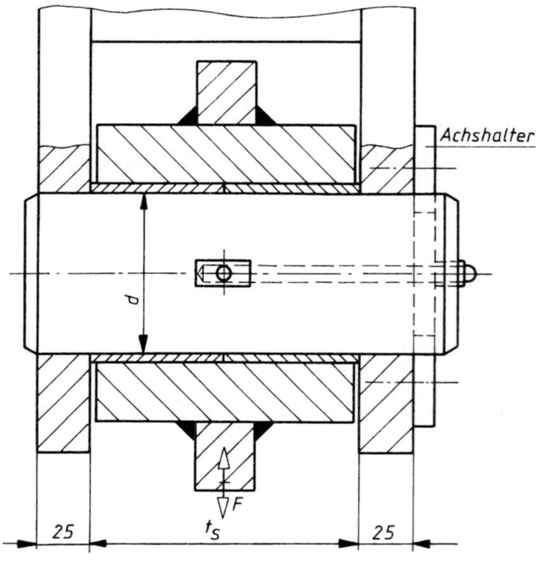

9.8 Der Spannexzenter (1) ist über einen gehärteten Bolzen ∅ 16 mm (2) in der Gabel (3) drehbar gelagert. Beim Spannen des Werkstückes (4) durch die Handkraft F_H wird eine größte Normalkraft $F_N = 5$ kN erzeugt. Dabei beträgt der Schwenkwinkel ca. 30°. Spannexzenter und Bolzen sind aus einsatzgehärtetem C15, die Gabel aus S235JR.
Zu prüfen bzw. zu bestimmen sind:

a) die Festigkeit der Gelenkverbindung,
b) eine Passung mit merklichem Spiel zwischen Bolzen und Exzenter und eine Übermaß- bzw. Übergangspassung zwischen Bolzen und Gabel.

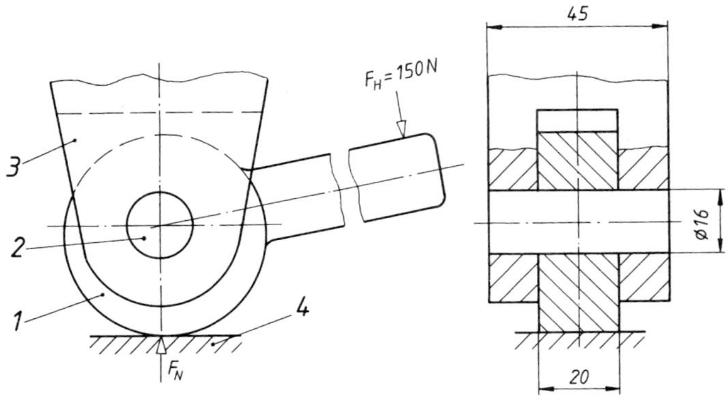

9.9 Der im Pleuelauge und in der Kolbennabe mit Spiel (schwimmend) gelagerte Kolbenbolzen DIN 73126–22 × 14 × 60–1 ist für die unter Berücksichtigung der ungünstigsten Betriebsbedingungen größte Kraft $F = 22$ kN festigkeitsmäßig nachzuprüfen.
Bedingt durch die Betriebsverhältnisse und Werkstoffe, 15Cr3 für den Bolzen und G-CuPb20Sn für die Kolbenbolzenbuchse, gelten dabei folgende zulässige Spannungen: $\sigma_{b\,zul} = 200$ N/mm², $\tau_{a\,zul} = 140$ N/mm² und für gleitende Flächen $p_{zul} = 40$ N/mm².

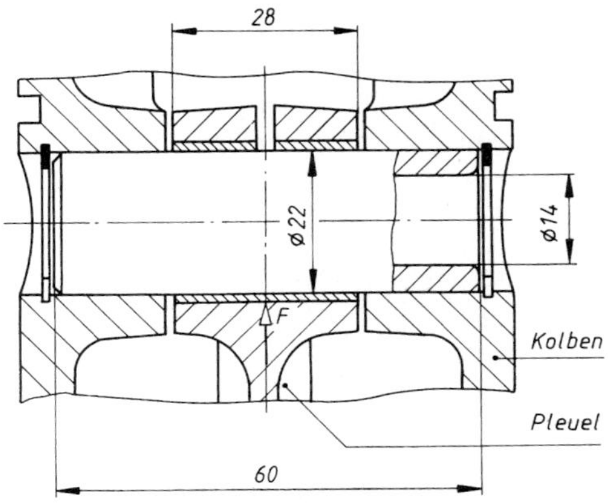

9.10 Die Rollenkette mit gekröpften Laschen nach Bild (Rotarykette nach DIN 8182) wird durch eine vorwiegend ruhend wirkende Zugkraft $F = 32$ kN belastet.

a) Wie groß ist die Sicherheit gegen Bruch, wenn die Bruchkraft vom Hersteller mit $F_B = 453$ kN angegeben wird?

b) Die im Gelenk infolge der Zugkraft auftretenden Spannungen sind zu ermitteln und den entsprechenden Richtwerten bei vorwiegend ruhender Beanspruchung gegenüberzustellen. Für Bolzen und Buchsen ist C15E und für die Laschen E360 anzunehmen.

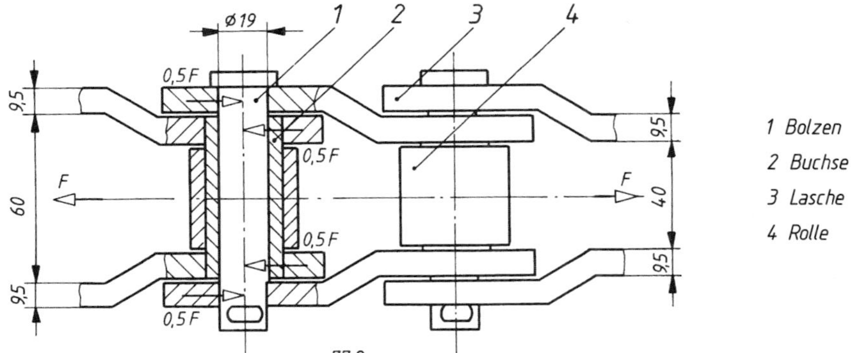

Hinweis: Durch die Verwendung ausschließlich gekröpfter Laschen fällt die Unterscheidung zwischen Außen- und Innengliedern weg, jedes Glied kann leicht ausgewechselt und die Gliedzahl nach Belieben gerade oder ungerade ausgeführt werden. Die gekröpften Laschen ergeben eine große Elastizität der Kette, so dass Stöße gut aufgefangen werden können. Anwendung bei sehr rauem Betrieb, z. B. an Erdölbohranlagen und bei Baggern.

9.11 Die in eine Zahnkupplung eingebaute Brechbolzen-Sicherheitskupplung soll das übertragbare Drehmoment auf $T_{max} = 1800$ Nm begrenzen, um bei Überlast oder Blockieren der Arbeitsmaschine die dazwischengeschalteten Maschinenteile zu schützen.

a) Welchen Durchmesser d muss die Sollbruchstelle der drei Abscherbolzen aus S235JR bekommen?

b) Welche Nachteile haben Brechbolzenkupplungen?

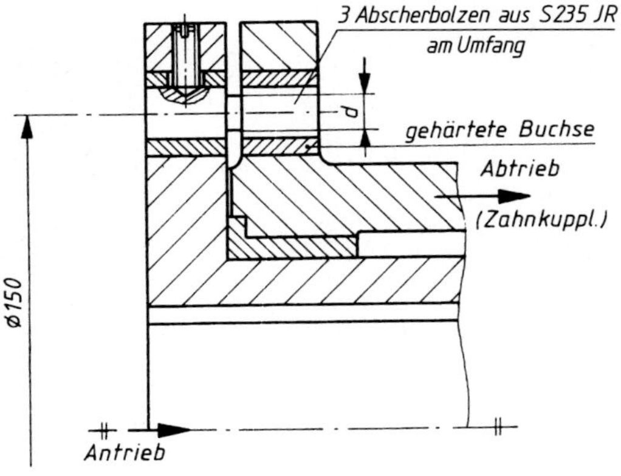

9.12 Ein doppelt wirkender Hydraulikzylinder soll der Abbildung entsprechend befestigt werden. Dazu erhält das Kolbenstangenende eine aufgeschraubte Gabel (1). Das Gegenlager (Schwenklager 2) wird mit einer Laufbuchse (4) aus Sinterbronze mit Festschmierstoff ausgeführt. Als Werkstoffe für die Befestigungsteile sind vorgesehen: E335N für die Gabel (1), E295 für das Schwenkauge (2) und 16MnCr5 für den einsatzgehärteten Bolzen (3). Während eines Arbeitshubes führt der Zylinder geringe Schwenkbewegungen aus und belastet die Gelenkverbindung stoßfrei zwischen den Grenzkräften $F_d = 72$ kN und $F_z = 50$ kN.
Festigkeitsmäßig zu prüfen sind:

a) die Gelenkverbindung,

b) die Wangenquerschnitte von Gabel (1) und Schwenklager (2).

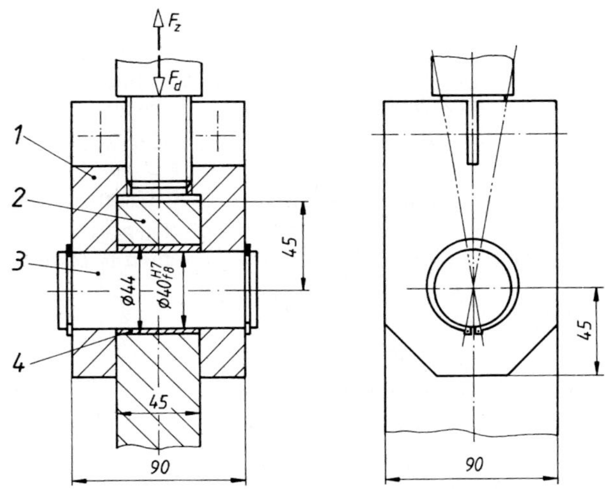

9.13 Für die Montage großer Behälter sollen Traglaschen für eine zulässige Kraft $F = 100$ kN bemessen werden. Die Schweißverbindung mit der Behälterwand bzw. dem Behälterboden soll hier nicht untersucht werden. Die Beanspruchung darf nur in der Traglaschenebene erfolgen. Dazu sind Schäkel[1] zu benutzen.

[1] Schäkel sind U-förmige, mit einem Bolzen verschließbare Bügel zum Anbringen der Anschlagmittel. Bolzenwerkstoff meist Vergütungsstahl, C22 oder C35.

Zu berechnen sind:

a) Der Bolzendurchmesser des Schäkels nach der aus Versuchen gewonnenen Zahlenwertgleichung $d = 4{,}7 \cdot \sqrt{F}$ (d in mm, F in kN). Zu wählen ist ein genormter Schäkelbolzen-Durchmesser: ... 30 36 39 45 48 52 60 68 ...;

b) die Abmessungen der Lasche (im Bereich des Auges) aus S235JRG2, wenn die Richtwerte des Maschinenbaus (bei statischer Belastung) zugrundegelegt werden.

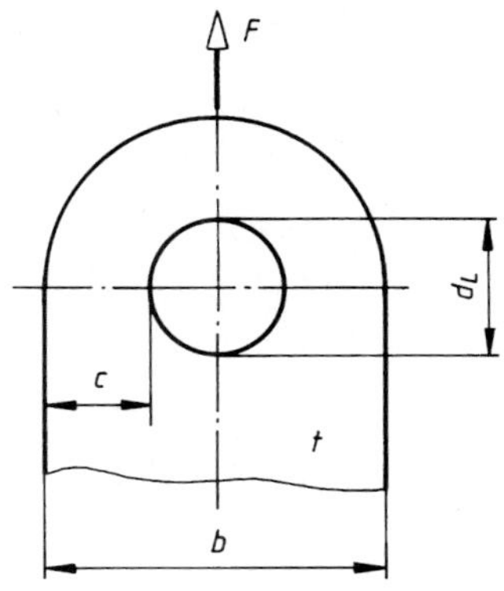

9.14 Ein Gelenkträger aus I-Profil DIN 1025–S235JR–I180 soll der Skizze entsprechend ausgeführt werden. Die beiseitigen Steglaschen (S235JR) sind 5 mm dick. Der über drei Felder durchlaufende Träger wird mit der ständigen Einwirkung $q_1 = 4{,}5$ kN/m und der veränderlichen Einwirkung $q_2 = 2{,}2$ kN/m belastet.
Zu berechnen sind:

a) die Gelenkkraft F_G,

b) der erforderliche Durchmesser des Bolzens aus C35 nach den Stahlbauvorschriften (DIN 18800 T1).

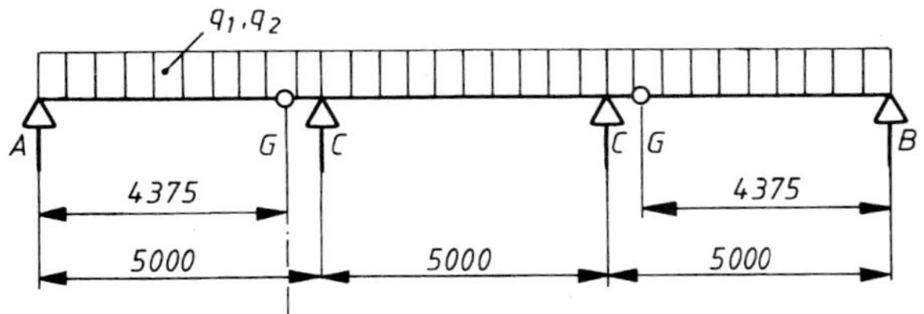

Gelenkträger über 3 Felder mit Streckenlast

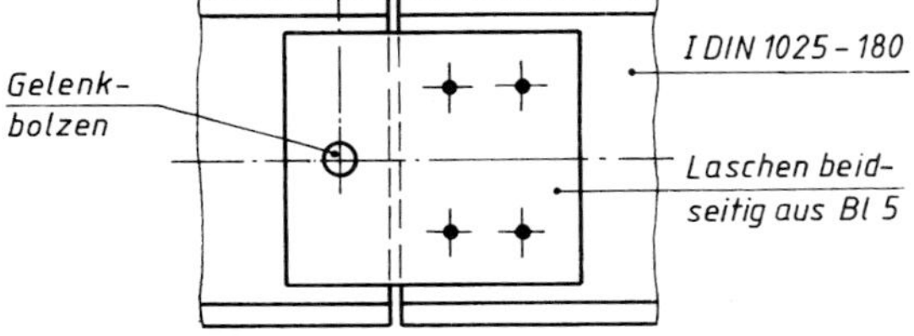

Bolzengelenk

9.15 Für das Zugband einer Stahlkonstruktion ist die Gelenklaschenverbindung zu entwerfen. Der Bemessungswert der Zugkraft beträgt $F = 245$ kN. Als Werkstoff für Laschen und Stab wird S235JR und für die Bolzen C35 festgelegt.

a) Die Hauptabmessungen der Augenstäbe und Bolzen sind nach den Richtlinien des Stahlbaus zu ermitteln und in einer Skizze festzuhalten.

b) Die Normbezeichnung der Bolzen mit Splint und Scheibe ist anzugeben.

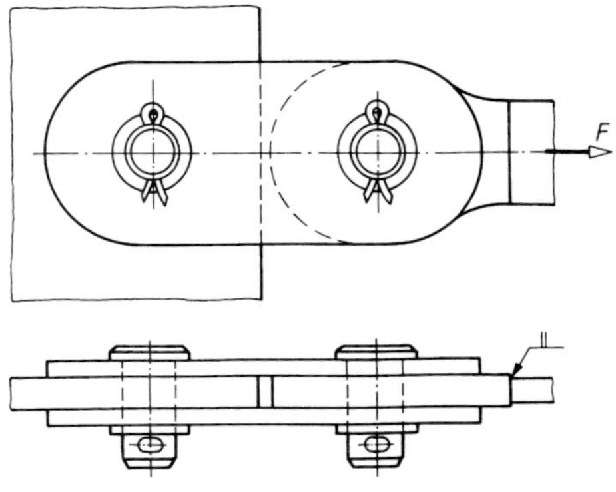

Stiftverbindungen

9.16 Zur Verbindung eines Wellengelenkes DIN 808 – E40 × 63 – G (Einfach-Wellengelenk mit Bohrungsdurchmesser 40 mm und Außendurchmesser 63 mm aus Stahl mit $R_m \geq 600$ N/mm², mit Gleitlager) mit den Wellenzapfen aus E295 + E sind nach DIN 808 Kegelstifte mit 14 mm Durchmesser vorgesehen.
Reicht der empfohlene Stiftdurchmesser aus, wenn das Gelenk ein schwellend wirkendes Drehmoment von 160 Nm bei mittleren Drehmomentstößen zu übertragen hat?

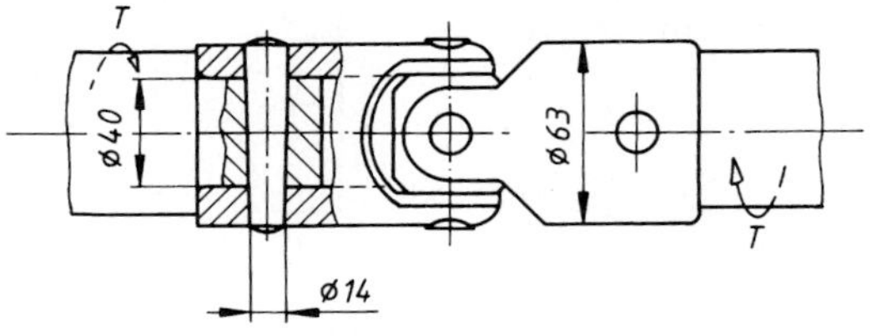

9.17 Zur Befestigung eines Kugelgelenkes (aus Stahl mit $R_m \geq 600$ N/mm²) im Vorschubantrieb einer Werkzeugmaschine sind Kegelstifte vorgesehen. Die zu verbindenden Wellen bestehen aus E295.
Welcher Stiftdurchmesser d ist zu wählen, wenn das Gelenk ein mit leichten Stößen schwellend wirkendes Drehmoment $T = 95$ Nm zu übertragen hat?

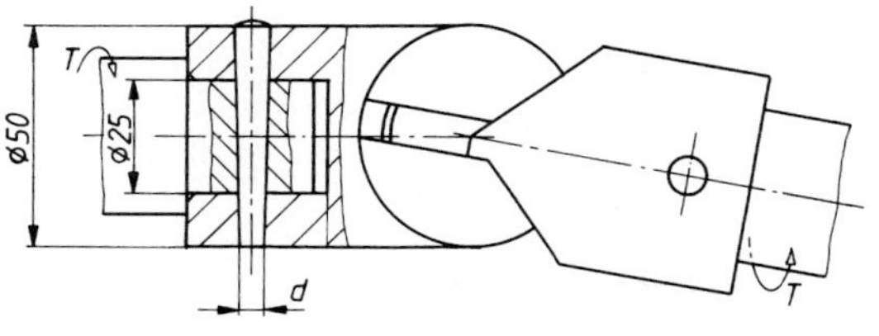

9.18 Zwei Wellen aus E295 sollen mit einer Muffe aus EN-GJL-200 durch Zylinderkerbstifte mit Fase DIN EN 28740 verbunden werden.
Welcher Stiftdurchmesser d ergibt sich, wenn die Stiftkupplung ein schwellend auftretendes, stoßfreies Drehmoment $T = 45$ Nm zu übertragen hat?

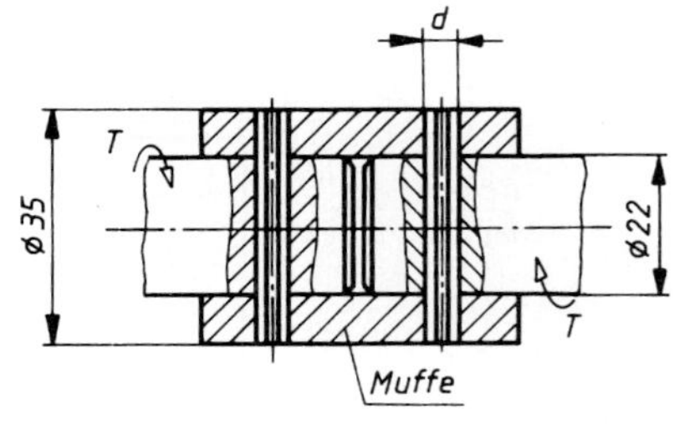

9.19 Bei Stellringen ist die Zuordnung des Querstift-Durchmessers zum Bohrungs-(Wellen-)-Durchmesser im Normblatt festgelegt. Für den Stellring DIN 705 – B25 ist die bei einer zweifachen Sicherheit gegen Abscheren übertragbare Axialkraft F_a für folgende im Normblatt empfohlenen Stiftarten zu ermitteln:

a) Kerbstift ISO 8744 – 6 × 40 – St,
b) Spannstift ISO 8752 – 6 × 40,
c) Spannstift ISO 8750 – 6 × 40 – St.

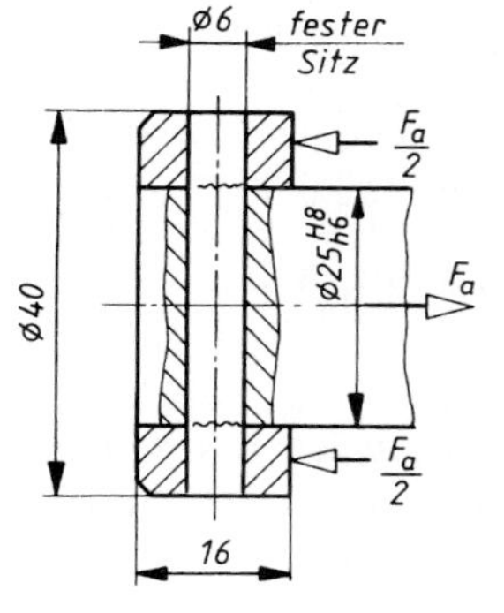

9.20 Ein Nockenhebel aus S235JR im Zustellgetriebe einer Rundschleifmaschine soll über einen Kerbstift DIN 1469 – C10 × 40 – St durch eine Feder betätigt werden.
Es ist zu prüfen, ob der Stift für eine schwellend ohne Stöße wirkende Federkraft $F = 850$ N ausreichend bemessen ist. Gegebenenfalls ist der Stiftdurchmesser zu korrigieren!

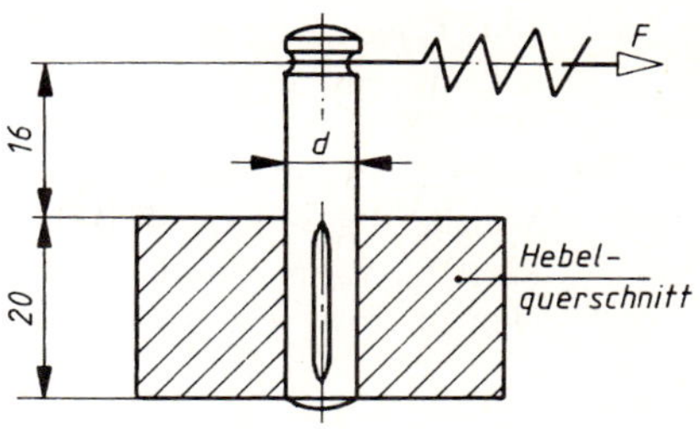

9.21 Die zur Lagerung der 60 kg schweren Tür einer Gusskonstruktion (EN-GJL-150) erforderlichen Passkerbstifte sind zu bestimmen.

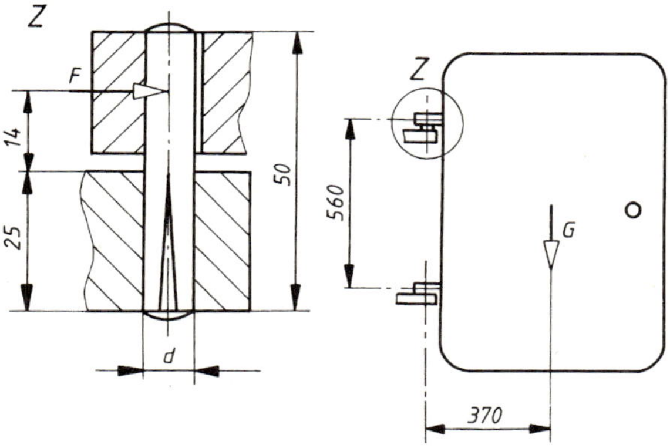

9.22 Bei einer Scheibenkupplung aus EN-GJL-200 ist die elastische Zwischenscheibe über jeweils 3 Passkerbstifte mit den Kupplungshälften verbunden. Welcher Stiftdurchmesser d ergibt sich unter der Annahme, dass bei der Übertragung eines mit mittleren Stößen wechselnd wirkenden Drehmomentes $T = 20$ Nm nur jeweils 2 Stifte tragen?

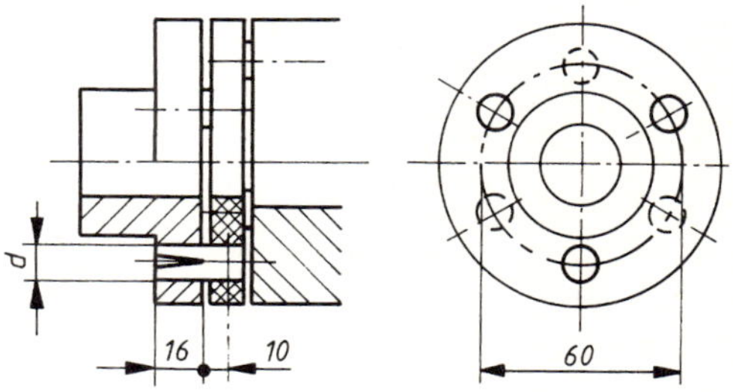

9.23 Der Betätigungshebel (1) aus S235JR, einer Drosselklappe, soll über kegelige Längsstifte (2) ein mit leichten Stößen wechselnd wirkendes Drehmoment $T = 3200$ Nm auf den Drosselklappenzapfen (3) aus E295 übertragen.

a) Was spricht bei einer derartigen Verbindung für den Einsatz von Rundkeilen?
b) Welche Kegelstiftausführung ist geeignet?
c) Anzahl und Abmessungen der Kegelstifte sind zu ermitteln.

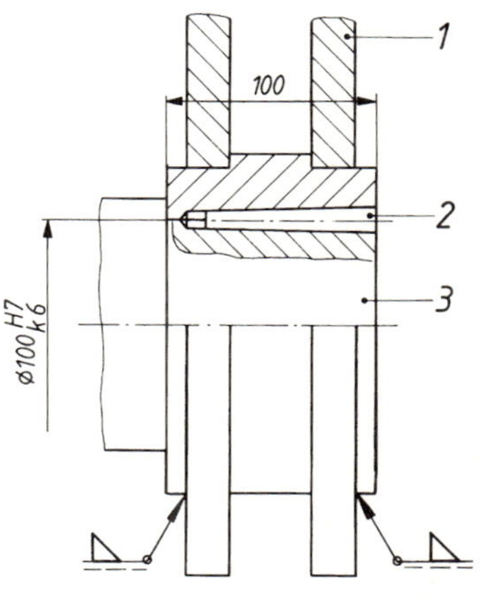

9

9.24 Eine Handkurbel aus EN-GJMW-350-4 soll mit einem Kerbstift ISO 8740–5 × 30–St als Längsstift auf einer Welle aus S235JR befestigt werden.
Welche schwellend wirkende Handkraft F_H kann von der Verbindung sicher übertragen werden?

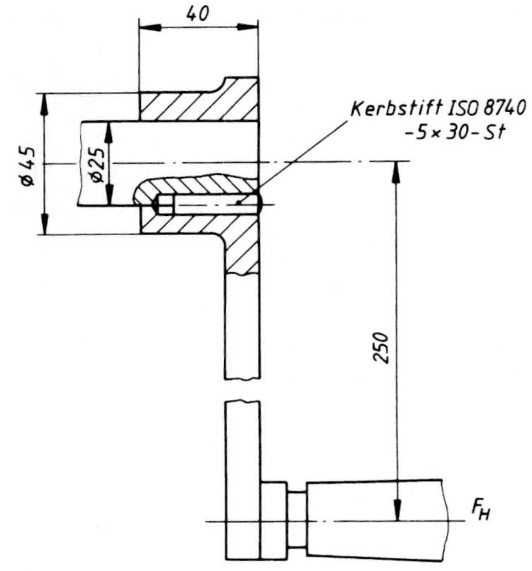

9.25 Eine geschraubte Pressform (s. Bild) aus vergüteten Stahlleisten (C60E + QT) wird durch den allseitig wirkenden Pressdruck $p_{max} = 16$ N/mm² beansprucht.

a) Die Eckverbindung ist konstruktiv so zu vereinfachen, dass auf die Schrauben verzichtet werden kann und eine formschlüssige Verbindung ausschließlich durch gehärtete Längsstifte erreicht wird.

b) Die gehärteten Längsstifte sind zu bemessen, ihre Normbezeichnung ist anzugeben.

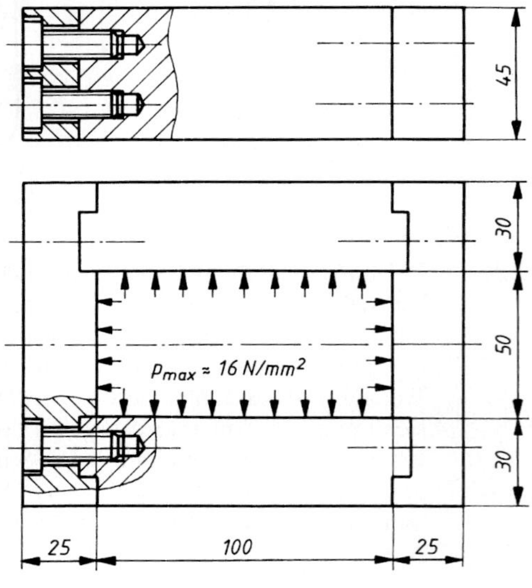

10 Elastische Federn

Vorbemerkungen

Elastische Federn haben in der Praxis vielfältige Aufgaben zu erfüllen, die häufig kaum miteinander vereinbar und daher nicht im gleichen Maße optimal erreichbar sind. So kann z. B. gefordert werden, dass die Feder einen vorgegebenen Federweg, ein bestimmtes *Kraft-Weg-Verhalten* (Kennlinie) oder eine festgelegte Kraft- bzw. Arbeitsaufnahmefähigkeit einhalten muss. Bei dynamischen Betriebsverhältnissen muss zusätzlich die Dauerhaltbarkeit oder ein bestimmtes Schwingverhalten untersucht werden. In den meisten Fällen ist auch das Einhalten vorgegebener Einbauverhältnisse mitbestimmend.

Für die Dimensionierung einer Feder ist die Kenntnis der statischen bzw. dynamischen Belastungsgröße und die Belastungsrichtung Voraussetzung. Die Berechnung besteht dann aus dem *Funktionsnachweis*, d. h. Untersuchung des Federweges, der Arbeitsaufnahmefähigkeit bzw. des Schwingungsverhaltens *und* aus dem *Haltbarkeitsnachweis*, d. h. Nachprüfung der statischen bzw. dynamischen Beanspruchung. Für die Ermittlung und gegenseitige Abstimmung der zahlreichen Einflussgrößen stehen jeweils *Spannungs-*, *Verformungs-* und *Arbeitsgleichungen* zur Verfügung, die miteinander verknüpft sind. Sie sind meist Näherungslösungen, die den praktischen Anforderungen genügen, solange keine zu großen Federwege und bei dynamischen Beanspruchungen keine zu hohen Frequenzen auftreten. Lassen sich gestellte Forderungen nicht erfüllen, ist unter Umständen eine Änderung der gesamten Konstruktion und ein wiederholtes Rechnen mit anderen Vorgaben erforderlich. Insbesondere bei unregelmäßigen (nichtperiodischen) dynamischen Belastungen kann wegen vielfach genäherter Annahmen der Rechenaufwand unwirtschaftlich hoch und die Ergebnisse zu ungenau ausfallen, so dass für eine optimale Auslegung der Feder vielfach Versuche durchgeführt werden müssen.

1 Die verschiedenartigen Federn sind zu nennen, wenn als Ordnungskriterium gilt
a) die Beanspruchung des Federwerkstoffes,
b) die Beanspruchung des Federkörpers,
c) das Einsatzgebiet.
Lösungshinweis: Siehe Lehrbuch 10.1 und 10.2.

2 Der Begriff „Federrate“ ist zu erläutern, die mathematische Beziehung anzugeben und die jeweilige Kennlinie in einem Diagramm (mit Bezeichnung der Achsen) schematisch darzustellen für
a) eine Blattfeder,
b) eine Drehfeder,
c) eine Tellerfeder.
Lösungshinweis: Siehe Lehrbuch 10.1.1, 10.3.2-5.

3 Die Federrate für ein Federsystem, bestehend aus zwei Einzelfedern mit den Federraten R_1 und R_2, ist in der Form $R_{ges} = f(R_1, R_2)$ herzuleiten für den Fall, dass die Federn
a) in Reihe (hintereinander),
b) parallel (nebeneinander) angeordnet sind.
Lösungshinweis: Siehe Lehrbuch 10.1.1-3.

4 Das Federungsverhalten der biegebeanspruchten Blattfedern ist für die Rechteck-, Dreieck-, Trapez- und Parabelfeder durch eine schematische Darstellung der Kennlinien anzugeben (bei gleichen Abmessungen an der Einspannstelle, gleicher Länge und Belastung).
Lösungshinweis: Siehe Lehrbuch 10.3.2-1.

10

5 Die Vorteile der Tellerfedern gegenüber den Schraubendruckfedern sind anzugeben.
Lösungshinweis: Siehe Lehrbuch 10.3.2-5, 10.3.3-2.

6 Es sind Möglichkeiten aufzuzeigen, wie bei Tellerfedersäulen, bestehend aus Paketen mit unterschiedlicher Telleranzahl, das Durchfedern auf Planlage vermieden werden kann.
Lösungshinweis: Siehe Lehrbuch 10.3.2-5 unter „Kombinationsmöglichkeiten von Einzeltellerfedern mit Bild 10-15d und 10-15e“.

7 Es ist anzugeben, weshalb Schraubendruckfedern nicht auf Blocklänge belastet werden dürfen und die „Summe der Mindestabstände“ nicht unterschritten werden darf.
Lösungshinweis. Siehe Lehrbuch 10.3.3-2 unter „Ausführung, Druckfedern“.

8 Die Angabe der Gesamtwindungszahl bei Schraubendruckfedern auf jeweils ..., 5 (halbe Windungszahl) ist zu begründen.
Lösungshinweis: Siehe Lehrbuch 10.3.3-2 unter „Ausführung, Druckfedern“.

9 Schraubenzugfedern werden vielfach mit innerer Vorspannkraft hergestellt. Es ist anzugeben, ob dies gewollt ist, wann von dieser Möglichkeit Gebrauch gemacht wird und wodurch die Höhe der inneren Vorspannkraft begrenzt wird.
Lösungshinweis. Siehe Lehrbuch 10.3.3-2 unter „Berechnung zylindrischer Schraubenzugfedern mit Kreisquerschnitt“.

10 Aus welchen Gründen sollten Schraubenzugfedern möglichst keiner schwingenden Belastung ausgesetzt werden?
Lösungshinweis: Siehe Lehrbuch 10.3.3-2 unter „Berechnung zylindrischer Schraubenzugfedern mit Kreisquerschnitt“.

10.1 Eine als Pufferfeder dienende Ringfedersäule aus 31 Ringen mit halben Endringen hat unbelastet eine Länge von 512 mm bei einem Außendurchmesser von 165 mm, einen Innendurchmesser von 135 mm und eine Ringbreite von 32 mm.

a) Wie groß darf bei Höchstbelastung die Länge L_1 der Federsäule werden?
b) Welcher Federweg s der Säule ist zu erwarten?

10.2 Eine einarmige Rechteckblattfeder aus 60CrSi7 nach DIN 17221 mit der Federlänge $l = 500$ mm, der Breite $b = 56$ mm und der Dicke $h = 5{,}6$ mm wird am freien Ende mit $F = 250$ N statisch belastet und dabei um $s_h \approx 60$ mm verformt.
Es ist zu prüfen bzw. zu ermitteln:

a) die Zulässigkeit der auftretenden Spannung
b) die Zulässigkeit der gewählten Federblattdicke h, wenn für den gewählten Werkstoff die Zugfestigkeit $R_m \approx 1400$ N/mm^2 angenommen wird,
c) die Federraten R_{soll} und R_{ist}.

10.3 Statt der Rechteckblattfeder nach Aufgabe 10.2 soll für dieselbe Einspannlänge l, Belastung F und Dicke h eine Trapezfeder mit $b = 56$ mm und $b'/b \approx 0{,}3$ verwendet werden.

a) welche Breite b' ist als nahe liegende Normzahl nach DIN 323 zu wählen?
b) die Zulässigkeit der Spannung ist zu kontrollieren, wenn als Federwerkstoff 60CrSi7 nach DIN 17221 mit der Zugfestigkeit $R_m = 1400$ N/mm^2 wird,
c) die ausgeführte Trapezfeder ist hinsichtlich des Federvolumens V (in %) mit der Rechteckfeder der Aufgabe 10.2 zu vergleichen.

10.4 Eine einarmige Rechteckblattfeder mit der federnden Länge $l = 100$ mm soll bei einer größten Federkraft $F_{max} = 45$ N höchstens einen Federweg $s_{max} = 45$ mm erreichen. Zur Verfügung stehen kaltgewalzte Stahlbänder aus 50CrV4 nach DIN 17222 mit der Zugfestigkeit $R_m = 2000$ N/mm^2, für die nach DIN 1544 folgende Abmessungen lieferbar sind:

Dicken: $h = 0{,}2$ 0,25 0,3 0,4 0,5 0,6 0,8 1,0 1,2 1,5 und 2 mm mit jeweils den

Breiten: $b = 6$ 8 10 12 15 20 25 30 40 und 50 mm

a) Welche Dicke h und Breite b der Feder sind zu wählen?
b) Für die gewählten Abmessungen ist unter Ausnutzung der zulässigen Spannung $\sigma_{b\,zul}$ die sich tatsächlich ergebende Durchbiegung s_{max} zu ermitteln.
c) Die Federrate R_{soll} ist der Federrate R_{ist} gegenüberzustellen.

10.5 Für eine Vorrichtung ist eine Rechteckblattfeder als Rastfeder zu ermitteln, die bei einer Rastlage in den Nuten einer Teilscheibe eine Anlagekraft $F_1 = 15$ N haben soll.
Nach den konstruktiven Gegebenheiten ergibt sich eine federnde Länge $l = 80$ mm mit der Federbreite $b = 20$ mm. Verwendet werden soll ein kaltgewalztes Stahlband (DIN 17222) aus 71Si7 bei mittlerer Zugfestigkeit.

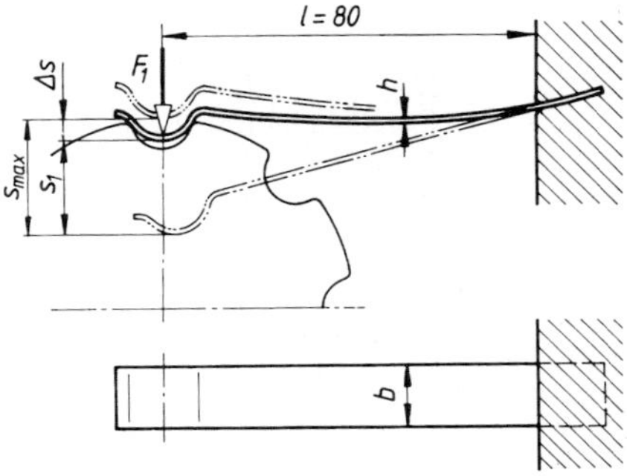

a) Welche Dicke h der Blattfeder ist zu wählen, wenn Dicken nach DIN 323 R20 zur Verfügung stehen?
b) Da beim Weiterschalten der zusätzliche Hub $\Delta s = 5$ mm beträgt, ist beim Ausrastern der Feder für die größte Federkraft F_{max} bei s_{max} (siehe Bild) die Biegespannung σ_b an der Einspannstelle mit den gewählten Abmessungen auf Zulässigkeit zu prüfen.

10.6 Eine ruhend beanspruchte Drehfeder aus Draht DIN 2076-A mit einem Innendurchmesser $D_i = 20$ mm hat bei einem Verdrehwinkel $\varphi = 40°$ ein ruhendes Moment $M_{max} = 5000$ Nmm aufzunehmen. Der Abstand zwischen den einzelnen Windungen soll $a = 1$ mm betragen.
Ohne Berücksichtigung der Schenkeldurchbiegungen sind zu ermitteln:

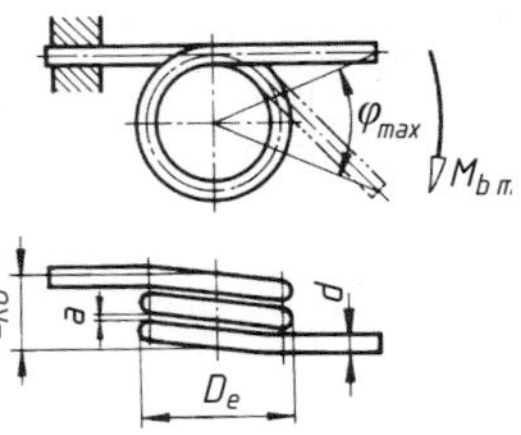

a) der Drahtdurchmesser d, der nach DIN 323 R20 festzulegende mittlere Windungsdurchmesser D,
b) die Windungszahl n, wenn aufgrund der konstruktiven Gegebenheiten die Federenden (Schenkel) um 90° versetzt angeordnet sein müssen,
c) die Länge des unbelasteten Federkörpers L_{K0} (auf ganze Zahl gerundet),
d) Spannungsnachweis mit den festgelegten Federdaten.

10.7 Eine Drehfeder mit anliegenden Windungen und einem inneren Windungsdurchmesser $D_i \approx 25$ mm soll bei einem Drehwinkel $\varphi = 180°$ ein Federmoment $M = 4$ Nm aufnehmen. Vorgesehen ist Federstahldraht nach DIN 17223 T1 mit den Abmessungen nach DIN 2076. Unter Vernachlässigung der Schenkeldurchbiegung sind zu ermitteln:

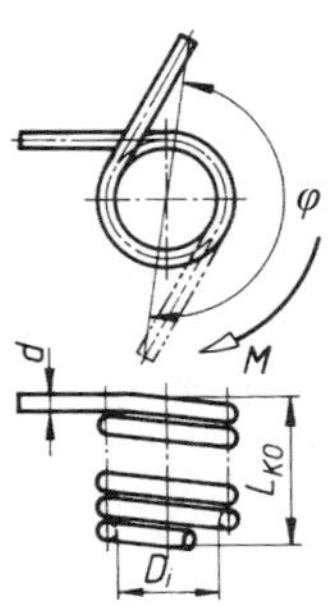

a) die noch fehlenden Federabmessungen d, D, n (ganze Zahl), L_{K0},
b) die Drahtsorte nach DIN 17223 T1, die entsprechend der Biegespannung am besten ausgenutzt wird.

10.8 Eine ruhend beanspruchte Drehfeder mit (lose) anliegenden Windungen aus Federstahldraht A nach DIN 17223 T1 soll als Rückholfeder einen Hebel bewegen.

In der Ruhelage soll sie eine Kraft $F_1 \approx 1{,}5$ N und nach einem Hubwinkel $\Delta\varphi \approx 16°$ eine Rückholkraft $F_2 \approx 2{,}5$ N ausüben. Aus der Konstruktion ergaben sich für den Führungsbolzen ein Durchmesser $d_B = 6$ mm, für die Feder die Schenkellängen $l_1 = 10$ mm und $l_2 = 15$ mm.

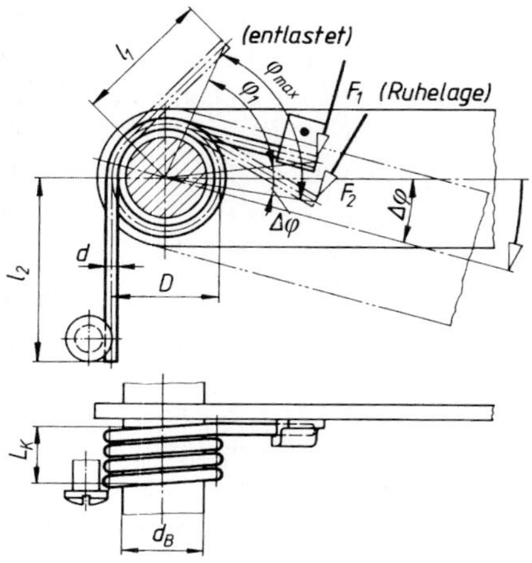

Zu ermitteln und zu prüfen sind:

a) der Drahtdurchmesser d aus überschlägiger Vorwahl und der mittlere Windungsdurchmesser D als Normzahl nach DIN 323 R′20, wenn der innere Windungsdurchmesser D_i etwa 25% größer als d_B angenommen wird,

b) der größte Drehwinkel φ_{max} und der Vorspann-Drehwinkel φ_1, wenn Verhältnisgleichheit zwischen Drehwinkeln und Federkräften bzw. Federmomenten besteht,

c) die Länge L_{K0} des unbelasteten Federkörpers für die zur ganzen Zahl gerundete Anzahl der federnden Windungen,

d) die mit den festgelegten Federdaten sich tatsächlich ergebenden Drehwinkel φ_{max} und φ_1 und die Zulässigkeit der Biegespannung für die vorgesehene Drahtsorte.

10.9 Für eine Ofenklappe sind zwei, an beiden Seiten anzuordnende Drehfedern als Scharnierfedern auszulegen. Die Klappe hat ein Gewicht $m = 4$ kg. Die Federn, für die Federstahldraht B nach DIN 17223 T1 vorgesehen ist, sollen so bemessen werden, dass sich die Klappe bei einem Öffnungswinkel $\Delta\varphi \approx 30°$ durch die Federkraft F_2 gerade zu schließen beginnt. Zum Beschicken des Ofens soll die Klappe in waagerechter Lage mit Sicherheit geöffnet bleiben, wobei das größte Federmoment M_{max} um rund 25% kleiner sein soll als das durch die Gewichtskraft F_G gegebene Klappenmoment.

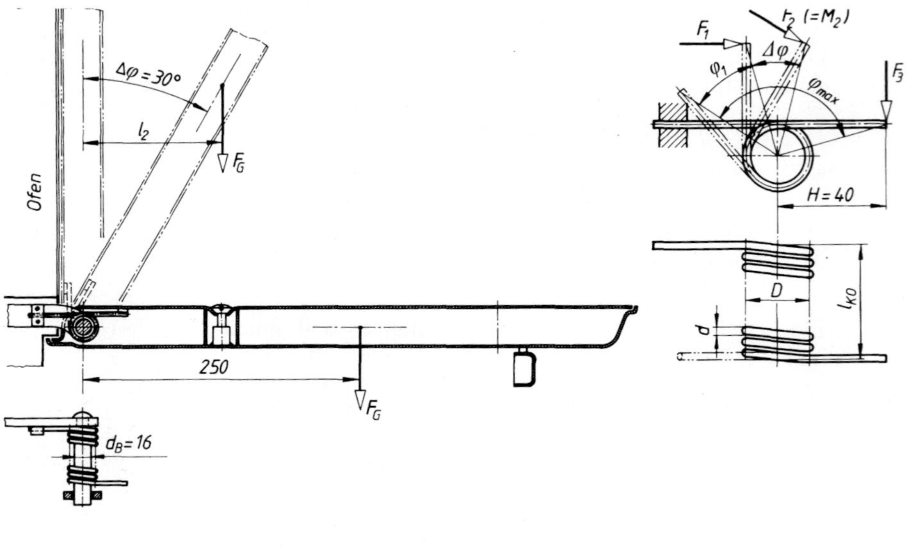

Ohne Berücksichtigung der Reibung sind zu ermitteln bzw. zu prüfen:

a) das Federmoment M_2 gleich dem zugehörigen Klappenmoment und die zugehörige Federkraft F_2 beim Öffnungswinkel $\Delta\varphi$ sowie das größte Federmoment M_{max} gleich dem zugehörigen Klappenmoment und die zugehörige Federkraft F_3 bei offener Klappe,

b) der Drehwinkel φ_1 zwischen den Hebellagen bei entlasteter Feder und geschlossener Klappe sowie der größte Drehwinkel φ_{max}, wenn Verhältnisgleichheit zwischen Federmomenten und zugehörigen Drehwinkeln besteht,

c) der Drahtdurchmesser d nach DIN 2076 aus überschlägiger Vorwahl und der mittlere Windungsdurchmesser D als NZ-Rundwert nach DIN 323 R′20, wenn der innere Windungsdurchmesser D_i etwa 25% größer als d_B angenommen wird, sowie die Länge L_{K0} des unbelasteten Federkörpers für die zur ganzen Zahl gerundeten federnden Windungen,

d) die mit den festgelegten Federdaten sich ergebenden Federkräfte F_1 aus M_1, mit der die Klappe geschlossen gehalten wird, sowie F_2 und F_3 aus den zugehörigen Federmomenten M_2 und M_{max},

e) die Zulässigkeit der maximalen Biegespannung σ_{q3} für die vorgesehene Drahtsorte A.

10.10 Für eine drehelastische Konstruktion ist eine Spiralfeder mit Rechteckquerschnitt, Breite $b = 20$ mm, Dicke $h = 10$ mm und Windungsabstand $a = 5$ mm, aus 50CrV4 DIN 17222 vorgesehen, deren inneres Ende an einem Hebelarm $r_i = 30$ mm und deren äußeres Ende in einem noch zu bestimmenden Abstand r_e fest eingespannt werden (vgl. Lehrbuch Bild 10-12). Sie soll ein Moment $M = 150$ Nm aufnehmen, wobei sie sich um einen Drehwinkel $\varphi = 19°$ elastisch verformen soll.
Zu prüfen bzw. zu ermitteln sind:

a) die Zulässigkeit der Biegespannung σ_i,

b) die gestreckte Länge l und die voraussichtlich ruhend wirksame Federkraft F (gerundet),

c) die erforderliche Windungsanzahl n.

10.11 In eine Vorrichtung wird eine Tellerfedersäule aus 12 wechselsinnig aneinander gereihten Paketen zu je 3 Tellerfedern DIN 2093–A28 eingebaut (sinnbildliche Darstellung nach DIN ISO 2162 siehe Bild). Ohne Berücksichtigung der Reibung sind zu ermitteln:

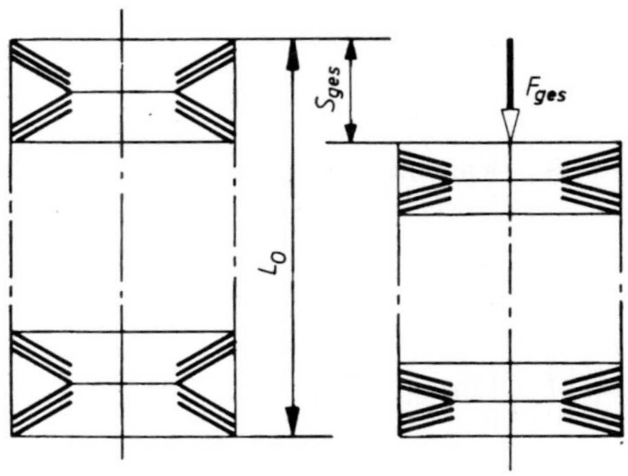

a) der Gesamtfederweg s_{ges} und die Gesamtfederkraft F_{ges} bei größtmöglicher Ausnutzung der Tellerfedern,

b) die Längen L_0 und L in mm für die unbelastete und die belastete Federsäule?

10.12 Für eine Federsäule aus 4 wechselsinnig aneinander gereihten Paketen zu je 2 Tellerfedern DIN 2093–B100 sind zu ermitteln:

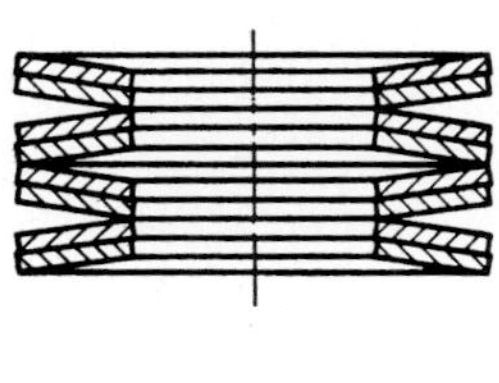

a) die Länge der unbelasteten Federsäule (s. Darstellung im Schnitt nach DIN ISO 2162 im Bild),

b) die Länge der belasteten Federsäule bei 2,8 mm Federweg.

10

10.13 Eine Federsäule besteht aus 18 wechselsinnig aneinander gereihten Paketen zu je 2 Tellerfedern DIN 2093–C50. Ohne Berücksichtigung der Reibung sind zu ermitteln:

a) die Gesamtfederkraft F_{ges} und der Gesamtfederweg s_{ges} bei größtmöglicher Ausnutzung der Tellerfedern,

b) die Längen L_0' der unbelasteten Teilsäulen gegenüber L_0, wenn aus Platzmangel in Richtung des Federweges die Federsäule in 2 Teilsäulen (jeweils $i = 18$, $n = 1$) aufgelöst wird.

10.14 Zur Dämpfung von Stößen soll ein Kranhaken für eine Höchstbelatung $m_L = 5$ t (Tragfähigkeit) durch 2 Tellerfedersäulen abgefedert werden.

Nach den konstruktiven Gegebenheiten darf der größte Federweg $s_{max} = 25$ mm betragen und der Durchmesser des Führungsbolzens $d = 40\ldots50$ mm sein. Das Eigengewicht des Kranhakens einschließlich Lagerung, Tragplatte usw. beträgt $m_G \approx 40$ kg.

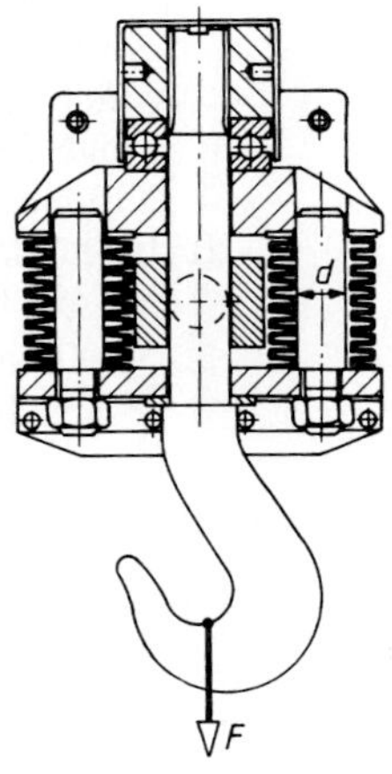

a) Wie groß ist die von jeder Säule aufzunehmende Belastung?

b) Welche Tellerfedern nach DIN 2093 sind geeignet, wenn eine möglichst große Ausnutzung des maximal zulässigen Federweges des Einzeltellers durch F_{max} angestrebt wird?

c) Welche Anzahl i der wechselsinnig aneinander gereihten Einzelteller ergibt sich je Säule entsprechend dem Federweg s_1 je Einzelteller bei F_{max}?

d) Es ist zu prüfen, ob s_{max} je Säule nicht überschritten wird und ob die Länge der unbelasteten Säule $L_0 \leq 2 \cdot D_e$ ist?

10.15 Welche Federkräfte F (auf volle 10 N gerundet) müssten ohne Berücksichtigung der Reibung aufgebracht werden, wenn folgende Einzelteller mit rund 70% des maximal zulässigen Federweges vorgespannt eingebaut werden sollen:

a) Tellerfedern DIN 2093–B80,

b) Tellerfedern DIN 2093–C80?

10.16 Für die Tellerfeder DIN 2093–B45 sind bei einer statischen Federkraft $F \approx 3$ kN ohne Berücksichtigung der Reibung zu ermitteln:

a) der angenäherte Federweg s,

b) die rechnerischen Spannungen σ an den Stellen I, II und III für s.

10.17 Für die Tellerfeder DIN 2093–B63 sind sowohl ohne als auch mit Berücksichtigung der Reibung zu ermitteln:

a) die erforderliche Kraft für einen Federweg $s = 1$ mm,

b) die aufzubringende Kraft, um die Feder bis zur Planlage zu verformen,

c) die zur Verfügung stehende Federarbeit bei einem Federweg $s = 1$ mm.

10.18 Eine Tellerfedersäule aus 8 wechselsinnig aneinander gereihten Tellerfedern DIN 2093–B56 soll mit einer Vorspannkraft $F_1 = 1800\,\text{N}$ eingebaut und bis zu einer Betriebskraft $F_2 = 3400\,\text{N}$ schwingend beansprucht werden. Ohne Berücksichtigung der Reibung sind zu bestimmen bzw. zu prüfen:

a) die zu F_1 und F_2 gehörigen Federwege je Einzelteller s_1 und s_2 sowie die vorhandenen Zugspannungen σ_1 und σ_2 und zwar
   1. durch Rechnung
   2. durch angenäherte Darstellung der Feder- und Spannungskennlinien im geeigneten Maßstab!

b) danach ist zu prüfen, ob die Einzelteller der Säule genügend vorgespannt sind und für $2 \cdot 10^6$ Lastspiele, d. h. mit praktisch unbegrenzter Lebensdauer im dauerfesten Bereich arbeiten!

c) die Längen L_1 und L_2 der belasteten Federsäule bei F_1 und F_2.

10.19 In ein Stanzwerkzeug soll für den Auswerfer eine Federsäule aus 10 wechselsinnig aneinander gereihten Federpaketen zu je 2 Tellerfedern DIN 2093–B63 mit einem Vorspannfederweg je Paket $s_1 = 0{,}2 \cdot h_0$ eingebaut werden. Die vorgespannte Federsäule wird mit $F_{2\text{ges}} = 10\,\text{kN}$ schwingend beansprucht. Bei Vernachlässigung der Reibung sind zu prüfen bzw. zu ermitteln:

a) die Vorspannung je Einzelteller,

b) der Hubfederweg Δs_{ges} der Säule,

c) die Dauerhubfestigkeit $\sigma_H > \sigma_h$ bei praktisch unbegrenzter Lebensdauer ($N = 2 \cdot 10^6$ Lastspiele).

10.20 In einem Schneidwerkzeug sollen für den Abstreifer der zu schneidenden Stahlbleche 4 Federsäulen mit möglichst kleiner Bauhöhe aus wechselsinnig aneinander gereihten Tellerfedern DIN 2093–A25 vorgespannt angeordnet werden. Das Werkzeug ist für eine größte Blechdicke $h_{\text{max}} = 1{,}5\,\text{mm}$ aus E295 auszulegen. Der Arbeitshub der Federsäulen ist mit $\Delta s_{\text{ges}} \approx 2{,}2\,\text{mm}$ vorgesehen. Aus Vorüberlegungen ergeben sich für jede Federsäule eine maximale Federkraft $F_2 = 2500\,\text{N}$. Die Federsäule soll so eingebaut werden, dass die einzelne Feder auf $F_1 = 1000\,\text{N}$ vorgespannt wird.

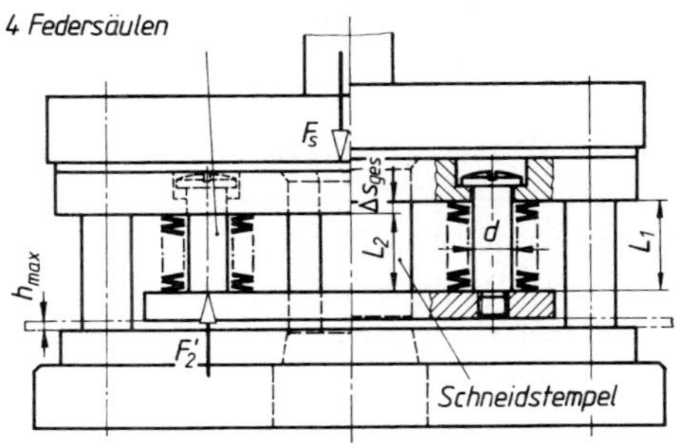

Unter Vernachlässigung der Reibung sind zu ermitteln bzw. festzustellen:

a) die Federwege s_1 und s_2 der Feder bzw. des Federpaketes;

b) die Anzahl Federteller n je Paket und die Paketzahl i je Säule;

c) die Federwege $s_{1\text{ges}}$, $s_{2\text{ges}}$ sowie die Längen L_1 und L_2 der belasteten Säulen,

d) die geschätzte Zahl N der Lastspiele bei begrenzter Lebensdauer für schwingende Beanspruchung mit σ_1 bei s_1 und σ_2 bei s_2.

10.21 In eine Drehstabfeder aus 50CrV4 mit dem Schaftdurchmesser $d = 15\,\text{mm}$, Länge $L = 750\,\text{mm}$ und kerbverzahnten Köpfen DIN 5481–26 × 30, ($z = 35$, $d_a = 30\,\text{mm}$, $l_k = d_f \mathrel{\widehat{=}} d_4 = 26{,}4\,\text{mm}$ federnde Länge $l_f = 677\,\text{mm}$, Hohlkehlenradius $r = 45\,\text{mm}$) soll ein Drehmoment $T = 210\,\text{Nm}$ eingeleitet werden.
Zu prüfen bzw. zu ermitteln sind:

a) der vorhandene Verdrehwinkel $\varphi°$ (gerundet),

b) die Zulässigkeit der Schubspannung für den *nicht vorgesetzten* Stab,

c) die Zulässigkeit der Flächenpressung.

10.22 Eine überwiegend mit $F_{max} \approx 130$ N statisch belastete zylindrische Schrauben-Druckfeder aus Federstahldraht A nach DIN 17223 T1 mit dem Außendurchmesser $D_e = 16$ mm weist bei Belastung den Federweg $s_{max} = 12$ mm auf.
Zu ermitteln und festzulegen sind:

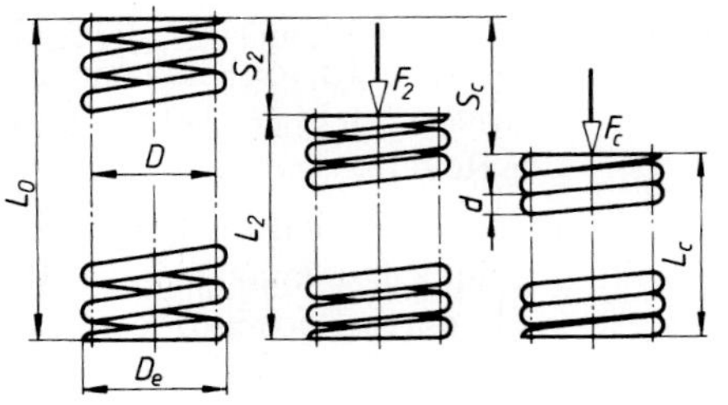

a) die Federrate R,
b) der Drahtdurchmesser d nach DIN 2076 und die Windungszahl n,
c) die Länge L_0 der unbelasteten Feder, wenn diese mit angelegten und geschliffenen Federenden ausgeführt werden soll.

10.23 Gesucht wird eine statisch belastete zylindrische Schrauben-Druckfeder, die bei einer Belastung $F = 130$ N einen Federweg $s \approx 20$ mm aufweist. Da die Feder in einer Hülse von 20 mm Innendurchmesser geführt werden soll, darf der Federaußendurchmesser den Wert $D_e = 19{,}5$ mm nicht überschreiten.
Welche Federabmessungen ergeben sich und welcher Federdraht ist vorzusehen, wenn eine ausreichende Werkstoffausnutzung für die zu wählende Drahtsorte gefordert wird?

10.24 In eine Vorrichtung sollen 4 Schrauben-Druckfedern parallel geschaltet eingebaut werden, die zusammen eine statische Gesamtbelastung von rund 7400 N bei einem Federweg von jeweils $s = 90$ mm aufnehmen können. Aus konstruktiven Gründen können die Federn höchstens mit einem Außendurchmesser $D_e = 70$ mm ausgeführt werden.

a) Die günstigsten Federabmessungen sind für einen geeigneten Federstahldraht nach DIN 17223 T1 und DIN 2076 festzulegen;
b) die Knicksicherheit ist zu prüfen.

10.25 Eine überwiegend statisch belastete Schrauben-Druckfeder aus Federstahl B nach DIN 17223 T1 soll eine Federkraft $F_2 = 2400$ N bei einem Federweg $s_2 = 50$ mm ausüben. Da die Feder über eine Welle mit 75 mm Durchmesser passen muss, darf der Federinnendurchmesser $D_i = 78$ mm nicht unterschreiten.
Welcher Drahtdurchmesser d nach DIN 2076 und welche ungespannte Länge L_0 ergeben sich für die Feder?
Die Eignung der Drahtsorte ist mit den gewählten Abmessungen zu prüfen.

10.26 Eine Sicherheits-Lamellenkupplung hat insgesamt $n = 17$ Lamellen (Innen- und Außenlamellen). Die geschliffenen Lamellen aus GJL-300 mit einem Außendurchmesser $d_a = 255$ mm und einem Innendurchmesser $d_i = 185$ mm sollen im leicht gefetteten Zustand bei einer Reibungszahl $\mu \approx 0{,}08$ ein Drehmoment $T = 1550$ Nm übertragen, wenn auf die Druckscheibe (Innenlamelle 1) 10 gleichmäßig auf den Umfang verteilte zylindrische Schrauben-Druckfedern wirken.
Aus konstruktiven Gründen können Federn mit höchstens $D_e \approx 25$ mm eingebaut werden, deren Federweg bei gelüfteter und eingeschalteter Kupplung $s_2 = 6$ mm beträgt.

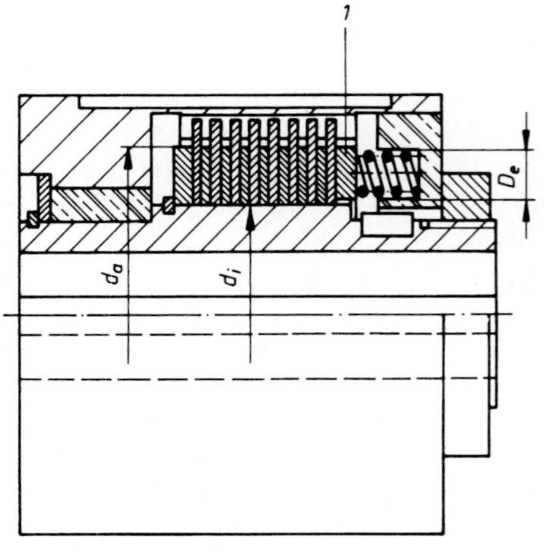

a) Nach Berechnung der erforderlichen Anpresskraft F aus der wirksamen Umfangskraft F_t für das geforderte Drehmoment bei einem mittleren Reibflächendurchmesser d_R ist zunächst die auf die Druckscheibe ausgeübte Kraft F_d (für $n-1$ Lamellen) und damit die maximale Kraft je Feder F_{max} zu bestimmen.
b) Alle erforderlichen Abmessungen der überwiegend statisch belasteten Federn sind für einen geeigneten Federstahldraht nach DIN 17223 T1 und DIN 2076 festzulegen.

10.27 Ein federbelastetes Sicherheitsventil mit einem Innendurchmesser des Ventilsitzes $d_1 = 20$ mm soll bei einem Lüftdruck öffnen, der rund 10% über dem Betriebsdruck $p_e = 16$ bar liegt.
Die in der geschlossenen Haube sitzende zylindrische Schrauben-Druckfeder kann höchstens mit einem Außendurchmesser $D_e = 35$ mm ausgeführt werden.
Die Öffnungskraft F_1 soll bei einem Vorspannweg $s_1 \approx 20$ mm mit der Länge L_1, die Federkraft F_2 bei voll geöffnetem Ventil nach einem Hub $\Delta s = d_1/4$ erreicht werden.

a) Nach Ermittlung der Federkräfte F_1 und F_2 sind die Federabmessungen für einen geeigneten Federstahldraht nach DIN 17223 T1 und DIN 2976 bei ausreichender Werkstoffausnutzung festzulegen.
b) Die Feder mit den festgelegten Federabmessungen ist auf Knicksicherheit nachzuprüfen.

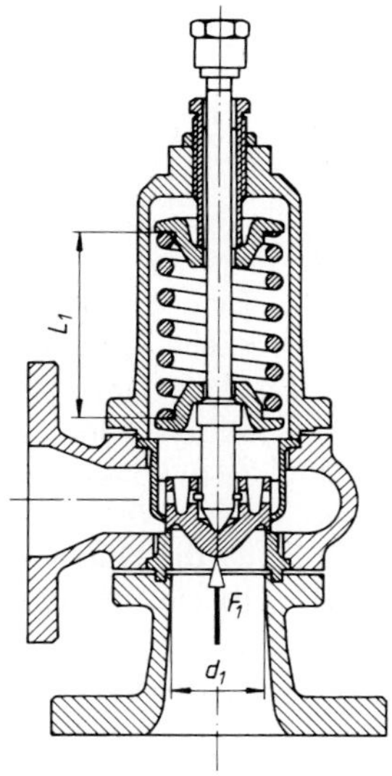

10.28 Eine zylindrische Schrauben-Druckfeder soll als Ventilfeder zwischen einer Vorbelastung $F_1 = 300$ N und der Höchstbelastung $F_2 = 650$ N bei einem Hub $\Delta s = 14$ mm mit hoher Lastspielzahl arbeiten. Aus konstruktiven Gründen kann die Feder mit einem Außendurchmesser $D_e \leq 37$ mm eingebaut werden.

a) Nach angenäherter Ermittlung von d, D und rechnerischer Nachprüfung ΔF, τ_{kh} sind die Länge L_0 der unbelasteten Feder zu bestimmen für ölvergüteten Ventilfederdraht (VD nach DIN 17223) gestrahlt; die Normbezeichnung des Drahtes ist anzugeben.
b) Die Dauerfestigkeit der Feder und die Knicksicherheit mit veränderlichen Auflagebedingungen sind zu prüfen.

10.29 Für das Tellerventil einer Pumpe soll eine zylindrische Schrauben-Druckfeder mit praktisch unbegrenzter Lebensdauer ermittelt werden.
Bei geschlossenem Ventil soll die Feder mit $F_1 = 400$ N vorbelastet werden und bei geöffnetem Ventil nach einem Hub $\Delta s = 13$ mm die größte Federkraft $F_2 = 660$ N erreichen. Für die schwingende Belastung soll Federstahldraht C nach DIN 17223 T1 „gestrahlt" verwendet werden. Der konstruktiv festgelegte Einbauraum lässt einen Federaußendurchmesser von höchstens $D_e = 30$ mm und bei geöffnetem Ventil eine Länge $L_2 \geq 50$ mm zu.
Zu ermitteln bzw. festzulegen sind:

a) der Drahtdurchmesser d nach DIN 2076 und der mittlere Windungsdurchmesser D nach DIN 323 R20; die zu den Kräften F_1 und F_2 gehörigen Federwege s_1, s_2 sowie die Anzahl der federnden Windungen n und die Gesamtwindungszahl n_t mit R_{soll}, ebenso die Federlängen L_0, L_1 und L_2. Die Zulässigkeit der Schubspannung τ_{max} und τ_c ist nachzuweisen;
b) die Dauerfestigkeit der Feder ist zu prüfen;
c) die Knickfestigkeit der Feder ist nachzuweisen;
d) die niedrigste Eigenfrequenz der Feder ist zu errechnen und zu erläutern.

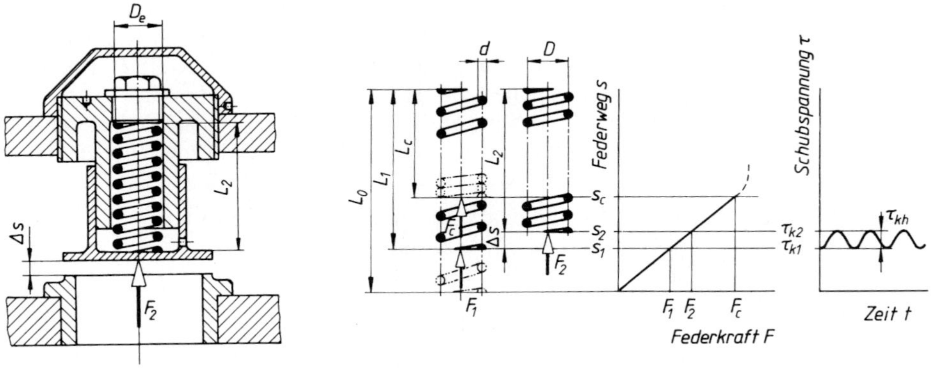

10.30 Eine überwiegend statisch belastete und ohne innere Vorspannung hergestellte zylindrische Schrauben-Zugfeder aus Draht DIN 2076–A mit ganzer Deutscher Öse ($L_H \approx 0{,}8 \cdot D_i$) hat eine Belastung $F_{max} = 250$ N aufzunehmen bei einem Federhub von $s_h = 12$ mm. Aus konstruktiven Gründen darf der Außendurchmesser nicht größer als 20 mm betragen.

Zu ermitteln und zu prüfen sind:

a) die Durchmesser d (nach DIN 2076), D (nach DIN 323 R′20), D_e und D_i;

b) die erforderliche Anzahl der Windungen $n = n_t$, auf ..., 0 bzw. auf ..., 5 endend und die Federrate;

c) die Längen L_K, L_0 für eine Ösenlänge $L_H \approx 0{,}8 \cdot D_i$;

d) die Zulässigkeit der Drahtklasse A.

10.31 Eine mit innerer Vorspannung hergestellte zylindrische Schrauben-Zugfeder aus Draht DIN 2076–A4,5 mit ganzer Deutscher Öse hat folgende Abmessungen: Außendurchmesser $D_e = 36{,}5$ mm, unbelastete Länge $L_0 = 150$ mm und $n_t = 22{,}5$ Gesamtwindungen. Bei einer Belastung $F_1 = 250$ N wurde eine Länge $L_1 = 180$ mm und bei einer Belastung $F_2 = 550$ N eine Länge $L_2 = 233$ mm gemessen.

Es ist zu prüfen, ob die aus der inneren Vorspannkraft F_0 sich ergebende innere Vorspannung τ_0 für die auf der Wickelbank kaltgeformte Feder zulässig ist und, ob die Zugkraft F_2 von der Feder ohne Schaden aufgenommen werden kann.

10.32 Es soll eine mit innerer Vorspannung ($F_0 \approx 30$ N) gewickelte zylindrische Schrauben-Zugfeder aus Federstahldraht nach DIN 2076 mit parallel angeordneten ganzen deutschen Ösen mit $L_H \approx 0{,}8 \cdot D_i$ ermittelt werden, die für die überwiegend statische Höchstbelastung $F_{max} \approx 150$ N bei einem Federweg $s_{max} = 60$ mm eine gespannte Länge $L_2 \approx 140$ mm erreicht. Aus konstruktiven Gründen kann nur eine Feder mit einem maximalen Außendurchmesser $D_e = 25$ mm eingebaut werden.

a) Die erforderlichen Federabmessungen sind zu ermitteln.

b) Da die Feder aus technischen Gründen der Ösung auf der Wickelbank gefertigt werden soll, ist zu prüfen, ob die Feder zunächst hinsichtlich der inneren Schubspannung und danach auch für die der größten Belastung zugeordneten Schubspannung ausreichend bemessen ist.

10.33 Für die fußbetätigte Sperrvorrichtung einer Rollenbahn für Behälter ist die zylindrische Schrauben-Zugfeder mit ganzen deutschen Ösen $L_H \approx 0{,}8 \cdot D_i$ zu berechnen. Die Einbauverhältnisse und die Belastungszustände mit entsprechendem Federweg bzw. Federlänge zeigt die Abbildung.

Die Feder soll das Sperrblech vom Gewicht $m = 10$ kg mit Sicherheit in der oberen Sperrlage halten und so ausgelegt werden, dass zum Freigeben der Bahn eine Fußkraft (Pedalkraft) $F_p \approx 200$ N nicht überschritten wird. Die Reibungskräfte an Führungen, Gelenken u. dgl. sollen unberücksichtigt bleiben.

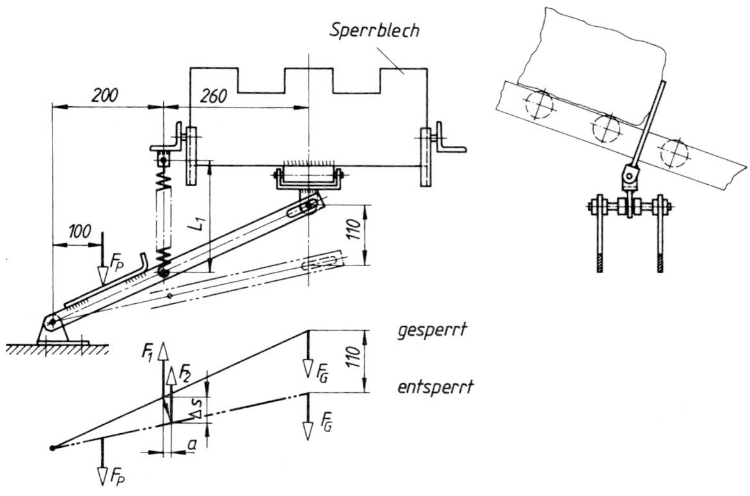

Nach den konstruktiven Gegebenheiten soll der Außendurchmesser $D_e \leq 30$ mm der mit innerer Vorspannkraft $F_0 \approx 0{,}25 \cdot F_2$ gewickelten Feder sein. Für die Einbaulänge ist $L_1 \approx 200\ldots300$ mm verfügbar.

Unter Vernachlässigung der geringen seitlichen Verschiebung der Federaufhängung a bei Betätigung des Pedals sind im Einzelnen zu ermitteln:

a) die Zugkraft F_1 der Feder, die um rund 10% erhöht (abgerundet auf volle 10 N) das Sperrblech mit Sicherheit in Sperrlage hält,

b) die Federkraft F_2 für die entsperrte Lage und der zusätzliche Federweg Δs zwischen den Lagen gesperrt und entsperrt,

c) der Federdrahtdurchmesser d nach DIN 2076 und der mittlere Windungsdurchmesser D nach DIN 323 R20 sowie die geeignete Drahtsorte, zunächst nach Vorwahl und danach durch Festigkeitsnachweis mit F_2 und τ_2,

d) der Federweg s_1 zwischen unbelasteter Feder und gesperrter Lage und die Federlängen L_0 und L_1 sowie die Zulässigkeit der inneren Vorspannung.

10.34 Die zwei Schrauben-Zugfedern mit ganzen deutschen Ösen $L_H \approx 0{,}8 \cdot D_i$ (90° zueinander versetzt) für ein Garagen-Schwingtor sind zu berechnen. Das Torblatt mit den Abmessungen 2,1 × 2,35 m hat ein Gewicht $m = 60$ kg. Die Abbildung zeigt das Tor im geöffneten Zustand (Vollinien) und in halbgeöffneter Lage.

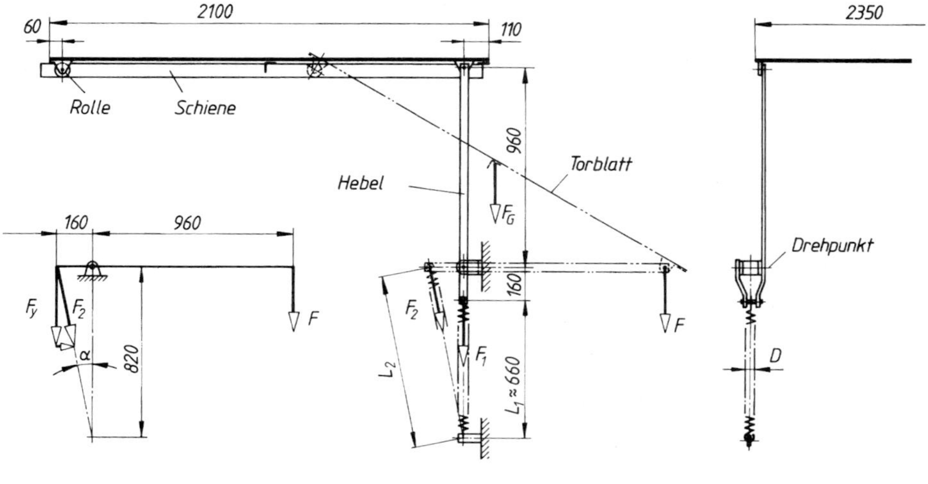

Die Federn sollen so ausgelegt werden, dass das Tor in halbgeöffneter Lage, also bei waagerechter Hebelstellung, durch die Federkraft F_2 gerade im Gleichgewicht gehalten wird (vgl. Skizze mit Maßen und Kraftangriff). Im geöffneten Zustand ist noch eine (Vorspann-)Federkraft $F_1 \approx 0{,}5 \cdot F_2$ vorhanden, um das Tor in dieser Lage zu halten, wobei die Einbaulänge $L_1 \approx 660$ mm beträgt. Die nur mit geringer (vernachlässigbarer) inneren Vorspannkraft bei aneinanderliegenden Windungen gewickelten Federn sollen einen Außendurchmesser $D_e \leq 52$ mm haben.
Im Einzelnen sind ohne Berücksichtigung der Reibungskräfte in Gelenken u. dgl. zu ermitteln:

a) die bei waagerechter Hebellage erforderliche Federkraft F_2 und die Federkraft F_1 bei offenem Tor,
b) die Federlänge L_2 bei waagerechter Hebelstellung und der Federweg s_2 zwischen offenem Tor und Haltestellung sowie die größte Federkraft F_{max} für den Federweg s_{max} bei geschlossenem Tor,
c) der Drahtdurchmesser d nach DIN 2076 durch angenäherte Vorwahl und durch anschließend genauere Berechnung, wenn die Drahtsorte B nach DIN 17223 T1 vorgesehen ist,
d) die Länge L_0 der unbelasteten Feder und die tatsächliche Einbaulänge L_1 zum Erreichen der Federkraft F_1.

10.35 Zur Dämpfung von Schwingungen soll eine Werkzeugmaschine mit einem Gewicht $m = 2200$ kg auf 4 Gummi-Druckfederelemente gesetzt werden, wobei sich das Gewicht annähernd gleichmäßig auf die Federn verteilt. Der Gummi hat nach Angaben des Herstellers eine Shore-Härte von rund 60.
Nach Katalog haben die Federn des schätzungsweise in Frage kommenden Bereichs folgende Abmessungen:

$d = 30 \quad 40 \quad 50 \quad 70 \quad 75 \quad 100$ mm und zugehörig
$h = 27 \quad 27 \quad 41 \quad 41 \quad 49 \quad 51$ mm

Wegen der Abweichung vom Verhältnis $d/h \approx 1$ ist der abgelesene E-Modul für runde Gummifeder um etwa 20% zu erhöhen.

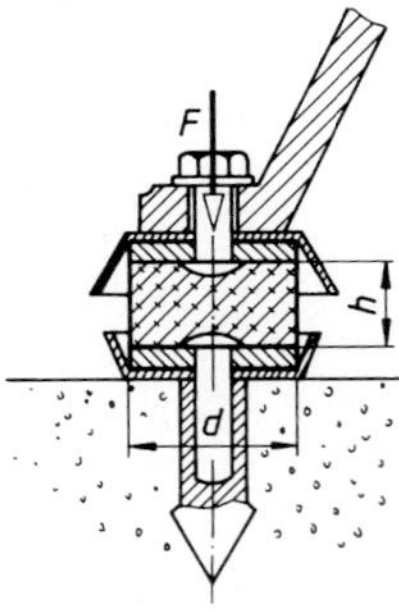

a) Welche Druckfeder-Abmessungen kommen in Frage, wenn zunächst mit einem mittleren zulässigen Spannungswert gerechnet wird?
b) Nach Feststellung der Zulässigkeit der tatsächlichen Druckspannung σ_d in der gewählten Feder ist auch zu prüfen, ob die Voraussetzung für die Berechnung des Federweges s gegeben ist; andernfalls sind Federabmessungen zu wählen, die diese Voraussetzungen erfüllen!

10.36 Das Gerüst eines Interferenz-Messgerätes muss besonders sorgfältig gegen Bodenerschütterungen u. dgl. isoliert werden, da selbst geringste Schwingungen des im Gerüst untergebrachten Spiegelsystems die Lichtinterferenzen stören können.
Das Gerät mit einem Gewicht $m = 600$ kg soll darum auf gut dämpfende Gummi-Ringelemente gesetzt werden. Nach Katalog werden Federelemente mit den Abmessungen $D = 60$ mm, $d = 30$ mm, $h = 16$ mm bei einer spezifischen Schub-Federzahl $C_S = \tau/s = G/h = 0{,}04$ N/mm^3 gewählt.

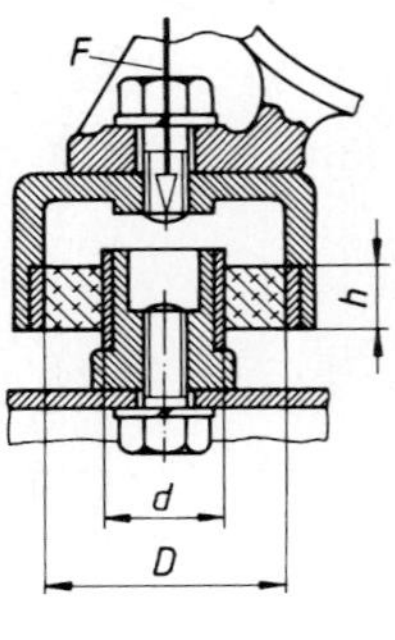

a) Die Zulässigkeit der auftretenden Schubspannung τ ist zu prüfen, wenn ein Federweg $s = 10$ mm zugelassen wird.
b) Die erforderliche Zahl z der Federelemente zum Tragen des Gerätes ist zu bestimmen!
c) Welche Shore-Härte des Gummis ist aufgrund der vorliegenden Daten notwendig?

11 Achsen, Wellen und Zapfen

Vorbemerkungen
Die Dimensionierung und Gestaltung von Achsen, Wellen und Zapfen ist eine der häufigsten Aufgaben des in der Praxis stehenden Konstrukteurs. *Überschlägige Ermittlung* des Richtdurchmessers – *konstruktive Gestaltung* der Achse, der Welle bzw. des Zapfens – *anschließende Festigkeits- und Formänderungskontrolle* sind in der Regel die einzelnen Stationen zur endgültigen Festlegung der Abmessungen.

Jedem Lösungsansatz sollte die systematische Ermittlung des inneren Kräftesystems des zu untersuchenden Bauteiles vorausgehen.

Bei Nachrechnungen konstruktiv bereits vorgewählter Abmessungen sind mehrere Möglichkeiten gegeben, so z. B. der *Spannungsvergleich* (vorhandene Spannung – zulässige Spannung), der *Durchmesservergleich* (konstruktiv vorgewählter Durchmesser – rechnerisch ermittelter Mindestdurchmesser) oder aber die Ermittlung der vorhandenen *Sicherheit gegenüber Dauerbruch*. In den nachfolgenden Aufgaben sind diese Wege beschritten worden und in den einzelnen Lösungshinweisen bereits vorgezeichnet. Die Berechnungsergebnisse können durchaus von denen im Ergebnisteil abweichen, da unterschiedliche Annahmen von Betriebsfaktoren, Kerbwirkungszahlen, Sicherheitswerten und dergl. getroffen werden können. Andere Ergebnisse brauchen daher in keinem Fall etwa falsch zu sein, denn es liegt nun eben in der Art der *praktischen* Aufgaben begründet, dass verschiedene Lösungsmöglichkeiten gegeben sind, die zu einem brauchbaren Ergebnis führen; abweichende Ergebnisse sollten jedoch in jedem Fall einer kritischen Kontrolle unterzogen und hinterfragt werden, warum es zu diesen Abweichungen kam.

1 Wodurch unterscheiden sich Wellen von Achsen?
Lösungshinweis siehe Lehrbuch 11.1.

2 Welche Nachweise müssen für Wellen bei welchen Bedingungen geführt werden?
Lösungshinweis siehe Lehrbuch 11.3.1; 11.3.2; 11.3.3.

3 Was ist bei der Gestaltung dynamisch beanspruchter Wellen bzw. Achsen zu beachten? Beispiele hierzu sind zu skizzieren.
Lösungshinweis siehe Lehrbuch 11.2 und 3.5.1.

4 Wie werden die Drehzahlbereiche unterhalb und oberhalb der kritischen Drehzahl bezeichnet und in welchen der Bereiche läuft eine Welle ruhiger und warum?
Lösungshinweis siehe Lehrbuch 11.3.3.

5 Welcher Drehzahlbereich bezüglich der kritischen Drehzahl muss als Arbeitsbereich ausgeschlossen werden und was muss gewährleistet sein, wenn die Welle im überkritischen Bereich eingesetzt werden soll?
Lösungshinweis siehe Lehrbuch 11.3.3.

6 Der Begriff „Resonanz“ ist zu erläutern.
Lösungshinweis siehe Lehrbuch 11.3.3.

11

Grundaufgaben

11.1 Auf einer in den Lagern A und B drehbar gelagerten Achse aus E295 + C ist die Umlenkrolle eines Gurtförderers befestigt. Durch die Trumkräfte des Gurtes ergab sich eine maximale Wellenbelastung F_w, die von der Achse und von den Lagern aufgenommen werden muss.
Anhand einer schematischen Darstellung ist die Beanspruchung der Achse über der Länge l bildlich darzustellen und für den gefährdeten Querschnitt das innere Kräftesystem zu ermitteln. Ferner ist anzugeben, welcher Lastfall vorliegt und wie dieser bei der Festigkeitsberechnung berücksichtigt wird.

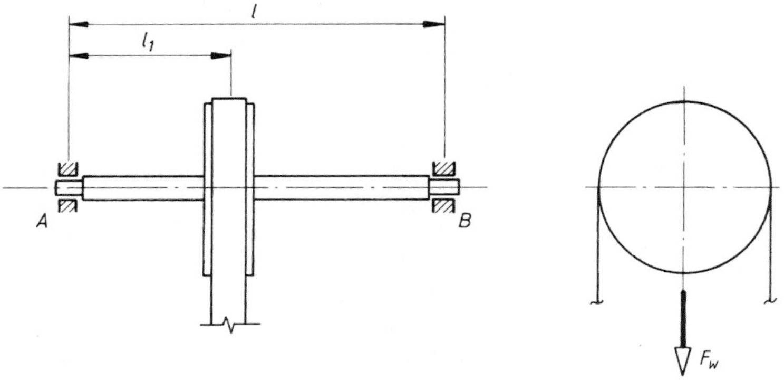

11.2 Die Achse aus S275JR eines Transportwagens wird durch das Wagengewicht und die Zuladung unter Berücksichtigung der ungünstigen Betriebsverhältnisse mit der Gewichtskraft $F = 15$ kN belastet.
Anhand einer schematischen Darstellung ist die Beanspruchung der Achse bildlich darzustellen und für die gefährdeten Querschnitte das innere Kräftesystem zu ermitteln. Welcher Lastfall liegt vor und wie wird dieser bei der Festigkeitsberechnung berücksichtigt?

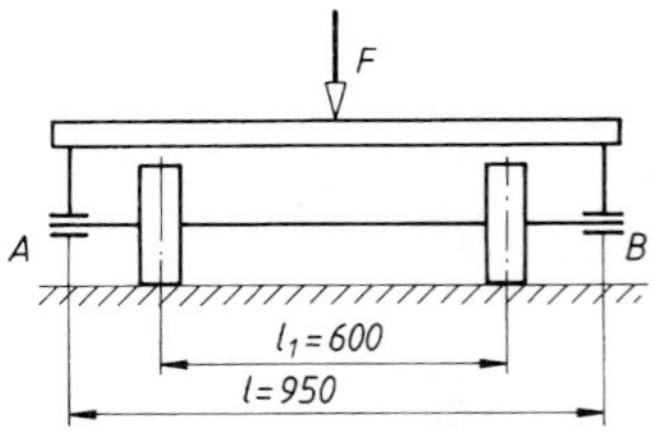

11.3 Die Antriebswelle eines Elevators ist in den Lagern A und B drehbar gelagert. Das für den Betrieb erforderliche Drehmoment T wird über eine elastische Kupplung in die Welle eingeleitet. Durch die Umfangs- (Riemenzugkraft im Lasttrum) und die Vorspannkraft des Flachriemens ergab sich eine maximale Wellenbelastung F_W, die von den Lagern A und B als Radialkraft aufzunehmen ist.
Anhand einer schematischen Darstellung ist die Beanspruchung der Welle für die Querschnitte 1-1, 2-2 und 3-3 aufzuzeigen und anzugeben, in welchem Lastfall die jeweilige Beanspruchung auftritt.

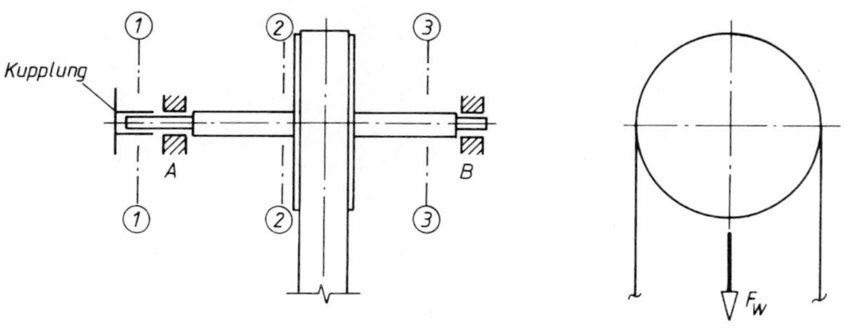

11.4 Für die Ausgangswelle eines dreistufigen Getriebes mit den Einzelübersetzungen $i_1 = 4{,}2$, $i_2 = 3{,}6$ und $i_3 = 2{,}8$ ist das Nenndrehmoment zu ermitteln. Das Getriebe hat eine Leistung $P = 25$ kW bei der Eingangsdrehzahl $n_1 = 950\ \text{min}^{-1}$ zu übertragen.

11.5 Mit den Getriebe- und Leistungsdaten der Aufgabe 11.4 ist das für die Durchmesserberechnung der Ausgangswelle maßgebende Drehmoment zu ermitteln, wenn aufgrund der ungünstigen Betriebsverhältnisse mit einem Anwendungsfaktor $K_A = 1{,}3$ und mit einem Gesamtwirkungsgrad des Getriebes von ca. 82% zu rechnen ist.

11.6 Für die Antriebswelle eines einstufigen Gerad-Stirnradgetriebes ist das für die Ermittlung des Vergleichsmomentes maßgebende maximale Biegemoment zu berechnen. An der Zahneingriffstelle wirken die Tangentialkraft $F_t = 1{,}5$ kN und die Radialkraft $F_r = 0{,}55$ kN.

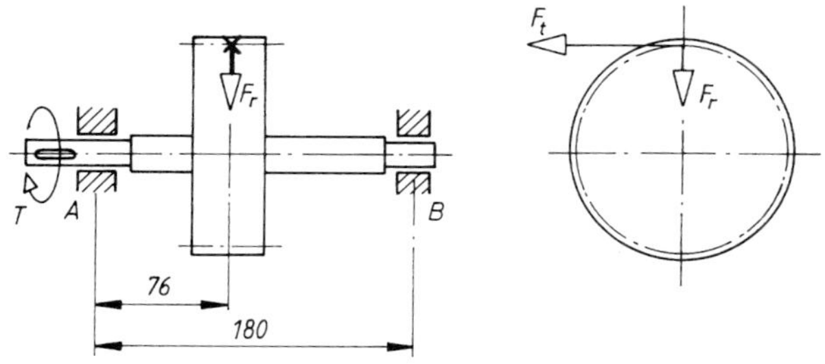

11.7 Die skizzierte Getriebe-Zwischenwelle aus 41Cr4 hat ein Drehmoment $T = 2500$ Nm zu übertragen, das durch das Geradstirnrad z_2 ein- und durch das Geradstirnrad z_3 weitergeleitet wird. Für die Zahnräder ergaben sich folgende Zahnkräfte: $F_{t2} = 10$ kN, $F_{r2} = 3{,}67$ kN, $F_{t3} = 26{,}33$ kN, $F_{r3} = 9{,}58$ kN.
Die Abstände $l = 260$ mm, $l_1 = 80$ mm und $l_2 = 90$ mm wurden dem 1. Entwurf als Richtwerte entnommen.
Zu errechnen ist das für die Ermittlung des Wellendurchmessers maßgebende maximale Biegemoment M.

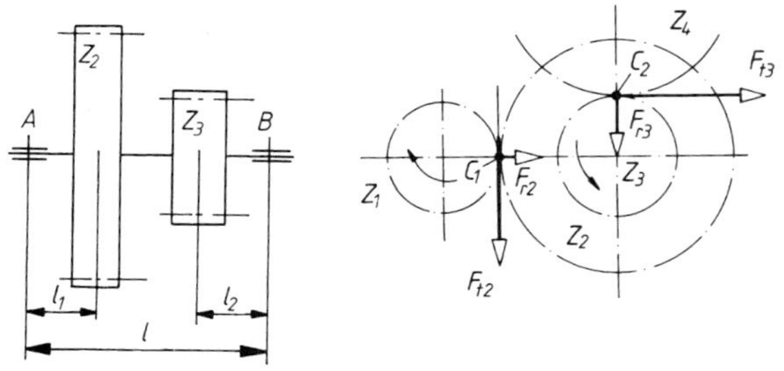

11.8 Das für die Durchmesserermittlung der Zwischenwelle eines mehrstufigen Getriebes maßgebende maximale Biegemoment (zur Berechnung des Vergleichsmomentes) ist zu bestimmen. Die Zwischenwelle hat ein schrägverzahntes Stirnrad mit dem Teilkreisdurchmesser $d = 171{,}1$ mm und der Breite $b = 50$ mm aufzunehmen. Der Schrägungswinkel beträgt $\beta = 15°$. Aus den Leistungsdaten des Getriebes ergaben sich für das Zahnrad an der Zahneingriffsstelle die Zahnkräfte: Tangentialkraft $F_t = 1{,}12$ kN, Radialkraft $F_r = 0{,}42$ kN, Axialkraft $F_a = 0{,}3$ kN. Die Lagerabstände wurden dem ersten Entwurf mit $l_1 = 60$ mm und $l_2 = 100$ mm entnommen.

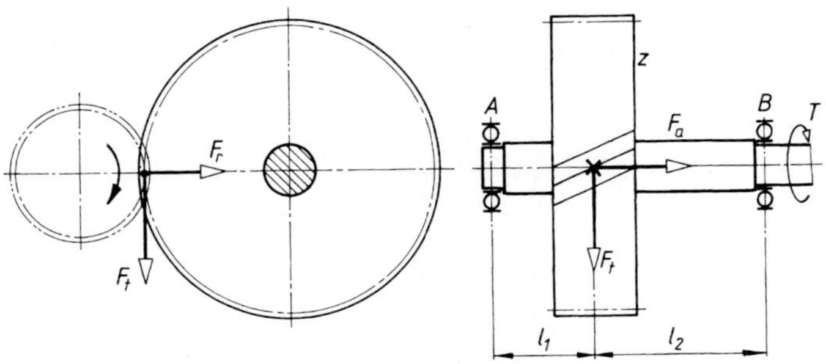

11.9 Für die skizzierte umlaufende Achse aus E295 ist für den ersten Entwurf der Richtdurchmesser d zu ermitteln und konstruktiv festzulegen.
Unter Berücksichtigung der zu erwartenden ungünstigen Betriebsbedingungen ist durch das Wagengewicht und der Zuladung mit einer maximalen Belastung $F = 20$ kN zu rechnen. Bei einer Spurweite $l = 650$ mm beträgt der Lagerabstand bei vergleichbaren Konstruktionen $l_1 = 1000$ mm.

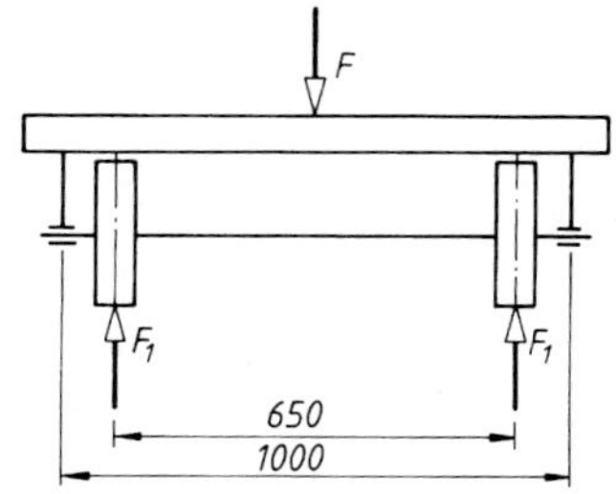

11.10 Für den Entwurf der Getriebeeingangswelle aus S275JR ist der zur Aufnahme der elastischen Kupplung erforderliche Richtdurchmesser zum Erstellen des ersten Entwurfes zu ermitteln und nach DIN 748 vorläufig festzulegen. Von der Kupplung wird eine Leistung von $P = 10$ kW bei einer Drehzahl $n = 720\ \text{min}^{-1}$ schwellend auf die Welle übertragen. Stöße sind mit $K_A = 1{,}2$ zu berücksichtigen. Die Befestigung der Kupplung erfolgt mittels einer Passfeder nach DIN 6885.

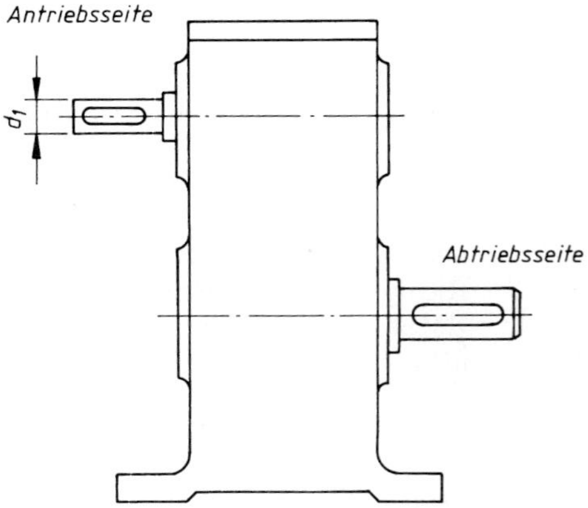

11.11 Für das 3-Wellengetriebe mit $i_{ges} = 8$ und $i_1 = 3{,}5$ sind zum Erstellen des 1. Entwurfs die Durchmesser der drei „Wellen" aus C45E als Richtdurchmesser zu ermitteln. Das Getriebe ist zur Übertragung einer Leistung $P_1 = 60$ kW bei einer Eingangsdrehzahl $n_1 = 1200\ \text{min}^{-1}$ vorgesehen. Aufgrund der zu erwartenden Betriebsbedingungen ist mit einem Anwendungsfaktor $K_A = 1{,}3$ zu rechnen, der Wirkungsgrad der einzelnen Getriebestufen ist für die Überschlagsrechnung mit 1 anzunehmen.
Die Zahnräder werden mittels Passfedern verdrehsicher auf den Wellen befestigt.

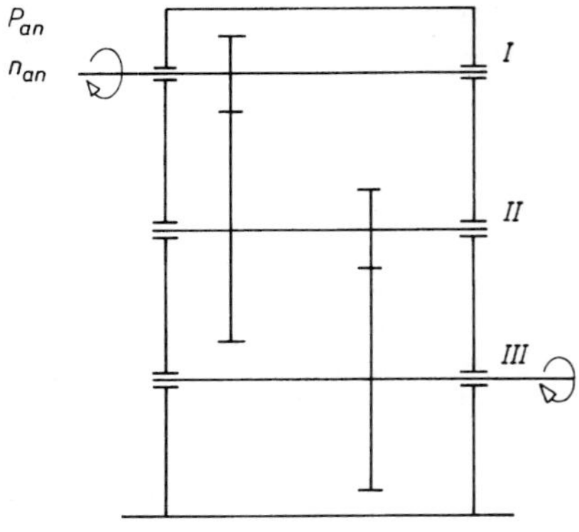

11.12 a) Der Durchmesser d_1 der Achse aus blankgezogenem Rundstahl E295 + C nach DIN 59361 (s. TB1–6) für das Umlenk-Kettenrad in der Spannstation eines Ketten-Trogförderers ist zunächst überschlägig und anschließend „genauer" zu berechnen. Durch Kettenvorspannung und Reibungswiderstände, insbesondere am oberen Trum (durch Kettenführung, Schanzen des Fördergutes) ist mit einer maximalen Wellenkraft $F = 10$ kN zu rechnen. Die in nebenstehender Zeichnung angegebenen Abmessungen sind durch ein vorgegebenes Baukastensystem bereits festgelegt.

b) Die Nabenabmessungen (Durchmesser und Länge) des Kettenrades aus GS-45 sind festzulegen.

c) Für die Paarung Kettenrad/Achse ist eine der Verwendung entsprechende Passung anzugeben.

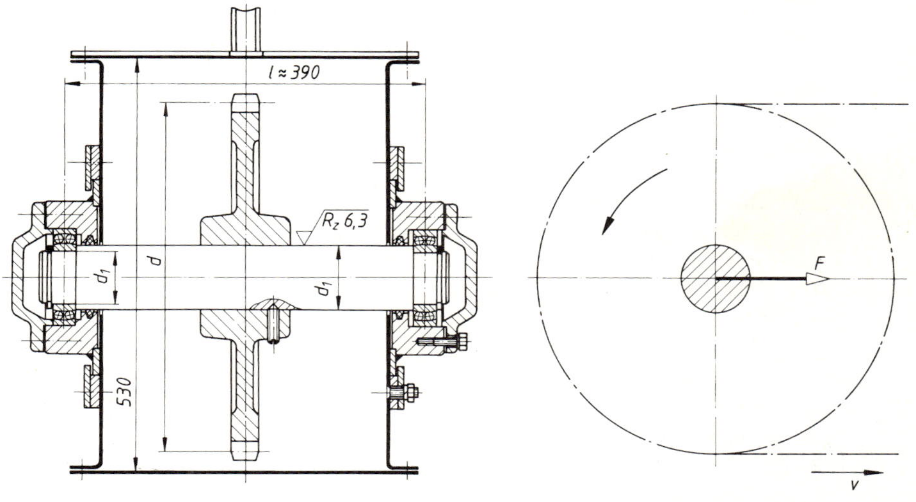

11.13 Für die Antriebswelle aus E295 + C des Elevators ist der Durchmesser d überschlägig zu ermitteln. Unter Berücksichtigung der vorliegenden Betriebsverhältnisse ist von der Welle ein Drehmoment $T \approx 880$ Nm zu übertragen. Durch die von der Gurtscheibe mit dem Durchmesser $D = 800$ mm zu übertragende Umfangskraft sowie durch die Spannkräfte des Gurtes ist eine Wellenkraft von $F_w \approx 3{,}5 \cdot F_t$ aufzunehmen.

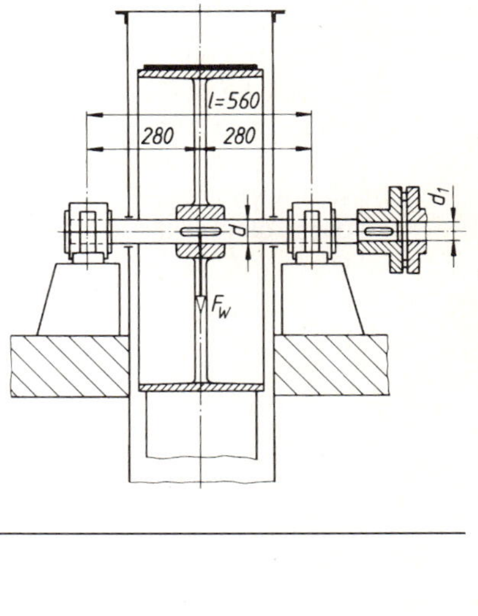

11.14 Für einen Laufkran von 75 kN Tragkraft, 80 m/min Fahrgeschwindigkeit und 500 mm Laufraddurchmesser ergibt sich für die hinsichtlich der Belastung ungünstigste Stellung der Laufkatze eine größte Radkraft $F_{max} \approx 70$ kN. Der Abstand der U-Träger wurde konstruktiv mit $l = 240$ mm festgelegt. Welcher Durchmesser d der Laufradachse, für die geschälter Rundstahl aus E295 + SH nach DIN 671 vorgesehen wird, ist überschlägig zu wählen, wenn der Lagerabstand $l_1 = 100$ mm beträgt, die verstärkende Wirkung der auf der Achse sitzenden Buchse und dafür die Schwächung des Querschnitts durch die Schmierbohrung für die Berechnung unberücksichtigt bleibt?

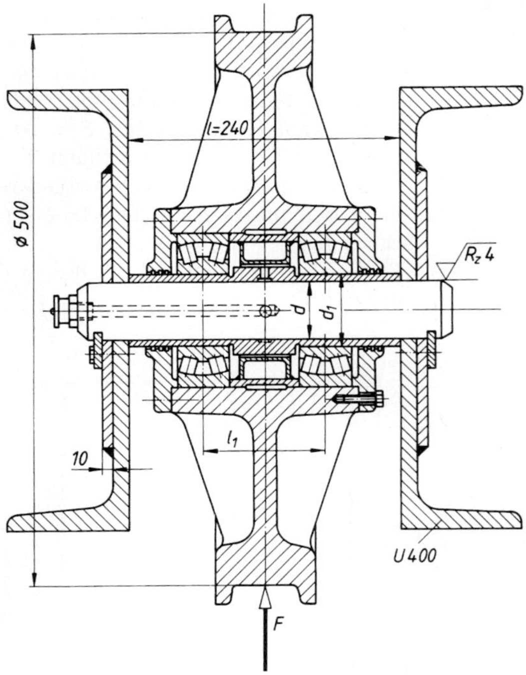

11.15 Für den dargestellten Lagerzapfen einer Laufradachse aus E295 mit dem vorgewählten Durchmesser $d_1 = 120$ mm sind die erforderlichen Sicherheitsnachweise zu führen. Unter Berücksichtigung der im Betrieb auftretenden Stöße beträgt die größte Lagerkraft $F \approx 60$ kN. Die Innenringe der Zylinderrollenlager sind warm auf den Zapfen mit der Toleranzklasse n_6 aufgezogen.

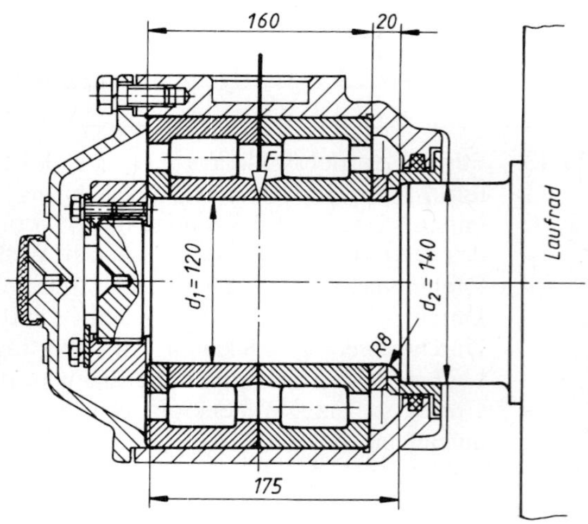

11.16 Die Achse aus S275JR eines Transportwagens wird durch Wagengewicht und Zuladung unter Berücksichtigung der Betriebsverhältnisse mit einer maximalen Gewichtskraft $F = 15$ kN belastet. Konstruktiv wurde ein Durchmesser $d_1 = 60$ mm mit der für Wälzlager empfohlenen Toleranzklasse k6, ein Durchmesser d mit 70 mm, ein Übergangsradius $R = 1{,}5$ mm und eine Oberflächenrauheit $R_z = 10$ µm festgelegt. Ist die Achse ausreichend bemessen?

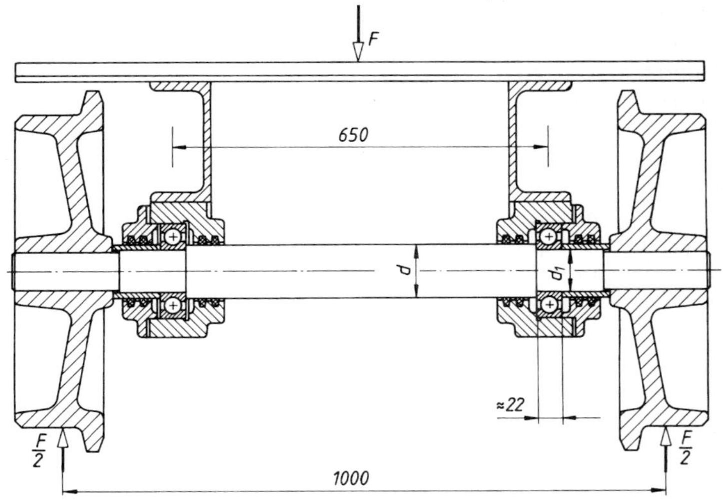

11.17 Nebenstehende Skizze zeigt die Lagerung der oberen Bandrolle einer Bandsäge mit $D = 400$ mm Durchmesser. Bei einer Antriebsleistung der Säge von $P = 3$ kW bei $n = 750\ \text{min}^{-1}$ ist auf Grund der erforderlichen Vorspannung des Sägebandes und unter Berücksichtigung der vorliegenden Betriebsverhältnisse mit einer Rollenkraft $F \approx 1$ kN zu rechnen.

a) Der Durchmesser d_1 der Achse aus S235JR ist überschlägig zu ermitteln. Für die verschiebbaren Innenringe der Wälzlager (Rillenkugellager DIN 625-6202) ist für die Achse die Toleranzklasse j_5 vorzusehen.

b) Für den auf volle 5 mm gerundeten Achsdurchmesser d_1 sind die erforderlichen Nachweise zu führen.

c) Die geeigneten ISO-Toleranzen für den festsitzenden Achsenteil mit $d_2 = d_1 + 5$ mm Durchmesser sind festzulegen.

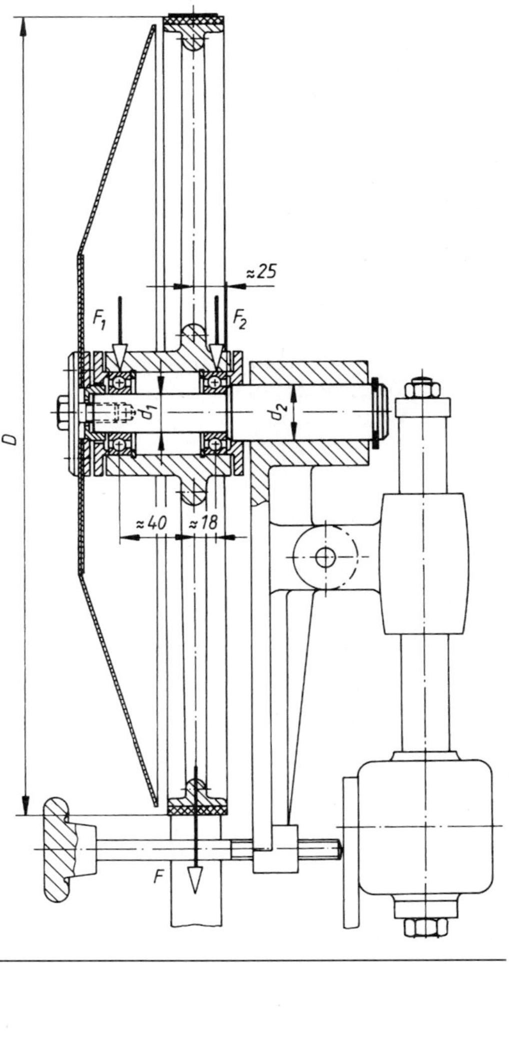

11

11.18 Der Exzenterzapfen zur Aufnahme der Koppelstange einer Kniehebelschere ist auf Sicherheit gegen Dauerbruch nachzuprüfen. Die größte Lagerkraft beträgt unter Berücksichtigung der vorliegenden Betriebsverhältnisse (hohe stoßartige dynamische Belastung) $F \approx 15$ kN bei einer Drehzahl $n = 50\ \text{min}^{-1}$. Als Werkstoff wurde für die Exzenterwelle C45E, für die Lagerbuchse Guss-Zinnbronze G-CuSn12Pb gewählt. Auf Grund der zulässigen mittleren Flächenpressung dieses Buchsenwerkstoffes wurde der Durchmesser des Zapfens mit $d = 40$ mm festgelegt.

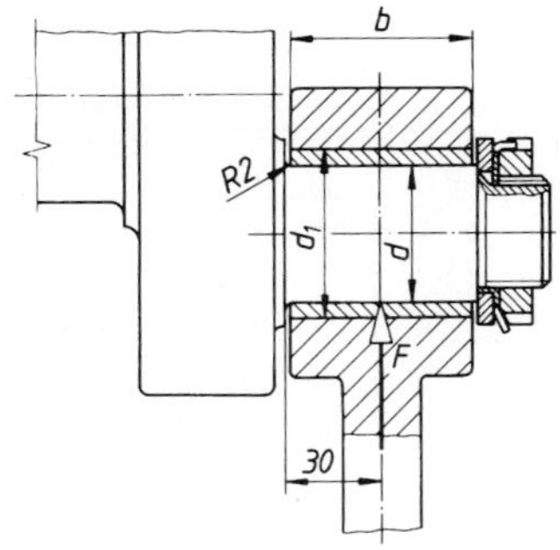

Im Einzelnen sind zu ermitteln bzw. festzulegen:

a) die für die Lagerbuchse und den Exzenterzapfen vorzusehene Passung sowie die sich daraus ergebende Oberflächenrauheit unter Annahme einer mittleren bis hohen Anforderung an die Funktionsflächen,

b) die Sicherheit des Exzenterzapfens im gefährdeten Querschnitt gegen Dauerbruch.

11.19 Der Zapfendurchmesser d_1 der Antriebswelle aus E295 + C eines Elevators (siehe Bild zur Aufgabe 11.13) ist überschlägig zu ermitteln und anschließend auf Festigkeit nachzuprüfen. Der Antrieb erfolgt durch einen Drehstrom-Motor mit $P = 7{,}5$ kW bei einer Synchrondrehzahl $n = 1500\ \text{min}^{-1}$ über Getriebe mit $i_{\text{ges}} = 18$ und einem Getriebewirkungsgrad von ca. 85% sowie einer elastischen Kupplung. Vorliegende ungünstige Betriebsverhältnisse sind durch einen Anwendungsfaktor $K_A \approx 1{,}2$ zu berücksichtigen. Eine entsprechende Passung für Zapfendurchmesser/Nabenbohrung ist anzugeben.

11.20 Eine Getriebe-Zwischenwelle aus Vergütungsstahl C60E mit dem Durchmesser $d = 85$ mm hat ein annähernd statisch wirkendes Drehmoment $T = 3000$ Nm zu übertragen, das durch das Geradstirnrad z_2 ein- und durch das Geradstirnrad z_3 weitergeleitet wird. Für die durch einen Pressverband mit der Welle verbundenen Geradstirnräder ergaben sich unter Berücksichtigung der vorliegenden Betriebsverhältnisse folgende Zahnkräfte: $F_{t2} = 12$ kN, $F_{r2} = 4{,}4$ kN, $F_{t3} = 31{,}6$ kN, $F_{r3} = 11{,}5$ kN.
Welche Sicherheit gegen Dauerbruch liegt vor?

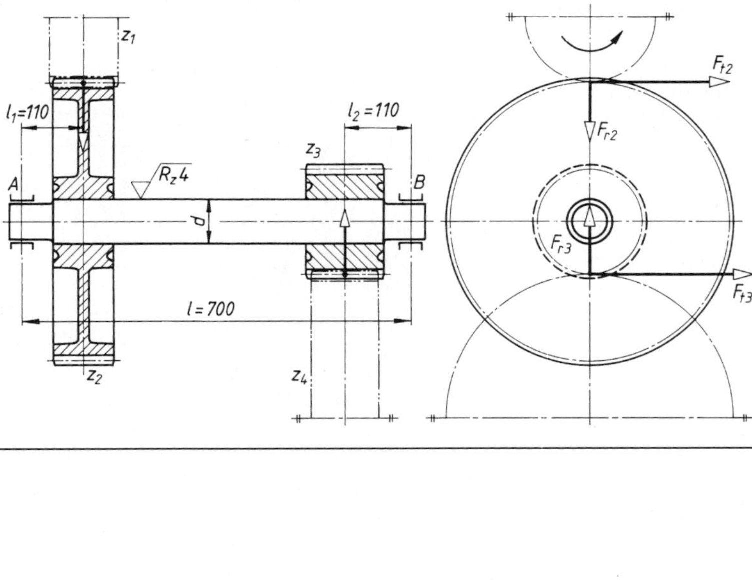

11.21 Für die Antriebswelle eines einstufigen Kegelradgetriebes für eine Leistung $P = 7{,}5$ kW bei einer Abtriebsdrehzahl $n_2 = 250\ \text{min}^{-1}$ wurde überschlägig der Richtdurchmesser $d_2' \approx 40$ mm festgelegt. Den mit diesem Durchmesser angefertigten Entwurf zeigt die nebenstehende Skizze. Für das schrägverzahnte Kegelrad mit dem mittleren Teilkreisdurchmesser $d_m = 309{,}2$ mm wurden unter Berücksichtigung der vorliegenden Betriebsverhältnisse folgende Zahnkräfte berechnet: Umfangskraft $F_t \approx 1{,}85$ kN, Radialkraft $F_r \approx 0{,}85$ kN und Axialkraft $F_a \approx 0{,}7$ kN. Der Abtrieb erfolgt über eine elastische Kupplung.

Zu ermitteln bzw. festzulegen sind:

a) die Sicherheit gegen Dauerbruch der Welle aus S275JR unter der Annahme, dass das Moment schwellend übertragen wird; Rauheit der Wellenoberfläche $R_z = 6{,}3$ µm, der Passfedernutflächen $R_2 = 16$ µm,

b) die Sicherheit gegen Dauerbruch des Wellenzapfens mit dem Durchmesser $d_3 = 30$ mm zur Aufnahme der Kupplung,

c) eine geeignete ISO-Passung für die Verbindung Welle/Kegelrad.

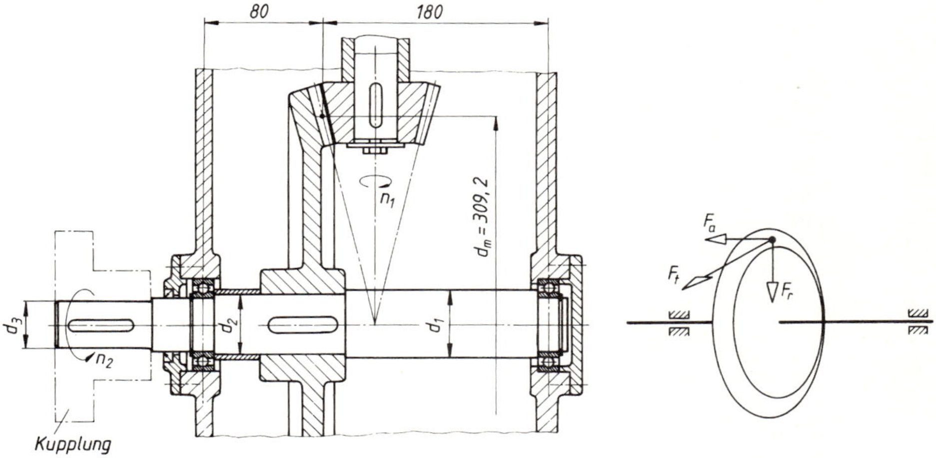

11.22 Die Antriebselemente für einen Ketten-Trogförderer sind zu berechnen. Der Antrieb erfolgt durch einen Drehstrom-Motor mit $P_1 = 7{,}5$ kW Leistung und einer Drehzahl $n_1 = 960\ \text{min}^{-1}$ über ein Kegel-Stirnradgetriebe und über elastische Kupplungen. Das Kettenrad hat einen Teilkreisdurchmesser $d = 415{,}25$ mm; die Fördergeschwindigkeit soll $v \approx 0{,}6$ m/s betragen. Nach den Werknormen des Herstellers stehen Getriebe mit folgenden Übersetzungen zur Verfügung: $i = 25\ \ 28\ \ 31{,}5\ \ 35{,}5\ \ 40$ und 45. Der Lagerabstand beträgt $L_a \approx 350$ mm. Ein eventueller Anlauf mit gefüllten Trögen ist mit einem Anlaufmoment $T_A \approx 2 \cdot T_{nenn}$ anzunehmen.

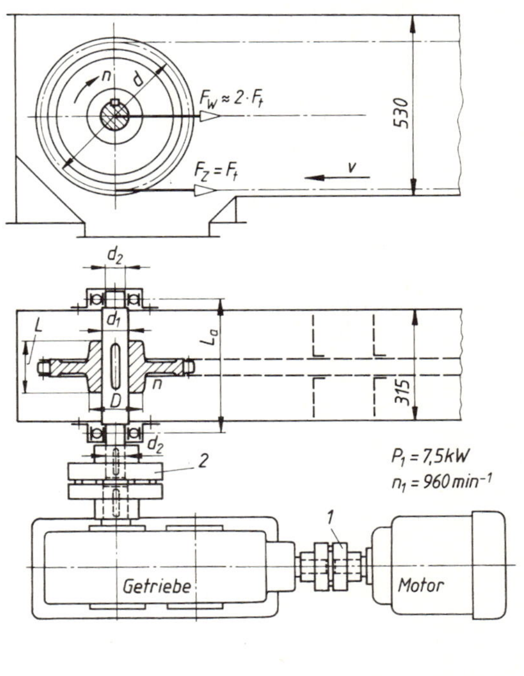

Zu berechnen bzw. festzulegen sind:

a) Der Durchmesser d_1 der Antriebswelle aus E295 (überschlägig und anschließend auf Festigkeit),
b) die Wellenenden sind zur Aufnahme der Lager auf $d_2 \approx d_1 - 10$ mm abzusetzen und die Festigkeit des Antriebszapfens ist nachzuprüfen,
c) der Nabendurchmesser D und die Nabenlänge L des durch Passfeder mit der Welle verbundenen Kettenrades aus GS-45,
d) die Abmessungen der Passfeder für das Kettenrad und die normgerechte Bezeichnung ist anzugeben.

Verformung, Kritische Drehzahlen

11.23 Für die Getriebe-Zwischenwelle aus 41Cr4 mit $d = 80$ mm ist der bei Belastung sich einstellende Verdrehwinkel in ° zu ermitteln. Das von der Welle zu übertragende Nenndrehmoment $T = 3000$ Nm wird über das aufgeschrumpfte geradverzahnte Stirnrad 2 schwellend ein- und über das ebenfalls geradverzahnte Stirnrad 3 ausgeleitet.

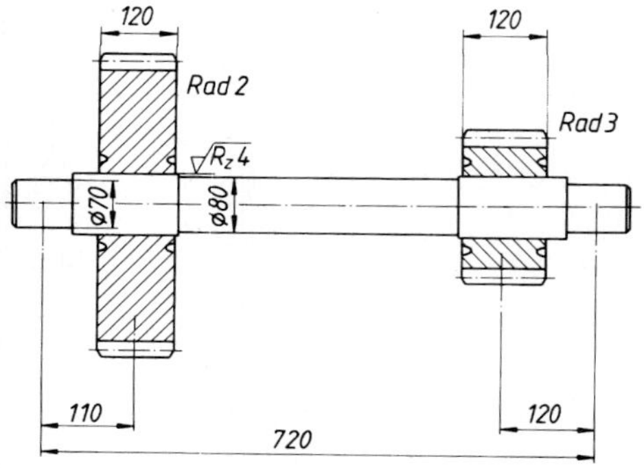

11.24 Eine glatte, beidseitig frei gelagerte Stahlwelle hat einen Durchmesser von $d = 30$ mm und eine Länge $l = 300$ mm.
Wie groß ist ihre biegekritische Drehzahl?

11.25 Die skizzierte Welle eines Hebezeug-Motors hat bei $n \approx 1500\ \text{min}^{-1}$ eine Leistung von $P \approx 20$ kW zu übertragen. Die Gewichtskraft des Läuferblechpaketes beträgt $G = 480$ N. Der Läufer ist dynamisch ausgewuchtet.
Unter Vernachlässigung der Eigengewichte von Welle und Kupplungshälfte ist die biegekritische Drehzahl rechnerisch zu ermitteln.

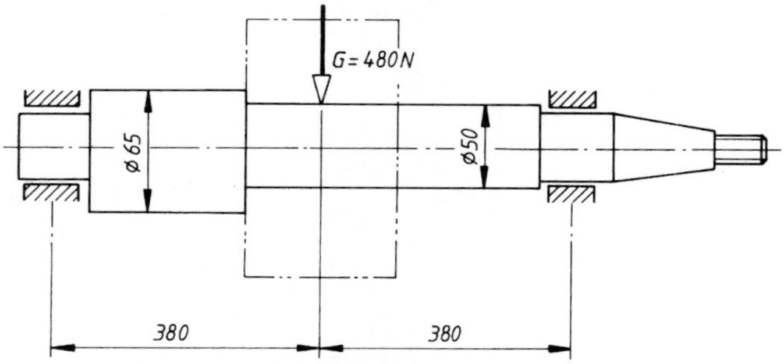

11.26 Für eine beidseitig gelagerte Getriebewelle mit 3 Einzelmassen (Scheiben, Zahnräder) soll unter Berücksichtigung des Eigengewichts der Welle die biegekritische Drehzahl ermittelt werden. Die Welle hat einen annähernd konstanten Querschnitt ($d = 40$ mm). Die Gewichtskräfte der Massen betragen $G_1 = 120$ N, $G_2 = 320$ N, $G_3 = 210$ N.

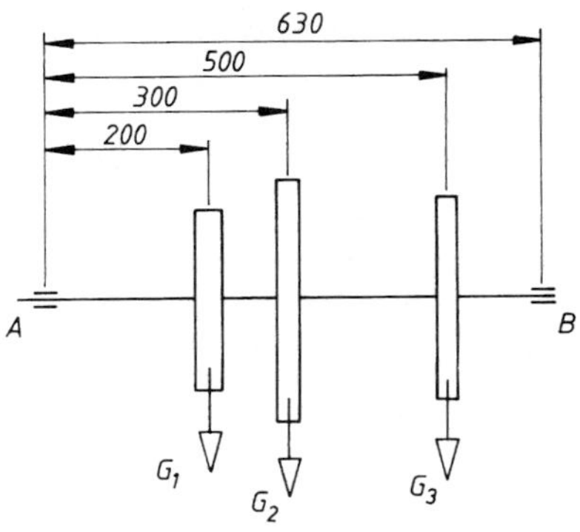

11.27 Nebenstehende Skizze zeigt die Welle eines 3-Zylinder-Viertakt-Dieselmotors ($P = 220$ kW bei $n = 150$ min^{-1}) dessen Schwungradmasse mit dem Trägheitsmoment $J_2 = 2{,}1 \cdot 10^4$ kgm^2, direkt mit dem Generator gekuppelt ist, für dessen Ankerschwungmasse ein Trägheitsmoment $J_1 = 2{,}3 \cdot 10^4$ kgm^2 errechnet wurde. Da schon nach kurzer Betriebszeit die Welle brach, soll das schwingungsfähige System Schwungrad-Anker dahingehend geprüft werden, ob u. U. die Betriebsdrehzahl im kritischen Bereich liegt.

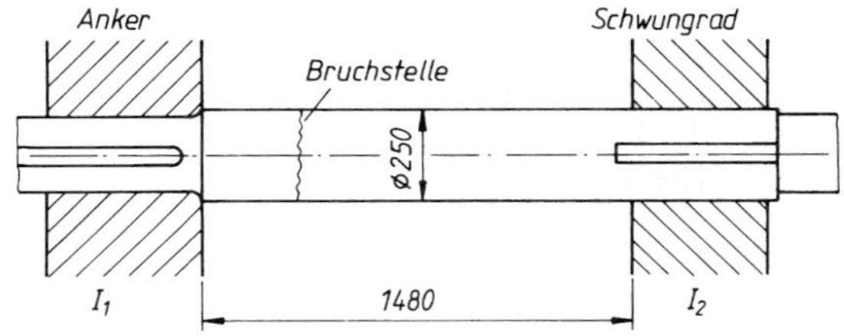

11.28 Für die skizzierte Getriebewelle aus Vergütungsstahl sind unter Vernachlässigung des Eigengewichts von Welle und Zahnrädern zeichnerisch die maximale Durchbiegung sowie die Neigungen α und β in den Lagern A und B infolge der in gleicher Ebene wirkenden Zahnkräfte $F_1 = 18$ kN und $F_2 = 10$ kN zu ermitteln. Können zur Lagerung der Welle Zylinderrollenlager vorgesehen werden, wenn nach Angaben des Herstellers die Winkeleinstellbarkeit (Schiefstellung) höchstens 7 Winkelminuten betragen darf?

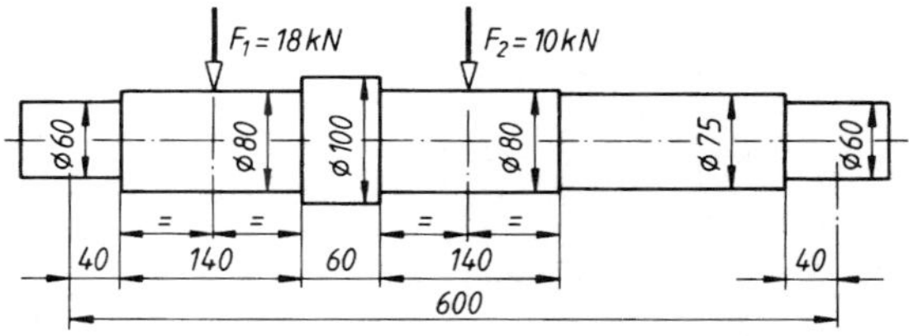

11.29 Für die Getriebewelle der Aufgabe 11.28 ist unter Berücksichtigung des Eigengewichts die biegekritische Drehzahl zu ermitteln. Für die Zahnräder wurden die Massen $m_1 = 25$ kg und $m_2 = 85$ kg errechnet. Die Wirklinien der Massenkräfte sind identisch mit den Wirklinien der Zahndruckkräfte ($W_L F_1 = W_L G_I$, $W_L F_2 = W_L G_{II}$).

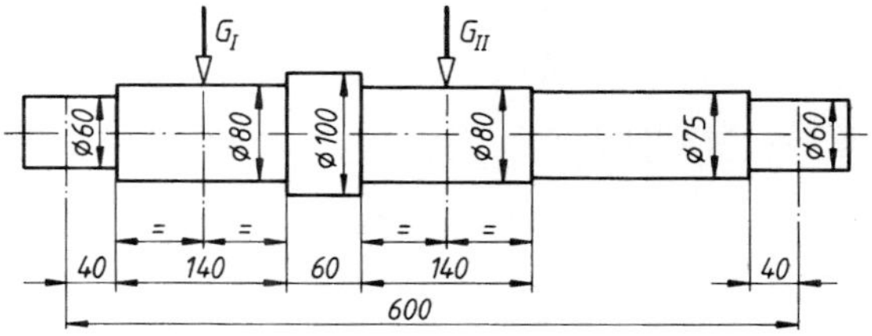

12 Elemente zum Verbinden von Wellen und Naben

Vorbemerkungen

Vielfach werden Verbindungen von Welle und Nabe, insbesondere die formschlüssigen Verbindungen mit Passfedern, Keilen, Stiften u. dgl. nach rein konstruktiven Gesichtspunkten gestaltet und brauchen in den meisten Fällen nicht berechnet zu werden. Für fast alle Elemente dieser Art sind nicht nur die Abmessungen selbst, sondern außerdem diese in Abhängigkeit von der Größe der zu verbindenden Teile genormt. Wenn der Wellendurchmesser entsprechend den vorliegenden Beanspruchungen berechnet und die zu befestigende Nabe mit den vom Wellendurchmesser abhängigen, üblichen Erfahrungswerten bemessen ist, wird auch die Verbindung selbst, z. B. die Verbindung mit einer Passfeder, mit Sicherheit den Anforderungen genügen. Nur in extremen Fällen, z. B. bei sehr kurzen Naben und damit auch entsprechend kurzen Passfedern oder auch bei stark stoßartigen Belastungen, wird eine Festigkeitsberechnung vielfach erforderlich.

Die Berechnung von Keilverbindungen hat wenig Sinn, da die Größe des übertragbaren Drehmoments weitgehend von der Eintreibkraft der Keile abhängt, die aber rechnerisch kaum zu erfassen ist. Darum sind solche praktisch wertlosen Aufgaben nicht gestellt. Anders liegen die Verhältnisse bei kraft-(reib-)schlüssigen Verbindungen, wie Klemm-, Kegel- und insbesondere Pressverbindungen. Bei diesen ist eine Berechnung bei größeren zu übertragenden Drehmomenten unerlässlich, und darum sind auch in erster Linie Aufgaben hierüber gegeben.

Zum Schluss sei noch bemerkt, dass häufig konstruktive Maßnahmen zur einwandfreien Gestaltung wichtiger sind als die Berechnung, insbesondere bei den formschlüssigen Verbindungen, worauf in einer Aufgabensammlung aber nur am Rande eingegangen werden kann.

1 Bei welchen Anforderungsmerkmalen sind Passfedern besonders geeignet, welches sind die Vor- und Nachteile gegenüber den Spannverbindungen und in welchen Fällen kann auf die Berechnung von Passfedern verzichtet werden?
Lösungshinweis: Siehe Lehrbuch 12.1 mit Bild 12-1 sowie unter 12.2.1-1.

2 Anhand von Skizzen ist der Kraftfluss bei unterschiedlich gestalteten Nabenausführungen (z. B. mittige- und außermittige Anordnung des Scheibensteges) zu erläutern.
Lösungshinweis: Siehe Lehrbuch 12.2.1-1 mit Bild 12-4.

3 Der Unterschied zwischen einem Längspressverband und einem Querpressverband ist anzugeben und zu erklären, wann die unterschiedlichen Pressverbände vorwiegend zur Anwendung kommen.
Lösungshinweis: Siehe Lehrbuch 12.3.1-1 und 12.1 mit Bild 12.1

4 Durch welche Grenzen werden das Mindest- und das Höchstübermaß bei einem Pressverband bestimmt und wie würde sich eine geringfügige Überschreitung des errechneten Höchstübermaßes auswirken?
Lösungshinweis: Siehe Lehrbuch 12.3.1-2 zu Gln. (12.9) und (12.16).

5 Es ist zu erklären, für welchen Betriebszustand die Berechnungsgleichungen zur Auslegung von Pressverbänden Gültigkeit haben und anzugeben, weshalb mit zunehmender Drehzahl das übertragbare Drehmoment abnimmt.
Lösungshinweis: Siehe Lehrbuch 12.3.1-2 mit Bild 12-17 und 12.3.1-4 zu Gl. (12.23).

6 Die Berechnungsgleichungen zur Auslegung der Pressverbände gelten nur für zylindrische Fügeteile. Die Berechnung eines Pressverbandes ist darzulegen, für den diese Voraussetzung nicht zutrifft.
Lösungshinweis: Siehe Lehrbuch 12.3.1-2 mit Bild 12-17.

7 Das Kegelverhältnis C ist mathematisch zu definieren in der Form $C = f(D_1, D_2, l)$ sowie anzugeben, in welcher Größenordnung das Kegelverhältnis für übliche Welle-Nabe-Verbindungen vorzusehen ist.
Lösungshinweis: Siehe Lehrbuch 12.3.2-1 mit TB12-8.

8 Es ist zu erläutern, warum zusätzliche Passfedern in Verbindung mit dem Kegelpressverband nicht sinnvoll sind und anhand eines Beispiels anzugeben, in welchen Ausnahmefällen sie dennoch eingesetzt werden können.
Lösungshinweis: Siehe Lehrbuch 12.3.2-1.

9 Anhand einer Skizze sind die Auswirkungen durch ungleiche Einstellwinkel ($\alpha/2$) bei der Bearbeitung von Außen- und Innenteil zu erläutern und anzugeben, welchen Einfluss diese Abweichungen (selbst innerhalb der zulässigen Toleranz) auf die Verbindung haben.
Lösungshinweis: Siehe Lehrbuch 12.3.2-1.

10 Durch welche Grenzen ist der erforderliche Aufschub (a_{min} und a_{max}) zum Erreichen des Fugendruckes bei der Herstellung des Kegelpressverbandes bestimmt?
Lösungshinweis: Siehe Lehrbuch 12.3.2-2 zu Gl. (12.27).

11 Unter welchen Voraussetzungen gelten die Berechnungsgleichungen zur Auslegung der Kegelpressverbände?
Lösungshinweis: Siehe Lehrbuch 12.3.2-2.

12 Die Vorteile der Spannelementverbindung gegenüber dem Kegel- und zylindrischen Pressverband sind zu nennen, und anhand von Skizzen ist der Aufbau und die Wirkungsweise unterschiedlicher Spannsätze anzugeben.
Lösungshinweis: Siehe Lehrbuch 12.3.3-1 und 12.3.3-2.

13 Für Spannelement- und Spannsatzverbindungen sind Aussagen hinsichtlich der Toleranzen von Welle und Nabenbohrung sowie der Beschaffenheit der Fügeflächen zu machen.
Lösungshinweis: Siehe Lehrbuch 12.3.3-1.

14 Durch welche Grenzen ist bei den Spannsätzen das Anziehmoment der Spannschrauben zum Aufbau des erforderlichen Fugendruckes festgelegt und wann muss das in den Tabellen angegebene Moment immer zwingend eingehalten werden?
Lösungshinweis: Siehe Lehrbuch 12.3.3-1 mit Gl. (12.33) und (12.35).

12.1 Zur Übertragung eines einseitig wirkenden Nenndrehmomentes $T \approx 450$ Nm wurde die Scheibenkupplung DIN 116–A60 aus GS-45 vorgesehen. Da mit stoßartiger Belastung ($K_A \approx 1{,}5$) zu rechnen ist, soll geprüft werden, ob das Moment über Passfedern nach DIN 6885, Ausführung A, übertragen werden kann.
Für Welle und Bohrungen sind geeignete ISO-Toleranzklassen anzugeben.

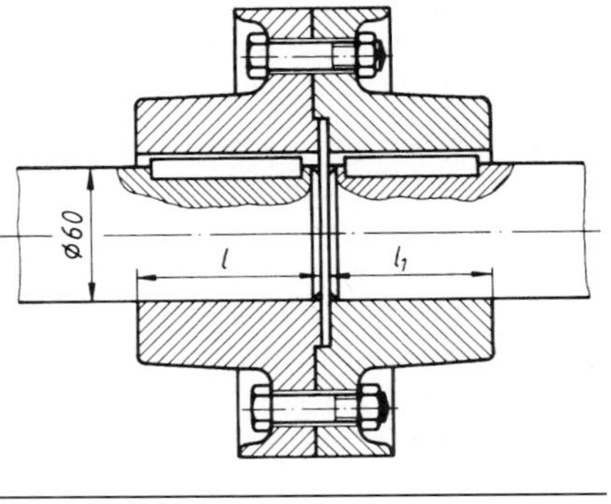

12.2 Zur Befestigung des Sägeblattes auf dem Wellenzapfen aus E295 einer Universal-Kreissäge mit einer Nennleistung $P = 4$ kW bei $n = 2850\ \text{min}^{-1}$ ist eine Passfeder DIN 6885–A10 × 8 × 32 aus C45E vorgesehen.
Es ist zu prüfen, ob die gewählte Passfederverbindung festigkeitsmäßig ausreicht, wenn eine stoßartige Belastung ($K_A \approx 1{,}5$) anzunehmen ist und die Nabenteile aus EN-GJL-200 gefertigt wurden.

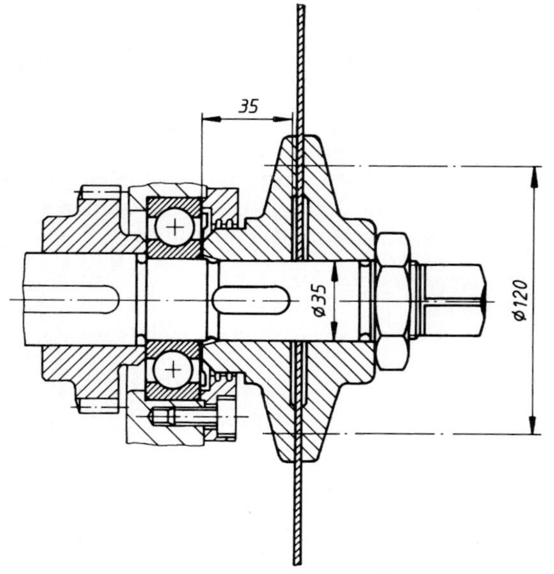

12.3 In einem Ausgleichsgetriebe ist zur Befestigung eines Kegelrades aus GS-45 mit der Hauptwelle aus E295 ein Keilwellenprofil DIN ISO 14–6 × 26 × 30 vorgesehen. Die Verbindung hat eine Leistung von $P = 12$ kW bei $n = 1600\ \text{min}^{-1}$ zu übertragen. Die stoßartige wechselseitige Belastung wird durch den Anwendungsfaktor $K_A \approx 2$ berücksichtigt.
Zu ermitteln ist die erforderliche Mindestlänge L der Kegelradnabe, wobei der Kleinstwert der zulässigen Flächenpressung nicht überschritten werden soll.

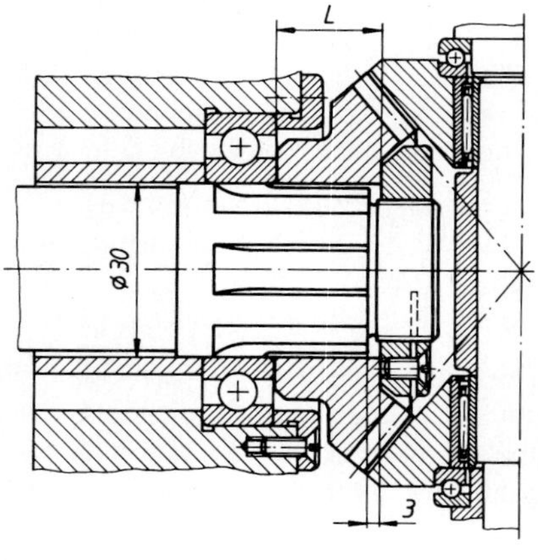

12.4 Der auf das Wellenende (E295) mit Öl aufgepresste Anlaufbund aus E295 hat unter Berücksichtigung ungünstiger Betriebsbedingungen eine maximale Längskraft $F_l \approx 8$ kN aufzunehmen.
Welches Übermaß muss zur sicheren Übertragung der Längskraft mindestens vorhanden sein, wenn für die Haftsicherheit sowie für den Haftbeiwert mittlere Werte angenommen werden?

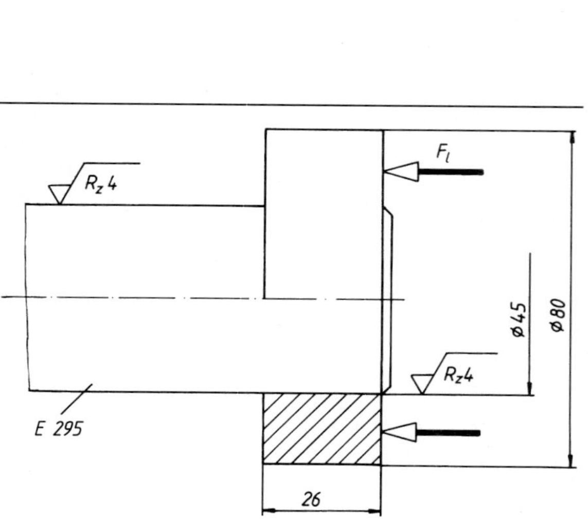

12.5 Um Werkstoff- und Fertigungskosten gering zu halten, soll der Anlaufbund aus S235 mit Öl auf die Hohlwelle aus E335 aufgepresst werden. Die zu übertragende Längskraft beträgt $F_l = 5$ kN. Die ungünstigen Betriebsverhältnisse (stoßartige Belastung) sind durch einen Anwendungsfaktor $K_A \approx 2$ zu berücksichtigen. Hinsichtlich der Haftsicherheit und des Haftbeiwertes ist jeweils mit dem mittleren der angegebenen Werte zu rechnen.
Für das System Einheitsbohrung ist eine geeignete ISO-Passung zu ermitteln.

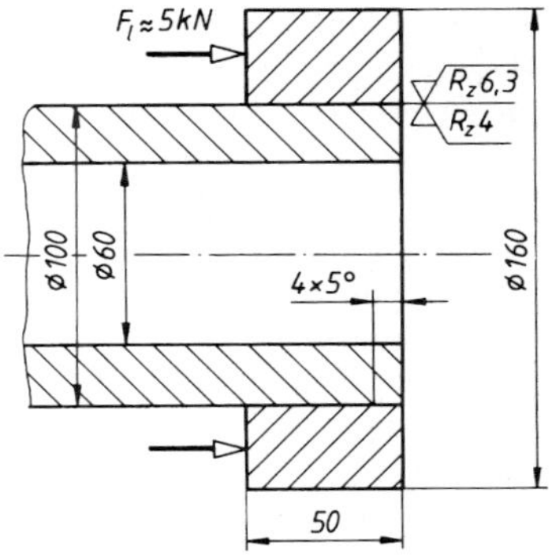

12.6 Die Gelenkkupplung aus GS-60 der Walze eines Warmwalzwerkes für Flachstähle soll durch einen Pressverband mit dem Wellenzapfen aus 46Cr2 bei entfetteten Fügeflächen verbunden werden. Das von der Kupplung zu übertragende stoßartige Moment beträgt unter Berücksichtigung des Anwendungsfaktors maximal $T \approx 120$ kNm.

a) Für Welle und Bohrung sind geeignete ISO-Toleranzklassen festzulegen.
b) Die zur Erwärmung der Kupplungsnabe erforderliche Temperatur zum Fügen der Teile ist für eine angenommene Raumtemperatur von 20 °C zu ermitteln.

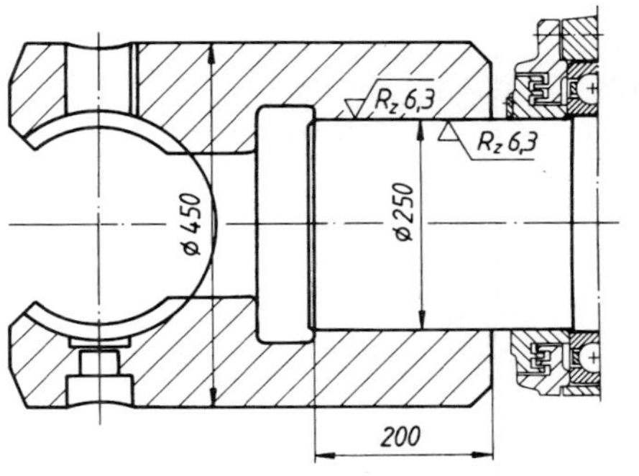

Hinweis: Die Kupplungen müssen bei jedem Walzenwechsel abgezogen und auf die neue Walze aufgesetzt werden. Für diesen Aus- und Einbau werden heute vielfach elektrisch-induktive Anwärmvorrichtungen benutzt, die die Kupplungen schnell auf die erforderliche Fügetemperatur bringen. Dieses Verfahren ist wesentlich einfacher und schneller als das Hydraulikverfahren, bei dem Öl unter hohem Druck zwischen die Fügeflächen gepresst und damit ein Lösen des Verbandes erreicht wird.

12.7 Zum Einpressen der Lagerbuchse aus G-CuSn12 in die Bohrung des geschweißten Lagerbockes aus S235 ist die für die vorgesehene Übermaßpassung H7/r6 erforderliche Einpresskraft zu ermitteln. Für die zu fügenden Teile sind die Rautiefen der Fügeflächen entsprechend der gewählten Qualität festzulegen. Dabei ist von einer hohen Anforderung an die Funktionsflächen auszugehen.

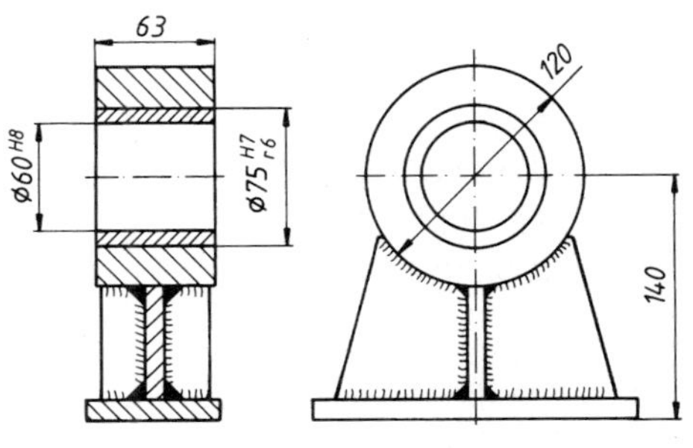

12.8 Der Zahnkranz aus G-CuSn12 eines Schneckenrades ist auf dem Radkörper aus EN-GJL-200 aufgeschrumpft. Als Übermaßpassung ist von dem Konstrukteur H7/r6 vorgesehen. Unter Berücksichtigung der Betriebsverhältnisse ergeben sich für die konstante Drehrichtung am Zahneingriffspunkt die Zahnkräfte $F_t \approx 5200$ N, $F_r \approx 1970$ N und $F_a \approx 1620$ N.

Es ist zu prüfen, ob die vom Konstrukteur vorgesehene Übermaßpassung den Anforderungen genügt, wenn eine mittlere Haftsicherheit, der kleinste Haftbeiwert und für die Querdehnzahl jeweils der mittlere Wert angenommen wird.

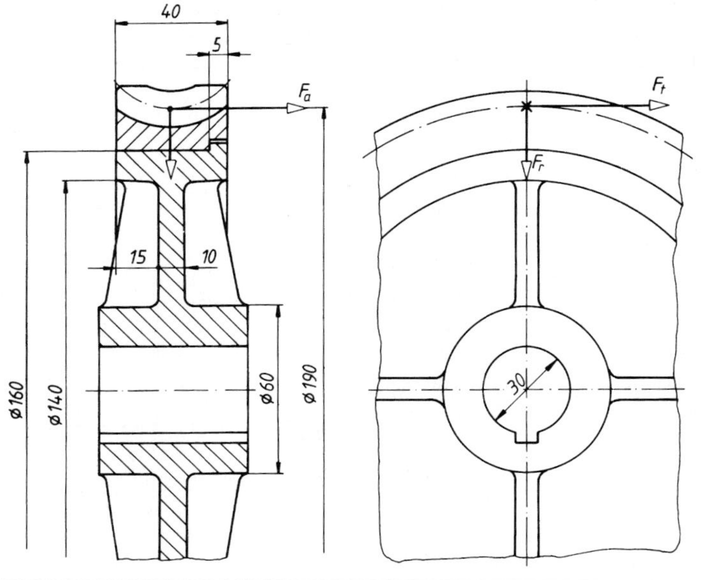

12.9 Das Ritzel eines Schrägstirnradgetriebes aus 16MnCr5 soll auf die Welle aus E335 mit $d = 50$ mm Durchmesser trocken aufgeschrumpft werden. Bei einer zu übertragenden Leistung $P = 20$ kW bei $n = 560\ \text{min}^{-1}$ ergeben sich am Ritzel mit $d_1 = 91{,}4$ mm Teilkreisdurchmesser und einem Fußkreisdurchmesser $d_f = 84{,}65$ mm unter Berücksichtigung der ungünstigen Betriebsverhältnisse eine Umfangskraft $F_t \approx 13{,}1$ kN, eine Axialkraft $F_a \approx 2{,}3$ kN und eine Radialkraft $F_r \approx 4{,}8$ kN. Die Fügeflächen von Welle und Bohrung sind mit $R_z = 6{,}3$ µm feingedreht.

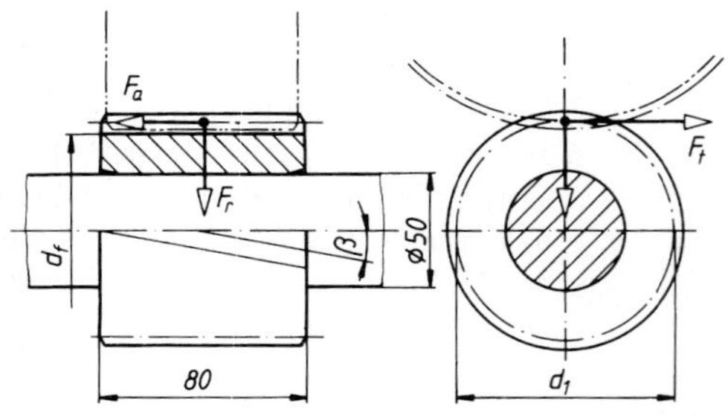

Zur Vermeidung allzu großer Kerbspannungen ist die Radbohrung an beiden Seiten auf jeweils $l_e \approx 4$ mm angefast.

a) Für das System Einheitsbohrung ist eine geeignete ISO-Übermaßpassung zu ermitteln unter Annahme mittlerer Beiwerte.

b) Auf welche Temperatur ist das Außenteil zum Fügen der Teile zu erwärmen, wenn die Raumtemperatur mit 20 °C angenommen wird?

12.10 Für die Befestigung des Tellers aus EN-GJL-300 zur Aufnahme der Schleifscheibe ist zur Erzielung eines festen und genau zentrischen Sitzes auf der Motorwelle aus E295 eine Kegelverbindung vorgesehen. Konstruktiv festgelegt sind der große Durchmesser des Wellenendes $d_1 = 50$ mm, die Länge $l = 60$ mm bei einem Kegelverhältnis $C = 1{:}10$. Unter Berücksichtigung der vorliegenden Betriebsverhältnisse ist von der Kegelverbindung ein äquivalentes Moment $T_{eq} \approx 75$ Nm zu übertragen.

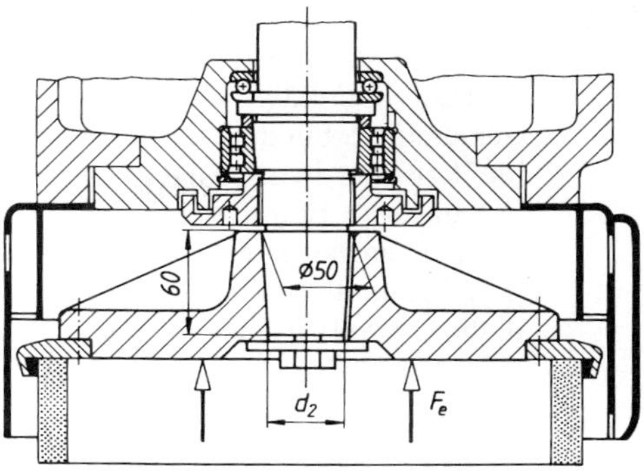

a) Mit welcher Kraft ist die Scheibe auf den Kegelzapfen aufzupressen, wenn mit einer Haftsicherheit 1,2 zu rechnen ist und die Fügeflächen von Welle und Nabenbohrung mit $R_z = 6{,}3$ µm versehen sind?

b) Zwischen welchen Grenzwerten muss der Verschiebeweg zum Aufschieben der Scheibe liegen, um die erforderliche Fugenpressung zu erhalten?

12.11 Für die zum Antrieb eines Kolbenverdichters vorgesehene Keilriemenscheibe aus EN-GJL-200 mit dem Wirkdurchmesser $d_w = 800$ mm und dem Nabendurchmesser $D_N = D_{Aa} = 125$ mm ist für die Verbindung mit der Antriebswelle aus C35R eine Kegelverbindung vorgesehen. Zum leichteren Abnehmen der Scheibe wurde für die Kegelverbindung das Kegelverhältnis $C = 1{:}5$ gewählt. Nach der Festigkeitsberechnung der Welle ergaben sich die im Bild angegebene konstruktive Gestaltung sowie die Hauptabmessungen für das Wellenende. Unter Berücksichtigung der Betriebsverhältnisse hat die Kegelverbindung ein äquivalentes Moment von $T_{eq} \approx 1100$ Nm zu übertragen.
Zu ermitteln sind:

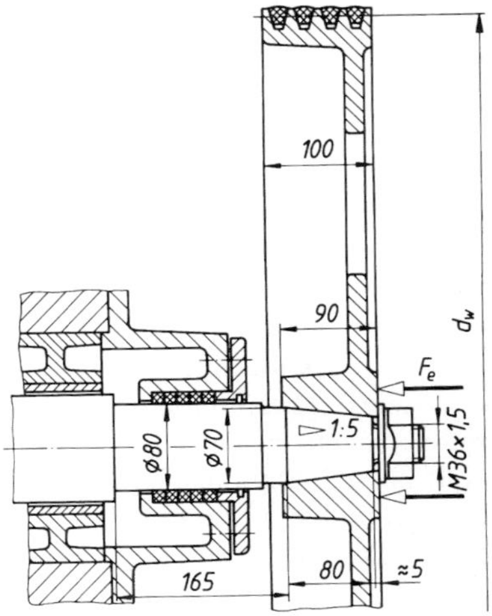

a) die Aufpresskraft zur sicheren Übertragung des Drehmoments, wenn mit einer Haftsicherheit von $\approx 1{,}2$ zu rechnen ist;

b) der für die Montage der Verbindung messbare Mindestaufschub a_{min} und der maximal zulässige Aufschub a_{max}, wenn der Nabenaußendurchmesser $D_{Aa} \approx 2 \cdot D_{mF}$ ausgeführt wird und die Rautiefen an den Fugenflächen jeweils $R_z = 10$ µm betragen.

12.12 Eine Keilriemenscheibe aus EN-GJS-400-18 soll mit dem Wellenende einer Werkzeugmaschinenspindel aus E295 durch Spannelemente kraftschlüssig verbunden werden. Die zu übertragende Leistung beträgt unter Berücksichtigung der ungünstigen Betriebsbedingungen $P = 12$ kW bei einer kleinsten Drehzahl $n = 100\ \text{min}^{-1}$.
Die Spannelemente sollen wellenseitig durch Zylinderschrauben mit Innensechskant nach DIN EN ISO 4762 verspannt werden.
Zu berechnen sind:

a) die erforderliche Anzahl n der Spannelemente,
b) die über die Spannschrauben aufzubringende Spannkraft.

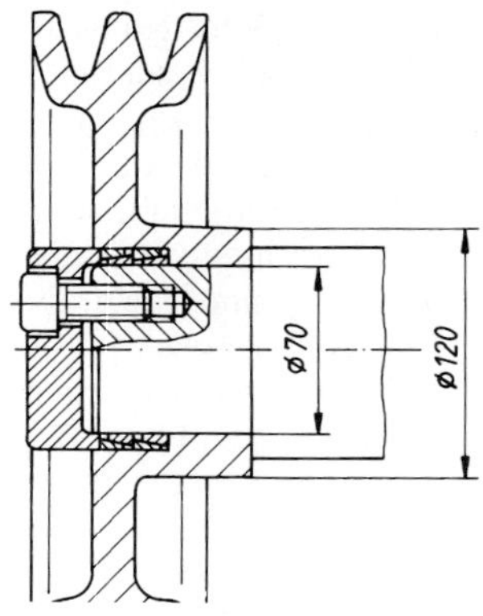

12.13 Das Zahnrad aus 15CrNi6 wird mit 4 Spannelementen RfN 8006 mit der Welle aus E335 verbunden. Das von dem Zahnrad auf die Welle zu übertragende Drehmoment beträgt unter Berücksichtigung der Betriebsverhältnisse maximal 3600 Nm. Es ist zu prüfen, ob die Verbindung ausreichend bemessen ist.

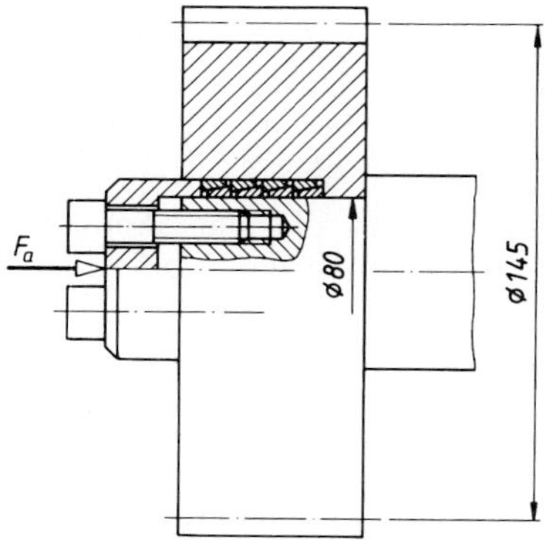

12.14 Für den Trommelantrieb soll ein geradverzahntes Stirnrad aus EN-GJS-600-3 mittels Spannelementen mit der Antriebswelle aus E295 mit $d = 60$ mm Durchmesser verbunden werden. Die zu übertragende Leistung beträgt $P = 30$ kW bei der Drehzahl $n = 750\ \text{min}^{-1}$. Aufgrund der zu erwartenden Betriebsbedingungen ist mit dem Anwendungsfaktor $K_A \approx 2$ zu rechnen.
Der Nabenaußendurchmesser ist mit $D_{Aa} \approx 120$ mm anzunehmen.
Wieviel Spannelemente sind theoretisch erforderlich, wenn sie geölt montiert werden? (Die im Bild dargestellte Anzahl braucht nicht mit der errechneten übereinzustimmen.)

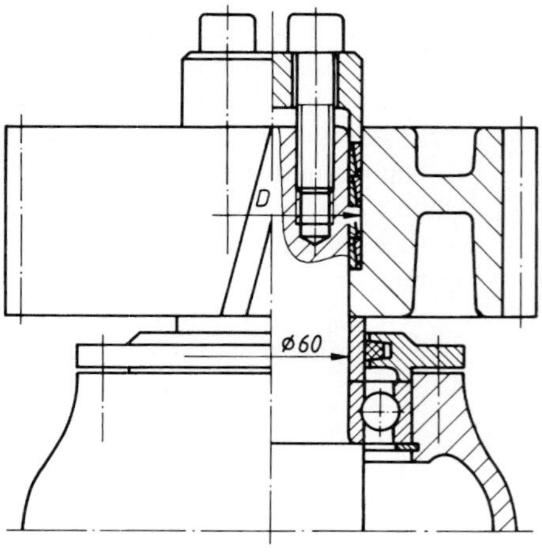

12.15 Das Kettenrad aus 15CrNi6 soll mit einem Kegel-Spannelement der Reihe RLK 250 mit der Welle aus E335 mit dem Durchmesser $d = 40$ mm verbunden werden. Im ungünstigen Fall ist von der Verbindung ein Moment von $T_{eq} \approx 300$ Nm zu übertragen. Ist die Verbindung ausreichend bemessen und welches Spannmoment ist für die Nutmutter erforderlich?

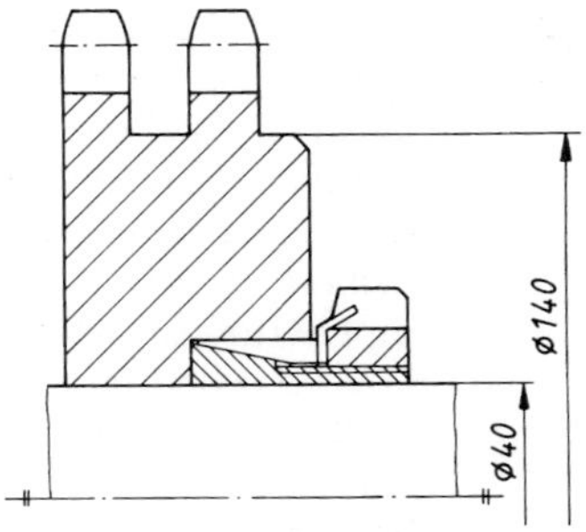

12.16 Eine geteilte Riemenscheibe aus EN-GJL-200 mit dem Bohrungsdurchmesser $d = 50$ H7, dem Nabenaußendurchmesser $D_{Aa} = 2{,}1 \cdot d$ und der Nabenlänge $L = 80$ mm soll auf einer Welle aus E295 mit der Toleranzklasse r6 mittels $n = 4$ Sechskantschrauben DIN EN 24014 befestigt werden. Von der Scheibe ist unter Berücksichtigung der Betriebsverhältnisse ein äquivalentes Drehmoment $T_{eq} = 350$ Nm zu übertragen.

a) Welche Fugenpressung ist zur sicheren Übertragung des Drehmomentes mindestens erforderlich?

b) Welche Klemmkraft ist von den vorgesehenen Schrauben insgesamt mindestens aufzubringen?

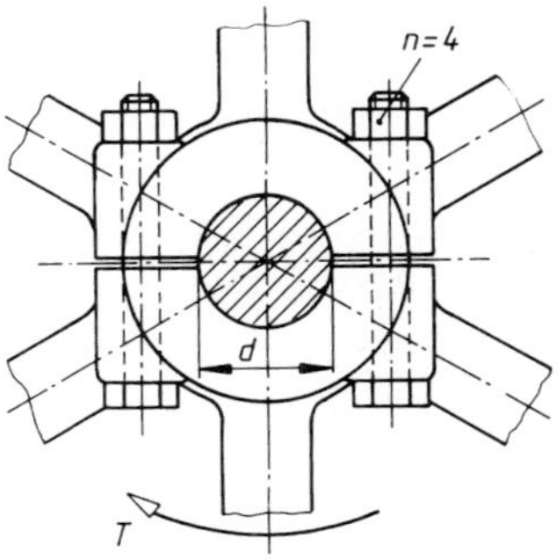

12.17 Der Schalthebel aus EN-GJL-200 ist auf die Welle aus S235 mit $d = 30$ mm aufgeklemmt worden. Die größte Hebelkraft beträgt $F \approx 600$ N; ungünstige Bedingungen sind durch den Anwendungsfaktor $K_A \approx 1{,}5$ zu berücksichtigen.
Welche Klemmkraft muss von der Klemmschraube mindestens aufgebracht werden?

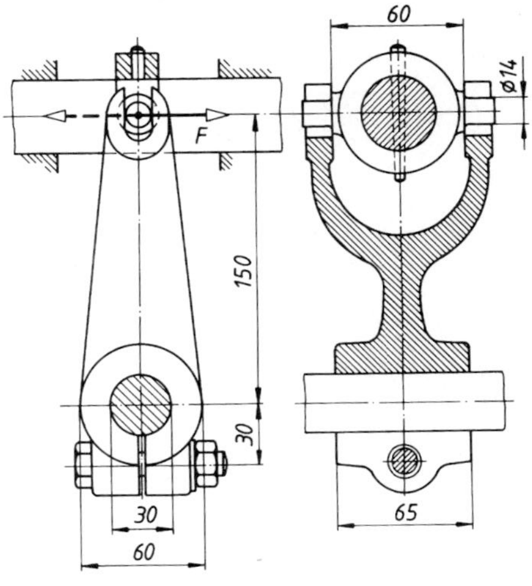

12

12.18 Auf eine Welle aus S275JR mit $d = 40\text{h}8$ soll ein geschweißter Hebel aus S235JR mit dem Durchmesser $d_1 = 40\text{J}7$ und der Wirklänge $l = 200$ mm aufgeklemmt werden, so dass eine wechselnde größte Hebelkraft $F = K_A \cdot F' \approx 250$ N kraftschlüssig übertragen werden kann.
Welche Mindestfugenpressung ist erforderlich und welche Klemmkraft ist von der Schraube somit mindestens aufzubringen?

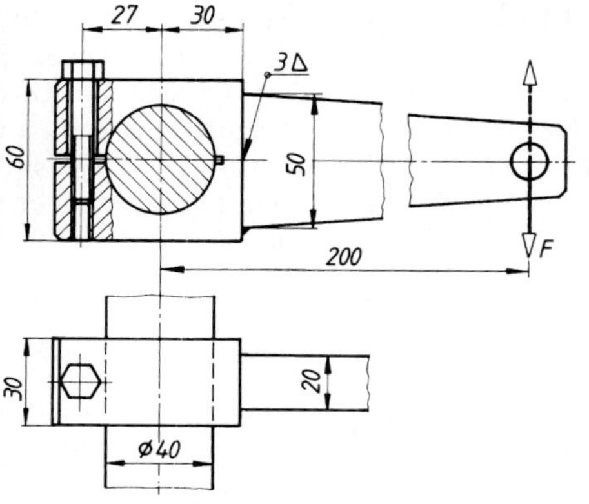

13 Kupplungen und Bremsen

Vorbemerkungen

Kupplungen und Bremsen werden heute in der Regel einbaufertig bezogen. Die rasche Entwicklung der Antriebstechnik brachte eine große Anzahl von Kupplungen und Bremsen für die unterschiedlichsten Einsatzmöglichkeiten auf den Markt. Im Lehrbuch sind stellvertretend für jeden Kupplungstyp einige verbreitete Bauarten mit ihren Konstruktionsmerkmalen, Eigenschaften und Einsatzmöglichkeiten behandelt, während bei den Bremsen, um Dopplungen zu vermeiden, nur die im Aufbau von den beschriebenen Kupplungen wesentlich abweichenden Arten näher beschrieben sind. Das Problem des in der Praxis stehenden Konstrukteurs besteht meist darin, aus dieser schwer überschaubaren Fülle von Kupplungen und Bremsen für seinen Bedarf diejenige auszuwählen, die bei geringsten Kosten während der erwarteten Lebensdauer unter den vorgegebenen Belastungs- und Betriebsverhältnissen ohne Schaden arbeitet.
Die dem Kapitel vorangestellten Grundaufgaben umfassen vor allem Übungen zu Aufbau und Wirkungsweise von Kupplungen und Bremsen, sowie die systematische Kupplungsauswahl nach VDI-Richtlinie 2240 und den Anhaltswerten des Bildes 13-57 im Lehrbuch. Die anschließenden Aufgaben über die Kinetik der Drehbewegung berücksichtigen die Berechnung von Trägheitsmomenten und Anlauf- bzw. Bremszeiten, die für die Kupplungs- und Bremsenauswahl erforderlich sind.
Die weiteren Aufgaben beziehen sich auf Kupplungen. Zehn Aufgaben behandeln die Auslegung nachgiebiger Wellenkupplungen, am einfachsten nach Herstellerangaben und mit Hilfe der Betriebsfaktoren oder bei Antrieben mit Drehstrommotoren und Kolbenmaschinen genauer nach der ungünstigsten Lastart (DIN 740 T2).
Bei den Beispielen zur Auslegung der schaltbaren Reibkupplungen wurde der Schwerpunkt auf die Schalt- und Anlaufkupplungen gelegt. Zwei abschließende Aufgaben befassen sich mit dem Kardanfehler und der Belastung der Anschlusslager bei Gelenkwellen.
Grundsätzlich sollte die Lösung schwieriger Kupplungsprobleme, insbesondere bei schweren Antrieben mit elastischen oder schaltbaren Kupplungen unter extremen Betriebsbedingungen, den Herstellern überlassen werden.

1 In Form von Prinzipskizzen sind die zwei grundsätzlich möglichen Formen der Kraftübertragung mittels Kupplungen darzustellen.
Lösungshinweis: Siehe Lehrbuch, Bild 13-3 sowie Abschnitt 13.3 und 13.4.

2 Wie unterscheiden sich stoßdämpfende und stoßmildernde Kupplungen? Nennen Sie je zwei typische Vertreter.
Lösungshinweis: Siehe Lehrbuch 13.1.

3 Welche Drehmomente sind bei der Auswahlberechnung von Kupplungen zu unterscheiden?
Lösungshinweis: Siehe Lehrbuch 13.2.

4 Wie ist die Trägheit der nach einer Kupplung angeordneten und zu bewegenden Massen auf die Kupplung zu beziehen?
Lösungshinweis: Siehe Lehrbuch 13.2.

5 Mindestens 3 nichtschaltbare starre Kupplungen sind zu nennen, ihr Grundaufbau ist zu skizzieren und die Einbauforderungen bezüglich der zu verbindenden Wellen ist zu beschreiben.
Lösungshinweis: Siehe Lehrbuch 13.3.1.

6 Die möglichen Wellenverlagerungen, die nachgiebige Kupplungen ausgleichen können, sind darzustellen.
Lösungshinweis: Siehe Lehrbuch 13.3 und Bild 13-1.

7 Mindestens 3 nichtschaltbare elastische Kupplungen sind zu nennen, und ihr Grundaufbau ist zu skizzieren. Welcher grundsätzlichen Art können hierbei die elastischen Glieder entsprechen?
Lösungshinweis: Siehe Lehrbuch 13.3.2.

8 Die Kreuzgelenkwelle ist bezüglich Aufbau, Wirkungsweise, Vor- und Nachteile sowie Einbaubedingungen zu beschreiben.
Lösungshinweis: Siehe Lehrbuch 13.3.2.

9 Eine typische formschlüssige Schaltkupplung ist zu beschreiben. Dabei sind die Schaltbedingungen zu nennen.
Lösungshinweis: Siehe Lehrbuch 13.4.1.

10 Der Begriff „Sicherheitskupplung" ist zu erläutern und die zwei grundsätzlichen Ausführungsformen sind zu beschreiben.
Lösungshinweis: Siehe Lehrbuch 13.4.2 und 13.3.2.

11 Anhand einer Lamellenkupplung ist das Prinzip einer kraftschlüssigen Schaltkupplung zu erläutern.
Lösungshinweis: Siehe Lehrbuch 13.4.

12 Die Phasen des Schaltvorganges einer kraftschlüssigen Schaltkupplung sind in einem Drehzahl-Zeit-Diagramm darzustellen.
Lösungshinweis: Siehe Lehrbuch 13.2.6.

13 Die Begriffe „synchron schaltbar" und „asynchron schaltbar" in Zusammenhang mit einer Schaltkupplung sind zu definieren.
Lösungshinweis: Siehe Lehrbuch 13.4.

14 Welche Bedeutung haben drehrichtungsabhängige Kupplungen? Ihre Wirkungsweise ist anhand von zwei verschiedenen Bauformen zu beschreiben.
Lösungshinweis: Siehe Lehrbuch 13.4.4.

15 Welche Kupplungen sind als Bremsen geeignet und worin besteht der grundsätzliche Unterschied zu Kupplungen?
Lösungshinweis: Siehe Lehrbuch 13.6.

16 Welche unterschiedlichen Anforderungen bestehen an eine Stopp-, Halte- und Regelbremse? Nennen Sie hierzu Bremsenarten.
Lösungshinweis siehe Lehrbuch 13.6.

17 Bei den mechanischen Bremsen lösen Scheibenbremsen zunehmend Band- und Trommelbremsen ab. Nennen Sie Gründe hierfür.
Lösungshinweis: Siehe Lehrbuch 13.6.

18 Wie unterscheidet sich die Berechnung des Bremsmomentes vom Kupplungsmoment?
Lösungshinweis: Siehe Lehrbuch 13.6.

13.1 Die Bilder a) und b) zeigen Bauarten häufig verwendeter Kupplungen.

a) Aufbau und Wirkungsweise dieser Kupplungen sind kurz zu erläutern.
b) Ihren Eigenschaften entsprechend sind die Kupplungen in die Systematik der VDI-Richtlinie 2240 einzuordnen.
c) Die Kupplungssymbole sind anzugeben.

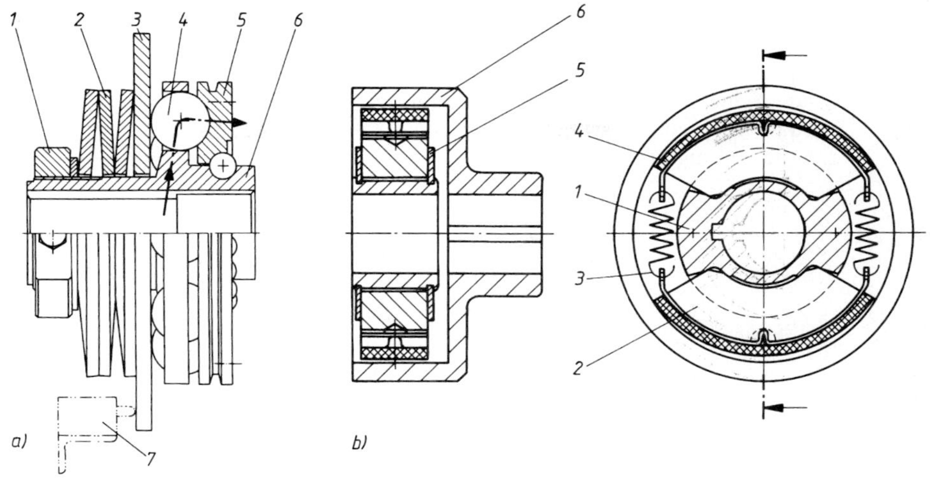

13.2 Für jeden nachfolgend beschriebenen Einsatzfall ist aus der großen Anzahl marktgängiger Bauarten eine geeignete *Schaltkupplung* auszusuchen. Die getroffene Wahl ist zu begründen.

Fall Nr.	Einsatz als	Anforderungen/Besonderheiten
1	Hauptkupplung zwischen Verbrennungsmotor und Schaltgetriebe im Pkw	drehzahlfest, thermisch hoch belastbar, wartungsfrei, geringe Betätigungskraft, niedriger Preis
2	Kupplung für das Stufengetriebe einer Werkzeugmaschine	kleine Baumaße (ermöglichen kompakten Getriebeaufbau), ausreichendes Schaltarbeitsvermögen, geringe Schaltzeit
3	Kupplung für Maschine (z. B. Sägegatter, Webstuhl, Kolbenkompressor) mit periodisch schwankendem Wechseldrehmoment	großes Rutschmoment, drehspielfreie Kraftübertragung
4	Kupplung für Pressen und Scheren, welche den Schnittdruck über Kurbeln oder Exzenter erzeugen	Übertragen hoher Drehmomente in kürzester Zeit mit höchster Genauigkeit. (Die ständige Schwungradbewegung des Antriebes muss auf den Kurbel- bzw. Exzenterbetrieb übertragen werden. Bei Einhubbetrieb erfolgt das Einrücken nur für eine Kurbel- bzw. Exzenterumdrehung, wobei kurzzeitig ein Spitzendrehmoment zu übertragen ist.)
5	Kupplung im Papier-Vorschubantrieb eines Schnelldruckers mit 30 Schaltungen/Sekunde (Feinwerktechnik)	kleine Abmessungen, präzises und häufiges Schalten (niedrige Drehmomente)

13

13.3 Das in einem älteren Katalog für eine 220 kg schwere Schlangenfederkupplung (Bibby-Kupplung Größe 2, Ausführung EB) angegebene „Schwungmoment" $GD^2 \approx 23\,\text{kpm}^2$ soll in das Trägheitsmoment J (Massenmoment 2. Grades) umgerechnet werden.

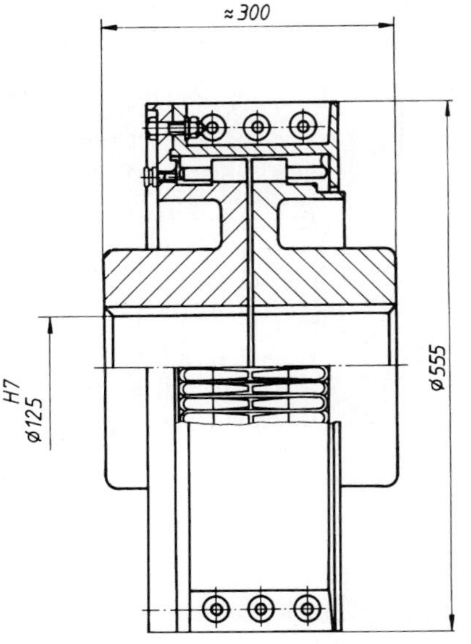

13.4 Wie groß ist das Trägheitsmoment der Baugruppe „Schleifspindel mit Schleifkörper und Keilriemenscheibe", wenn für den Schleifkörper (Scheibe und Aufspannung) $J \approx 4{,}7\,\text{kgm}^2$ und für die Keilriemenscheibe $J \approx 0{,}07\,\text{kgm}^2$ ermittelt wurden?

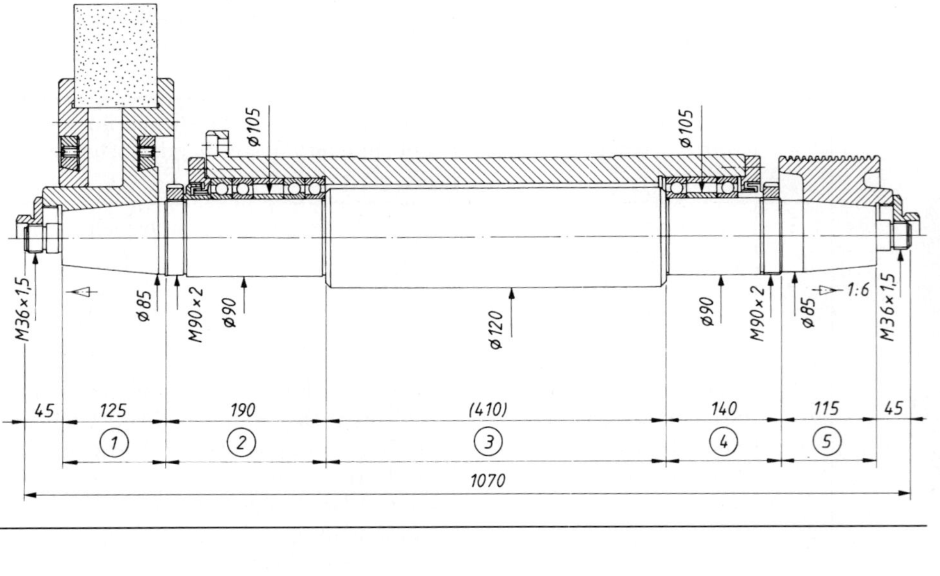

13.5 Der Schnitt zeigt ein aus Nabe (1), Scheibe (2), Rippen (3) und Kranz (4) durch Schweißen gefügtes Zahnrad in vereinfachter Darstellung.
Für das Großrad aus Baustahl soll das Trägheitsmoment berechnet werden, wobei die Passfedernut und die Schweißnähte vernachlässigt werden dürfen und der Kranz als Hohlzylinder mit Außendurchmesser gleich Teilkreisdurchmesser gesetzt werden darf.
Außerdem soll der Anteil des Zahnkranzes am gesamten Trägheitsmoment in % angegeben werden.

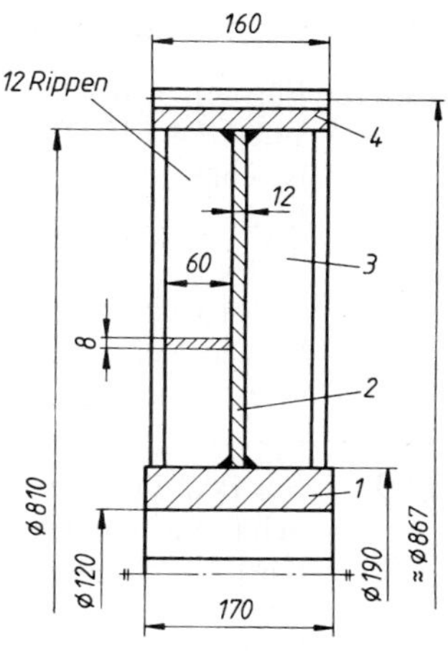

$m_n = 8\,\text{mm}$, $z = 106$, $\beta = 12°$

13.6 Ein Elektromotor mit der Nenndrehzahl $n = 1440\,\text{min}^{-1}$ treibt über die Schaltkupplung K und über ein zweistufiges Getriebe mit den Einzelübersetzungen $i_1 = 3{,}15$ und $i_2 = 2{,}5$ eine Gewindespindel an, durch die ein 560 kg schwerer Maschinentisch mit der Geschwindigkeit $v = 2{,}5$ m/s bewegt wird.
Die Trägheitsmomente der Antriebselemente betragen: $J_0 = 0{,}007\,\text{kgm}^2$, $J_1 = 0{,}02\,\text{kgm}^2$ und $J_2 = 0{,}028\,\text{kgm}^2$.
Zu berechnen ist das auf die Kupplungswelle reduzierte Trägheitsmoment J_{red} des Tischantriebes.

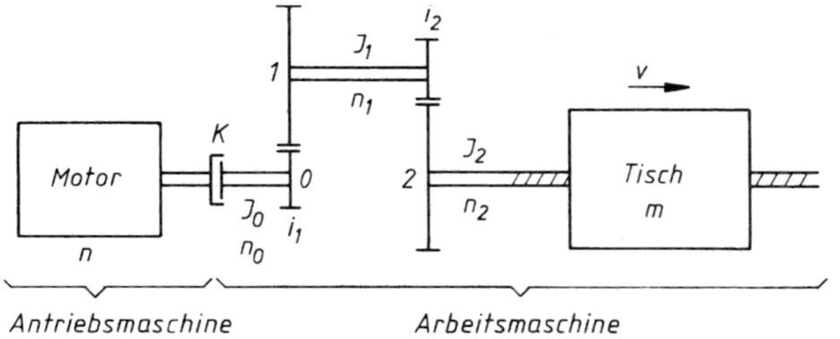

13.7 Für den 4-poligen Drehstrom-Normmotor mit Käfigläufer, Typ 160L, findet man im Hersteller (AEG)-Katalog folgende Angaben: Nennleistung $P_N = 15$ kW, Nenndrehzahl $n_N = 1460\,\text{min}^{-1}$, Trägheitsmoment des Läufers $J = 0{,}101\,\text{kgm}^2$, Anzugs-, Sattel- und Kippdrehmoment als Vielfaches des Nenndrehmomentes bei direktem Einschalten zu $T_{an} \approx 2{,}6\ T_N$, $T_S \approx 2{,}1\ T_N$ und $T_{ki} \approx 2{,}7\ T_N$.
Für den leer anlaufenden Käfigläufermotor sind zu bestimmen:

a) angenähert das mittlere Beschleunigungsdrehmoment T_{am} durch Aufzeichnen und „Ausmitteln" der Drehmoment-Drehzahl-Kennlinie,
b) die Leer-Anlaufzeit (Beschleunigungszeit t_a) bis zum Erreichen der Synchron-(Leerlauf-)drehzahl $n_s = 1500\,\text{min}^{-1}$,
c) der Winkel, den die Motorwelle während des Leeranlaufes durchläuft.

13

Nicht schaltbare Kupplungen

13.8 Für den Antrieb einer Sondermaschine durch einen Drehstrommotor DIN 42673–B3 112M × 4 × 1500 (Bauform B3, Baugröße 112M, Leistung 4 kW bei etwa 1500 min^{-1}) ist eine gummielastische Kupplung vorgesehen. Weitere Betriebsdaten sind nicht bekannt und auch nicht ohne weiteres zu ermitteln.

a) Es ist eine für normale Betriebsbedingungen ausreichende Kupplung (Bauart und -größe) zu wählen.
b) Die Befestigungsmöglichkeit der Kupplungsnabe auf dem Wellenende des Motors ist zu prüfen.

13.9 Für den direkten Antrieb einer Schraubenpumpe (arbeitet mit in Eingriff befindlichen Schneckenspindeln prinzipiell wie eine Zahnradpumpe mit schrägverzahnten Förderrädern) durch einen Einzylinder-Dieselmotor mit 6 kW Leistung bei 1500 min^{-1} ist überschlägig eine geeignete Kupplung (Bauart und -größe) zu bestimmen. Das Aggregat läuft täglich ununterbrochen 8 Stunden mit stoßfreier Volllast.

13.10 Ein Schneckenförderer schiebt 32 t Getreide in der Stunde über eine Förderlänge von 6 m. Er wird durch einen Getriebemotor mit 2,2 kW Leistung angetrieben. Die Drehzahl der Getriebewelle (= Schneckendrehzahl) beträgt 76 min^{-1}. Nach Herstellerangaben hat das Wellenende des Getriebes einen Durchmesser von 38 mm und der Zapfen der Schnecken-Rohrwelle einen solchen von 50 mm.

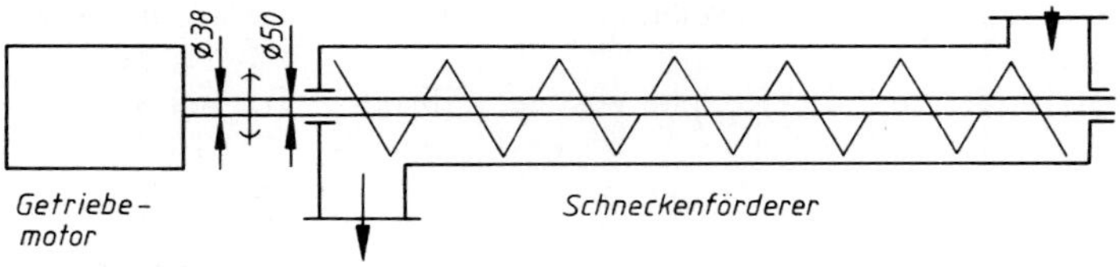

Zu ermitteln sind:

a) für die Kupplung zwischen Getriebemotor und Schneckenwelle eine geeignete Bauart, wenn mit geringen radialen, axialen und winkligen Wellenverlagerungen, sowie mit kleinen Drehmomentschwankungen zu rechnen ist,
b) die Kupplungsgröße bei einer täglichen Laufzeit von 12 Stunden.

13.11 Ein Drehstrommotor DIN 42673–B3 160M × 11 × 1500 (1) (Bauform B3, Baugröße 160M, Leistung 11 kW bei etwa 1500 min^{-1}) soll über eine Ausgleichskupplung (2) direkt eine Kreiselpumpe (3) antreiben. Um den Ausbau des Pumpenläufers ohne Demontage des Pumpengehäuses und des Motors zu ermöglichen, muss eine Kupplung mit Zwischenhülse (4) verwendet werden (Prozessbauweise).

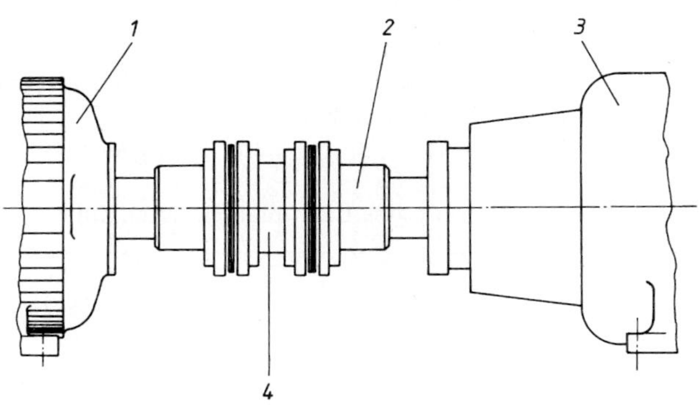

Zu ermitteln sind:

a) eine geeignete Kupplungs-Bauart,
b) die erforderliche Kupplungsgröße für folgende Betriebsdaten:
   - Nenndrehzahl des Motors und der Pumpe $n_N = 1450\ \text{min}^{-1}$
   - Nennleistung der Pumpe nach Kennlinie ca. 9,5 kW
   - Trägheitsmoment des Pumpenläufers $J = 0{,}125\ \text{kgm}^2$
   - Umgebungstemperatur max. +60 °C
   - höchstens 10 Anläufe je Stunde
c) die zulässige radiale Verlagerung der Wellen und die dadurch hervorgerufene radiale Rückstellkraft.

13.12 Für den direkten Antrieb einer Kreiselpumpe durch einen Drehstrom-Käfigläufermotor mit direkter Einschaltung, Baugröße 180M (22 kW bei 2930 min^{-1}), soll nach unten stehenden Betriebsdaten eine elastische Klauenkupplung größenmäßig ermittelt werden.
Betriebsverhältnisse:
- Trägheitsmoment des Pumpenläufers ca. $0{,}15\ \text{kgm}^2$
- Umgebungstemperatur maximal +60 °C
- 8 Anläufe je Stunde

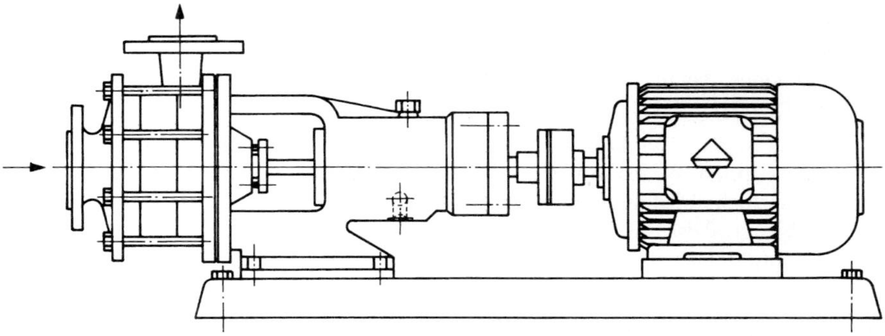

13.13 Ein Drehstrommotor mit Schleifringläufer und angebauter Scheibenbremse, der 4 kW bei 900 min^{-1} leistet, treibt über eine hochelastische Wulstkupplung K (Periflex-Wellenkupplung mit Reifen aus NR, Größe 10-1a) das Fahrwerk einer mit 20 m/min fahrenden Laufkatze an. Die Nutzlast der Katze beträgt 50 t, ihre Eigenmasse 11 t. Nach Herstellerangaben betragen die Trägheitsmomente für den Motorläufer, die Kupplung und das Getriebe mit den Triebwerksteilen (bezogen auf die Kupplungswelle): $J_M = 0{,}051\ \text{kgm}^2$, $J_K = 0{,}0124\ \text{kgm}^2$ und $J_G = 0{,}040\ \text{kgm}^2$. Für die Periflex-Kupplung findet man ein übertragbares Nenndrehmoment $T_{KN} = 100$ Nm und ein übertragbares Maximaldrehmoment von $T_{Kmax} = 300$ Nm.

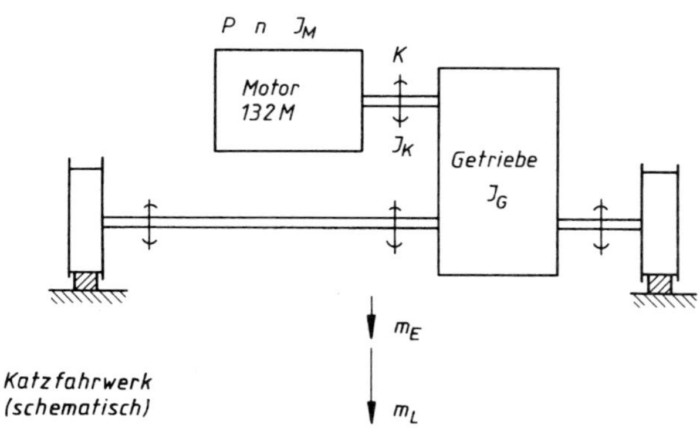

13

Für die voll belastete Laufkatze ist zu ermitteln:

a) ob die vorgesehene Kupplungsgröße ausreicht, wenn mit 40 Anläufen in der Stunde zu rechnen ist, die Umgebungstemperatur ca. 50 °C beträgt und das Kippdrehmoment des Motors mit $T_{ki} \approx 2{,}8\ T_N$ angesetzt werden kann;
b) die Beschleunigungszeit (Anfahrzeit) für den Katzfahrantrieb, wenn während des Anlaufs das mittlere Motordrehmoment ca. $2{,}3\ T_N$ beträgt und das durch den Fahrwiderstand verursachte Lastdrehmoment mit ca. 25 Nm bestimmt wurde;
c) der Anfahrweg bis zum Erreichen der Beharrungsgeschwindigkeit.

13.14 Im Reversierbetrieb (wechselnde Drehrichtung) sind die Pakete (a) einer elastischen Klauenkupplung durch die Klauen (b) bleibend deformiert worden, so dass ein Drehspiel $\varphi_S = 7°$ entstand. Die Kupplung sitzt unmittelbar auf dem Wellenende eines Drehstrommotors mit Käfigläufer, Baugröße 132S (5,5 kW bei 1445 min^{-1}). Sie treibt eine Arbeitsmaschine an, deren auf die Kupplungswelle bezogenes Trägheitsmoment ca. 0,09 kgm^2 beträgt.

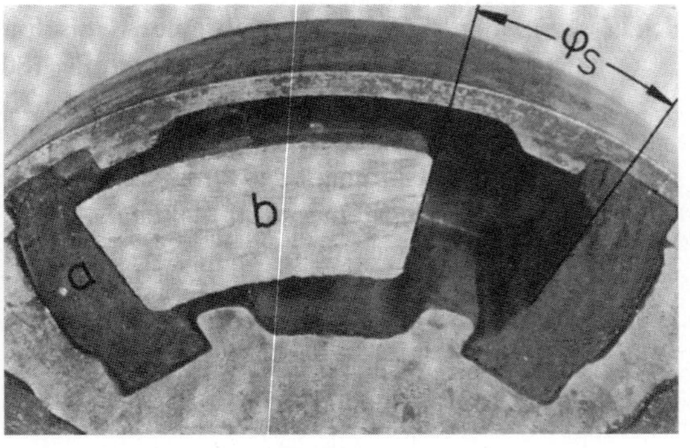

a) Auf welche Winkelgeschwindigkeit bzw. Drehzahl wird der Motorläufer innerhalb des freien Weges von $\varphi_S = 7°$ beschleunigt, bis die treibende Kupplungshälfte auf die noch stillstehende der Lastseite trifft?
b) Wie groß ist die Belastung durch den Geschwindigkeitsstoß, wenn die Drehfedersteife der Kupplung ca. 2400 Nm/rad beträgt?

13.15 Ein Einzylinder-Viertakt-Dieselmotor mit dem Nenndrehmoment $T_N = 55$ Nm bei der Nenndrehzahl $n_N = 1500\ \text{min}^{-1}$ treibt über eine nichtschaltbare Kupplung einen Generator an. Nach Herstellerunterlagen beträgt das erregende Wechseldrehmoment des Dieselmotors $T_{A0,5} = \pm\ 180$ Nm, sein Trägheitsmoment ca. 4,5 kgm^2 und das Trägheitsmoment des Generators ca. 0,5 kgm^2. Der Maschinensatz läuft in der Stunde höchstens 12-mal an. Die Umgebungstemperatur der Kupplung beträgt max. +45 °C.

a) Eine geeignete Kupplungs-Bauart ist zu wählen;
b) die Kupplung ist den Betriebsverhältnissen entsprechend auszulegen.

13.16 Ein Drehstrommotor DIN 42673–B3 132M × 7,5 × 1500 (Bauform B3, Baugröße 132M, Leistung 7,5 kW bei etwa 1500 min^{-1}) soll über eine Ausgleichskupplung einen Zweizylinder-Kolbenverdichter antreiben. Zur Auswahl stehen zwei elastische Kupplungen, die einfach in Abhängigkeit der Motorgröße aus den Herstellerkatalogen ausgewählt wurden (vgl. TB 16-21):

a) Hadeflex-Kupplungen, Bauform XW1, Baugröße 38 (elastische Klauenkupplung),
b) Radaflex-Kupplungen, Bauform 300, Baugröße 10 (hochelastische Wulstkupplung).

Beide Kupplungen sind auf ihre Eignung für folgende Betriebsverhältnisse zu prüfen:

– Nenndrehmoment des Verdichters $T_{LN} = 43$ Nm
– erregendes Wechseldrehmoment des Verdichters $T_{L2} = \pm\ 33$ Nm
– Trägheitsmoment des Verdichters $J_L = 0{,}4\ \text{kgm}^2$
– Umgebungstemperatur höchstens +50 °C
– höchstens 30 Anläufe je Stunde
– Nenndrehzahl des Drehstrommotors $n_N = 1445\ \text{min}^{-1}$

13.17 Ein Vierzylinder-Viertakt-Dieselmotor mit $P = 28$ kW bei $n = 1500\ \text{min}^{-1}$, dem periodischen Wechseldrehmoment $T_{A2} = \pm 530$ Nm und dem Trägheitsmoment $J = 2{,}3\ \text{kgm}^2$ soll über eine nachgiebige Kupplung direkt eine Arbeitsmaschine antreiben, deren mittleres Lastdrehmoment $T_{LN} = 150$ Nm und deren Trägheitsmoment $J = 0{,}9\ \text{kgm}^2$ beträgt. Die Anlage läuft bis zu 50-mal in der Stunde an. Die Umgebungstemperatur liegt bei +35 °C.
Die Kupplung ist auszulegen (Bauart und Baugröße).

Schaltbare Kupplungen

13.18 Ein Drehstrom-Asynchronmotor, Baugröße 160M, treibt über eine elektromagnetisch betätigte Lamellenkupplung eine Werkzeugmaschine an. Der Motor läuft bei ausgeschalteter Kupplung an und bleibt dann dauernd eingeschaltet. Er leistet 11 kW bei $1450\ \text{min}^{-1}$. Mit der auf der Motorwelle sitzenden, nasslaufenden Kupplung sollen 120 Schaltungen in der Stunde ausgeführt werden. Dabei ist jedes Mal das (auf die Kupplungswelle reduzierte) Trägheitsmoment der Arbeitsmaschine von $0{,}32\ \text{kgm}^2$ innerhalb von höchstens 0,8 s aus dem Stillstand auf die Motordrehzahl zu beschleunigen. Während der Anlaufzeit beträgt das (auf die Kupplungswelle bezogene) Lastdrehmoment der Arbeitsmaschine 30 Nm, nach dem Schalten erhöht es sich auf 80 Nm. Die Kupplungsgröße ist zu bestimmen.

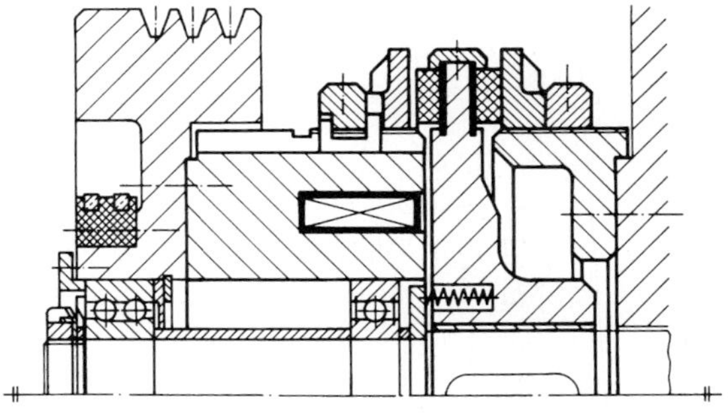

13.19 Eine Elektromagnet-Einscheibenkupplung mit Federdruckbremse (Kupplungsbremskombination) für den Antrieb einer 30 t-Exzenterpresse hat nach Katalog ein schaltbares Drehmoment $T_{KNs} = 2500$ Nm, ein übertragbares Drehmoment $T_{KNü} = 2750$ Nm und eine zulässige stündliche Schaltarbeit $W_{hzul} = 7 \cdot 10^6$ Nm/h. Die auf die Kupplungswelle reduzierten Trägheitsmomente betragen für die Lastseite (Presse) $J_{L1} = 0{,}6\ \text{kgm}^2$. Das Eigenträgheitsmoment des lastseitigen Kupplungsteiles (Ankerscheibe) wird mit $J_{L2} = 1{,}25\ \text{kgm}^2$ angegeben. Es ist zu prüfen, ob die Kupplung den gestellten Anforderungen genügt, wenn eine stündliche Schaltzahl $z_h = 720$ bei einem größten Lastdrehmoment $T_L = 2000$ Nm gefordert wird und die Kupplungswelle mit $n = 450\ \text{min}^{-1}$ läuft.

13.20 Der auf Schienen laufende Wagen (1) einer Beschickungsanlage wird über eine Kette (2) bewegt. Die Vorlaufgeschwindigkeit des 15 t schweren Wagens beträgt $v_v = 60$ m/min, die Rücklaufgeschwindigkeit des noch 3 t schweren leeren Wagens $v_r = 90$ m/min. In der Stunde erfolgen 120 Spiele. Das Kettenrad (3) mit einem Durchmesser von 250 mm wird dabei durch einen Drehstrommotor (5) mit $n = 700\ \text{min}^{-1}$ über ein Getriebe (4) mit den Übersetzungen $i_1 = 2{,}5$, $i_2 = 1{,}7$ und $i_3 = 3{,}55$ angetrieben. Für Vor- und Rücklauf sind je eine nasslaufende elektromagnetisch betätigte Kupplung vorgesehen. Zum Abbremsen des Wagens dient die Bremse (6).
Zu ermitteln ist die Baugröße der Kupplungen K_v (Vorlauf) und K_r (Rücklauf), wenn der Fahrwiderstand des Wagens beim Vorlauf 1,5 kN und beim Rücklauf 0,3 kN beträgt und die Beschleunigungszeit unter 2 s bleiben soll.

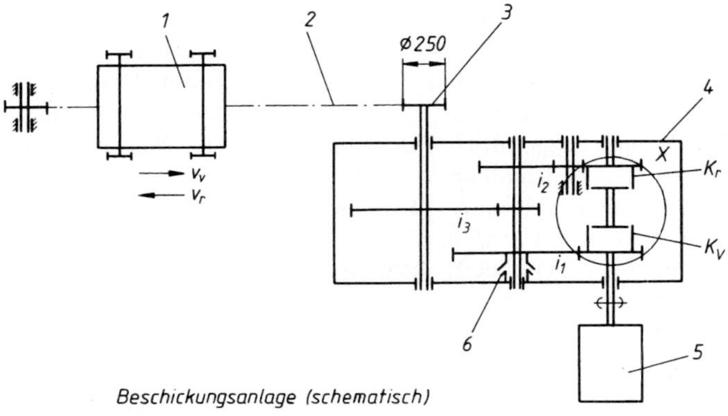

Beschickungsanlage (schematisch)

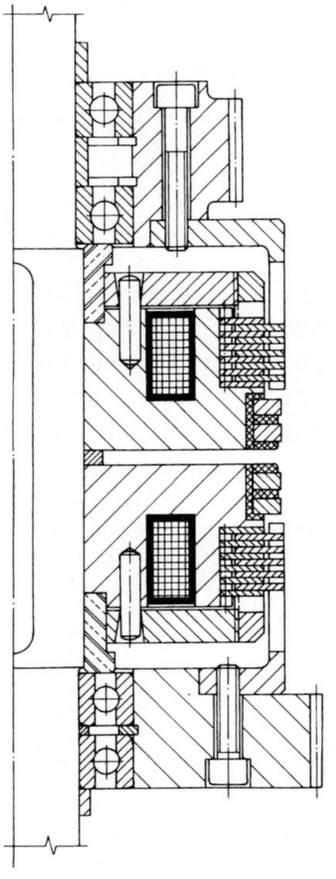

13.21 Ein Dieselmotor, der 30 kW bei 1500 min^{-1} leistet, treibt über eine Anlaufkupplung (Fliehkraftkupplung) direkt das Laufrad eines Radialverdichters an, dessen mittleres Lastdrehmoment während des Anlaufes bei 40% des Nenndrehmomentes liegt ($T_L \approx 0{,}4\, T_N$). Das Trägheitsmoment beträgt für das Laufrad 16,6 kgm^2 und für die Kupplungsseite ca. 0,1 kgm^2.

a) Warum werden Anlaufkupplungen häufig in Verbindung mit Verbrennungsmotoren eingesetzt?

b) Welche Vorteile ergeben sich allgemein durch die Verwendung von Anlaufkupplungen?

c) Wie groß ist die Anfahrzeit (= Rutschzeit der Anlaufkupplung), wenn das schaltbare Drehmoment der Kupplung dem Nenndrehmoment des Motors entspricht?

d) Ist die bei einmaliger Schaltung anfallende Wärmebelastung der Kupplung zulässig, wenn die zulässige Schaltarbeit $0{,}44 \cdot 10^6$ Nm beträgt?

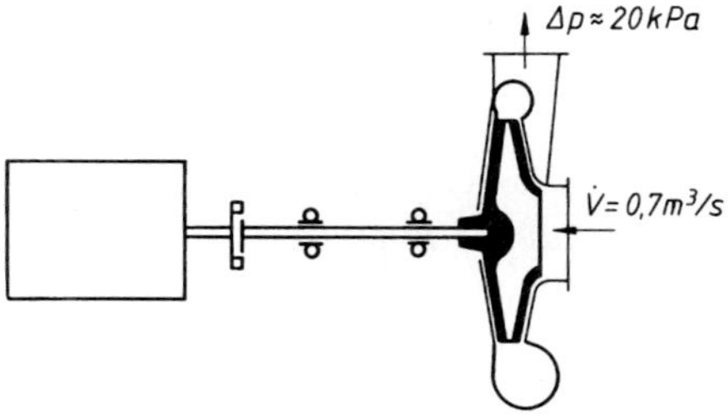

13.22 Ein Drehstrommotor mit Käfigläufer (1), Baugröße 200 L mit 22 kW Leistung bei der Nenndrehzahl 975 min^{-1}, treibt über eine Centrex-Fliehkraftkupplung (2) und einen Keilriementrieb (3) mit der Übersetzung $i = 0{,}8$ eine Zentrifuge[1)] (4) an. Ihre Trommel weist ein Trägheitsmoment von 62 kgm^2, die Füllung von 24 kgm^2 auf.
Zu ermitteln bzw. zu prüfen sind:

a) die Anfahrzeit (Rutschzeit) der Zentrifuge, wenn die Kupplung auf ein schaltbares Drehmoment von 230 Nm bei der Motornenndrehzahl eingestellt wird,

b) die Wärmebelastung der Fliehkraftkuppplung bei 4 Anläufen pro Stunde, wenn die zulässige Schaltarbeit bei einmaliger Schaltung $0{,}698 \cdot 10^6$ Nm und die stündlich zulässige Schaltarbeit $2{,}77 \cdot 10^6$ Nm beträgt,

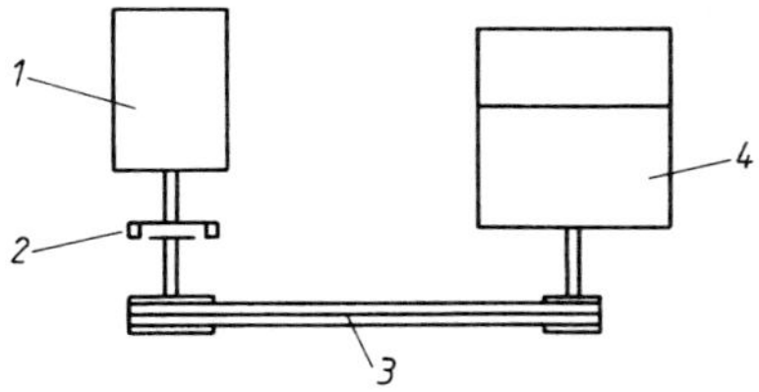

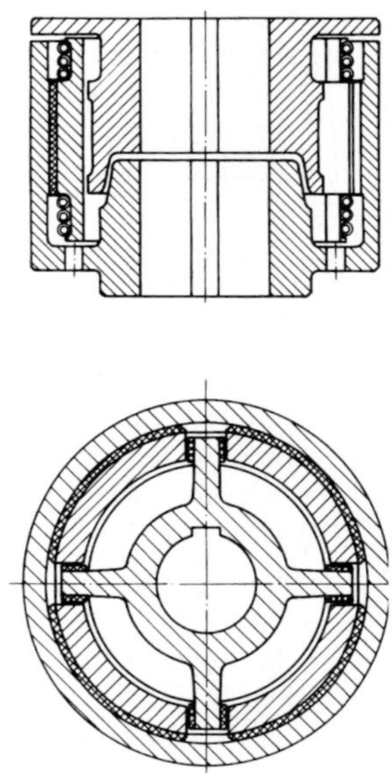

a) Schema Antrieb einer Tentrifuge b) Centrex-Fliehkraftkupplung (2)

---

1) Mechanische Trenngeräte, deren wesentliches Element ein rotierender Behälter ist, in dem sich das zu trennende Gemisch befindet und durch Sedimentation (Absetzen) oder Filtration getrennt wird.

c) welche Motornennleistung für einen Antrieb ohne Anlaufkupplung notwendig wäre, wenn die Anlaufzeit mit Rücksicht auf die Erwärmung des Motors höchstens 10 s dauern darf und das mittlere Beschleunigungsdrehmoment etwa dem 2,2-fachen Motornennmoment entspricht.

13.23 Eine als Anlaufkupplung eingesetzte Elektromagnet-Einscheibenkupplung im Antrieb eines Radialverdichters arbeitet unter folgenden Betriebsbedingungen:

- schaltbares Nenndrehmoment der Kupplung $T_{KNs} = 4000$ Nm,
- Antrieb durch Drehstrommotor Baugröße 335 T, mit $P_N = 160$ kW bei $n_N = 590\ \text{min}^{-1}$ (Verdichternennleistung = Motornennleistung),
- Radialverdichter mit mittlerem Lastdrehmoment $T_L \approx 0{,}4\ T_N$ und einem Trägheitsmoment des Läufers $J_L = 280$ kgm².

Zu berechnen sind:

a) die Rutschzeit,

b) die bei einer einmaligen Schaltung anfallende Schaltarbeit.

Kreuzgelenke

13.24 In eine Sondermaschine ist zur Erzeugung einer ungleichförmigen Drehbewegung ein einzelnes Kreuzgelenk eingebaut. Für die unter dem Ablenkungswinkel $\alpha = 32°$ zur gleichförmig umlaufenden Welle (1) geneigte Welle (3) ist zu berechnen:

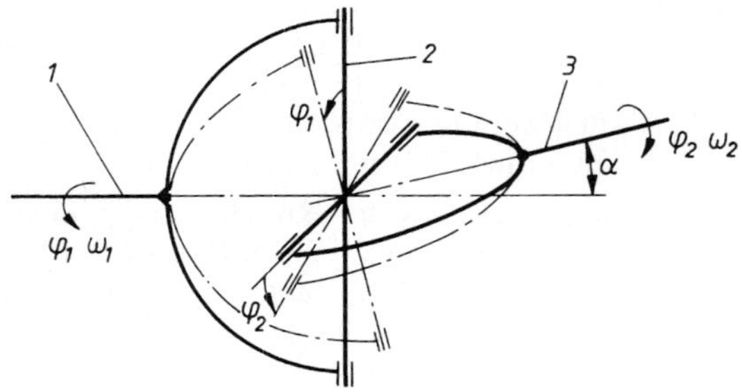

a) der Differenzwinkel $\Delta\varphi = \varphi_2 - \varphi_1$ für den Drehwinkel $\varphi_1 = 40°$ der Welle (1),

b) die größte und die kleinste Drehzahl (Winkelgeschwindigkeit) der ungleichförmig umlaufenden Welle (3), wenn die Welle (1) gleichförmig mit $n_1 = 100\ \text{min}^{-1}$ umläuft,

c) die größte Schwankung des Drehmomentes der Welle (3), wenn die Welle (1) gleichförmig mit $T_1 = 100$ Nm angetrieben wird.

13.25 Im Antrieb einer Baumaschine sind zwei unter dem Ablenkungswinkel $\alpha = 23°$ verlagerte Wellen (1) und (3) durch eine Kreuzgelenkwelle (2) mit Längenausgleich verbunden. Der Antrieb hat 20 kW bei 560 min⁻¹ zu übertragen.

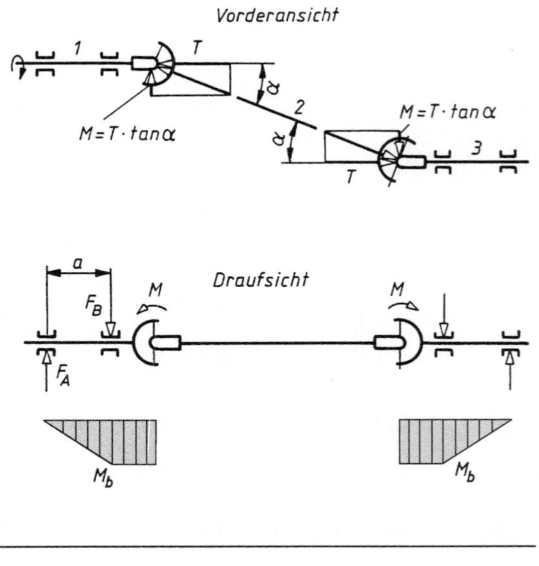

Zu berechnen sind:

a) die größte und die kleinste Drehzahl der Zwischenwelle,

b) die Schwankung des Drehmomentes in der Zwischenwelle,

c) das leistungslose Biegemoment,

d) die Auflagerkräfte F_A und F_B infolge des leistungslosen Biegemomentes, wenn der Lagerabstand $a = 250$ mm beträgt.

14 Wälzlager

Vorbemerkungen

Entsprechend der großen Bedeutung und vielfältigen Verwendung der Wälzlager auf allen Gebieten des Maschinen-, Apparate- und Fahrzeugbaues wird eine hinreichende Anzahl verschiedenster Aufgaben hierüber gegeben. Wie auch in den vorangegangenen Kapiteln sind den zahlreichen Aufgaben, die das Wälzlager als ein Teil der Maschine ausweisen, also den praktischen Anwendungsfall darstellen, einige Grundaufgaben vorangestellt, aus denen die Zusammenhänge und Abhängigkeiten der einzelnen Lagerdaten erkannt werden sollen. In mehreren Aufgaben sind außer der eigentlichen Lagerberechnung auch die Berechnung und Prüfung anderer, mit der Lagerung unmittelbar zusammenhängender Bauteile, insbesondere der Achsen und Wellen gefordert, um das Zusammenspiel einzelner Elemente zu zeigen bzw. eine Wiederholung und Übung zu gewährleisten.

In den Aufgaben sind nur die zur Lösung unbedingt erforderlichen Daten gegeben.

Wälzlager werden sowohl vorausberechnet als auch nachgeprüft. Bei der Vorausberechnung werden die Lagerbauform und die Lagergröße auf Grund der vorliegenden Betriebsverhältnisse (Art der Lagerung, Belastung, Drehzahl, Lebensdauer) ermittelt. Die Nachprüfung der aus konstruktiven Erwägungen oder erfahrungsgemäß gewählten Lager bezieht sich auf die Prüfung der Ermüdungslaufzeit, aber auch der Verschleißlaufzeit, d. h. auf die Abschätzung der voraussichtlichen Gebrauchsdauer, deren Werte der betreffenden Erfahrungstabelle bzw. dem Schaubild im Lehrbuch-Anhang je nach Verwendungszweck zu entnehmen sind, sofern keine bestimmten Angaben hierüber gemacht werden. Bei statisch belasteten Wälzlagern wird die statische Kennzahl bzw. die maximale Lagerbeanspruchung verglichen.

Da das Roloff/Matek-Tabellenbuch nur auszugsweise Wälzlagerdaten enthält, empfiehlt es sich zur Lösung der Aufgaben möglichst Wälzlager-Kataloge der Hersteller zu verwenden.

1 Wie werden die Wälzlager bezüglich der Bauform ihrer Wälzkörper und bezüglich ihrer Anwendung eingeteilt?
Lösungshinweis: Siehe Lehrbuch 14.1.4.

2 Der Aufbau einer Wälzlager-Bezeichnung ist zu erläutern.
Lösungshinweis: Siehe Lehrbuch 14.1.4-5.

3 Rillenkugellager, Vierpunktlager, Pendelrollenlager, Zylinderrollenlager, Axial-Rillenkugellager und Axial-Pendelrollenlager sind hinsichtlich ihrer Eignung zur Aufnahme radialer und/oder axialer Lagerkräfte und hinsichtlich des Ausgleichens von Fluchtfehlern zu beurteilen.
Lösungshinweis: Siehe Lehrbuch 14.2.2.

4 Möglichkeiten der Befestigung des Innenringes auf der Welle und des Außenringes im Gehäuse sind darzustellen.
Lösungshinweis: Siehe Lehrbuch 14.2.3-2.

5 Was versteht man unter statischer und was unter dynamischer Tragzahl eines Wälzlagers?
Lösungshinweis: Siehe Lehrbuch 14.3.1 und 14.3.2.

6 Die Aufgaben, die ein Festlager und die ein Loslager zu erfüllen haben, sind zu nennen.
Lösungshinweis: Siehe Lehrbuch 14.2.1.

14

7 Eine Wellenlagerung mit einem Festlager und einem Loslager ist zu skizzieren. Als Festlager ist ein Vierpunktlager, als Loslager ein Zylinderrollenlager vorzusehen. Die Welle soll an einer Seite aus dem Gehäuse heraustreten.
Lösungshinweis: Siehe Lehrbuch 14.2.1 und 19.3.1.
Anmerkung: Das Gehäuse soll ölgefüllt sein. Es ist deshalb abzudichten.

9 Der Begriff „äquivalente Lagerbeanspruchung" ist zu erläutern.
Lösungshinweis: Siehe Lehrbuch 14.3.1-1 und 14.3.2-3.

10 Was wird unter den Begriffen „Punktbelastung" und „Umfangsbelastung" verstanden und wann treten diese Belastungen bei Wälzlagern auf?
Lösungshinweis: Siehe Lehrbuch 14.2.3

14.1 Für das Rillenkugellager DIN 625–6208 sind zu bestimmen:

a) die nominelle Lebensdauer L_{10} in 10^6 (Millionen) Umdrehungen bei einer radialen Lagerkraft $F_r = 10$ kN;
b) die zulässige radiale Lagerkraft F_{rzul} in kN, wenn die halbe unter a) ermittelte Lebensdauer in 10^6 Umdrehungen erreicht werden soll.
Die Höhe der Lagerkraft ist hinsichtlich der Abnahme der Lebensdauer zu vergleichen und zu kommentieren!

14.2 Welche Hauptabmessungen (Lagerbohrung gleich Wellendurchmesser, Außendurchmesser gleich Gehäusebohrung, Breite) ergeben sich bei einer radialen Lagerkraft $F_r = 10$ kN, wenn eine nominelle Lebensdauer $L_{10} = 60 \cdot 10^6$ Umdrehungen gefordert wird;

a) für Rillenkugellager DIN 625 der Reihe 60, 62, 63, 64;
b) für Zylinderrollenlager DIN 5412 der Reihe NU10, NU2, NU3?
Vergleiche die Hauptabmessungen und Kosten (s. Preisliste zum Katalog des Herstellers)!

14.3 Für das Rillenkugellager DIN 625–6310 sind rechnerisch zu ermitteln:

a) die nominelle Lebensdauer L_{10h} in Betriebsstunden (Ermüdungslaufzeit), bei einer Lagerkraft $F_r = 10$ kN und einer Drehzahl $n = 1000$ min^{-1};
b) die zulässige Lagerkraft F_{rzul} in kN, wenn die doppelte unter a) ermittelte Lebensdauer $L_{10h} =$ gefordert wird;
c) die Drehzahl in min^{-1} (auf volle 10 gerundet), wenn bei doppelter Lebensdauer L_{10h} die gleiche Lagerkraft F_r wie unter a) erreicht werden soll.

14.4 Statt des Rillenkugellagers DIN 625–6310 in Aufgabe 14.3 soll ein Zylinderrollenlager DIN 5412 der Bauart NU mit gleicher Bohrungskennziffer gewählt werden.

a) Welche nominelle Lebensdauer L_{10h} in Betriebsstunden errechnet sich, wenn ein Zylinderrollenlager mit nahe liegender dynamischer Tragzahl für die Lagerkraft $F_r = 10$ kN bei einer Drehzahl $n = 100$ min^{-1} verwendet wird?
b) Welche nominelle Lebensdauer L_{10h} in Betriebsstunden ergibt sich für die gleichen Bedingungen, wenn ein Zylinderrollenlager der gleichen Maßreihe wie das Rillenkugellager gewählt worden wäre?

Die Lagerabmessungen für a) und b) sind zu vergleichen!

14.5 Für die Lagerung einer Welle von 50 mm Durchmesser könnte auf Grund der betrieblichen Anforderung ein Rillenkugellager DIN 625, ein Zylinderrollenlager DIN 5412 der Bauart NU oder ein Pendelkugellager DIN 630 gewählt werden. Die radiale Lagerkraft beträgt $F_r = 4{,}6$ kN, die Drehzahl $n = 500\ \text{min}^{-1}$. Es soll eine Lebensdauer von mindestens $L_{10h} = 8000$ h erreicht werden.
Für den vorliegenden Fall sind geeignete Wälzlager zu ermitteln!
Mit den Hauptabmessungen ist jeweils festzustellen, welche Lagerbauform den geringsten Einbauraum benötigt und welches Lager das preiswerteste (vgl. Preisliste einer Herstellerfirma) und somit günstigste ist!

14.6 Ein Rillenkugellager DIN 625–6320 aus Standard-Wälzlagerstahl soll bei einer Drehzahl $n = 1000\ \text{min}^{-1}$ eine konstante radiale Lagerkraft $F_r = 25$ kN aufnehmen. Das Lager soll mit Öl geschmiert werden, das bei Betriebstemperatur eine Viskosität $v = 25\ \text{mm}^2/\text{s}$ hat. Es tritt keine wesentliche Verunreinigung des Schmierstoffs auf. Wie groß ist die maximale modifizierte Lebensdauer in Betriebsstunden, wenn eine Erlebenswahrscheinlichkeit von 95% zugrunde gelegt wird?

14.7 Ein Rillenkugellager DIN 625 – 6406 hat bei einer Drehzahl $n = 630\ \text{min}^{-1}$ eine radiale Lagerkraft $F_r = 4$ kN und eine axiale Kraft $F_a = 1{,}2$ kN aufzunehmen.
Für die äquivalente Lagerbeanspruchung ist die zu erwartende Lebensdauer L_{10h} in Betriebsstunden zu ermitteln!

14.8 Als Festlager der Welle eines Universalgetriebes soll ein Rillenkugellager DIN 625–6308 bei einer Drehzahl $n = 750\ \text{min}^{-1}$ eine radiale Lagerkraft $F_r = 3000$ N und eine axiale Lagerkraft $F_a = 1500$ N aufnehmen.
Es ist zu prüfen, ob die nominelle Lebensdauer L_{10h} in Betriebsstunden für die Lagerung ausreicht!

14.9 Bei einem Drehstrommotor mit einer Leistung $P = 37$ kW und einer Drehzahl $n = 1500\ \text{min}^{-1}$ hat die Läuferwelle an den Lagerstellen einen Durchmesser $d = 60$ mm. Durch ein auf das Wellenende aufgesetztes Schrägstirnrad sind für das antriebsseitige Lager eine Radialkraft $F_r = 4$ kN und eine Axialkraft $F_a \approx 1{,}8$ kN im ungünstigsten Fall zu erwarten.
Es ist zu prüfen, ob ein für diese Lagerstelle gewähltes zweireihiges Schrägkugellager DIN 628 der Reihe 32 hinsichtlich der üblichen Lebensdauer für mittlere Elektromotoren ausreicht!

14.10 Für die Lagerung der Welle eines Universalgetriebes, die mit einer Drehzahl $n = 1000\ \text{min}^{-1}$ umläuft, ist ein Rillenkugellager DIN 625 der Reihe 63 vorgesehen, das eine radiale Lagerkraft $F_r = 4$ kN und eine Axialkraft $F_a = 2{,}2$ kN aufnehmen soll.

a) Welche Lagergröße (d, D, B) ist geeignet, wenn für das Getriebelager die Lebensdauer $L_{10h} \approx 10\,000$ Betriebsstunden erreicht werden soll?
b) Welche Abmessungen der angrenzenden Teile (Rundungen, Schulterhöhen) sind nach DIN 5418 einzuhalten, um unbedingt einwandfreien Einbau zu gewährleisten?

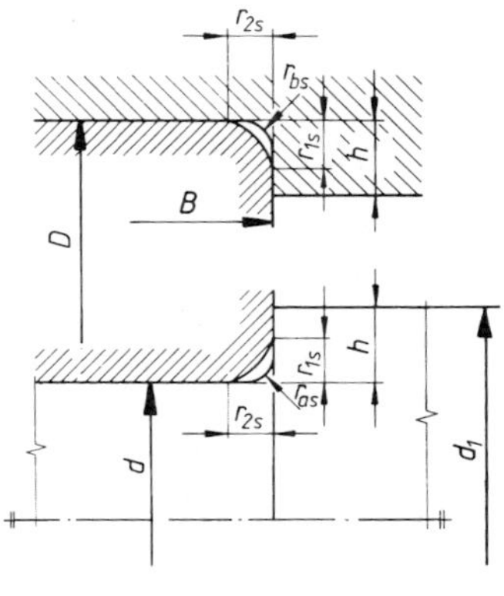

14.11 Das Bild zeigt die Antriebswelle mit Lagerung eines Becherwerkes (Elevator, vgl. Lehrbuch 11.4, Beispiel 11.1, Bild 11-31). Entsprechend der Fördermenge ergab sich bei einer Drehzahl $n = 80\ \text{min}^{-1}$ eine auf die Welle $d_1 = 70$ mm aus Eigengewichten und Gewicht des Fördergutes radial wirksame maximale Kraft $F = 11$ kN.
Zu ermitteln sind:
Die geeignete Lagerbauform, wenn die Lager auf Sockel gesetzt werden, und die erforderliche Lagergröße, wenn eine für Fördermaschinen, im unteren Bereich liegende, Lebensdauer L_{10h} berücksichtigt werden soll.

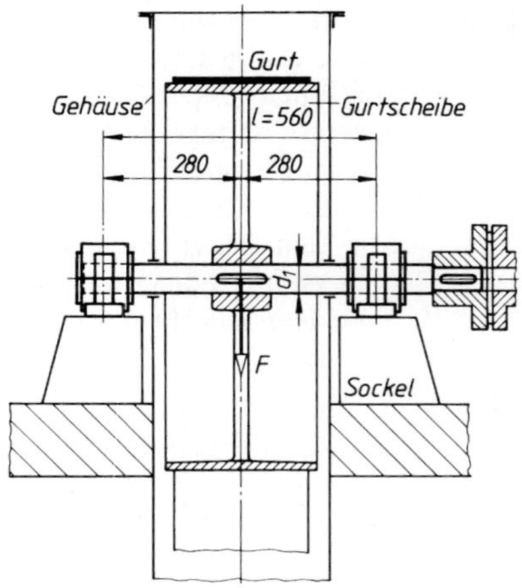

14.12 Die Lager der Spannstation eines Trogkettenförderers müssen zum Spannen der Förderkette einzeln in Förderrichtung verschiebbar sein. Das Kettenrad hat einen Teilkreisdurchmesser $d = 415{,}25$ mm. Bei einer Fördergeschwindigkeit (gleich Kettengeschwindigkeit) $\upsilon = 0{,}6$ m/s beträgt die Achskraft $F_A \approx 10$ kN. Die Achse mit $d_2 = 60$ mm ist aus S235. Geeignete Wälzlager sind für eine bei Fördermaschinen übliche, im oberen Bereich liegende Lebensdauer zu ermitteln! Für den Achszapfen $d_1 = d_2 - 10$ sind die Anschlussmaße nach DIN 5418 zu prüfen und geeignete ISO-Toleranzen für den Achszapfen und die Gehäusebohrung anzugeben!

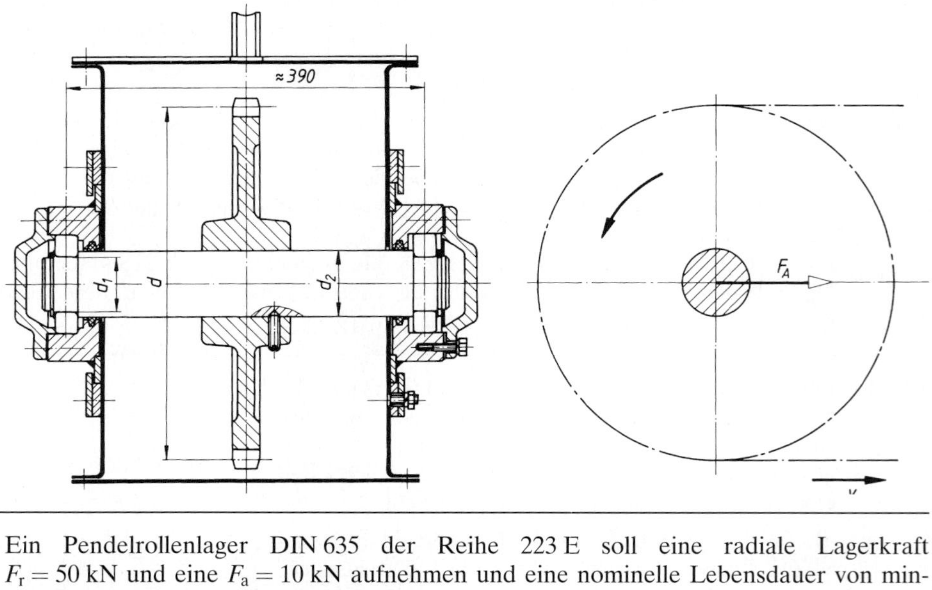

14.13 Ein Pendelrollenlager DIN 635 der Reihe 223 E soll eine radiale Lagerkraft $F_r = 50$ kN und eine $F_a = 10$ kN aufnehmen und eine nominelle Lebensdauer von mindestens 40 000 Betriebsstunden erreichen.

a) Welcher Bohrungsdurchmesser gleich Wellendurchmesser ist erforderlich, wenn die Welle mit einer Drehzahl $n = 400\ \text{min}^{-1}$ umläuft?
b) Die wirkliche nominelle Lebensdauer L_{10h} in Betriebsstunden für das gewählte Lager ist zu ermitteln!

14.14 Für die gefederte Lagerung der umlaufenden Achse aus E295 eines Förderwagens sind Pendelrollenlager DIN 635–22314K mit Abziehhülse DIN 5416–AHX 2314 bei einem Achszapfendurchmesser $d_1 = 65$ mm vorgesehen.

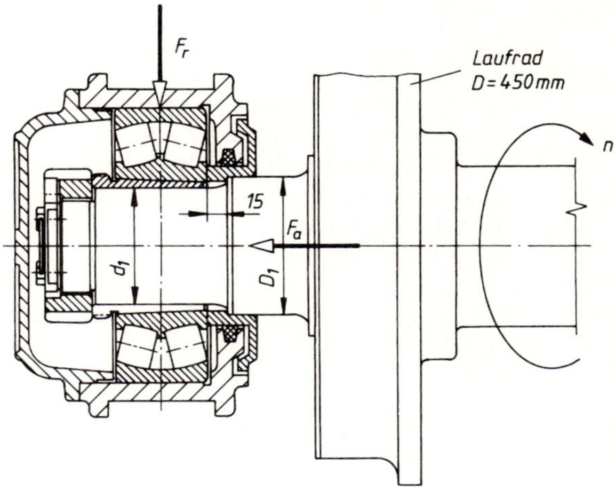

Die auftretende höchste radiale Lagerkraft beträgt $F_r \approx 30$ kN. Die durch Schlingern und bei Kurvenfahrt zusätzlich auftretende Axialkraft F_a kann bei der verhältnismäßig geringen Fahrgeschwindigkeit $v \approx 40$ km/h mit rund 10% der Radialkraft (geschätzt) angenommen werden.
Zu bestimmen ist die bei der entsprechend der Fahrgeschwindigkeit für Achslager von Förderwagen üblichen Lebensdauer die Ermüdungslaufzeit L_{10h}.

14.15 Die maximale Belastung am Kubelzapfen eines Sägegatters wurde im unteren Totpunkt mit $F \approx 80$ kN bei einer Drehzahl $n = 280\ \text{min}^{-1}$ ermittelt und für den Kubelzapfen ein Durchmesser $d_1 = 80$ mm errechnet. Wegen der hohen Belastung und möglicher Fluchtfehler soll ein Pendelrollenlager DIN 635 der Reihe 223 mit Abziehhülle AH23 nach DIN 5416 gewählt werden.

a) Für das gewählte Lager ist die vollständige Bezeichnung mit dynamischer Tragzahl und der kleine Durchmesser d der kegeligen Bohrung (1:12) sowie D, B und die Abziehhülse mit Abmessungen anzugeben.
b) Es ist zu prüfen, ob der mindestens anzustrebende f_L-Wert bei Holzbearbeitungsmaschinen erreicht wird.

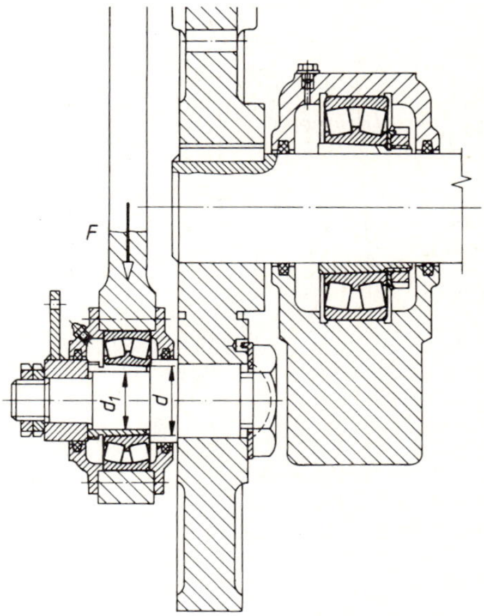

14.16 Für die Lagerung einer Werkzeugmaschinengetriebewelle sollen 2 Schrägkugellager DIN 628–7212 B in *O*-Anordnung gepaart eingebaut werden, die radial $F_r = 8$ kN und $F_a = 6$ kN bei einer Drehzahl $n = 500\ \text{min}^{-1}$ aufzunehmen haben.

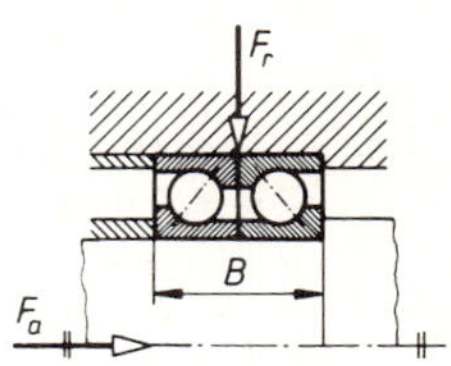

a) Die Abmessungen d, D, B für das Lagerpaar sind anzugeben!
b) Die nominelle Lebensdauer in Betriebsstunden ist zu überprüfen!
c) Es ist zu prüfen, ob ein zweireihiges Schrägkugellager DIN 628 der gleichen Durchmesserreihe (DR) für die Lagerung ausreicht.

14.17 Eine Kreiselpumpe fördert $24 \cdot 10^3\, l$ Wasser/min bei der Antriebsleistung 45 kW und einer Drehzahl $n = 1450\,\text{min}^{-1}$. Auf der Kupplungsseite der Pumpenwelle mit $d = 70$ mm (s. Bild) sind paarweise zwei Schrägkugellager DIN 628 der Reihe 73 B in X-Anordnung als Festlager eingebaut, die eine radiale Kraft $F_r = 5{,}8$ kN und einen Axialschub $F_a = 7{,}5$ kN aufzunehmen haben. Nahe dem Pumpenrad ist als Loslager ein Zylinderrollenlager DIN 5412 der Reihe NU3E eingebaut, das eine radiale Kraft von ca. 11 kN aufzunehmen hat.

Die Schmierung der Lager erfolgt mittels Tauchschmierung mit Mineralöl ohne Additive. Der Erfahrungswert der Betriebsviskosität von anderen Kreiselpumpen liegt bei $\nu \approx 25\,\text{mm}^2/\text{s}$.

Wie groß ist die modifizierte Lebensdauer in Betriebsstunden für eine Erlebenswahrscheinlichkeit von 90%?

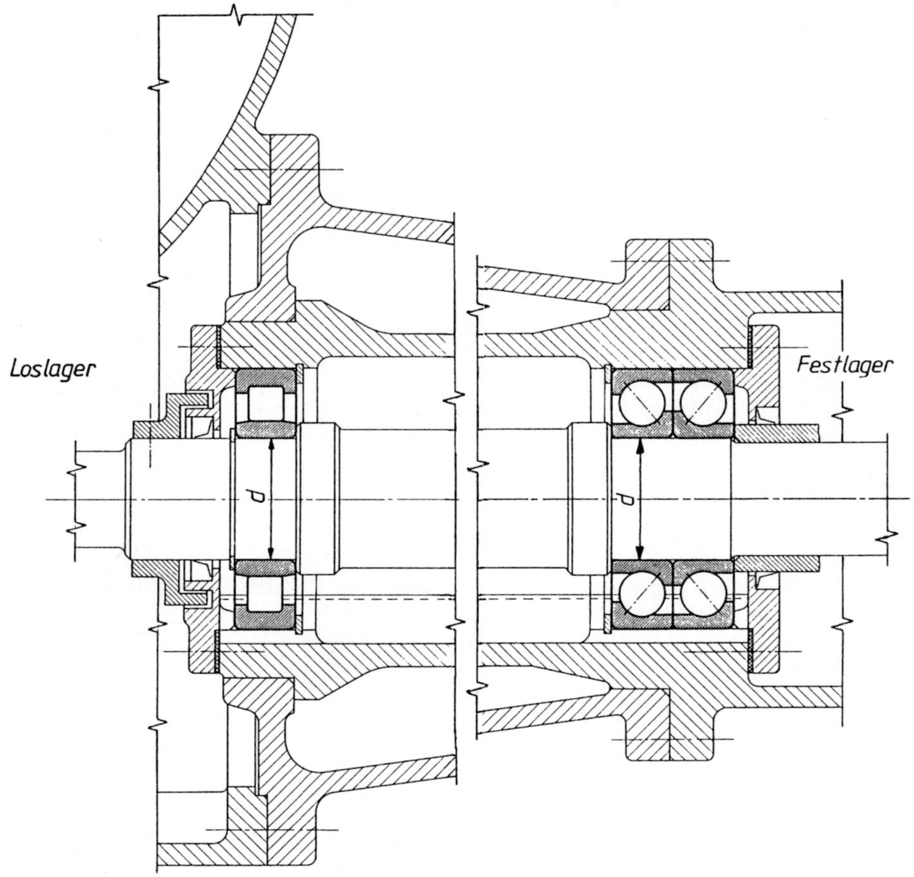

14.18 Ein mittelgroßer Frischluftventilator läuft mit einer Drehzahl $n = 3000\,\text{min}^{-1}$. Das fliegend gelagerte Ventilatorrad mit der Gewichtskraft $F_V = 3$ kN erzeugt einen Achsschub $F_a = 6$ kN. Außerdem betragen die Gewichtskräfte der Welle $F_W = 0{,}45$ kN und der Kupplung $F_K = 0{,}15$ kN. Der Wellendurchmesser $d_{sh} = 65$ mm ist konstruktiv festgelegt. Für das Ventilatorrad wird die Unwuchtkraft $F_U = 0{,}5 \cdot F_V$ berücksichtigt.

Aus Gründen gut fluchtender Gehäusebohrungen werden in einem Stahllagergehäuse in Form einer Rohrkonstruktion auf der Ventilatorseite als Loslager ein Zylinderrollenlager DIN 5412 der Reihe NU22E, auf der Antriebsseite als Festlager ein in X-Anordnung eingebautes Schrägkugellagerpaar DIN 628 der Reihe 72 B vorgesehen.

a) Die radialen Lagerkräfte F_{r1}, F_{r2} in kN sind zu berechnen!

b) Die nominelle Lebensdauer L_{10h1} für Lager 1 und L_{10h2} für Lager 2 sind zu prüfen!

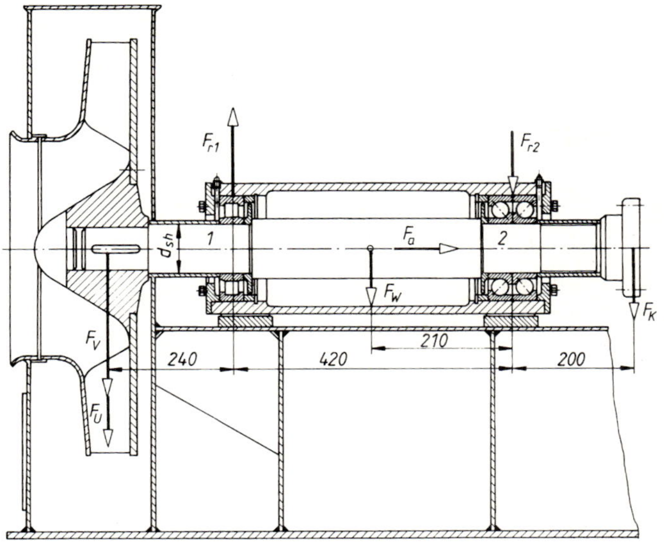

14.19 Die dargestellte Welle läuft mit einer maximalen Drehzahl $n = 1500\ \text{min}^{-1}$.
Lager I ist ein Kegelrollenlager DIN 720–30308A, das radial mit $F_{rI} = 8{,}5$ kN belastet wird. Für das Lager II ist ein Kegelrollenlager DIN 720–30306A zur Aufnahme der Radiallast $F_{rII} = 6{,}2$ kN vorgesehen. Die Lagerung in O-Anordnung hat zusätzlich eine Axialkraft $F_a = 2{,}0$ kN aufzunehmen.
Welche nominelle Lebensdauer in Betriebsstunden ist von den Lager I und II zu erwarten?

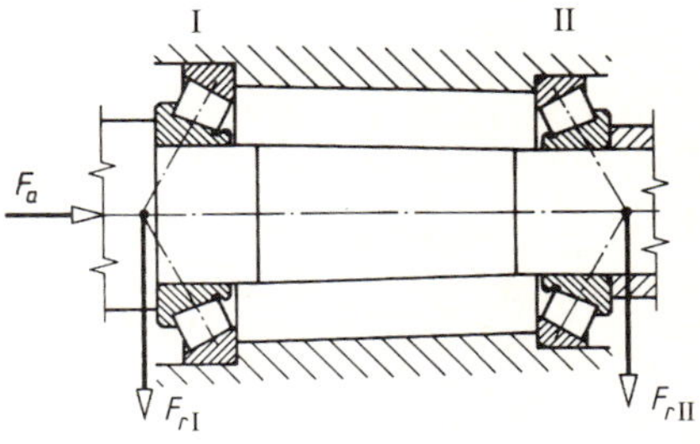

14.20 Auf die Lager I und II der Welle mit $n_{max} = 1500\ \text{min}^{-1}$ nach Bild der Aufgabe 14.19 wirken nur die Radialkräfte $F_{rI} = 8{,}5$ kN und $F_{rII} = 2{,}5$ kN.
Welche nominelle Lebensdauer in Betriebsstunden kann für die gewählten Kegelrollenlager DIN 720–30308A und 30306A erwartet werden?

14.21 Die Hauptwelle einer Werkzeugmaschine mit $d = 40$ mm soll mit einem Zylinderrollenlager DIN 5412 der Bauart NU gelagert werden. Die radialen Lagerkräfte F_{rn} sind auf Grund von Messungen an einer ähnlichen Maschinen bei den Drehzahlen n_n und einer Wirkungszeit t_n für eine nominelle Lebensdauer $L_{10h} = 20000$ Betriebsstunden und einer täglichen Gesamtlaufzeit $t = 8$ Betriebsstunden bestimmt:

$F_{r1} = 1{,}5$ kN bei $n_1 = 320\ \text{min}^{-1}$ während $t_1 = 1{,}3$ Betriebsstunden,
$F_{r2} = 3{,}0$ kN bei $n_2 = 400\ \text{min}^{-1}$ während $t_2 = 2{,}4$ Betriebsstunden,
$F_{r3} = 1{,}2$ kN bei $n_3 = 120\ \text{min}^{-1}$ während $t_3 = 0{,}8$ Betriebsstunden,
$F_{r4} = 0$ kN bei $n_4 = 800\ \text{min}^{-1}$ während $t_4 = 0{,}2$ Betriebsstunden,
$F_{r5} = 4{,}2$ kN bei $n_5 = 630\ \text{min}^{-1}$ während $t_5 = 1{,}3$ Betriebsstunden,
$F_{r6} = 1{,}3$ kN bei $n_6 = 72\ \text{min}^{-1}$ während $t_6 = 2{,}0$ Betriebsstunden.

Für das geeignete Zylinderrollenlager sind die Hauptabmessungen und die wirkliche nominelle Lebensdauer L_{10h} bei mittlerer Drehzahl n_m anzugeben.

14.22 Ein Schiffspropeller-Drucklager soll als Festlager mit einem Pendelrollenlager DIN 635–223 24ES ausgeführt werden.
Die Motorleistung ist 200 kW bei Normallast mit der Drehzahl $n_1 = 360\ \text{min}^{-1}$ für einen Fahrzeitanteil $q_1 = 75\%$, bei Volllast 300 kW mit $n_2 = 500\ \text{min}^{-1}$ für einen Fahrzeitanteil $q_2 = 25\%$.
Die Propellerschubkraft wird axial mit $F_a \approx 0{,}2$ kN/kW angenommen. Wegen des anteilig geringen Wellengewichts kann die radiale Beanspruchung F_r vernachlässigt werden.
Zu ermitteln sind:

a) die Schubkräfte bei Normal- und Volllast F_{a1}, F_{a2},
b) die äquivalente Lagerbeanspruchung F_{ia} in kN bei mittlerer Drehzahl n_m in min^{-1},
c) die nominelle Lebensdauer L_{10h} in Betriebsstunden.

14.23 Die Antriebswelle mit $d = 45$ mm eines Kegelradgetriebes hat eine Drehzahl $n = 1440\ \text{min}^{-1}$. Für den belastungsmäßig ungünstigsten Fall bei einer auf das Wellenende aufgesetzten Riemenscheibe ergeben sich am Kegelrad eine Axialkraft $F_a = 2{,}5$ kN, für das Lager A eine resultierende radiale Lagerkraft $F_{Ar} = 4{,}5$ kN und für das Lager B eine resultierende radiale Lagerkraft $F_{Br} = 3{,}5$ kN. Aus konstruktiven Gründen muss das Lager A trotz höherer Radialbelastung als Festlager ausgebildet werden und damit die Axialkraft aufnehmen.

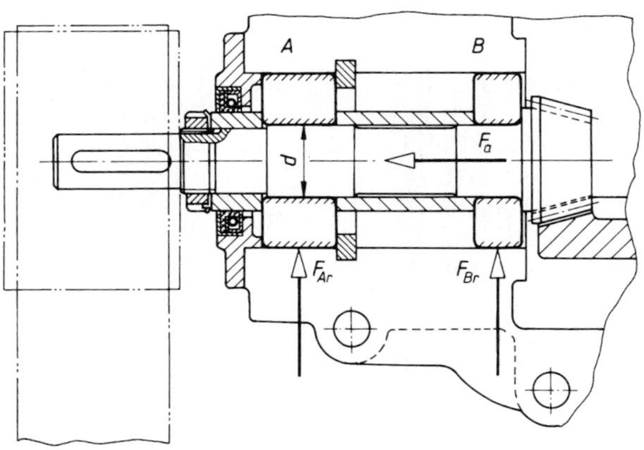

Für das Universalgetriebe sind die Lager mit einer Lebensdauer von i. M. mindestens 18 000 Betriebsstunden auszulegen.

a) Es ist zunächst zu prüfen, ob ein Rillenkugellager DIN 625 der schwersten Reihe für die Lagerstelle A ausreicht! Reicht das Lager nicht aus, sind geeignete Kugellager anderer Bauform zu wählen und die Lebensdauer zu prüfen!
b) Für die Lagerstelle B ist ein Rillenkugellager der gleichen Durchmesserreihe des gewählten Lagers an der Lagerstelle A zu verwenden, um eine durchgehende Gehäusebohrung für den gleichen Wellendurchmesser ausführen zu können. Welche Lebensdauer ist zu erwarten?
c) Für die Sitzstellen der Welle und der Gehäusebohrungen sind geeignete ISO-Toleranzen, die Hauptabmessungen der gewählten Lager und die Anschlussmaße nach DIN 5418 anzugeben.

14.24 Für die Antriebswelle eines Kegelradgetriebes (siehe Bild zu Aufgabe 14.23) mit der Drehzahl $n = 1500\ \text{min}^{-1}$ sollen an der Lagerstelle A als Festlager zwei Kegelrollenlager DIN 720–30310A in O-Anordnung eingebaut werden, die eine radiale Lagerkraft $F_{Ar} = 11$ kN und eine axiale Lagerkraft $F_a = 4$ kN aufzunehmen haben.
Die nominelle Lebensdauer L_{10h} in Betriebsstunden für das Universalgetriebe ist zu prüfen!

14.25 Das Bild zeigt die Antriebswelle eines Motorgetriebes und deren Lagerung mit einer Leistung $P = 5{,}5$ kW bei einer Drehzahl $n = 125\ \text{min}^{-1}$.
Für die Welle wurde ein Durchmesser $d_1 = 50$ mm berechnet, der an der Lagerstelle B auf $d_2 = 45$ mm abgesetzt ist.
Aus der Getriebeberechnung ergaben sich für das Schrägstirnrad mit dem Teilkreisdurchmesser $d = 227{,}8$ mm eine Umfangskraft $F_t = 4{,}4$ kN, eine Radialkraft $F_r = 1{,}65$ kN und eine Axialkraft $F_a = 1{,}2$ kN. Bei einem belastungsmäßig ungünstigen Abtrieb durch Flachriemen ist am Zapfen mit einer Achskraft $F_A = F'_A = 8$ kN zu rechnen. Aus konstruktiven Gründen wird das Lager A als Festlager ausgebildet. Die Lager- und Radabstände l_1, l_2, l_3 ergaben sich aus dem Entwurf.

a) Welche Wälzlagerbauformen würden sich zweckmäßig für die Lagerstellen A der Durchmesserreihe 3 und B der Durchmesserreihe 2 eignen? (ggf. zwei Vorschläge)

b) Die resultierenden Lagerkräfte F_{Ar} und F_{Br} für die in der gleichen Ebene wie F_t wirkende Achskraft F_A sowie F'_{Ar} und F'_{Br} für die Achskraft F'_A entgegen F_t sind aus den Lagerkräften in der Horizontalebene F_{Ax}, F_{Bx} bzw. F'_{Ax}, F'_{Bx} sowie in der Vertikalebene F_{Ay}, F_{By} nach Skizze zu ermitteln.

c) Die geeigneten Wälzlager für die Lagerstellen A und B sind mit den größten resultierenden Lagerkräften zu bestimmen, die im Bereich der nominellen Lebensdauer für Universalgetriebe liegen sollen!

d) Die zu erwartende Lebensdauer der gewählten Lager bei einer Betriebsviskosität $\nu = 50\ \text{mm}^2/\text{s}$ und normale Schmierbedingungen (Sauberkeit) und wenn eine Ausfallwahrscheinlichkeit von 5% gefordert wird ist festzustellen.

e) Die Hauptabmessungen mit Anschlussmaßen nach DIN 5418 sind dazu anzugeben und geeignete ISO-Toleranzen an den Lagerstellen für Welle und Gehäuse zu empfehlen!

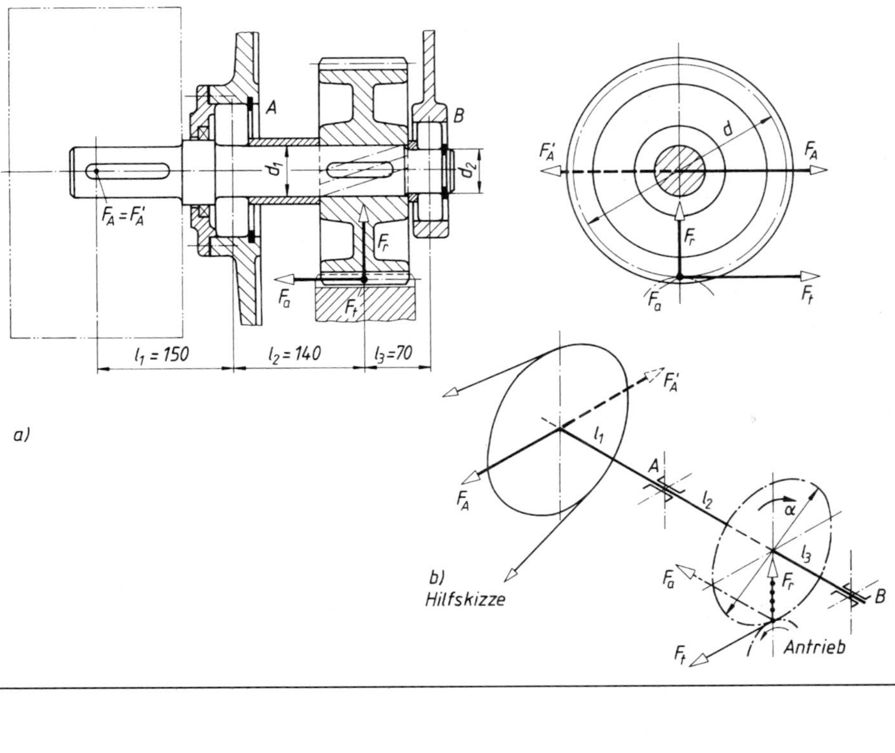

14.26 Die Achse eines Brennofenwagens wird durch Wagengewicht und Zuladung mit $m = 1{,}5$ t belastet. Beim Befahren des Ofens, Fahrgeschwindigkeit 0,5 m/h, ist mit einer Betriebstemperatur für die Lager von $t \approx 300\,°\mathrm{C}$ zu rechnen.
Aus der Festigkeitsberechnung ergaben sich die Durchmesser der Lagerzapfen $d_1 = 35$ mm. Für die Achsenlagerung sind geeignete Rillenkugellager DIN 625 bei normalem Betrieb zu bestimmen!

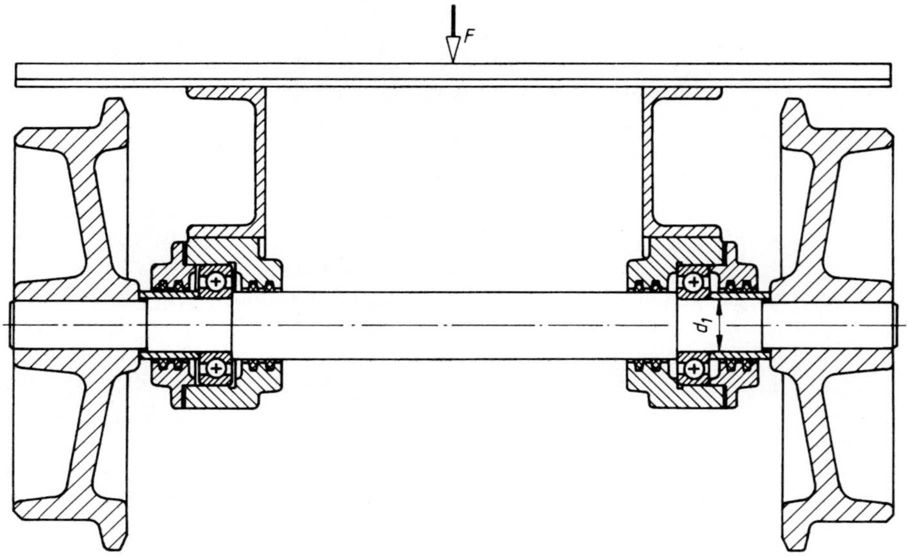

14.27 Die Lagerung des Gabelbolzens einer schwenkbaren Laufrolle ist mit zwei Rillenkugellagern DIN 625 der Reihe 62 ausgebildet. Der Durchmesser des Gabelbolzens wurde mit 25 mm festgelegt.
Aus dem Entwurf ergaben sich die im Bild eingetragenen Abmessungen. Die größte Radkraft beträgt $F = 2{,}5$ kN. Für normalen Betrieb ist die Tragfähigkeit beider Lager auf Grund der Lagerkräfte F_{Ar}, F_{Br} zu prüfen, wobei zunächst festzustellen ist, welches der beiden Lager die Axialkraft aufnimmt!
Bemerkung: Zur Übung kann die Konstruktion des Lagergehäuses aus Grauguss und des Gabelbolzens (außer Rollengabel) unter Einhaltung der gegebenen Abmessungen als werkstattgerechte Zeichnung ausgeführt werden.

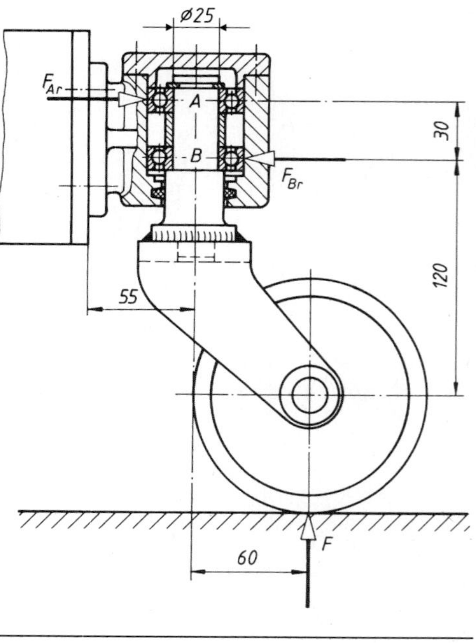

15 Gleitlager

Vorbemerkungen

Gleitlager lassen sich leider nicht so einfach berechnen, wie dies bei Wälzlagern zu sein scheint. Der verschleißfreie und sichere Betrieb eines Gleitlagers ist nur im Bereich der Flüssigkeitsreibung gewährleistet, wobei Welle und Lagerschale (bzw. Segmente bei Axiallagern) durch einen Ölfilm vollständig getrennt sind. Dabei ist der im Ölfilm entstehende Druckaufbau für die Tragfähigkeit des Lagers entscheidend. Während der konstruktive Aufbau des Gleitlagers sich durch einfache Gestaltung auszeichnet, ist die rechnerische Erfassung der Schmierung schwierig.

Da die Flüssigkeitsreibung im allgemeinen ein mechanischer Vorgang ist, tritt in der Berechnung als einzige Kenngröße des Öles die Viskosität auf. Die im Ölfilm erzeugte Reibungswärme bedingt eine Temperatursteigerung, die die Viskosität beeinflusst. Wird der Schmierstoff als ein Teil des Konstruktionselementes „Schmierspalt" betrachtet und die Viskosität als eine unter mehreren Veränderlichen, lässt sich die Schmierölwahl nicht von der Lagerdimensionierung trennen.

Aus zahlreichen Untersuchungen sind Berechnungsunterlagen auf der Grundlage der hydrodynamischen Theorie der Schmiermittelreibung entwickelt worden, die eine angenäherte Auslegung der Gleitlager zulassen. Zweck der Berechnung ist es nun, das Gleitlager so zu bemessen, dass die Lagerwerkstoffe und der Schmierstoff den Belastungskräften unter allen Bedingungen standhalten und gewährleistet ist, dass immer Flüssigkeitsreibung herrscht.

Dafür können für stationäre Lagerbelastung heute relativ einfache Gleichungen (Formeln) angegeben werden, die im Lehrbuch bei Verzicht auf Ableitungen zu finden sind, so dass zur Lösung einer Aufgabe nur auf den betreffenden Ausschnitt hingewiesen zu werden braucht (s. Lösungshinweise). So wird auch eine schwierige Berechnung geläufig, wenn man sich einige Zeit mit den immer wiederkehrenden Betriebskennwerten wie relatives Lagerspiel, relative Exzentrizität, Schmierspalthöhe, Sommerfeldzahl, Reibungskennzahl u. a. beschäftigt; außerdem kann diese Methode bei später eingehenderem Umgang mit dem Problem die Verständigung erleichtern.

Bei zahlreichen Aufgaben wird eine ausgeführte Konstruktion zugrunde gelegt und eine Abbildung des zu berechnenden Gleitlagers gegeben.

1 Die möglichen Reibungszustände einer Gleitlagerung sind jeweils in einer Skizze darzustellen und zu erläutern.
Lösungshinweis: Siehe Lehrbuch 15.1.3.

2 Welcher Reibungszustand wird bei Gleitlagerungen während der Betriebsphase stets angestrebt?
Lösungshinweis: Siehe Lehrbuch 15.1.3.

3 Wie beeinflusst die Zähigkeit des Schmiermittels den Reibungskoeffizienten im Verlauf einer Betriebsphase?
Lösungshinweis: Siehe Lehrbuch 15.3.2 und 15.4.1-1d.

4 Der Öldruckverlauf über den Lagerquerschnitt und über die Lagerbreite ist zu skizzieren und Einflüsse auf den Druckverlauf sind zu nennen.
Lösungshinweis: Siehe Lehrbuch 15.1.5-2.

5 Welche Anforderungen werden an Gleitlagerwerkstoffe gestellt?
Lösungshinweis: Siehe Lehrbuch 15.3.1-1.

6 Die wichtigsten Gleitlagerwerkstoffe und ihre spezifischen Eignungen sind zu nennen.
Lösungshinweis: Siehe Lehrbuch 15.3.1-2.

15

7 Die Unterschiede zwischen relativem Lagerspiel, Einbaulagerspiel und Betriebslagerspiel sind zu nennen.
Lösungshinweis: Siehe Lehrbuch 15.4.1-1a.

8 Die Begriffe „Reibungskennzahl" und „Sommerfeldzahl" sind zu erläutern.
Lösungshinweis: Siehe Lehrbuch 15.4.1-1c und -1d.

9 Die konstruktiven Forderungen an die Schmierung von Gleitlagern und an die Zuführung des Schmiermittels in den Gleitraum sind zu nennen.
Lösungshinweis: Siehe Lehrbuch 15.3.3.

10 Warum und wann sind bei Axial-Gleitlagern Gleitsegmente erforderlich?
Lösungshinweis: Siehe Lehrbuch 15.3.4-2 und 15.4.2-2.

Gleitlager

15.1 Für ein Schmieröl der Viskositätsklasse ISO VG 68 DIN 51519 entsprechend VI50 und einer mittleren Dichte $\varrho = 900\ \text{kg/m}^3$ sollen ν_{20}, ν_{40} in mm²/s und η_{50}, η_{100} in mPa s durch Ablesung bzw. genauere Berechnung (auf eine Kommastelle) ermittelt werden.

15.2 Nach Angabe des Lieferanten hat Schmieröl DIN 51501-L-AN68 eine Dichte $\varrho_{20} = 900\ \text{kg/m}^3$. Rechnerisch sind als ganze Zahl zu ermitteln:

a) die Dichte ϱ_{40} in kg/m³,
b) mit der Mittelpunktsviskosität in mm²/s die dynamische Viskosität η_{40} in mPa s.

15.3 Das vollumschließende Gleitlager einer Speisepumpe mit dem Innendurchmesser $d_L = 100$ mm, Breite $b = 125$ mm, Lagerwerkstoff Sn-Legierung, wird bei natürlicher Kühlung im stationären Betrieb mit der Lagerkraft $F = 5{,}5$ kN bei einer Drehzahl $n_w = 5500\ \text{min}^{-1}$ belastet. Bei mittlerem Betriebslagerspiel $s = 0{,}2$ mm wird Schmieröl DIN 51517 – CL46 vorgesehen.
Es ist aufgrund der kleinsten Schmierspalthöhe h_0 bzw. der relativen Exzentrizität ε zu prüfen und zu beurteilen, ob bei einer angenommenen Lagertemperatur $\vartheta_L = \vartheta_{eff} = 70\ °\text{C}$ unter diesen Verhältnissen das 360°-Lager hydrodynamisch einwandfrei betrieben werden kann.

15.4 Das vollumschließende Radial-Gleitlager einer umlaufenden Welle ($R_{zW} \leq 2\ \mu\text{m}$) mit dem Innendurchmesser $d_L = 240$ mm ($R_{zL} \leq 1\ \mu\text{m}$) und einer Breite $b = 360$ mm, Lagerwerkstoff Pb-Legierung, wird im stationären Betrieb mit einer Lagerkraft $F = 300$ kN bei einer Drehzahl $n_w = 300\ \text{min}^{-1}$ belastet.

a) Die Verschleißgefährdung ist nachzuprüfen, wenn das ermittelte mittlere Betriebslagerspiel $s = 0{,}21$ mm beträgt und Schmieröl DIN 51517–CL220 bei einer mittleren Lagertemperatur $\vartheta_m = 70\ °\text{C}$ verwendet wird.
b) Die Übergangsdrehzahl $n'_ü$ beim Auslauf ist angenähert zu prüfen.

Die Ergebnisse sind zu beurteilen.

15.5 In das Gehäusegleitlager DIN 31690–100 × 3 × 5 × 7 × 9 (s. Lehrbuch zu Bild 15-26c) wird die passende Lagerschale DIN 31690–5 × 100–2K mit der Breite $b = 80$ mm und Schmierring DIN 31690–7 × 100 eingebaut.
Für die Lagerung wurde zweckmäßig die Spielpassung H7/d6 gewählt. Zu ermitteln sind:

a) das Einbau-Lagerspiel $s_{E\,max}$ und $s_{E\,min}$ in mm,
b) das mittlere relative Lagerspiel ψ_B in ‰ (auf 2 Dezimalstellen gerundet), wenn aufgrund des geringen Temperaturunterschieds $s_E \approx s_B$ angenommen wird.

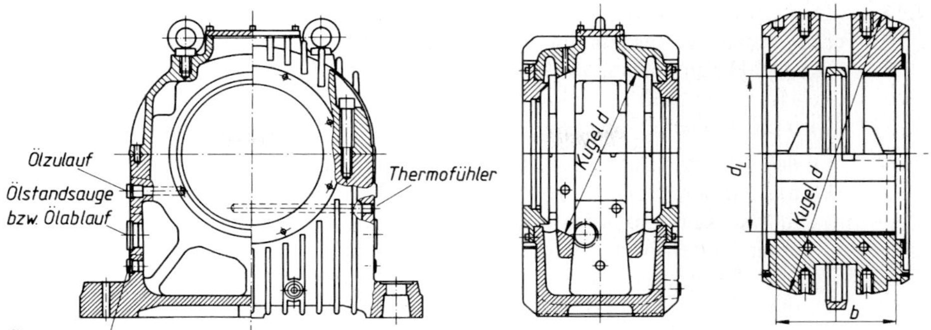

Stehlagergehäuse mit Kühlrippen für zugehörigen d_L

Lagerschale für d_L, b mit Kugel-d (H7/h6) und Schmierring (vergrößert dargestellt)

15.6 Die Welle eines Stirnradgetriebes aus E295 soll als Loslager ein dickwandiges Verbundgleitlager DIN 7474, Form A (s. Lehrbuch Bild 15-24a), zunächst Bauform lang, Lagermetallausguss PbSb 15Sn10 nach DIN ISO 4381 erhalten. Im stationären Betrieb ist die radiale Lagerkraft $F = 10$ kN bei einer Wellendrehzahl $n_w = 750$ min^{-1} aufzunehmen.

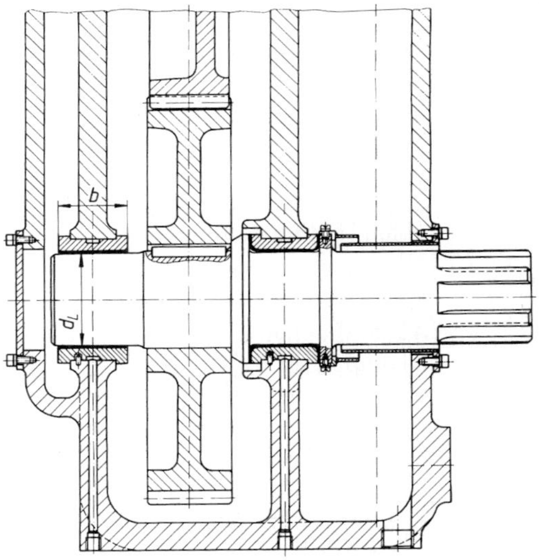

a) Entsprechend DIN 7474 sind der erforderliche Lagerdurchmesser $d_L \mathrel{\hat{=}} d_1$ und die Breite $b \mathrel{\hat{=}} b_1$ zunächst aufgrund des Mittelwertes der zulässigen spezifischen Lagerbelastung $p_{L\,zul}$ für das Lagermetall zu wählen. Danach ist zu prüfen, ob die vorhandene spezifische Lagerbelastung p_L im zulässigen Bereich liegt, wenn für das Lager die Bauform kurz gewählt wird. Die Normbezeichnung des Lagers mit 2 Schmiertaschen Form K ist anzugeben (vgl. Bild).

b) Die zulässigen gemittelten Rautiefen R_{zW} für die Welle und R_{zL} für die Lagerbohrung sind entsprechend der gewählten Spielpassung H7/f7 für eine hochwertige Funktion der Gleitflächen festzulegen.

c) Das mittlere relative Betriebslagerspiel ψ_B in ‰ aufgrund der Spielpassung (auf 2 Dezimalstellen genau) ist für eine angenommene Lagertemperatur $\vartheta_L \mathrel{\hat{=}} \vartheta_{eff} = 60$ °C bei Berücksichtigung der Spieländerung zu bestimmen.

15

15.7 Das Deckellager DIN 505 – L100 mit der Lagerschale M100 aus einer Cu-Sn-Legierung (Längenausdehnungsbeiwert $\alpha_L \approx 18 \cdot 10^{-6}$ 1/°C) soll bei der Drehzahl $n_w = 1000 \text{ min}^{-1}$ bis zum üblichen Erfahrungswert für die zulässige spezifische Lagerbelastung $p_{L\ zul} \mathrel{\hat{=}} p_L$ ausgelastet werden (vgl. Lehrbuch Bild 15-25d). Beim Einbau wird ein mittleres Lagerspiel $s = 0{,}12$ mm festgestellt. Zu ermitteln sind

a) das mittlere relative Einbau-Lagerspiel ψ_E in ‰,
b) das mittlere relative Betriebslagerspiel $\psi_B = \psi_E + \Delta\psi$ in ‰ mit $\Delta\psi = (\alpha_L - \alpha_w) \cdot 10^{-6} \cdot (\vartheta_{eff} - 20\ °C)$ bei einer effektiven Schmieröltemperatur $\vartheta_{eff} = 40$ °C und das mittlere Betriebslagerspiel s_B in mm,
c) die relative Exzentrizität ε, wenn für das zu verwendende Schmieröl die kleinste Schmierspalthöhe h_0 die zulässige $h_{0\ zul}$ nur um ca. 30% überschreiten soll,
d) die dynamische Viskosität η_{eff} in mPa s bei ϑ_{eff} und das dafür geeignete Schmieröl nach DIN 51501 mit Normbezeichnung.

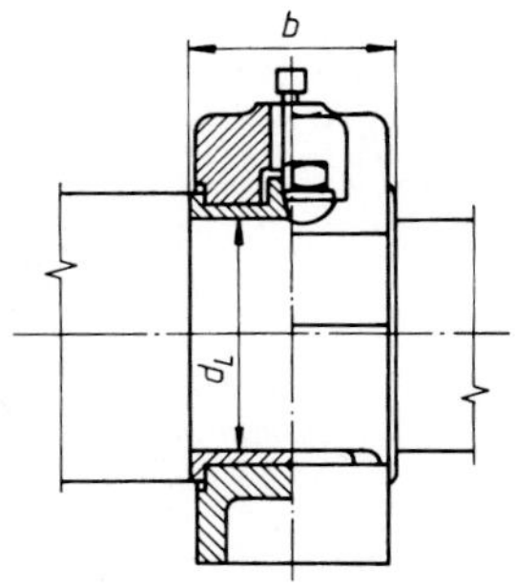

15.8 Das Gehäusegleitlager DIN 31690–100 × 3 × 5 × 7 × 9 (s. Aufgabe 15.5) mit der Lagerschale DIN 31690–5 × 100–2K mit $b = 80$ mm, Schmierringschlitzbreite $b_{Nut} = 22$ mm (für Schmierring DIN 31690–7 × 210, d. h. Durchmesser 210 mm, Breite 20 mm) hat ein mittleres relatives Betriebslagerspiel $\psi_B = 1{,}49$‰.
Bei einer Lagerkraft $F = 16$ kN und einer Wellendrehzahl $n_w = 2000 \text{ min}^{-1}$ im stationären Betrieb soll Schmieröl DIN 51517–CL22 verwendet werden. Zu ermitteln bzw. zu prüfen sind für Luftkühlung

a) die Zulässigkeit der spezifischen Lagerbelastung, wenn für den Lagermetallausguss der Schale Sn- bzw. Pb-Legierungen vorgesehen werden.
b) die effektive dynamische Viskosität η_{eff} in Ns/mm² des Schmieröls, wenn als Richttemperatur $\vartheta_{eff} \mathrel{\hat{=}} \vartheta_0 = \vartheta_U + 20\ °C = 60\ °C$ angenommen wird,
c) die Sommerfeldzahl *So*,
d) die relative Exzentrizität $\varepsilon = f(b/d_L, So)$ und das Verhalten des Lagers,
e) die Zulässigkeit der kleinsten Schmierspalthöhe h_0 in (vollen) μm, wenn $R_{zW} \leq 2$ μm und $R_{zL} \leq 1$ μm angenommen wird, und den geschätzten Verlagerungswinkel β°, wenn wegen des Schmierringschlitzes sowie der Schmiertaschen für den losen Schmierring die Lagerung eher einem 180°-Lager (halbumschließendes Radiallager) entspricht, da eine Ölfüllung in der entlasteten Lagerhälfte kaum erreicht wird.

15.9 Für eine radiale Lagerkraft $F = 22{,}5$ kN bei der Wellendrehzahl $n_w = 900 \text{ min}^{-1}$ soll ein Gleitlager DIN 7473–C80 × 60 mit einem Lagermetall auf Pb-Basis eingebaut werden, das mit Schmieröl DIN 51517–CL100 über eine Bohrung entgegengesetzt zur Lastrichtung versorgt wird.
Das mittlere relative Betriebslagerspiel ψ_B in ‰ soll zunächst abhängig von der Gleitgeschwindigkeit u_w vorgewählt und dann nach DIN 31698 nahe liegend festgelegt werden.

a) Das mittlere Betriebslagerspiel s_B in 1/100 mm ist zu bestimmen.
b) Es ist zu untersuchen, ob das Lager für eine geschätzte Richttemperatur $\vartheta_0 = 70$ °C bei einer Umgebungstemperatur $\vartheta_U = 20$ °C mit der wärmeabgebenden Oberfläche $A_G = 0{,}2$ m² bei einer effektiven Wärmeübergangszahl $\alpha = 20$ W/(m² °C) hydrodynamisch mit natürlicher Kühlung betrieben werden kann, wenn $\vartheta_{L\ zul} = 90$ °C nicht überschritten werden soll.
c) Die Zulässigkeit der kleinsten Schmierspalthöhe h_0 ist für $R_{zW} \leq 2$ μm und $R_{zL} \leq 1$ μm zu prüfen.
d) Der Schmierstoffdurchsatz infolge Eigendruckentwicklung $\dot{V}_D$ ist zu ermitteln.

15.10 Für das Gehäusegleitlager DIN 31690–100×3 wie im Bild der Aufgabe 15.5 wird die passende Lagerschale DIN 31690–100, Breite $b = 80$ mm für einen mittig angeordneten festen Schmierring, der sich mit der Welle dreht, eingebaut. Das Lager wird somit durch eine Ringnut (360°-Nut) von der Breite $b_{Nut} = 5$ mm geteilt, so dass wegen der getrennten Gleitflächen zweckmäßig mit Ersatzabmessungen d'_L und b' (auf 2 Dezimalstellen genau) gerechnet wird (s. Lehrbuch 15.4.1-4 Kleindruck „Hinweis"). Infolge der stärkeren Schleuderwirkung des festen Schmierringes wird auch die unbelastete obere Schalenhälfte mit dem gewählten Schmieröl DIN 51517–CL46 gefüllt sein, so dass ein 360°-Lager (vollumschließendes Lager) angenommen werden kann.
Für den Wellenzapfen und die Lagerschale sind die gemittelten Rauhtiefen $R_{zW} = R_{zL} = 4$ µm vorgesehen. Die Lagerung mit dem konstanten mittleren relativen Betriebslagerspiel $\psi_B = 1{,}49$ ‰ wird bei Umgebungstemperatur $\vartheta_U = 40$ °C bei einer Wellendrehzahl $n_w = 1500\ \text{min}^{-1}$ mit der Lagerkraft $F = 16$ kN belastet.

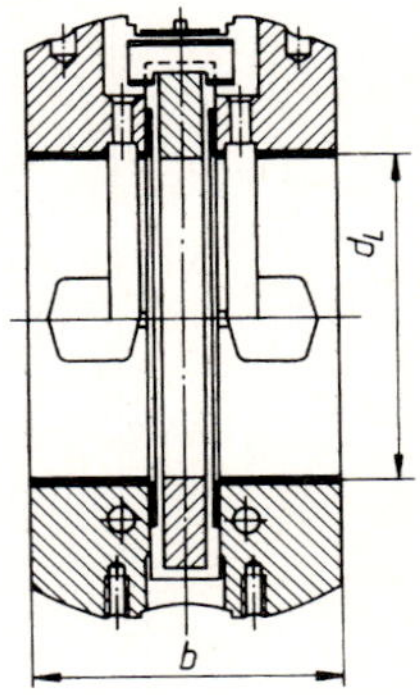

a) Aufgrund der spezifischen Lagerbelastung p_L ist eine Lagerwerkstoff-Gruppe erfahrungsgemäß zu wählen.
b) Unter der Annahme der wärmeabgebenden verrippten Oberfläche des Lagers $A_G = 0{,}5\ \text{m}^2$ ist mit der Wärmeübergangszahl $\alpha = 20\ \text{W/(m}^2\ \text{°C)}$ die Lagertemperatur ϑ_L für Luftkühlung iterativ zu ermitteln und für die Lagerwerkstoff-Gruppe zu prüfen, wenn als Richttemperatur $\vartheta_0 = \vartheta_U + 20$ °C zunächst gewählt und die Reibungskennzahl μ/ψ_B rechnerisch ermittelt wird.
c) Der erforderliche Schmierstoffdurchsatz in l/min ist zu errechnen.
d) Die Verschleißgefährdung ist nachzuprüfen.

15.11 Das Gleitlager DIN 7474–A60×45–2K (s. Lehrbuch Bild 15-24a) des Stirnradgetriebes entsprechend der Aufgabe 15.6 (s. Bild) soll im stationären Betrieb eine radiale Lagerkraft $F = 7$ kN bei einer Wellendrehzahl $n_w = 750\ \text{min}^{-1}$ aufnehmen, wobei dem Loslager Schmieröl DIN 51517–CL220 bei der Umgebungstemperatur $\vartheta_U = 30$ °C zugeführt wird.
Bei der angenommenen Richttemperatur $\vartheta_0 \mathrel{\hat{=}} \vartheta_{eff} = 60$ °C beträgt das relative Lagerspiel $\psi_B = 1{,}52$ ‰, wenn das relative Einbau-Lagerspiel $\psi_E = 1$ ‰ ermittelt wurde. Für die (geschätzte) wärmeabgebende Fläche $A_G \approx 0{,}1\ \text{m}^2$ ist mit einer Wärmeübergangszahl $\alpha = 20\ \text{W/(m}^2\ \text{°C)}$ zu rechnen.
Die Lagertemperatur $\vartheta_L \mathrel{\hat{=}} \vartheta_m$ ist für natürliche Kühlung bei Berücksichtigung der Spieländerung durch Iteration zu ermitteln, wenn nach Herstellerangabe die zulässige Lagertemperatur $\vartheta_{L\ zul} = 70$ °C nicht überschritten werden soll.

15.12 Für das Gehäusegleitlager DIN 31690–100×2 wird eine Lagerschale DIN 31690–4×100, Breite $b = 80$ mm (Bezeichnungen Nr. 2 bzw. Nr. 4 s. Lehrbuch zu Bild 15-26c) gewählt. Als Lagermetallausguss ist eine Sn-Legierung vorgesehen. Die Lagerung mit konstantem mittleren relativen Betriebslagerspiel $\psi_B = 1{,}49$ ‰ wird bei einer Wellendrehzahl $n_w = 3000\ \text{min}^{-1}$ mit der Lagerkraft $F = 16$ kN im stationären Bereich belastet.
Schmieröl DIN 51517–CL22 soll über eine Schmiertasche $b_T/b = 0{,}5$ um 90° gedreht zur Lastrichtung angeordnet mit einem Zuführdruck $p_z = 3$ bar bei einer Eintrittstemperatur $\vartheta_e = 40$ °C zugeführt werden. Nachzuprüfen sind:

a) die mechanische Beanspruchung,
b) die thermische Beanspruchung bei Ölkühlung für das 360 °-Lager
c) die Verschleißgefährdung, wenn $R_{zW} = 2$ µm und $R_{zL} = 1$ µm betragen.

15

15.13 Ein Getriebe-Gleitlager mit einem Nenndurchmesser $d_L = 70\,\text{mm} \mathrel{\hat=} d_w$, Breite $b = 70\,\text{mm}$, wird bei einer Wellendrehzahl $n_w = 1200\,\text{min}^{-1}$ mit der Lagerkraft $F = 9{,}5\,\text{kN}$ beansprucht. Dem Lager soll Schmieröl DIN 51517 – C68 bei der Eintrittstemperatur $\vartheta_e = 50\,°\text{C}$ mit einem Zuführdruck $p_z = 2\,\text{bar}$ über eine Schmiertasche $b_T/b = 0{,}6$ zugeführt werden, die entgegengesetzt zur Lastrichtung angeordnet wird.

a) Die Zulässigkeit der spezifischen Lagerbelastung p_L in N/mm^2 ist für eine vorgesehene Cu-Pb-Legierung nach DIN ISO 4382-1 zu prüfen.
b) Da keine Erfahrungen vorliegen, soll zunächst das mittlere relative Einbaulagerspiel ψ_E in ‰ für die Gleitgeschwindigkeit u_w vorgewählt und danach das relative Betriebslagerspiel ψ_B in ‰ bei $\vartheta_{eff} = 0{,}5\,(\vartheta_e + \vartheta_{a0})$ bestimmt werden.
c) Die Schmierstoffaustrittstemperatur $\vartheta_a \mathrel{\hat=} \vartheta_L$ ist durch Iteration zu ermitteln, wenn die zulässige Lagertemperatur $\vartheta_{L\,zul} = 100\,°\text{C}$ nicht überschritten werden soll, und die Verschleißgefährdung für $R_{zW} \le 2\,\mu\text{m}$, $R_{zL} \le 1\,\mu\text{m}$ ist zu prüfen.

15.14 Das Gleitlager DIN 7474 – A60 × 45 – 2K des Stirnradgetriebes, Lagermetall PbSb15Sn10 entsprechend der Aufgabe 15.6 (s. Bild) wird mit der radialen Lagerkraft $F = 7\,\text{kN}$ bei einer Wellendrehzahl $n_w = 750\,\text{min}^{-1}$ im stationären Bereich belastet. Es soll mittels Druckumlaufschmierung bei einem konstant gewählten gesamten Schmierstoffdurchsatz $\dot{V} \approx 0{,}5\,\text{dm}^3/\text{min}$ mit Schmieröl DIN 51517 – CL220 versorgt werden. Bei einer Schmierstoffeintrittstemperatur $\vartheta_e = 30\,°\text{C}$ soll nach Herstellerangabe die zulässige Lagertemperatur $\vartheta_{L\,zul} = 70\,°\text{C}$ nicht überschreiten.

Zu ermitteln bzw. zu prüfen sind

a) die Lagertemperatur $\vartheta_L \mathrel{\hat=} \vartheta_a$ durch Iteration, wenn das mittlere relative Einbau-Lagerspiel $\psi_E = 1\,‰$ beträgt,
b die Verschleißgefährdung, wenn für die Welle und die Gleitfläche $R_{zW} = R_{zL} = 4\,\mu\text{m}$ entsprechend der gewählten Passung beträgt.
c) Das Betriebsverhalten des Lagers ist zu beurteilen.

15.15 Ein vollumschließendes Radialgleitlager mit den Nennabmessungen $d_L = 120\,\text{mm}$, $b = 60\,\text{mm}$ soll als Verbundlager mit Lagermetallausguss auf Cu-Pb-Basis nach ISO 4382-1 bei einem mittleren Einbau-Lagerspiel $s = 0{,}12\,\text{mm}$ im stationären Betrieb bei einer Wellendrehzahl $n_w = 2000\,\text{min}^{-1}$ unter einer Belastung $F = 36\,\text{kN}$ betrieben werden.
Die gemittelten Rauhtiefen sind für den Wellenzapfen $R_{zW} \le 2\,\mu\text{m}$, für die Lagerschale $R_{zL} \le 1\,\mu\text{m}$ bei einer Umgebungstemperatur $\vartheta_U = 40\,°\text{C}$. Über eine Bohrung $d_0 = 8\,\text{mm}$ in der Oberschale entgegengesetzt zur Lastrichtung soll den Gleitflächen Schmieröl DIN 51517 – CL100 zugeführt werden.

a) Es ist zunächst zu untersuchen, ob das Lager mit einer wärmeabgebenden Oberfläche $A_G \approx 0{,}3\,\text{m}^2$, Wärmeübergangszahl $\alpha = 20\,\text{W/(m}^2\,°\text{C)}$ bei natürlicher Kühlung betrieben werden kann, wenn die Temperaturerhöhung $\Delta\vartheta = 20\,°\text{C}$ betragen und die zulässige Lagertemperatur $\vartheta_{L\,zul} = 90\,°\text{C}$ nicht überschritten werden soll.
b) Die Lagertemperatur $\vartheta_L \mathrel{\hat=} \vartheta_a$ ist bei Druckumlaufschmierung zu ermitteln, wenn das Schmieröl mit einem Druck $p_z = 5 \cdot 10^5\,\text{Pa}$ bei einer Eintrittstemperatur zugeführt wird, die 10 °C höher als ϑ_U sein soll.
c) Die Verschleißgefährdung ist zu prüfen.

15.16 Ein hydrostatisch arbeitendes ebenes Spurlager (vgl. Bild 15-41 im Lehrbuch) soll eine zentrisch wirkende axiale Lagerkraft $F = 40\,\text{kN}$ bei einer Wellendrehzahl $n_w = 200\,\text{min}^{-1}$ aufnehmen. Konstruktiv passen ein Durchmesser des Wellenspurkranzes $d_a = 200\,\text{mm}$ und ein Innendurchmesser der Spurplatte $d_i = 160\,\text{mm}$.
Als Schmierstoff soll Öl der Viskositätsklasse ISO VG 46 DIN 51519 bei einer mittleren Betriebstemperatur des Lagers $\vartheta_{eff} = 60\,°\text{C}$ mit der Dichte $\varrho_{60} \approx 890\,\text{kg/m}^3$ verwendet werden.
Zu ermitteln sind:

a) aufgrund der Lagerabmessung für die Lagerkraft der erforderliche Schmiertaschendruck p_T in bar;

b) der Schmierstoffvolumenstrom in dm^3/min, wenn die erforderliche Schmierspalthöhe $h_0 \approx 2\,h_{0\,zul}$ für einen mittleren Faktor (nach Drescher) beträgt;

c) die Schmierstofferwärmung $\Delta\vartheta$ in °C gerundet, wenn für die Pumpenleistung der gerundete Wert $p_T \approx p_Z$ und ein Pumpenwirkungsgrad $\eta_P = 0{,}8$ angenommen werden.

15.17 Das Stützlager einer großen Zentrifuge einer Kläranlage soll als Ring-Spurlager (s. Bild) mit $d_a = 300$ mm, $d_i = 240$ mm eine Achskraft $F = 80$ kN bei einer Wellendrehzahl $n_w = 430\ \text{min}^{-1}$ aufnehmen. Bei einer Betriebstemperatur des Lagers $\vartheta_{eff} \approx 41$ °C wird Öl der Viskositätsklasse ISO VG 68 DIN 51519 verwendet.

a) Welche zweckmäßige Schmierspalthöhe h_0 in µm ergibt sich, wenn zur Erzeugung des hydrostatischen Schmierfilms mit dem 5-fachen Wert der kleinsten zulässigen Spalthöhe $h_{0\,zul}$ in ganzen µm erfahrungsgemäß mit dem größten Faktor (nach Drescher) gerechnet wird?

b) Für den notwendigen Schmierstoff-Zuführdruck $p_Z \approx p_T$ in bar (Rundwert) ist der erforderliche Schmierstoffvolumenstrom $\dot{V}$ in l/min zu bestimmen.

c) Die Schmierstofferwärmung $\Delta\vartheta$ in °C (gerundet) ist zu ermitteln, wenn die raumspezifische Wärme $\varrho \cdot c$ wie bei Radiallagern für Ölkühlung üblich verwendet und ein Pumpenwirkungsgrad $\eta_P = 0{,}75$ zugrundegelegt wird.

d) Die Reibungszahl μ ist zu errechnen.

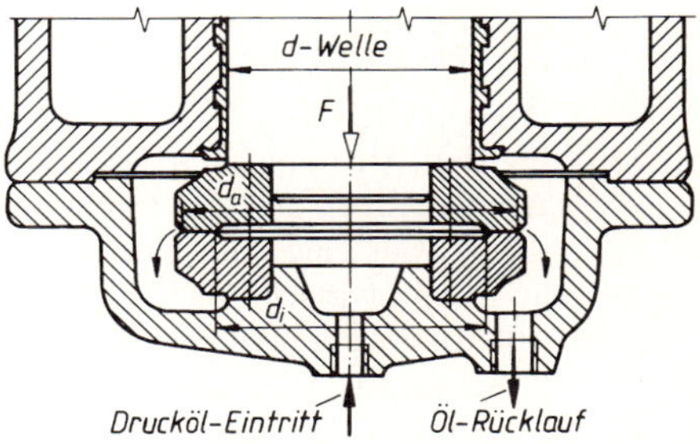

15.18 Zur Aufnahme der axialen Lagerkraft $F = 133$ kN bei einer Wellendrehzahl $n_w = 430\ \text{min}^{-1}$ einer Schiffschraubenwelle soll ein Axiallager kombiniert mit einem MF-Radiallager eingebaut werden, s. Bild. Die Axialkraft F soll vom Wellenbund aus Stahl je nach Richtung nicht mit Druckringen sondern mit $z = 12$ einzelnen kippbeweglichen Segmenten aus Stahl mit Sn/Pb-Lauffläche mit $d_a = 378$ mm, $d_i = 252$ mm übertragen werden.
Für die neue Konstruktion Segmente mit Kippkante und Tragringe aus C10 soll bei Druckumlaufschmierung durch Pumpe Öl der Viskositätsklasse ISO VG 100 DIN 51519 bei Betriebstemperatur $\vartheta_{eff} = 65$ °C, Dichte $\varrho = 860\ \text{kg/m}^3$ verwendet werden.

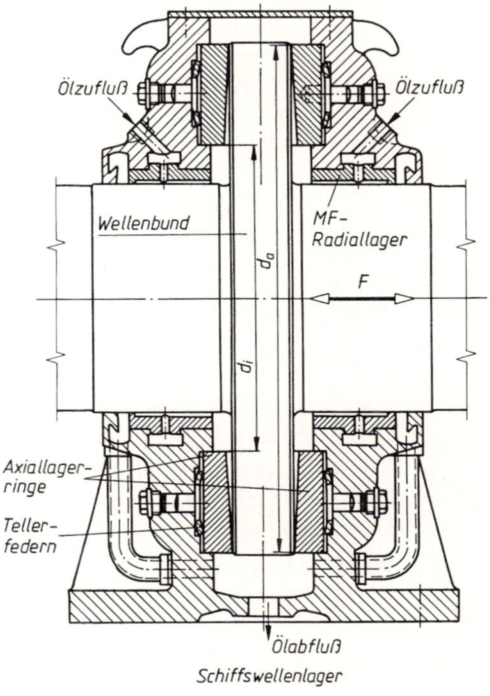

Schiffswellenlager

a) Für die Segmentlänge l in mm aus der Segmentteilung l_t ist die mittlere Flächenpressung p_L in N/m^2 zu prüfen und die Dicke h_{seg} in mm zu ermitteln.

b) Die Zulässigkeit der kleinsten Schmierspalthöhe h_0 in µm ist zu prüfen, wenn $l/b \approx 1$ bei $h_0/t \approx 1$ sowie beste Herstellung und sorgfältigste Montage angenommen werden.

c) Für die Reibungskennzahl k_2 ist die Reibungsverlustleistung P_R in Nm/s zu errechnen.

d) Die Erwärmung des Schmierstoffs $\Delta\vartheta < 20$ °C ist zu prüfen, wenn wegen Erreichens eines möglichst geringen Wertes der errechnete Schmierstoffvolumenstrom $\dot{V}_{ges}$ verdoppelt wird.

16 Riementriebe

Vorbemerkungen
Die Riementriebe werden wegen ihrer elastischen Leistungsübertragung, ihres geräuscharmen und stoßdämpfenden Laufs vorzugsweise als erste Stufe für Antriebe von Maschinen aller Art, insbesondere zwischen Elektromotoren und den Antriebswellen der nachgeschalteten Maschinen verwendet. Nach einigen Grundaufgaben, in denen die Zusammenhänge zwischen den verschiedenen Daten, wie Trumkräften, Trumspannungen, Wellenkraft usw. gezeigt und geübt werden sollen, folgen Berechnungsaufgaben aus dem praktischen Anwendungsbereich. Da die Lederriemen in der modernen Antriebstechnik kaum noch eine Bedeutung haben und immer mehr durch Mehrschicht-, Keil- und Zahnriemen ersetzt werden, sind die Aufgaben auch vorwiegend über diese Riemenarten gestellt. Die Mehrschicht-, Keil- und Zahnriementriebe sind nicht nur leistungsmäßig den Antrieben mit Lederriemen überlegen, sondern kommen auch mit geringeren Abmessungen aus und machen in fast allen Fällen das Spannen durch Spannrollen überflüssig, was einen erheblich konstruktiven Mehraufwand erspart und damit den Antrieb insgesamt wirtschaftlicher gestaltet. Aus diesem Grunde wurde auf Aufgaben mit Spannrollen verzichtet. In einigen Aufgaben soll der Antrieb einer gleichen Maschine durch verschiedene Riemenarten berechnet werden, was einen interessanten Vergleich, z. B. hinsichtlich der Bauabmessungen zwischen Mehrschicht- und Keilriementrieben gestattet. Zum Schluss sei noch erwähnt, dass die Lösungen bei einigen Aufgaben durchaus zu leicht abweichenden Ergebnissen gegenüber den am Ende des Buches angegebenen Werten führen können, da u. U. je nach persönlicher Interpretation der Aufgabenstellung und damit auch der individuellen Vorstellung unterschiedliche Annahmen, z. B. bei der Ermittlung der Anwendungsfaktoren gemacht werden können. Abweichende Ergebnisse brauchen damit nicht falsch zu sein; aber man sollte in jedem Fall die abweichenden Ergebnisse dahingehend hinterfragen, worin diese Abweichungen begründet sind.

1 Die Riemenarten und ihre Vor- und Nachteile sind zu nennen.
Lösungshinweis: Siehe Lehrbuch 16.1.2.

2 Die Eigenschaften und die Anwendungsbedingungen der Riemenarten sind anhand einer Übersicht zu vergleichen.
Lösungshinweis: Siehe Lehrbuch 16.1.2 in Verbindung mit TB 16-1, TB 16-2 und TB 16-3.

3 In der Praxis angewendete Spannmöglichkeiten für Riementriebe sind zu nennen und ihre Vor- und Nachteile aufzuführen.
Lösungshinweis: Siehe Lehrbuch 16.2.1-3.

4 Die Art und Weise der Kraftübertragung bei Flach- und Keilriemen einerseits und Zahnriemen andererseits ist zu erläutern.
Lösungshinweis: Siehe Lehrbuch 16.1.2.

5 Welche nachteiligen Folgen ergeben sich bei einem kraftschlüssigen Riementrieb, wenn dieser nicht genügend vorgespannt ist?
Lösungshinweis: Siehe Lehrbuch 16.3.1.

6 Was bewirken Spannrollen bei einem Riementrieb?
Lösungshinweis: Siehe Lehrbuch 16.2.1-3.

7 Es ist eine qualitative Aussage zur Belastung der Wellen bei Flach-, Keil- und Zahnriementrieben zu treffen und die Begründung hierfür anzugeben.
Lösungshinweis: Siehe Lehrbuch 16.3.1-1 und 16.3.2-4.

8 Es ist zu überlegen, warum es günstiger ist, anstatt mehrerer Einzelkeilriemen einen Verbundkeilriemen anzuwenden.
Lösungshinweis: Das Ergebnis ist aus den Stabilitäts- und den Toleranzbedingungen der beiden Riemenarten abzuleiten.

9 Die Montagebedingungen für Keilriemen und für Flachriemen sind zu nennen.
Lösungshinweis: Siehe Lehrbuch 16.7.

10 Von welchen Größen ist die Kraftübertragung eines Riementriebes im wesentlichen abhängig?
Lösungshinweis: Siehe Lehrbuch 16.3.

11 Welche zusätzliche Kraft muss bei höheren Riemengeschwindigkeiten bei der Auslegung von Riementrieben beachtet werden?
Lösungshinweis: Siehe Lehrbuch 16.3.

Grundaufgaben

16.1 Für einen offenen Riementrieb mit dem Wellenabstand e sind für die Scheibendurchmesser $d_1 = d_2$ und $d_1 < d_2$ Gleichungen aufzustellen zur rechnerischen Ermittlung

a) des Umschlingungswinkels β_1 an der kleinen Scheibe,
b) der stumpfen Innenlänge L des Riemens.

16.2 Für einen offenen Riementrieb mit der Übersetzung $i = 5$, dem Wellenabstand $e = 1600$ mm und dem Durchmesser der Antriebsscheibe $d_1 = 160$ mm ist der Umschlingswinkel β_1 an der Antriebsscheibe zu ermitteln.

16.3 Eine Arbeitsmaschine wird durch einen Drehstrom-Norm-Motor, Baugröße 160 M mit der Nenndrehzahl $n \approx 1480\ \text{min}^{-1}$ über einen Textilriemen aus Baumwollgewebe angetrieben. Die Durchmesser der Riemenscheiben nach DIN 111 betragen $d_1 = 250$ mm, $d_2 = 400$ mm bei einem Wellenabstand $e = 1200$ mm.
Mit den Nenngrößen sind zu ermitteln:

a) die Trumkräfte F_1 und F_2 im Last- und Leertrum;
b) die Wellenbelastung F_w im Betriebszustand.

16.4 Für einen Mehrschicht-Flachriemen aus Polyamidbändern (Laufschicht Gummi) mit $b = 80$ mm Riemenbreite und $t = 1{,}7$ mm -dicke ist für eine zulässige Spannung $\sigma_{zul} \approx 10\ \text{N/mm}^2$ und der Dichte $\rho \approx 1{,}2\ \text{kg/dm}^3$ die übertragbare Leistung in Abhängigkeit von der Riemengeschwindigkeit bildlich darzustellen und die optimale Riemengeschwindigkeit rechnerisch zu ermitteln. Aufgrund der Getriebeanordnung wurden die Durchmesser mit $d_1 = 200$ mm und $d_2 = 355$ mm bei einem Wellenabstand $e = 800$ mm festgelegt.

16.5 Der Antrieb einer Schleifmaschinenspindel, Spindeldrehzahl $n_2 \approx 3000\ \text{min}^{-1}$, soll über einen 200 mm breiten und 3 mm dicken Textilriemen aus imprägnierter Kunstseide erfolgen. Als Antriebsmotor ist der Drehstrom-Norm-Motor 180 L mit der Antriebsdrehzahl $n_1 \approx 1470\ \text{min}^{-1}$ vorgesehen. Ungünstige Betriebsbedingungen sind nicht zu erwarten. Aufgrund der konstruktiven Gegebenheiten ist der Wellenabstand $e' \approx 1200$ mm vorzusehen.
Zu ermitteln bzw. festzulegen sind:

a) Die Durchmesser d_k *und* d_g der Riemenscheibe unter Zugrundelegung des für den gewählten Motortyp empfohlenen Scheibendurchmessers;
b) die theoretische Riemenlänge L' und die (nach DIN 323–R20) festzulegende Riemenlänge L;
c) der sich mit der festgelegten Riemenlänge ergebende Wellenabstand e;
d) die Biegefrequenz f_B.

16

Mehrschichtriemen

16.6 Für den Antrieb eines Lüfters, Drehzahl des Lüfterrades $n_2 \approx 750\ \text{min}^{-1}$, ist ein Flachriementrieb mit einem Extremultus-Mehrschichtriemen auszulegen. Als Antriebsmotor ist ein Drehstrom-Norm-Motor der Baugröße 180 L mit der Nenndrehzahl $n_1 \approx 1475\ \text{min}^{-1}$ vorzusehen. Der Durchmesser der Scheibe auf der Lüfterradwelle kann aus baulichen Gründen maximal $d_2 = 400$ mm bei einem Wellenabstand $e' \approx 750$ mm betragen. Die zu erwartenden Betriebsbedingungen sind durch den Anwendungsfaktor $K_A \approx 1{,}1$ zu berücksichtigen. Starker Einfluss von Öl und Fett ist bei dem vorgesehenen Einsatzfall nicht auszuschließen.
Im Einzelnen sind zu berechnen bzw. festzulegen:

a) die Riemenausführung des Extremultusriemens,
b) die Scheibendurchmesser d_k und d_g nach den Angaben des Herstellers,
c) die Riemenlänge L,
d) der Riementyp und die Riemenbreite b,
e) die Wellenbelastung F_{w0} im Ruhezustand,
f) der Verstellweg x zur Vergrößerung des Wellenabstandes zum Spannen des Riemens.

16.7 Ein Kegel-Stirnradgetriebe mit $i_1 \approx 4{,}3$, $\eta \approx 0{,}85$ und der Abtriebsdrehzahl $n_{ab} \approx 90\ \text{min}^{-1}$ wird über einen Mehrschicht-Flachriemen, Typ 28 der Bauart Extremultus 80 LT durch einen Drehstrom-Norm-Motor 180 L mit der Synchrondrehzahl $n_s = 1000\ \text{min}^{-1}$ angetrieben. Das Drehmoment an der Antriebswelle des Getriebes muss $T_{ab} \approx 2000$ Nm betragen. Die vorliegenden ungünstigen Betriebsbedingungen sind durch den Anwendungsfaktor $K_A \approx 1{,}5$ zu berücksichtigen.
Zu ermitteln sind:

a) die geeignete Baugröße des Motors sowie der für den gewählten Motor empfohlene Durchmesser d_k und der Durchmesser d_g nach DIN 111;
b) der empfehlenswerte Wellenabstand e' und die Riemenlänge L (Innenlänge) nach DIN 323 – R20, wenn für den Wellenabstand der mittlere Wert zugrundegelegt wird;
c) die erforderliche Riemenbreite b und die zugehörige Kranzbreite B;
d) die etwa zu erwartende Wellenbelastung F_{w0} im Ruhezustand;
e) der erforderliche Verstellweg x.

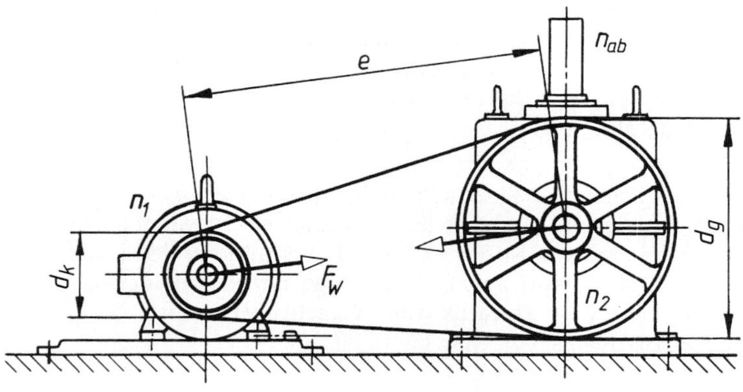

16.8 Ein Kolbenkompressor soll durch einen Elektromotor mit $P = 110\,\text{kW}$ Leistung bei einer Drehzahl $n_1 = 1490\,\text{min}^{-1}$ über einen Mehrschichtriemen angetrieben werden. Die Drehzahl der Kompressorwelle soll $n_2 \approx 550\,\text{min}^{-1}$, der Wellenabstand $e' \approx 1400\,\text{mm}$ betragen, die tägliche Einsatzdauer beträgt ca. 8 h.
Zu ermitteln sind:

a) die Durchmesser d_k und d_g der Riemenscheiben aus GJL, wenn die Umfangsgeschwindigkeit $v \approx 26...28\,\text{m/s}$ nicht überschritten werden soll und die zu den berechneten Durchmessern nächstliegenden genormten Durchmesser nach DIN 111 zu wählen sind;
b) der für den Antrieb in Frage kommende Riementyp (Sieglingriemen), wenn der Einfluss von Öl und Fett gering, aber mit Staub und Feuchtigkeit zu rechnen ist;
c) die festzulegende Riemenlänge L nach DIN 323 – R20;
d) die Riemenbreite b und die zugehörige Scheibenkranzbreite B;
e) die Wellenbelastung im Ruhezustand;
f) der erforderliche Verstellweg x.

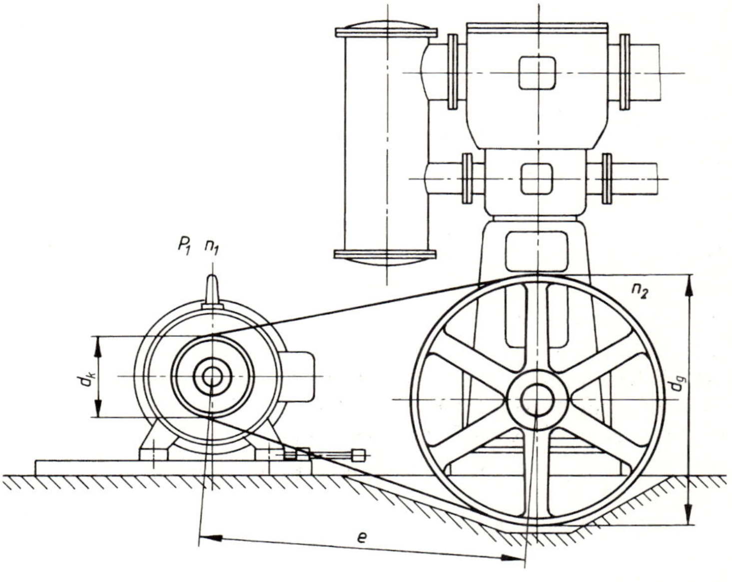

16.9 Die Messerwelle einer Abrichthobelmaschine soll eine Drehzahl $n_2 \approx 6000\,\text{min}^{-1}$ haben und durch einen Drehstrom-Norm-Motor mit möglichst hoher Drehzahl über einen Mehrschichtriemen angetrieben werden. Die Antriebsleistung beträgt $P_1 \approx 5\,\text{kW}$. Aufgrund der baulichen Abmessungen ist der Wellenabstand mit $e = 600\,\text{mm}$ als fester Wert vorgegeben.

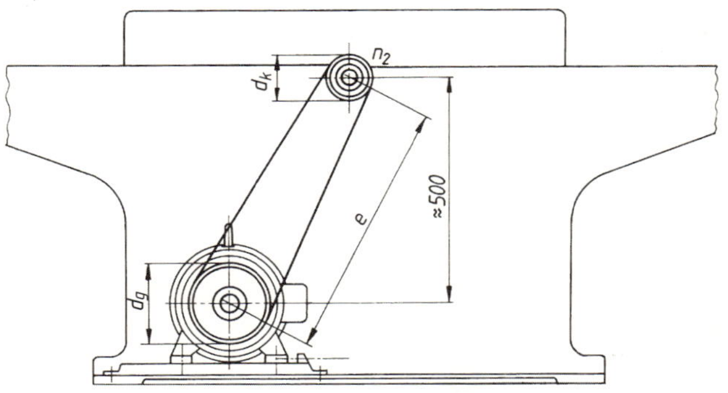

16

Zu ermitteln sind:

a) der geeignete Drehstrom-Norm-Motor und die Durchmesser d_g und d_k der Motor- und der Gegenscheibe sowie die tatsächliche Drehzahl n_2 der Maschinenwelle, wenn die für den Motor übliche Scheibengröße zu wählen ist und seine Nenndrehzahl n_1 um ca. 4% kleiner als die Synchrondrehzahl anzunehmen ist;
b) der geeignete Riementyp (Sieglingriemen), die Riemenbreite b und die Kranzbreite B der Scheiben, wenn mit leichtem Anlauf, Volllast bei mäßigen Stößen und etwa 5 h täglicher Laufzeit zu rechnen ist;
c) die erforderliche „stumpfe“ Riemenlänge L (Bestelllänge), wenn die Vorspannung hauptsächlich durch Verkürzung des Riemens erreicht werden soll.

Keilriemen

16.10 Der Antrieb einer Kolbenpumpe erfolgt durch einen Drehstrom-Norm-Motor, Baugröße 160 L, mit der Nenndrehzahl $n_1 \approx 1465\ \text{min}^{-1}$ über 5 Schmalkeilriemen DIN 7753 – SPZ × 4000.
Zu berechnen bzw. festzustellen sind:

a) die Durchmesser d_{dk} und d_{dg} der Motor- und Pumpenscheibe, wenn die Drehzahl der Pumpenwelle $n_2 \approx 300\ \text{min}^{-1}$ betragen soll und die für den Motor übliche Scheibengröße gewählt wird;
b) der sich ergebende maximale Wellenabstand e_{max} und der Verstellweg y zum Auflegen der Keilriemen;
c) ob die vorgesehenen 5 Keilriemen die Motorleistung übertragen können, wenn für die vorliegenden Betriebsverhältnisse der Anwendungsfaktor $K_A \approx 1{,}4$ anzunehmen ist.

16.11 Eine Leistung von $P = 40\ \text{kW}$ ist bei einer Antriebsdrehzahl $n_1 = 800\ \text{min}^{-1}$ mittels eines Schmalkeilriementriebes zu übertragen. Es liegen günstige Betriebsbedingungen vor, deshalb kann ein Anwendungsfaktor $K_A = 1{,}1$ zugrunde gelegt werden. Die Übersetzung des Riementriebes soll $i \approx 3{,}5$ betragen.

a) Es ist das Riemenprofil zu bestimmen und die Riemenscheibendurchmesser sind festzulegen.
b) Es ist ein mittlerer Wellenabstand festzulegen, die Riemenlänge L und der Wellenabstand bei maximaler Riemenspannung zu bestimmen.
c) Die erforderliche Riemenanzahl ist zu bestimmen.

16.12 Der Antrieb eines Ketten-Trogförderers erfolgt durch einen Drehstrom-Norm-Motor mit einer Leistung $P = 2{,}2\ \text{kW}$ bei einer Synchrondrehzahl $n_s = 1500\ \text{min}^{-1}$ über einen Keilriementrieb als erste Getriebestufe. Die Drehzahl der Antriebswelle des Förderers muss $n_2 \approx 320\ \text{min}^{-1}$, aus baulichen Gründen der Wellenabstand $e' \approx 700$ mm betragen. Als Scheibendurchmesser auf der Motorwelle ist der für den zu wählenden Motor empfohlene Durchmesser vorzusehen.

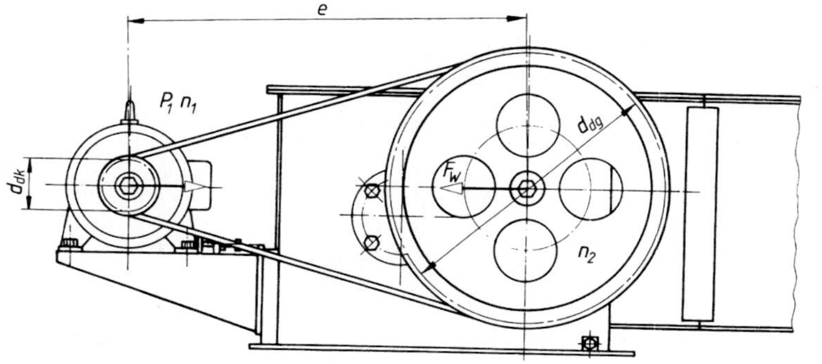

Es sind folgende Betriebsbedingungen anzunehmen: mittlerer Anlauf, Volllast, stoßfrei, 8 h tägliche Einsatzdauer. Alle Daten des Riementriebes mit Schmalkeilriemen nach DIN 7753 sind zu ermitteln.

Keilrippenriemen

16.13 Der Antrieb des Trogförderers nach Aufgabe 16.12 soll für eine geforderte Drehzahl $n_2 \approx 350\ \text{min}^{-1}$ durch einen Riementrieb mit Keilrippenriemen nach DIN 7867 erfolgen. Es sind alle Getriebedaten zu ermitteln und die Kontrolle der Belastung des Motorwellenendes ist durchzuführen.

Zahnriemen

16.14 Für einen offenen Zweischeiben-Riementrieb mit dem Synchroflex-Zahnriemen T5/630 (Riementyp T5, Riemenlänge 630 mm), der Übersetzung $i = 5$ und der Zähnezahl $z_k = 14$ sind zu ermitteln:

a) die Zähnezahl z_g der Gegenscheibe und z_R des Zahnriemens;
b) die Wirkdurchmesser d_{dk} und d_{dg} der Zahnriemenscheiben;
c) der Wellenabstand e;
d) der Umschlingungswinkel β_1 an der kleinen Scheibe;
e) die Anzahl der sich im Eingriff befindlichen Zähne z_e an der kleinen Scheibe (auf ganze Zähnezahl abgerundet).

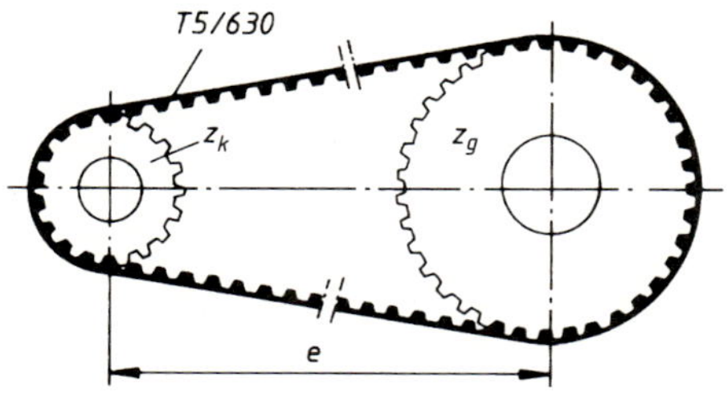

16.15 Es ist zu prüfen, ob von dem Synchroflex-Zahnriemen 50-T20/2600 eine Leistung von $P = 12$ kW bei $n_1 = 630\ \text{min}^{-1}$ übertragen werden kann, wenn aufgrund der zu erwartenden Betriebsbedingungen der Anwendungsfaktor mit $K_A \approx 1{,}4$ anzunehmen und, bedingt durch die Anordnung der Spannrolle, mit Gegenbiegung des Riemens zu rechnen ist. Die Zähnezahlen der Riemenscheiben wurden mit $z_k = 24$, $z_g = 70$ vorgewählt.

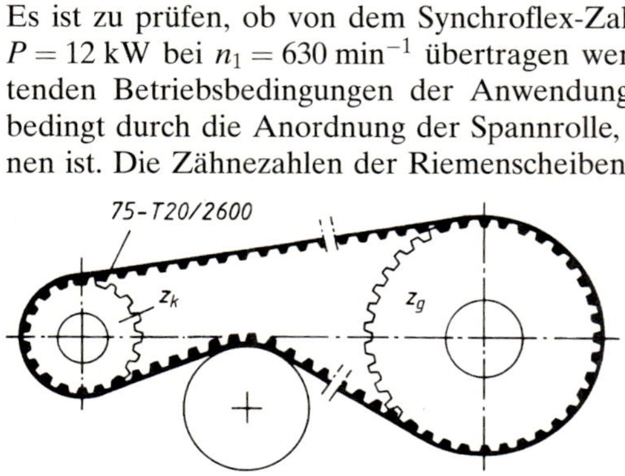

16

16.16 Für den Antrieb einer Arbeitsmaschine mit $P_2 \approx 2{,}2$ kW und $n_2 \approx 630$ min^{-1} soll ein offener Synchronriemen-Trieb vorgesehen werden. Als Antriebsmotor wurde der Drehstrom-Norm-Motor 100 L mit der Betriebsdrehzahl $n_1 = 1475$ min^{-1} gewählt. Aus dem ersten Entwurf ergab sich der Wellenmittenabstand mit $e' \approx 400$ mm.
Zu ermitteln bzw. festzulegen sind:

a) der geeignete Riementyp, wenn aufgrund der zu erwartenden Betriebsbedingungen mit einem Anwendungsfaktor $K_A \approx 1{,}2$ zu rechnen ist,
b) die Zähnezahl z_g und die Wirkdurchmesser d_{dk} und d_{dg} der Synchronriemenscheiben, wenn $z_k = 20$ frei vorgewählt wird,
c) die Synchronriemenrichtlänge L_d,
d) der sich mit der gewählten Richtlänge L_d ergebende Wellenabstand e und der erforderliche Mindest-Verstellweg x,
e) die erforderliche Synchronriemenbreite b als Standardmaß,
f) die Zulässigkeit der bei vorliegenden Betriebsbedingungen vorhandenen Biegefrequenz f_B und der Umfangskraft $F_{t\,max}$,
g) die Wellenbelastung F_{w0}.

16.17 Zur Einhaltung des konstanten Übersetzungsverhältnisses $i = 2$ ist bei einer Werkzeugmaschine ein Synchronriemen-Trieb in offener Ausführung vorgesehen. Bei einem Wellenabstand von $e' \approx 220$ mm ist von dem Getriebe eine Leistung von maximal $P = 3$ kW bei der Antriebsdrehzahl $n_1 = n_k = 1250$ min^{-1} zu übertragen.
Die Getriebedaten sind mit $z_k \approx 2 \cdot z_{min}$ zu ermitteln, wie in Aufgabe 16.16 unter a) bis g) angegeben.

16.18 Für den Antrieb einer Arbeitsmaschine mit $n_2 \approx 2000$ min^{-1} ist ein Elektromotor 200 L mit $P = 30$ kW bei $n_1 \approx 1450$ min^{-1} vorgesehen. Der Antrieb erfolgt über einen offenen Synchronriemen-Trieb, wobei aus konstruktiven Gründen der Wirkdurchmesser der großen Scheibe 155 mm nicht überschreiten darf. Aus dem Entwurf der Anlage ergibt sich für den Riementrieb ein Wellenabstand $e' \approx 300$ mm. Bei der Festlegung des Anwendungsfaktors ist von mittleren Anlaufverhältnissen und Volllast bei mäßigen Stößen auszugehen, die tägliche Betriebsdauer ist mit 16 Stunden anzunehmen.
Für das Getriebe sind alle Betriebsdaten zu ermitteln und die Bestellbezeichnung für den Synchroflex-Zahnriemen anzugeben.

Vergleichsberechnungen

16.19 Als Vorgelege für ein Aufsteckgetriebe ($i_{Getr} = 20$) zum Antrieb eines Betonmischers ist ein Riementrieb vorgesehen. Der Antriebsmotor hat eine Leistung $P_1 = 4$ kW bei einer Nenndrehzahl $n_1 \approx 1440$ min^{-1}, die Abtriebsdrehzahl des Aufsteckgetriebes soll $n_3 \approx 55 \ldots 60$ min^{-1} betragen. Der Wellenabstand ergibt sich aus baulichen Gründen mit $e' \approx 600 \ldots 650$ mm. Es ist mit einer täglichen Laufzeit von 8 h bei mittleren Anlaufverhältnissen und Volllast bei mäßigen Stößen zu rechnen.
Zur Entscheidungsfindung, ob das Getriebe mit einem Extremultus-Mehrschichtriemen oder mit Schmalkeilriemen nach DIN 7753 ausgerüstet werden soll, sind für beide Riemenarten alle erforderlichen Daten zu ermitteln:

a) Riemenausführung, Scheibendurchmesser (unter Zugrundelegung des vom Hersteller empfohlenen kleinsten Scheibendurchmessers d_1), Riemenlänge nach DIN 323, Wellenabstand, Spannweg zum Erreichen der erforderlichen Vorspannung, Riementyp, Riemenbreite b und Scheibenbreite B, Kontrolle der Belastung des Motorwellenendes sowie die Bestellbezeichnung für die Ausführung des Getriebes mit einem Extremultus-Mehrschichtflachriemen,

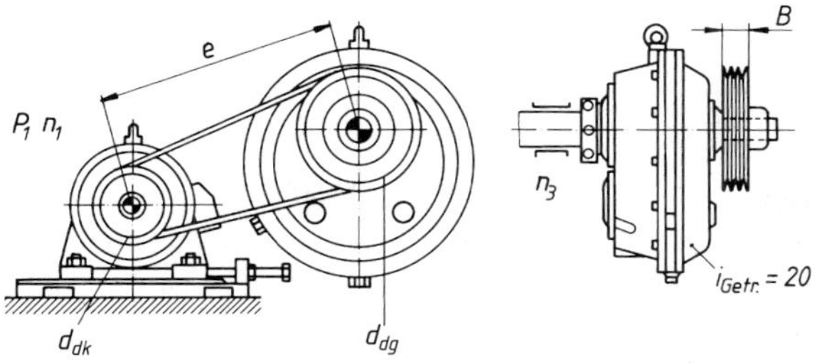

b) Riemenprofil, Richtdurchmesser der Riemenscheiben (unter Zugrundelegung des für das gewählte Profil kleinsten Scheibendurchmessers $d_{d\,min}$), Riemenlänge, Wellenabstand, Spann- und Verstellweg, Riemenanzahl z, Scheibenbreite B, Kontrolle der Belastung des Motorwellenendes sowie die Bestellbezeichnung für die Ausführung des Getriebes mit Schmalkeilriemen nach DIN 7753.

16.20 Eine Vielspindelbohrmaschine soll durch einen Riemen-Trieb angetrieben werden. Als erforderliche Antriebsleistung wurde $P_1 \approx 5 \ldots 6$ kW bei einer Drehzahl $n_1 = 1440\ \text{min}^{-1}$ und einer Übersetzung $i = 2$ ermittelt. Der durch die bauliche Anordnung gegebene Wellenabstand beträgt $e' \approx 450$ mm.
Unter Berücksichtigung folgender Betriebsbedingungen: leichter Anlauf, stoßfreie Volllast und 8 h tägliche Einsatzdauer, unbedeutend geringer Einfluss von Öl und Fett sind für den vorliegenden Fall im Einzelnen zu ermitteln:

a) die Baugröße des Norm-Motors,
b) alle erforderlichen Getriebedaten bei der Ausführung des Getriebes mit einem Extremultus-Mehrschichtflachriemen: Scheibendurchmesser (unter Zugrundelegung des vom Motoren-Hersteller empfohlenen kleinsten Scheibendurchmessers d_1), Riemenausführung, Riemenlänge nach DIN 323, Wellenabstand, Riementyp, Riemenbreite und Scheibenbreite sowie die Bestellbezeichnung des Riemens, Kontrolle der Motorwellenkraft;
c) alle erforderlichen Getriebedaten bei Ausführung des Getriebes mit einem Synchroflex-Zahnriemen unter Zugrundelegung der Zähnezahl $z_1 \approx 2 \cdot z_{min}$, Kontrolle der Motorwellenkraft;
d) alle erforderlichen Getriebedaten bei Ausführung des Getriebes mit Schmalkeilriemen nach DIN 7753 bei kleinem Scheibendurchmesser wie unter b) ermittelt, Kontrolle der Motorwellenkraft. Die Ergebnisse von b), c) und d) sind gegenüberzustellen und zu erläutern.

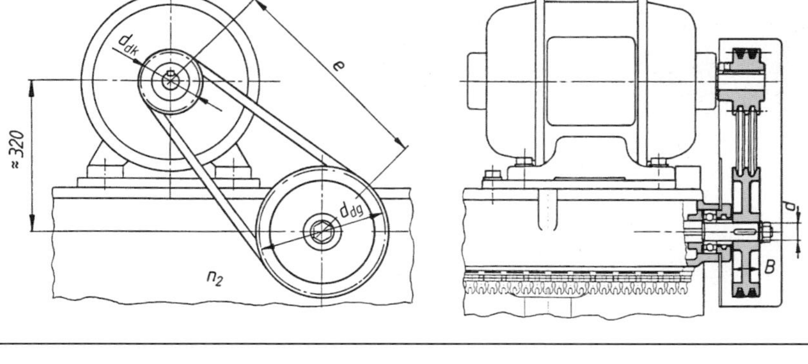

17 Kettentriebe

Vorbemerkungen
Im Lehrbuch ist nur die Berechnung der am häufigsten verwendeten Rollenketten behandelt. Aus diesem Grunde sind die nachfolgenden Aufgaben auch nur für Antriebe mit diesen Ketten gestellt. Vorangestellt sind einige Grundaufgaben, in denen die Zusammenhänge, insbesondere der Trumkräfte, Fliehkräfte und Wellenkräfte ermittelt werden sollen. Daran anschließend folgen einige Aufgaben über Antriebe aus der Praxis. Bei diesen Aufgaben können die Ergebnisse wie bei allen praktischen Aufgaben durchaus von denen am Schluss der Aufgabensammlung angegebenen Werte etwas abweichen. Die abweichenden Ergebnisse brauchen damit nicht unbedingt falsch zu sein, es sollte jedoch stets hinterfragt werden, warum es zu diesen Abweichungen gekommen ist.

1 Welche Kettenbauformen gibt es und welche Kettenbauform wird bei Antrieben am häufigsten angewendet?
Lösungshinweis: Siehe Lehrbuch 17.1.2.

2 Der Nachteil, der sich bei Anwendung von Ketten mit ungerader Gliederanzahl ergibt, ist zu nennen.
Lösungshinweis: Siehe Lehrbuch 17.1.4 und Tabellenbuch TB 17-1.

3 Die Vor- und Nachteile der Rollenkettentriebe gegenüber den Riementrieben sind anzugeben.
Lösungshinweis: Siehe Lehrbuch 16.1.1 und 17.1.1.

4 Der Polygoneffekt eines Rollenkettentriebes ist zu beschreiben und seine Auswirkungen auf den Antrieb sind zu nennen.
Lösungshinweis: Siehe Lehrbuch 17.1.5 und Aufgabe 17.3.

5 Die Gliederverbindung einer Rollenkette ist zu skizzieren und die Bauteile derselben zu beschreiben.
Lösungshinweis: Siehe Lehrbuch 17.1.4 und Bild 17-4.

6 Welche Kräfte sind bei der Berechnung einer Rollenkette zu beachten und wann können welche Kräfte vernachlässigt werden?
Lösungshinweis: Siehe Lehrbuch 17.3.

7 Günstige und ungünstige Triebanordnungen sind zu nennen, die Nachteile der letzteren sind dabei anzugeben.
Lösungshinweis: Siehe Lehrbuch 17.2.6.

8 Welche Montagevorschriften sind bei Rollenkettentrieben zu beachten?
Lösungshinweis: Siehe Lehrbuch 17.2.8.

17.1 Das Kettenrad aus GS-60 mit einseitiger Nabe und einer Zähnezahl $z = 38$ ist für ein Kettengetriebe mit einer Rollenkette DIN 8187–24B–1 × 120 auszulegen.
Das Kettenrad wird mit einem Wellenzapfen nach DIN 748 mit dem Durchmesser $d_1 = 55$ m6 und der Länge $l = 110$ mm durch eine Passfeder DIN 6886 Form A verbunden.
Für das Kettenrad sind im Einzelnen zu bestimmen:

a) Die Verzahnungsmaße: Teilung, Teilungswinkel, Teilkreisdurchmesser, Durchmesser der Freidrehung unter dem Fußkreis,
b) die Nabenabmessungen des Kettenrades, wenn die axiale Befestigung auf dem Wellenende mit einer Spannscheibe vorgesehen ist,
c) die Abmessungen und die Normbezeichnung der Passfeder sowie die Nabennutmaße t_2 und b.

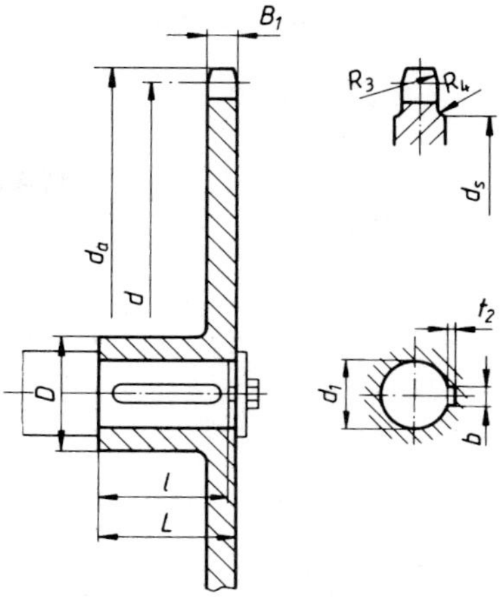

17.2 Eine Rollenkette DIN 8187–32B–1 überträgt bei den vorliegenden Betriebsbedingungen ein maximales Drehmoment $T_1 = 3600$ Nm. Für die Kettenräder wurden $z_1 = 15$ und $z_2 = 57$ vorgesehen. Der Wellenabstand beträgt $a \approx 1{,}8$ m, der relative Durchhang des Leertrums $f_{rel} \approx 2\%$. Das Kettenrad z_1 läuft mit $n = 45\ \text{min}^{-1}$ um, der Neigungswinkel δ beträgt 45°.
Zu ermitteln sind:

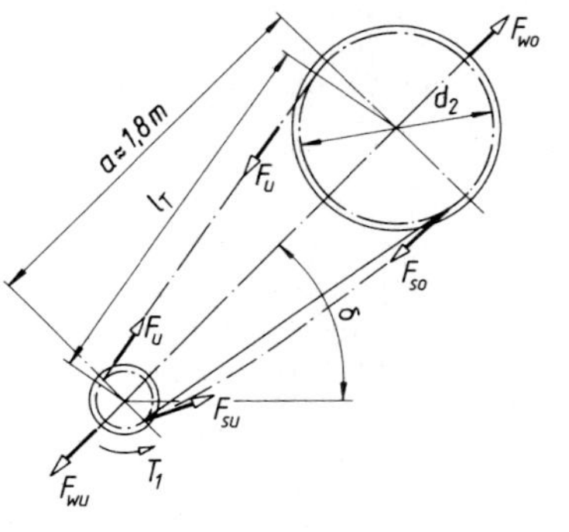

a) die statische Kettenzugkraft $F_t = F_u$,
b) der Fliehzug F_z,
c) die Trumlänge l_T,
d) der Stützzug F_s bei annähernd waagerechter Lage des Leertrums,
e) der Stützzug am oberen und am unteren Kettenrad F_{so} und F_{su} für den angegebenen Neigungswinkel,
f) die Wellenkräfte F_{wo} und F_{wu} der oberen und unteren Welle.

17.3 Während des Ablaufs einer Rollenkette über ein Kettenrad führen die Kettengelenke nacheinander eine unterbrochene Kurbelbewegung aus. Bei konstanter Winkelgeschwindigkeit des treibenden Kettenrades wird die Kettengeschwindigkeit (Fortschrittsgeschwindigkeit der Kette) sich periodisch zwischen den Grenzwerten v_{min} und v_{max} ändern (Polygoneffekt).
Für die Kettenradzähnezahlen $z = 10$, 20 und 40 sind die Geschwindigkeitsunterschiede prozentual zu ermitteln und in einem Diagramm über der Zeit schematisch darzustellen. Das Ergebnis ist zu kommentieren.

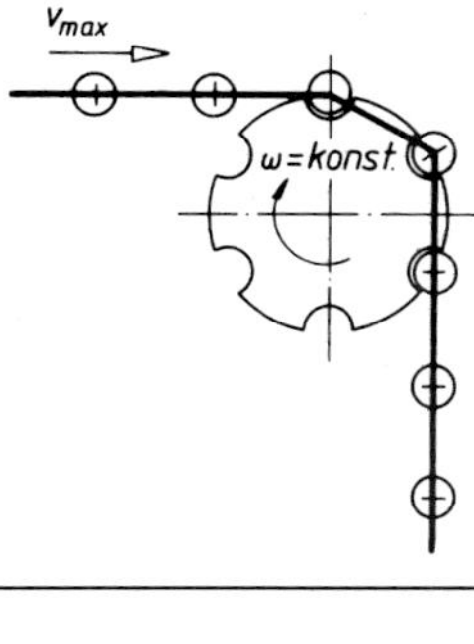

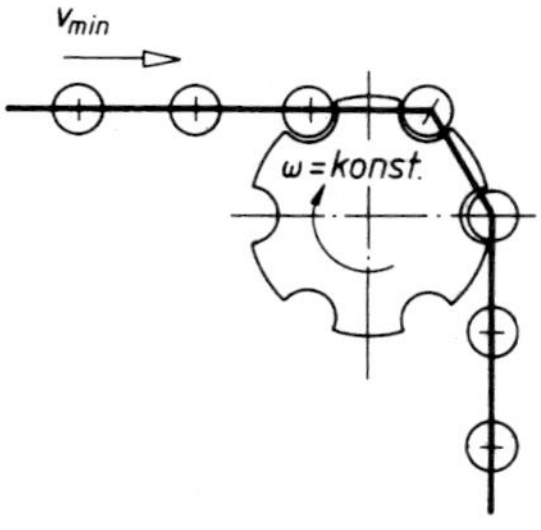

17

17.4 Für das skizzierte Kettengetriebe mit $z_1 = 34$, $z_2 = z_3 = 17$ ist für die vorgesehene Einfach-Rollenkette DIN 8187–10B die Gliederzahl zu ermitteln. Die Wellenabstände $a_1 = 320$ mm und $a_2 = 300$ mm müssen aus konstruktiven Gründen eingehalten werden.
Für die Rollenkette ist die Bestellbezeichnung anzugeben.

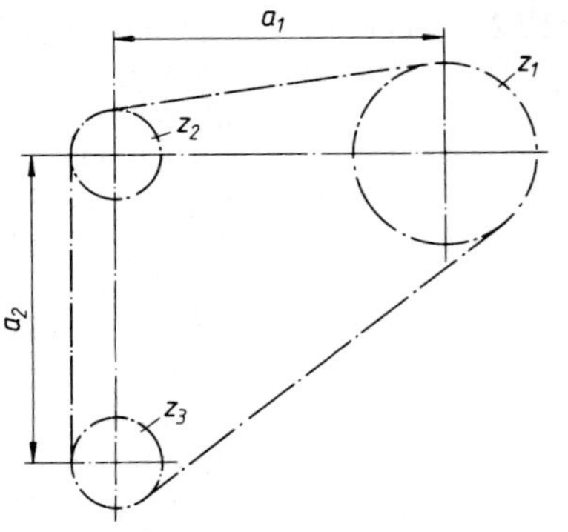

17.5 Für den Antrieb einer Wasserpumpe ist eine Rollenkette DIN 8187–16B–1 eingesetzt. Für das Antriebskettenrad ist eine Zähnezahl $z_1 = 19$, für das Pumpenrad $z_2 = 95$ gewählt. Aus baulichen Gründen ist der Wellenabstand $a_0 \approx 600$ mm vorgegeben.
Zu berechnen bzw. festzustellen sind:

a) Die Anzahl der Kettenglieder und der sich damit ergebende Wellenabstand a,
b) der vorzusehene Spannweg,
c) der Durchhang f für die annähernd waagerechte Getriebeanordnung, wenn ein normaler relativer Durchhang von $f_{rel} \approx 2\%$ gefordert wird.

17.6 Ein Förderband für Stückgut soll durch einen Getriebemotor mit $P_1 = 2{,}2$ kW und einer Abtriebsdrehzahl $n_1 = 90\ \text{min}^{-1}$ über eine Einfach-Rollenkette nach DIN 8187 angetrieben werden. Die Drehzahl der Bandrolle beträgt $n_2 = 30\ \text{min}^{-1}$.
Für eine angenommene tägliche Laufzeit von ca. 8 h ist für mittlere Anlaufverhältnisse bei leichten Stößen eine geeignete Einfach-Rollenkette nach DIN 8187 für eine Lebensdauer $L_h \approx 25000$ h vorzuwählen und für einen günstigen Wellenabstand die normgerechte Bezeichnung der Kette anzugeben. Eine ausreichende Schmierung des Kettengetriebes bei staubfreiem Betrieb ist sichergestellt.

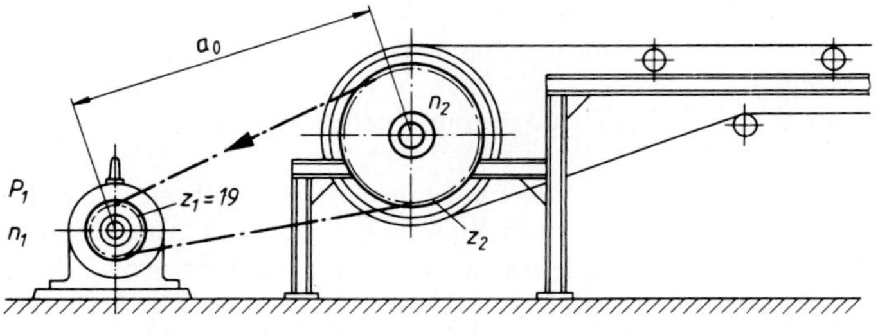

17.7 Der Antrieb einer Winde soll durch einen Elektromotor mit der Leistung $P_1 = 3$ kW und der Nenndrehzahl $n_1 = 947\ \text{min}^{-1}$ über ein Kettengetriebe mit annähernd waagerechter Lage des Leertrums erfolgen. Die Übersetzung beträgt $i = 5$; für das auf der Motorwelle sitzende Kettenrad ist die Zähnezahl $z_1 = 17$ gewählt. Aus baulichen Gründen soll der Wellenabstand $a_0 \approx 600$ mm betragen. Für das Kettengetriebe ist eine geeignete Rollenkette nach DIN 8187 für eine Lebensdauer $L_h \approx 1000$ h zu ermitteln. Es ist mit „mittleren Anlaufverhältnissen, Volllast bei mittleren bis starken Stößen und einer täglichen Laufzeit von 6 h" zu rechnen. Eine ausreichende Schmierung bei staubfreiem Betrieb ist gewährleistet.
Die normgerechte Bezeichnung der Kette sowie die geeignete Schmierungsart ist anzugeben.

17.8 Für ein schweres Förderband muss ein Zweitrommelantrieb vorgesehen werden. Die Trommel 1 wird durch einen Elektromotor über ein Planetengetriebe direkt angetrieben, während die Trommel 2 über eine Kette angetrieben wird, um einen schlupffreien Lauf zu gewährleisten. Die Antriebsleistung beträgt $P_1 = 18{,}5$ kW bei einer Fördergeschwindigkeit $v = 1{,}5$ m/s. Die Durchmesser der Antriebstrommeln betragen $D = 400$ mm; der Wellenabstand ist nach den baulichen Erfordernissen mit $a_0 \approx 1000$ mm vorzusehen.
Zu ermitteln bzw. festzulegen sind:

a) Eine Rollenkette nach DIN 8187 für eine Lebensdauer $L_h \approx 12000$ h, wenn für die Kettenräder die Zähnezahlen $z_1 = z_2 = 19$ gewählt werden, gleichmäßiger Lauf bei leichten Stößen angenommen wird und mit mangelhafter Schmierung und staubigen Betriebsverhältnissen gerechnet werden muss; dabei ist zu entscheiden, ob zweckmäßig eine Einfach-, Zweifach- oder Dreifachkette eingesetzt wird. Die Bestellbezeichnung der Kette ist anzugeben,
b) der sich mit der gewählten Kette ergebende Wellenabstand a,
c) die von den Wellen aufzunehmenden Wellenkräfte F_w.

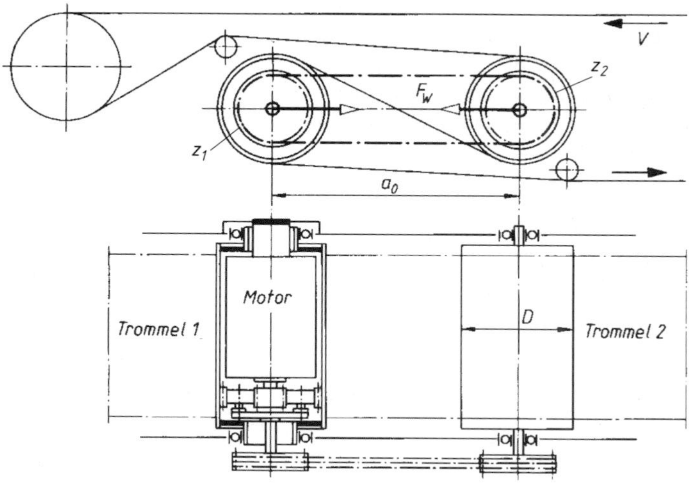

17.9 Eine Rohrtrommel wird durch einen Getriebemotor mit einer Abtriebsdrehzahl $n_1 = 25\ \text{min}^{-1}$ über eine Rollenkette DIN 8187–16B angetrieben. Der Antriebsmotor hat eine Leistung von $P_M = 0{,}37$ kW bei $n_M = 1440\ \text{min}^{-1}$. Die Zähnezahlen der Kettenräder wurden mit $z_1 = 17$ und $z_2 = 57$ vorgewählt, der Wellenabstand soll $a_0 \approx 1250$ mm betragen.

a) Es ist zu prüfen, ob die vorgewählte Rollenkette für eine Lebensdauer $L_h \approx 15000$ h ausreichend bemessen ist, wenn aufgrund der vorliegenden Betriebsverhältnisse der Anwendungsfaktor mit $K_A \approx 1{,}7$ anzunehmen ist, und mit einer ausreichenden Schmierung in nicht staubfreier Umgebung gerechnet werden kann,
b) die Bestellbezeichnung der Rollenkette sowie der genaue Wellenabstand a sind anzugeben,
c) die Viskositätsklasse des Schmieröles und die vorzusehene Schmierungsart ist festzulegen für eine zu erwartende Umgebungstemperatur $t \approx 22$ °C.

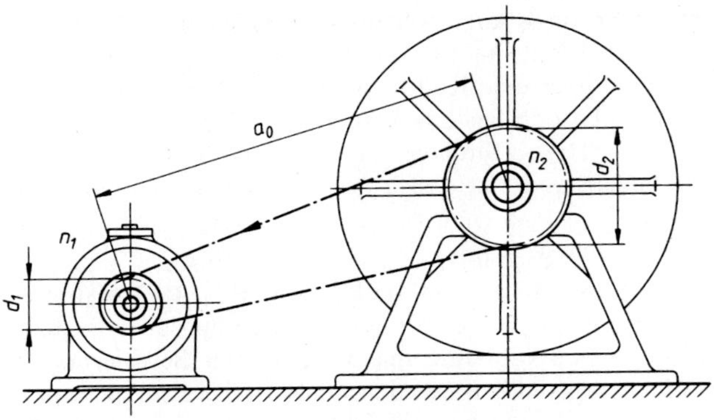

17.10 Ein Gliederbandförderer (Stetigförderer) für grobes Schüttgut wird durch einen Drehstrom-Norm-Motor der Baugröße 250 M mit der Synchrondrehzahl $n_s = 1550\,\text{min}^{-1}$ über ein Zahnradgetriebe und ein Kettengetriebe angetrieben. Die Abtriebsdrehzahl des Getriebes beträgt $n_1 \approx 160\,\text{min}^{-1}$, die Welle des Förderers soll eine Drehzahl von $n_2 \approx 40\,\text{min}^{-1}$ haben. Der Entwurf des Antriebes ergab für die Wellenmitten der Kettenräder eine Neigung von etwa 25° zur Waagerechten bei einem Wellenmittenabstand $a_0 \approx 1800$ mm. Das Kettengetriebe ist zu berechnen; evtl. Änderungsvorschläge des Entwurfs hinsichtlich der Getriebeanordnung sind anzugeben.

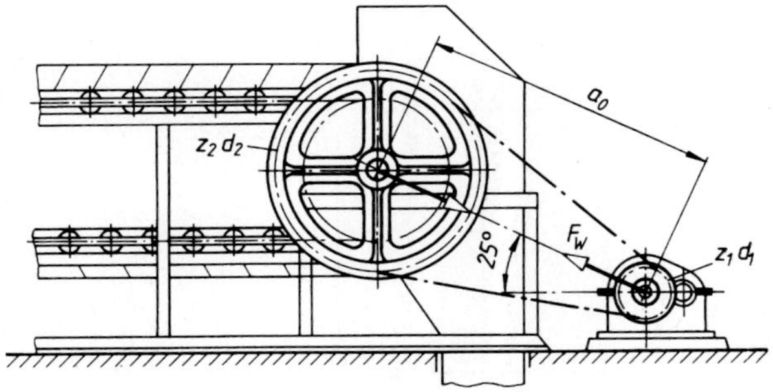

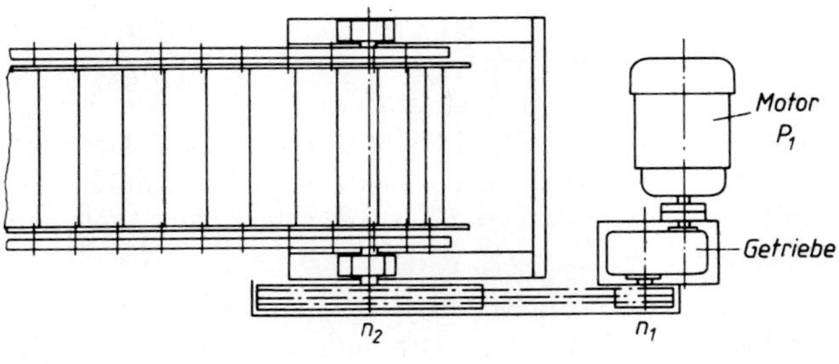

18 Elemente zur Führung von Fluiden (Rohrleitungen)

Vorbemerkungen

Rohrleitungen dienen zum Transport von Stoff und Energie. Die Rohrförderung ist sicher, wirtschaftlich und umweltfreundlich. Rohrleitungen bestehen in der Regel aus den einzelnen Rohren mit den Rohrverbindungen, den Formstücken für Richtungsänderungen und Verzweigungen, den Armaturen als Absperr-, Regel- und Sicherheitsorganen, den Rohrabstützungen und den Dehnungsausgleichern.

Bei der Planung von Rohrleitungen wird folgendermaßen verfahren: Auf Grund der Durchflussmenge (Volumenstrom, Massenstrom) und der wirtschaftlichen Strömungsgeschwindigkeit ergibt sich der Rohrquerschnitt. Nach der Wahl eines für die Betriebsbedingungen geeigneten Rohrwerkstoffes kann in Abhängigkeit vom Betriebsdruck die Wanddicke berechnet werden. Entsprechend der Leitungslänge, dem Rohrquerschnitt, der Strömungsgeschwindigkeit und der Rohrrauigkeit kann nun der Druckverlust bestimmt werden.

Zusätzlich zu berücksichtigende Beanspruchungen ergeben sich oft durch die Wärmedehnung, an Auflagerpunkten oder durch Druckschwankungen (Ermüdung!).

Während die ersten sechs Aufgaben sich mit der Wirkung von Temperatur und Druck auf die Rohrleitungen befassen, haben die restlichen Aufgaben die Auslegung einfacher Rohrleitungen, also die Bestimmung von Rohrquerschnitt und Druckverlust, zum Inhalt.

1 Welche Rohrarten werden im Rohrleitungsbau eingesetzt? Zu jeder Rohrart sind zwei für den Einsatz wichtige Eigenschaften und ein typisches Anwendungsbeispiel zu nennen.
Lösungshinweis: Siehe Lehrbuch 18.2.

2 Welche grundsätzlichen Möglichkeiten gibt es, Stahlrohre
a) unlösbar,
b) lösbar
zu funktionsfähigen Leitungen zu verbinden?
Lösungshinweis: Siehe Lehrbuch 18.3.2.

3 Um Längenänderungen in Rohrleitungen auszugleichen gibt es eine Reihe von Möglichkeiten.
a) Wodurch werden diese Längenänderungen verursacht?
b) Welche konstruktiven Möglichkeiten bestehen zur Kompensation dieser Längenänderungen?
c) Was versteht man unter „natürlichem“ Dehnungsausgleich?
Lösungshinweis: Siehe Lehrbuch 18.3.3.

4 Nach DIN 3211 ist eine Armatur ein Rohrleitungsteil, das in Systemen aus Rohrleitungen, Behältern, Apparaten und Maschinen die Funktion des Schaltens und Stellens ausübt.
a) Welche 4 Grundbauarten von Armaturen gibt es?
b) Wie sind diese Grundbauarten hinsichtlich der Arbeitsbewegung ihres Abschlusskörpers und der Strömung im Abschlussbereich definiert?
c) Die Grundbauarten sind nach den ihren Einsatz bestimmenden Merkmalen zu unterscheiden: Baulänge, Strömungswiderstand, Öffnungs- bzw. Schließzeit, Eignung für Stellvorgänge, Molchung.
Lösungshinweis: Siehe Lehrbuch 18.2.4 mit Bild 18-1.

5 Welche Gesichtspunkte sind bei der Planung von Rohrleitungsanlagen zu beachten?
Lösungshinweis: Siehe Lehrbuch 18.3.5.

6 Von welchen Einflussgrößen hängt der Druckverlust in Rohrleitungen ab?
Lösungshinweis: Siehe Lehrbuch 18.4.1.

18.1 Ein zwischen zwei Festpunkten starr eingespanntes Stahlrohr DIN 2448 – S235G2T – 139,7 × 4 wird bei 20 °C Umgebungstemperatur eingebaut. Im Betrieb wird die Rohrwand bis auf 80 °C erwärmt.
Zu berechnen sind:

a) Die auf die Festpunkte wirkende Rohrkraft,
b) die Wandtemperatur, bei der die Längsspannung im Rohr die Streckgrenze des Rohrwerkstoffes erreicht.

18.2 Die dargestellte Kupferleitung mit den Schenkellängen $l_1 = 8000$ mm und $l_2 = 3000$ mm erwärmt sich im Betrieb durch den Stoffstrom von 20 °C auf 60 °C.

a) In welcher Richtung dehnt sich das freie Ende *B* der Leitung, wenn das andere Ende *A* als fest eingespannt betrachtet wird?
b) Wie groß ist die Wärmeausdehnung des Rohrsystems?

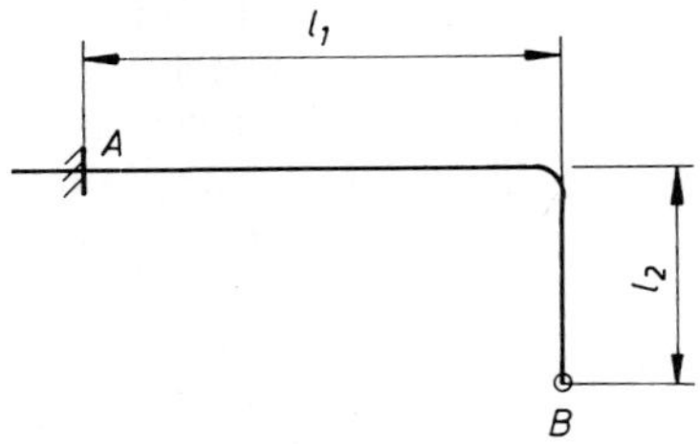

18.3 Eine Druckleitung aus Kunststoffrohren DIN 8077 – 40 × 2,3 (Polypropylen) wird entsprechend der Installationsskizze verlegt.

a) Wie groß ist die Verkürzung bzw. Verlängerung des 14 m langen Leitungsabschnitts, wenn die maximale Betriebstemperatur 70 °C, die minimale Betriebstemperatur 10 °C beträgt und die Rohre bei 20 °C verlegt wurden? (Längenausdehnungskoeffizient für PP ca. $150 \cdot 10^{-6}\,\mathrm{K}^{-1}$)

b) Wie groß ist die Biegespannung im senkrechten Rohr (Stelle *A*) bei der maximalen Betriebstemperatur, wenn der 2000 mm lange Biegeschenkel als bei *A* eingespannter Kragträger aufgefasst wird? (*E*-Modul für PP ca. 1200 N/mm²)

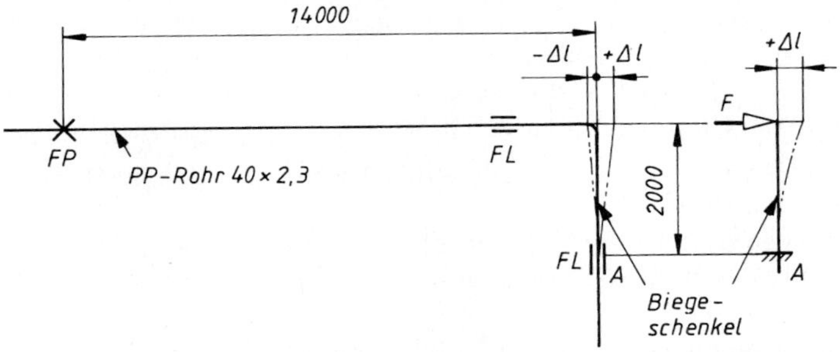

18.4 Für Wasserrohre mit 125 mm Außendurchmesser soll für PN6 die Wanddicke wahlweise für die unten genannten Kunststoffe ermittelt werden.
Bei einer anzusetzenden Nutzungsdauer von 50 Jahren sind dabei folgende Zeitstandfestigkeitswerte und Sicherheitsbeiwerte anzusetzen:

a) PVC-hart: 25 N/mm², $S = 2{,}5$
b) PE-HD: 8 N/mm², $S = 1{,}6$
c) PP: 10,5 N/mm², $S = 2{,}1$

18.5 Für eine ölhydraulische Hochdruckanlage mit dem Auslegungsdruck $p_A = 200$ bar ist die Steuerleitung aus nahtlosem Präzisionsstahlrohr DIN 2391-C-S235G2T NBK $30 \times$ ID22 nachzuprüfen.
Durch die Betätigung des Steuerventils entstehen in der Leitung Druckstöße $\Delta p = \pm 45$ bar. Während der Nutzungszeit der Anlage sind mehr als $2 \cdot 10^6$ Druckwechsel (Arbeitshübe) zu erwarten. Nach DIN 2391-1 beträgt die zulässige Wanddickenunterschreitung 10% des Nennmaßes und die Bruchdehnung des S235G2T NBK (mit Abnahmeprüfzeugnis) $A_5 \geq 25\%$.

18.6 Für ein waagerecht verlegtes nahtloses Stahlrohr DIN 2448–114,3 $\times$ 3,6 soll überschlägig die Stützweite ermittelt werden, wenn das Rohr verwendet wird

a) als „leeres“ ungedämmtes Rohr (Gasleitung),
b) als gefülltes und gedämmtes (isoliertes) Rohr (Heißwasserleitung).

18.7 Eine Wasserleitung für $\dot{V} = 800\ \text{m}^3/\text{h}$ und PN25 soll projektiert werden. Vorgesehen sind geschweißte Stahlrohre nach DIN 2458 aus S235G2T (mit Abnahmeprüfzeugnis, $A_5 \geq 25\%$). Die Rohre werden mit Zementmörtel ausgekleidet und erhalten eine Kunststoffumhüllung.
Zu berechnen bzw. festzulegen sind:

a) Die erforderliche Nennweite DN,
b) der nächstliegende Rohraußendurchmesser nach DIN 2458 (Reihe 1),
c) die mindestens auszuführende Wanddicke infolge des Innendruckes und die Bestellwanddicke nach der Rohrnorm.

18.8 Ein Kompressor fördert $\dot{V} = 500\ \text{m}^3/\text{h}$ Pressluft von 6 bar bei 20 °C durch eine 80 m lange Stahlrohrleitung (neu, mit Walzhaut) mit 160 mm lichtem Durchmesser. Die ungefähr waagerecht verlegte Leitung enthält zwei Durchgangsventile (Freifluss) und sechs Rohrbogen 90° (rau) mit $R/d = 4$.
Wie groß ist der Druckverlust am Ende der Leitung, wenn wegen des zu erwartenden geringen Druckverlustes raumbeständige Fortleitung angenommen wird?

18.9 Durch eine Leitung aus geschweißten Stahlrohren ($k = 0{,}1$ mm) sollen 300 t/h mexikanisches Erdöl bei im Mittel 35 °C ($\varrho = 932\ \text{kg/m}^3$, $\nu = 7{,}2 \cdot 10^{-4}\ \text{m}^2/\text{s}$) über eine Strecke von 2500 m gepumpt werden.
Mit welcher Nennweite muss die Rohrleitung ausgeführt werden, wenn der Druckverlust der Pumpen wegen nicht mehr als 5 bar betragen darf?

18.10 Über eine 480 m lange Stahlrohrleitung (schon mehrere Jahre in Betrieb) sollen 180 m^3/h Kühlwasser von 40 °C gefördert werden. Dabei fällt die Leitung um 6 m ab. Eingebaut sind zwei DIN-Durchgangsventile und vier Kreiskrümmer 60° (rau) mit $R/d = 4$.
Zu ermitteln ist die Nennweite der Rohrleitung, wenn der Druckverlust nicht mehr als 0,5 bar betragen darf.

18.11 Durch eine 600 m lange Niederdruckleitung aus geschweißten Stahlrohren sollen stündlich 160 m^3 Erdgas bei 10 °C gefördert werden. Das Ende der Leitung liegt 16 m über dem Leitungsanfang.
Welche Nennweite ist zu wählen, wenn der Druckverlust maximal 2 mbar betragen darf und raumbeständige Fortleitung angenommen wird?

20

20 Zahnräder und Zahnradgetriebe (Grundlagen)

1 Die unterschiedlichen Zahnrad-Getriebearten sind zu nennen wenn als Ordnungskriterium die Anordnung der Wellen zueinander (parallel, gekreuzt usw.) gelten soll und das jeweilige praktisch größte Übersetzungsverhältnis ist anzugeben.
Lösungshinweis: Siehe Lehrbuch 20.1 mit den Bildern 20-1, 20-4 und 20-6.

2 Wie lautet das Grundgesetz der Verzahnung, welche geometrischen Kurven erfüllen als Zahnflanken dieses Gesetz und werden in welchen technischen Bereichen hauptsächlich angewendet? Welche Vor- und Nachteile weisen Zahnradgetriebe mit diesen Zahnflanken auf?
Lösungshinweis: Siehe Lehrbuch 20.1.2 und 20.1.3.

3 Was wird unter *Protuberanz* verstanden und wann kommt der Protuberanz-Wälzfräser zum Einsatz?
Lösungshinweis: Siehe Lehrbuch 20.1.4 mit Bild 20-15.

4 Die unterschiedlichen Zahnradwerkstoffe sind mit ihren Vor- und Nachteilen zu nennen und ihre hauptsächlichen Einsatzgebiete anzugeben.
Lösungshinweis: Siehe Lehrbuch 20.2.

5 Welche Schmierungsarten werden bei Zahnradgetrieben vorgesehen und nach welchen Gesichtspunkten wird die Schmierungsart ausgewählt?
Lösungshinweis: Siehe Lehrbuch 20.3.

6 Wie kann der Wirkungsgrad eines Getriebes definiert werden?
Lösungshinweis: Siehe Lehrbuch 20.4 mit Gln. (20.4) und (20.5).

7 In welchen Bereichen liegt die Größenordnung des Gesamtwirkungsgrades bei Stirnradgetrieben und bei Schneckengetrieben?
Lösungshinweis: Siehe Lehrbuch 20.4.

8 Wann tritt bei einem Schneckengetriebe mit treibendem Schneckenrad Selbsthemmung ein?
Lösungshinweis: Siehe Lehrbuch 20.4 zu Gl. (20.7).

9 Welche Ausführungsformen für das Ritzel können vorgesehen werden, um eine möglichst kleine Bauweise zu erreichen?
Lösungshinweis: Siehe Lehrbuch 20.5.1 mit Bild 20-18.

10 Es ist anzugeben, aus welchem Grunde größere Schneckenräder vielfach zweiteilig aus Nabenteil und Randkranz gefertigt werden. Anhand von Skizzen sind Verbindungsmöglichkeiten dieser Teile darzustellen.
Lösungshinweis: Siehe Lehrbuch 20.5.1 mit Bild 20-24.

20.1 Ein Elektromotor mit der Nennleistung $P = 4\,\text{kW}$ bei $n_1 = 910\,\text{min}^{-1}$ treibt ein zweistufiges Null-Getriebe mit Geradstirnradpaaren ($i_1 = 3{,}5$, $i_2 = 3{,}1$) an.

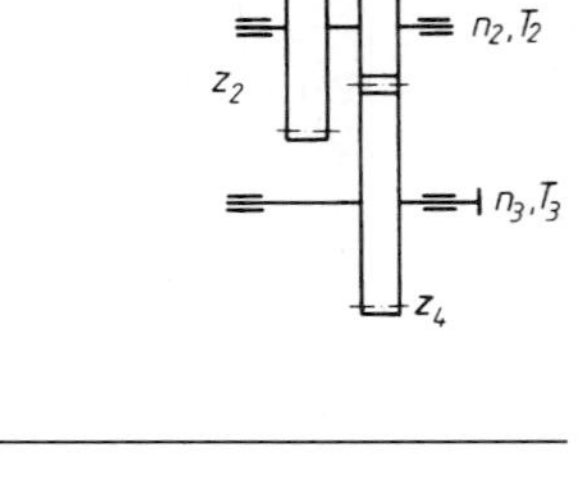

a) Wie groß ist die Gesamtübersetzung i (auf zwei Kommastellen genau).
b) Wie groß ist die Abtriebsdrehzahl n_3 in min^{-1} (auf eine Kommastelle gerundet)?
c) Welches Nenndrehmoment T_3 in Nm (auf Ganze gerundet) wird am Abtrieb wirksam, wenn der Gesamtwirkungsgrad $\eta_{ges} \approx 0{,}92$ beträgt?

20.2 Ein Elektromotor mit einer Nenndrehzahl von $n = 970\ \text{min}^{-1}$ treibt über ein zweistufiges Geradstirnradgetriebe eine Seiltrommel an, deren Drehzahl $50\ \text{min}^{-1}$ nicht überschreiten soll.

Zu ermitteln sind:

a) die Mindest-Gesamtübersetzung i_{min},

b) die Zähnezahl z_4 des Stirnrades auf der Seiltrommel und damit die vorhandene Gesamtübersetzung des Getriebes i_{ges}, wenn für Übersetzungen ins Langsame allgemein $i = z_{\text{Großrad}}/z_{\text{Kleinrad}}$ und $i_{\text{ges}} = i_1 \cdot i_2 \cdot \ldots i_n$ gilt,

c) die erforderliche Leistung des Elektromotors P_{an}, wenn an der Seiltrommel ein Drehmoment $T_3 = 800\ \text{Nm}$ wirksam und der Gesamtwirkungsgrad des Getriebes mit $\eta_{\text{ges}} \approx 0{,}82$ angenommen wird.

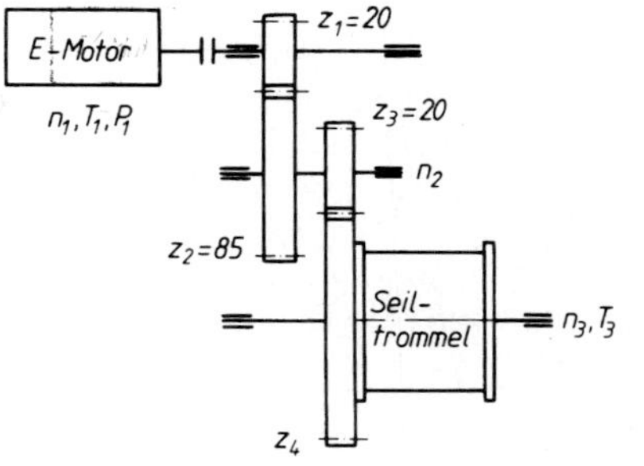

20.3 Für ein dreistufiges Stirnradgetriebe mit wälzgelagerten Wellen ist die mathematische Beziehung der zu erwartenden Abtriebsleistung allgemein anzugeben. Welcher Betrag ergibt sich für P_{ab} bei einer Antriebsleistung $P_{\text{an}} = 25\ \text{kW}$, wenn die Zahnflanken gehärtet und geschliffen sind und für die Verzahnung insgesamt eine relativ gute Verzahnungsqualität vorgesehen wurde?

21

21 Außenverzahnte Stirnräder

1 Für ein geradverzahntes, nicht korrigiertes Stirnradgetriebe sind die mathematischen Beziehungen zur Ermittlung der Teil-, Grund-, Kopf- und Fußkreisdurchmesser für Ritzel und Rad, der Zahnkopf- und Zahnfußhöhe, des Achsabstandes sowie das jeweils zugehörige Formelzeichen anzugeben, wenn die Ritzelzähnezahl, der Modul und das Übersetzungsverhältnis als bekannt vorausgesetzt wird.
Lösungshinweis: Siehe Lehrbuch 21.1.1 mit Gl. (21.1), (21.2) und 21.1.2 mit Gl. (21.5) ff.

2 Was wird bei Zahnradgetrieben allgemein unter „Überdeckungsgrad" verstanden, wie ist er mathematisch definiert, welchen Wert sollte er möglichst nicht unterschreiten und durch welche Maßnahmen kann die Größe beeinflusst werden?
Lösungshinweis: Siehe Lehrbuch 21.1.3 mit Gl. (21.13) und TB-21-2a.

3 Was wird bei einem Zahnradgetriebe unter „Korrektur bzw. Profilverschiebung" verstanden, wann *muss* und wann *kann* sie angewendet werden, in welchen Grenzen kann korrigiert werden und welche Vor- und Nachteile ergeben sich dabei?
Lösungshinweis: Siehe Lehrbuch 21.1.4 mit den Bildern 21-4 und 21-6.

4 Es ist Stellung zu nehmen zu der Behauptung, dass sich der Achsabstand eines korrigierten Radpaares aus $a = a_d + \Sigma x \cdot m$ ergibt und anzugeben, durch welche Maßnahme bei V-Getrieben das Kopfspiel $c = 0{,}25 \cdot m$ erreicht werden kann und welche Auswirkungen diese Maßnahme auf den Überdeckungsgrad hat.
Lösungshinweis: Siehe Lehrbuch 21.1.4-5 mit Gl. (21.21) bis (21.24).

5 Welche Arten der Schrägverzahnung gibt es und wann werden sie vornehmlich eingesetzt, in welchen Grenzen sollte der Schrägungswinkel β jeweils gewählt werden und welche Vor- und Nachteile kennzeichnen schrägverzahnte gegenüber geradverzahnten Radpaarungen?
Lösungshinweis: Siehe Lehrbuch 21.2.1 mit Bild 21-12.

6 Wie errechnet sich bei schrägverzahnten Rädern der Überdeckungsgrad?
Lösungshinweis: Siehe Lehrbuch 21.2.3 mit Gl. (21.45).

7 Anhand einer Skizze sind die Komponenten der Zahnkraft F_{bn} eines geradverzahnten Radpaares darzustellen und die jeweiligen mathematischen Beziehungen anzugeben; welche zusätzliche Kraft tritt bei schrägverzahnten Rädern auf und welche Auswirkungen hat diese Kraft sowohl auf die Lagerbelastung als auch auf den Wirkungsgrad?
Lösungshinweis: Siehe Lehrbuch 21.5.2-1 mit Bild 21-24 und 21.5.2-2 mit Bild 21-25.

8 Welche Schadensmöglichkeiten treten an Zahnrädern hauptsächlich auf und welche Tragfähigkeitsnachweise lassen sich diesen Schadensformen zuordnen?
Lösungshinweis: Siehe Lehrbuch 21.5.1.

9 Es ist anzugeben, weshalb bei der Tragfähigkeitsberechnung mit einer höheren als der Nennbelastung berechnet werden muss; durch welche Faktoren welche zusätzlichen Belastungen erfasst werden und in welcher Größenordnung diese Faktoren ca. liegen.
Lösungshinweis: Siehe Lehrbuch 21.5.3.

10 Warum kann in der Entwurfsphase ein Getriebe nicht „genau" berechnet werden; ist eine *genaue* Berechnung überhaupt möglich?

21.1 Ein geradverzahntes Stirnrad hat als Nullrad 30 Zähne. Für das Werkzeug-Bezugsprofil DIN 3972–II × 5 ($m = 5$ mm) sind zu berechnen:

a) Teil-, Grund-, Kopf- und Fußkreisdurchmesser,
b) Zahnkopf-, Zahnfuß- und Zahnhöhe,
c) Teil-, Grund- bzw. Eingriffsteilung sowie das Nennmaß der Zahndicke und der Zahnlücke.

21.2 Ein geradverzahntes Stirnrad-Ritzel (Nullrad) ist so stark beschädigt, dass nur noch ein Fußkreisdurchmesser $d_f \approx 59$ mm gemessen und eine Zähnezahl $z = 17$ festgestellt werden kann.
Für die Fertigung eines Ersatzrades sind zu ermitteln

a) der Modul m nach DIN 780,
b) der Teilkreis-, Kopf- und Fußkreisdurchmesser,
c) die Zahnkopf-, Zahnfuß- und Zahnhöhe bzw. Frästiefe.

21.3 Ein geradverzahntes Stirnradpaar mit $z_1 = 41$, $z_2 = 58$, $m = 4$ mm soll bei gleichem Null-Achsabstand und möglichst gleichem Zähnezahlverhältnis durch ein Nullradpaar mit $m' = 3$ mm ersetzt werden. Für die neue Radpaarung sind zu bestimmen

a) die Zähnezahlen z_1' und z_2',
b) die Abmessungen für Ritzel und Rad,
c) der Achsabstand,
d) das Zähnezahlverhältnis u' und die Abweichung in % gegenüber dem ehemaligen Wert.

21.4 Für ein Null-Getriebe mit Geradstirnrädern wurde für das Ritzel mit $z_1 = 20$ Zähne der Modul $m = 6$ mm vorgesehen. Bei einer Antriebsdrehzahl $n_1 = 710\ \text{min}^{-1}$ soll eine Übersetzung $i \approx 4{,}25$ eingehalten werden.
Zu ermitteln sind

a) die Abtriebsdrehzahl n_2 und die Zähnezahl z_2,
b) die Verzahnungsmaße $d_{1,2}$, $d_{a1,2}$, $d_{fl,2}$, $h_{1,2}$,
c) das Kopfspiel c
d) der Null-Achsabstand a_d.

21.5 Für ein Geradstirnradpaar (Ritzel und Rad als Nullräder ausgeführt) mit der Übersetzung $i \approx 3{,}5$ und dem Modul $m = 4$ mm soll ein Null-Achsabstand von $a_d = 162$ mm genau eingehalten werden.
Zu ermitteln bzw. festzulegen sind

a) die Zähnezahlen $z_{1,2}$ für Ritzel und Rad,
b) die Teil- und Grundkreisdurchmesser für Ritzel und Rad,
c) die Profilüberdeckung für das Radpaar (angenähert durch Ablesung und genauer durch Berechnung).

21.6 Ein Geradstirnradgetriebe für eine Antriebsleistung $P_1 = 5{,}5$ kW, $n_1 = 720\ \text{min}^{-1}$ muss für die Abtriebsdrehzahl $n_4 = 16\ \text{min}^{-1}$ als dreistufiges Nullgetriebe ausgebildet werden. Um günstige Bauverhältnisse zu erreichen, sind für die erste Stufe mit der Übersetzung $i_1 = 4{,}5$ ein Radpaar mit einem Ritzel $z_1 = 18$, Modul $m_1 = 3{,}5$ mm und die 2. Stufe mit der Übersetzung $i_2 = 3{,}6$ ein Radpaar mit einem Ritzel $z_3 = 20$, Modul $m_2 = 4$ mm vorgesehen. Für die 3. Stufe wird ein Modul $m_3 = 4{,}5$ mm festgelegt, wobei aus baulichen Gründen zu berücksichtigen ist, dass der Teilkreisdurchmesser des letzten Rades z_6 möglichst gleich dem des 4. Rades sein soll.

a) Welche Zähnezahlen und Achsabstände ergeben sich für die einzubauenden Null-Radpaare?
b) Die Drehzahlen n_2 und n_3 der Zwischenwellen sind zu ermitteln.

c) Durch maßstäblichen Entwurf ist entsprechend dem Bild zu prüfen, ob die Ausführung des Getriebes möglich ist, wenn als Wellendurchmesser $d_1 = 35$ mm, $d_2 = 45$ mm, $d_3 = 60$ mm und $d_4 = 75$ mm berechnet wurden und für die Radbreiten der 1. Stufe etwa 50 mm, der 2. Stufe etwa 60 mm und der 3. Stufe etwa 75 mm angenommen werden.

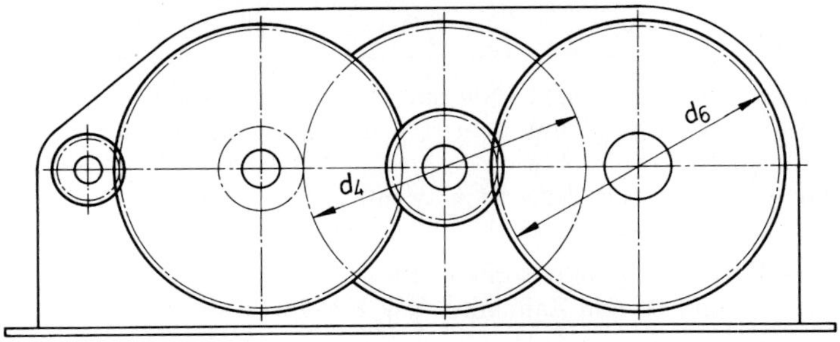

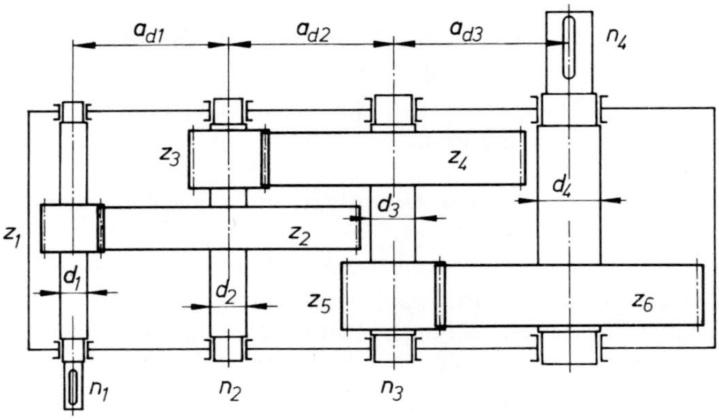

21.7 Laut Zeichnungsangabe soll ein Geradstirnrad mit der Zähnezahl $z = 17$, dem Profilverschiebungsfaktor $x = +0{,}518$ für das Bezugsprofil DIN 867 mit dem Werkzeug-Bezugsprofil DIN 3972–II × 3,5 ($m = 3{,}5$ mm) ohne Kopfhöhenänderung hergestellt werden.
Für das Zahnrad sind die Verzahnungsmaße d, d_b, d_a, d_f und h zu ermitteln.

21.8 Ein geradverzahntes Stirnradpaar mit der Ritzelzähnezahl $z_1 = 19$, der Übersetzung $i = 2{,}85$, und dem Modul $m = 5$ mm soll so korrigiert werden, dass ein Achsabstand $a = 185$ mm erreicht wird.
Die Hauptabmessungen der Räder d, d_a, d_f, d_b, d_w, h, s_n sowie die Profilüberdeckung ε_α sind zu ermitteln, so dass ein Kopfspiel $c = 0{,}25 \cdot m$ eingehalten wird.

21.9 Ein Geradstirnpaar mit den Zähnezahlen $z_1 = 10$, $z_2 = 32$, Werkzeug-Bezugsprofil DIN 3972–II × 3 ($m = 3$ mm) soll zur Verbesserung der Ritzel-Tragfähigkeit als V-Null-Getriebe gefertigt werden.
Festzustellen bzw. zu berechnen sind:

a) ist eine Ausführung als V-Null-Getriebe möglich?
b) die praktischen Mindest-Profilverschiebungsfaktoren und die Größen der Profilverschiebungen $V_{1,2}$,
c) die Teil-, Grund- und Kopfkreisdurchmesser beider Räder sowie der Achsabstand,
d) die Profilüberdeckung ε_α.

21.10 In einem Gehäuse soll ein einstufiges Geradstirnpaar mit Modul $m = 3$ mm für eine Übersetzung $i = 3$ und einen Achsabstand von 66 mm untergebracht werden. Für $\alpha = 20°$ soll das Kopfspiel $c = 0{,}25 \cdot m$ betragen.
Zu berechnen bzw. zu ermitteln sind:

a) die Zähnezahlen z_1 und z_2, wobei wegen des geforderten Achsabstandes eventueller Unterschnitt durch entsprechende Profilverschiebung des Ritzels unbedingt zu vermeiden ist,
b) die Verzahnungsmaße d, d_b, d_a, d_f für Ritzel und Rad,
c) die Profilüberdeckung ε_α.

21.11 Für ein einstufiges Geradstirnrad-V-Null-Getriebe mit $z_1 = 14$ und $z_2 = 16$, Modul $m = 3$ sind bei einem Kopfspiel $c = 0{,}25 \cdot m$ zu bestimmen:

a) die praktischen Profilverschiebungen $V_{1,2}$ in mm,
b) der Achsabstand a des Getriebes und die Radabmessungen $d_{1,2}$; $d_{a1,2}$ und $d_{f1,2}$,
c) das Nennmaß der Zahndicke am Kopfkreis des Ritzels $s_{a1} \geq 0{,}2 \cdot m$.

21.12 Für ein Geradstirnpaar mit $z_1 = 67$, $z_2 = 84$, Modul $m = 3$ mm soll eine ausgeglichene V-Verzahnung mit $\Sigma x = x_1 + x_2 = +0{,}5$ gewählt werden.

a) Die Profilverschiebungsfaktoren sind sinnvoll auf Ritzel und Rad festzulegen.
b) Die Radabmessungen $d_{1,2}$, $d_{b1,2}$, $d_{a1,2}$, $d_{f1,2}$ und $h_{1,2}$ sind zu errechnen, wenn das Kopfspiel $c = 0{,}25 \cdot m$ betragen soll (evtl. Kopfhöhenänderung vornehmen).
c) Der Überdeckungsgrad ε_α ist zu berechnen.

21.13 Bei einem hochbelasteten Geradstirnradpaar mit Modul $m = 5$ mm, den Zähnezahlen $z_1 = 21$ und $z_2 = 49$ soll zur Erzielung einer hohen Tragfähigkeit an beiden Rädern eine positive Profilverschiebung vorgenommen werden. Entsprechend der Empfehlung nach DIN 3992 (TB 21-5) wird die Summe der Profilverschiebungsfaktoren $\Sigma x = x_1 + x_2 = +0{,}8$ gewählt.

a) Wie sind die Profilverschiebungsfaktoren x_1 und x_2 für Ritzel und Rad entsprechend DIN 3992 aufzuteilen?
b) Der Achsabstand a des Radpaares ist zu berechnen.
c) Es ist zu kontrollieren, ob das Kopfspiel mit $c = 0{,}25 \cdot m$ eingehalten wird.

21.14 Ein ins Langsame übersetzendes Geradstirnradpaar mit $z_1 = 24$, $z_2 = 36$, Modul $m = 3$ mm soll als Stufe eines Regelgetriebes zum Erreichen eines genauen und möglichst spielfreien Laufes eine hohe Profilüberdeckung erhalten.
Nach DIN 3992 (TB 21-5) wurde für das V-Radpaar darum eine negative Profilverschiebungssumme $\Sigma x = x_1 + x_2 = -0{,}3$ gewählt.

a) Bei annähernd gleicher Tragfähigkeit beider Räder sind die Abmessungen einschließlich des Achsabstandes sowie das vorhandene Kopfspiel für das Radpaar zu ermitteln.
b) Die Profilüberdeckung des Radpaares ist rechnerisch zu bestimmen und mit der Profilüberdeckung bei Ausführung als Nullgetriebe zu vergleichen, wobei die prozentuale Erhöhung gegenüber der des Nullgetriebes angegeben werden soll.

21.15 Für ein Schaltgetriebe wurde für eine ins Langsame übersetzende Stufe ein Geradstirnradpaar mit $z_1 = 19$, $z_2 = 52$, Modul $m = 4$ mm gewählt. Aus baulichen Gründen muss ein Achsabstand von 145 mm eingehalten werden.
Es ist zunächst zu prüfen, ob das Radpaar mit Null-Verzahnung ausgeführt werden kann. Bei Ausbildung als V-Radpaar sind die Profilverschiebungen $V_{1,2}$ für Ritzel und Rad zu ermitteln, wobei bei Aufteilung der rechnerisch bestimmten Summe der Profilverschiebungsfaktoren eine möglichst gleiche Tragfähigkeit (ausgeglichene Verzahnung) anzustreben ist.

21.16 Für ein Geradstirnradpaar mit $z_1 = 16$, $z_2 = 44$, Modul $m = 4$ mm muss aus konstruktiven Gründen ein Achsabstand von 125 mm erreicht werden.

a) Um diese Forderung erreichen zu können, sollen zunächst die Profilverschiebungen V_1 für das Ritzel und V_2 für das Rad ermittelt und danach mit $V_{1\,max}$ geprüft werden, ob für das profilverschobene Ritzel die Gefahr zur Spitzenbildung besteht.

b) Die Abmessungen für das Ritzel und das Rad sind zu berechnen, wenn das Kopfspiel $c = 0{,}25 \cdot m$ eingehalten werden soll.

21.17 Für ein Geradstirnradpaar mit dem Modul $m = 4$ mm, der Übersetzung $i = 4{,}8$ und der Ritzelzähnezahl $z_1 = 20$ soll eine hohe Tragfähigkeit durch Profilverschiebung erreicht werden.

a) Nach Wahl der Summe der Profilverschiebungsfaktoren entsprechend der Forderung aus dem (oberen) mittleren Bereich sollen die Profilverschiebungsfaktoren $x_{1,2}$ für Ritzel und Rad zweckmäßig aufgeteilt und die Profilverschiebungen $V_{1,2}$ bestimmt werden.

b) Die Abmessungen beider Räder und der Achsabstand sowie das vorhandene Kopfspiel sind zu errechnen.

21.18 Von dem skizzierten Getriebe mit der Antriebsdrehzahl $n_1 = 630\ \text{min}^{-1}$ und mit zwei Abtrieben sind die Zähnezahlen $z_1 = 32$, $z_2 = 36$, $z_3 = 35$ sowie der Modul $m = 4$ mm bekannt. Die Hauptabmessungen des Getriebes sind zu berechnen unter der Voraussetzung, dass ein Achsabstand $a = 136$ mm eingehalten wird. Die Differenz der Abtriebsdrehzahlen ist anzugeben.

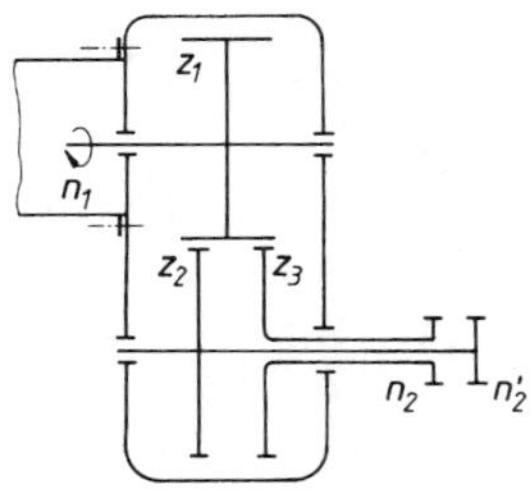

21.19 In einem Schieberäder-Getriebe für den Spindelantrieb einer Fräsmaschine ergaben sich zum genauen Einhalten der geforderten Übersetzung für eine Zwischenstufe Geradstirnräder mit den Zähnezahlen $z_1 = 18$, $z_2 = 50$, $z_3 = 29$, $z_4 = 42$, Modul $m = 3$ mm, siehe Bild. Um zu erreichen, dass der durch das Null-Radpaar $z_{3,4}$ gegebene Achsabstand $a_{d2} = a_{d1} = a$ wird, soll am Radpaar $z_{1,2}$ die erforderliche Profilverschiebung V_1 zunächst nur am Ritzel z_1 vorgenommen werden.

a) Die Profilverschiebung V_1 ist zu ermitteln und danach zu prüfen, ob die Gefahr der Spitzenbildung am Ritzel ($s_a = 0$) besteht; ist dies der Fall, soll die Aufteilung der Profilverschiebungsfaktoren so vorgenommen werden, dass die Zahndicke am Kopfkreis des Ritzels $s_{a1} \approx 0{,}3 \cdot m$ wird.

b) Die Abmessungen der V- und Null-Räder sowie der vorhandenen Kopfspiele sind für das Werkzeug-Bezugsprofil II nach DIN 3972 zu berechnen.

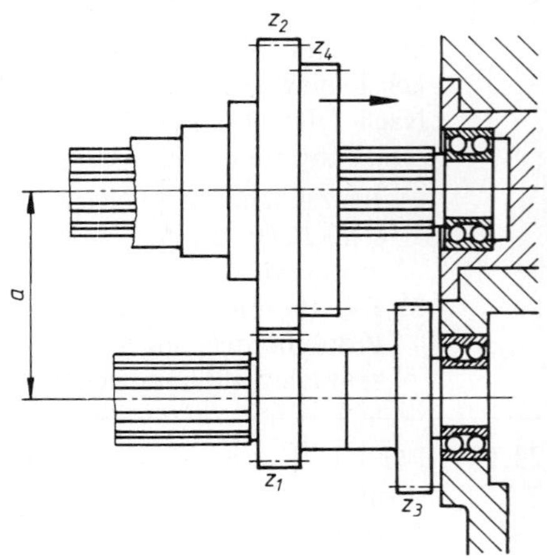

Schrägverzahnte Stirnräder (Verzahnungsgeometrie)

21.20 Ein schrägverzahntes Null-Rad mit 81 Zähnen soll mit einem Schrägungswinkel $\beta = 11°$, Flankenrichtung links, gefertigt werden. Zur Herstellung wird ein Wälzfräser DIN 8002 mit Bezugsprofil DIN 3972–II × 4,5 ($m_n = 4{,}5$ mm) verwendet.
Zu berechnen sind die Nennmaße

a) der Normal- und Stirnteilung, der Stirn- und Normaleingriffsteilung sowie der Normal- und Stirnzahndicke auf dem Teilkreis,
b) des Teilkreis-, Kopf- und Fußkreisdurchmessers sowie der Zahnhöhe (Frästiefe), des Grundkreisdurchmessers und der Grundschrägungswinkel β_b.

21.21 Für eine Säulenbohrmaschine ist als Eingangsstufe ein Schrägstirnradpaar vorgesehen. Aufgrund der Belastungsdaten sind hierfür festgelegt: Ritzelzähnezahl $z_1 = 26$, Radzähnezahl $z_2 = 86$, Schrägungswinkel $\beta = 15°$, Zahnbreiten $b_1 = b_2 = 50$ mm.
Zu berechnen sind

a) die Nennabmessungen der beiden Nullräder für das Werkzeug-Bezugsprofil DIN 3972–II × 4 und der Null-Achsabstand auf 1/100 mm genau,
b) die Gesamtüberdeckung.

21.22 Für ein Nullgetriebe mit Schrägstirnrädern $z_1 = 19$, $z_2 = 78$, $m_n = 2$ mm und den Zahnbreiten $b_1 = b_2 = 30$ mm soll ein Null-Achsabstand $a_d = 100$ mm eingehalten werden.
Zu berechnen sind:

a) der erforderliche Schrägungswinkel β,
b) die Nennmaße der Räder,
c) die Gesamtüberdeckung.

21.23 Nach Zeichnungsangabe entsprechend DIN 3966 soll ein Schrägstirnrad mit $z = 28$ Zähnen, Profilverschiebungsfaktor $x = +0{,}205$ und einem Schrägungswinkel $\beta = 17{,}4576°$ nach DIN 3978 (Reihe 1) linkssteigend für das Werkzeug-Bezugsprofil DIN 3972–I × 3 mit Verzahnungsqualität und Toleranzfeld 8e26 ausgeführt werden.
Zu ermitteln sind

a) der Teilkreis- und Kopfkreisdurchmesser sowie die Zahnhöhe, der Steigungswinkel am Teilzylinder und der Grundkreisdurchmesser,
b) das Nennmaß der Normalzahndicke.

21.24 Ein Schrägstirnrad-V-Getriebe mit der Ritzelzähnezahl $z_1 = 34$, Profilverschiebungsfaktor $x_1 = +1$ und der Radzähnezahl $z_2 = 85$, Profilverschiebungsfaktor $x_2 = +1$, Zahnbreiten $b_1 = b_2 = 40$ mm soll mit einem Schrägungswinkel $\beta = 20°$ für das Werkzeugbezugsprofil DIN 3972–II × 2,5 ausgeführt werden.
Zu berechnen sind:

a) die Teilkreis-, Grundkreis-, Kopf- und Fußkreisdurchmesser der Räder,
b) der Achsabstand a,
c) das vorhandene Kopfspiel c; entspricht es nicht dem des verwendeten Werkzeug-Bezugsprofils, wird Kopfhöhenänderung für den errechneten Achsabstand erforderlich. Die Kopfkreisdurchmesser d_{a1}, d_{a2} sind danach anzugeben,
d) die Gesamtüberdeckung.

21.25 Ein Schrägstirnradpaar mit $z_1 = 11$, $z_2 = 45$, $m_n = 4{,}5$ mm soll als V-Null-Getriebe mit einem Schrägungswinkel $\beta = 10°$ ausgeführt werden.
Zu ermitteln sind

a) die praktischen Mindest-Profilverschiebungsfaktoren x_1, x_2,
b) die Teilkreis- und Kopfkreisdurchmesser des Radpaares einschließlich Achsabstand,
c) die Nennmaße der Zahndicken auf dem Teilkreis im Normal- und Stirnschnitt.

21.26 Ein Schrägstirnradgetriebe mit $z_1 = 22$, $z_2 = 39$ soll unter Beibehaltung eines Schrägungswinkels $\beta = 15°$ mit einem Achsabstand $a = 80$ mm ausgeführt werden.
Zu bestimmen sind die Nennmaße der Räder auf 1/1000 mm genau, so dass das Kopfspiel c dem Werkzeug-Bezugsprofil DIN 3972–II × 2,5 entspricht.

21.27 Ein schrägverzahntes Stirnradgetriebe mit einer Übersetzung ins Schnelle soll bei einem Schrägungswinkel $\beta = 18°$ und den Zähnezahlen $z_1 = 14$, $z_2 = 33$ für hohe Tragfähigkeit mit einem Achsabstand $a = 115$ mm ausgelegt werden. Für die Herstellung der Räder wird das Werkzeug-Bezugsprofil DIN 3972–II × 4,5 verwendet.
Zu ermitteln sind:

a) die erforderliche Summe der Profilverschiebungsfaktoren,
b) deren Aufteilung und die Profilverschiebungen V_1, V_2 in mm,
c) rechnerisch die Profilüberdeckung ε_α.

21.28 Für das Zweigang-Verteilergetriebe zum Allradantrieb eines Kipper-Lastkraftwagens sind Schrägstirnräder mit dem Schrägungswinkel $\beta = 16°$ vorgesehen. Die Tragfähigkeitsberechnung ergab für beide Radpaare den Normalmodul $m_n = 4$ mm. Für den Straßengang sind eine Übersetzung $i_1 \approx 1{,}95$ und eine Ritzelzähnezahl $z_1 = 19$, für den Geländegang eine Übersetzung $i_2 \approx 2{,}56$ und eine Ritzelzähnezahl $z_3 = 16$ gewählt. Zur Erhöhung der Tragfähigkeit sollen die Räder mit Profilverschiebung ausgeführt werden. Für das Radpaar z_1 und z_2 wird daher eine Verschiebung mit der Profilverschiebungssumme $\Sigma x = x + x_1 = +1$ vorgenommen.

a) Nach zweckmäßiger Aufteilung der Verschiebungssumme auf die Räder z_1, z_2 sind die Verschiebungen V_1, V_2 und der Achsabstand a zu bestimmen.
b) Um für das Radpaar z_3, z_4 den gleichen Achsabstand a zu erhalten, ist nach Ermittlung der Verschiebungssumme die Aufteilung vorzunehmen und die Größe der Verschiebungen V_3, V_4 anzugeben.

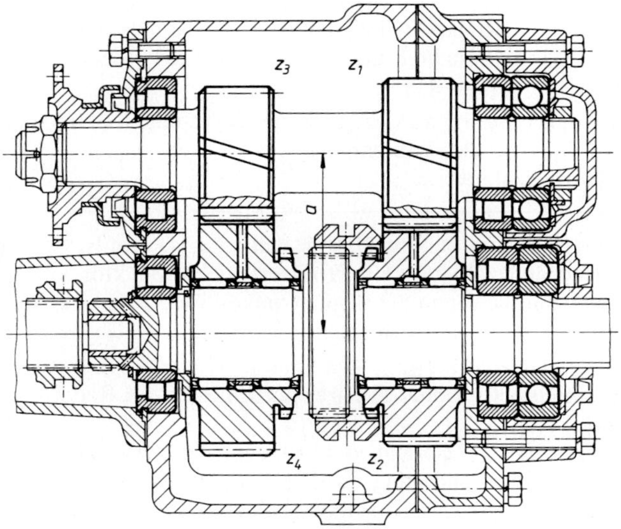

21.29 Für die Eingangsstufe zum Spindelantrieb einer Fräsmaschine mit der Antriebsdrehzahl $n_1 = 500\ \text{min}^{-1}$ ist ein schrägverzahntes Nullradpaar mit $z_1 = 18$, $z_2 = 57$, Modul $m_n = 5$ mm, Schrägungswinkel $\beta = 15°$ vorgesehen.
Mit den Geradstirnrädern z_3, z_4 des Schaltgetriebes, Modul $m = m_n$, soll eine Drehzahl $n_3 = 63\ \text{min}^{-1}$ erreicht werden. Für die Herstellung der Räder ist nach DIN 3972 das Werkzeug-Bezugsprofil II vorgesehen.

a) Unter der Voraussetzung, dass aus konstruktiven Gründen der Null-Achsabstand $a_{d1} = a_2$ ist und die Übersetzung $i_2 = u_2$ aus der Gesamtübersetzung $i = i_1 \cdot i_2$ mit $i_1 = u_1$ möglichst genau eingehalten werden soll, sind die Zähnezahlen z_3, z_4 und damit der Null-Achsabstand a_{d2} der Geradstirnräder zu ermitteln.

b) Nach Errechnung der Summe der Profilverschiebungsfaktoren $x_3 + x_4$ und deren Aufteilung sind die Abmessungen der Räder z_3, z_4 für den geforderten Achsabstand a_2 zu bestimmen und das Kopfspiel c zu prüfen.

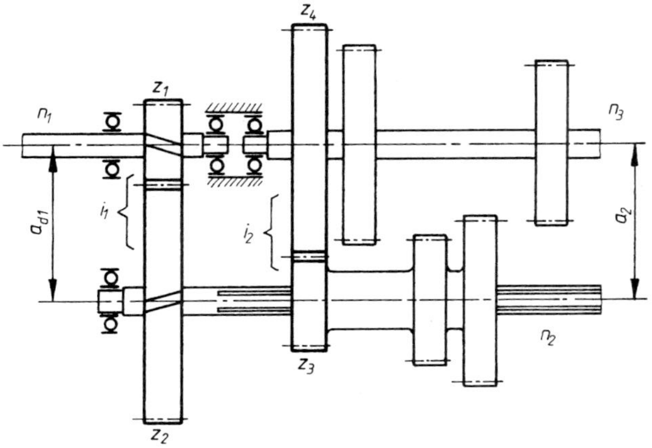

Verzahnungsqualität, Toleranzen

21.30 Für ein geradverzahntes Stirnradpaar mit Modul $m = 2$ mm, $d_1 = 30$ mm, $d_2 = 96$ mm und dem Achsabstand $a = 63$ mm ist das theoretische Drehflankenspiel $j_{t\,min}$ und $j_{t\,max}$ nach DIN 3967 zu bestimmen, wenn es erfahrungsgemäß mit Verzahnungsqualität und Toleranzfeld 8cd26 gefertigt sowie für den Achsabstand a das Toleranzfeld js8 eingehalten werden soll, ferner ist für Ritzel und Rad die Messzähnezahl sowie das jeweilige untere und obere Prüfmaß anzugeben.

21.31 Laut Zeichnungsangabe soll ein Geradstirnrad $z = 17$, Profilverschiebungsfaktor $x = +0{,}5$ für das Bezugsprofil DIN 867 mit dem Werkzeug-Bezugsprofil DIN 3972–II × 3,5 ohne Kopfhöhenänderung sowie der Verzahnungsqualität und dem Toleranzfeld 6e26 hergestellt werden.
Das Nennmaß der Zahndicke auf dem Teilkreis mit Abmaßen nach DIN 3967 und das Nennmaß der Lückenweite auf dem Teilkreis sind zu ermitteln.

21.32 Das einstufige Geradstirnradgetriebe einer Schneckenpresse soll als V-Getriebe mit einer Übersetzung $i = 4{,}9$ für einen Modul $m = 10$ mm ausgebildet werden. Aus der Festigkeitsberechnung ergab sich für die Ritzelwelle ein Durchmesser $d_{sh} = 80$ mm.
Konstruktiv günstige Abmessungen werden für das Ritzel mit einem Teilkreisdurchmesser $d_1 = 110$ mm erreicht.
Das theoretische Flankenspiel $j_{t\,min}$ und $j_{t\,max}$ ist zu bestimmen, wenn nach DIN 3967 die Verzahnungsqualität und Toleranz 7c26 sowie nach DIN 3964 die Achsabstandsmaße mit der Toleranzklasse js7 vorgesehen sind.

21

21.33 Ein Schrägstirnradpaar mit $z_1 = 11$, $z_2 = 45$, $m_n = 4{,}5$ mm soll als V-Null-Getriebe mit einem Schrägungswinkel $\beta = 10°$ ausgeführt werden.
Zu ermitteln sind

a) die praktischen Mindest-Profilverschiebungsfaktoren x_1, x_2,
b) die Teilkreis- und Kopfkreisdurchmesser des Radpaares einschließlich Achsabstand,
c) die Normalzahndicken auf dem Teilkreis mit Abmaßen in mm, wenn für die Räder nach DIN 3967 die Verzahnungsqualität und Toleranz 7b26 verlangt wird,
d) das theoretische Flankenspiel $j_{t\,min}$ und $j_{t\,max}$, wenn nach DIN 3964 die Achsabstandsabmaße für die Toleranzklasse js7 vereinbart ist.

Zahnradkräfte, Drehmomente

21.34 Der Zwischenwelle A–B mit den geradverzahnten Nullrädern $z_2 = 81$, Modul $m_1 = 3{,}55$ mm und $z_3 = 20$, Modul $m_2 = 4$ mm wird eine maximale Leistung $P_2 = 5$ kW bei $n_2 = 160\ \text{min}^{-1}$ über ein Ritzel z_1 zugeführt. Das Ritzel z_1 soll

1. im Uhrzeigersinn, und
2. entgegen dem Uhrzeigersinn laufen (siehe Getriebeskizze).

a) Für die Zahnräder z_2 und z_3 sind nach der Getriebeskizze die Zahnkraftkomponenten F_{t2}, F_{r2} und F_{t3}, F_{r3} entsprechend ihrer Richtung für 1. und 2. einzutragen und rechnerisch zu ermitteln.
b) Die Belastungs- und Stützkräfte der Welle A–B sind für die horizontale (x) und vertikale (y) Wirkebene zu 1. und 2. zu skizzieren.

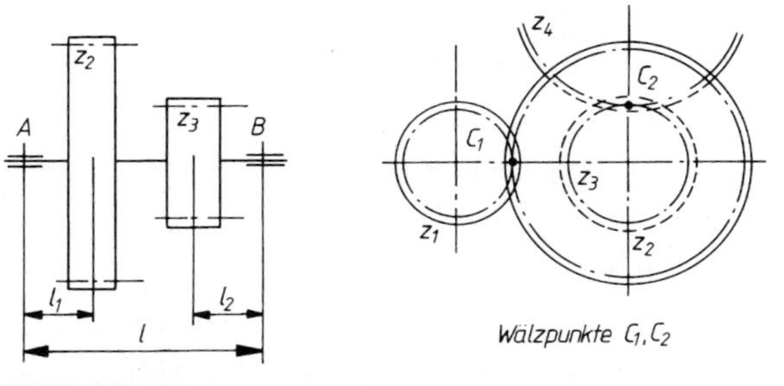

21.35 Das Schrägstirnrad $z_2 = 83$, Modul $m_n = 2$ mm, Schrägungswinkel $\beta = 15°$ rechtssteigend ist auf der Welle A–B befestigt und hat eine Leistung $P = 6{,}25$ kW bei $n_2 = 630\ \text{min}^{-1}$ zu übertragen. Es wird von einem Ritzel z_1 angetrieben, das sich im Uhrzeigersinn dreht.

a) Die Richtung der Zahnkraft-Komponenten F_{t2}, F_{r2}, F_{a2} für das Rad z_2 sind in eine Getriebeskizze (nach Bild) einzuzeichnen.
b) Die Nenngrößen der Zahnkraftkomponenten in N (ganzzahlig gerundet) sind zu berechnen.
c) Die Wellenbelastung durch die Zahnkraftkomponenten ist in der horizontalen (x-) und vertikalen (y-)Wirkebene zu skizzieren und die Größe der resultierenden Kräfte F_{Ar}, F_{Br} mit den Komponenten F_{Ax}, F_{Ay} bzw. F_{Bx}, F_{By} (ganzzahlig gerundet) zu berechnen.
d) Der Verlauf der (Biege-)Momentenfläche mit M'_x, M_x, M_y in den senkrecht aufeinanderstehenden Wirkebenen (x, y) sind zu skizzieren und die resultierenden Biegemomente M', M für die Radmitte zu ermitteln.

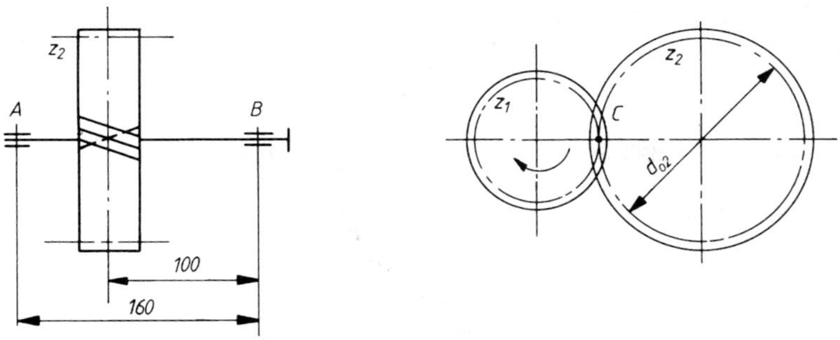

21.36 Die Zwischenwelle A–B eines Nullgetriebes (siehe Bild a) überträgt eine Leistung $P = 8{,}8\,\text{kW}$ bei einer Drehzahl $n = 800\,\text{min}^{-1}$ mit zwei Schrägstirnrädern $z_2 = 39$, $m_n = 2{,}5$ mm, $\beta = 15°$ Flankenrichtung links und $z_3 = 20$, $m_n = 4$ mm, $\beta = 10°$ Flankenrichtung links. Der Antrieb erfolgt durch das im Uhrzeigersinn drehende Zahnrad z_1, das, wie in der Seitenansicht der Getriebeskizze dargestellt, entweder in der waagerechten Ebene (Bild b) oder in der senkrechten Ebene (Bild c) angeordnet werden kann.

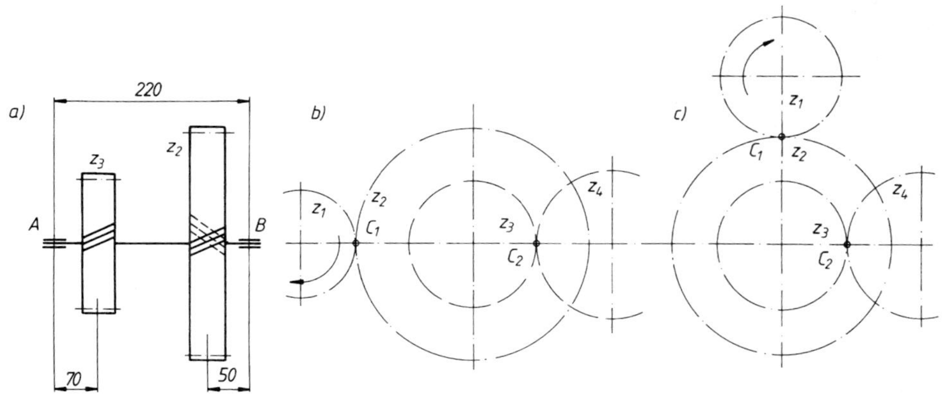

a) Die Richtungen der Zahnkraft-Komponenten F_{t2}, F_{t3}, F_{r2}, F_{r3} und F_{a2}, F_{a3} für die Räder z_2, z_3 sind in die Getriebeskizze nach Anordnung Bild a) und b) in den Wälzpunkten C_1, C_2 einzuzeichnen.
b) Die Nenngrößen der Zahnkraft-Komponenten in N sind ganzzahlig gerundet zu berechnen.
c) Die Wellenbelastung durch die Zahnkraftkomponenten und der vermutliche Verlauf der Biegemomentenfläche sind in der horizontalen (x-) und vertikalen (y-) Wirkebene für die Anordnung a) und b) zu skizzieren.
d) Entsprechend der Richtung der Zahnkraftkomponenten gleicher Größe sind die Wellenbelastung und der vermutliche Verlauf der Biegemomentenfläche für die Anordnung Bild a) und c) in der horizontalen (x-) und vertikalen (y-) Wirkebene zu skizzieren.

Tragfähigkeitsnachweis (geradverzahnte Stirnräder)

21.37 Die Übersetzungsstufe eines Stirnradgetriebes mit den mittig zwischen den Lagern angeordneten geradverzahnten Nullrädern $z_1 = 44$, $z_2 = 110$, zu deren Herstellung entsprechend dem Bezugsprofil nach DIN 867 das Werkzeug-Bezugsprofil 3972-II × 2,5 für die Zahnbreiten $b_1 = 45$ mm, $b_2 = 40$ mm verwendet wird, soll eine Nennleistung $P = 15$ kW bei der Ritzeldrehzahl $n_1 = 750\,\text{min}^{-1}$ übertragen. Der Antrieb erfolgt über einen Elektromotor; die getriebene Maschine arbeitet mit mäßigen Stößen.

Beide Zahnräder sind aus 42CrMo4 induktionsgehärtet, Zahnflanken (einschließlich Fußausrundung) geschliffen mit $R_z \approx 5\,\mu m$. Das Industriegetriebe soll bei einer Lastwechselanzahl $N_L = t \cdot n \cdot 60$ eine Mindestlebensdauer $t = 20\,000$ Stunden erreichen. Zu ermitteln bzw. zu prüfen sind

a) die Abmessungen der Stirnräder einschließlich Zahnhöhe und Null-Achsabstand auf 1/1000 mm genau, sowie die Profilüberdeckung überschlägig und die aufgrund der Umfangsgeschwindigkeit empfohlene beste Verzahnungsqualität;
b) nach Bestimmung der Nennumfangskraft F_{t1} für das Ritzel sind die Kraftfaktoren festzulegen,
c) die Zulässigkeit der Zahnfuß-Tragfähigkeit, wenn für den Zahnradwerkstoff die Zahnfuß-Biegenenndauerfestigkeit $\sigma_{F\lim} \approx 360\,N/mm^2$ beträgt und ein mittlerer Sicherheitsfaktor gefordert wird,
d) die Zulässigkeit der Grübchen-Tragfähigkeit wenn die Grübchentragfähigkeit $\sigma_{H\lim} \approx 1200\,N/mm^2$ beträgt und ein mittlerer Sicherheitsfaktor vorzusehen ist.

21.38 Die 2. Übersetzungsstufe des dreistufigen Getriebes eines Kranhubwerkes soll als Geradstirnradpaar mit einem Achsabstand $a = 119$ mm ausgeführt werden. Für den Wellendurchmesser $d_{sh} = 34$ mm des Ritzels betragen die Abstände $s \approx 10$ mm und $l = 120$ mm. Die Geradstirnräder aus Einsatzstahl mit $\sigma_{F\lim} \approx 500\,N/mm^2$ und $\sigma_{H\lim} \approx 1500\,N/mm^2$ bei 60HRC mit geschliffenen Flanken (einschließlich Fußausrundung) $R_z = 6\,\mu m$ haben die Zähnezahlen $z_1 = 13$, $z_2 = 64$, Zahnbreiten $b_1 = b_2 = 50$ mm, zu deren Herstellung entsprechend dem Bezugsprofil nach DIN 867 das Werkzeug-Bezugsprofil DIN 3972–II × 3 verwendet wird.
Die Zahnradstufe hat aus dem Moment an der Seiltrommel eine maximale Leistung $P = 6{,}9$ kW bei $n_1 = 305\,min^{-1}$ zu übertragen. Gefordert wird eine für Hebemaschinen übliche Lebensdauer von $t = 8000$ Stunden bei bester Verzahnungsqualität. Vorgesehen ist Tauchschmierung.

a) Es ist zu prüfen, ob Null- oder V-Räder verwendet werden können, so dass evtl. die Summe der Profilverschiebungsfaktoren und deren Aufteilung auf die Räder zu ermitteln sind.
b) Die Teil-, Grund-, Kopf- und Fußkreisdurchmesser der Räder für den ausgeführten Achsabstand sowie die Profilüberdeckung sind für das Kopfspiel $c = 0{,}25 \cdot m$ zu errechnen.
c) Nach Bestimmung der Nenn-Umfangskraft F_{t1} für das Ritzel und Festlegung der Verzahnungsqualität sind die Kraftfaktoren zu bestimmen, wenn für das Getriebe gleichmäßige Arbeitsweise gefordert wird.
d) Die rechnerischen Sicherheitsfaktoren S_F für die Zahnfußbeanspruchung sowie S_H für die Flankenbeanspruchung sind zu ermitteln.

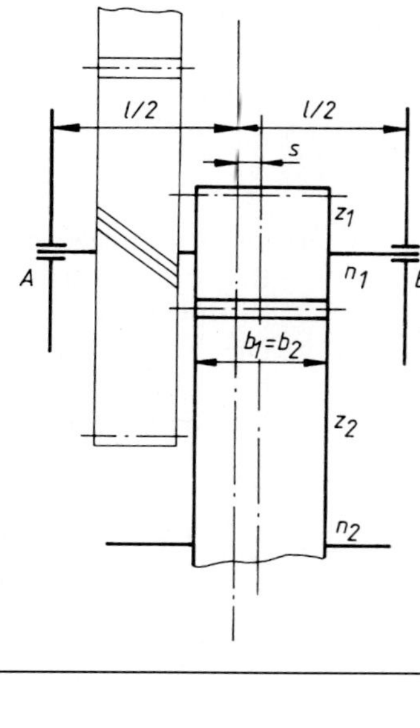

21.39 Eine Stab- und Formstahlschere wird durch einen Drehstrommotor mit einer Leistung $P = 7{,}5$ PS bei der Drehzahl $n_1 = 960\ \text{min}^{-1}$ angetrieben und soll mit $n_3 = 50$ Hüben/min laufen. Als erste Stufe ist ein Keilriemengetriebe mit den Scheibendurchmessern $d_{d1} = 140$ mm und $d_{d2} = 560$ mm vorgesehen. Die zweite Stufe bildet ein Geradstirnradpaar mit Nullverzahnung, dessen fliegend angeordnetes Ritzel mit $z_1 = 20$ auf dem mit $R_z = 6\ \mu$m gedrehten Wellenende für $d_{sh} = 50$ mm der Zwischenwelle aus E295 mittels Nasenkeil nach DIN 6887 befestigt werden soll.
Als Zahnradwerkstoff wird für das Ritzel Vergütungsstahl (flammengehärtet) mit $\sigma_{F\lim} = 370\ \text{N/mm}^2$, $\sigma_{H\lim} = 1200\ \text{N/mm}^2$ bei 55HRC und für das Rad legierter Stahlguss mit $\sigma_{F\lim} = 280\ \text{N/mm}^2$, $\sigma_{H\lim} = 780\ \text{N/mm}^2$ bei 300HV10 vorgesehen.

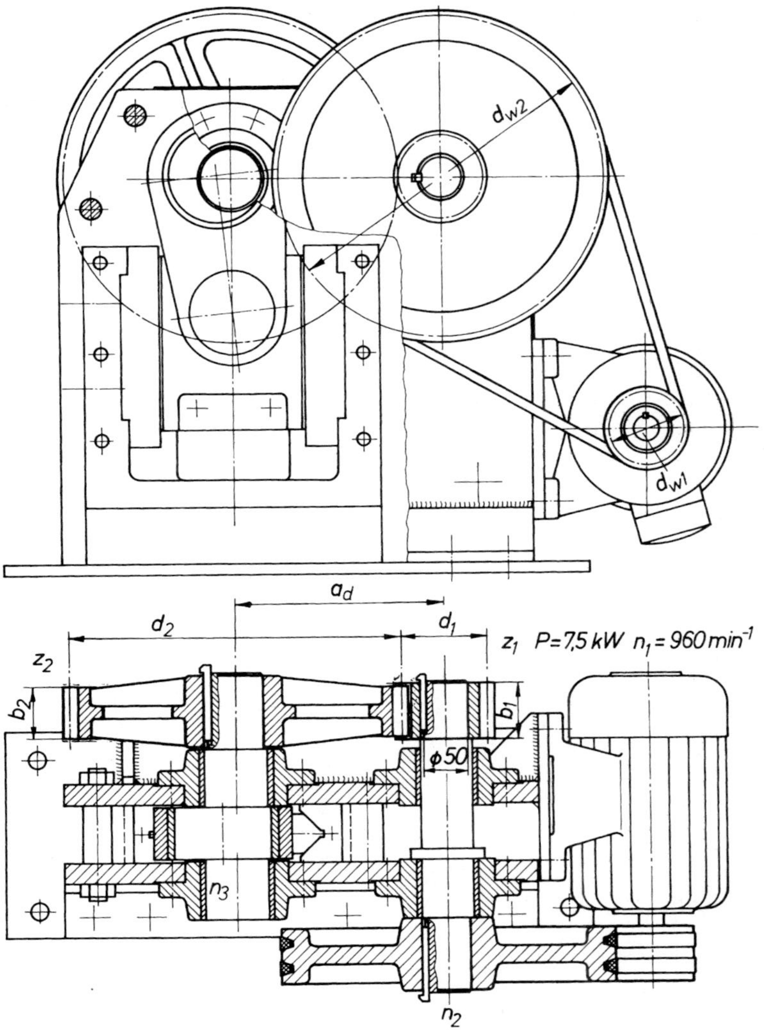

a) Ohne Berücksichtigung des Wirkungsgrades sind nach der Ermittlung der Übersetzung $i_2 = u$ der Stirnradstufe aus der Gesamtübersetzung i für das auf die Welle zu setzende Ritzel der Modul m nach DIN 780 zu wählen, die Rad-Zähnezahl z_2, Hauptabmessungen der Räder einschließlich Nullachsabstand zu berechnen und überschlägig die Profilüberdeckung sowie aufgrund der Räderanordnung die Zahnbreiten b_1, $b_2 = b_1 - 5$ mm und die zugehörige möglichst beste Verzahnungsqualität festzulegen.

b) Unter Berücksichtigung der durch die Art der Maschine gegebenen ungünstigen Betriebsverhältnisse sollen erfahrungsgemäß der Anwendungsfaktor K_A für mittleren Anlauf, starke Stöße bei Volllast, Zahnrad (Grübchen) und max. 8 Stunden tägliche Laufzeit gewählt und die weiteren erforderlichen K-Faktoren erfasst werden. Für die Flankenlinienabweichung f_{sh} soll wegen Nichtbeachtung von Zusatzkräften der Erfahrungswert berücksichtigt werden.

c) Sind die vorgesehenen Werkstoffe ausreichend, wenn die üblichen Mindestsicherheitswerte gefordert werden?

21.40 Für den Antrieb eines Trogkettenförderers mit einer Förderleistung $Q = 25$ t/h Schwergetreide bei einer Förderlänge $L = 50$ m und einer Fördergeschwindigkeit $v_k = 0{,}6$ m/s (Kettengeschwindigkeit) ist ein Antriebsmotor $P = 5{,}5$ kW bei $n_1 = 1435\ \text{min}^{-1}$ ermittelt. Das Kettenrad hat einen Teilkreisdurchmesser $d = 276{,}83$ mm.
Als 1. Stufe des Antriebs wird ein Keilriemengetriebe mit der Übersetzung $i = 4{,}75$ verwendet. Für die 2. Stufe soll ein Geradstirnradgetriebe als Anbaugetriebe vorgesehen werden, für das eine Ritzelwelle mit $z_1 = 17$ Zähnen nach überschlägiger Berechnung des Durchmessers $d_{sh} = 38$ mm ausgeführt wird. Aus Einbaugründen wird der Teilkreisradius $r_2 = d_2/2$ etwa 10 mm kleiner als die Achshöhe $h = 200$ mm angestrebt. Der Wirkungsgrad des Getriebes soll unberücksichtigt bleiben.

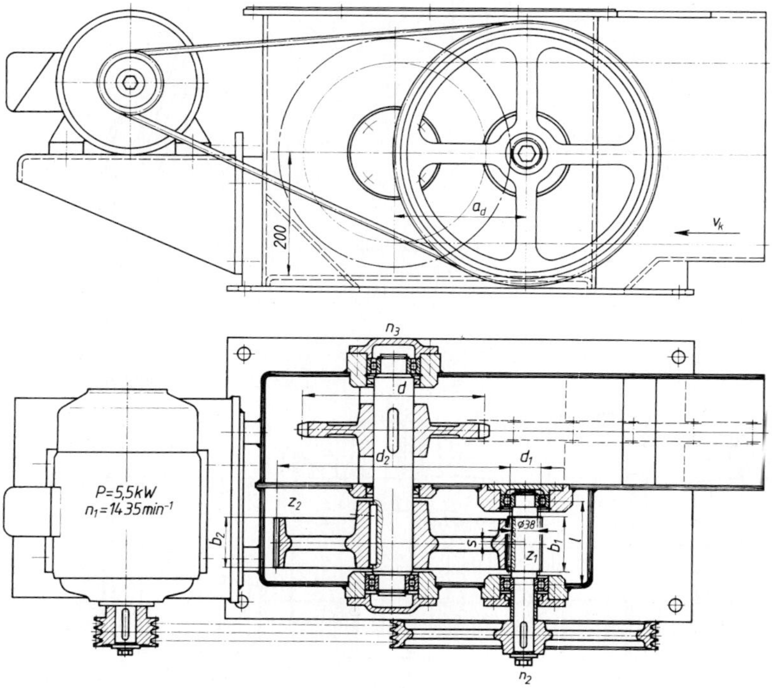

a) Nach Ermittlung der Ritzelwellendrehzahl n_2 und der Drehzahl n_3 der Kettenradwelle aus v_k sind mit der Übersetzung $i_2 \mathrel{\hat{=}} u$ des Nullradpaares die Zähnezahlen des Rades z_2 und mit der Bedingung der Achshöhe der Modul m für das Zahnradpaar zu bestimmen, womit die Abmessungen der Räder einschließlich Zahnhöhe, Null-Achsabstand zu berechnen und die Profilüberdeckung zu ermitteln sind und festzustellen ist, ob die Ausführung als Ritzelwelle für d_{sh} und z_1 möglich ist.

b) Die Zahnbreiten des Radpaares b_1, b_2 sind für die Wellenlagerung in guter, handelsüblicher Ausführung im Getriebegehäuse und die zugehörige möglichst beste Verzahnungsqualität festzulegen.

c) Für das Zahnradpaar sind bei mäßigen Stößen des Trogförderers die Belastungseinflussfaktoren zu ermitteln, wenn das durch das Riemengetriebe eingeleitete Drehmoment T_1 bei einem Lagerabstand $l = 140$ mm und einem Mittenabstand des Ritzels $s = 10$ mm berücksichtigt wird. Als Zahnradwerkstoff ist für die Ritzelwelle und der Bandage des Rades z_2 (Radkörper aus GJL) Vergütungsstahl mit $\sigma_{F\,lim} = 350$ N/mm^2 (55HRC) und $\sigma_{H\,lim} = 1250$ N/mm^2 (induktionsgehärtet) vorgesehen.

d) Die rechnerischen Sicherheitsfaktoren $S_{F1,\,2}$ für die Zahnfußbeanspruchung sind zu errechnen.

e) Die Zulässigkeit der rechnerischen Sicherheitsfaktoren $S_{H1,2}$ für die Grübchentragfähigkeit ist nachzuweisen, wenn die Zahnflanken mit $R_z \approx 5$ µm geschliffen werden.

Tragfähigkeitsnachweis (schrägverzahnte Stirnräder)

21.41 Ein mittig zwischen den Lagern angeordnetes Schrägstirnradpaar mit den Nullrädern $z_1 = 30$, $z_2 = 94$, Normalmodul $m_n = 3$ mm, Schrägungswinkel $\beta = 10{,}8069°$ (nach DIN 3978, Reihe 1), Zahnbreiten $b_1 = b_2 = 50$ mm, DIN-Verzahnungsqualität 6 soll von einem Elektromotor mit einer Leistung $P = 45$ kW bei $n_1 = 1420$ min^{-1} angetrieben werden. Mit mäßigen Stößen ist zu rechnen.

a) Die Teil-, Grund-, Kopf- und Fußkreisdurchmesser der Räder einschließlich Zahnhöhe und Null-Achsabstand sowie die Profilüberdeckung ε_α und die Sprungüberdeckung ε_β sind zu berechnen.

b) Nach Bestimmung der Nenn-Umfangskraft F_{t1} für das Ritzel in N (ganzzahlig) sind die Kraftfaktoren weitgehend rechnerisch festzulegen.

c) Für das Dauergetriebe ist die Zulässigkeit der Zahnfuß- und der Grübchentragfähigkeit zu prüfen, wenn für beide Räder Einsatzstahl 15CrNi6, oberflächengehärtet mit $\sigma_{F\,lim} \approx 315$ N/mm^2, $\sigma_{H\,lim} \approx 1300$ N/mm^2 bei 58HRC und geschliffenen Zähnen $R_z \approx 5$ µm vorgesehen wird.

21.42 Das im Bild gezeigte Industriegetriebe mit den Schrägstirnrädern $z_1 = 20$, $z_2 = 59$, $m_n = 6$ mm, Schrägungswinkel $\beta = 15°$, Zahnbreiten $b_1 = 100$ mm, $b_2 = 98$ mm soll mit einer Verzahnungsqualität 6 für eine Antriebsleistung bei gleichmäßigem Betrieb $P = 500$ kW bei einer Nenndrehzahl $n_1 = 1500$ min^{-1} ausgelegt werden. Bei einem Ritzelwellendurchmesser $d_{sh} = 95$ mm ist ein Achsabstand $a = 250$ mm einzuhalten. Als Zahnradwerkstoff ist Einsatzstahl 17CrNiMo6 mit $\sigma_{F\,lim} = 500$ N/mm^2 und $\sigma_{H\,lim} = 1500$ N/mm^2 bei 62HRC mit geschliffenen Zahnflanken $R_z \approx 5$ µm für $N_L > 5 \cdot 10^7$ Lastspiele vorgesehen.

a) Es ist zunächst zu entscheiden, ob Null- oder V-Räder eingebaut werden können, so dass evtl. die Summe der Profilverschiebungsfaktoren und deren Aufteilung auf die Räder zu ermitteln sind.

b) Die Abmessungen der Räder einschließlich Zahnhöhe mit evtl. Kopfhöhenänderung sowie die Profil- und Sprungüberdeckung sind zu errechnen.

c) Nach Ermittlung der Nenn-Umfangskraft F_{t1} sind die Kraftfaktoren weitgehend rechnerisch zu bestimmen.

d) Die rechnerische Sicherheit S_F für die Zahnfuß-Tragfähigkeit ist zu prüfen.

e) Die Zulässigkeit der rechnerischen Sicherheit S_H für die Grübchen-Tragfähigkeit ist nachzuweisen.

21

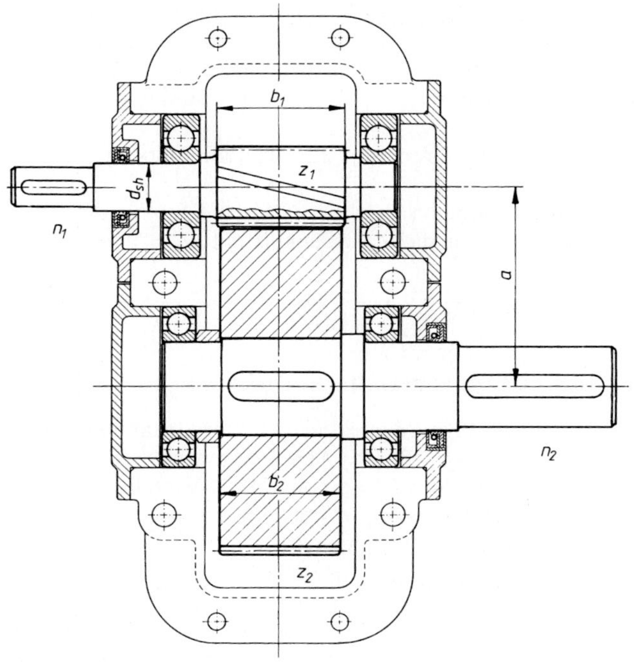

21.43 Die Endstufe eines Rührwerkgetriebes soll als Schrägstirnradpaar mit einem Schrägungswinkel $\beta = 15°$, $z_1 = 14$, $z_2 = 61$, Zahnbreiten $b_1 = b_2 = 170$ mm ausgeführt werden (siehe Getriebeschema). Zum Erreichen des geforderten Achsabstandes ist eine Profilverschiebung mit $\Sigma x = +1{,}292$ vorzunehmen.
Die Verzahnung des Ritzels aus Einsatzstahl 17CrNiMo6 und des Rades aus Einsatzstahl 15CrNi6 wird entsprechend dem Bezugsprofil nach DIN 867 mit dem Werkzeug-Bezugsprofil DIN 3972 – II × 14 hergestellt und an den Flanken mit $R_z \approx 5$ µm, am Zahnfuß mit $R_z \approx 20$ µm geschliffen.
Gefordert wird eine Verzahnungsqualität 6 und erfahrungsgemäß bei einer täglichen Einschaltdauer von 2 Stunden eine Lebensdauer von 1000 Stunden. Für den Wellendurchmesser des Ritzels $d_{sh} = 150$ mm betragen die Abstände $s = 63$ mm und $l = 383$ mm. Bei der Wellendrehzahl $n_1 = 15$ min^{-1} wird eine Leistung $P = 29{,}5$ kW übertragen.

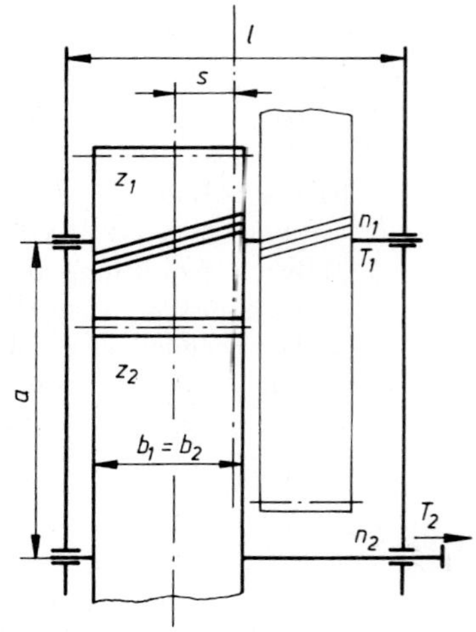

a) Nach Aufteilung von Σx in x_1 und x_2 und nach Ermittlung der Teilkreisdurchmesser $d_{1,2}$ sind der Achsabstand a und damit der Kopfkreisdurchmesser $d_{a1,2}$ und die Fußkreisdurchmesser $d_{f1,2}$ einschließlich Grundkreisdurchmesser $d_{b1,2}$ und die Zahnhöhe, sowie die Profil- und Sprungüberdeckung zu berechnen.

b) Für gleichmäßigen Antrieb und bei mäßigen Stößen des Getriebes sind die Kraftfaktoren weitgehendst rechnerisch für den Tragfähigkeitsnachweis c) zu berechnen.

c) Die Zulässigkeit der Zahnfußspannung und Flankenpressung ist nachzuprüfen, wenn bei 60HRC die Zahnfuß-Biegenenndauerfestigkeit $\sigma_{F\lim} = 500$ N/mm^2 für das Ritzel und $\sigma_{F\lim} = 450$ N/mm^2 für das Rad, sowie der Dauerfestigkeitswert $\sigma_{H\lim} = 1500$ N/mm^2 für das Ritzel und $\sigma_{H\lim} = 1400$ N/mm^2 für das Rad die jeweils üblichen Höchstwerte für $S_{F\min}$ bzw. $S_{H\min}$ vorgeschrieben sind.

22 Kegelräder und Kegelradgetriebe

1 Die charakteristischen Merkmale des Kegelradgetriebes sind zu nennen.
Lösungshinweis: Siehe Lehrbuch 22.1.

2 In eine Skizze sind folgende Größen einzutragen: mittlerer Teilkreisdurchmesser d_m, äußere Teilkegellänge R_e, äußerer Kopfkreisdurchmesser d_{ae}, Teilkegelwinkel δ, Kopfkegelwinkel ϑ_k und Fußkegelwinkel ϑ_f.
Lösungshinweis: Siehe Lehrbuch 22.2.1 mit Bild 22-4.

3 Anhand einer Skizze ist die mathematische Beziehung für das Übersetzungsverhältnis für Kegelräder $i = f(\delta_1, \delta_2)$ für den allgemeinen Fall ($\Sigma \neq 90°$) und den speziellen Fall ($\Sigma = 90°$) herzuleiten.
Lösungshinweis: Siehe Lehrbuch 22.2.1.

4 Wodurch unterscheiden sich die Moduln m_e und m_m?
Lösungshinweis: Siehe Lehrbuch 22.2.1-2.

5 Welche Bedeutung haben die Ersatzstirnräder bei der Kegelradberechnung?
Lösungshinweis: Siehe Lehrbuch 22.2.1-2 mit Bild 22-5.

6 Auf welche Durchmesser bezieht sich bei Kegelrädern die Berechnung der Verzahnungsgeometrie und des Tragfähigkeitsnachweises für die sich zur Kegelspitze hin verjüngenden Zahnprofile?
Lösungshinweis: Siehe Lehrbuch 22.2.1-2 mit Bild 22-5.

7 Anhand einer Skizze sind für beide Drehrichtungen der treibenden Welle die Komponenten der Zahnkraft F_{bn} eines geradverzahnten Kegelradpaares für das Ritzel darzustellen und die jeweiligen mathematischen Beziehungen dafür zu entwickeln.
Lösungshinweis: Siehe Lehrbuch 22.4.1 mit Bild 22-9.

22.1 Für ein geradverzahntes Kegelrad-Nullgetriebe mit dem Achsenwinkel $\Sigma = 75°$, der Ritzelzähnezahl $z_1 = 22$, der Übersetzung $i = 1{,}5$ und dem (äußeren) Modul $m_e = m = 3{,}5$ mm sind für Ritzel und Rad zu ermitteln

a) die Teilkegelwinkel,
b) die Teil- und Kopfkreisdurchmesser,
c) die äußere Teilkegellänge und die Zahnbreite,
d) die Kopf- und Fußkegelwinkel.

22.2 Für den Antrieb eines Transportbandes wurde aufgrund der konstruktiven Gegebenheiten ein geradverzahntes Kegelradpaar mit $\Sigma = 90°$ bei einem Übersetzungsverhältnis $i = 1{,}25$ vorgesehen. Eine überschlägige Berechnung ergab für die zu übertragende Leistung den Modul $m_e = m = 6$ mm. Günstige Bauabmessungen würden sich mit einer Ritzelzähnezahl $z_1 = 12$ ergeben.

a) Es ist zu prüfen, ob eine Ausführung als Null-Getriebe möglich ist,
b) die für die Herstellung der Verzahnung erforderlichen Abmessungen sind zu ermitteln.

22.3 Für das einstufige Kegelradgetriebe mit schrägverzahnten Kegelrädern, dem Achsenwinkel $\Sigma = 90°$ und der Übersetzung $i = 4{,}5$ sind die für die Herstellung der Kegelräder erforderlichen Verzahnungsdaten zu ermitteln. Aus einer überschlägigen Berechnung bzw. durch Vorwahl sind bekannt: Ritzelzähnezahl $z_1 = 14$, mittlerer Modul im Normalschnitt $m_{mn} = 7$ mm, Schrägungswinkel $\beta_m = 20°$.

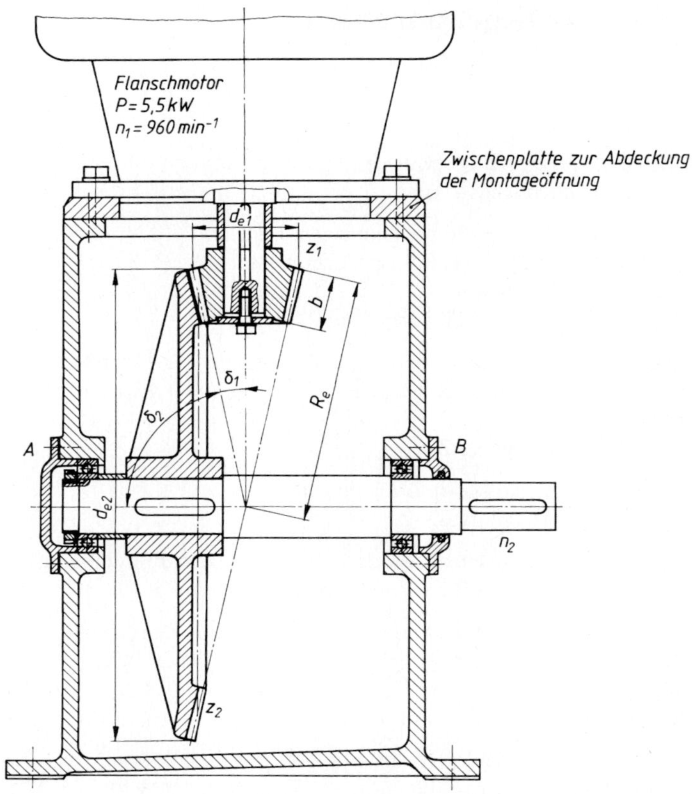

22.4 Für das Kegelradgetriebe einer Kettensäge mit der Antriebsleistung $P_1 = 1{,}5$ kW bei der Antriebsdrehzahl $n_1 = 2820\ \text{min}^{-1}$ und einer Schnittgeschwindigkeit $v = 400$ m/min sind die Verzahnungsabmessungen zu berechnen. Der Kettenrollendurchmesser beträgt $D = 80$ mm, der Durchmesser des Motorwellenendes $d_{sh} = 24$ mm. Wegen der hohen Drehzahlen sind schrägverzahnte Kegelräder mit $\beta_m = 30°$ vorzusehen.

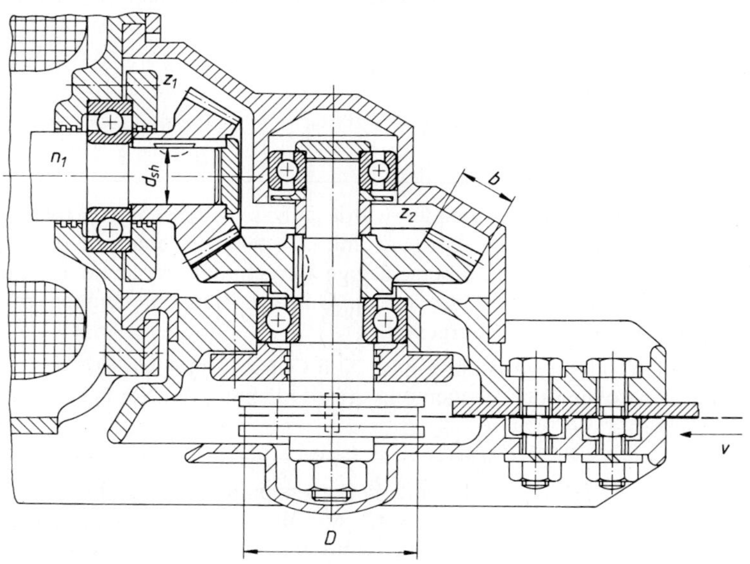

22.5 Als letzte Stufe des Schaltgetriebes für den Spindelantrieb einer Senkrecht-Fräsmaschine ist ein Kegelradpaar vorgesehen. Die von den Rädern zu übertragende Leistung beträgt $P = 3{,}3$ kW, die Spindeldrehzahlen $n_2 = 51 \ldots 1200\ \text{min}^{-1}$. Nach dem Getriebeplan ergibt sich für die Räder eine Übersetzung $i = 2{,}05$. Der Durchmesser der Getriebewelle an der Sitzstelle des Ritzels wurde nach den konstruktiven Gegebenheiten mit $d_{sh} = 40$ mm festgelegt. Um einen möglichst geräuscharmen Lauf zu erzielen sind schrägverzahnte Kegelräder mit $\beta_m = 25°$ vorzusehen.
Für die Kegelräder sind die für die Herstellung erforderlichen Verzahnungsdaten zu ermitteln.

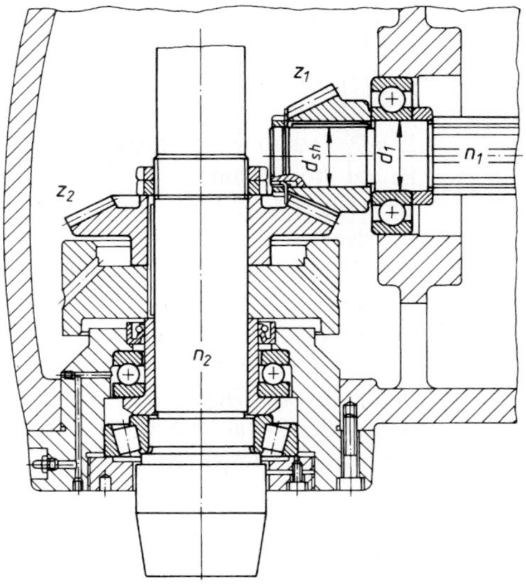

Tragfähigkeitsnachweis

22.6 Ein geradverzahntes Kegelrad-Nullgetriebe zum Antrieb eines Rührwerkes hat bei einer Antriebsdrehzahl $n_1 = 90\ \text{min}^{-1}$ unter Berücksichtigung der ungünstigen Betriebsverhältnisse eine maximale Leistung von $P \approx 3$ kW zu übertragen. Die Übersetzung beträgt $i = 1{,}5$ und der Achsenwinkel $\Sigma = 75°$. Der Wellenzapfen zum Aufsetzen des Ritzels mit $z_2 = 20$ ergab sich mit $d_{sh} = 50$ mm.

a) Die für die Verzahnung erforderlichen Zahnraddaten sind zu ermitteln,
b) der Tragfähigkeitsnachweis ist für das Ritzel z_2 (Vergütungsstahl mit $\sigma_{Flim} = 250$ N/mm^2, $\sigma_{Hlim} = 1100$ N/mm^2) und für das Rad z_1 (Vergütungsstahl mit $\sigma_{Flim} = 250$ N/mm^2, $\sigma_{H\,lim} = 1100$ N/mm^2) zu führen. Für beide Räder wird die 11. Qualität vorgesehen.

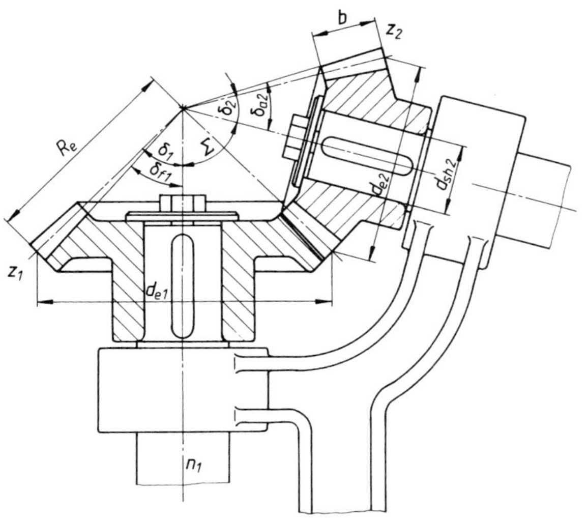

22

22.7 Das skizzierte geradverzahnte Kegelrad-Nullgetriebe mit dem Bezugsprofil nach DIN 867, den Zähnezahlen $z_1 = 19$, $z_2 = 42$, dem Achsenwinkel $\Sigma = 90°$, dem Modul $m_m = 3$ mm, der Breite $b = 20$ mm soll eine maximale Leistung $P = 12$ kW bei $n_1 = 800\ \text{min}^{-1}$ übertragen.
Zur Dimensionierung der Welle 2 sowie der Anschlussteile sind die durch die Zahnkraft hervorgerufenen Auflagerkräfte F_A und F_B sowie das maßgebende größte Biegemoment sowohl für den Rechts- als auch Linkslauf des treibenden Rades z_1 rechnerisch zu bestimmen.

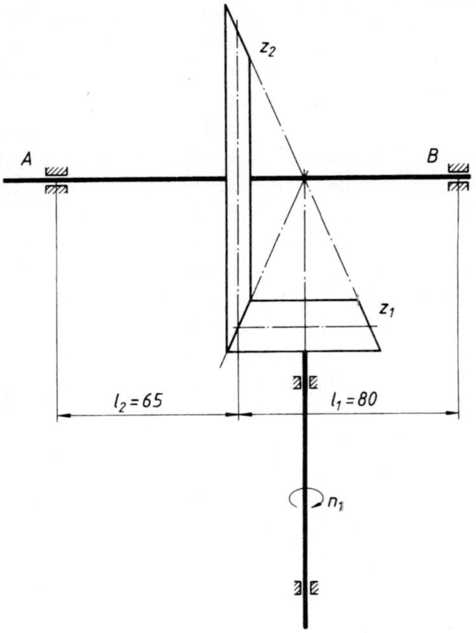

22.8 Für das Kegelradgetriebe der Kettensäge der Aufgabe 22.4 mit der Antriebsleistung $P_1 = 1{,}5$ kW bei der Antriebsdrehzahl $n_1 = 2820\ \text{min}^{-1}$ und einer Schnittgeschwindigkeit $v = 400$ m/min ist mit den in der Aufgabe 22.4 ermittelten Verzahnungsabmessungen der Tragfähigkeitsnachweis zu führen. Der Kettenrollendurchmesser beträgt $D = 80$ mm, der Durchmesser des Motorwellenendes $d_{sh} = 24$ mm. Wegen der hohen Drehzahlen sind schrägverzahnte Kegelräder mit $\beta_m = 30°$ vorgesehen. Für Ritzel und Rad (jeweils umlaufgehärtet) ist Vergütungsstahl mit $\sigma_{F\,lim} = 140\ \text{N/mm}^2$ und $\sigma_{H\,lim} = 1100\ \text{N/mm}^2$ vorgesehen.

23 Schraubrad- und Schneckengetriebe

1 Wodurch unterscheiden sich die Schraubräder von schrägverzahnten Stirnrädern?
Lösungshinweis: Siehe Lehrbuch 23.1.1.

2 Welche Vor- und Nachteile hat das Schraubradgetriebe gegenüber dem schrägverzahnten Stirnradgetriebe?
Lösungshinweis: Siehe Lehrbuch 23.1.1.

3 Welche mathematische Beziehung besteht zwischen Schrägungswinkeln β_{s1} und β_{s2} der Schraubräder und dem Achsenwinkel Σ?
Lösungshinweis: Siehe Lehrbuch 23.1.1-2 mit Gl. (23.2).

4 Wodurch zeichnet sich das Schneckengetriebe besonders aus?
Lösungshinweis: Siehe Lehrbuch 23.2.1.

5 Welche Ausführungsformen sind bei den Schneckengetrieben hinsichtlich der Form von Schnecke und Schneckenrad zu unterscheiden und welche Form wird aus Wirtschaftlichkeitsgründen am häufigsten eingesetzt?
Lösungshinweis: Siehe Lehrbuch 23.2.1-1.

6 Welche Übersetzungsverhältnisse können von einem Schneckengetriebe in einer Stufe erzielt werden und wodurch wird der obere Wert begrenzt?
Lösungshinweis: Siehe Lehrbuch 23.2.2-1.

7 Wann liegt bei einem Schneckengetriebe mit treibendem Schneckenrad Selbsthemmung vor?
Lösungshinweis: Siehe Lehrbuch 20.4 mit Gl. (20.7).

8 Es ist anzugeben, weshalb größere Schneckenräder vielfach zweiteilig aus Nabenteil und Radkranz gefertigt werden. Anhand von Skizzen sind Verbindungsmöglichkeiten dieser Teile darzustellen.
Lösungshinweis: Siehe Lehrbuch 20.5.1-3 mit Bild 20-24.

9 Anhand einer Skizze sind für beide Drehrichtungen der treibenden Schneckenwelle die Komponenten der Zahnkraft $F_{n1,2}$ für Schnecke und Schneckenrad darzustellen und die jeweiligen mathematischen Beziehungen dafür zu entwickeln.
Lösungshinweis: Siehe Lehrbuch 23.2.4-1 mit Bild 23-8.

Schraubradgetriebe

23.1 Für ein Schraubradgetriebe mit der Übersetzung $i = 2$, dem Achsenwinkel $\Sigma = 90°$, dem Modul $m_n = 5$ mm, der Zähnezahl $z_1 = 16$ und dem Schrägungswinkel $\beta_1 = 50°$ sind die Abmessungen für die Räder 1 und 2 sowie der Achsabstand a zu berechnen und festzulegen.

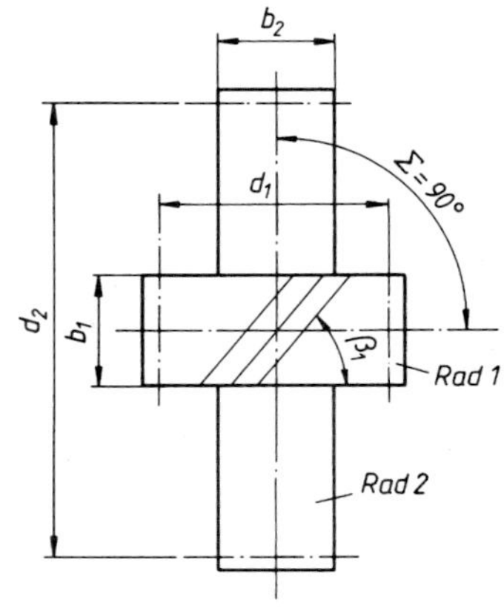

23

23.2 Zur Erzielung eines möglichst hohen Wirkungsgrades η_z sind für das Schraubradgetriebe mit dem Achsenwinkel $\Sigma = 90°$ und dem angenommenen Keilreibungswinkel $\rho' \approx 3°$ die Schrägungswinkel β_1 und β_2 durch grafische Darstellung der Funktion $\eta_z = f(\beta_1)$.

23.3 Für ein Schraubradgetriebe mit der Übersetzung $i = 3$, dem Achsenwinkel $\Sigma = 40°$ und dem Modul $m_n = 2{,}5$ mm sind zu ermitteln bzw. festzulegen:

a) die Schrägungswinkel β_1 und β_2 (auf ganze Zahl gerundet) für einen möglichst hohen Wirkungsgrad bei einem angenommenen Keilreibungswinkel $\rho' \approx 5°$;
b) die Zähnezahlen z_1 und z_2, die Hauptabmessungen der Räder 1 und 2 sowie der sich damit ergebende Achsabstand;
c) der Wirkungsgrad der Verzahnung;
d) die Gleitgeschwindigkeit der Flanken, wenn die Drehzahl des treibenden Rades $n_1 = 475 \text{ min}^{-1}$ beträgt.

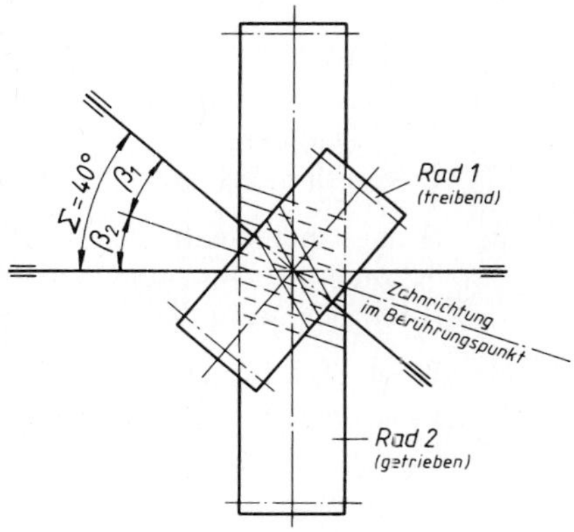

23.4 Ein Schraubradgetriebe mit dem Achsenwinkel $\Sigma = 90°$ soll unter Berücksichtigung der Betriebsverhältnisse eine maximale Leistung $P_1 = 3$ kW bei der Drehzahl $n_1 = 900 \text{ min}^{-1}$ und der Übersetzung $i = 2{,}5$ übertragen. Konstruktiv wurde für das treibende Rad 1 E335 (ungehärtet) und für das Rad 2 GJL-250 vorgesehen.

a) Für den 1. Entwurf des Getriebes sind alle Zahnraddaten zu ermitteln und festzulegen;
b) für die überschlägige Dimensionierung der Wälzlager zur Lagerung der Ritzel- und Radwelle sind die Zahnkräfte zu ermitteln;
c) zur Bewertung des Getriebes ist der zu erwartende Verzahnungswirkungsgrad zu errechnen.

23.5 Im Vorschubgetriebe für den Aufspanntisch einer Horizontal-Fräsmaschine ist für den Eilgang ein Schraubenräderpaar vorgesehen. Für die Eingangsstufe ist ein Geradstirnradpaar mit $z_1 = 18$ und $z_2 = 65$ Zähnen festgelegt. Nach Getriebeplan soll die Drehzahl der Welle II $n_3 \approx 380 \text{ min}^{-1}$ betragen.
Für das Getriebe sind im Einzelnen zu ermitteln

a) die Hauptabmessungen der zweiten Getriebestufe, wenn für die Räder 3 und 4 als Werkstoff jeweils C15 (gehärtet) vorgesehen wird;
b) die von der Welle II zu übertragende Leistung P_2.

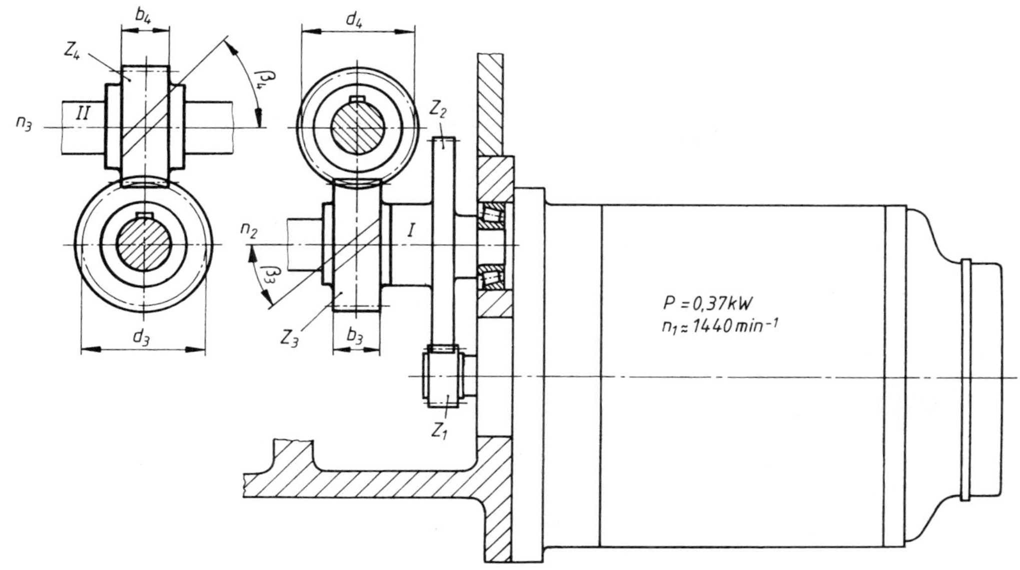

Schneckengetriebe

23.6 Für den 1. Entwurf sind die Hauptabmessungen für Schnecke (St) und Schneckenrad (Al-Legierung) eines Verstell-Getriebes rechnerisch zu ermitteln und festzulegen. Für das Schneckengetriebe mit der Übersetzung $i = 12$ und dem Achsenwinkel $\Sigma = 90°$ ist der Achsabstand mit $a = 70$ mm konstruktiv vorgegeben.

23.7 Zur Übertragung eines maximalen Drehmoments $T_2 = 600$ Nm ($K_A = 1$) sind die Hauptabmessungen eines Schneckengetriebes mit ZK-Schnecke und Globoidschneckenrad mit einer Übersetzung $i = 15$ und einem Achsenwinkel $\Sigma = 90°$ rechnerisch zu ermitteln und festzulegen, wobei alle für die Herstellung von Schnecke und Schneckenrad erforderlichen *Mindestangaben* zu berücksichtigen sind. Die Schnecke wird aus Stahl (einsatzgehärtet und geschliffen), das Schneckenrad aus Kupfer-Zinn-Legierung (CuSn) hergestellt. Die Schnecke läuft mit $n_1 = 1200 \text{ min}^{-1}$ um.

23.8 Für einen Schraubenflaschenzug mit einer Tragkraft $F_L \approx 10$ kN sind die Hauptabmessungen des Schneckengetriebes zu berechnen und festzulegen. Der Durchmesser des Haspelrades (Handrades) ergab sich bei einer gewählten Zähnezahl von 25 und einer Rundstahlkette nach DIN 5684 von 6 mm Nenndicke mit $D_1 = 309{,}74$ mm; für die Kettennuss wurde bei 5 Zähnen und einer Kette von 9 mm Nenndicke ein Kettenraddurchmesser $D_2 = 92{,}1$ mm ermittelt. Die Zugkraft an der Handkette beträgt erfahrungsgemäß $F_H \approx 300$ N. Bei der Festlegung des Übersetzungsverhältnisses i ist der Wirkungsgrad von Getriebe und Kettenräder zu berücksichtigen, wobei für den Getriebewirkungsgrad ein Erfahrungswert und je Kettenrad $\eta \approx 0{,}95$ anzunehmen ist.

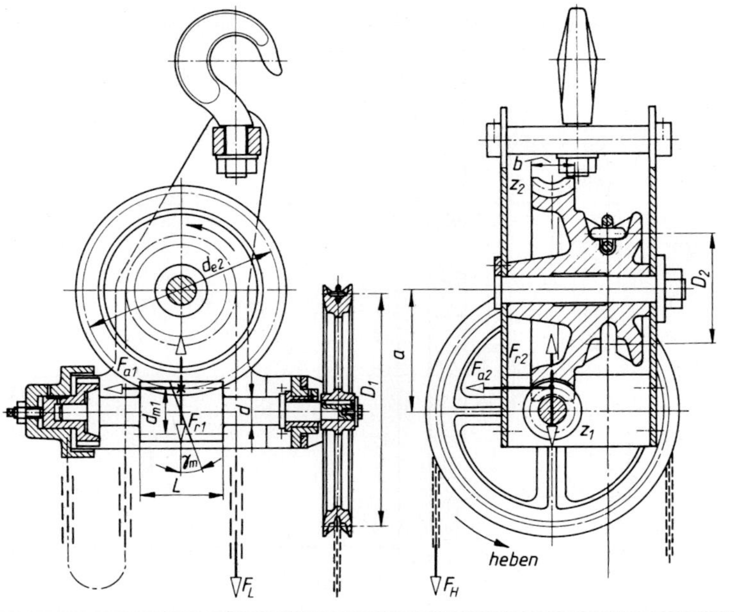

23.9 Die Vorwahl der Hauptabmessungen eines Schraubenflaschenzuges ähnlich dem Bild zur Aufgabe 23.8 ergab den Axialmodul m_x = Stirnmodul $m_t = m = 5$ mm, die Zähnezahl $z_1 = 3$, die Breite $b_1 = 65$ mm und den Mittenkreisdurchmesser $d_{m1} = 35$ mm für die Schnecke sowie die Zähnezahl $z_2 = 40$ und die Breite $b_2 = 30$ mm für das Schneckenrad. Als Werkstoff wurde für die Schnecke E335, gehärtet und vergütet, für das Schneckenrad GJL-250 vorgewählt.

Für den Flaschenzug sind zu ermitteln bzw. zu prüfen:

a) der Wirkungsgrad der Verzahnung η_Z, der Gesamtwirkungsgrad η_g des Getriebes und ob dieses selbsthemmend oder nicht selbsthemmend ist (mit Begründung), wenn sowohl die Schnecken- als auch die Schneckenradwelle gleitgelagert ist;

b) der Gesamtwirkungsgrad η_{ges} des Flaschenzuges, wenn erfahrungsgemäß je Kettenrad ein Wirkungsgrad $\eta_K \approx 0{,}95$ anzunehmen ist;

c) die auf Grund des Wirkungsgrades η_{ges} an der Handkette bei der Volllast $F_L = 10$ kN aufzubringende größte Handkraft F_{Hmax}, wenn die Kettenraddurchmesser $D_1 = 309{,}74$ mm und $D_2 = 92{,}1$ mm betragen.

23.10 Für ein Schneckengetriebe mit unten liegender Schnecke sind zur Dimensionierung der Wälzlager die von den Lagern A und B der Schneckenwelle aufzunehmenden Radialkräfte für die angegebene Drehrichtung zu ermitteln.

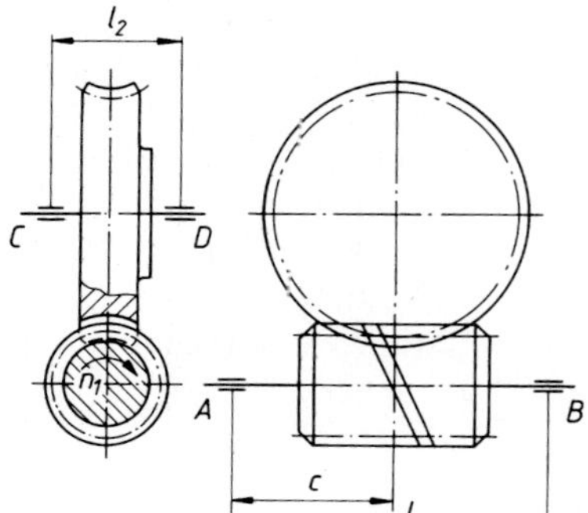

Für den konstruktiv vorgegebenen Achsabstand $a = 200$ mm und der Übersetzung $i = 63$ wurde für den Entwurf des Getriebes die Schnecke DIN 3976–ZN 5×85 R1 (Zylinderschnecke (Z) mit Flankform N, Modul $m = 5$ mm, Mittenkreisdurchmesser $d_{m1} = 85$ mm, rechtssteigend (R), Zähnezahl $z_1 = 1$) vorgesehen. Das Getriebe hat eine Leistung von $P_2 = 2$ kW bei $n_1 = 1470\ \text{min}^{-1}$ zu übertragen, die jeweils über eine Kupplung ein- und ausgeleitet wird. Die zu erwartenden ungünstigen Betriebsbedingungen sind durch den Anwendungsfaktor $K_A = 1{,}2$ zu berücksichtigen. Der Entwurfszeichnung wurden die Lagerabstände $l_1 = 300$ mm, $l_2 = 200$ mm, $c = 160$ mm entnommen.

23.11 Es ist zu prüfen, ob ein Schneckengetriebe mit dem Achsenwinkel $\Sigma = 90°$ und oben liegender Schnecke DIN 3796 – ZN 4 × 67 R1 (Erläuterung s. Aufgabe 23.10) aus C45, gehärtet und geschliffen sowie dem Schneckenrad aus GZ-CuSn12 die Leistung $P_2 = 1{,}25$ kW bei einer Übersetzung von 920 min^{-1} auf $n_2 = 20\ \text{min}^{-1}$ für eine Lebensdauer $L_h \approx 2000$ Betriebsstunden übertragen kann. Ungünstige Betriebsbedingungen sind nicht zu erwarten.
Aus einer vorhergehenden Berechnung wurden bereits ermittelt bzw. konstruktiv festgelegt: $b_1 = 56$ mm, $b_2 = 40$ mm, Lagerabstand der Schneckenwelle $l_1 \approx 180$ mm.
Im Einzelnen sind zu prüfen bzw. zu ermitteln:

a) die Flanken-Tragfähigkeit,
b) die Zahnfuß-Tragfähigkeit,
c) die Kontrolle auf Erwärmen, wenn bei einer prozentualen Einschaltdauer $ED = 30\%$ keine zusätzliche Kühlung vorgesehen wird,
d) die Zulässigkeit der Durchbiegung der Schneckenwelle unter der Annahme, dass die Schnecke in der Mitte zwischen den Lagern liegt und der Schneckenwellendurchmesser $d_{sh} = 30$ mm beträgt.

23.12 Die Abbildung zeigt das Getriebe zum Heben und Senken eines Stauschützes. Die Betätigung erfolgt von Hand durch eine Handkurbel mit $R = 400$ mm Radius, wobei die Handkraft $F_H = 150 \ldots 200$ N betragen kann. Die erste Getriebestufe bildet ein Schneckengetriebe, die zweite ein Zahnstangentrieb, für den ein Modul $m = 8$ mm, eine Zähnezahl des Ritzels $z_3 = 18$ und eine Breite $b_3 = 60$ mm bei einer größten Zahnstangenkraft $F = 18{,}5$ kN ermittelt wurde.
Für das Schneckengetriebe, das zum Halten des Schützes in jeder Lage selbsthemmend sein muss, sind die Abmessungen zu berechnen und festzulegen. Die Schneckenwelle wurde konstruktiv mit $d_{sh} = 30$ mm festgelegt.

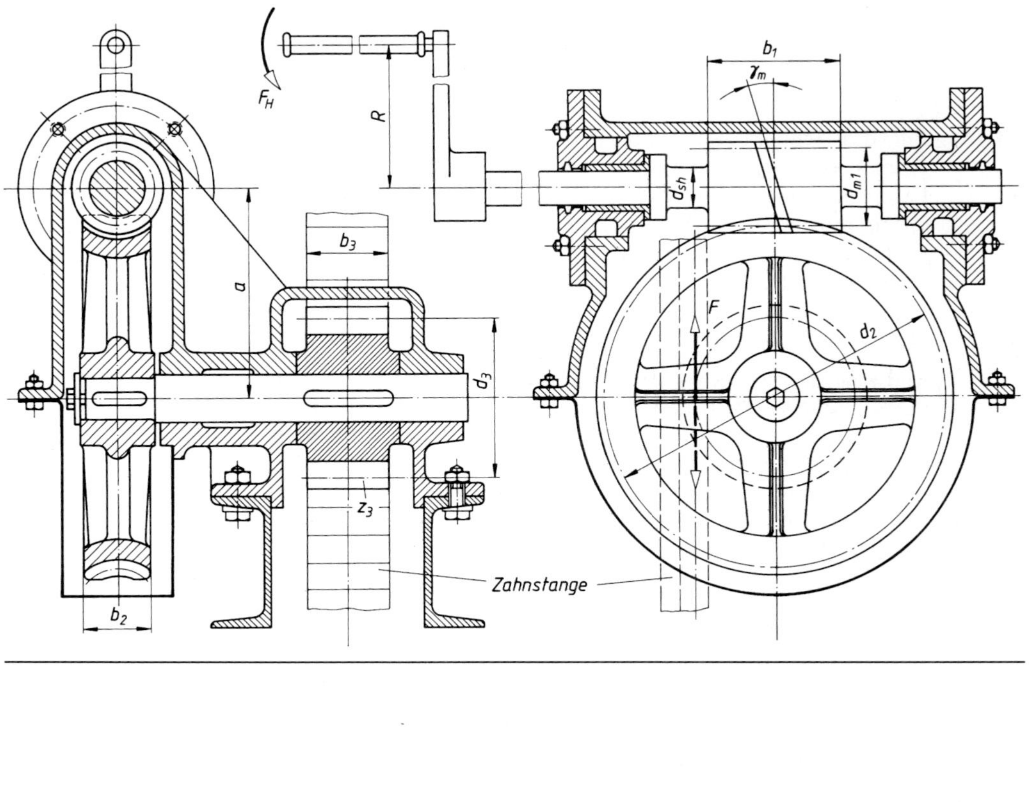

23.13 Für das Schneckengetriebe nach Aufgabe 23.12 ergab die Vorwahl der Hauptabmessungen: *Schnecke* aus E335, vergütet, ungeschliffen, Zähnezahl $z_1 = 1$, Modul $m = 6{,}3$ mm, Breite $b_1 = 86$ mm, *Schneckenrad* aus GJL-250, Zähnezahl $z_2 = 45$, Teilkreisdurchmesser $d_2 = 283$ mm und Breite $b_2 = 44$ mm; Achsabstand $a = 171{,}75$ mm.
Es ist zu prüfen, ob die vorgewählten Werkstoffe des Schneckengetriebes ausreichen, wenn wegen des nur seltenen Einsatzes des Getriebes eine Lebensdauer $L_H \approx 1000$ h und wegen des Handantriebes $n_2 \approx 1\ \text{min}^{-1}$ zugrundegelegt wird. Die Zahnstangenkraft sowie die Abmessungen der zweiten Getriebestufe sind der Aufgabe 23.12 zu entnehmen.

23.14 Die Spindel einer Läppmaschine mit einer Drehzahl $n_2 \approx 50\ \text{min}^{-1}$ soll über ein Schneckengetriebe angetrieben werden. Die Schneckenwelle ist direkt mit dem Antriebsmotor mit einer Leistung $P_1 = 5{,}5$ kW und einer Drehzahl $n_1 = 1470\ \text{min}^{-1}$ durch eine elastische Kupplung verbunden.
Für das Getriebe sind die Hauptdaten zunächst vorzuwählen und anschließend festzulegen, sowie die Abtriebsleistung zu ermitteln.

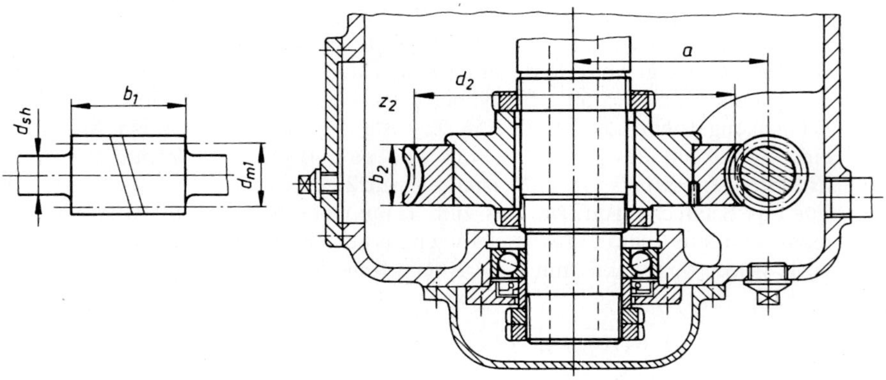

23.15 Für das Schneckengetriebe zum Antrieb der Läppmaschinenspindel nach Aufgabe 23.14 ergaben sich aus einer vorhergehenden Berechnung bzw. durch konstruktive Festlegungen folgende Daten: Modul $m = 3{,}15$ mm, Achsabstand $a = 125$ mm, Mittensteigungswinkel $\gamma_m \approx 5{,}609°$, Durchmesser der Schneckenwelle $d_{sh} = 35$ mm, Lagerabstand der Schneckenwelle $l_1 = 180$ mm bei mittiger Anordnung der Schnecke, Gesamt-Wirkungsgrad des Getriebes $\eta_g \approx 0{,}77$. Weiterhin sind bekannt für die *Schnecke* aus C15, gehärtet und geschliffen: Zähnezahl $z_1 = 2$, Breite $b_1 = 50$ mm; für das *Schneckenrad* aus GZ-CuSn12: Zähnezahl $z_2 = 59$, Breite $b_2 = 38$ mm.

a) Es ist zu prüfen, ob die vorgewählten Werkstoffe ausreichen für die Übertragung der Leistung $P_1 = 5{,}5$ kW bei $n_1 \approx 1470\ \text{min}^{-1}$, wenn das Getriebe für eine Lebensdauer von $L_h = 12000$ h bei einer prozentualen Einschaltdauer von $ED = 80\%$ und vorgesehener zusätzlicher Kühlung durch einen auf der Schneckenwelle angeordneten Blasflügel auszulegen ist;
b) für das Getriebe ist zur Festlegung des Schmieröls die kinematische Nennviskosität nach DIN 51519 für eine Umgebungstemperatur $\vartheta \approx 40$ °C zu ermitteln.

Lösungshinweise

1 Allgemeine Grundlagen, Normzahlen

1.1 Lösungshinweis siehe Lehrbuch 1.3.2 abgeleitete Reihe $R_{r/p}$ mit jedem p-ten Glied nach TB 1-16; der Stufensprung ergibt sich rechnerisch $q_{r/p} = q_r^p$ für die Grundreihe Rr bzw. wenn das Verhältnis einer beliebigen NZ der Reihe zu ihrer vorhergehenden NZ gebildet wird ($q_{r/p}$ stets NZ).

1.2 a) und b) Lösungshinweis siehe Lehrbuch TB 1-16; siehe auch Lösungshinweis 1.1.

1.3 Kurzzeichen der begrenzten abgeleiteten Reihen siehe Lehrbuch 1.3.2 mit TB 1-16; beachte auch Angaben zur Aufgabe 1.1.

1.4 Lösungshinweis siehe Lehrbuch 1.3.2 und 1.3.3 mit TB 1-15 und TB 1-16; vergleiche Ergebnisse zur Aufgabe 1.1.

1.5 Lösungshinweis siehe Lehrbuch 1.3.2 und 1.3.3 mit TB 1-15 und TB 1-16.

1.6
a) Inhalt (Volumen): Rr/3p mit $q_{r/3p}$ nach Lehrbuch TB 1-15;
b) Länge: Rr/p nach Lehrbuch TB 1-15;
c) Stufensprung für V aus TB 1-16. Aus $V_1 = (d_1^2 \cdot \pi/4) \cdot h_1 = 3$ wird durch Einsetzen von h_1 (aus dem Verhältnis h/d) wird d_1 und damit h_1 als NZ errechnet; abgeleitete NZ aus Lehrbuch TB 1-16.

1.7 Lösungshinweis siehe Lehrbuch 1.3.3; Stufensprünge und Reihen für die Typung der Leistung P und Drehzahl n nach TB 1-15.

1.8 Lösungshinweis siehe Lehrbuch 1.3.2 und 1.3.3; Stufensprünge und Reihen für die Typung der Länge (Durchmesser D), Leistung P und Drehzahl n nach TB 1-15; $v = D \cdot \pi \cdot n$.
Angabe der P-Werte nach der Rundwertreihe, D- und n-Werte nach entsprechenden Grundreihen..

1.9 Siehe Lösungshinweise zur Aufgabe 1.8. Nach TB 1-15 für die Kraft F, die Längenabmessungen l, b, h und für das Widerstandsmoment W die zugehörigen Stufensprünge und Reihen für die Typung festlegen. Für die gegebenen Kräfte F nach TB 1-16 die passende Rundwertreihe R festlegen.
$W_{x1} = (b_1 \cdot h_1^3 - b_2 \cdot h_2^3)/(6 \cdot h_1)$ mit den gegebenen Werten errechnen.

1.10 Lösungshinweis siehe Lehrbuch 1.3.4, Berechnungsbeispiel 2.

1

2 Toleranzen, Passungen, Oberflächenbeschaffenheit

2.1 Lösungshinweis siehe Lehrbuch 2.2.3 mit Bild 2-10 und TB 2-9.

2.2 Die Grenzabmaße (*ES, EI* bzw. *es, ei*) können entweder den Tafeln TB 2-4 bzw. TB 2-5 entnommen oder rechnerisch ermittelt werden mit den Werten der Tafeln TB 2-2 und TB 2-3 (beachte die Fußnoten der jeweiligen Tafel):
Das der Nulllinie nächstliegende Grenzabmaß (oberes oder unteres Grenzabmaß) wird TB 2-2 bzw. TB 2-3 entnommen; entsprechend des Toleranzgrades kann mit den Zahlenwerten der Grundtoleranzen *IT* nach TB 2-1 das fehlende Grenzabmaß mit den Angaben zu TB 2-2 und TB 2-3 (siehe Fußnoten) errechnet werden.

2.3
a) Die Grenzabmaße (E, e) werden nach Lehrbuch TB 2-4 durch Ablesen bzw. rechnerisch mit den Werten aus TB 2-2 und TB 2-3 (Fußnoten beachten) ermittelt, siehe auch Lösungshinweise zur Aufgabe 2.2;
b) die Grenzmaße (G_o, G_u) allgemein aus Gln. (2.1) und (2.2);
c) die Grenzpassungen (P_o, P_u) nach Lehrbuch, Gl. (2.5) und die Passtoleranz nach Gl. (2.6).

2.4 Siehe Lösungshinweise zur Aufgabe 2.3; hinsichtlich der Passungsarten siehe Lehrbuch 2.2.1, Bild 2-8 und Bild 2-10.

2

2.5
a) Lösungshinweis siehe Lehrbuch Gl. (2.6);
b) $T'_B \approx 0{,}6 \cdot P_T$ (siehe Aufgabe); $T'_W = P_T - T_B$
c) für das System EB wird die Lage des Toleranzfeldes H und damit $EI = 0$ und $ES = T_B$. Nach Lehrbuch TB 2-1 entsprechenden Toleranzgrad festlegen;
d) Anhand einer Skizze mit dem Toleranzfeld T_B und der Passtoleranz P_T nach Gl. (2.8) können die gesuchten Grenzabmaße *es* und *ei* für die Welle ermittelt werden;
e) Nach TB 2-2 das untere Grenzabmaß *ei* der Welle festlegen und nach TB 2-1 den Toleranzgrad bestimmen.

2.6 Zunächst werden die Grenzabmaße nach TB 2-4 oder nach TB 2-2 bzw. TB 2-3 zusammen mit TB 2-1 und die sich hieraus ergebenden Grenzpassungen P_o und P_u der Passung 25H8/e8 nach Gl. (2.5) ermittelt. Diese Grenzpassungen sollen in etwa auch mit der angegebenen Toleranzklasse k6 erreicht werden. Eine bildliche Darstellung der Toleranzfeldlage k6 in Bezug zur Nulllinie und der gewünschten Grenzpassungen erlauben das „Ablesen" der Grenzabmaße ES' und EI' für die Nabenbohrung. Nach TB 2-3 kann das Grundabmaß und zusammen mit TB 2-1 der Toleranzgrad bestimmt werden.

2.7
a) Lösungshinweis siehe Lehrbuch 2.2.3 mit Bild 2-10 sowie TB 2-9,
b) allgemein ergibt sich $l = L$-Spiel; für den Fall 1 (locker): $l_u = L_o - S_o$, für den Fall 2 (fest): $l_o = L_u - S_u$.

2.8
a) Lösungshinweis siehe Lehrbuch 2.2.3 mit Bild 2-10 sowie TB 2-9,
b) allgemein: $L = l +$ Spiel; Fall 1 (locker): $L_o = l_u + S_o$, Fall 2 (fest): $L_u = l_o + P_u$.

2.9
a) Lösungshinweis siehe Lehrbuch 2.2.3 mit Bild 2-10 sowie TB 2-9,
b) allgemein: $a = l + s +$ Spiel; Fall 1 (locker): $a_o = l_u + s_u + S_o$, Fall 2 (fest): $a_u = l_o + s_o + S_u$,
c) Lösungshinweis siehe Lehrbuch TB 2-11; mittlere Anforderungen an die Funktionsfläche.

2.10 a) allgemein: $a = b + s +$ Spiel; Fall 1 (locker): $a_o = b_u + s_u + S_o$, Fall 2 (fest): $a_u = b_o + s_o + S_u$;
b) wie unter a) angegeben jedoch mit anderem Grenzwert für das seitliche Lagerspiel s_o;
c) Lösungshinweis siehe Lehrbuch TB 2-11; mittlere Anforderungen an die Funktionsfläche.

2.11 Allgemein: $l = b + t +$ Spiel; für den Fall 1 (locker): $l_o = b_u + t_u + S_o$, für den Fall 2 (fest): $l_u = b_o + t_o + S_u$.

2.12 Allgemein: $l = L - s -$ Spiel; für den Fall 1 (locker): $l_u = L_u - s_u - S_o$, für den Fall 2 (fest): $l_o = L_o - s_o - S_u$.

2.13 Allgemein: $l = t + s - b$;
Fall 1 (locker): $l_o = t_u + s_o - b_o$ (der Dichtungsring wird minimal zusammengepresst),
Fall 2 (fest): $l_u = t_o + s_u - b_u$ (der Dichtungsring wird auf $s = 1{,}9$ mm maximal zusammengepresst).

2.14 Bei der Lösung dieser Aufgabe kann man ebenfalls von der Extrembetrachtung locker/fest ausgehen. Ganz allgemein ergibt sich der Durchmesser der Eindrehung aus $D = d_w + 2(d_1 - \delta)$.
Fall 1 (locker): $D_o = d_{Wu} + 2(d_{1u} - \delta_{min})$, wobei δ_{min} die kleinstmögliche Pressung darstellt; Fall 2 (fest): $D_u = D_{Wo} + 2(d_{1o} - \delta_{max})$, wobei δ_{max} die größtmögliche Pressung darstellt.

2.15 Allgemein: $d_w = D - 2d -$ Spiel.

2.16 Fall 1 (locker): entsteht, wenn der Bohrungsabstand a in den Teilen A und B absolut gleich ist (kein Versatz), für den Stiftdurchmesser d das Mindestmaß, für die Bohrung d_1 das Höchstmaß und das Höchstspiel S_o vorliegt; Höchstmaß der Bohrung d_1 ergibt sich aus der Lösungsskizze $d_{1o} = 2r_{1o}$;
Fall 2 (fest): entsteht, wenn die Bohrungsabstände in den Teilen A und B entgegengesetzte Grenzwerte (Höchst- und Mindestmaße) einnehmen (größter Versatz), für den Stiftdurchmesser d das Höchstmaß, für die Bohrung d_1 das Mindestmaß und das Mindestspiel S_u vorliegt. Mindestmaß der Bohrung $d_{1u} = 2r_{1u}$.

2.17 Nach DIN hat der Schraubenschaft die Toleranzklasse H13; das Durchgangsloch die Toleranzklasse H12. Damit wird für den Schaft das Höchstmaß $d_o = 4$ mm, für das Loch das Mindestmaß $D_u = 4{,}3$ mm. Für den ungünstigsten Fall „fest" (siehe Skizze) muss sein: $(a - A) + (D_u = (a + A) + d_o$.

2.18 Siehe Lösungshinweise zu den vorstehenden Aufgaben.

2

3 Festigkeitsberechnung

3.1 Die Normwerte sind aus TB 1-1 zu entnehmen und mit Gl. (3.7) auf die Bauteilgröße umzurechnen. Die Fließgrenzen σ_{bF} und τ_{tF} werden nach Legende zu Bild 3-14 berechnet. Hierbei ist zu beachten, dass σ_{bF} und τ_{tF} ertragbare Zug- bzw. Druckspannungen am Bauteilrand sind, die nur infolge der Stützwirkung über R_e bzw. τ_{aF} liegen (am Rand werden plastische Verformungen zugelassen). Mit zunehmendem Bauteildurchmesser nimmt die Stützwirkung ab (kleineres Spannungsgefälle), damit nähern sich die Fließgrenzen von Biegung und Torsion denen von Zug bzw. Schub, d. h. die berechneten Werte für $d = 150$ mm sind etwas zu groß (genauere Berechnung über die Stützwirkung).

3.2 Die Norm-Festigkeitswerte sind TB 1-1 und TB 1-2 zu entnehmen. Die Umrechnung erfolgt mit Gl. (3.7) bzw. (3.9a) auf die Bauteilgröße, wobei K_t für das Hohlprofil mit $d = 2t = d_a - d_i$ für Gusseisen und $d = t$ für Bau- und Vergütungsstahl entsprechend TB 3-11e zu bestimmen ist. Bei Gusseisen sind nur R_m und σ_{bW} in TB 1-2 angegeben. Die fehlenden Werte können mit den Gl. (3.18b), (3.19) und (3.8) berechnet werden.

Zugschwellfestigkeit: $\sigma_{zSch} = 2 \cdot \sigma_{zA} = \dfrac{2 \cdot \sigma_{zW}}{1 + \psi_\sigma \cdot \sigma_{mv}/\sigma_a} = \dfrac{2 \cdot f_{W\sigma} \cdot R_m}{1 + \psi_\sigma}$ mit $\sigma_{mv} = \sigma_a$

Torsionswechselfestigkeit: $\tau_{tW} = f_{W\tau} \cdot \sigma_{bW}$

Werte für $\psi_\sigma = a_M \cdot R_m + b_M$ aus TB 3-13, für $f_{W\sigma}$ und $f_{W\tau}$ aus TB 3-2, für K_t aus TB 3-11a/b.

3.3 Siehe Lehrbuch 3.7.1; $R_{p0,2}$ s. TB 1-3.

3.4 Siehe Lehrbuch 3.4. Die Torsionsfließgrenze kann nach Legende zu Bild 3-14 berechnet werden; $S_{F\,min}$ aus TB 3-14.

3.5 Lösung zweckmäßig anhand eines Spannungs-Zeit-Diagramms. Allgemein

$$\sigma_A = \frac{\sigma_O - \sigma_U}{2}\,.$$

3.6 Siehe Hinweis zu 3.5

a) $\sigma_{bA} =$ s. Aufgabenstellung

b) $\sigma_O = \sigma_M + \sigma_A$, $\sigma_U = \sigma_M - \sigma_A$

c) $\kappa = \dfrac{\sigma_U}{\sigma_O}\,.$

3.7 Die Ausschlagsspannung kann maximal bis zur Ausschlagfestigkeit erhöht werden ($\sigma_{ba} = \sigma_A$ bei $S_D = 1$). Berechnung von σ_A für die Überlastungsfälle nach Gl. (3.18). Die Bestimmung der ertragbaren Ober- und Unterspannung kann am besten anhand eines DF-Schaubildes bei gleichzeitiger Darstellung im Spannungs-Zeit-Diagramm dargestellt werden. Es gilt für das Grenzspannungsverhältnis bei $\sigma_m =$ konst.

$$\kappa = \frac{\sigma_u}{\sigma_o} = \frac{\sigma_{bm} - \sigma_{ba}}{\sigma_{bm} + \sigma_{ba}} = \frac{\sigma_{bm} - \sigma_A}{\sigma_{bm} + \sigma_A}\,.$$

3.8 Siehe Lehrbuch 3.5 und Bild 3-32. Da rein wechselnde Belastung vorliegt ist $\sigma_{GA} = \sigma_{GW}$. Die Umrechnung der am Probestab ermittelten Kerbwerte auf das zu berechnende Bauteil kann bei nicht zu großen Bauteildurchmessern und β_k-Werten entfallen (Fehler im Beispiel ca. 2,7 %).

3.9 Die Konstruktionsfaktoren K_B sowie K_σ und K_τ sind nach Lehrbuch 3.4 und 3.5 zu ermitteln. Nutabmessungen s. TB 9-6, Nutradius $r \leq 0{,}1$ s. $\beta_{k\sigma}$ s. TB 3-9c.

3.10 Siehe Gl. (3.15c); R_m-Werte für $d_{Probe} = 15$ mm, K_α für $d = 30$ mm und $K_{\alpha Probe}$ für $d_{Probe} = 15$ mm.

3.11 Siehe Gl. (3.15b); Freistich nach TB 3-6f und TB 11-4 berechnen.

3.12

a) Für Torsion liegt schwellende Belastung vor, s. Lehrbuch Beispiel 3.3, da beim Einschalten das Moment von $T = 0$ auf T_{eq} (für dynamische Auslegung entscheidend, s. Lehrbuch 3.2) ansteigt.

b) Für Torsion liegt statische Belastung vor (bei seltenem Schalten – unter 10^3 – führt die Momentänderung beim Schalten zu keinem Dauerbruch). Diese wird über die mit $T_m = T_{eq} = K_A \cdot T_{nenn}$ berechnete Vergleichsmittelspannung berücksichtigt, s. Lehrbuch Beispiel 3.4.

c) Anhand einer Belastungsskizze sind die für die Spannungsberechnung wichtigen Kräfte zu bestimmen. Mit $T_a = T_{eq} - T_{nenn}$ ist dem statischen Anteil $T_m = T_{nenn}$ ein dynamischer Anteil überlagert. Diese Berechnung kommt der tatsächlich auftretenden Belastung näher als b) und sollte z. B. beim Einsatz der Excel-Programme verwendet werden.
Da die Ergebnisse aber nicht stark abweichen, ist für Handrechnung die einfachere Berechnung nach b) (im Lehrbuch auch angewendet) ausreichend.

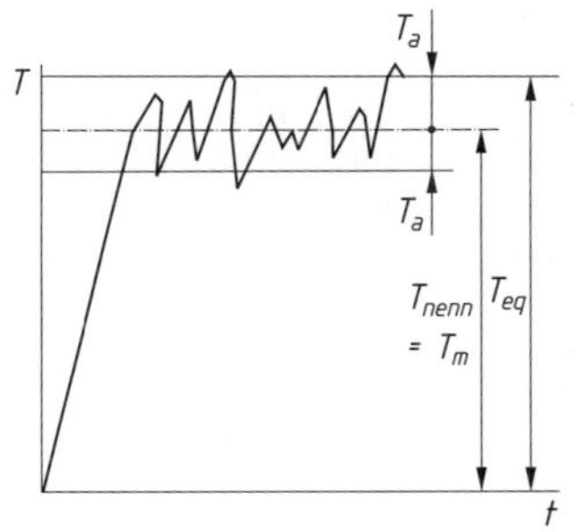

3.13 Da nicht ohne weiteres zu erkennen ist, welcher der beiden Querschnitte (Passfedernut-/Ringnutquerschnitt) der kritische Querschnitt ist, muss für beide Querschnitte die Gestaltfestigkeit ermittelt werden. Für die Ermittlung des Oberflächeneinflussfaktors ist zunächst noch die Rautiefe R_z im Nutgrund nach Lehrbuch TB 2-12 zu schätzen. Für beide Querschnitte liegt *reine* Torsionsbeanspruchung vor. Ringnut s. Hinweis zu 3.9.

3.14 Skizziere den jeweiligen Spannungsverlauf in Anlehnung an Lehrbuch 3.3.

3.15 Überlege, wie man den Wellenansatz ausführen würde, wenn das aufzunehmende Bauteil einer optimal gestalteten Welle, s. Lehrbuch 3.5.1 und 11.2.1 angepasst werden könnte und führe danach den Wellenabsatz analog aus.

---

4 Klebverbindungen

4.1 Unter Bindefestigkeit ist das Verhältnis der Bruchlast zur Klebfugenfläche bei zügiger Belastung (Zug-Scherbeanspruchung) zu verstehen (s. Lehrbuch 4.2.1).

4.2 Siehe Hinweis zur Aufgabe 4.1.

4.3 Die Bindefestigkeit errechnet sich aus $\tau_{KB} = T_B/W_p$, wobei zur Ermittlung von W_p die Klebfuge als Kreisringfläche zu betrachten ist.
Formel für polares Widerstandsmoment der Kreisringfläche s. TB 11-3.

4.4 τ_{KB} für $l_ü = 10$ mm nach Lehrbuch, Abschn. 4.2.1, berechnen, desgl. $\tau_{KB(15)}$ bei $l_ü = 15$ mm, $\tau_{KB(20)}$ usw. Die jeweilige prozentuale Abnahme ergibt sich aus $\frac{\tau_{KB} - \tau_{KB(15)}}{\tau_{KB}} \cdot 100$, $\frac{\tau_{KB(15)} - \tau_{KB(20)}}{\tau_{KB(15)}} \cdot 100$, usw. Die mittlere prozentuale Abnahme ist das arithmetische Mittel der Prozentwerte.

4.5 Siehe Lehrbuch Abschnitt 4.2.1.

4.6 a) Es ist der spezifisch am stärksten belastete Querschnitt der Berechnung zugrundezulegen.
b) Bei der Überprüfung der Klebverbindung sind die 2 Klebflächen zu beachten.

4.7 Es ist nachzuweisen, dass $S_{vorh} \geq S_{(üblich)} \approx 1{,}5 \ldots 2{,}5$. Für die Ermittlung der auf den Deckel wirkenden Betriebskraft ist sicherheitshalber mit dem Außendurchmesser des Rohres zu rechnen.

4.8 Die Verbindung kann nur *die* Kraft aufnehmen, die sowohl von der Klebverbindung als auch von dem Rohr aufgenommen werden kann. Es sind somit zwei Rechnungen erforderlich. Die Überlappungslänge für die Klebverbindung nach Lehrbuch Gl. (4.2). Festigkeitswerte für die Al-Legierung nach TB 1-3. Für beide Rechnungen ist die gleiche Sicherheit zugrundezulegen.

4.9 Bruchgefahr für die Klebverbindung besteht, wenn $\tau_{K\,vorh} > \tau_{KB}$ ist. Die vorhandene Schubspannung kann aus $\tau_{K\,vorh} = F/A_{Kl}$ ermittelt werden, wobei sich die Tangentialkraft (Umfangskraft) F_t ergibt aus $T = F_t \cdot D_i/2$.

4.10 Da die Verbindung dynamisch belastet wird, ist mit der dynamischen Bindefestigkeit $\tau_{Kl\,Sch} \approx 0{,}8 \cdot \tau_{KB}$ zu rechnen. Die übertragbare Leistung ergibt sich aus $T = 9550 \cdot P/n$. Unter Berücksichtigung von K_A wird $P = n \cdot T/(9550 \cdot K_A)$ mit
$T = F_t \cdot d/2 = A_{Kl} \cdot (\tau_{Kl\,Sch}/S) \cdot (d/2)$.

4.11 $S = T_{max}/T_{vorh}$; $T_{max} = F_{t\,max} \cdot d/2$ mit $F_{t\,max} = A_{Kl} \cdot \tau_{KlW}$.

4.12 Ein Teil der Klebfuge wird auf Zug, der andere auf Abscheren beansprucht. Rechnerisch fasst man beide zu einer zusammen und betrachtet diese als auf Abscheren beansprucht, da hierfür die Bindefestigkeit allgemein am kleinsten ist und somit eine zusätzliche Sicherheit bei der Berechnung gegeben ist. Aus $\tau_K = \frac{F}{A_{Kl}} \leq \tau_{K\,zul} = \frac{\tau_{KB}}{S}$ wird $S = \frac{\tau_{KB}}{\tau_K}$ bzw. $S_{Pr} = \frac{\tau_{KB}}{\tau_{KPr}}$ mit $F = A \cdot p$ und $A_{Kl} = d \cdot \pi \cdot l_ü + d_m \cdot \pi \cdot b$.

5 Lötverbindungen

5.1 Die vorliegende Konzeption ist sehr aufwendig, da das Teil aus einer Welle mit dem Ausgangsdurchmesser von ca. 25 mm herausgearbeitet werden müsste (große Zerspanarbeit); ebenso ist die Verzahnung sehr zeitaufwendig, da jedes Teil einzeln verzahnt werden müsste. Zu überlegen wäre eine Lösung, bei der sowohl der Ausgangsdurchmesser klein gehalten werden kann und die Möglichkeit gegeben ist, evtl. mehrere Verzahnungen gleichzeitig herstellen zu können.

5.2 Der auf die Kappe wirkende Wasserdruck p_e beansprucht die Lötnaht mit der Kraft $F = p_e \cdot A_{Kappe}$ auf Schub.
Damit kann nach Gl. (5.2) die Scherspannung berechnet werden. Der Betriebsfaktor kann $K_A = 1{,}0$ gesetzt werden. Wegen der für Weichlötverbindungen sehr niedrigen Zeitstandfestigkeit soll der in 5.3.2 genannte Richtwert für $\tau_{l\,zul}$ eingehalten werden.

5.3
a) Berechnung der erforderlichen Wanddicke des zylindrischen Behältermantels nach Lehrbuch 6.3.4, Gl. (6.30).
Bei Nichteisenmetallen beträgt der Abnutzungszuschlag im Allgemeinen $c_2 = 0$. Nach AD-Merkblatt B0 kann für die Rundnaht $\upsilon = 0{,}8$ gesetzt werden, siehe Lehrbuch 5.3.1.
b) Festlegungen des AD-Merkblattes B0 siehe Lehrbuch 5.3.1, gelötete Druckbehälter.
c) Nach AD-Merkblatt B0 beträgt die erforderliche Überlappungsbreite mindestens $10\,t_e$, siehe Lehrbuch 5.3.1.
d) Die Überlappnaht des Mantels wird mit $F = (D_i^2 \cdot \pi/4) \cdot p_e$ auf Schub beansprucht. Berechnung der Scherspannung damit nach Gl. (5.2), wobei $K_A = 1$.

5.4
a) Nach AD-Merkblatt B0 ist eine Laschenbreite $\geq 12\,t_e$ zu beiden Seiten des Stoßes erforderlich, siehe Lehrbuch 5.3.1. Laschendicke zweckmäßigerweise wie Manteldicke.
b) Siehe Hinweis zur Aufgabe 5.3d.

5.5
a) Berechnung der erforderlichen Wanddicke des zylindrischen Behältermantels nach Lehrbuch 6.3.4, Gl. (6.30a). Nach AD-Merkblatt B0 kann für hartgelötete Verbindungen mit $\upsilon = 0{,}8$ gerechnet werden, falls nicht in der Verfahrensprüfung ein niedrigerer Wert festgelegt wird, siehe Lehrbuch 5.3.1.
b) Nach Lehrbuch Bild 5-5 beträgt die Überlappungslänge $l_ü = (3 \ldots 6)\,t$. Bei bekannten Festigkeitswerten kann sie auch nach Gl. (5.3) ermittelt werden.

5.6
a) Durch Umformen der Gl. (5.4) erhält man:

$$S_B = \frac{\pi \cdot d^2 \cdot l_ü \cdot \tau_{lB}}{2 \cdot K_A \cdot T}$$

τ_{lB} nach TB 5-3.
b) Durch Gleichsetzen der Formel für das Bruchdrehmoment der Welle $T_B = \pi \cdot d^3 \cdot \tau_{tB}/16$ mit der Formel für das Bruchdrehmoment der Lötnaht $T_{lB} = \pi \cdot d^2 \cdot l_ü \cdot \tau_{lB}/2$ erhält man: $l_ü = d \cdot \tau_{tB}/(8 \cdot \tau_{lB})$. Näherungsweise kann gesetzt werden $\tau_{tB} \approx R_m$, mit R_m nach TB 1-1.

5.7 Ermittlung der Überlappungslänge $l_ü$ = Bauteildicke t mittels umgeformter Gl. (5.4). τ_{lB} nach TB 5-3.
Die Wellenschulter dient der Fertigungserleichterung (Lagesicherung während des Lötens). Ihre mittragende Wirkung (kreisförmige Lötfläche) wird vernachlässigt.

5.8 Berechnung der vom Stumpfstoß übertragbaren Kraft durch Umformen der Gl. (5.1). Nach Lehrbuch 5.3.2 liegen die Festigkeitswerte an Werkstoffpaarungen zwischen den Werten, die sich aus Lötungen an gleichartigen Grundwerkstoffen ergeben.

5.9 Der Lötstoß wird durch Umlaufbiegung beansprucht. Ermittlung von d aus umgeformter Biegegleichung oder direkt nach Gl. (11.1), wobei die kleine Längsbohrung vernachlässigt werden darf. Zulässige Biegewechselspannung $\sigma_{bW\,zul} = \sigma_{bW}/S$ mit Anhaltswert $\sigma_{bW} \approx 160\ \text{N/mm}^2$ nach Lehrbuch 5.3.2.

5.10 Die Lötnaht wird auf Schub aus der Längskraft und aus dem Torionsmoment beansprucht. Die getrennt errechneten Scherspannungen können geometrisch addiert werden. Berechnung der Einzelspannungen nach Lehrbuch 5.3.1, Gln. (5.2) und (5.4), mit $K_A = 1{,}0$. τ_{lB} nach TB 5-3.

5.11 Berechnung als Steckverbindung entsprechend Lehrbuch 9.3.2. Max. Pressung in der Lötnaht näherungsweise nach Gl. (9.19), siehe Lehrbuch 5.3.1. $p_{zul} \approx \sigma_{lB}/S$, mit σ_{lB} nach TB 5-3.

5

6 Schweißverbindungen

6.1 Der Spannungsnachweis ist getrennt für das Bauteil (Flachstahl) und die Schweißnaht zu führen, s. Lehrbuch 6.3.1–3.2 und 6.3.1–4.2 mit Gln. (6.1) und (6.18).
Für die auf der ganzen Länge vollwertige Stumpfnaht gilt: rechnerische Nahtdicke a = Bauteildicke t, Nahtlänge l = Bauteilbreite b.
Angaben in der Gabel des Bezugszeichens s. Lehrbuch 6.2.4-5.

6.2 Die übertragbare Kraft wird durch Umformen der Spannungsgleichungen ermittelt, s. Lehrbuch Gln. (6.1) und (6.19). Siehe auch Lösungshinweis zu Aufgabe 6.1.

a) Quer zur Nahtrichtung auf Zug beanspruchte Stumpfnähte mit nachgewiesener Fehlerfreiheit brauchen in der Regel nicht berechnet zu werden, da die Nahtfestigkeit der Bauteilfestigkeit entspricht; vgl. zulässige Spannungen für Bauteil und Stumpfnaht mit nachgewiesener Nahtgüte (s. Lehrbuch TB 6-6). Sie gelten nach DIN 18801 als nicht zu berechnende Nähte (vgl. Lehrbuch 6.2.5–3.5).

b) Maßgebend $\sigma_{\text{w zul}}$ nach DIN 18800-1, s. Lehrbuch TB 6-6 für Zug und nicht nachgewiesene Nahtgüte.

6.3 Da die zulässige Spannung in einer zugbeanspruchten nicht durchstrahlten Naht stets unter der zulässigen Bauteilspannung liegt, ergibt sich die Breite b des Flachstahls aus der erforderlichen Länge der Stumpfnaht, kraterfreie Ausführung der Nahtenden vorausgesetzt. Die Nahtlänge kann durch Umformen der Spannungsgleichung ermittelt werden, s. Lehrbuch Gl. (6.18). Abmessungen warmgewalzter Flachstähle nach DIN 1017 s. Lehrbuch TB 1-5. Beachte auch Lösungshinweis zu Aufgabe 6.1.

6.4 a) Der zweiteilige Stab ist mittig angeschlossen und wird deshalb nur auf Zug beansprucht. Größte Stabkraft mit σ_{zul} nach Lehrbuch 6.3.1–3.2.

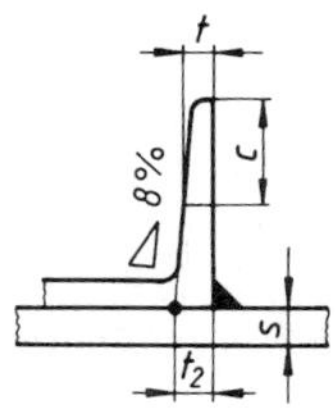

b) Die größte Kehlnahtdicke ist das 0,7fache der zum Verschweißen kommenden kleinsten Profil- bzw. Blechdicke (t_2, s).
Für die Stab- und Formstähle gilt als kleinste Profildicke das theoretische Maß der Flanschen- bzw. Schenkelenden. Für das U-Profil ist die Dicke t_2 des Flansches zu ermitteln und mit der Knotenblechdicke s zu vergleichen, s. Lehrbuch 6.3.1–4.1 mit Bild 6-40g.

c) Die vier Flankenkehlnähte werden auf Schub in Nahtrichtung beansprucht. Schweißnahtlänge aus Gl. (6.18), Lehrbuch. Für die Nahtlänge gilt die Forderung: $150\,a > l \geq 6\,a$ (DIN 18800-1). Die Ausführung dicker Kehlnähte ist durch die Forderung nach kurzen Stabanschlüssen begründet.

d) Für einen überschlägigen Spannungsnachweis darf angenommen werden, dass sich die Stabkraft vom Nahtanfang aus nach beiden Seiten unter 30° ausbreitet. Am Nahtende wird dann ein Blechstreifen der „mittragenden Breite" b und der Dicke t_K gleichmäßig auf Zug beansprucht.
Siehe Lehrbuch 6.3.1–3.4 mit Gl. (6.11).

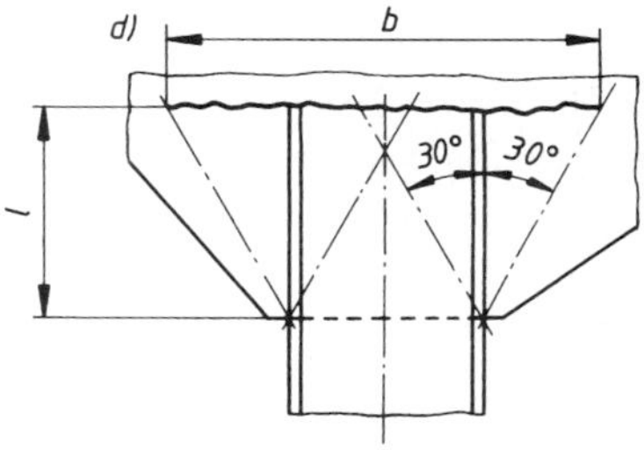

6.5 a) Der zweiteilige Stab (Doppelstab) ist mittig angeschlossen und wird deshalb nur auf Zug beansprucht. Berechnung der größten Stabkraft mit σ_{zul} nach Lehrbuch 6.3.1-3.2.

b) Die Flankenkehlnähte sind auf Schub in Nahtrichtung beansprucht. Soll der Schwerpunkt des Schweißanschlusses auf der Stabschwerachse liegen, so wird die Stabkraft nach dem Hebelgesetz in die anteiligen Stabkräfte zerlegt: $F_{w1} = F \cdot e/b$ und $F_{w2} = F - F_{w1}$ (vgl. Lehrbuch 6.2.5-3.3). Aus Gl. (6.18) ergeben sich die Nahtlängen: $l = F_w/(2\,a \cdot \tau_{w\,zul})$.

c) Bei verschieden dicken Bauteilen ist die Dicke der Stumpfnaht gleich der kleinsten Bauteildicke: $a = t_{min}$.
Die Stumpfnaht wird quer zur Nahtrichtung auf Zug beansprucht. Keine Biegung, da Wirkungslinie von F in die Schwerlinie des Anschlusses fällt!

6.6 a) Der allgemeine Spannungsnachweis für den Zugstab muss mit dem durch Schlitzen der Gurte und Ausnehmen der Stegblechecken geschwächten Querschnitt (Schnitt $A–B$) erfolgen, s. Lehrbuch 6.3.1-3.2 mit Gl. (6.1).

b) Der Nachweis der Schweißnähte erfolgt getrennt für die anteiligen Steg- und Flanschkräfte mit den jeweils maßgebenden zulässigen Spannungen, s. Lehrbuch 6.2.5-3.3. Da Steg- und Nahtquerschnitt die gleiche Beanspruchung erfahren, ist für die Stumpfnaht des Steges lediglich die Bedingung „Stabspannung ($\sigma = F/A$) $\leq \sigma_{zul}$" zu erfüllen. Mit der anteiligen Stabkraft eines Flansches $F_F = \sigma \cdot A_F$ wird die Schubspannung in den Kehlnähten geprüft: $\tau_{\parallel} = F_F/(4 \cdot a \cdot l) \leq \tau_{w\,zul}$.

6.7 a) Die Schwerlinie des Stabes deckt sich mit der Systemlinie des Fachwerkes, daher mittige Kraftübertragung ohne Biegung, vgl. Lehrbuch 6.3.1-3.2 und 6.2.5-3.2.
Die Querschnittschwächung durch das Schlitzen des Stabflansches sollte bei einem Zugstab berücksichtigt werden.

b) Überlege: Mittiger T-Stab-Anschluss an ungestört durchlaufendem Gurtsteg.

c) Siehe Lösungshinweis zu Aufgabe 6.6.
Unter der Bedingung Gurtstegdicke $\geq$ T-Stahl-Stegdicke, darf die rechnerische Fläche der Stumpfnaht der Querschnittsfläche des T-Stahl-Steges gleichgesetzt werden. Dabei kann man die 2% Neigung des Steges und die Ausrundungsflächen vernachlässigen.

6.8 Zuerst Beanspruchungsart feststellen:

– Der Stab wird durch die Zugkraft F auf Zug und durch das Moment $M = F(e + t/2)$ auf Biegung beansprucht; also Berechnung als außermittig angeschlossener Zugstab nach Lehrbuch 6.3.1-3.2.
– Die parallel zur Kraftrichtung liegenden Flankenkehlnähte werden auf Schub beansprucht; sie können nach Lehrbuch 6.3.1-4.2 berechnet werden.

Die Biegebeanspruchung der Flankenkehlnähte braucht nicht nachgewiesen zu werden. Ihre Biegesteifigkeit reicht aus, wenn die Bedingung $l \geq 6\,a$ bzw. 30 mm eingehalten wird, vgl. Lehrbuch 6.3.1-4.2.

6.9 a) Nach DIN 18801 darf bei außermittig angeschlossenen Zugstäben aus Einzelwinkeln die Spannung aus dem Anschluss-Biegemoment unberücksichtigt bleiben, wenn bei Anschlüssen mit Flankenkehlnähten, die mindestens so lang wie die Gurtschenkelbreite sind, die aus der mittig gedachten Längskraft stammende Zugspannung $0{,}8 \cdot \sigma_{zul}$ nicht überschreitet, s. Lehrbuch 6.3.1-3.2, Hinweis.

b) Die Flankenkehlnähte werden nur auf Schub berechnet. Die Außermittigkeit der Stabkraft braucht nicht berücksichtigt zu werden. Mit Rücksicht auf den abgerundeten Winkelschenkel sollte man die Nahtdicke nur gleich der halben Schenkeldicke ausführen, s. Lehrbuch 6.3.1-4.1 und 6.2.5-3.3.
Um die Ausführung der Schweißarbeiten zu vereinfachen, dürfen die Flankenkehlnähte auch bei unsymmetrischen Profilen gleich lang und gleich dick (also symme-

trisch) ausgeführt werden. Versuche haben bestätigt, dass die unterschiedliche Beanspruchung der Nähte im elastischen Bereich keinen Einfluss auf die Bruchlast hat. Nach DIN 18800 reicht deshalb der Nachweis: $\tau_{\parallel} = F/\Sigma(a \cdot l) \leq \tau_{\mathrm{w\,zul}}$, s. Lehrbuch 6.3.1-4.2.

6.10 a) Berechnung als außermittig angeschlossener einzelner Winkel ohne Nachweis der Biegespannung nach Lehrbuch 6.3.1-3.2, Hinweis. Vgl. auch Lösungshinweis zu Aufgabe 6.9a.

b) Für die rechnerische Nahtdicke bei Kehlnähten gilt allgemein: $2\,\mathrm{mm} \leq a \leq 0{,}7\, t_{\min}$. Für Flankenkehlnähte an Profilstählen s. Lehrbuch 6.3.1-4.1 mit Bild 6-40g.

c) Siehe Lösungshinweis zu Aufgabe 6.5b.

6.11 Nach DIN 18800-1 ist zu beachten:

1. Bei der Berechnung der Anschlussnähte braucht man die Außermittigkeit der Stabkraft nicht zu berücksichtigen.
2. Für die längs und quer zur Nahtrichtung auf Schub beanspruchten Kehlnähte darf gleiche Tragwirkung angenommen werden.
3. Die rechnerische Länge der Flankenkehlnähte darf nicht größer als 150 a und nicht kleiner als 30 mm bzw. 6 a sein, vgl. Lehrbuch 6.3.1-4.1.

a) Eine Stirnkehlnaht am Knotenblechrand hat eine höhere Bruchlast als eine solche am Winkelende. Sie überträgt bereits einen Kraftanteil aus dem anliegenden Winkelschenkel, wodurch die Kraftumlenkung aus dem abstehenden Winkelschenkel in den anliegenden vor Beginn der Flankenkehlnähte eingeleitet wird.
Die rechnerische Schweißnahtfläche beträgt: $A_{\mathrm{w}} = \Sigma(a \cdot l) = a(b + 2l)$. Aus der nach der Spannungsgleichung (6.18) erforderlichen Schweißnahtfläche A_{w} folgt dann bei einheitlicher Nahtdicke: $l = 0,5 \cdot (A_{\mathrm{w}}/a - b)$.

b) Eine zusätzliche Stirnkehlnaht am Winkelende ermöglicht kürzesten Nahtanschluss und kommt somit der Forderung nach gedrängten Verbindungen entgegen.
Die rechnerische Schweißnahtfläche beträgt: $A_{\mathrm{w}} = 2a(b + l)$. Aus der erforderlichen Schweißnahtfläche folgt dann bei einheitlicher Nahtdicke: $l = 0{,}5\, A_{\mathrm{w}}/a - b$.

6.12 Siehe Lösungshinweis zu Aufgabe 6.11
Zur Vereinfachung der Nahtberechnung, und um nicht eine genaue Kenntnis der Nahtbeanspruchung vorzutäuschen, darf nach DIN 18800-1 als Länge der schräg zum Stab verlaufenden (verdeckten) Kehlnaht nur deren Projektion auf die Stabbreite (also b) in die Rechnung eingesetzt werden.
Da die rechnerische Länge von Nähten, die ohne Unterbrechung um einen Querschnitt laufen, dem Umfang des Querschnitts gleichzusetzen sind, gilt hier:

$$\Sigma l = l_1 + l_2 + 2b, \text{ mit } l_2 - l_1 = b/\tan\alpha \text{ und } l_1 \geq 30 \text{ mm bzw. } 6a.$$

Wegen Vernachlässigung der Endkrater muss dabei zügig um die Ecken herumgeschweißt werden.

6.13 a) Die Stütze wird als einteiliger Druckstab mit mittiger Belastung berechnet, s. Lehrbuch 6.3.1-3.3. Nach der groben Vorbemessung wird ein entsprechendes Profil gewählt und nachgeprüft.

b) Nach DIN 18800-1 sind die einzelnen Querschnittsteile, bei einem I-Träger also Flansche und Steg, mit der anteiligen Stabkraft jeweils für sich anzuschließen.
Für den Steganschluss gilt z. B. für die anteilige Stabkraft im Steg: $F_{\mathrm{S}} = F \cdot A_{\mathrm{S}}/A$, mit A_{S} als Stegfläche und A als gesamter Querschnittsfläche des Profils. Die Schweißnähte werden nach den Regelungen über Kontaktstöße (DIN 18801) für 10% der anzuschließenden Kraft nachgewiesen, vgl. Lehrbuch 6.2.5-3.11. Beachte dabei die Grenzwerte für die Nahtdicke nach Lehrbuch 6.3.1-4.1.

6.14 a) Der Füllstab wird als zweiteiliger Druckstab mit kleinem Abstand der Einzelstäbe und mittiger Belastung berechnet. Nach grober Vorbemessung mit der Gebrauchsformel (s. Lehrbuch 6.3.1-3.3) wird ein entsprechendes Profil gewählt und mit Hilfe des Ersatzstab-Verfahrens das Ausknicken in der Fachwerkebene (maßgebend x-Achse mit $l_k = l_S$) und senkrecht zur Fachwerkebene (maßgebend y-Achse mit $l_k = l$) untersucht (s. Lehrbuch 6.3.1-3.3). Bei gleichschenkligen Doppelwinkeln ist stets das Ausknicken um die Stoffachse (also rechtwinklig zur Hauptachse $x - x$ in der Fachwerkebene) maßgebend.

Beachte: Die Bindebleche (hier Flachstahl-Futterstücke) müssen verhindern, dass die Einzelstäbe sich gegenseitig verschieben können. Sie müssen deshalb biegesteif an jedem Einzelstab angeschlossen sein. Ihre Berechnung erfolgt nach den Richtlinien der DIN 18800-2.

Die ⌋⌊-Anordnung der Einzelwinkel stellt eine konstruktiv gute Lösung dar, erschwert aber den Korrosionsschutz. Ist der lichte Abstand der parallelen Winkelschenkel geringer als 15 mm, so ist der Zwischenraum auszufuttern (vgl. DIN 55928-2, Korrosionsschutz von Stahlbauten).

b) Siehe Lösungshinweis zu Aufgabe 6.5b.

6.15 a) Zunächst grobe Vorbemessung des Querschnitts, s. Lehrbuch 6.3.1-3.3. Dann Nachprüfung des gewählten Querschnitts auf Knickung rechtwinklig zur Stoffachse $(x - x)$. Für die Knicklänge ist dabei der arithmetische Mittelwert der beiden Knicklängen l und l_S einzusetzen.

b) Nach DIN 18800-1 gilt: $l_1 \leq 70\, i_1$.

c) Siehe Lösungshinweis zu Aufgabe 6.9b.

6.16 a) Der Druckstab ist mit dem Hebel $e + t/2$ außermittig zur Fachwerkebene angeschlossen und erfährt deshalb ein über die Stablänge gleich bleibendes Biegemoment $M_x = F(e + t/2)$. Er kann als außermittig angeschlossener einteiliger Druckstab mit Kraftangriffspunkt auf einer Hauptachse des Profils nach Lehrbuch 6.3.1-3.3 berechnet werden.

Abschließend ist der Stab noch auf Ausknicken rechtwinklig zur Momentenebene (also in der Fachwerkebene) zu untersuchen.

b) Bei der Festigkeitsberechnung der Flankenkehlnähte braucht die Außermittigkeit der Stabkraft nicht berücksichtigt zu werden. Mit Rücksicht auf die Rundung des Profilflansches sollte die Kehlnahtdicke nicht größer als $a = 0{,}5 \times$ Flanschdicke gesetzt werden.

6.17 a) Berechnung als druckbeanspruchter Fachwerkstab nach Lehrbuch 6.3.1-3.3. Für Fachwerk-Füllstäbe aus einem einheitlichen Winkelprofil ist DIN 18800-2, Element 510, zu beachten. Danach darf die Exzentrizität des Anschlusses vernachlässigt werden, wenn ein Winkelschenkel im Knoten biegesteif angeschlossen wird und die Biegeknickuntersuchung mit $\bar{\lambda}'_k = 0{,}50 + 0{,}646\, \bar{\lambda}_k$ (für $\sqrt{2} < \bar{\lambda}_k < 3{,}0$) und dem kleinsten Trägheitsradius des Winkels $i_{min}(i_1)$ geführt wird. Wird das Winkelprofil gelenkig, also z. B. nur mit einer Schraube angeschlossen, ist der Einfluss der Exzentrizität zu berücksichtigen.

b) Um den geforderten biegesteifen Anschluss des Druckstabes zu erreichen, werden die Flankenkehlnähte so lang wie die Schenkelbreite ($l \geq b$) ausgeführt oder mit Flanken- und Stirnnähten angeschlossen.

6.18 a) Es handelt sich um einteilige, mittig angeschlossene Stäbe. Die Zugstäbe U_1 und D_2 werden nach Lehrbuch 6.3.1–3.2, der Druckstab D_1 auf Knicken nach Lehrbuch 6.3.1–3.3 nachgeprüft.

b) Die Stäbe werden ohne Knotenbleche durch Kehlnähte mittig angeschlossen. Gedankenmodell: Knoten 1 aus Gummi.

Die senkrecht zur Anschlussebene wirkende Komponente der Untergurtkraft wölbt den biegeweichen Obergurtflansch nach unten. Nur im Bereich des Steges gibt der Flansch nicht nach. Die dort verlaufende Stirnkehlnaht wird örtlich so hoch beansprucht, dass sie aufreißt. Erst nach weiterer Verformung des Flansches tragen nun die Flankenkehlnähte mit.

Erkenntnis: Die Annahme, dass alle Nahtbereiche des Anschlusses gleichmäßig mittragen ($A_w = \Sigma a \cdot l$) setzt eine gleichmäßige Steifheit der Anschlussebene voraus. Diese Forderung der DIN 18800-1 (s. Lehrbuch 6.3.1-4.2) wird weitgehend dadurch erfüllt, dass der untere Flansch des Obergurtstabes im Anschlussbereich durch Rippen ausgesteift wird.

Für die Anschlüsse des Knoten 5 ist diese gleichmäßige Steifheit gegeben.

Zur Entlastung der Stirnkehlnaht im Knoten 1 wird zwischen Ober- und Untergurt ein Blech eingeschweißt. An Hohlkehlen von Walzprofilen aus unberuhigtem Stahl sollte bei derartigen Anschlüssen nicht geschweißt werden.

c) Bei solchen sehr schräg liegenden Anschlüssen ist mit der tatsächlichen Länge der Flankenkehlnähte zu rechnen. Die Vereinfachung Flankenkehlnahtlänge = Breite der Flansche des U-Profils, bzw. Stegbreite der T-Profile, wäre zu ungünstig. Nach DIN 18800-1 müssen die einzelnen Querschnittsteile (z. B. Flansche und Steg) eines Stabes in der Regel für sich angeschlossen werden [s. Lehrbuch 6.3.1–4.2, unter Gl. (6.18)]. Für ein T-Profil zum Beispiel sind die Kraftanteile in Flansch und Steg zu ermitteln und damit die Anschlussnähte zu berechnen.
Allgemein gilt für Nähte bei schrägem Anschluss

$$\sigma_w = \frac{F \sin\alpha}{A_w}, \qquad \tau_w = \frac{F \cos\alpha}{A_w},$$

$$\sigma_{wv} = \sqrt{\left(\frac{F \sin\alpha}{A_w}\right)^2 + \left(\frac{F \cos\alpha}{A_w}\right)^2},$$

mit $\sin^2\alpha + \cos^2\alpha = 1$ folgt:

$$\boxed{\sigma_{wv} = \frac{F}{A_w}.}$$

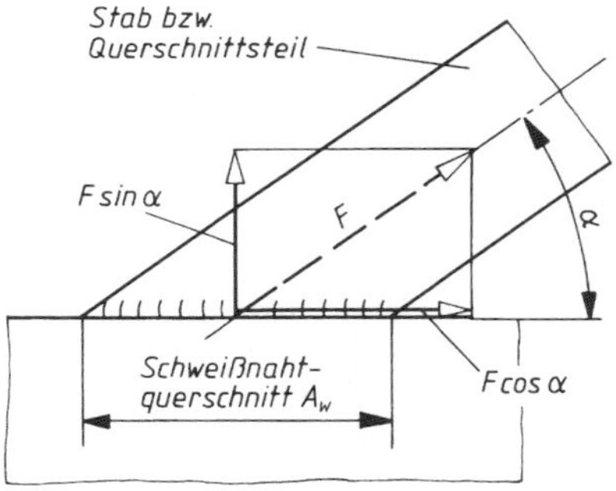

6.19 Zuerst Beanspruchung feststellen: Der Anschlussquerschnitt des Bauteiles und die Schweißnaht werden durch F auf Schub und infolge $F \cdot l$ auf Biegung beansprucht.

a) Es ist stets nachzuweisen, dass die Normalspannungen $\sigma/\sigma_{zul} \leq 1$ und die Schubspannungen $\tau/\tau_{zul} \leq 1$ und bei gleichzeitiger Wirkung mehrerer Spannungen $\sigma_v/\sigma_{zul} \leq 1$ ist. Die Vergleichsspannung braucht aber nicht nachgewiesen zu werden, wenn $\sigma/\sigma_{zul} \leq 0{,}5$ oder $\tau/\tau_{zul} \leq 0{,}5$ ist.

b) Zur Bestimmung der rechnerischen Nahtfläche denkt man sich die Nahtdicke a in die Anschlussebene geklappt (Bild c). Für die Berechnung der Spannungen sollen hier nur die senkrecht liegenden Nähte herangezogen werden: Sie übertragen alleine die Schubkraft, die Berechnung wird vereinfacht und bleibt auf der sicheren Seite.
Aus der Biegerandspannung $\sigma_\perp$ und der mittleren Schubspannung $\tau_\parallel$ muss der Vergleichswert σ_{wv} gebildet werden, vgl. Lehrbuch 6.3.1-4.2.

6.20 Zur Berechnung des Flächenmomentes 2. Grades I_w sind bei Kehlnähten die Schweißnahtflächen-Schwerachsen an den theoretischen Wurzelpunkten anzusetzen [Lehrbuch 6.3.1-4.2, über Gl. (6.19)]. Die Fläche der Naht ist also im theoretischen Wurzelpunkt konzentriert zu denken. Die Eigen-Flächenmomente 2. Grades der parallel zur Schwerachse liegenden Schweißnahtflächen dürfen wegen ihres geringen Einflusses vernachlässigt werden. Das gilt auch für andere kleine Nahtteile, z. B. die Ecken *E*.

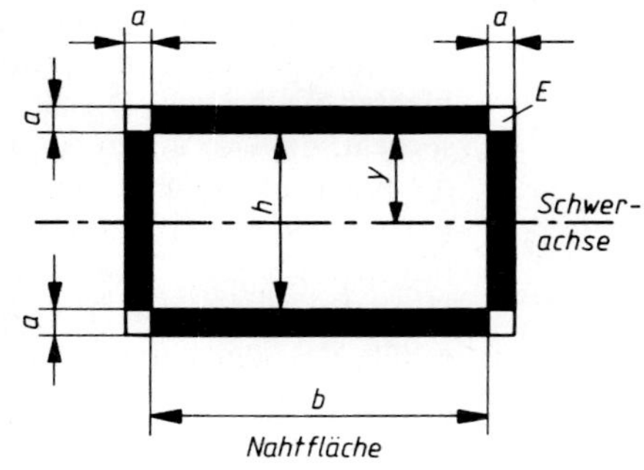

$I_w = 2a \cdot h^3/12 + 2aby^2$.

Es liegt eine zusammengesetzte Beanspruchung vor: An der Übertragung des Biegemomentes $M_b = F \cdot c$ beteiligen sich alle Nähte, die Schubkraft wird durch die in Kraftrichtung verlaufenden Stirnkehlnähte übertragen. Siehe Lehrbuch 6.3.1-4.2.

6.21 a) Siehe Hinweis zu Aufgabe 6.19a.
b) Für den biegefesten Anschluss gibt es nach DIN 18800-1 zwei Lösungsmöglichkeiten:

1. Vereinfachtes Verfahren (s. Lehrbuch 6.3.1-4.2).
Das Biegemoment [als Kräftepaar $F_F = M/(h - t)$] wird nur den Flanschnähten und die Querkraft nur den Stegnähten zugewiesen. Die Flansche sind mit Gl. (6.21) auf Einhaltung der zulässigen Spannung zu prüfen. Der Vergleichswert braucht nicht ermittelt zu werden. Üblicher Nachweis mit geringem Rechenaufwand.
2. Zusammengesetzte Beanspruchung (6.3.1-4.2).
Die Nähte werden zur gemeinsamen Übertragung von Biegemoment und Querkraft herangezogen. Für die Stegnaht ist mit Hilfe der Gln. (6.19), (6.20) und (6.17) der Vergleichswert zu bilden. Die Schweißnaht-Anschlussfläche ist so auszuführen, dass ihr Schwerpunkt mit der Schwerlinie des anzuschließenden Bauteils zusammenfällt.
Beachte, dass im Stahlbau zur Berechnung der Flächenmomente 2. Grades von Kehlnähten die Schweißnahtflächen-Schwerachsen an den theoretischen Wurzelpunkten anzusetzen sind. Man denkt sich die Fläche im theoretischen Wurzelpunkt konzentriert.

6.22 a) Siehe Lehrbuch 6.2.5-1a.
b) Siehe Lösungshinweis zu Aufgabe 6.21.

6.23 Für den U-förmigen Schweißanschluss ergeben sich unter der Annahme, dass die Querkraft F allein von der senkrechten Naht und das Biegemoment $M_b = F \cdot l$ allein durch das waagerechte Kräftepaar $F \cdot l/h$ aufgenommen wird, näherungsweise folgende *Nahtspannungen:*

senkrechte Schweißnaht: $\tau_\| \approx \dfrac{F}{A_w} = \dfrac{F}{a \cdot h}$,

waagerechte Schweißnaht: $\tau_\| \approx \dfrac{F \cdot l}{a \cdot b \cdot h}$.

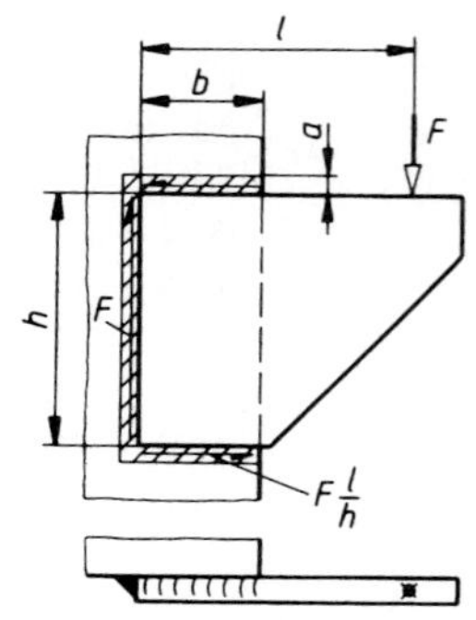

6.24 Die in die Anschlussebene geklappten Kehlnähte bilden einen kastenförmigen, dünnwandigen Hohlquerschnitt, dessen Wanddicke = Nahtdicke durch die Last F auf Querkraftschub und durch das Torsionsmoment $T = F \cdot l$ auf Torsion beansprucht wird. Das Torsionswiderstandsmoment des kastenförmigen Schweißanschlusses kann nach der Bredtschen Formel bestimmt werden: $W_t = 2 \cdot A_m \cdot a$, mit A_m als von der Nahtmittellinie eingeschlossenen Fläche und a als Nahtdicke = Wanddicke an der zu berechnenden Stelle.

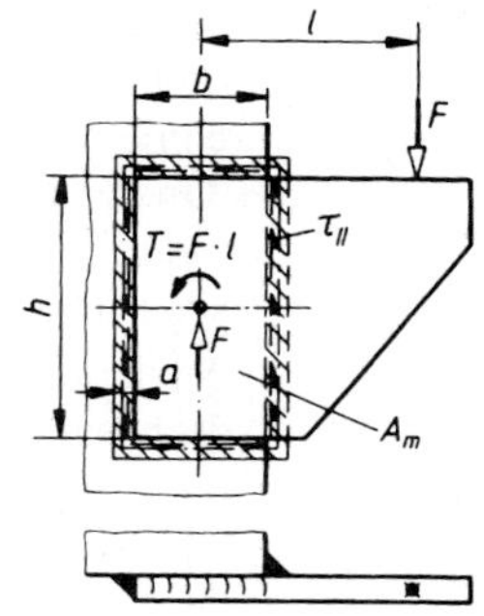

Unter der Annahme, dass die Querkraft allein von den senkrechten Nähten, und das Torsionsmoment durch gleichmäßigen Schubfluss vom Schweißanschluss aufgenommen wird, ergibt sich in der *vorderen senkrechten Naht die resultierende Schubspannung:*

$$\tau_{\parallel} \approx \frac{F}{2 \cdot h \cdot a} + \frac{F \cdot l}{2 \cdot A_m \cdot a} \approx \frac{F}{2 \cdot a \cdot h} \cdot \left(1 + \frac{l}{b}\right).$$

6.25 Zuerst werden Art und Größe der Nahtbeanspruchung ermittelt. Dazu werden unter Berücksichtigung des Anwendungsfaktors K_A für den Lastausschlag $\pm F_a$ die Grenzwerte der rechnerischen Belastung bestimmt: $F_{eq\,max} = F_m + K_A F_a$ bzw. $F_{eq\,min} = F_m - K_A F_a$. Beachte bei der Spannungsermittlung, dass bei vollwertig ausgeführten (endkraterfreien) Nähten die nutzbare Nahtlänge l gleich der ausgeführten Nahtlänge L ist. Das für die Art der Beanspruchung und somit auch für die Höhe der zulässigen Spannungen maßgebende Grenzspannungsverhältnis kann nun aus $\kappa = \sigma_{min}/\sigma_{max} = F_{min}/F_{max}$ gebildet werden (Lehrbuch 6.3.3-1). Zur Bestimmung der zulässigen Spannung wird mit Hilfe der Beispiele ausgeführter Schweißverbindungen die zutreffende Spannungslinie (Kerbfall) festgelegt (Lehrbuch, TB 6-12) und dann die zulässige Spannung in Abhängigkeit vom Grenzspannungsverhältnis an der entsprechenden Spannungslinie abgelesen (Lehrbuch, TB 6-13). Bei Wanddicken über 10 mm ist die zulässige Spannung mit dem Dickenbeiwert b abzumindern (Lehrbuch 6.3.3-5 mit TB 6-14). Abschließend sind die vorhandene und die zulässige Spannung zu vergleichen; das Schweißteil ist dann dauerfest ausgelegt, wenn $\sigma_{\perp} \leq \sigma_{w\,zul}$.

6.26 a) Die Nahtfläche entspricht der Querschnittsfläche des Rohres. Die zulässige Spannung wird ermittelt, indem man die dem Kerbfall entsprechende Spannungslinie sucht und auf dieser beim Grenzspannungsverhältnis abliest, s. Lehrbuch 6.3.3-5 mit TB 6-12 und TB 6-13.

b) Durch die im Querschnitt C–D endende Naht (Kerbe) wird die Dauerfestigkeit sehr stark herabgesetzt. Maßgebend ist Linie F! Zur Verbesserung der Dauerfestigkeit müssten die Nähte bearbeitet und auf Risse geprüft werden. Merke: An dynamisch beanspruchten Bauteilen möglichst nicht Schweißen.

6.27 Da Rohrwanddicke gleich Nahtdicke ist, kann mit der zulässigen Spannung für die festigkeitsmäßig schwächere Naht unter Berücksichtigung des Betriebsfaktors die erforderliche Wanddicke aus dem Torsionswiderstandsmoment bestimmt werden, s. Lehrbuch 6.3.3-3. Maßgebend ist die Wechselfestigkeit für Schubverbindungen nach Linie H beim Werkstoff S355, s. Lehrbuch, TB 6-12 und TB 6-13.

6

6.28 Denkt man sich die Dicke der Kehlnähte in die Ebene des Hebels umgeklappt, so entsteht ein kreisringförmiger Nahtquerschnitt. Die Wurzellinie entspricht dem Wellendurchmesser, die Ringdicke der Nahtdicke a (Lehrbuch Bild 6-47c und d). Die durch die Querkraft $F_q = F$ hervorgerufenen Spannungen dürfen vernachlässigt werden.
Berechnung der Schubspannungen:

1. Nach der im Lehrbuch unter 6.3.3-3 angegebenen Gleichung kann das polare Widerstandsmoment errechnet werden. Daraus ergibt sich nach Gl. (6.26) die Verdrehspannung.
2. Man rechnet das Drehmoment in eine am Hebelarm $d/2$ wirkende Umfangskraft um und bestimmt daraus die Schubspannungen:

$$F_u = \frac{2K_A T}{d}, \quad A_w \approx a \cdot \pi \cdot d$$

Für Entwurfsberechnungen reicht dieser einfache Ansatz aus.

Siehe auch Berechnungsbeispiel 6.3 im Lehrbuch. Die zulässige Schub-(Verdreh-)Spannung wird nach der Linie H mit dem Grenzspannungsverhältnis $\kappa = \tau_{min}/\tau_{max} = T_{min}/T_{max}$ unter Beachtung der Vorzeichen (hier $\kappa = -T_{min}/+T_{max}$ ermittelt, s. Lehrbuch 6.3.3-4 mit TB 6-12 und TB 6-13.

6.29 Denkt man sich die Dicke der Kehlnaht in die waagerechte Ebene geklappt, so entsteht ein kreisringförmiger Nahtquerschnitt, der durch die Radlast auf Druck und Biegung beansprucht wird. Eine Kraftübertragung durch Kontakt der zu verschweißenden Bauteile darf dabei nicht angenommen werden. Bei der Bestimmung der zulässigen Spannung gilt nach TB 6-12 und TB 6-13 Linie F: Auf (Schub und) Biegung durch nicht bearbeitete Kehlnähte verbundene Bauteile (5). Im Übrigen s. Lehrbuch 6.3.3-5.

6

6.30 Durch Freimachen von Rolle und Gabel erkennt man, dass die Rundnaht (Ringnaht) auf Zug, Biegung und Schub beansprucht wird. Die Schubbeanspruchung ist bei derartigen Verbindungen ohne Einfluss und darf vernachlässigt werden, s. auch Lösungshinweis zur Aufgabe 6.29.

6.31 Naht A: Die umlaufende, rahmenförmige Naht (entsprechend Bild 6.31 im Lehrbuch) ist auf Biegung und Schub beansprucht (zusammengesetzte Beanspruchung nach Lehrbuch 6.3.3-4). Für die Berechnung der Schubspannung dürfen nur diejenigen Anschlussnähte herangezogen werden, die infolge ihrer Lage vorzugsweise Schubspannungen übertragen können, hier also die Stegnähte (vgl. Lehrbuch 6.3.1-4.2). Der Einfachheit halber wird die Vergleichsspannung aus der Biegerandspannung und der mittleren Schubspannung $\tau_{\parallel} = F/A_w$ gebildet. Genaue Verteilung der Schubspannungen s. Lehrbuch 6.3.1-3.5.
Naht B: Die umlaufende, rahmenförmige Naht wird auf Biegung und Zug bzw. Druck beansprucht. Die Berechnung erfolgt als zusammengesetzte Beanspruchung nach Lehrbuch 6.3.3-4.
Die zulässige Spannung wird mit $\kappa = -1{,}0$ mit der maßgebenden Spannungslinie F ermittelt.

6.32 Naht A: Endliche Naht, sicherheitshalber mit Endkraterabzug, beansprucht auf Biegung, Zug und Schub.
Naht B: Umlaufende Naht, beansprucht auf Biegung, Zug und Schub.
Naht C: Umlaufende Naht, beansprucht auf Biegung und Schub.
Zunächst Zerlegung von F_1 in ihre waagerechte und senkrechte Komponente und Bestimmung von F_2. Nahtberechnung für zusammengesetzte Beanspruchung nach Lehrbuch 6.3.3-4.

6.33 a) Der Rohrmantel unterliegt einem räumlichen Spannungszustand. Nach der Schubspannungshypothese beträgt die Vergleichsspannung $\sigma_v = D_i \cdot p_e/(2 \cdot t) + p_e/2$, s. Lehrbuch 6.3.4-1.
Setzt man darin die rechnerische Wanddicke gleich der ausgeführten Wanddicke (wurde nachgemessen) und die Vergleichsspannung gleich der Streckgrenze bzw. 0,2%-Dehngrenze so folgt: $p' = 2 \cdot R_{p0,2}/(D_i/t + 1)$.
$R_{p0,2}$ für Rohrwerkstoff s. Lehrbuch, TB 6-15b.

b) Setzt man die Vergleichsspannung gleich der Zugfestigkeit des Rohrwerkstoffes, so kann der Berstdruck-Bereich nach der unter a entwickelten Gleichung bestimmt werden.

c) Überlege, in welcher Richtung – längs oder tangential – die größere Zugspannung auftritt, s. auch Lehrbuch 6.3.4-1.

6.34 a) Die Wanddicke eines gewölbten Bodens mit ausreichend verstärktem Ausschnitt (Stutzen) im Scheitelbereich 0,6 D_a wird mit dem Berechnungsbeiwert β bestimmt, s. Lehrbuch 6.3.4-2. Die so ermittelte Wanddicke ist eigentlich nur im Bereich der hochbeanspruchten Krempe erforderlich und dürfte im Kalottenteil unterschritten werden. Zur Bestimmung des von der Wanddicke abhängigen Berechnungsbeiwertes muss zunächst eine Wanddicke angenommen und mit dem so gefundenen Beiwert unter Berücksichtigung der Zuschläge die rechnerische Wanddicke bestimmt werden. Die Rechnung muss so lange wiederholt werden, bis angenommene und berechnete Wanddicke übereinstimmen. Abschließend muss noch geprüft werden, ob der Ausschnitt im Scheitelbereich des Bodens durch den eingeschweißten Rohrstutzen ausreichend verstärkt ist, s. Lehrbuch 6.3.4-4.

b) Die Berechnung der ebenen Böden beruht auf den Kirchhoffschen Gleichungen für die Platte unter näherungsweiser Berücksichtigung der Einspannbedingungen, s. Lehrbuch 6.3.4-3. Ebene Vorschweißböden werden zur Entlastung der Naht und wegen der besseren Schweißmöglichkeit mit einer gerundeten Ringnut versehen. Mit tiefer werdender Entlastungsnut ergibt sich eine immer kleinere Randeinspannung der Platte, so dass sich ihre Beanspruchung der lose aufliegenden Kreisplatte nähert. Der verbleibende Querschnitt im Nutgrund muss ausreichen, um die Scherkraft (Querkraft) zu übertragen. Bei der Berechnung der erforderlichen Wanddicke entfallen die Zuschläge. Nach AD-Merkblatt B5 müssen die Bleche in der Umgebung des Anschlusses an den Mantel mit Ultraschall auf Dopplungsfreiheit geprüft sein, auch dürfen nur beruhigt vergossene Stähle verwendet werden.

c) Siehe AD-Merkblatt B5 bzw. Lehrbuch, TB 6-18:
$r \geq 0{,}2 \cdot t$ und $t_R \geq p_e\ (0{,}5\ D - r) \cdot 1{,}3 \cdot S/K$, beidesmal jedoch mindestens 5 mm.

6.35 a) Für den geschweißten Behältermantel kann die Wanddicke nach Lehrbuch 6.3.4-1 bestimmt werden. Für unbeheizte Behälterwandungen gilt als Berechnungstemperatur die höchste Temperatur des Beschickungsgutes (Lehrbuch, TB 6-16). Für diese Temperatur ist der Festigkeitskennwert des warmfesten Druckbehälterstahles zu bestimmen, s. auch Berechnungsbeispiel 6.4 im Lehrbuch; beachte TB 6-15a, Interpolation.

b) Gewölbte Vollböden werden mit dem Berechnungsbeiwert β nach Lehrbuch 6.3.4-2 berechnet. Da der Berechnungsbeiwert bereits von der Wanddicke abhängt, kann diese nur iterativ ermittelt werden, d. h. die Berechnung ist mit angenommenen Wanddicken so lange zu wiederholen, bis die Annahme zutrifft, s. auch Beispiel 6.4c im Lehrbuch.

c) Die Berücksichtigung der Verschwächung erfolgt meist durch Verschwächungsbeiwerte, sie kann aber auch mit Hilfe der Festigkeitsbedingung $\sigma_v = p_e \left(A_p/A_\sigma + \frac{1}{2}\right) \leq K/S$ durchgeführt werden, die auf einer Gleichgewichtsbetrachtung zwischen der druckbelasteten Fläche und der tragenden Querschnittsfläche beruht (Lehrbuch 6.3.4-4).

6

6.36 Siehe Berechnungsbeispiel 6.4 im Lehrbuch. Alle am Behälter vorhandenen Ausschnitte seien ausreichend verstärkt.

6.37 Die zweischnittige Verbindung ist auf Abscheren und Lochleibungsdruck nachzuprüfen, s. Lehrbuch 6.3.1-5. Es ist zu kontrollieren, ob die Bedingung $d \leq 5\sqrt{t}$ erfüllt ist.

6.38 a) Nach der Bestimmung des Schweißpunktdurchmessers (rechnerisch nach $d \leq 5\sqrt{t}$ bzw. nach Richtwerten) und der zulässigen Spannungen kann die Anzahl der Schweißpunkte durch Umformen der Spannungsgleichungen für τ_w und $\sigma_{w\,l}$ berechnet werden (Lehrbuch 6.3.1-5). Eine gleichmäßige Übertragung der äußeren Kraft durch die einzelnen Schweißpunkte darf nur angenommen werden, wenn deren Wirkungslinie durch den Schwerpunkt des Schweißanschlusses geht.

b) Für die Anordnung (Abstände) der Schweißpunkte gelten die Richtwerte nach DIN 18801 (Lehrbuch 6.2.5-6, Grenzwerte s. TB 6-4).

6.39 Aus dem Drehmoment ist zunächst die am Schweißpunktkreis wirkende Umfangskraft zu bestimmen. Die einschnittige Verbindung ist dann auf Abscheren und Lochleibungsdruck zu prüfen (Lehrbuch 6.3.1-5), wobei die beiden 3 mm dicken Scheibenbleche rechnerisch wie ein 6 mm dickes Blech zu betrachten sind. Bei Berücksichtigung der von den Schweißpunkten gleichmäßig aufzunehmenden Wellen-(Achs-)Kraft $F_w \approx 2\,F_t = 4\,T/d_w$ ergibt sich eine höhere Beanspruchung.

6.40 a) Längenausdehnung = Längen-Ausdehnungskoeffizient × Länge × Temperaturdifferenz.

b) Für Stahl gilt im Proportionalitätsbereich das Hookesche Gesetz:

$$\varepsilon = \frac{\sigma}{E} = \frac{\Delta l}{l}, \quad \text{also } \sigma = \frac{\Delta l}{l} E.$$

Im übrigen s. Lehrbuch 6.1.3.

6.41 Der erwärmte Oberflächenstreifen verhält sich wie ein teilweise eingespannter Stab!

6.42 Die Wärmeausdehnung in der erhitzten Nahtzone kann sich wegen der kalten Umgebung nicht in der Blechebene auswirken. Sie setzt sich in eine Stauchung des erhitzten Blechstreifens um. Da diese beim Abkühlen nicht zurückgeht, schrumpft der erhitzte Blechstreifen und damit das ganze Flanschblech um das Maß der Wärmeausdehnung.

6.43 a) Der angegebene Wert gilt nur für einlagige Kehlnähte an größeren Trägerquerschnitten!

b) Hookesches Gesetz:

$$\varepsilon = \frac{\sigma}{E}; \quad \text{mit } \varepsilon = \frac{\Delta l}{l} \quad \text{und} \quad \sigma = \frac{F}{A} \quad \text{folgt } \Delta l = \frac{F \cdot l}{E \cdot A}.$$

6.44 a) Siehe vorhergehende Aufgaben.

b) Der angegebene Wert gilt nur für einlagige Kehlnähte an größeren Trägerquerschnitten!

c) Durchbiegung $f = \dfrac{Fl^2 a}{8EI}$

Die Biegelinie ist ein Kreisbogen vom Radius $r = \dfrac{EI}{Fa}$.

Statisches System:

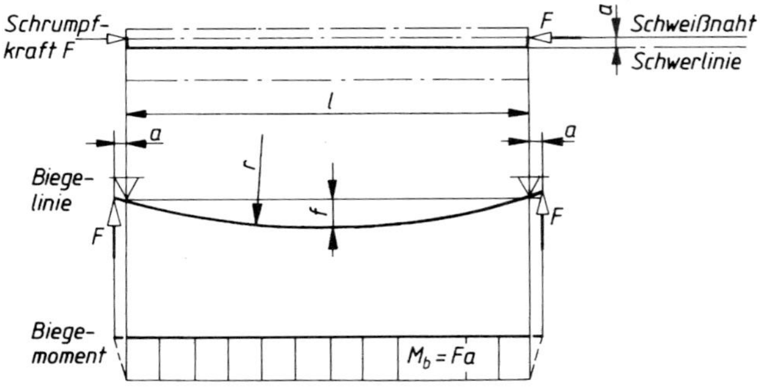

6

7 Nietverbindungen

7.1 a) Bei Blechen wird der Rohnietdurchmesser in Abhängigkeit der kleinsten zu verbindenden Blechdicke nach den Richtwerten in TB 7-4 oder nach der Näherungsformel (7.1) gewählt, s. Lehrbuch 7.5.3-1. Danach Berechnung der Rohnietlänge nach Gl. (7.2), Lehrbuch.

b) Siehe Lehrbuch 7.2.3. Beachte, dass der Nietwerkstoff in den Planungsnormen vorgeschrieben ist, für Stahlbauten die Stahlsorten USt 36 und RSt 38.

c) Unter Beachtung der Schnittigkeit lässt sich die übertragbare Kraft eines Niets aus den nach F umgeformten Bemessungsgleichungen berechnen, s. Lehrbuch 7.5.3-3. Maßgebend ist die kleinere Kraft. Mit Hilfe der Grenzblechdicke t_{lim} kann die maßgebende Beanspruchungsart unmittelbar bestimmt werden, s. Lehrbuch 7.5.3-4 mit TB 7-4.

7.2 Siehe Lösungshinweis zur Aufgabe 7.1.
Bei der zweischnittigen Verbindung gelten für die Lochleibung die Laschen als ein Bauteil mit der Dicke $t_2 = 2 \times 8$ mm, maßgebend ist also die Dicke $t_1 = 12$ mm des mittleren Bleches.

7.3 Lösungsschritte:

a) Erkennen der Beanspruchungsart des Stabes und Berechnung entsprechend Lehrbuch 8.4.3-2 und -4 als mittig angeschlossener Zugstab, da dessen Schwerachse nur wenig aus der Anschlussebene herausfällt. Nach der Wahl des Nietdurchmessers können mit den zulässigen Randabständen senkrecht zur Kraftrichtung nach Lehrbuch 7.5.4 die größte und kleinste Stabbreite bestimmt werden. Für die einreihige Verbindung gilt: $b_{max} = 2 \cdot 3 \cdot d$ bzw. $2 \cdot 6 \cdot t$ und $b_{min} = 2 \cdot 1{,}2 \cdot d$.

b) Berechnung der Nietzahl nach Lehrbuch 7.5.3-5.

c) Gestalten (Durchbilden) des Anschlusses unter Berücksichtigung der
- Rand- und Lochabstände von Nieten nach Lehrbuch 7.5.4 und TB 7-2;
- Symbole für Niete nach DIN ISO 5261 (Lehrbuch, TB 7-1);
- Darstellung und Maßeintragung in Zeichnungen für Metallbaukonstruktionen nach ISO 5261.

Beachte: DIN 997 enthält für die Nietteilung in den Stegen der Profile keine Angaben. Mit t, R_1, b, s und der Flanschneigung nach TB 1-10, sowie dem Nietkopfdurchmesser $d_2 = 1{,}6\ d_1$, lässt sich der kleinste Randabstand näherungsweise ermitteln:
$e_4 \geq t + 0{,}08 \cdot (0{,}5\ b - s - R_1) + R_1 + 0{,}8\ d_1 + 3$ mm.
Dieses Maß garantiert auch den Platzbedarf für die Nietwerkzeuge.

7.4 Nach der Berechnung der Nietverbindung (d und n) nach Lehrbuch 7.5.3 wird der Flachstahl als mittig angeschlossener Zugstab (seine Schwerachse fällt nur wenig aus der Anschlussebene heraus) unter Berücksichtigung der Lochschwächung festigkeitsmäßig für die Anschlüsse a und b nach Lehrbuch 8.4.3-2 und -4 nachgeprüft. Als Lochabzug gilt die Summe der Flächen aller in die ungünstige Risslinie fallenden Löcher.
Um die Knotenbleche klein zu halten, sind nach Lehrbuch 7.5.4 (TB 7-2) kleine Niet- und Randabstände zu wählen. Die Beanspruchbarkeit auf Lochleibung ist dabei von den gewählten Rand- und Lochabständen abhängig, s. Lehrbuch 8.4.3-2.
Rautenförmige Nietbilder verringern den Lochabzug gegenüber rechteckigen, es tritt aber infolge ungleichmäßiger Bauteildehnung eine Überlastung des äußeren (ersten) Niets auf. Die rechteckige Nietanordnung wird daher bevorzugt. Beim Aufzeichnen des Anschlusses ist DIN ISO 5261, Technische Zeichnungen im Metallbau, zu beachten.

7.5 a) d_1 ergibt sich aus dem Größtdurchmesser d für die Schenkellänge $a = 80$ mm nach Lehrbuch, TB 1-8;
b) Berechnung nach Lehrbuch 8.4.3-4;
c) Berechnung nach Lehrbuch 7.5.3-5;
d) s. Lehrbuch 7.5.3-2 und 7.2.3;
e) Gestaltung der Nietverbindung nach Lehrbuch 7.5.4. Für die Darstellung und Maßeintragung ist die von den Regeln der allgemeinen Zeichnungsnormen abweichende DIN ISO 5261 zu beachten.
f) Beim geschweißten Anschluss werden die Stäbe nicht durch Löcher geschwächt. Berechnung der Anschlusslänge = Nahtlänge nach Lehrbuch 6.3.1-4.2.

7.6 Bemessung der *Nietanschlüsse* nach Lehrbuch 7.5.3. Der leichteren Herstellung wegen ist anzustreben, am gesamten Knoten mit einem Nietdurchmesser auszukommen. Da der Stab $S_1 - S_4$ ungeteilt durchgeführt ist, haben die Niete nur die Differenz der Stabkräfte $F_1 - F_4$ zu übertragen, wobei die lotrechte Knotenlast F (Eigengewicht) außer Betracht bleibt.
Der *Zugstab* S_2 ist im geschwächten Querschnitt festigkeitsmäßig nachzuprüfen.
Die *Gestaltung* des Knotenpunktes erfolgt nach Lehrbuch 7.5.4. Wegen unvermeidlicher Herstellungsungenauigkeiten sollen die Kanten und Ecken der Knotenbleche um einige mm von den Stabkanten zurücktreten (hässliche Überstände werden vermieden) und die Stäbe untereinander einen Abstand ≥ 5 mm aufweisen. Als tragende Bauteile sind die Knotenbleche sorgfältig zu gestalten. Sie werden zweckmäßig mit 2 parallelen Kanten ausgeführt, so dass sie von Blechstreifen ohne Verschnitt abgeschnitten werden können. *Darstellung und Maßeintragung* erfolgt nach DIN ISO 5261. Symbole für eingebaute Niete s. TB 7-1.

7.7 a) Nach Lehrbuch 8.4.3-4 wird mit dem kleinsten Nutzquerschnitt die Spannung im Stab nachgeprüft:
Nutzquerschnitt 1–2: $A_n = A - d \cdot t$
Nutzquerschnitt 1–5–4–3: $A_n = A + t\,(g - f) - 2 \cdot d \cdot t$
Der kleinere Querschnitt ist maßgebend.

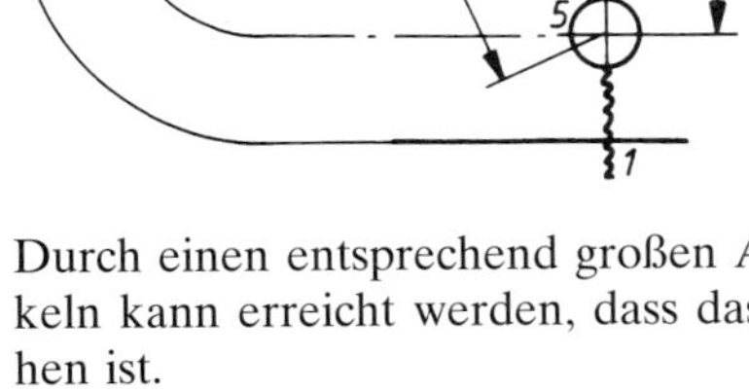

Durch einen entsprechend großen Abstand zwischen den Löchern in beiden Schenkeln kann erreicht werden, dass das Maß g so groß wird, dass nur 1 Loch abzuziehen ist.
Beim Spannungsnachweis des Knotenbleches nach Lehrbuch 6.3.1-3.4 wird vom ersten Niet ab eine Kraftausbreitung im Knotenblech unter einem Winkel von $\approx 30°$ bis zur letzten Nietreihe angenommen (Querschnitt 1–1).
Der Nietanschluss wird nach Lehrbuch 7.5.3 unter Beachtung des dortigen Hinweises über Beiwinkel nachgeprüft. Dabei ist es gleichgültig, ob die mit dem Knotenblech oder die mit dem Stab verbundenen Schenkel der Beiwinkel mit 50% Zuschlag zur anteiligen Kraft angeschlossen werden!
b) s. Lehrbuch 7.5.3-6.

7

7.8 Weil die Schwerachse des Einzelwinkels erheblich aus der Anschlussebene (= Mitte bzw. Kontaktfläche des Knotenbleches) herausfällt, ist der Stab nach Lehrbuch 6.3.1-3.2 als planmäßig außermittig beanspruchter Zugstab auf Biegung und Längskraft zu berechnen. Da die Momentenebene nicht mit einer der beiden Hauptachsen u oder v zusammenfällt, sondern mit diesen schiefe Winkel bildet, liegt streng genommen schiefe Biegung vor.

Nach DIN 18801 darf aber bei einzelnen Winkelstählen der Nachweis der Biegespannung unterbleiben, wenn $\sigma_z \leq 0{,}8 \cdot \sigma_{z\,zul}$ bleibt; siehe entspr. Hinweis unter 8.4.3-4 im Lehrbuch.

Besonders wirtschaftlich sind mit den breiten – möglichst dünnen – Schenkeln angeschlossene ungleichschenklige Winkel, da bei diesen die Außermittigkeit und der Lochabzug (s. Lehrbuch 8.4.3-4) klein gehalten werden können. Der zulässige Lochdurchmesser und das Anreißmaß w werden dem Lehrbuch, TB 1-8 bzw. TB 1-9, entnommen.

7.9 Es handelt sich um einen momentbelasteten Nietanschluss nach Lehrbuch 7.5.3-7 bzw. 8.4.4, denn die Wirkungslinie der äußeren Kraft geht in großem Abstand am Schwerpunkt der Nietverbindung vorbei. Bei Anschlüssen mit nur wenigen, geometrisch einfach angeordneten Nieten, wird die größte Nietkraft, meist ohne Benutzung der Gleichungen nach Lehrbuch 8.4.4, durch Freimachen des Konsolbleches bestimmt.

7.10 Siehe Lösungshinweis zur Aufgabe 7.9

Die Achskraft 2 F verteilt sich im umgekehrten Verhältnis ihrer Auflagerabstände auf die beiden Schilde (Achse = Träger auf 2 Stützen mit Einzellast 2 F). Der Nachweis wird nur für die Niete des höher belasteten Schildes geführt.

7.11 Siehe Lösungshinweis zur Aufgabe 7.9.

7.12 Berechnung der momentbelasteten Nietanschlüsse nach Lehrbuch 7.5.3-7 und 8.4.4.

7.13 Idealisiert gesehen liegt der anzuschließende Träger I400 (= Träger auf zwei Stützen) frei in der Stegmitte des Träger I550 auf. (Die Schrauben werden deshalb auch nur auf Abscheren und Lochleibungsdruck berechnet.) Da die Stegwinkel eine Fortsetzung des Trägers I400 bilden, wird die Nietverbindung durch die Auflagerkraft exzentrisch belastet. Ihre Berechnung erfolgt nach Lehrbuch 8.4.4 in Verbindung mit 7.5.3-3.

Als Hebelarm des Anschlussmomentes wird in der Praxis meist der Abstand zwischen dem Schwerpunkt der Nietverbindung und der Außenkante der abstehenden Winkelschenkel eingesetzt (hier 60 mm).

7.14 Nach der Wahl des Nietdurchmessers (Richtwerte s. Lehrbuch 7.6.4-2) kann mit den zulässigen Spannungen (Lehrbuch, TB 3-4) unter Berücksichtigung des Kriecheinflusses nach Lehrbuch 7.5.3-5 die erforderliche Nietzahl bestimmt werden.

Beachte, dass bei Aluminiumkonstruktionen wegen des Kriecheinflusses der Lastfall H_S zu berücksichtigen ist. Überschreitet das Verhältnis der Spannungen σ_{H_S}/σ_H aus den Lastfällen H_S und H den Wert 0,5, so sind die im Lehrbuch, TB 3-4, angegebenen Werte mit dem Faktor c abzumindern (Lehrbuch 7.6.4-1).

Die Gestaltung der Nietverbindung erfolgt mit den Richtwerten nach Lehrbuch 7.6.5.

Niete und Bauteile sollen wegen der möglichen Zerstörung durch elektrochemische Korrosion unbedingt aus gleichen oder zumindest gleichartigen Werkstoffen bestehen (Lehrbuch 7.6.3 und 7.6.6). Um Staucharbeit zu vermeiden und eine gute Lochfüllung zu erreichen, wird der Lochdurchmesser meist nicht nach Norm, sondern nur ein Zehntel mm größer als der Nenndurchmesser ausgeführt. Mit hinreichender Genauigkeit werden τ_a und σ_l mit dem Nenndurchmesser d_1 (statt d) bestimmt (Lehrbuch 7.6.4-1 und 7.6.4-2).

7.15 Zur Berücksichtigung des Kriecheinflusses infolge der ständig wirkenden Hauptlasten sind die zulässigen Spannungen nach TB 3-4 durchgehend mit dem Faktor c abzumindern.
Nach den Bauvorschriften (z. B. DIN 4113-1) soll sich die Schwerachse der Nietgruppe so weit wie möglich mit der Stabschwerachse decken.

a) Es handelt sich um einen zweiteiligen Druckstab mit kleinem Abstand (= Knotenblechdicke) der Einzelstäbe mit mittiger Belastung. Die Knickuntersuchung wird mit Hilfe des Omega-Verfahrens vorgenommen (s. DIN 4113-1). Maßgebend ist meist das Ausknicken rechtwinklig zur Fachwerkebene.
Hinweis: Bei Dachbindern in Räumen, in denen erhöhte Korrosionsgefahr besteht, sind Fachwerkstäbe aus 2 Winkelprofilen und parallelen, nur um Knotenblechdicke voneinander entfernten Schenkeln, zu vermeiden. Ist der Abstand solcher benachbarter Flächen geringer als h/6 oder als 10 mm, so ist der Zwischenraum auszufuttern (DIN 4113-1). Der Querschnitt des durchgehenden Futters darf in die Rechnung einbezogen werden (s. frühere DIN 4114-4).

b) Nachprüfung der Nietverbindung entsprechend Lehrbuch 7.5.3-3.

c) Für den überschlägigen Nachweis der Spannungen im Knotenblech kann vereinfachend angenommen werden, dass die Stabkraft sich vom ersten Niet an unter einem Winkel von 30° nach beiden Seiten ausbreitet, s. Lehrbuch 6.3.1-3.4. Bei druckbeanspruchten Bauteilen entfällt der Lochabzug.

d) Bei außermittiger Zugkraft in einem Stab, der aus einem einzelnen Winkel besteht, darf der Nachweis der Biegespannung entfallen, wenn die Spannung aus der mittig gedachten Längskraft $0{,}8 \cdot \sigma_{z\ zul}$ nicht überschreitet (s. DIN 4113-1 und Lehrbuch 8.4.3-4). Bei gelochten, zugbeanspruchten Bauteilen muss die Querschnittsschwächung berücksichtigt werden (s. Lehrbuch 8.4.3-4).

e) Nachprüfung der Nietverbindung entsprechend Lehrbuch 7.5.3-3.

7.16 a) und b) Berechnung der resultierenden Nietkraft für die am weitesten außen liegenden Niete (s. Lehrbuch 8.4.4) mit anschließender Spannungskontrolle (s. Lehrbuch 7.5.3-3). Bei der Bestimmung der zulässigen Spannung ist der Kriecheinfluss zu beachten, s. Lehrbuch 7.6.4-1.

c) Für die maßgebenden Querschnitte zur Ermittlung der *Biegespannungen von gelochten Bauteilen* gilt nach den Normen allgemein:

$$W_d = \frac{I}{e_d} \qquad W_z = \frac{I - \Delta I}{e_z}$$

I Flächenmoment 2. Grades des ungelochten Querschnitts
ΔI Summe der Flächenmomente 2. Grades der in die ungünstigste Risslinie fallenden Löcher im *Biegezugbereich,* bezogen auf die Schwerachse des ungelochten Querschnitts
e_d Abstand der Randfaser am Druckrand von der Schwerachse des ungelochten Querschnitts
e_z Abstand der Randfaser am Zugrand von der Schwerachse des ungelochten Querschnitts
W_d maßgebendes Widerstandsmoment für die Randdruckspannung
W_z maßgebendes Widerstandsmoment für die Randzugspannung

Als Lochabzug ΔI vom Flächenmoment 2. Grades I von Biegeträgern werden meist nur die ungünstigsten Löcher des gezogenen Gurtes eingesetzt (DIN 18800-1, DIN 4113).

7

7.17 Die Nietverbindung ist dynamisch (schwellend) belastet. Maßgebend ist deshalb der Betriebsfestigkeitsnachweis nach Lehrbuch 7.7.3. Die zulässigen Spannungen nach TB 7-5 entsprechen bei einer Sicherheit $S_D = \frac{4}{3}$ den ertragbaren Spannungen bei 90% Überlebenswahrscheinlichkeit. Für das gelochte Bremsband gelten bei $S_D = 3$ und schwellender Beanspruchung die $1{,}\bar{6} \cdot \frac{4}{3} \cdot \frac{1}{3}$fachen Tabellenwerte. Daraus können dann die zulässigen Scher- und Leibungsspannungen ermittelt werden. Mit dem gewählten Nietdurchmesser kann nun nach Lehrbuch 7.5.3-5 die erforderliche Nietzahl bestimmt werden. Für die Gestaltung der Nietverbindung gelten die Richtwerte nach Lehrbuch 7.5.4. Der kleinen Blechdicken wegen können diese Werte allerdings nur teilweise eingehalten werden.

7.18 Die am Wirkdurchmesser d_w der Scheibe angreifenden unterschiedlich großen Trumkräfte des Riemens belasten das Nietfeld durch die aus dem Drehmoment $T = 9550\, P/n$ herrührende Umfangskraft $F_u = T/$(Nietkreishalbmesser $0{,}5\, d_t$) und die Wellenkraft $F_W \approx 2 \cdot T/(0{,}5 \cdot d_w)$. Unter der Annahme einer gleichmäßigen Kraftverteilung auf alle Niete lässt sich die maximale Nietkraft durch Überlagerung dieser Kraftwirkungen bestimmen (s. Skizze). Beim Spannungsnachweis nach Lehrbuch 7.5.3-3 ist zu beachten, dass

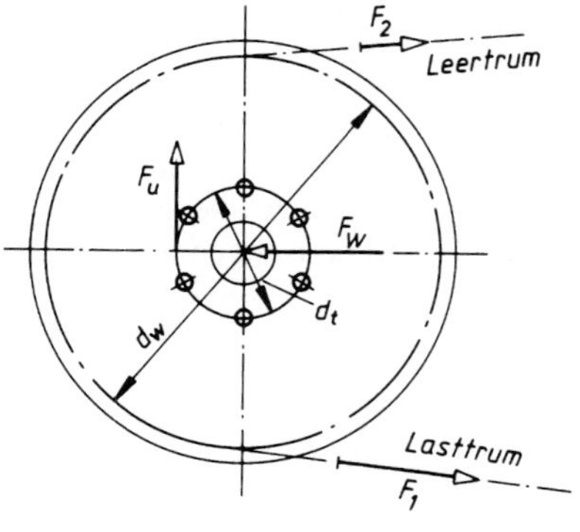

- die beiden Scheibenbleche als einheitliches Bauteil zu betrachten sind,
- der Nabenwerkstoff GK-AlMg3 festigkeitsmäßig dem Scheibenwerkstoff AlMg3F18 entspricht.

7.19 a) Die Nietverbindung ist dynamisch (schwellend) belastet. Maßgebend ist deshalb der Betriebsfestigkeitsnachweis nach Lehrbuch 7.7.3. Nach Ermittlung der Umfangskraft können unter Vernachlässigung der Wellenspannkraft die im Niet auftretenden Spannungen bestimmt und mit den zulässigen Werten nach TB 7-5 verglichen werden. Maßgebend ist der Werkstoff S235.

Im Übrigen s. Berechnungsbeispiel 7.2 im Lehrbuch.

Hinweis: Zwischen Niet und Nietloch empfiehlt sich ein Spiel von höchstens 0,2 mm. Größere Spiele verursachen beim Kaltschlagen unnötige Staucharbeit, stellen das kraftschlüssige Anliegen des gestauchten Nietschaftes an der Lochwand in Frage und führen bei größeren Klemmlängen zum Verbiegen des Schaftes.

7.20 Maßgebend ist der Betriebsfestigkeitsnachweis nach Lehrbuch 7.7.3 mit Berechnungsbeispiel 7.2. Um ein Klaffen der Bleche zu vermeiden, soll der Nietabstand in Umfangsrichtung $8 \cdot d$ nicht überschreiten, wobei meist nicht mehr als 8 Niete angeordnet werden. Trotz der höheren Festigkeit des Membran-Werkstoffs empfiehlt es sich für die Lochleibung, mit den zulässigen Spannungen für S235 zu rechnen. Bei Winkelverlagerungen im Betrieb können die Niete zusätzlich auf Zug beansprucht werden.

7.21 Unter der Voraussetzung, dass die Umfangskräfte – analog den Torsionsspannungen beim Rundstab – von der Mitte aus linear zunehmen, folgt

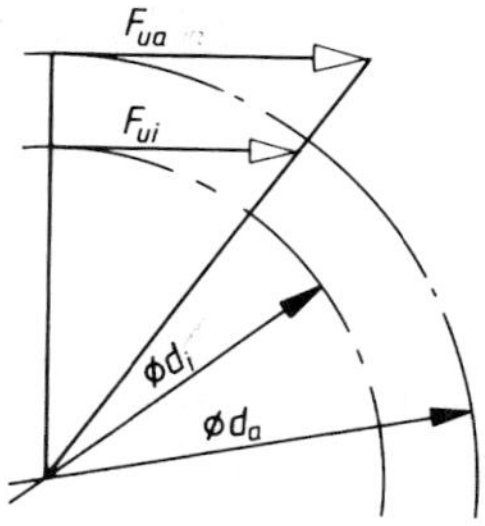

$$T = F_{ua} \cdot \frac{d_a}{2} + F_{ui} \cdot \frac{d_i}{2}, \quad \text{wobei} \quad \frac{F_{ua}}{F_{ui}} = \frac{d_a}{d_i}.$$

Daraus ergibt sich die größte Umfangskraft

$$F_{ua} = \frac{T}{0,5 \cdot d_a \left[1 + \left(\frac{d_i}{d_a}\right)^2\right]}.$$

Berechnung der auftretenden Spannungen im Niet nach Lehrbuch 7.5.3-3.

7.22 Berechnung im Prinzip wie Metallnietung nach Lehrbuch 7.7. Durch Umformen der Gln. (7.3) und (7.4) im Lehrbuch kann der erforderliche Nietschaftdurchmesser unmittelbar bestimmt werden.

7

8 Schraubenverbindungen

8.1 Die nicht vorgespannte, ruhend belastete Schraube, wird mit der Sicherheit S gegen die Streckgrenze R_{eL} bemessen, s. Lehrbuch 8.3.9-1.

8.2 Die axiale Belastbarkeit richtet sich nach der Festigkeit der Anschweißenden. Über die Tragfähigkeit der Spannschlossmutter aus Stahl mit $R_m > 330\,\text{N/mm}^2$ enthält die Norm keine Angaben.

a) Berechnung als nicht vorgespannte, ruhend belastete Verbindung, die unter Last angezogen wird ($S = 1{,}5$), s. Lehrbuch 8.3.9-1.

b) Berechnung als zugbeanspruchte Schraubenverbindungen im Stahlbau entsprechend Lehrbuch 8.4.3-1. Setzt man die Anschweißenden festigkeitsmäßig den rohen Schrauben gleich, so gilt bei günstiger Auslegung von DIN 18800 T1 (s. Erläuterungen zu DIN 1480) eine zulässige Zugspannung $\sigma_{z\,zul} = R_{p0.2}/(1{,}25 \cdot S)$ mit $S = 1{,}1$.

c) Berechnung als dynamisch-schwellend beanspruchte Schraube mit der Ausschlagkraft $F_a = F/2$ auf Dauerhaltbarkeit nach Lehrbuch 8.3.9-1 bzw. 8.3.3.

8.3 a) Im Prinzip handelt es sich um eine nicht vorgespannte Schraube mit dynamisch-schwellender Belastung (s. Lehrbuch 3.2 und 8.3.3), verursacht durch das betriebsmäßige Be- und Entlasten des Hakens.

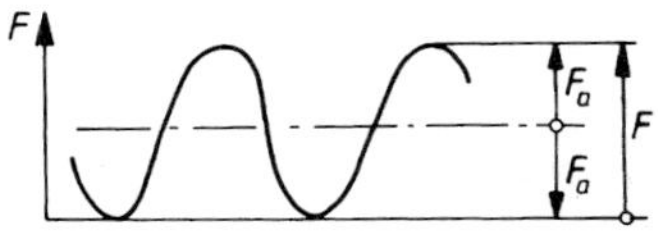

Die durch die Ausschlagkraft $F_a = F/2$ hervorgerufene Ausschlagspannung σ_a darf die zulässige Ausschlagfestigkeit σ_A des Gewindes nicht überschreiten. Die Ausschlagfestigkeit des Hakenwerkstoffes ASt41 entspricht den für die Festigkeitsklasse 4.6 angegebenen Werten. Im Übrigen Berechnung nach Lehrbuch 8.3.9-1.

b) Mit der Scherfläche eines Gewindeganges $A_a \approx \pi \cdot d_3 \cdot 0{,}5 \cdot P$, wobei die Höhe der Scherfläche mit der halben Gewindesteigung angenommen wurde, beträgt die Scherspannung im ersten Gewindegang

$$\tau \approx \frac{0{,}5 \cdot F}{\pi \cdot d_3 \cdot 0{,}5 \cdot P} = \frac{F}{\pi \cdot d_3 \cdot P}\,.$$

c) Anzustreben sind gleichmäßige Kraftverteilung im Gewinde und geringe Kerbwirkung, s. auch Lehrbuch 8.2.1 und 8.2.2 und DIN 15413, Lasthakenmuttern.

8.4 Richtwerte für die Durchmesser-Festigkeits-Kombinationen s. Lehrbuch, TB 8-13.

8.5 a) Axialspannkraft der Schraube (bei 90%iger Ausnutzung der Streckgrenze durch σ_{red}, vgl. Lehrbuch 8.3.6) bei niedrigster Gesamtreibungszahl μ_{ges} für verkadmete Oberfläche nach Lehrbuch, TB 8-14 und TB 8-12a.

b) Anziehdrehmoment (zum Vorspannen der Schraube auf F_{sp}) nach Lehrbuch, TB 8-14.

c) $M_A = 0{,}9\,M_{sp}$ nach Lehrbuch, TB 8-11; damit M_{sp} bzw. F_{sp} durch die Ungenauigkeit des Drehschraubers nicht überschritten wird, muss als Montagemoment ein vermindertes Moment angegeben werden.

d) Einschraublänge für Grundlochgewinde nach Lehrbuch, TB 8-15.

8.6 Um trotz der Ungenauigkeit des Anziehverfahrens, gekennzeichnet durch den Anziehfaktor k_A nach TB 8-11, $F_{V\,min}$ mit Sicherheit zu erreichen, muss die Schraube nach der Montagevorspannkraft $F_{VM} = F_{V\,max} = k_A \cdot F_{V\,min} \leq F_{sp}$ ausgelegt werden (vgl. Lehrbuch 8.3.5). Bestimmung der Schraubengröße mit der gegebenen Festigkeitsklasse und der maßgebenden Gesamtreibungszahl (s. TB 8-12a) nach Lehrbuch, TB 8-14. Die Schraubenverbindung muss also je nach Anziehverfahren mehr oder weniger stark überdimensioniert werden!

8.7 a) und b) Für Schrauben der Festigkeitsklassen unter 8.8 werden die im Lehrbuch, TB 8-14 (beachte Fußnote), angegebenen Spannkräfte und Spannmomente mit dem Streckgrenzenverhältnis multipliziert. Mit den Streck- bzw. 0,2%-Dehngrenzen nach TB 8-4 beträgt z. B. für eine Schraube der Festigkeitsklasse 5.6 die

Spannkraft $F_{sp(5.6)} = F_{sp(8.8)} \dfrac{R_{eL(5.6)}}{R_{p\,0,2(8.8)}}$.

c) Nach Lehrbuch 8.3.5 gilt für die kleinste Vorspannkraft, die sich bei einer nach $F_{V\,max} = F_{VM90} = F_{sp}$ ausgelegten Schraube infolge der Ungenauigkeit des Anziehverfahrens einstellen kann: $F_{V\,min} = F_{V\,max}/k_A$, mit k_A nach TB 8-11.

8.8 a) Elastische Nachgiebigkeit nach Gl. (8.7) bzw. (8.8) anhand der Skizze. Gewindelänge b nach TB 8-8.

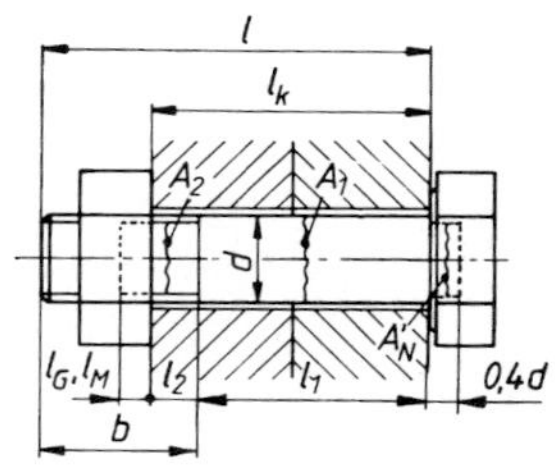

b) Elastische Nachgiebigkeit nach Gl. (8.10) mit Ersatzquerschnitt nach Gl. (8.9). Beachte bei der Berechnung von A_{ers} stets die seitliche Begrenzung der Druckeinflusszone. Hier gilt: $d_w \leq D_A \leq d_w + l_k$.

c) Kraftverhältnis für Krafteinleitung in Ebenen durch die Schraubenkopf- und Mutterauflage $\Phi_k = \delta_T/(\delta_S + \delta_T)$, s. zu Gln. (8.11) und (8.17).

d) Längenänderungen f_S und f_T unter der Montagevorspannkraft nach Lehrbuch 8.3.1-1, Gln. (8.6) und (8.10), mit F_{sp} nach TB 8-14 entsprechend dem Schmier- und Oberflächenzustand (μ_{ges} nach TB 8-12a).

8.9 a) F_{sp} und M_{sp} nach TB 8-14 mit μ_{ges} entsprechend dem Oberflächen- und Schmierzustand nach TB 8-12a. $M_A = 0{,}9\, M_{sp}$ nach TB 8-11.

b) Elastische Nachgiebigkeit δ_S nach Lehrbuch 8.3.1-1, Gl. (8.8). Der Dehnschaftdurchmesser wird mit $d_T = 0{,}9\, d_3$ ausgeführt, da nur hierfür die Werte für F_{sp} und M_{sp} in TB 8-14 gelten. Gängig sind auch auf ganze (halbe) mm abgerundete Dehnschaftsdurchmesser bei entsprechend geringerer Tragfähigkeit, z. B. $d_T = 7{,}0$ mm für M10 oder $d_T = 8{,}5$ mm für M12.

c) Elastische Nachgiebigkeit δ_T nach Lehrbuch 8.3.1-1, Gl. (8.10). *Beachte:* $d_h = d$.

d) Siehe Lösungshinweis zu Aufgabe 8.8c.

e) Vorspannkraftverlust infolge Setzens im Betrieb nach Lehrbuch 8.3.2, Gl. (8.19). Setzbetrag für Dehnschrauben näherungsweise nach Gl. (8.21).

8.10 a) δ_S und δ_T nach Lehrbuch 8.3.1-1 mit Gewindelänge b nach TB 8-8. $\Phi_k = \delta_T/(\delta_S + \delta_T)$ nach Lehrbuch 8.3.1-2, s. auch Lösungshinweis zu Aufgabe 8.8.

b) Mit $F_{V\,max} = F_{sp}$ nach TB 8-14 gilt nach Lehrbuch 8.3.5: $F_{V\,min} = F_{V\,max}/k_A$, mit Anziehfaktor k_A nach TB 8-11.

c) Nach Lehrbuch 8.3.2 kann mit dem Setzbetrag nach Gl. (8.20) der Vorspannkraftverlust nach Gl. (8.19) berechnet werden.

d) Nach Lehrbuch 8.3.5 gilt nach Gl. (8.29):

$$F_B = (F_{sp}/k_A - F_{Kl} - F_Z)/(1 - \Phi)\,.$$

Krafteinleitungsfaktor nach Bild 8-14b geschätzt $n \approx 0{,}7$.

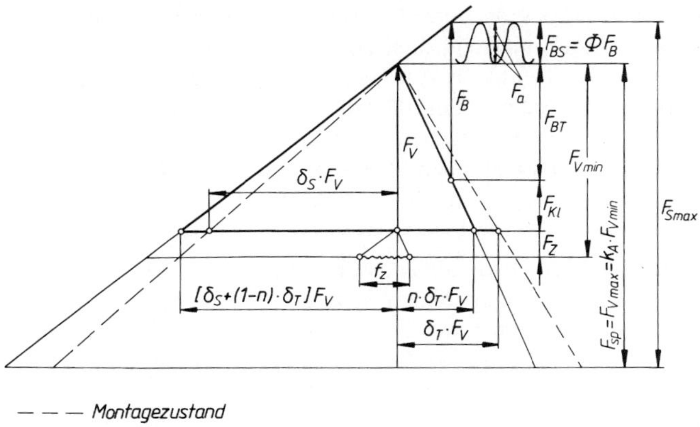

e) Nach Lehrbuch 8.3.1-1, Gl. (8.6), gilt allgemein: $f = \delta \cdot F$. Nach erfolgtem Setzen und unter Berücksichtigung der Krafteinleitung innerhalb der Bauteile gilt nach Bild 8-22: $f_S = F_V[\delta_S + (1 - n)\,\delta_T]$ bzw. $f_T = n \cdot \delta_T \cdot F_V$.

f) Siehe Lehrbuch 8.3.8 mit Gl. (8.36).

g) Ein vollständiges Bild über die Kraft-Verformungsverhältnisse einer Schraubenverbindung im Montage- und Betriebszustand erhält man durch ergänzende Darstellung

– des Vorspannkraftverlustes infolge Setzens,
– der Schwankung der Montagevorspannkraft infolge Streuung beim Anziehen,
– der innerhalb der verspannten Teile eingeleiteten Betriebskraft (Krafteinleitungsfaktor!).

8.11 a) bis c) Siehe Lösungshinweis zu Aufgabe 8.9.

d) Kontrolle der Dauerhaltbarkeit nach Lehrbuch 8.3.3 mit $n \approx 0{,}5$ für den Normalfall. $F_{Kl} = F_{sp}/k_A - F_Z - F_B(1 - \Phi)$ nach Gl. (8.29) mit F_Z nach Gl. (8.19).

e) Siehe Lösungshinweis zu Aufgabe 8.10e.

f) Siehe Lösungshinweis zu Aufgabe 8.10g.

8.12 a) und b) Berechnungsgang nach Lehrbuch 8.3.9-2, Verschraubungsfall A. Krafteinleitung und Durchgangsloch für den Normalfall. Dehnschrauben mit Kopf nicht genormt, außer d_T Abmessungen wie Sechskantschraube ISO 4014.

8.13 Vereinfachte Berechnung hochbeanspruchter Schraubenverbindungen nach Lehrbuch 8.2.3. Bei der Dehnschraube mit gegebenem Gewindedurchmesser Berechnung der erforderlichen Festigkeitsklasse durch nach $R_{p0.2}$ umgeformte Gl. (8.2):

$$R_{p\,0,2} \geq \kappa \cdot k_A \cdot \left(\frac{F_B + F_{Kl}}{A_T} + \beta \cdot E \cdot \frac{f_Z}{l_k}\right).$$

8.14 Berechnungsgang nach Lehrbuch 8.3.9-2, Verschraubungsfall B. Ermittlung der Schraubenlänge und Normbezeichnung nach Lehrbuch 8.1.3-4 in Verbindung mit TB 8-9 und TB 8-15.

8.15 Vereinfachte Berechnung hochbeanspruchter Schraubenverbindungen nach Lehrbuch 8.2.3.
Die rechnerische Ermittlung des Kraftverhältnisses Φ ist oft unsicher, da es von der zu ermittelnden Schraubengröße abhängt und man dadurch gezwungen ist, die Berechnung mit einer geschätzten Schraubengröße einzuleiten, überdies ist die wirkliche Lage der Krafteinleitungsebenen nicht exakt ermittelbar. Die vereinfachte Berechnungsgleichung (8.2) enthält Φ nicht, da sie durch Einsetzen von $\Phi = \Phi_k = 0$ hervorgeht aus der vollständigen Bemessungsformel

$$A_S \geq \frac{F_B \cdot \left[1 - \Phi\left(1 - \frac{1}{\kappa \cdot k_A}\right)\right] + F_{Kl}}{\frac{R_{p\,0{,}2}}{\kappa \cdot k_A} - \beta \cdot (1 - \Phi_k) \cdot E \cdot \frac{f_Z}{l_k}} .$$

Dadurch liegt das Ergebnis der vereinfachten Berechnung nach Gl. (8.2) stets auf der sicheren Seite. Der so ermittelte Schraubendurchmesser stimmt in vielen Fällen mit der ausführlichen Berechnung überein. Zu einer merklichen Überdimensionierung kommt es nur, wenn das Kraftverhältnis $[\Phi = n \cdot \delta_T/(\delta_S + \delta_T)]$ ungewöhnlich groß wird, also bei steifen Schrauben (δ_S klein), weichen Bauteilen (δ_T groß) und einer weit von der Trennfuge entfernt liegenden Krafteinleitungsstelle (n groß).

8.16 Berechnungsgang nach Lehrbuch 8.3.9-2, Verschraubungsfall A.
Bei der Berechnung der Schraubennachgiebigkeit ist das eingeschraubte Gewinde zweimal zu berücksichtigen.

8.17
a) Druckkraft = Druck × beaufschlagte Fläche.
b) Berechnungsgang nach Lehrbuch 8.3.9-2, Verschraubungsfall A. Zweckmäßigerweise zuerst Berechnung der erforderlichen Montagevorspannkraft und danach durch Bedingung $F_{sp} \geq F_{VM}$ Wahl der Festigkeitsklasse nach TB 8-14.
Um eine gleichmäßige und sichere Abdichtung zu erreichen, sind die Schrauben möglichst eng zu setzen. So dürfen nach AD-Merkblatt B8, Flansche, die Schraubenabstände nicht größer als $5 \cdot d_h$ sein. Geht man bei Mehrschraubenverbindungen davon aus, dass die Druckübertragungszone der verspannten Teile näherungsweise die Form eines Kegels hat und dass sich diese Druckkegel in der Trennfuge mindestens berühren müssen, so ergibt sich bei Annahme eines halben Öffnungswinkels von ca. 27°:
Schraubenabstand = Außendurchmesser der Kopfauflage + Bauteildicke (vgl. Lehrbuch Bild 8-9, Zeile 9).

8.18
a) Im Prinzip Verschraubungsfall B nach Lehrbuch 8.3.9-2. Der Deckel ist als biegebeanspruchte Kreisplatte zu betrachten. Die auskragende, durch Schraubenkräfte belastete Randzone liegt auch nach dem Verspannen nicht am Gehäuse an. Der ungestützte Deckelrand biegt sich dabei durch, wodurch die Schrauben zusätzlich auf Biegung beansprucht werden. Exakte Berechnung schwierig und aufwendig, s. VDI-Richtlinie 2230.
An Hand der Richtwerte im Lehrbuch, TB 8-13, kann ein auf der sicheren Seite liegender Schraubendurchmesser abgeschätzt werden.
b) Ermittlung der Schraubenlänge und Normbezeichnung nach Lehrbuch 8.1.3-4 in Verbindung mit TB 8-8 und TB 8-15.

8

8.19 a) Im Prinzip Verschraubungsfall C nach Lehrbuch 8.3.9-2. Mit der Montagevorspannkraft $F_{VM} = k_A \cdot F_a$ kann das Anziehdrehmoment nach Lehrbuch 8.3.4-2, Gl. (8.25), ermittelt werden.

b) Nachprüfung des auf Zug und Verdrehung beanspruchten Gewindezapfens nach Lehrbuch 8.3.6, $R_e = R_{eN} \cdot K_t$ mit R_{eN} für E295 nach TB 1-1 und K_t nach TB 3-11a. Berechnung von σ_M und τ_t mit $d_s = (d_2 + d_3)/2$.

8.20 a) Von den Schrauben ist eine alleinige Spannkraft in Längsrichtung aufzunehmen, also Verschraubungsfall C nach Lehrbuch 8.3.9-2. Der Gewindedurchmesser kann hier direkt aus $F_{VM} = k_A \cdot F_B \leq F_{sp}$ bestimmt werden, also ohne Rechenschritt C1. *Hinweis:* Nach den Unterlagen des Spannelemente-Herstellers können die Spannschrauben auch ohne Berücksichtigung von F_Z und k_A bemessen werden.

b) Nach Bestimmung der Schraubenlänge kann die Normbezeichnung festgelegt werden, Lehrbuch 8.1.3-4 und TB 8-15. Lochkreisdurchmesser $d_L \approx$ Außendurchmesser der Spannelemente D + Schraubendurchmesser $d + 10$ mm bzw. beim Anziehen von Sechskantschrauben mittels Maschinenschrauber maßgebend: $d_L \approx$ Wellendurchmesser d_w + max. Steckschlüsseleinsatz-Durchmesser d_5 (s. TB 8-8, Spalte 20) + 4 mm.

c) Das Anziehen muss gleichmäßig, überkreuz und in mehreren Stufen erfolgen.

8.21 a) Von den Schrauben ist eine alleinige Dichtungskraft in Längsrichtung aufzunehmen, also Verschraubungsfall C nach Lehrbuch 8.3.9-2. Über die erforderliche Mindestvorspannkraft je Schraube $F_{V\min} = F_{Kl} + F_Z = p_{\min} \cdot A/12 + F_Z$, Gl. (8.31), kann die Montagevorspannkraft und damit die Schraubengröße ermittelt werden. *Beachte:* Unter „kritischer Vorpressung" versteht man die Mindestpressung, die zur Anpassung (Verformung) der Dichtung an die Dichtflächen unbedingt vorhanden sein muss, um ein einwandfreies Abdichten zu gewährleisten; sie ist abhängig von der Oberflächengüte der Dichtflächen, vom Medium sowie vom Werkstoff und von den Abmessungen der Dichtung, jedoch nicht vom Innendruck, z. B. dem einer Dampfleitung. Die tatsächliche Pressung muss sicherheitshalber stets höher liegen, darf aber die maximal zulässige nicht überschreiten, um eine Zerstörung der Dichtung zu vermeiden (s. 19.2.2).

b) Nach Bestimmung der Schraubenlänge kann die Normbezeichnung festgelegt werden, Lehrbuch 8.1.3-4 unter Beachtung von TB 8-15 und TB 8-8.

c) $p_{\max} = F_{sp} \cdot 12/A \leq p_{\text{zul}}$.

8.22 Die Übertragung des Drehmomentes erfolgt allein durch Reibungsschluss zwischen den ringförmigen Stirnflächen der Flansche, also Verschraubungsfall *D* nach Lehrbuch 8.3.9-2. Sicherheitshalber wird davon ausgegangen, dass die Reibflächen nicht entfettet werden (Reibungszahl aus TB 1-14b). Kraftverhältnisse s. Lehrbuch 8.3.1-5. Evtl. Kontrolle des zum Anziehen erforderlichen Mindestabstandes der Schrauben ($\approx 3\,d$) auf dem Lochkreisdurchmesser.

8.23 Siehe Lösungshinweis zu Aufgabe 8.22. Die erforderliche Schraubenzahl lässt sich mit der nach z umgestellten Bemessungsgleichung berechnen:

$$z = \frac{F_{Q\,\text{ges}}}{\mu \left(\dfrac{F_{sp}}{k_A} - F_Z \right)} .$$

8.24 Für den Nachweis der Tragsicherheit sind Einwirkungskombinationen zu bilden aus

- den ständigen Lasten G und allen ungünstig wirkenden veränderlichen Einwirkungen Q_i und
- den ständigen Einwirkungen G und jeweils einer der ungünstig wirkenden veränderlichen Einwirkungen Q_i, siehe Lehrbuch 6.3.1-1.

Die Berechnung der Zugstabanschlüsse erfolgt nach Lehrbuch 8.4.3. Um kurze Anschlüsse zu erhalten, kann nach TB 1-9 der größte Regellochdurchmesser und ggf. eine zweireihige Ausführung mit kurzen Rand- und Lochabständen gewählt werden. Ist der außermittige Anschluss der Stabkraft konstruktiv nicht vermeidbar, muss das entstehende Moment im Anschluss oder im Stab berücksichtigt werden. Bei langen Stäben und steifen Knotenblechen ist das Versatzmoment ausschließlich im Schraubanschluss wirksam. Der biegeweiche Stab bleibt nahezu momentenfrei.
Im vorliegenden Fall soll das Anschlussmoment über ein Kräftepaar über die äußeren Schrauben aufgenommen werden. Diese erhalten zusätzlich noch eine senkrecht zur Stabkraft stehende Komponente F_v = Stabkraft × Exzentrizität/Schraubenabstand. Die Tragfähigkeit der Verbindung wird bestimmt durch die Summe der Tragfähigkeiten der Schrauben auf Abscheren oder auf Lochleibungsdruck bzw. durch die Tragfähigkeit der anzuschließenden Bauteile (Stab, Knotenblech). Die kleinste Tragfähigkeit ist für die Bemessung maßgebend. In der Praxis erfolgt der Nachweis meist über aufnehmbare Schraubenkräfte und nicht über Spannungen. Obwohl die Grenzabscher- und die Grenzlochleibungskräfte der Schrauben einer Verbindung innerhalb eines Anschlusses addiert werden dürfen, erfolgt der Nachweis meist mit der – auf der sicheren Seite liegenden – Annahme einer gleichmäßigen Aufteilung der Stabkraft auf die einzelnen Schrauben.
Ist bei GV- und GVP-Verbindungen der Netto-(Nutz-)Stabquerschnitt festigkeitsmäßig nicht ausgenutzt, also $\sigma < R_e/S_M$, dürfen erhöhte Lochleibungsspannungen $\sigma_{l\,zul} = \alpha_l \cdot R_e/S_M$ angesetzt werden. Es darf der kleinere der beiden Werte $\alpha_l = 3$ oder $(\alpha_l + 0{,}5)$ eingesetzt werden.

8.25 Berechnung als zweischnittiger Zugstabanschluss nach Lehrbuch 8.4.3. Die Tragfähigkeit der Verbindung wird bestimmt durch die Tragfähigkeit der Schrauben auf Abscheren oder auf Lochleibungsdruck bzw. durch die Tragfähigkeit der anzuschließenden Bauteile. Der Nachweis erfolgt zweckmäßigerweise über aufnehmbare Schrauben-(Bauteil-)Kräfte; ein Nachweis über Spannungen ist möglich. Die Grenzlochleibungskräfte der Schrauben einer Verbindung dürfen innerhalb eines Anschlusses addiert werden, wenn die einzelnen Schraubenkräfte beim Nachweis auf Abscheren berücksichtigt werden. Mit der Annahme einer gleichmäßigen Aufteilung der Schraubenkräfte liegt man jedoch immer auf der sicheren Seite.

8.26 Berechnung der Stabanschlüsse als einschnittige Scher-Lochleibungsverbindungen nach Lehrbuch 8.4.3 unter Beachtung der Anreißmaße und Lochdurchmesser für Stab- und Formstähle nach TB 1-9 und TB 1-10. Weil die Schwerachsen der Profile erheblich aus der Anschlussebene (= Knotenblechmitte) herausfallen, sind sie als außermittig angeschlossene Zugstäbe auf Biegung und Längskraft zu berechnen, Lehrbuch 6.3.1-3.2.

8.27
a) Berechnung als außermittig angeschlossener einteiliger Druckstab mit Kraftangriffspunkt auf einer Hauptachse des Profils nach Lehrbuch 6.3.1-3.3.
b) Festigkeitsnachweis der einschnittigen Scher-Lochleibungs-Passverbindung nach Lehrbuch 8.4.3-2.
c) Bestimmung der Kehlnahtlänge nach Lehrbuch 6.3.1-4.2.

8.28 Berechnung der Schrauben auf Zug, Abscheren und Lochleibung nach Lehrbuch 8.4.3. Die Grenzzugspannung einer Schraube beträgt $\sigma_{z\ zul} = R_e/(1{,}1 \cdot S_M)$ bzw. $\sigma_{z\ zul} = R_m/(1{,}25 \cdot S_M)$, mit R_e bzw. R_m als Streckgrenze bzw. Zugfestigkeit des Schraubenwerkstoffes. Der Nachweis erfolgt mit dem Schaft- bzw. dem Spannungsquerschnitt. Der kleinere der beiden Werte ist maßgebend. Bei gleichzeitiger Beanspruchung einer Schraube auf Zug und Abscheren findet eine gegenseitige Beeinflussung der Grenztragfähigkeiten statt. Es ist folgende Interaktionsbedingung zu erfüllen:
$(\sigma_z/\sigma_{z\ zul})^2 + (\tau_a/\tau_{a\ zul})^2 \leq 1$. Auf den Interaktionsnachweis darf verzichtet werden, wenn $\sigma_z/\sigma_{z\ zul}$ oder $\tau_a/\tau_{a\ zul}$ kleiner als 0,25 ist.
Die Schraubendurchmesser und das Wurzelmaß w werden nach DIN 997 (siehe TB 1-11) festgelegt. Die Rand- und Lochabstände sind nach Lehrbuch 7.5.4 (TB 7-2) zu überprüfen. Damit die Mutter an der geneigten Flanschfläche eben anliegt, ist eine keilförmige Vierkantscheibe nach DIN 435 zu verwenden.

8.29 Die Berechnung dieses konsolartigen Anschlusses erfolgt nach Lehrbuch 8.4.5. Sicherheitshalber wird davon ausgegangen, dass sich der aufgelagerte Träger durchbiegt und deshalb an der Vorderkante des Winkels aufliegt.

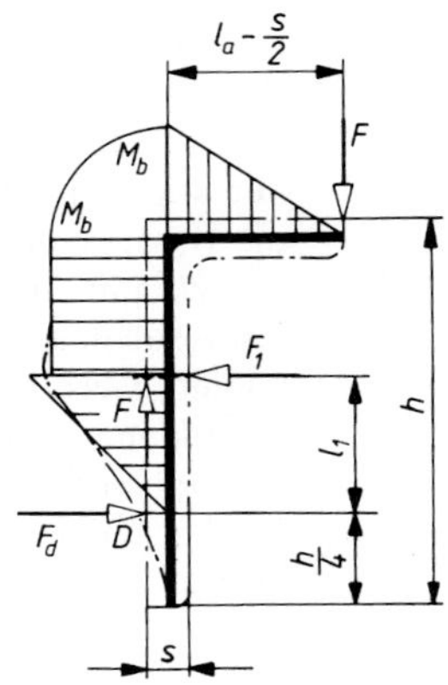

a) Der Winkel wird durch das Biegemoment $M_b \approx F \cdot (l_a - s/2)$ und die Normalkraft F beansprucht. Die rechnerisch mittragende Breite beträgt überschlägig: $b = b_{I220} + 2 \cdot \tan 30° \cdot (l_a - s/2)$.
b) Die größte Zugkraft F_{max} in einer Schraube ergibt sich aus der Gleichgewichtsbedingung
$F \cdot l_a = F_1 \cdot l_1 (F_1 = -F_d,\ F_{max} = F_1/2)$.

8

8.30 a) Nachprüfung auf Festigkeit: Wenn an der Lagerung der Spindel im Stößel kein nennenswertes Reibmoment auftritt (z. B. Wälzlagerung) liegt Beanspruchungsfall 1 nach Lehrbuch 8.5.2 vor.

Spindelteil	Beanspruchung: Anziehen	Beanspruchung: Lösen	Beanspruchungsfall
„Verdrehteil"	große Verdreh-spannungen	entgegengesetzt gerichtete kleinere Verdrehspannungen	allgemein-dynamisch, jedoch überwiegend *schwellend*
„Druckteil"	große Druck-spannungen	kleine Zugspannungen (Massen- und Losbrechkräfte)	

Nachprüfung auf Knickung: Bei geführten Spindeln kann die rechnerische Knicklänge $l_k \approx 0{,}7 \cdot l$ gesetzt werden.
b) Kontrolle der Flächenpressung nach Lehrbuch 8.5.4.
c) Bei nicht selbsthemmenden Gewinden ist der Steigungswinkel größer als der Reibungswinkel.

8.31 Berechnung als Bewegungsschraube nach Lehrbuch 8.5. Da bei derartigen Pressen mit unregelmäßiger Schmierung zu rechnen ist, werden Spindel und Hebel sicherheitshalber für den ungünstigen Fall der trockenen Gewindereibung berechnet. Eine reichliche Bemessung der Bauteile ist auch deshalb zu empfehlen, weil durch unkontrollierbare Maßnahmen (Betätigung durch zwei Mann, Vergrößerung des Hebelarmes durch Aufstecken eines Rohres) die rechnerische Kraftwirkung überschritten werden kann.
Für die Auswahl des Gewindes sind folgende Gesichtspunkte maßgebend:

1. Selbsthemmung zweckmäßig, damit die unbelastete Spindel auf jeder Höhe stehen bleibt.
2. Trotz Forderung 1 möglichst große Gewindesteigung, um eine mühelose Höhenverstellung zu erreichen.

Man kann den Hebel auffassen

1. als mittig eingespannten und durch ein Kräftepaar F_H belasteten Träger,
2. als 2 Kragträger der Länge $l_H/2$, belastet durch F_H.

Es gilt:

$$F_H = \frac{T}{l_H}, \qquad M_b = \frac{T}{2} = F_H \cdot \frac{l_H}{2}.$$

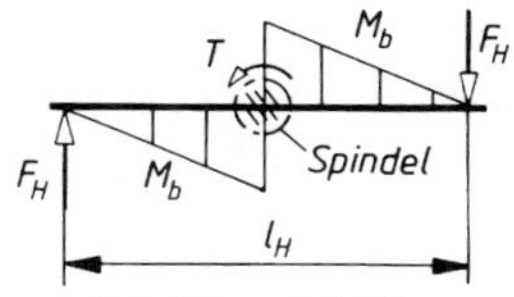

Hebel (Draufsicht)

8.32 Lösungsweg:

1. Mit dem durch die Handkräfte aufgebrachten Drehmoment wird für den „Verdrehteil" der erforderliche Kerndurchmesser berechnet und die nächstliegende Gewindegröße bestimmt. (Gewindeart? Selbsthemmung?)
2. Die mit dem gewählten Gewinde erzeugbare größte Druckkraft wird unter Berücksichtigung der Stirnflächenreibung der Spindel ermittelt, wobei mit geschmiertem Gewinde zu rechnen ist ($\varrho' \approx 6°$).
   Dabei gilt:
   $$F_H \cdot l_H = M_G + M_{RL} = (1 + 0{,}25)\, M_G = (1 + 0{,}25) \cdot F\, \frac{d_2}{2} \cdot \tan(\varphi + \varrho').$$
3. Der „Druckteil" der Spindel (hier durch das Reibungsmoment an der Spindelstirnfläche geringfügig auf Verdrehen beansprucht) wird auf Festigkeit nachgeprüft. Evtl. Änderung des Gewindedurchmessers erforderlich.
4. Die Spindel wird auf Knicken nachgeprüft. Weil das Spindelende nicht sicher geführt ist, wird der „Knickfall 1" (ein Spindelende eingespannt, das andere frei beweglich) angenommen, s. Bild 6-34.
   $$l_k = 2\,l, \quad \lambda = \frac{4 \cdot 2\,l}{d_3} = \frac{8 \cdot l}{d_3}.$$
5. Die nicht vorgespannten Halteschrauben werden nach der größeren Abziehkraft bemessen. Dabei kann von überwiegend ruhender Belastung ausgegangen werden (Handbetrieb).

8.33

1. Es kann mit vorwiegend ruhender Belastung gerechnet werden.
2. Es liegt der „Knickfall 1" vor. (Ein Spindelende eingespannt, das andere frei beweglich, $l_k = 2\,l$.) Es wird vorausgesetzt, dass die Kraft zentrisch angreift. Ein exzentrischer Kraftangriff setzt die Knickspannung herab!
3. Das drehbar aufgesetzte Kronenstück bildet mit der Spindel ein einfaches Spurlager. Nach Lehrbuch 8.3.4-2 gilt analog dem Auflagereibungsmoment näherungsweise:

   Lagerreibungsmoment $M_{RL} = F \cdot \mu \cdot \dfrac{D + d}{4}$ mit $\mu \approx 0{,}1$.

4. Erforderliches Hebelmoment

   $F_H \cdot l_H =$ Gewindemoment M_G + Lagerreibungsmoment M_{RL},

   $$\text{Heben:}\quad F_H \cdot l_H = F \cdot \frac{d_2}{2} \cdot \tan(\varphi + \varrho') + F \cdot \mu \cdot \frac{D+d}{4}\,,$$

   $$\text{Senken:}\quad F_H \cdot l_H = F \cdot \frac{d_2}{2} \cdot \tan(\varphi - \varrho') - F \cdot \mu \cdot \frac{D+d}{4}\,.$$

5. Bei einer Spindelumdrehung beträgt die nutzbare Arbeit $W_n = F \cdot P$ und die aufgewendete Arbeit

   $$W_e = F \cdot \tan(\varphi + \varrho') \cdot d_2 \cdot \pi + F \cdot \mu \cdot 2\,\frac{D+d}{4}\,\pi\,.$$

   Daraus ergibt sich der Gesamtwirkungsgrad

   $$\eta = \frac{W_n}{W_e} = \frac{F \cdot P}{F \cdot \tan(\varphi + \varrho') \cdot d_2 \cdot \pi + F \cdot \mu \cdot 2\,\frac{D+d}{4}\,\pi} = \frac{1}{\frac{\tan(\varphi + \varrho')}{\tan\varphi} + \frac{1{,}57 \cdot \mu \cdot (D+d)}{P}}$$

8

9 Bolzen-, Stiftverbindungen und Sicherungselemente

9.1 a) Berechnung als Bolzenverbindung mit nicht gleitenden Flächen nach Lehrbuch 9.2.2. Da bei den üblichen Abmessungen meist die Biegebeanspruchung maßgebend ist, wird die zulässige Spannkraft F_A zweckmäßigerweise durch Umformen der Gl. (9.2) ermittelt: $F_A = 0{,}1 \cdot 8 \cdot \sigma_{b\ zul} \cdot d^3/(K_A \cdot t_S)$. Die Gelenkverbindung muss mit der so ermittelten Spannkraft (Stangenkraft) noch auf Flächenpressung und Schub geprüft werden.
Für das Biegemoment ist der Einbaufall 2 nach Lehrbuch 9.2.2-1 maßgebend. Wegen der häufigen Betätigung der Vorrichtung muss für die zulässigen Spannungen der festigkeitsmindernde Einfluss der Schwellbelastung berücksichtigt werden.
Bei stoßfreiem Spannen (z. B. Anziehen mittels Sternmutter) kann der Anwendungsfaktor $K_A = 1$ gesetzt werden.

b) Unter Vernachlässigung der Reibung und bei gleichen Hebelarmen ergibt sich für das Gelenk B eine größte resultierende Kraft $F_{res} = F_B = \sqrt{2} \cdot F_A$.
Die Gelenkverbindung muss nach Lehrbuch 9.2.3 auf Biegung (Einbaufall 3), Schub und Flächenpressung geprüft werden.

9.2 a) Bei ruhenden Gelenken ist erfahrungsgemäß die Biegebeanspruchung des Bolzens für die Bemessung der Verbindung maßgebend. Da die Stangenkopfdicke vorgegeben ist, kann mit dem Erfahrungswert $t_G/t_S = 0{,}5$ zunächst die Gabeldicke t_G gewählt werden (Lehrbuch 9.2.2-2). Den erforderlichen Bolzendurchmesser kann man nun mit dem entsprechenden $M_{b\ max}$ durch Umformen der Gl. (9.2) bestimmen. Für das Biegemoment $M_{b\ max}$ ist dabei für den Bolzen (1) der Einbaufall 3 und für den Bolzen (2) der Einbaufall 1 maßgebend (Lehrbuch 9.2.2-1). Mit dem so gewählten jeweiligen Bolzendurchmesser ist die Verbindung noch auf Schub und Flächenpressung zu prüfen.

b) Passungswahl unter Beachtung der Passungsangaben für Bolzen (unter 9.2.1) nach TB 2-9 und TB 2-5.

c) Siehe TB 9-2.
Mindestlänge des Bolzens (2) z. B.: $l_1 \geq l_k + s + 0{,}5\ d_3 + w$.

9.3 Siehe Berechnungsbeispiel 9.1 im Lehrbuch.

9.4 Der Bolzen stellt einen in den Gabelwangen eingespannten Träger dar (Einbaufall 2). Berechnung der Sicherheit gegen Dauerbruch vereinfachend mit der Gestaltfestigkeit σ_{GD} nach Bild 11-23 unter Berücksichtigung des Querschmierloches und der Biegenennspannung. Die Beanspruchungen auf Schub und Flächenpressung sind hier vernachlässigbar.

9.5 Der in den biegeweichen Gabelwangen mit einer leichten Übergangspassung sitzende Bolzen stellt idealisiert einen frei aufliegenden Träger auf 2 Stützen dar. Die Kurbelstangenkraft F belastet den Bolzen auf der Breite des Lager-Innenringes wechselnd als Streckenlast (ähnlich Einbaufall 1). Ermittlung der Sicherheit gegen Dauerbruch vereinfachend mit der Gestaltfestigkeit σ_{GD} nach Bild 11-23 und der Biegenennspannung nach Lehrbuch 9.2.3 unter Berücksichtigung des Anwendungsfaktors (Mittelwert). Bei der Spannungsermittlung darf der Einfluss der Querbohrung auf das Bolzen-Widerstandsmoment vernachlässigt werden. Auch die Beanspruchungen auf Schub und Flächenpressung sind ohne Einfluss.
Hinweis: Meist ist es konstruktiv möglich, die Querbohrung in die Bolzenschwerachse zu legen. Die Biegerandfaser wird dadurch kerbfrei ($\beta_k = 1$), was zu einer beträchtlichen Steigerung der Tragfähigkeit bzw. Dauerhaltbarkeit führt!

9

9.6 Bei dieser Bolzenverbindung handelt es sich statisch gesehen um eine querbeanspruchte, vorgespannte Schraube (Zugstab mit mittelbarer Biegebelastung). Da die Betriebssicherheit der Bahn auch im ungünstigsten Fall gewährleistet sein muss, werden festigkeitsmäßig folgende Grenzfälle untersucht:

1. Der Bolzen wird nicht vorgespannt, er kann dann unter Vernachlässigung der Stützwirkung durch die Hülse als frei aufliegender Träger mit zwei Einzellasten betrachtet werden.
2. Der Bolzen wird auf F_{sp} vorgespannt (Spannkraft bei 90%iger Ausnutzung der Streckgrenze nach TB 8-14 für Festigkeitsklasse 5.8 ≙ Bolzenwerkstoff 9 SMnPb28 + C). Die Hülse (4) als biegebeanspruchter Druckstab stützt sich über die Labyrinthringe (2) durch Reibkräfte an den äußeren Tragblechen (5) ab. Bei entsprechend großem Spiel zwischen Hülse und Bolzen bleibt letzterer biegungsfrei.
   Die tatsächliche Biegespannung im Bolzen hängt vom Verhältnis der Biegesteifigkeit und der Passung zwischen Hülse und Bolzen ab.

Nachweis der Dauerbruchsicherheit nach Lehrbuch 3.7.2 und Bild 11-23 unter Berücksichtigung der Querbohrungen in Hülse und Bolzen (Kerbwirkung, gefährdeter Querschnitt). Ausgeführte Oberflächenrauheit bei Bolzen s. Lehrbuch 9.2.1.

9.7 Ermittlung der Hauptabmessungen durch Entwurfsberechnung nach Lehrbuch 9.2.2-2. Anschließend nachprüfen der Verbindung auf Flächenpressung, sie ist bei gleitenden Flächen erfahrungsgemäß maßgebend, und auf Schub. Legt man die Schmierloch-Querbohrung in die Biegeschwerachse ($\sigma_b = 0!$), so ist sie als Kerbe unwirksam. Der Einfluss der Schmierlöcher auf das Widerstandsmoment darf bei größeren Bolzen vernachlässigt werden (Baumaße s. DIN 1442).

9

9.8 a) Nachprüfung der schwellend beanspruchten Bolzenverbindung nach Lehrbuch 9.2.3 auf Biegung, Schub und Flächenpressung. Bei Handbetätigung kann als Anwendungsfaktor $K_A = 1$ gesetzt werden. Richtwerte für die zulässige mittlere Flächenpressung bei niedrigen Gleitgeschwindigkeiten (Schwenkbewegung) nach Lehrbuch, TB 9-1.

b) Passungsauswahl nach Lehrbuch 2.2.3 und TB 2-5 bzw. TB 2-3.

9.9 Nachprüfung der Bolzenverbindung nach Lehrbuch 9.2.3 unter Beachtung des dortigen Hinweises für Hohlbolzen. Da der Bolzen im betriebswarmem Zustand in der Kolbennabe schwimmend gelagert ist (keine einseitige Abnutzung!), kann das Biegemoment entsprechend Einbaufall 1 bestimmt werden (Lehrbuch 9.2.2-1).
Beachte bei der Spannungsberechnung, dass bei der angegebenen Kraft die Betriebsverhältnisse bereits berücksichtigt sind, sie also $K_A \cdot F$ umfasst!

9.10 a) $S = F_B/F$.

b) Wegen der elastischen Verformung des Bolzens (Modellvorstellung: Gelenk aus Gummi) ist die Annahme einer Streckenlast entsprechend Einbaufall 1 im Lehrbuch und damit auch die gleichmäßige Verteilung der Gelenkflächenpressung über die Bolzenbreite bei größerer Zugkraft unzutreffend. Ermittlung des Biegemomentes entsprechend dem in der Aufgabenskizze dargestellten Belastungsfall: Bolzen als frei aufliegender Träger mit zwei gleich großen, symmetrisch (in Laschenmitte) angreifenden Einzelkräften $F/2$.

9.11 a) Die Bolzen sind so zu bemessen, dass sie bei der dem höchstzulässigen Drehmoment entsprechenden Umfangskraft zu Bruch gehen. Ist die Scherfestigkeit τ_B des Bolzenwerkstoffes nicht bekannt, so kann $\tau_B \approx 0{,}8 \cdot R_m$ gesetzt werden. Dabei ist zu beachten, dass die Festigkeit einer Stahlsorte sehr vom jeweiligen Behandlungszustand abhängt und selbst innerhalb dieses beträchtlich schwankt.
Festigkeitswerte für S235 s. TB 1-1 und Normblatt DIN 17100 bzw. DIN EN 10025.

b) Vgl. Lehrbuch 13.4.2.

9.12 a) Nachprüfung der Bolzenverbindung nach Lehrbuch 9.2.3 auf Biegung, Schub und Flächenpressung.

b) Überschlägige Festigkeitskontrolle der für den Augenstab maßgebenden Wangenquerschnitte nach Lehrbuch 9.2.3 mit Gl. (9.5).
Bei der Gabel wird davon ausgegangen, dass beide Wangen gleichmäßig tragen.

9.13 b) Die erforderliche Laschendicke kann aufgrund der zul. Flächenpressung nach Lehrbuch 9.2.3 mit Hilfe der Gl. (9.4) ermittelt werden. Die Verbindung wird mit einem Lochspiel von 1 bis 2 mm ausgeführt. Ermittlung der Wangenbreite nach Gl. (9.5) und damit der Laschenbreite $b = d_L + 2\,c$.
Da die Traglaschen sehr selten beansprucht werden (Montage), wären auch höhere zul. Spannungen zu rechtfertigen, z. B. nach den Stahlbauvorschriften.

9.14 a) Die Gelenkkraft F_G entspricht der Auflagerkraft der Einhängeträger $\overline{AG}$ bzw. $\overline{GB}$ (Einhängeträger = Träger auf 2 Stützen mit Streckenlast). Zur Bestimmung der Gelenkkraft sind Einwirkungskombinationen zu bilden (s. 6.3.1). Hier gilt einfach: $q = 1{,}35 \cdot q_1 + 1{,}5 \cdot q_2$.

b) Berechnung der Stahlbau-Bolzenverbindung nach Lehrbuch 9.2.5, Gln. (9.10) bis (9.14). Da meist die Biegung die maßgebende Beanspruchung darstellt, kann der Bolzendurchmesser auch direkt mit der nach d umgeformten Gl. (9.11) bestimmt werden. Das Laschenspiel kann Null gesetzt werden ($s = 0$).
Anschließend wird die Verbindung auf Abscheren und Lochleibung nachgeprüft. Der Interaktionsnachweis dürfte nur in seltenen Fällen maßgebend sein. Nach DIN 18800 T1 darf auf ihn auch verzichtet werden, wenn $\sigma_b/\sigma_{b\,zul}$ oder $\tau_a/\tau_{a\,zul}$ kleiner als 0,25 ist. Es dürfen nur die an der gleichen Stelle auftretenden Wertepaare eingesetzt werden. Für die Bolzenmitte z. B. σ_{max} und $\tau_a = 0$ (s. Lehrbuch Bild 9-2b, Schnitt C–D).

9.15 a) Ermittlung der Grenzabmessungen für Laschendicke und Lochdurchmesser nach Lehrbuch 9.2.5 mit Hilfe der Gln. (9.6) und (9.7). Danach Festlegung der Scheitelhöhe und der Wangenbreite mit den Richtwerten c/d_L und a/d_L. Dicke der Außenlaschen erfahrungsgemäß $0{,}7 \cdot t_M$.

b) Siehe TB 9-2.

9.16 Die Querstift-Verbindung wird nach Lehrbuch 9.3.2-1 auf Abscheren und Flächenpressung nachgeprüft. Bei Kegelstiften ist der rechnerische Durchmesser = Nenndurchmesser = kleiner Stiftdurchmesser. Als Stiftwerkstoff kann 9SMnPb 28 + C angenommen werden (Lehrbuch 9.3.1).

9.17 Entweder Wahl des Stiftdurchmessers nach Erfahrungswerten, z. B. $d = (0{,}2 \ldots 0{,}3)\,d_W$ bei normaler Beanspruchung, und Nachprüfung der Verbindung auf Flächenpressung und Abscheren nach Lehrbuch 9.3.2-1, oder direkte Bestimmung des Stiftdurchmessers mit den zulässigen Beanspruchungen durch Umformen der Gln. (9.15) bis (9.17) nach d. Der größte so ermittelte Stiftdurchmesser ist dann maßgebend und auf den nächstgrößeren Normdurchmesser zu runden.
Ungehärtete Kegelstifte werden aus Automatenstahl (Härte 125 bis 245 HV, z. B. 9SMnPb 28 + C) hergestellt.

9.18 Siehe Berechnungsbeispiel 9.3 im Lehrbuch und Lösungshinweis zu Aufgabe 9.17. Bei der Ermittlung der zulässigen Spannungen sind die „Kerbstiftfaktoren“ zu berücksichtigen. Übliche Werkstoffe für Kerbstifte s. Lehrbuch 9.3.1-3. Bei Bauteilen aus Guss können, infolge hoher Härte, die Kerbwulste beschädigt werden und fressen, wenn die Stiftfestigkeit zu gering ist. Man wähle, falls erforderlich, einen Stift höherer Härte und Festigkeit, z. B. Stahlsorte 45 S 20 + C.

9.19 Im Prinzip handelt es sich um eine Bolzenverbindung nach Lehrbuch 9.2.2 mit festem Sitz des Querstiftes in Welle und Stellring. Der Stift bleibt daher biegungsfrei und wird im Wesentlichen nur auf zweischnittiges Abscheren beansprucht. Mindestabscherkräfte für Stifte s. Lehrbuch TB 9-4. Die Scherkraft der Kerbstifte ist nur vom Durchmesser – nicht von der Bauform – abhängig.

9.20 Berechnung als Steckstift-Verbindung nach Lehrbuch 9.3.2-2. Siehe auch Berechnungsbeispiel 9.3 im Lehrbuch.

9.21 Das horizontale Kräftepaar $F = G \cdot a/b$ beansprucht die Stifte auf Biegung. Berechnung als Steckstift-Verbindung nach Lehrbuch 9.3.2-2. Es kann mit ruhender, stoßfreier Belastung (Eigengewicht) gerechnet werden. Beachte auch Berechnungsbeispiel 9.3 im Lehrbuch.

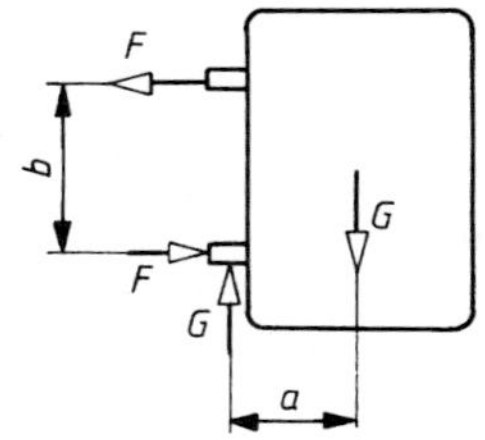

9.22 Die Tangentialkraft F_t beansprucht die Stifte auf Biegung. Berechnung als Steckstift-Verbindung nach Lehrbuch 9.3.2-2. Berücksichtigung der stoßartigen Belastung durch Anwendungsfaktor nach Lehrbuch, TB 3-5a, wegen fehlender weiterer Angaben als Mittelwert. Beachte auch Berechnungsbeispiel 9.3 im Lehrbuch.

9

9.23
a) Vergleiche Herstellungsaufwand und Art der Kraftübertragung (Kraftfluss) bei Rundkeilverbindungen mit anderen lösbaren Welle-Nabe-Verbindungen.
b) Beachte Lösbarkeit der Verbindung. Geeignete Stiftformen s. Lehrbuch 9.3.1-1.
c) Berechnung als Rundkeilverbindung nach Lehrbuch 9.3.2-3. Bei großen Drehmomenten ist die Anordnung mehrerer Stifte am Umfang zweckmäßig.

9.24 Berechnung als Längsstiftverbindung nach Lehrbuch 9.3.2-3. Unmittelbare Bestimmung der zulässigen Handkraft durch Umformen der Gl. (9.20) nach T. Der festigkeitsmäßig schwächere Werkstoff ist für p_{zul} maßgebend. Wegen Handbetätigung kann mit $K_A = 1{,}0$ gerechnet werden.

9.25
a) Im Eckverband sind senkrecht zueinander stehende Kräfte aufzunehmen. Längsstifte können nur in der Teilfuge senkrecht zur Stiftachse wirkende Kräfte übertragen.
b) Die auf die einzelnen Leisten entfallende Flächenlast $F = p \cdot A$ muss als Schubkraft über die Stifte abgetragen werden. Sicherheitshalber wird dabei angenommen, dass der Pressdruck bis zur Oberkante der Form wirkt.
Die für die Bemessung der Stifte maßgebende mittlere Flächenpressung berechnet sich aus Schubkraft F und gepresster Stiftfläche $A = 0{,}5 \cdot d \cdot l$ zu $p = F/(0{,}5 \cdot d \cdot l)$.
Bei der Wahl einsatzgehärteter Zylinderstifte nach DIN EN 28734 (Form B), mit der Oberflächenhärte 600 bis 700 HV1, kann der Bauteilwerkstoff C60E + QT als für die Flächenpressung maßgebend angesehen werden.

---

10 Elastische Federn

10.1 a) Siehe Lehrbuch 10.3.1 zu Bild 10-6.
b) Beachte Angabe unter Bild 10-6.

10.2 a) Siehe Lehrbuch 10.3.2-1 „Berechnung", Gl. (10.7).
b) Siehe Lehrbuch 10.3.2.-1 „Berechnung", Gl. (10.9); $\sigma_{b\ zul}$ siehe Hinweis TB 10-1.
c) Siehe Lehrbuch 10.3.2-1 „Berechnung", Federrate aus $R = F/s$.

10.3 a) Normzahlen siehe TB 1-16.
b) Siehe Lehrbuch 10.3.2-1 „Berechnung", Gl. (10.9); $\sigma_{b\ zul}$ siehe Hinweis TB 10-1.
c) Federvolumen V siehe zu Gl. (10.10).

10.4 a) Siehe Lehrbuch 10.3.2-1 „Berechnung". Die größte Dicke h_{max} aus Gl. (10.9). Kontrolle $\sigma_{vorh} \leq \sigma_{b\,zul}$ nach Gl. (10.7).
b) Nachrechnung der maximalen Durchbiegung s_{zul} mit Gln. (10.8) und (10.9).

10.5 a) Siehe Lehrbuch 10.3.2-1 „Berechnung". Ein direkter Lösungsweg ist nicht gegeben; mehrere Lösungen sind möglich. $F_{max} > F_1$ zunächst abschätzen und später Schätzwert evt. neu annehmen. Dicke h überschlägig aus Gl. (10.8); mit Gl. (10.9) nachprüfen; $\sigma_{b\ zul}$ siehe Hinweis in TB 10-1.
b) Für die lineare Kennlinie gilt $F_{max}/s_{max} = F_1/s_1$, wenn $s_{max} = s_1 + \Delta s$ mit s_1 aus Gl. (10.8) bestimmt wird.

10.6 a) Siehe Lehrbuch 10.3.2-3; Drahtdurchmesser d überschlägig nach Gl. (10.11); Bezeichnung des Federstahldrahtes beachte TB 10-2a.
b) Siehe Lehrbuch 10.3.2-3; Windungszahl überschlägig nach Gl. (10.12); $n = \ldots, 75$ festlegen.
c) L_{K0} (ohne Federschenkel) nach Gl. (10.13);
d) σ_q aus Gl. (10.15) mit $w = D/d$ für q aus TB 10-4 und σ_{zul} aus TB 10-3.

10.7 a) Siehe Lehrbuch 10.3.2-3; Vorwahl von d bei gegebenem D_i nach Gl. (10.11). Wahl des Nennmaßes für d nach TB 10-2a. Mit D (zweckmäßig Normzahl nach TB 1-16) und M die Windungszahl n (als ganze Zahl) errechnen, L_{K0} bestimmen nach Gl. (10.13);
b) Entsprechend σ_q aus Gl. (10.15) mit $q = f\ (w = D/d)$ Drahtsorte A, B, C oder D nach TB 10-3 mit σ_{zul} festlegen.

10.8 a) Siehe Lehrbuch 10.3.2-3; Vorwahl von d bei gegebenem D_i nach Gl. (10.11). Wahl des Nennmaßes für d nach TB 10-2a; $D_i \approx 1{,}25 \cdot d_B$.
b) Aus $\varphi^\circ_{max}/\Delta\varphi^\circ = F_2/(F_2 - F_1)$ und $\varphi_1 = \varphi_{max} - \Delta\varphi$ die Werte für φ_{max} und φ_1 ermitteln:
c) siehe Lehrbuch 10.6.3-2. Windungszahl n mit φ°_{max} oder φ°_1 errechnen und runden; L_{K0} für anliegende Windungen bestimmen, den rechnerischen Wert sinnvoll runden;
d) Spannungsnachweis führen mit den festgelegten Daten; $\sigma_{q2} < \sigma_{zul}$ mit σ_{q2} nach Gl. (10.15) und σ_{zul} nach TB 10-3.

10.9 Die Lösung sollte anhand eines gezeichneten Federdiagramms gelöst werden, in das alle Werte eingetragen werden sowohl für die Klappe als auch für die Feder.

a) Beachte $F_G \approx 10 \cdot m$, je Feder $F_{G1} = F_G/2$; es gilt $\sin\Delta\varphi = l_2/250$ mit $M_2 = F_{G1} \cdot l_2 = F_2 \cdot H$, ferner $M_{max} = 0{,}75 \cdot F_{G1} \cdot 250 = F_3 \cdot H$;

b) Es gilt $(M_{max} - M_2)/M_2 = (90 - \Delta\varphi)/(\varphi_1 - \Delta\varphi)$ und $\varphi_{max} = \varphi_1 + 90°$;

c) Siehe Lösungshinweis zu Aufgabe 10.7 mit M_{max} und $D_i = 1{,}25 \cdot d_B$; L_{K0} mit n bestimmen;

d) $M_1 = F_1 \cdot H$ mit φ_1°, $M_2 = F_2 \cdot H$ mit $\varphi_1 + \Delta\varphi$ und $M_3 = F_3 \cdot H$ mit φ_{max} errechnen;

e) $\sigma_{q2} < \sigma_{zul}$ nach TB 10-3 mit F_3 feststellen.

10.10 a) Siehe Lehrbuch 10.3.2-4 σ_i für $M = F \cdot r_e$ mit σ_{zul} aus TB 10-1.

b) Die gestreckte Federlänge l aus $\varphi°$ mit σ_i errechnen und für l den äußeren Radius r_e aus Gl. (10.19) bestimmen, so dass die gerundete Federkraft F aus M ermittelt werden kann.

c) Die Anzahl der Windungen n aus Gl. (10.16) mit r_e bestimmen.

10.11 a) siehe Lehrbuch 10.3.2-5 mit TB 10-6a (Tellerfedern der Reihe A haben eine fast lineare Kennlinie). Maximale Gesamtfederkraft F_{ges} und maximaler Gesamtfederweg s_{ges} für die Federsäule nach Gl. (10.23).

b) L_0 und L für die Federsäule nach Gl. (10.23).

10.12 Siehe Lehrbuch 10.3.2-5 mit TB 10-6b; maximaler Gesamtfederweg s_{ges} für die Federsäule nach Gl. (10.23).

10

10.13 a) Siehe Lehrbuch 10.3.2-5 mit TB 10-6c; maximale Gesamtfederkraft F_{ges} und maximaler Gesamtfederweg s_{ges} für die Federsäule nach Gl. (10.23)

b) Siehe Lehrbuch 10.3.2-5 mit Bild 10-16.

10.14 a) Es ist davon auszugehen, dass jede Säule mit der Hälfte der Gesamtbelastung beaufschlagt wird. *Hinweis:* $F_L \approx 10 \cdot m_L$ und $F_G \approx 10 \cdot m_G$;

b) Wahl aus TB 10-6a, b, c entsprechend dem Durchmesser des Führungsbolzens d (Federanordnung siehe Lehrbuch, Bild 10-2a). Wenn auch mehrere Lösungen denkbar sind, so ist doch eine bestimmte Lösung vorzuziehen. Es gilt: $F_{max}/s_1 \approx F_{075}/s_{075}$ mit $F_{max} = (F_L + F_G)/2$, Ausnutzung $s_1/s_{0,75} \cdot 100$ in %.

c) Siehe Lehrbuch 10.3.2-5 mit Gl. (10.23) mit $s_{ges} \mathrel{\widehat{=}} s_{max}$;

d) $s_{ges} < s_{max}$ für gewählte i, außerdem $L_0 < 2 \cdot D_e$.

10.15 a) und b) siehe Lehrbuch 10.3.2-5 mit TB 10-6b, c; rechnerische Federkraft nach Gl. (10.24); K_1-Werte aus TB 10-8, $K_4 = 1$. Kräfte F in N sinnvoll runden.

10.16 a) Siehe Lehrbuch 10.3.2-5. Mit dem Verhältnis F/F_C wird aus TB 10-8c das Verhältnis s/H_0 ermittelt und daraus s errechnet; vgl. Lehrbuch 10.4, Beispiel 10.2; F_C aus Gl. (10.26).

b) Überwiegend statische Beanspruchung; vgl. Lehrbuch 10.3.2-5 mit Gl. (10.30); $K_4 = 1$ (Feder der Gruppe 2), $K_1 \ldots K_3$ nach TB 10-9.

10.17 Siehe Lehrbuch 10.3.2-5 mit Gln. (10.24), (10.28) und (10.31).

a) Federkraft F nach Gl. (10.24), anschließend Federkraft F_R für die Einzelfeder ($n = 1$) bei Belastung nach Gl. (10.31) $F_R = F/(1 - w_R)$

b) Federkraft F_C nach Gl. (10.24) mit $s = h_0$; $K_4 = 1$ (Feder ohne Auflagefläche); danach F_{CR} für die Einzelfeder ($n = 1$) bei Belastung nach Gl. (10.31) $F_{CR} = F_C/(1 - w_R)$;

c) Federarbeit W nach Gl. (10.28) ohne Federarbeit ermitteln und unter Berücksichtigung der Reibung wird für die Einzelfeder $W_R = W/(1 + w_R)$ mit dem Reibungsfaktor w_R nach TB 10-7.

10.18 a) 1. s_1 und s_2 durch Rechnung siehe Angaben im Lehrbuch 10.3.2-5 zu Gl. (10.26). Nach Ermittlung der Federkraft F_C bei Planlage für die Verhältnisse F/F_C nach TB 10-8c das Verhältnis s/h_0 den Federweg s bestimmen. σ_1 und σ_2 entsprechend nach Angaben zu Gl. (10.30) und TB 10-8d.

2. siehe Lehrbuch zu Bild 10-20. Mit den Werten $F_{0,25}$, $F_{0,5}$, $F_{0,75}$ und auch $\sigma_{0,25}$, $\sigma_{0,5}$, $\sigma_{0,75}$ aus TB 10-6 die angenäherten Kennlinien zeichnen (z. B. mit Maßstäben für die Kraft 500 N $\widehat{=}$ 10 mm, den Federweg 0,1 mm $\widehat{=}$ 10 mm, die Spannung 200 N/mm^2 $\widehat{=}$ 10 mm), Werte ablesen, vgl. Angaben Lehrbuch 10.4, Beispiel 10.3.

b) Beachte, dass die Vorspannung (Druckspannung) $\sigma_{d1} \geq 600$ N/mm^2. Mit $\sigma_1 \widehat{=} \sigma_U$ wird zugehörige obere Grenzspannung σ_O aus TB 10-9c für $N = 2 \cdot 10^6$ Lastspiele der Tellerfeder für die entsprechende Dicke t abgelesen. Die Feder arbeitet im dauerfesten Bereich, wenn $\sigma_h = \sigma_2 - \sigma_1 < \sigma_H = \sigma_O - \sigma_U$; (zeichner. Lösung: für σ_O ablesbare Bereichsgrenze $s_{max} \geq s_2$, dauerfester Arbeitsbereich $\Delta s_{zul} > \Delta s = s_2 - s_1$ siehe zu Bild 10-20 im Lehrbuch).

c) siehe Lehrbuch 10.3.2-5 mit Gl. (10.23); $L_1 = L_0 - s_{1ges}$ und $L_2 = L_O - s_{2ges}$.

10.19 a) Es ist nachzuweisen, dass für s_1 je Teller die Druckspannung $\sigma_{d1} \geq 600$ N/mm^2 ist. Für $s_1 = 0{,}2 \cdot h_0$ mit Gl. (10.24) σ_1 an der Stelle I errechnen.

b) Für $s_1 = 0{,}2 \cdot h_0$ mit Gl. (10.24) zugehörige Kraft F_1 errechnen. Beachte, dass je Teller $F_2 = F_{2ges}/n$ ist. Mit F_2/F_c wird durch Ablesung s_2/h_0 aus TB 10-9c der Federweg s_2 bestimmt und der Hubweg $\Delta s = s_2 - s_1$ bzw. Δs_{ges} ermittelt.

c) σ_1 mit s_1 und σ_2 mit s_2 nach Gl. (10.30) für die Stelle III errechnen; nachzuweisen ist für $N = 2 \cdot 10^6$ nach TB 10-10c mit $\sigma_U \widehat{=} \sigma_1$, dass für t die Dauerhubfestigkeit $\sigma_H = \sigma_O - \sigma_U > \sigma_h = \sigma_2 - \sigma_1$ wird.

10.20 a) Die Federwege s_1 und s_2 mit dem Verhältnis $s/h_0 = f(F/F_C)$ aus TB 10-8c.

b) und c) siehe Lehrbuch 10.3.2-5 mit Gln. (10.22) und (10.23).

d) mit $\sigma_1 \widehat{=} \sigma_U$ und $\sigma_2 \widehat{=} \sigma_O$ (siehe Lehrbuch 10.3.2-5 mit Gl. (10.30) entsprechend der rechnerischen Zugspannung werden bei begrenzter Lebensdauer mit $\sigma_{Sch} = \sigma_O - 0{,}57 \cdot \sigma_U$ aus TB 10-10d die Lastspiele N geschätzt.

10.21 a) Vgl. Lehrbuch 10.3.3; mit Gl. (10.33) den Verdrehwinkel φ errechnen.

b) Vgl. Lehrbuch 10.3.3; mit Gl. (10.32) die statische Schubspannung ermitteln.

c) Vgl. Lehrbuch 10.3.3 mit Gl. (10.35) $d_a \widehat{=} d_3$.

10.22 a) Siehe Lehrbuch 10.1.1 mit Gl. (10.1);

b) Siehe Lehrbuch 10.3.3-2 mit Gln. (10.42), (10.46), (10.36);

c) Siehe Lehrbuch 10.3.3-2 mit Gl. (10.40).

10.23 1. Drahtdurchmesser d überschlägig ermitteln nach Gl. (10.42); d nach DIN 2076 zunächst festlegen und anschließend mit Gl. (10.42) $\tau_{max} \widehat{=} \tau_2$ auf Zulässigkeit prüfen; Federdrahtsorte nach TB 10-2c wählen (evt. Neufestlegung von d und der Drahtsorte).

2. Windungszahl n überschlägig mit Gl. (10.45); n_t auf ..., 5 festlegen [siehe Hinweis zur Gl. (10.36)].

3. Summe der Mindestabstände Sa und die Abmessungen des Federkörpers nach Gln. (10.37) bis (10.40) ermitteln und sinnvoll festlegen.

4. Nach Festlegen der Federgeometrie ist die Knicksicherheit zu überprüfen (auch wenn die Feder in einer Hülse geführt wird, sollte dieser Nachweis möglichst erbracht werden). Maßgebend ist der größte Federweg; Nachweis nach Angaben zu TB 10-12.

10.24 a) Federrate R nach Gl. (10.2), siehe Lehrbuch 10.1.1 mit Bild 10-2a; für jede Feder $F_2 = F_{2ges}/z$, wenn z die Anzahl der parallel geschalteten Federn ist; Federabmessungen nach Angaben siehe Lehrbuch 10.3.3-2 *Druckfedern.* Nach Festlegung von d, D Nachrechnung von d mit τ_{zul} und danach n (n_t) aus R sowie L_0 ermitteln; für die gewählte Drahtsorte mit $F_C = R_{ist} \cdot s_c$ muss sein $\tau_c \leq \tau_{c\,zul}$ nach TB 10-12c.

b) Knicksicherheit überprüfen nach Angaben zu TB 10-12 (auch wenn die Feder in einer Hülse geführt wird, sollte dieser Nachweis möglichst erbracht werden). Maßgebend ist der größte Federweg s_{max}.

10.25 Siehe Lehrbuch 10.1.1 und 10.3.3-2 *Druckfedern,* Gl. (10.42), Spannungsnachweis mit Gl. (10.43); Festlegung von D nach DIN 323 nach TB 1-16 (darauf achten, dass $D_i \geq 78$ mm sein muss). L_0 nach Gl. (10.40).

10.26 a) Aus $T = F_t \cdot d_R/2$ mit $d_R = (d_a + d_i)/2$ wird die erforderliche Anpresskraft $F = F_t/\mu$ und damit die Kraft auf die Druckscheibe $F_d = F/(n-1)$ gerundet ermittelt. Die Betriebskraft je Feder wird bei z Federn $F_2 = F/z$.

b) Siehe Lehrbuch 10.1.1 mit Bild 10-2a (parallel geschaltete Federn); Federabmessungen nach Angaben siehe Lehrbuch 10.3.3-2 *Druckfedern.* Nach Festlegung von d, D Festigkeitsnachweis mit τ_{zul} und abschließend Windungszahl n (n_t) aus R sowie L_0 ermitteln; für die gewählte Drahtsorte mit $F_C = R_{ist} \cdot s_c$ muss sein $\tau_c \leq \tau_{czul}$ nach TB 10-11b. Knicksicherheit überprüfen nach Angaben zu TB 10-12. Maßgebend ist der größte Federweg s_{max}.

10

10.27 a) Beachte 1 bar ≈ 10 N/cm^2; es gilt $F_1 = 1{,}1 \cdot p_e \cdot d_1^2 \cdot \pi/4$ und $F_2 = R \cdot s_2$ mit $s_2 = s_1 + \Delta s$; zunächst angenähert d nach Gl. (10.42); Sicherheitsventilfedern überwiegend statisch beansprucht; Festigkeitsnachweis τ_2 nach Gl. (10.43) mit τ_{zul} aus TB 10-12 für den nach TB 10-2 gewählten Federdraht; danach n (n_t), L_0, L_1 ermitteln; für die gewählte Drahtsorte wird mit $F_c = R \cdot s_c$ die Blockspannung τ_c nach Gl. (10.43).

b) Knicksicherheit überprüfen nach Angaben zu TB 10-12. Maßgebend ist der größte Federweg s_{max}.

10.28 a) Zunächst d angenähert nach Lehrbuch 10.3.3-2 *Druckfedern* mit Gl. (10.42) ermitteln und danach D festlegen; Festigkeitsnachweis für dynamisch beanspruchte Federn mit Gl. (10.44); k für $w = D/d$ aus TB 10-11d; n (n_t) mit ΔF und Δs bzw. mit R_{soll} nach Gl. (10.45) ermitteln und sinnvoll festlegen. Blockspannung $\tau_c < \tau_{c\,zul}$ prüfen;

b) siehe Lehrbuch 10.3.3-2 *Druckfedern* mit Gl. (10.44); $\tau_{kh} = \tau_{k2} - \tau_{k1}$ mit den festgelegten Federdaten rechnerisch ermitteln und mit der Hubfestigkeit $\tau_{kH} = \tau_{kO} - \tau_{kU}$ nach TB 10-15a vergleichen mit $\tau_{k1} \mathrel{\widehat{=}} \tau_{kU}$. Knicksicherheit mit den Angaben zu TB 10-12 prüfen.

10.29 a) Siehe Lehrbuch 10.3.3-2 *Druckfedern* mit Gl. (10.44); überschlägig d nach Gl. (10.42) bestimmen und endgültig nach DIN 2076 (siehe TB 10-2) d und D wählen; es gilt $F_2/s_2 = \Delta F/\Delta s$ und $s_1 = s_2 - \Delta s$; n (n_t) errechnen aus Gl. (10.45); L_0 nach Gl. (10.40); Nachweis $\tau_c \leq \tau_{c\,zul}$ nach Gl. (10.43) und TB 10-11b führen.

b) Nachweis der Dauerfestigkeit aus $\tau_{kh} = \tau_{ko} - \tau_{ku} \leq \tau_{kH}$ bzw. $\tau_{kh} = \tau_{k2} - \tau_{k1} \leq \tau_{kH}$ nach TB 10-15a ($\tau_{k1} \mathrel{\widehat{=}} \tau_{kU}$).

c) Knicksicherheit mit den Angaben zu TB 10-12 prüfen.

d) Die niedrigste Eigenfrequenz nach Gl. (10.50) ermitteln.

10.30 a) Siehe Lehrbuch 10.3.3-2 *Zugfedern* mit Gl. (10.42). Festlegung nach DIN 2076 siehe TB 10-2, Bild 10-24 und Bild 10-27; beachte $F_{max} \mathrel{\hat{=}} F_2 = F$;
b) Überschlägig n' nach Gl. (10.45) mit $R_{soll} = F_{max}/s_h$, $n = n_t$ sinnvoll festlegen;
c) Federlängen nach Gl. (10.41);
d) Festigkeitsnachweis nach Gl. (10.43).

10.31 Siehe Lehrbuch 10.3.3-2 *Zugfedern* mit Gl. (10.52) mit $s_1 = L_1 - L_0$; Nachweis, dass $\tau_0 \leq \tau_{0\,zul}$ nach Gln. (10.43) und (10.53).

10.32 a) $F_{max} \mathrel{\hat{=}} F_2$, $s_{max} \mathrel{\hat{=}} s_2$; parallele Anordnung der Ösen bedeutet Windungszahl auf ..., 5 bzw. ..., 0 endend. Wahl von d nach DIN 2076 siehe TB 10-2; D als Rundwert nach DIN 323 nach TB 1-16 festlegen.
b) Mit F_0 ist $\tau_{0\,zul} > \tau_0$ und $\tau_2 < \tau_{zul}$ mit F_2 nach Gl. (10.55) nachzuweisen.

10.33 a) Beachte $F_G \approx 10 \cdot m$; es gilt: $1{,}1 \cdot F_G(200 + 260) - F_1 \cdot 200 = 0$.
b) Es gilt: $F_p \cdot 100 + F_G \cdot (200 + 260) - F_2 \cdot 200 = 0$ und aus den ähnlichen Dreiecken: $\Delta s/110 = 200/(200 + 260)$.
c) Siehe Lehrbuch 10.3.3-2 Gl. (10.42) und 10.3.3-2 *Zugfedern,* sowie nach Gl. (10.45a) $\tau_2 \leq \tau_{zul}$ mit TB 10-20a.
d) Es gilt mit $\Delta F = F_2 - F_1$: $R = \Delta F/\Delta s = (F_1 - F_0/s_1$; $n = n_1$, Ösen um 90° versetzt auf 1/4 endend, sowie L_k, L_0 und L_1 errechnen.

10.34 a) Die Gewichtskraft $F_G = 10 \cdot m$ greift in der Mitte des Torblattes an; für beide Torhebel gilt:
$2 \cdot F \cdot (2100 - 60 - 110) - F_G \cdot (0{,}5 \cdot 2100 - 60) = 0$, ferner gilt nach Skizze: $F \cdot 960 = F_y \cdot 160$ und $\cos\alpha = F_y/F_2$, wenn α aus $\tan\alpha$ errechnet wird; F_1 laut Text. Windungszahl auf ...,25 oder ...,75 endend.
b) nach Bild wird $L_2 = (L_1 + 160)/\cos\alpha$ und somit $s_2 = L_2 - L_1$; F_{max} aus $(F_{max} - F_1)/s_{max} = (F_2 - F_1)/s_2$, wenn s_{max} für Tür *offen* und *geschlossen* gilt.
c) Beachte Lehrbuch 10.3.3-2 *Zugfedern,* Gl. (10.42); d nach DIN 2076 (TB 10-2), D nach DIN 323R'20 entspr. TB 1-16, Nachrechnung (wie Druckfedern) mit F_{max} und τ_{zul} aus TB 10-19a.
d) Siehe Lehrbuch 10.3.3-2 *Zugfedern* mit Bild 10-28 $L_1 = L_0 + s_1$, wenn gilt $F_1/s_1 = (F_2 - F_1)/s_2$.

10.35 a) Beachte $F_{ges} \approx 10 \cdot m$; $F = F_{ges}/z$ für z Federn; siehe Lehrbuch 10.3.4 *Druckfeder.* Für die Wahl der Abmessungen wird zunächst ein mittlerer statischer Wert für $\sigma_{d\,zul}$ aus TB 10-1 gewählt.
b) Siehe Lehrbuch 10.3.4 mit Bild 10-31 und Gl. (10.61).

10.36 a) Ermittle τ aus c_s und τ_{zul} (statisch bzw. dynamisch) aus TB 10-1.
b) Beachte $F_G \approx 10 \cdot m$; Zahl der Federelemente $z = F_G/F$ mit F für Schub-Hülsenfeder nach Gl. (10.58).
c) G aus Gleichung für Schub-Hülsenfeder ermitteln und aus Lehrbuch 10.3.4-1 Bild 10-32 die Shore-Härte ablesen.

---

11 Achsen, Wellen und Zapfen

11.1 Siehe Abschnitt 11.2.2-2 „Darstellung der M- und der F_Q-Fläche“. Wo ist der gefährdete Querschnitt und welche Beanspruchung tritt hier auf? Bei Vernachlässigung der Schubbeanspruchung wird die Achse nur auf Biegung beansprucht. Der für die Festigkeitsberechnung maßgebende Lastfall ist somit der Lastfall der Biegung.

11.2 Siehe LH zur Aufgabe 11.1.

11.3 Siehe LH zur Aufgabe 11.1.

11.4 Das Drehmoment T nach Lehrbuch Gl. (11.10) mit der Abtriebsdrehzahl $n_{ab} = n_{an}/i_{ges}$; $i_{ges} = i_1 \cdot i_2 \cdot i_3$.

11.5 Gegenüber dem ermittelten Drehmoment der Aufgabe 11.4 wird sich das für die Berechnung maßgebende Drehmoment für die Ausgangswelle um den Anwendungsfaktor erhöhen und um den Gesamtwirkungsgrad des Getriebes vermindern.

11.6 Die Zahnkräfte wirken in zwei senkrecht aufeinanderstehenden Ebenen. Man kann entweder beide Zahnkräfte einzeln betrachten, das jeweilige Biegemoment einzeln ermitteln (Träger auf zwei Stützen mit einer Punktlast) und dann damit das resultierende maximale Moment bestimmen oder beide Zahnkräfte zu einer resultierenden Zahnkraft F_b zusammenfassen und mit dieser Kraft das maximale Biegemoment berechnen, s. auch Lehrbuch, Abschnitt 11.2.2-2.

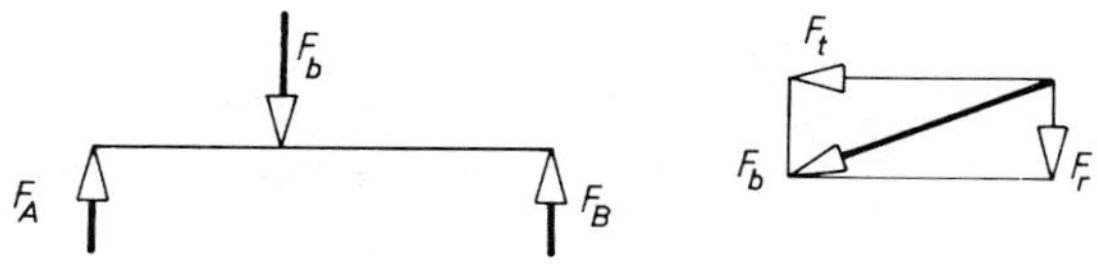

11.7 Siehe Lehrbuch Abschnitt 11.2.2-2 mit Bild 11-19. Im Gegensatz zur Aufgabe 11.6 werden die Radial- und Tangentialkräfte nicht zur resultierenden Kraft zusammengefasst; im vorliegenden Fall sind sinnvollerweise die zwei Ebenen einzeln zu betrachten.

11.8 Die Zahnkräfte wirken in zwei senkrecht aufeinanderstehenden Ebenen (F_t in der einen, F_r und F_a in der anderen). Zweckmäßig ermittelt man die Biegemomente jeder Ebene und bildet dann aus den Einzelmomenten anschließend das resultierende Biegemoment, s. hierzu Abschnitt 11.2.2-3 und Bild 11.21 des Lehrbuches. Durch den Momentensprung, hervorgerufen durch die Axialkraft F_a, werden sich bei angenommener Punktbelastung im Betrag unterschiedliche Momente für die gleiche Betrachtungsstelle ergeben. Maßgebend ist das größere der beiden Momente.
Vielfach erweist es sich auch als zweckmäßig, zunächst die Lagerkräfte in den Lagern A und B zu ermitteln (diese Kräfte werden bei praktischen Aufgaben zur Ermittlung der Lagergröße ohnehin benötigt), um dann das maßgebende Moment aus der Beziehung $F_A \cdot l_1$ bzw. $F_B \cdot l_2$ (Beträge sind unterschiedlich groß!) zu errechnen.

11.9 Die Lösung erfolgt nach Bild 11-21, Gl. (11.16) im Lehrbuch. Das Biegemoment ist mit den gemachten Angaben zu errechnen. Die umlaufende Achse wird wechselnd auf Biegung beansprucht, so dass die Biegewechselfestigkeit nach Lehrbuch TB 1-1 maßgebend ist. Der ermittelte Durchmesser ist in der Regel der bearbeitete Durchmesser, so dass bei der Festlegung des Ausgangsdurchmessers nach DIN 1013 (Lehrbuch TB 1-6) der entsprechende Bearbeitungszuschlag zu berücksichtigen ist.

11.10 Lösung nach Bild 11-21 im Lehrbuch. Der Zapfen wird nur auf Verdrehen beansprucht, so dass Gl. (11.13) in Betracht kommt. Da das Drehmoment schwellend übertragen wird, ist die Verdrehschwellfestigkeit nach Lehrbuch TB 1-1 für den Werkstoff S275JR einzusetzen. Bei der vorläufigen Festlegung des Entwurfdurchmessers ist die Schwächung des Wellenzapfens durch die Passfedernut durch einen entsprechenden Zuschlag zu berücksichtigen. Hinsichtlich der genormten Zapfendurchmesser siehe Lehrbuch TB 11-1.

11.11 Alle drei Wellen werden sowohl auf Verdrehen als auch auf Biegung und Schub (vernachlässigbar) beansprucht. Da die Biegemomente aufgrund fehlender Angaben noch nicht bestimmt werden können, sind die Richtdurchmesser nach Lehrbuch Gln. (11.14) bzw. (11.15) zu ermitteln. Für die Welle 2 ist $T_2 = T_1 \cdot i_2$ bzw. für die Welle 3 $T_3 = T_1 \cdot i_{\text{ges}}$ mit $T_1 = T_{\text{nenn}} \cdot K_A$ maßgebend. Die Nuttiefe für die vorgesehene Befestigung Zahnrad/Welle durch entsprechenden Zuschlag berücksichtigen.

11.12
a) Da die Abmessungen konstruktiv bereits vorgegeben sind, kann das Biegemoment bestimmt und der Durchmesser entweder überschlägig nach Lehrbuch Gl. (11.16) oder nach Gl. (11.1) ermittelt werden. Durch das Anbohren der Achse für den Gewindestift wird gerade die bei Biegebeanspruchung am stärksten geforderte Randzone beeinträchtigt, so dass im vorliegenden Fall mit einer Kerbwirkung (β_k etwa 1,4) gerechnet werden sollte. Die höheren Festigkeitswerte der kaltgezogenen Halbzeuge gelten nur bei unbeschädigten Oberflächen. Im vorliegenden Fall wird der günstige Einfluss des Kaltziehens durch das Abdrehen der Achse auf den Zapfendurchmesser sowie durch den Eindruck der Befestigungsschraube zunichte gemacht.
b) Nabenabmessungen nach Lehrbuch TB 12-1a.
c) Passungswahl nach Lehrbuch TB 12-2b; dabei ist zu berücksichtigen, dass das Ausgangshalbzeug kaltgezogen ist (siehe hierzu Abschnitt 11.2.2-1 des Lehrbuches).

11.13 Die Welle wird auf Verdrehen, Biegung und Schub (vernachlässigbar) beansprucht. Überschlägige Berechnung des Durchmessers nach Lehrbuch, Bild 11-17, Gl. (11.16). Abstandsmaße sind bereits bekannt, somit kann das Biegemoment als auch das Vergleichsmoment bestimmt werden. Da die Biegebeanspruchung wechselnd auftritt, ist Biegewechselfestigkeit maßgebend (für die Festigkeitswerte gilt das Gleiche wie bei 11.12).

11.14 Siehe Hinweise zur Aufgabe 11.12. Die Radkraft F wird über die Wälzlager und die Hülsen auf die Achse übertragen. Wenn auch die Hülse eine versteifende Wirkung hat, kann sie der Einfachheit halber bei der Berechnung unberücksichtigt bleiben. Somit kann für die Achse der Belastungsfall „Träger auf zwei Stützen mit zwei gleichgroßen Kräften" im Abstand l angenommen werden.
Die Querbohrung konstruktiv in die biegeneutrale Zone legen, damit die Kerbwirkung gering wird ($\beta_k \approx 1{,}2$). Die Querschnittsminderung durch die Längsbohrung kann erfahrungsgemäß vernachlässigt werden.

11.15 Siehe Lehrbuch, Abschnitt 11.3. Die umlaufende Achse wird wechselnd auf Biegung beansprucht. Für den Festigkeitsnachweis sind zwei Querschnitte maßgebend: a) Übergangsstelle von d_1 auf d_2, b) Übergangsstelle zur festsitzenden Nabe. Die Kerbwirkungszahlen nach TB 3-9 gelten für H8/u8. Für die Passung H7/m6 (Lagersitz) ist $\beta_k \approx 1{,}8$ zu wählen (s. TB 3-8). Für beide Querschnitte ist die jeweils vorhandene Sicherheit nach Bild 11-23, Lehrbuch, zu ermitteln. Der kleinere der beiden Werte ist für die Aussage hinsichtlich der vorhandenen Sicherheit maßgebend. Die Oberflächenrauheit ist nach Lehrbuch TB 2-11 festzulegen, wobei im vorliegenden Fall mit hohen Anforderungen an die Funktionsflächen zu rechnen ist.

11.16 Die Achse mit den festsitzenden Laufrädern ist drehbar gelagert und läuft um. Sie wird somit wechselnd auf Biegung beansprucht. Der gefährdete Querschnitt ist jeweils an der Übergangsstelle von d_1 auf d. Kontrolle der Sicherheit erfolgt nach Lehrbuch, Bild 11-23. Hinsichtlich der üblichen Sicherheit siehe Lehrbuch unter 3.7.3.

11.17 Siehe Hinweise zur Aufgabe 11.1 und Lehrbuch Abschnitt 11.2.2-3 und 11.3.1.
Die festsitzende Achse wird schwellend auf Biegung und Schub (Einfluss vernachlässigbar) beansprucht. Die Kraft F wird über die Lager (Lagerkräfte $F_1 + F_2 = F$) auf die Achse übertragen. Ermittlung des Biegemoments aus $M = F_1 \cdot l_1 + F_2 \cdot l_2$ oder einfacher $M = F \cdot l$ mit $l \approx 25$ mm. Die Lager sind auf der Achse verschiebbar, so dass keine zusätzliche Kerbwirkung durch den festsitzenden Innenring zu erwarten ist. Bei der konstruktiven Festlegung des Achsdurchmessers ist auf die genormten Innendurchmesser der Wälzlager zu achten. Für die Festlegung der ISO-Toleranzen siehe Lehrbuch TB 2-9.
Kontrolle der Sicherheit und übliche Sicherheiten wie bei 11.16.

11

11.18 a) Passungswahl entsprechend der Funktion (Gleitlagerung) nach Lehrbuch TB 2-9. Die Oberflächenrauheit nach Lehrbuch TB 2-11.
b) Nachweis der Sicherheit und übliche Sicherheiten wie bei 11.16. Bei der Ermittlung der Gestaltfestigkeit ist darauf zu achten, dass bei der Festlegung von β_k der zu erwartende Kraftfluss einen wesentlich höheren Einfluss der „Kerbe" zeigt: $\beta_k \approx 2{,}5$ angenommen. Siehe hierzu TB 3-8 bzw. TB 3-9.

11.19 Siehe Lösungshinweise zu den Aufgaben 11.1ff. Der Zapfen wird nur auf Verdrehen, Lastfall II, beansprucht. Bei der Ermittlung des von der Welle zu übertragenden Drehmomentes ist die Getriebeübersetzung entsprechend zu beachten. Der Wirkungsgrad des Getriebes kann mit ca. 85% angenommen werden. Der Zapfen-Richtdurchmesser kann nach Bild 11-21, Lehrbuch, berechnet werden. Bei der konstruktiven Festlegung des Durchmessers ist die Schwächung durch die Passfedernut zu berücksichtigen. Die anschließende Nachprüfung der gefährdeten Querschnitte (es liegen zwei gefährdete Querschnitte vor: der Passfedernut-Querschnitt und der Übergangsquerschnitt von d_1 auf d) kann nach Bild 11-23, Lehrbuch, durchgeführt werden. Wahl der Oberflächenrauheit nach TB 2-11 in Abhängigkeit des zu wählenden ISO-Toleranzgrades nach TB 2-19). Die höheren Festigkeitswerte der kaltgezogenen Halbzeuge gelten nur bei unbeschädigten Oberflächen. Im vorliegenden Fall wurde der günstige Einfluss des Kaltziehens durch das Abdrehen der Welle auf d_1 zunichte gemacht.
Die Torsionsbeanspruchung ist schwellend mit relativ kleinen Spannungsausschlägen. Beim dynamischen Nachweis wird deshalb die Torsion als statisch wirkend angenommen. Die Kompensation erfolgt dann über den entsprechenden Sicherheitszuschlag S_z.

11.20 Siehe Lehrbuch 11.4, Lehrbeispiel 11.1. Zur Ermittlung der an den gefährdeten Stellen maßgebenden Biegemomente M s. Lehrbuch, Abschnitt 11.2.2-2. Zweckmäßig ist zunächst die Ermittlung der resultierenden Lagerkräfte F_A und F_B zur Berechnung der Biegemomente $M_1 = F_A \cdot l_1$ und $M_2 = F_B \cdot l_2$. Das größere dieser Momente ist maßgebend für die Folgerechnung. Ermittlung der Sicherheit gegen Dauerbruch nach Lehrbuch, Bild 11-23.

11.21 Siehe LH zur Aufgabe 11.20.

11.22 Entsprechend der Fördergeschwindigkeit ist zunächst eine geeignete Getriebeübersetzung festzulegen.

a) und b) Maßgebend für die Wellenberechnung ist das von der Welle zu übertragende Drehmoment $T \approx 9550 \cdot P_1 \cdot i_{Getr}/n_1$. Die Oberflächenrauheit der Passfedernutflächen kann mit $R_z \approx 16\,\mu m$ angenommen werden, s. Lehrbuch TB 2-11. Die Ermittlung der Dauerbruchsicherheit nach Lehrbuch, Bild 11.23, s. vergleichsweise Lehrbuch 11.4 Lehrbeispiel 11.1.

c) Nabenabmessungen s. Lehrbuch TB 12-1a,

d) Siehe Lehrbuch TB 12-2.

11.23 Siehe Lehrbuch, Abschnitt 11.3.3. Vereinfacht kann der Abstand zwischen den beiden aufgeschrumpften Zahnrädern als der auf Verdrehen beanspruchte Bereich angenommen werden.

11.24 Lösung nach Lehrbuch, Gl. (11.29) mit der Durchbiegung f nach Lehrbuch TB 11-6.

11

11.25 Rechnerische Ermittlung der Durchbiegung nach Lehrbuch 11.3.3-2, Gl. (11.29), mit der Durchbiegung f nach Lehrbuch TB 11-6 mit einem idealisierten Wellendurchmesser $d \approx 60$ mm.

11.26 Lösung nach Lehrbuch Gl. (11.31) mit $\omega = \pi \cdot n/30$, wobei n die jeweilige biegekritische Drehzahl der masselos gedachten Welle mit der zugehörigen Einzelmasse ist.

11.27 Siehe Lehrbuch, Abschnitt 11.3.3-3. Es liegt ein Drehschwingungssystem „Welle mit zwei Massen“ vor, so dass Gl. (11.34) maßgebend ist mit $c = G \cdot I_p/l$. Die Ordnungszahlen der Erregerfrequenzen bzw. der Erregerdrehzahlen hängen von der Anzahl der Zündungen pro Umdrehung ab, im vorliegenden Fall $3/2 = 1{,}5$ Zündungen/Umdrehung. Damit ergibt sich die Haupterregerordnung 1,5–3–4,5–6–7,5– ... und somit die kritischen Drehzahlen $n'_k = 1{,}5 \cdot n$, $3 \cdot n$, $4{,}5 \cdot n$ usw.

11.28 Siehe Lehrbuch 11.3.2-2 sowie Lehrbuch 11.4, Lehrbeispiel 11.3. Lösung der Aufgabe mit Hilfe des grafischen Verfahrens nach Mohr.

11.29 Lösung der Aufgabe prinzipiell wie die Aufgabe 11.28. Hinsichtlich der Einbeziehung der Zahndruckkräfte bei der Ermittlung der biegekritischen Drehzahl s. Lehrbuch, Abschnitt 11.3.3-2, letzter Absatz.

---

12 Elemente zum Verbinden von Wellen und Naben

12.1 Zunächst ist die für die vorgesehene Kupplung (s. TB 13-1) mögliche Passfederlänge nach TB 12-2 zu ermitteln. Die auftretende Flächenpressung ist der zulässigen nach TB 12-1b gegenüberzustellen. Für die Wahl der Toleranzklassen s. Lehrbuch 2.2.3.

12.2 Da $l > 0{,}8 \cdot d$ ist aus Erfahrung eine Nachrechnung überflüssig; dennoch Lösung nach Lehrbuch 12.2.1-2 zweckmäßig.
Die jeweilige Bauteilfestigkeit ist durch Multiplikation des Normwertes aus TB 1-1 bzw. 1-2 mit dem technologischen Größeneinflussfaktor K_t aus TB 3-11a bzw. 3-11b zu bestimmen. K_t ist abhängig vom Bauteildurchmesser d, der mit TB 3-11e aus den Rohbauteilabmessungen abgeschätzt werden muss. Z. B. ist d der Nabenaußendurchmesser bei aus Vollmaterial hergestellten Naben, bei gegossenen Ritzeln (außer Stahlguss) etwa Außendurchmesser minus Innendurchmesser (entspricht einer Hohlwelle). Die Hohlwelle wird der Lösung zugrunde gelegt.

12.3 Siehe Lehrbuch 12.2.2-2. Bei der Keilwellenbezeichnung bedeuten: *6* Anzahl der „Keile", *26* und *30* Innen- und Außendurchmesser des Profils; s. TB 12-3.

12.4 Maßgebend ist das Mindestübermaß $\ddot{U}_u$; s. Lehrbuch 12.3.1-2, Gln. (12.8)...(12.15) bzw. Bild 12-16.

12

12.5 Siehe Lehrbuch 12.3.1-2. Die Aufgabe ist nach Bild 12-16 zu lösen bzw. es ist in der nachfolgenden Reihenfolge vorzugehen: die Rutschkraft F_{Rl} in Längsrichtung unter Berücksichtigung der stoßartig auftretenden Belastung – die kleinste erforderliche Fugenpressung p_{Fk} – das kleinste Haftmaß Z_k – das kleinste erforderliche Übermaß $\ddot{U}_u$. Nach Ermittlung des größten Haftmaßes Z_g ist das größte Übermaß $\ddot{U}_o$ zu bestimmen, um so die Passtoleranz $P_T = \ddot{U}_o - \ddot{U}_u$ bestimmen zu können. Nach Festlegung der Passtoleranz für die Bohrung Wahl der Toleranzklasse; anschließend werden die Abmaße für die Welle errechnet und damit die Wellentoleranzklasse festgelegt. Festigkeitswerte s. Hinweis zu Aufgabe 12.2.

12.6
a) Obwohl bereits das maximal auftretende stoßartig wirkende Moment angegeben ist, wird empfohlen, mit einer Haftsicherheit von 2 zu rechnen. Festigkeitswerte s. Hinweis zu Aufgabe 12.2.
b) Zur Erwärmung des Außenteiles aus GS ist mit $\alpha_A \approx 11 \cdot 10^{-6}$ 1/K zu rechnen.

12.7 Die Grundlagen zur Berechnung der Pressverbände beziehen sich auf zylindrische Außen- und Innenteile. Für den geschweißten Lagerbock als Außenteil würden – streng genommen – diese Berechnungsgrundlagen nicht zutreffen, da die Schweißkonstruktion ein anderes elastisches Verhalten aufweist als „nur" der Außenring mit $D_a = 120$ mm und $D_i = 75$ mm. Eine exakte Berechnung ist für den vorliegenden Fall somit nicht möglich. Der geschweißte Lagerbock wird insgesamt weniger elastisch und somit unnachgiebiger sein als *nur* der Außenring. Ein vergleichbarer zylindrischer Außenring mit annähernd gleichem elastischen Verhalten wie der Lagerbock würde einen Außendurchmesser $D_a > 120$ mm aufweisen. Dies würde die Werte für Q_A bzw. K geringfügig in der Weise verändern, dass sich tendenziell eine etwas größere Einpresskraft ergibt.

12.8 Zweckmäßig ist der Vergleich des durch die vorgegebene Passung vorhandenen Höchst- und Mindestübermaßes mit dem für die Verbindung erforderlichen Mindest- und dem zulässigen Höchstübermaß. Bei der Festlegung der Rautiefen ist von „hohen Anforderungen an die Funktionsfläche" nach TB 2-11 auszugehen.

Hinsichtlich der Gültigkeit der Berechnungsgrundlagen s. Lösungshinweis zur Aufgabe 12.7. Im vorliegenden Fall kann vereinfacht der Teilkreisdurchmesser als Außendurchmesser des Außenteiles (Zahnkranz) gesetzt werden; ebenso kann das Innenteil (Radkörper) wegen der abstützenden Wirkung der Radscheibe als Hohlzylinder mit $D_{Ia} = 160$ mm und $D_{Ii} > 30$ mm betrachtet werden. Exakter wäre die Aufteilung für die „Hohlwelle" in 3 Teilbereiche mit jeweils $D_{Ia} = D_F = 190$ mm und $D_{Ii} = 140$ mm (mit $l_F \approx 25$ mm) und 30 mm (mit $l_F = 10$ mm), s. Skizze im Aufgabenteil. Im vorliegenden Fall ist jedoch hinsichtlich der vorliegenden Pressung das Außenteil maßgebend, so dass die abstützende Wirkung durch die Radscheibe ohne Bedeutung ist.
Für die Berechnung ist nur die Umfangskraft am Fugendurchmesser von Interesse, da die Radialkraft kein *Verrutschen* der Verbindung verursacht und die Axialkraft vom Bund des Radkörpers aufgenommen wird. (Beim Richtungswechsel des Drehsinns muss auch die Axialkraft F_a berücksichtigt werden, dann ist die resultierende Kraft aus F_t und F_a maßgebend, siehe Lehrbuch, Bild 12-13).

12.9 a) Im vorliegenden Fall ist F_{res} maßgebend aus der am Fugendurchmesser (!) wirkenden Umfangskraft und der Längskraft (Axialkraft). Die Radialkraft ist ohne Einfluss (s. Lösungshinweis zur Aufgabe 12.8). Vereinfacht kann für das Außenteil der Teilkreisdurchmesser als Außendurchmesser gesetzt werden (s. auch die Lösungshinweise zur Aufgabe 12.7). Für den Festigkeitswert des Ritzels ist der Kopfkreisdurchmesser zu verwenden, so dass $d \approx (100 - 50)$ mm ist, s. auch Hinweis zur Aufgabe 12.2.
b) Siehe Lehrbuch unter 12.3.1-3.

12.10 Siehe Lehrbuch 12.3.2-2.
Für die Berechnung wird ein Telleraußendurchmesser $D_{Aa} \approx 100$ mm angenommen.

12.11 Siehe Lehrbuch 12.3.2-2 und Hinweis zur Aufgabe 12.2.

12.12 a) Siehe Lehrbuch 12.3.3-1 unter Spannelemente, Berechnung. Gl. (12.33) nach f_n auflösen und danach n festlegen. Mit Gl. (12.35) ist zu prüfen, ob die zum Erreichen von T_{Tab} erforderliche Fugenpressung nicht die zulässigen Werte von Nabe bzw. Welle überschreitet. Für die Nabe gilt: $f_n \geq T_{eq}/T_{Tab} \cdot p_N/p_{Fg}$. Die unterstützende Wirkung der Stegscheibe kann ggf. mit einbezogen werden.
b) Spannkraft F'_S nach Gl. (12.35): $F'_S \leq p_{Fg}/p_N \cdot F_S$.

12.13 Siehe Lösungshinweise zur Aufgabe 12.12 und 12.2.

12.14 Siehe Lösungshinweise zur Aufgabe 12.12 und 12.2. Durch die Bohrungen in der Welle zur Aufnahme der Spannschrauben kann streng genommen nicht mit einer Vollwelle gerechnet werden. Es ist ein Innendurchmesser von $D_{Ii} > 0$ vorzusehen.

12.15 Siehe Lösungshinweise zur Aufgabe 12.12 und 12.2.

12.16 Siehe Lehrbuch 12.3.4-2, Gln. (12.37) und (12.38). Es ist zu klären, ob die zum Erzeugen des erforderlichen Fugendruckes notwendige Flächenpressung nach TB 12-1b oder genauer nach Gl. (12.16) zulässig ist. Siehe auch Hinweise zur Aufgabe 12.2.

12.17 Siehe Hinweis zur Aufgabe 12.16 und 12.2. Berechnung der Klemmkraft nach Gl. (12.41). Bei Gl. (12.42) wird hier $F_{VM} = F_{KL}$ gesetzt.

12.18 Siehe Hinweis zur Aufgabe 12.16 und 12.2.

12

13 Kupplungen und Bremsen

13.1 a) Vorgehensweise:
1. Grobaufbau erfassen (Vorhandensein und Funktion der wichtigsten Elemente).
2. An- und Abtriebsteil (oft vertauschbar) unterscheiden. Hilfe: Man denke sich eine Seite festgehalten! Farbstifte benutzen.
3. Möglichkeiten des Verbindens oder Trennens der An- und Abtriebsseite untersuchen (Schaltmöglichkeiten).

Siehe Lehrbuch 13.4.2 und 13.4.3.

b) und c) siehe Lehrbuch Bild 13-3.

13.2 Auf Grund der Anforderungen Auswahl nach Lehrbuch 13.4.1 und 13.5 bzw. Katalogen der Kupplungshersteller.

13.3 Nach dem neuen internationalen Einheitensystem soll das „Schwungmoment" GD^2 grundsätzlich durch das Trägheitsmoment J ersetzt werden. Denkt man sich die Masse m des Körpers punktförmig im Abstand $i = D/2$ (= Trägheitsradius) von der Drehachse konzentriert, so wird

$$J = m \cdot i^2 = m\frac{D^2}{4} = \frac{G \cdot D^2}{g \cdot 4} \approx \frac{G \cdot D^2}{40\ \mathrm{m/s^2}} \quad (\mathrm{kgm^2\ bzw.\ Nms^2}) \quad .$$

Die Zahlenwerte für die Gewichtskraft G in kp und für die Masse m in kg sind für jeden Körper gleich. Denkt man sich GD^2 wegen seines gleichen Zahlenwertes durch $m \cdot D^2$ ersetzt, so lässt sich das Trägheitsmoment in kgm^2 errechnen, indem man das bekannte Schwungmoment durch 4 teilt. In älteren Unterlagen wird das „Schwungmoment" GD^2 auch in kgm^2 angegeben, mit „kg" als „Kraftkilogramm" (statt kp). Siehe auch Lehrbuch 13.2.2.

13.4 Für aus einfachen Teilkörpern zusammengesetzte Werkstücke, wie diese mehrfach abgesetzte Spindel, erhält man das Trägheitsmoment J des ganzen Körpers als Summe der auf dieselbe Achse bezogenen Trägheitsmomente J_1, J_2 usw. der Teilkörper,

also $J = J_1 + J_2 + J_3 + J_4 + J_5$.

Da die Welle gegenüber dem Schleifkörper ein kleines Trägheitsmoment hat ($J \sim d^2$), wäre eine aufwendige „genaue" Berechnung desselben ohne praktischen Wert. Es können deshalb folgende Vereinfachungen getroffen werden:

1. Die mit der Welle umlaufenden Wälzlagerinnenringe, Zwischenringe, Labyrinthringe und Nutmuttern werden bei der Berechnung der Teilkörper 2 und 4 durch Annahme eines größeren Außendurchmessers $\widehat{=}$ Ringdurchmesser berücksichtigt.
2. Die Gewindezapfen und Muttern an den Spindelenden werden bei den kegelstumpfförmigen Teilkörpern 1 und 5 berücksichtigt, indem man diese als Zylinder mit dem großen Durchmesser berechnet.

Das Trägheitsmoment der Baugruppe ergibt sich durch Addition der Einzelträgheitsmomente von Spindel, Schleifkörper und Keilriemenscheibe.
Schnell und bequem kann gerechnet werden, wenn man Teilkörper gleichen Durchmessers zusammenfasst (z. B. Teilkörper 1 und 5 zu Ø 85 × 240) und für die Berechnung der Massen Tabellen („Metergewichte") benutzt. Für alle Stahlarten gilt $\varrho = 7850\ \mathrm{kg/m^3}$.
Siehe auch Lehrbuch 13.2.2.

13.5 Das Zahnrad besteht aus 4 einfachen Teilkörpern. Für die Hohlzylinder (Nabe, Scheibe und Kranz) gilt mit $m = \rho\pi(r_a^2 - r_i^2)\,b$ für das Trägheitsmoment $J = 0{,}5\,m\,(r_a^2 + r_i^2) = m\,(d_a^2 + d_i^2)/8$ und für die im Schwerpunktsabstand e von der Drehachse sitzenden Rippen (Quader) wird mit $m = \rho btl$ nach dem Verschiebesatz (Satz von Steiner) $J = m(l^2 + t^2)/12 + me^2$.
Die auf die Radachse bezogenen Einzelträgheitsmomente können nun zum Gesamtträgheitsmoment zusammengefasst werden. Siehe auch Lehrbuch 13.2.2 und Lösungshinweis zur Aufgabe 13.4.

13.6 Das auf die Kupplungswelle (Motorwelle) reduzierte Trägheitsmoment der Arbeitsmaschine (Tischantrieb) wird nach Lehrbuch 13.2.2, Gl. (13.4)

$$J_{\text{red}} = J_0 + J_1\left(\frac{\omega_1}{\omega_0}\right)^2 + J_2\left(\frac{\omega_2}{\omega_0}\right)^2 + m\left(\frac{v}{\omega_0}\right)^2$$

und, da z. B. $J_{\text{red}\,1} = J_1\left(\frac{\omega_1}{\omega_0}\right)^2 = J_1\left(\frac{n_1}{n_0}\right)^2 = \frac{J_1}{i_{01}^2}$ hier zweckmäßigerweise

$$J_{\text{red}} = J_0 + \frac{J_1}{i_{01}^2} + \frac{J_2}{i_{02}^2} + m\left(\frac{v}{\omega_0}\right)^2, \quad \text{mit } i_{02} = i_1 \cdot i_2\,.$$

13.7 a) Drehstrommotoren mit Käfigläufer sollen möglichst direkt eingeschaltet werden. Sterndreieck-Anlassen von Motoren mit Käfigläufer ist anzuwenden, wenn kleine Anzugsströme (Anschlussbedingungen des *E*-Werkes) oder ein kleines Motormoment (Sanftanlauf) gefordert werden. Die Drehmomentwerte und der Anzugsstrom betragen dann 25...30 % der Werte bei direkter Einschaltung.
Das von einem Drehstrommotor an seiner Welle entwickelte Drehmoment ist im Drehzahlbereich von $n = 0$ bis $n = n_s$ in seiner Größe sehr unterschiedlich. Durch die in der Aufgabe gegebenen Daten lässt sich die Drehzahl-Drehmomenten-Kennlinie mit ziemlicher Genauigkeit zeichnen.
Durch Ausmitteln der Drehmoment-Kennlinie, z. B. Auszählen der Quadrate auf mm-Papier, kann T_{am} relativ genau bestimmt werden (vgl. Lehrbuch 13.2.3).

b) Wird der Motor aus dem Stillstand heraus beschleunigt, so gilt nach Lehrbuch 13.2.2:
$t_a = J\omega/T_{\text{am}}$.

c) Bei gleichmäßig beschleunigter Drehbewegung aus dem Stillstand folgt für den in der Zeit t_a zurückgelegten Drehwinkel in rad: $\varphi = \omega t_a/2$. Der Zusammenhang zwischen φ in Grad (°) und in rad ergibt sich aus der Beziehung: $1° = (\pi/180)$ rad, somit ist 1 rad = 57,3°. Durch Umformen erhält man auch: $\varphi = 3\,n t_a$ in °.

13.8 a) Die Auslegung der Kupplung erfolgt hinreichend genau nach der Baugröße des Drehstrommotors, Zuordnung s. Kupplungskataloge oder Lehrbuch 13.2.5-1 und TB 16-21.

b) Beachte Abmessungen und Verbindungsmöglichkeiten von Wellenende und Nabe. Hauptmaße und Auslegungsdaten der Kupplungen s. Lehrbuch, TB 13-3 und TB 13-4.

13.9 Um die Schwingungen des Dieselmotors zu dämpfen und um montagebedingte Wellenverlagerungen auszugleichen, sollte eine nachgiebige Kupplung (Ausgleichskupplung) gewählt werden. Die systematische Auswahl erfolgt nach Lehrbuch Bild 13-3 bzw. Bild 13-58. Die Kupplungsgröße wird mit Hilfe des Anwendungsfaktors nach Lehrbuch 13.2.5-2 bestimmt. In derartigen Antrieben mit periodischer Drehmomentschwankung kann die Anlage zu Drehschwingungen angeregt werden, welche zur Zerstörung der Antriebselemente führen können. Der überschlägigen Auslegung muss noch eine Schwingungsberechnung folgen, vgl. Lehrbuch 13.2.4-4 und 13.2.5-3.3

13.10 a) Zum Ausgleich der unvermeidbaren Wellenverlagerungen ist eine Ausgleichskupplung zu wählen. Die systematische Auswahl erfolgt nach Lehrbuch Bild 13-3a. Nach den Anhaltswerten zur Kupplungsauswahl (Lehrbuch Bild 13-58) kann nun eine marktgängige Bauart festgelegt werden. Hauptmaße und Auslegungsdaten s. Lehrbuch TB 13-2 bis TB 13-5 bzw. Kupplungskataloge.

b) Da keine genauen Betriebsdaten (z. B. Lastdrehmoment, Trägheitsmomente) bekannt sind, muss die Kupplungsgröße mit Hilfe von Anwendungsfaktoren bestimmt werden, s. Lehrbuch 13.2.5-2.
Abschließend ist zu prüfen, ob die Nabenbohrungen der gewählten Kupplung zu den Wellenzapfen passen.

Im Übrigen sei auf Berechnungsbeispiel 13.1 im Lehrbuch verwiesen.

13.11 a) Systematische Auswahl nach Lehrbuch Bild 13-3 und Bild 13-58. Da es sich um einen gleichförmigen Antrieb ohne Schwinungserregung handelt und eine Bauweise mit Zwischenhülse vorgeschrieben ist, wird zweckmäßigerweise eine biegenachgiebige Ganzmetallkupplung gewählt. Sie ist wartungsfrei und ermöglicht kleinste Bauabmessungen.

b) Die Baugröße wird nach der ungünstigsten Lastart (DIN 740 T2) über fiktive Drehmomente bestimmt, welche unter Berücksichtigung der an- und abtriebsseitigen Trägheitsmomente und der Faktoren S_A, S_t und S_z mit der auftretenden Belastung berechnet werden, s. Lehrbuch 13.2.5-3. Kontrolliere stets, ob die Nabe der rechnerisch bestimmten Kupplung auch auf das vorgesehene Wellenende passt.

c) Die Nachprüfung auf zulässige Verlagerungen bei den gegebenen Betriebsverhältnissen ist stets durchzuführen, s. Lehrbuch 13.2.5-3.4.

13.12 Die Auslegung der Kupplung erfolgt nach der ungünstigsten Lastart (DIN 740 T2), s. Lehrbuch 13.2.5-3. Setzt man das Nenndrehmoment der Lastseite T_{LN} gleich dem Nenndrehmoment des Drehstrommotors, so lässt sich das Nenndrehmoment T_{KN} der Kupplung und damit die Kupplungsgröße vorläufig bestimmen. Für gleichförmige Antriebe mit antriebsseitigem Drehmomentstoß durch das Kippdrehmoment des Drehstrommotors eignen sich gummielastische Kupplungen mittlerer Elastizität, z. B. Hadeflex-Kupplung XW1 (s. Lehrbuch 13.3.2-2.2, Auslegungsdaten s. TB 13-4).
Die gewählte Baugröße ist auf Belastung durch Drehmomentstöße zu prüfen, s. Lehrbuch Gl. (13.13a). Die Betriebsdaten des Drehstrommotors sind aus TB 16-25 oder aus Motorenkatalogen zu entnehmen. Temperaturfaktor für Vulkollan $S_t \approx 1{,}5$ nach Herstellerangabe. Kontrolliere stets, ob die Nabe der rechnerisch bestimmten Kupplung auf die vorgesehenen Wellenenden passt.

13.13 a) Da bei Antrieben mit Drehstrommotoren antriebsseitige Drehmomentstöße auftreten, sollte eine genaue Nachprüfung der Kupplungsbeanspruchung nach der ungünstigsten Lastart (DIN 740 T2) erfolgen, s. Lehrbuch 13.2.5-3.2.
Die Laufkatze mit angehängter Last ist als mit der Fahrgeschwindigkeit geradlinig bewegte Masse zu betrachten und durch ein gleichwertiges Trägheitsmoment an der Kupplungswelle zu berücksichtigen, s. Lehrbuch 13.2.2.

b) Bei gleichmäßig beschleunigter Drehbewegung aus dem Stillstand gilt nach Lehrbuch 13.2.2 für die Anfahrzeit: $t_a = J\omega/T_a$.
Die Wirkung des Auspendelns der freihängenden Last bleibt unberücksichtigt.

c) Für die gleichmäßig beschleunigte, geradlinige Bewegung aus dem Stillstand gilt einfach: $s = v\, t/2$.

13.14 a) Vgl. Lösungshinweis zur Aufgabe 13.7.
Mit der Winkelbeschleunigung $\alpha = \omega/t_a$ und dem Drehspiel φ_s in rad folgt die Winkelgeschwindigkeit am Ende des freien Weges zu $\omega = \sqrt{2\alpha\varphi_s}$.
Das Eigenträgheitsmoment der Kupplung ist sehr gering und wird deshalb vernachlässigt.

b) Ein Geschwindigkeitsstoß entsteht, wenn die Winkelgeschwindigkeit der zu kuppelnden Wellen unterschiedlich groß ist, vgl. Lehrbuch 13.2.4-3.
Mit der Differenz der Winkelgeschwindigkeiten der beiden Wellen $\Delta\omega$, den Trägheitsmomenten der Antriebs- und der Lastseite J_A und J_L und der Drehfedersteife $C_{T\,dyn}$ erfahren elastische Kupplungen beim Geschwindigkeitsstoß eine Belastung von:

$$T_{KS} = \Delta\omega \sqrt{C_{T\,dyn} \frac{J_A \cdot J_L}{J_A + J_L}}$$

Das Stoßmoment ist umso geringer, je kleiner die Drehfedersteife ist. Kupplungen mit kleiner Drehfedersteife, also hochelastische Kupplungen, dämpfen Geschwindigkeitsstöße deshalb sehr wirksam!

13.15 a) Für stark ungleichförmige Antriebe mit periodischer Drehmomentschwankung muss eine gummielastische Kupplung hoher Elastizität gewählt werden, z. B. eine hochelastische Wulstkupplung, s. Lehrbuch 13.2.2-2.3 und Bild 13-58, sowie Berechnungsbeispiel 13.4.

b) Da keine Drehmomentstöße auftreten und die Wellenverlagerungen unerheblich sind, wird die Kupplung nach dem Nenndrehmoment und dem periodischen Wechseldrehmoment – also nach der ungünstigsten Lastart – bemessen, s. Lehrbuch 13.2.5-3. Dabei ist stets zu prüfen, ob die kritische Kreisfrequenz außerhalb des Betriebs-Kreisfrequenz-Bereiches (möglichst $\omega/\omega_k > \sqrt{2}$) liegt. Das Eigenträgheitsmoment der Kupplung ist vernachlässigbar klein.

13.16 Die Kupplungsbeanspruchung und die kritische Kreisfrequenz kann nur durch eine Schwingungsrechnung ermittelt werden, wie sie in DIN 740 T2 festgelegt ist, also Auslegung nach der ungünstigsten Lastart, s. Lehrbuch 13.2.5-3.
Die elastische Kupplung wird beansprucht

- beim Starten der Anlage durch den Anfahrstoß, verursacht durch das Kippdrehmoment des Kurzschlussläufermotors,
- beim Durchfahren der Resonanz (wenn die Anlage überkritisch betrieben wird) durch wenige Drehmomentspitzen,
- bei der Betriebskreisfrequenz (Betriebsdrehzahl) durch das lastseitige Wechseldrehmoment.

Damit die Anlage ruhig läuft, sollte die kritische Kreisfrequenz (kritische Drehzahl) außerhalb des Betriebs-Kreisfrequenz-Bereiches (Betriebsdrehzahl) liegen, anzustreben ist $\omega/\omega_k > \sqrt{2}$ (bei $\omega/\omega_k < 1/\sqrt{2}$ – unterkritischer Bereich – treten größere Schwingungsamplituden auf).
Auslegungsdaten der zu prüfenden Kupplungen s. Lehrbuch TB 13-4 und TB 13-5 bzw. Kupplungskataloge. Das Eigenträgheitsmoment der Hadeflex-Kupplung darf bei der Berechnung vernachlässigt werden.
Für elastische Elemente aus Vulkollan (Hadeflex-Kupplung) beträgt der Temperaturfaktor $S_t = 1{,}4$ nach Angabe des Herstellers.

13.17 Es handelt sich um die Auslegung einer nachgiebigen Kupplung bei periodischem Wechseldrehmoment. Eine zutreffende Berechnung ist nur nach der ungünstigsten Lastart möglich (DIN 740 T2), s. Lehrbuch 13.2.5-3. Das Trägheitsmoment der Kupplung wird berücksichtigt, indem es je zur Hälfte zu J_A und J_L addiert wird. Im Übrigen s. Lösungshinweis zur Aufgabe 13.15 und Berechnungsbeispiel 13.4 im Lehrbuch.

13.18 Für die Größenbestimmung einer Reibkupplung kann das schaltbare oder übertragbare Drehmoment, die geforderte Schaltzeit oder die zulässige Erwärmung der Kupplung maßgebend sein, s. Lehrbuch 13.2.6-3. Im Übrigen s. Berechnungsbeispiel 13.5 im Lehrbuch.

13.19 Beim Schalten der Kupplung zieht die Spule des dauernd umlaufenden Spulenkörpers die stillstehende (bisher gebremste) Ankerscheibe an. Über Reibring und Reibbelag beginnt die Antriebsseite die Lastseite mit der Differenz zwischen dem schaltbaren Drehmoment der Kupplung und dem Lastdrehmoment zu beschleunigen: $T_a = T_{KNs} - T_L$. Während der Rutschzeit gleiten die aufeinander gepressten Reibungsflächen mit der Differenz der Winkelgeschwindigkeiten $\omega_A - \omega_L$ aufeinander und erwärmen sich, s. Lehrbuch 13.2.6-1, Anlaufvorgang.
Bei schwerem Schaltbetrieb (Dauerschaltung) müssen die Kupplungen nach der Schaltarbeit (Erwärmung) ausgelegt werden: Über die auftretende Rutschzeit t_R lässt sich die anfallende Schaltarbeit bestimmen, welche mit der zulässigen Schaltarbeit zu vergleichen ist, s. Lehrbuch 13.2.6-3.

13.20 Für die Bestimmung der Kupplungsgröße sind hier die geforderte Beschleunigungszeit (Rutschzeit unter Vernachlässigung des Ansprechverzugs) und wegen der hohen Schaltzahl (Dauerschaltung) auch die zulässige Erwärmung maßgebend, s. Lehrbuch 13.2.6-3. Um das erforderliche schaltbare Drehmoment und damit die Kupplungsgröße bestimmen zu können, müssen zuerst das Trägheitsmoment der Lastseite und das Lastdrehmoment, beide bezogen auf die Kupplungswelle, berechnet werden. Für das Trägheitsmoment der Lastseite braucht hier nur die geradlinig bewegte Wagenmasse berücksichtigt zu werden (s. Lehrbuch 13.2.2), die Trägheitsmomente der Kupplung und des Getriebes sind dagegen verschwindend klein. Das Lastdrehmoment an der Kupplungswelle kann, unter Vernachlässigung des Wirkungsgrades, aus dem Fahrwiderstand des Wagens (Kettenzugkraft), dem Durchmesser des Kettenrades und der Übersetzung des Getriebes bestimmt werden: $T_L = F_w \cdot d_K/(2 \cdot i)$.
Nach der Wahl der Kupplungsgröße kann die bei einmaliger Schaltung und die pro Stunde anfallende Schaltarbeit bestimmt und mit den zulässigen Werten verglichen werden. Die Berechnung wird zweckmäßigerweise für Vor- und Rücklauf getrennt vorgenommen. Aus baulichen Gründen muss für die geringer beanspruchte Rücklaufkupplung K_r u. U. die gleiche Kupplungsgröße wie für die Vorlaufkupplung gewählt werden.

13.21 a) und b) Vergleiche die Drehmoment-Drehzahl-Kennlinien von Antriebsmaschinen und Anlaufkupplungen (Lehrbuch 13.4.3). Beachte, dass Verbrennungsmotoren erst oberhalb ihrer Leerlaufdrehzahl ein Drehmoment abgeben können, also lastfrei anlaufen müssen, um nicht abgewürgt zu werden.

c) und d) Die üblichen Fliehkörperkupplungen mit Rückholfedern (s. Lehrbuch 13.4.3) übertragen erst dann ein Drehmoment, wenn die Einschaltdrehzahl überschritten wird. Durch Verändern der Anzahl und Vorspannung der Federn können Einschaltdrehzahl und schaltbares Drehmoment meist stufenweise eingestellt werden.
Das schaltbare Drehmoment der Kupplung wächst oberhalb der Einschaltdrehzahl mit dem Quadrat der Drehzahl an und erreicht bei der Nenndrehzahl das Nenndrehmoment. Während des Anlaufvorgangs beschleunigt die bereits mit der Nenndrehzahl laufende Antriebsmaschine die Lastseite aus dem Stillstand mit dem Beschleunigungsdrehmoment $T_a = T_{Ks} - T_L$, s. Lehrbuch 13.2.6-1.
Die Fliehkraftkupplung kann also als schaltbare Reibkupplung berechnet werden, s. Lehrbuch 13.2.6-3.

13

13.22 a) und b) Siehe Lösungshinweis zur Aufgabe 13.21c) und d) und Lehrbuch 13.2.6-3. Die im Verhältnis zu den umlaufenden Massen der Zentrifuge verschwindend kleinen Eigenträgheitsmomente des lastseitigen Kupplungsteiles und des Riementriebs dürfen ebenso vernachlässigt werden wie das Lastdrehmoment der Zentrifuge. Wegen der eingebauten Riemenübersetzung ins Schnelle muss das Trägheitsmoment der Zentrifuge auf die Kupplungs-(Motor-)Welle reduziert werden. Die angegebene zulässige Schaltarbeit gilt bei freiliegendem Kupplungsmantel (Wärmeabfuhr!). Wenn die Riemen unmittelbar auf dem Kupplungsmantel laufen, gelten nur die halben Werte.

c) Bei fehlendem Lastdrehmoment und Beschleunigung der Arbeitsmaschine aus dem Stillstand ($\omega_{L0} = 0$) wird das notwendige Beschleunigungsdrehmoment $T_a = 2{,}2 \cdot T_N = J_L \cdot \omega_A / t_R$. Aus $P_N = T_N \cdot \omega_A$ lässt sich dann die Nennleistung des Motors bestimmen. Während des Anlaufs nimmt der Motor dabei den 7-fachen Nennstrom auf. Vergleiche anhand einer Preisliste die Kosten der mit und ohne Anlaufkupplung erforderlichen Drehstrommotoren!

13.23 Berechnung als schaltbare Reibkupplung nach Lehrbuch 13.2.6-3.

13.24 a) Werden zwei unter dem Ablenkungswinkel α zueinander geneigte Wellen (1) und (3) durch ein Kreuzgelenk (2) verbunden, so wird der Drehwinkel φ_2 der getriebenen Welle mit jeder Viertelumdrehung abwechselnd größer oder kleiner als der Drehwinkel φ_1 der treibenden Welle (Kardanfehler). Es gilt: $\tan\varphi_2 = \tan\varphi_1/\cos\alpha$.

b) Die Drehzahl (Winkelgeschwindigkeit) der Abtriebswelle verläuft sinusförmig. Sie ist abhängig vom Ablenkungswinkel α und bewegt sich zwischen den Grenzwerten $n_{2\,max} = n_1/\cos\alpha$ bzw. $n_{2\,min} = n_1 \cdot \cos\alpha$.

c) Das Drehmoment der Antriebswelle (3) schwankt zwischen den Grenzwerten $T_{2max} = T_1/\cos\alpha$ bzw. $T_{2min} = T_1 \cdot \cos\alpha$, s. auch Lehrbuch 13.3.2-1 „Gelenke und Gelenkwellen“.

13.25 a) und b) Siehe Lösungshinweis zur Aufgabe 13.24.

c) Durch die Umlenkung des Drehmomentes T entstehen in den Gelenken Momentenkomponenten, welche die Wellen (1) und (3) auf Wechselbiegung beanspruchen und Lagerkräfte hervorrufen. Diese leistungslosen Biegemomente M ändern sich periodisch und erreichen den Größtwert $M = T \cdot \tan\alpha$.

d) Die Auflagerkräfte betragen $F_A = F_B = M/a$, s. auch Lehrbuch 13.3.2-1 „Gelenke und Gelenkwellen“.

---

14 Wälzlager

14.1 Siehe Lehrbuch 14.3.2-2 Gl. (14.6) mit Angaben nach 14.3.2-3 unter Gl. (14.8) für nur radial beanspruchte Lager $F_a = 0$, $P = F_r$ sowie TB 14-2 bzw. Katalog.

14.2 Siehe Lösungshinweis zu Aufgabe 14.1; Hauptabmessungen nach TB 14-1a, Maßreihen s. Lehrbuch 14.1.4-5 (vgl. MR nach TB 14-2 bzw. Katalog).

14.3 a) Siehe Lehrbuch 14.3.2-2 Gl. (14.6) L_{10h} in Betriebsstunden mit TB 14-2 bzw. Katalog und beachte dazu Rundung unter Gl. (14.2) kursiv;
b) Aus Gl. (14.6) $P \mathrel{\hat{=}} F_{r\,zul}$ in kN;
c) Aus Gl. (14.6) n in min^{-1}.

14.4 a) Siehe Lösungshinweis zu Aufgabe 14.3; beachte Zylinderrollenlager NU Bohrungskennzahl 10;
b) Beachte Maßreihe MR03 für Zylinderrollenlager NU Bohrungskennzahl 10.
Lagerabmessungen nach TB 14-1a Radiallager bzw. Katalog.

14.5 Siehe Lehrbuch 14.3.2-2 aus Gl. (14.6) mit L_{10} für Kugel- und Rollenlager C errechnen und aus TB 14-2 bzw. Katalog für Wellendurchmesser d geeignete Lager bestimmen; Abmessung nach TB 14-1a. Desgl. kann mit Gl. (14.7) und TB 14-4, TB 14-5 gerechnet werden; vgl. Lehrbuch 14.2.6.

14

14.6 Siehe Lehrbuch 14.3.4 Gl. (14.14) mit 14.2.4-2 Ölschmierung und TB 14-10b für ν_1 und TB 14-12 für max. a_{23}; L_{10h} sinnvoll runden vgl. Lehrbuch 14.6, Beispiel 14.6.

14.7 Siehe Lehrbuch 14.3.2-2 zweckmäßig Gl. (14.7) mit 14.3.2-3 Gl. (14.8) und TB 14-3a; L_{10h} sinnvoll runden.

14.8 Festlager s. Lehrbuch 14.2.1. Für das Lager aus TB 14-2 bzw. Katalog C und C_0, danach e aus TB 14-3 mit F_a/C_0 und X, Y mit F_a/F_r bestimmen, womit sich P nach Lehrbuch 14.3.2-3 Gl. (14.8) ergibt. Lebensdauer zweckmäßig nach Gl. (14.7) mit TB 14-4 und TB 14-5 ermitteln; zur Prüfung s. Lehrbuch 14.3-2 mit TB 14-7.

14.9 Für zweireihige Schrägkugellager Reihe 32 aus TB 14-2 bzw. Katalog Tragzahl C und P entsprechend Lehrbuch 14.3.2-3 Gl. (14.8) mit TB 14-3a bestimmen; L_{10h} zweckmäßig nach Lehrbuch 14.3.2-2 Gl. (14.7) ermitteln und prüfen nach TB 14-6.

14.10 a) Die geforderte Lebensdauer $L_{10h} = 10000$ Betriebsstunden (vgl. TB 14-7) ergibt nach TB 14-5 Faktor f_L und TB 14-4 Faktor f_n, da der Bohrungsdurchmesser gleich Wellendurchmesser d und damit F_a/C_0 und C noch nicht bekannt sind, ist für die vorläufige Rechnung entsprechend $F_a/F_r > e$ nach TB 14-3a, also X feststellbar; sicherheitshalber wird zunächst ein möglichst hohes Y gewählt und P errechnet.
Aus Lehrbuch 14.3.2-3 Gl. (14.7) wird C ermittelt und damit nach TB 14-2 bzw. Katalog das Lager gewählt. Danach kann f_L bzw. L_{10h} nachgeprüft werden.
b) Siehe Lehrbuch 14.2.3-2 Einbau, axiale Festlegung mit TB 14-9a; $d_1 = d + 2\,h_{min}$; d nach TB 14-1a, h_{min} nach TB 14-9 festlegen, d_1 nach Normzahlen, TB 1-16 wählen.

14.11 *Hinweis:* Becherwerke sind ortsfeste oder bewegliche Stetigförderer, die Transportarbeit mit stetigem Ablauf auf festgelegtem Förderweg begrenzter Länge verrichten. An einem Gurt sind Schöpfbecher meist aus Blech befestigt. Der Bechergurt wird über Gurtscheiben umgelenkt und meist in geschlossenem Gehäuse geführt. Das Fördergut wird von den Bechern geschöpft oder ihnen über Zuteilvorrichtungen zugeführt.
Zur Lagerung der Welle eignen sich Stehlagergehäuse (s. Lehrbuch 14.5-1, Bild 14-45) mit Pendelkugellagern (s. Lehrbuch 14.1.4-3 Standard-Bauformen) und Spannhülsen. d_1 nach TB 14-1d für Lagerdurchmesser d wählen (s. auch Katalog). Nach Bild gilt $P = F_r = F/2$; nach Lehrbuch 14.2.6 und TB 14-7. L_{10h} wählen und TB 14-5 und TB 14-4 f_L und f_n ablesen, danach C errechnen; Lagergröße nach TB 14-2 bzw. Katalog für d; Spannhülse s. Lehrbuch 14.2.3-2, unter Bild 14-28; Lagergehäuse s. Lehrbuch 14.5-1 zu Bild 14-45.

14.12 Siehe TB 14-7 L_{10h} für Fördermaschinen, damit f_L aus TB 14-5, desgl. aus TB 14-4 f_n für n aus $v = d \cdot \pi \cdot n/60$ m/s; C aus Lehrbuch 14.3.2-2 Gl. (14.7); geeignet Pendelkugellager mit C für d_1 aus TB 14-2 bzw. Katalog für $P = F_r = F_A/2$; Abmessungen aus TB 14-1; Anschlussmaße aus TB 14-9 (vgl. Lehrbuch 14.2.3-2); ISO-Toleranzen nach Lehrbuch TB 2-9 bzw. TB 14-8.

14.13 a) Aus TB 14-2 ist zunächst für $F_a/F_r < e$ der Axialfaktor Y zu schätzen sowie aus TB 14-3a der Radialfaktor X zu entnehmen, womit P mit Gl. (14.8) errechnet wird. Mit der erforderlichen dynamischen Tragzahl C aus Gl. (14.7) wird das geeignete Lager für den Wellendurchmesser d aus TB 14-2 bzw. Katalog gefunden.
b) Die wirkliche L_{10h} wird für f_L nach Gl. (14.7) aus TB 14-5 geschätzt.

14.14 Zweckmäßig sind die Lager nach Herstellerkatalog zu bestimmen. Pendelrollenlager mit Abziehhülse (vgl. Lehrbuch 14.2.3-2 zu Bild 14.28e, *AHX* d. h. Außenabmessungen nach ISO), kegelige Lagerbohrung 1:2, Abmessungen aus TB 14-1e. L_{10h} nach Lehrbuch 14.3.2-2 Gl. (14.7) mit Gl. (14.8) und TB 14-3a, mit Werten aus TB 14-4, TB 14-5, TB 14.7.

14.15 a) Das Lager ist nach TB 14-1e und TB 14-1a bzw. Katalog zu bestimmen, vgl. Lösungshinweis 14.13a;
b) Siehe Lehrbuch 14.3.2-2 mit TB 14-2 bzw. Katalog und Gl. (14.7).

14.16 a) Für Maßreihe MR02 bzw. Durchmesserreihe DR2 Abmessungen aus TB 14-1a entnehmen; Paarungsbreite 2 × B.
b) Aus TB 14-2 für Lagerpaar $C = 1{,}625 \cdot C_{\text{Einzel}}$ und aus TB 14-3a X, Y-Werte für P entnehmen; Lebensdauer nach Gl. (14.7) vergleichen mit Richtwert Nr. 3 nach TB 14-6.
c) DR2 für Reihe 32 wie b) prüfen.

14.17 Siehe TB 14-2 bzw. Katalog C_{Einzel}, somit $C = 1{,}625 \cdot C_{\text{Einzel}}$ für das Lagerpaar; zunächst f_L aus Gl. (14.7) für L_{10h} entsprechend Gl. (14.8) mit X, Y für P nach TB 14-3a (beachte max. Richtwert aus TB 14-6); modifizierte Lebensdauer nach Lehrbuch 14.3.4. Bezugsviskosität ν nach TB 14-10, Bestimmungsgröße K nach TB 14-11, Basiswert a_{23II} nach TB 14-12 Sauberkeitsfaktor s nach TB 14-13b.

14.18 a) Es gilt: $F_{r1} \cdot 420 + F_k \cdot 200 - F_w \cdot 210 - (F_v + F_u) \cdot 660 = 0$ bzw.
$F_{r2} \cdot 420 + F_w \cdot 210 + F_k \cdot 620 - (F_v + F_u) \cdot 200 = 0$
b) Aus TB 14-2 bzw. Katalog sind für das Zylinderrollenlager C_1 und für das Schrägkugellagerpaar $C_2 = 1{,}625 \cdot C_{\text{Einzel}}$ zu entnehmen sowie mit TB 14-3 nach Gl. (14.8) P_1 und P_2 und nach Gl. (14.7) für f_n aus TB 14-4 die Werte f_{L1}, f_{L2} zu errechnen und L_{10h1}, L_{10h2} nach TB 14-5 zu schätzen. Vergleiche mit Richtwerte Zeile 18 TB 14-7.

14.19 Siehe TB 14-2 bzw. Katalog Werte C_1, C_2, e_1, e_2 und Y_1, Y_2; danach F_{a1}, F_{a2} entsprechend Lehrbuch zu Bild 14-36c, Zeile 2 und P_1, P_2 mit Gl. (14.8), L_{10h1}, L_{10h2} mit Gl. (14.7), vgl. Lehrbuch 14.6, Beispiel 14.2.

14.20 Siehe Lösungshinweis zur Aufgabe 14.19 für $F_a = 0$ Bild 14-36c, Zeile 3; vgl. Lehrbuch 14.6, Beispiel 14.2 „Beachte“.

14.21 Siehe Lehrbuch 14.3.2-4 Gl. (14.10) mit Wirkungsdauer $q_n = t_n/t \cdot 100$ in % und $p = 10/3 \approx 3{,}33$ wird P für die mittlere Drehzahl n_m nach Gl. (14.11) ermittelt; Lagerwahl entsprechend C aus TB 14-2 oder Katalog; Abmessungen aus TB 14-1 oder Katalog.

14.22 a) F_{a1}, F_{a2} aus 0,2 kN/kW

b) P nach Gl. (14.12), wenn nach Gl. (14.8) $X \cdot F_r = 0$, so dass $P_1 = Y \cdot F_{a1}$ und $P_2 = Y \cdot F_{a2}$ mit n_m nach Gl. (14.11) einzusetzen sind; Y aus TB 14-2 für $F_a/F_r > e$ in jedem Falle.

c) Aus Gl. (14.7) mit C aus TB 14-2 mit f_n aus TB 14-4 für n_m und TB 14-5 für f_L den Wert L_{10h} ermitteln.

14.23 a) Beachte TB 14-2, Rillenkugellager DIN 625 der Reihe 64 reicht danach nicht aus, geeignet zweireihiges Schrägkugellager DIN 628 oder paarweise Schrägkugellager DIN 628 in *X*- bzw. *O*-Anordnung (vgl. Lehrbuch Bild 14-23) nach Kontrolle von L_{10h};

b) Schrägkugellager und Rillenkugellager Durchmesserreihe 3 nach TB 14-2;

c) Siehe TB 14-8 (s. auch TB 2-9) Anschlussmaße TB 14-9 (s. Lehrbuch 14.2.3-2, Einbau, axiale Festlegung).

14.24 Beachte paarweise eingebaute Kegelrollenlager Werte nach TB 14-2 unter Tabelle und rechne nach Gl. (14.7), Richtwert aus TB 14-7.

14.25 a) Siehe Lehrbuch 14.2.1 Festlager, Loslager; beachte auch im Lehrbuch 14.1.4-3 und 14.2.2;

b) Siehe Lehrbuch 11.2.2-2 zu Bild 11-20; Ermittlung der Lagerkräfte zweckmäßig in senkrecht aufeinanderstehenden Ebenen (Horizontalebene x, Vertikalebene y). Wirksame Kräfte (schematisch) ergeben resultierende Lagerkräfte $F_{Ar} = \sqrt{F_{Ax}^2 + F_{Ay}^2}$ bzw. $F'_{Ar} = \sqrt{F_{Ax}'^2 + F_{Ay}^2}$ und $F_{Br} = \sqrt{F_{Bx}^2 + F_{By}^2}$ bzw. $F'_{Br} = \sqrt{F_{Bx}'^2 + F_{By}^2}$; maßgebend größte Lagerkräfte $F_{Ar} \mathrel{\hat{=}} F_r$ mit F_a und $F'_{Br} \mathrel{\hat{=}} F_r$ für Lagerstelle A und B, s. Skizze.

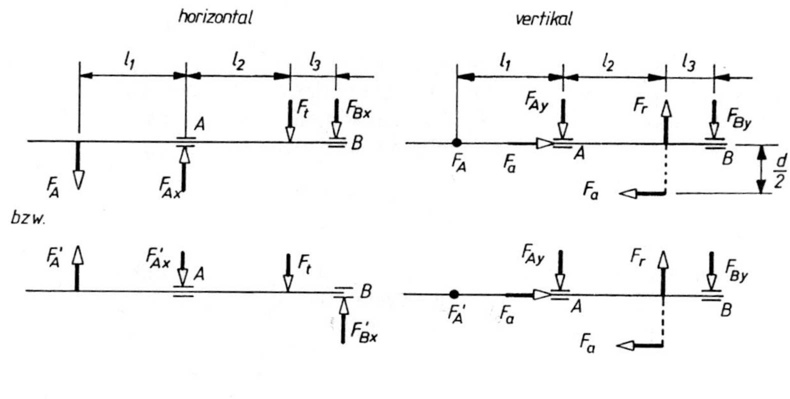

c) Siehe Lehrbuch 14.3.2-2 Gl. (14.7) mit 14.3.2-3 Gl. (14.8) für f_L oder (C). Beachte dazu TB 14-3.
d) Siehe Lehrbuch 14.3.4 mit TB 14-7, TB 14-10, TB 14-11, TB 14-12 und TB 14-13.
e) Hauptabmessungen TB 14-1a, Anschlussmaße 14.2.3-2 mit TB 14-9; Toleranzen 14.2.3-1 mit TB 14-8.

14.26 Die Wagen dienen zum Beschicken von Tunnelöfen, z. B. beim Glühen von Teilen; ihre Fahrgeschwindigkeit und damit die Achsendrehzahl ist gering (0,1...1 m/h im Ofen, außerhalb bis Schritttempo), d. h. maßgebend statische Tragfähigkeit, s. Lehrbuch 14.3.1 entsprechend Gl. (14.3) $f_S = C_0 \cdot f_T / P_0$ bei Berücksichtigung eines Temperaturfaktors f_T (s. Lehrbuch 14.3.3) mit $F \approx 10 \cdot m$ je Lager $F/2 = F_{r0} \mathrel{\widehat{=}} P_0$.

14.27 Rillenkugellager C_0 aus TB 14-2; radiale Lagerkräfte $F_{Ar} = F_{Br} \mathrel{\widehat{=}} F_{r0} = F \cdot 60/30$; axiale Lagerkraft $F_a = F = F_{a0}$ wird an Lagerstelle A aufgenommen. Prüfung nach Lehrbuch 14.3.1 Gl. (14.3) mit Gl. (14.4) und TB 14.3b.

14

15 Gleitlager

15.1 Siehe TB 15-9; beachte 1 $Ns/m^2 = 1$ Pa s und 1 mPa s $= 10^{-3}$ Pa s; vgl. Lehrbuch 15.1.4, Schmierstoffeinflüsse, $\eta = \varrho \cdot \nu$ mit Gl. (15.2).

15.2 a) Siehe Gl. (15.1),
b) Siehe Lehrbuch 15.1.4: $\eta = \varrho \cdot \nu$, mit SI-Einheiten Pa s (Ns/m^2) der dyn. Viskosität, kg/m^3 der Dichte und m^2/s der kinematischen Viskosität. Praktische Zahlenwertgleichung: $\eta = 0,9 \cdot \nu$, wobei η in mPa s und ν in mm^2/s.

15.3 Ermittle mit $p_L \leq p_{L\,zul}$ nach Gl. (15.4), η_{eff} bei ϑ_{eff} für ISO VG 46 aus TB 15-9, ω_{eff} bzw. u_w und $\psi_B = s/d_L \cdot 10^{-3}$ die Sommerfeldzahl So nach Gl. (15.9), womit $\varepsilon = f(So, b/d_L)$, aus TB 15-13b angenähert bestimmt ist. Danach ist $h_0 \geq h_{0\,zul}$ nach Gl. (15.8) zu errechnen und mit dem Wert aus TB 15-16 zu vergleichen. Die Beurteilung erfolgt nach Lehrbuch 15.4.1-1c.

15.4 a) Ermittle mit $p_L \leq p_{L\,zul}$ nach Gl. (15.4), η_{eff} bei $\vartheta_{eff} = \vartheta_m$ für ISO VG 220 aus TB 15-9, ω_{eff} sowie $\psi_B = s/d_L \cdot 10^{-3}$ und die Sommerfeldzahl So nach Gl. (15.9), womit $\varepsilon = f\,(So, b/d_L)$, aus TB 15-13b angenähert ablesbar ist. Danach errechne h_0 nach Gl. (15.8) und vergleiche $h_0 \geq h_{0\,zul}$ aus TB 15-16; s. auch Lehrbuch 15.4.1-4, Berechnungsgang c.
b) Siehe Lehrbuch 15.3.2 unter „Hinweis" zur Übergangsdrehzahl $n'_ü$ mit TB 15-9 für η_{eff} in mPa s.

15

15.5 a) Benennung Nr. 3, 5, 7, 9 siehe Lehrbuch Bild 15-26c; s. Lehrbuch 15.4.1-1a Kleindruck „Hinweis" mit TB 2-4, worin die Passung H8/d9 bzw. H11/d9 vorhanden. Für d6 ergibt sich das gleiche obere Abmaß $es = -120$ µm und das untere Abmaß wird $ei = -es + (-IT6)$ nach TB 2-1 für d $\widehat{=}$ $d_L = 80$ bis 120 mm.
b) Siehe Lehrbuch 15.4.1-1a Kleindruck „Hinweis" $\Delta s = 0$, also für $s_E \approx s_B$, $\psi_B = (s_{E\,max} + s_{E\,min})/(2 \cdot d_L)$ in ‰; vgl. auch Lehrbuch 15.5, Beispiel 15.1, Lösung b.

15.6 a) Siehe TB 15-2, Bauform lang $b_1/d_1 \widehat{=} b/d_L = 1$; aus TB 15-7 Mittel-$p_{L\,zul}$, so dass aus Gl. (15.4) $d_L = \sqrt{F/p_{L\,zul}}$ wählbar; mit b für Bauform kurz vorhandene p_L im Bereich; Normbezeichnung entsprechend Beispiel s. TB 15-3.
b) Siehe TB 2-11;
c) Siehe Lehrbuch 15.4.1-1a, relatives Lagerspiel nach Kleindruck „Hinweis", Abmaße für Passung aus TB 2-4; α_W aus TB 12-6b, α_L aus TB 15-6; desgl. gilt für relatives Einbau-Lagerspiel $\psi_E = (s_{E\,max} + s_{E\,min})/(2 \cdot d_L)$ und relative Spieländerung $\Delta\psi = (\alpha_L - \alpha_W) \cdot 10^{-6}\,(\vartheta_{eff} - 20\,°C)$, so dass das mittlere relative Betriebslagerspiel $\psi_B = \psi_E + \Delta\psi$ wird.

15.7 a) Siehe Lehrbuch 15.4.1a, $\psi \widehat{=} \psi_E$ nach Gl. (15.5);
b) Ohne Angabe einer Passung mit α_W aus TB 12-6b und α_L laut Text, danach s_B entsprechend aus Gl. (15.5);
c) Mit $h_0 \approx 1{,}3 \cdot h_{0\,zul}$ aus TB 15-16 abhängig von u_w aus Gl. (15.8);
d) η_{eff} aus Gl. (15.9) mit $p_L = p_{L\,zul}$, ω_{eff}, $So = f\,(\varepsilon, b/d_L)$, $b \widehat{=} b_1$ aus TB 15-1d zu Bild 15-25d, Lehrbuch: Schmieröl für ϑ_{eff} aus TB 15-9 wählen, Bezeichnung entsprechend TB 15-8a.

15.8 a) Siehe Lehrbuch Gl. (15.4) mit TB 15-7;
b) s. TB 15-8a und TB 15-9 bei $\vartheta_{eff} = 60\,°C$;
c) s. Lehrbuch 15.4.1c, Gl. (15.9);
d) s. TB 15-13a, b [vgl. Lehrbuch nach Gl. (15.9) über „Hinweis“ kursiv, darunter Verhalten des Lagers];
e) s. Lehrbuch 15.4.1-1b Gl. (15.8) mit TB 15-16 und $\beta°$ darunter erläutert nach TB 15-15b, s. Lehrbuch 15.4.1-1c, Hinweis kursiv.

15.9 a) Nach Lehrbuch 15.3.4-1 (Bild 15-24c) ist für das ungeteilte Loslager ohne Schmiertaschen mit Ölbohrung ψ_B nach Gl. (15.6) vorzuwählen und nach TB 15-11 festzulegen. Damit wird entsprechend Gl. (15.5) s_B bestimmt.
b) Zunächst ist mit Gl. (15.4) $p_L < p_{L\,zul}$ nach TB 15-7 zu prüfen; danach mit $\vartheta_0 = \vartheta_{eff}$ und für ISO VG 100 (s. TB 15-8a η_{eff} aus TB 15-9 abgelesen; für ω_{eff} wird *So* nach Gl. (15.9) errechnet und damit entsprechend b/d_L aus TB 15-13a angenähert ε abgelesen, so dass der Verlagerungswinkel $\beta°$ aus TB 15-15a schätzbar wird. Aus Lehrbuch 15.4.1-1d ist für das 360°-Lager μ/ψ_B errechenbar, womit $\mu = \psi_B \cdot \mu/\psi_B$ und nach Gl. (15.10) P_R bestimmbar sind.
Nach Gl. (15.14) ist die Lagertemperatur $\vartheta_L \mathrel{\widehat{=}} \vartheta_m$ ermittelbar bis iterativ $|\vartheta_m - \vartheta_0| \leq 2\,°C$ und $\vartheta_L < \vartheta_{L\,zul}$.
c) Nach Gl. (15.8) $h_0 > h_{0\,zul}$ aus TB 15-16 nachzuweisen.
d) Nach Gl. (15.16) $\dot{V}_D$ mit $\dot{V}_{D\,rel}$ (über der Gl.) errechnet.

15.10 a) Zunächst d'_L und b' lt. Textangabe ermitteln; damit nach Gl. (15.4) $p_L \leq p_{L\,zul}$ entsprechend TB 15-7 erfahrungsgemäß Lagerwerkstoff-Gruppe wählen.
b) Zustandsgrößen nach Lehrbuch 15.4.1-2a mit $\varepsilon = f(So,\, b'/d'_L)$ und $\beta° = f\,(\varepsilon,\, b'/d'_L)$ ermitteln, vgl. Aufgabe 15.9, Lösungshinweis b.
c) $\dot{V}_D$ nach Lehrbuch 15.4.1-4 Kleindruck „Hinweis“.
d) Nach Gl. (15.8) $h_0 > h_{0\,zul}$ für $W_t = 0$, s. entsprechend 15.4.1-4c.

15.11 Für die vorhandene p_L nach Gl. (15.4), ω_{eff}, η_{eff} bei $\vartheta_0 \mathrel{\widehat{=}} \vartheta_{eff}$ abgelesen für ISO VG 220 (s. TB 15-8a) und ψ_B wird *So* nach Gl. (15.9) errechnet und damit entsprechend b/d_L aus TB 15-13a angenähert ε abgelesen, so dass der Verlagerungswinkel β aus TB 15-15a schätzbar ist.
Aus Lehrbuch 15.4.1-1d ist für das 360°-Lager μ/ψ_B errechenbar, womit nach Gl. (15.10) P_R mit $\mu = \psi_B \cdot \mu/\psi_B$ bestimmbar wird.
Nach Gl. (15.14) ist die Lagertemperatur $\vartheta_L \mathrel{\widehat{=}} \vartheta_m$ ermittelbar. Ist $\vartheta_L > \vartheta_0$, muss mit jeweils $\vartheta_{0\,neu} = 0{,}5\ (\vartheta_{0\,alt} + \vartheta_m)$ solange gerechnet werden, bis $|\vartheta_m - \vartheta_0| \leq 2\,°C$ und $\vartheta_L < \vartheta_{L\,zul}$ ist. Dabei muss auch für die Berechnung von *So* jeweils $\psi_B = \psi_E + \Delta\psi$ ermittelt werden (vgl. Aufgabe 15.7). Da (entsprechend Aufgabe 15.6) das Einbauspiel ψ_E bekannt ist, kann mit der Spieländerung $\Delta\psi = (\alpha_L - \alpha_W) \cdot 10^{-6}\ (\vartheta_{eff} - 20\,°C)$ addiert werden (vgl. Lösungshinweis 15.6c).

15.12 a) Stehlagergehäuse ohne Kühlrippen, Lagerschale ohne Schmierringschlitz; nach Gl. (15.4) $p_L < p_{L\,zul}$ nach TB 15-7.
b) Mit $\vartheta_{a0} = \vartheta_e + \Delta\vartheta$ wird $\vartheta_{eff} = 0{,}5\ (\vartheta_e + \vartheta_{a0})$ und η_{eff} aus TB 15-9 abgelesen; $\psi_B =$ konst., *So* mit Gl. (15.9) und $\varepsilon = f\,(b/d_L,\, So)$ aus TB 15-13a, $\beta°$ aus TB 15-15a geschätzt; μ/ψ_B rechnerisch s. Lehrbuch 15.4.1-1d bzw. angenäherte Ablesung aus TB 15-14, damit P_R mit Gl. (15.10); Lagertemperatur $\vartheta_L \mathrel{\widehat{=}} \vartheta_a$ nach Gl. (15.15), wenn $\dot{V}$ nach Gl. (15.18) mit $\dot{V}_D$ nach Gl. (15.16) und $\dot{V}_{pZ}$ nach Gl. (15.17) ermittelt werden. Iteration mit $\vartheta_{a0\,neu} = 0{,}5\ (\vartheta_{a0\,alt} + \vartheta_a)$ und $\eta_{eff} = 0{,}5\ (\vartheta_e + \vartheta_{a0\,neu})$ usw. bis $|\vartheta_{a0} - \vartheta_a| \leq 2\,°C$ und $\vartheta_L \leq \vartheta_{L\,zul}$ aus TB 15-17 für u_w.
c) Siehe Gl. (15.8).

15

15.13 a) Nach Gl. (15.4) $p_L < p_{L\,zul}$ entsprechend TB 15-7 prüfen.

b) Mit Gl. (15.6) ψ_E vorwählen, danach $\Delta\psi = (\alpha_L - \alpha_W) \cdot 10^{-6}\ (\vartheta_{eff} - 20\,°C)$ für α_L aus TB 15-6 und $\alpha_W = 11 \cdot 10^{-6}\ 1/°C$ aus TB 12-6b bei $\vartheta_{eff} = 0.5\ (\vartheta_e + \vartheta_{a0})$ ermitteln, so dass $\psi_B = \psi_E + \Delta\psi$ wird (vgl. Text zu Aufgabe 15.7).

c) Siehe Lösungshinweis zu Aufgabe 15.8b; $\dot{V}_D$ mit Gl. (15.16), $\dot{V}_{pZ}$ mit Gl. (15.17) für $\dot{V}_{pZ\,rel}$ aus TB 15-18b, Nr. 2, so dass $\dot{V}$ mit Gl. (15.18) errechenbar.
μ/ψ_B soll rechnerisch gemäß Lehrbuch 15.4.1-1d und $\beta°$ nach TB 15-15a geschätzt werden; Verschleißgefährdung mit Gl. (15.8) prüfen.

15.14 a) Entsprechend zum Hinweis unter Gl. (15.15) wird für $\vartheta_0 \mathrel{\hat{=}} \vartheta_{a0}$ festgelegt und damit $\vartheta_{eff} = 0{,}5\ (\vartheta_e + \vartheta_{a0})$ ermittelt und danach η_{eff} aus TB 15-9 für ISO VG 220 abgelesen. Mit $\psi_B = \psi_E + \Delta\psi$ bei ϑ_{eff} (vgl. Lösungshinweis 15.6c), p_L und ω_{eff} wird *So* nach Gl. (15.9) errechnet und $\varepsilon = f\ (b/d_L,\ So)$ aus TB 15-13a abgelesen; $\beta°$ aus TB 15-15a geschätzt ergibt rechnerisch μ/ψ_B, so dass P_R nach Gl. (15.10) errechenbar ist. Die Lagertemperatur $\vartheta_L \mathrel{\hat{=}} \vartheta_a$ wird jeweils mit Gl. (15.14) ermittelt. Die Iteration wird eingestellt, wenn der absolute Wert $|\vartheta_{a0} - \vartheta_a| \leq 2\,°C$ und $\vartheta_L \leq \vartheta_{L\,zul}$ ist. Bei geringer Abweichung von 2 °C kann sich eine weitere Iteration erübrigen, da die übrigen Betriebsgrößen sich kaum verändern (vgl. Lösung, Rechenschritt 2).

b) Für die gefundene ε ist $h_0 \geq h_{0\,zul}$ zu ermitteln; beachte im Lehrbuch 15.5, Beispiel 15.1, Lösung b.

c) Beurteilung nach Lehrbuch 15.4.1-1c unter Hinweis kursiv.

15.15 a) Beachte: ψ_E nach Gl. (15.5) und $\psi_B = \psi_E + \Delta\psi$ mit $\Delta\psi = (\alpha_L - \alpha_W) \cdot 10^{-6} \cdot (\vartheta_{eff} - 20\,°C)$, wobei $\vartheta_{eff} = \vartheta_0 = \vartheta_U + \Delta\vartheta$ ist: $p_L < p_{L\,zul}$, Rechengang s. Lösungshinweis Aufgabe 15.9b bzw. 15.11.

b) Siehe Lösungshinweis Aufgabe 15.12b bzw. 15.14a

c) s. Gl. (15.8).

15.16 a) Siehe Lehrbuch 15.4.2-1 Ringspurlager, p_T aus Gl. (15.22); beachte: 1 bar = 10 N/cm².

b) Mit Gl. (15.21) aus TB 15.9 η_{eff} in Ns/cm² bei ϑ_{eff}, h_0 mit Gl. (15.20).

c) Beachte Gln. (15.23) und (15.24) mit TB 15-8c.

15.17 a) Siehe Lehrbuch 15.4.2-1 $h_{0\,zul}$ mit Gl. (15.20) und zur Lösung von c bis d.

b) Zunächst aufgrund der Achskraft F und den Lagerabmessungen $p_T \approx p_Z$ aus Gl. (15.22) ermitteln, danach mit Gl. (15.21) $\dot{V}$ in *l*/min (dm³/min) für η_{eff} in Ns/cm² bei ϑ_{eff} in °C aus TB 15-9 errechnen.

c) Mit Gl. (15.23) P_R bestimmen und mit P_P und $c \cdot \varrho = 1{,}8 \cdot 10^6\ \mathrm{Nm/(m^2 \cdot °C)}$ $\Delta\vartheta$ als Rundwert mit Gl. (15.24) ermitteln.

d) Mit Gl. (15.25) μ berechnen.

15.18 Allgemein siehe Lehrbuch 15.4.2-2 Einscheiben- und Segment-Spurlager

a) s. Angaben zu Gl. (15.26) und unter Gl. (15.28); p_L mit Gl. (15.30); Dicke h_{seg} siehe unter Gl. (15.34).

b) Nach Gl. (15.31) und aus TB 15-9 mit η_{eff} bei ϑ_{eff}, beachte Belastungskennzahl k_1 aus Bild 15-44a nach Angaben l/b, h_0/t.

c) Beachte Bild 15-44a für k_2 mit Gl. (15.32) für $u_m = d_m \cdot \pi \cdot n_w$ in m/s.

d) Beachte für ϱ bei ϑ_{eff} spezifische Wärmekapazität c in Nm/(kg °C) aus TB 15-8c mit $2 \cdot \dot{V}_{ges}$ nach Gl. (15.34) mit Gl. (15.33) berechnen (mit k_1 und k_2 wird $2 \cdot 0{,}7 = 1{,}4$ in Gl. eingesetzt).

---

16 Riementriebe

16.1 Lösung der Aufgabe erfolgt anhand einer Arbeitsskizze (s. u. Ergebnisse 16.1).

a) Der Umschlingungswinkel ergibt sich aus $\beta_1 = 180° - 2\alpha$; der Winkel α in dem Dreieck M_1M_2C aus $\alpha = \arccos\,(d_2 - d_1)/(2\,e)$, wobei $\sin\,(90° - \beta_1/2) = \cos\,(\beta_1/2)$ ist.

b) Die Riemenlänge L wird zweckmäßig aufgeteilt in die Teillängen $L_1 \ldots L_8$. Bei gleichen Scheibendurchmessern wird $L = 2\,e + (d_2 + d_1) \cdot \pi/2$. Im vorliegenden Fall werden die Teillängen: $L_1 = \overline{P_1P_2} = L_2 = \overline{P_3P_4} = e \cdot \sin\,(\beta_1/2)$; $L_3 = P_1P_5 = L_4 = P_3P_6 = d_1 \cdot \pi \cdot \alpha°/360°$, $L_5 = L_6 = P_4P_7 = P_2P_8 = d_2 \cdot \pi \cdot \alpha°/360°$, $L_7 = d_1 \cdot \pi/2$, $L_8 = d_2 \cdot \pi/2$.

16.2 Siehe Lösungshinweise zur Aufgabe 16.1.
Die Zusammenhänge zwischen Wellenabstand e, der Differenz der Scheibendurchmesser $(d_2 - d_1)$ und dem Umschlingungswinkel β_1 an der kleinen Scheibe anhand einer Arbeitsskizze herstellen. Nach Gl. (16.24) wird $\beta_1 = 2 \cdot \arccos\,[(d_2 - d_1)/(2\,e)]$.

16.3 a) Siehe Lehrbuch 16.3.1-1. Ermittlung des Umschlingungswinkels β_1 an der kleinen Scheibe nach Lehrbuch Gl. (16.24).

b) Die Wellenbelastung F_W nach Lehrbuch Gl. (16.6).

16.4 Siehe Lehrbuch 16.3.1-4. Die übertragbare Leistung ergibt sich allgemein aus $P = F \cdot v = \sigma_N \cdot S \cdot v$ mit der Nutzspannung σ_N nach Gl. (16.16) und dem Riemenquerschnitt $S = b \cdot t$. Die in σ_N enthaltene Fliehkraftspannung steigt mit zunehmender Riemengeschwindigkeit und wird die Nutzspannung im Grenzfall vollständig aufheben, so dass keine Leistung mehr übertragen werden kann.
Nach Gl. (16.17) ist die Leistung $P = f(v)$ zu ermitteln und in einem Diagramm in Abhängigkeit von der Geschwindigkeit aufzutragen. Die optimale Riemengeschwindigkeit v_{opt} nach Lehrbuch, Gl. (16.18).

16

16.5 Bei Trieben ins Schnelle ($i < 1$) gilt anstatt der Gl. (16.19) $i = n_{an}/n_{ab} \approx d_{ab}/d_{an} = d_k/d_g$. Ferner ist zu beachten, dass die Riemenhersteller in ihren Katalogen die übertragbaren Leistungswerte für eine Übersetzung $i = 1$ angeben. Bei $i < 1$ verringern sich die Werte, so dass der Trieb mehr nach der sicheren Seite auszulegen ist. In Zweifelsfällen beim Hersteller anfragen.

a) Nach Herstellerangaben $d_{1\,min} = 280$ mm für den Motor 180 L bei $n_s = 1500\ \text{min}^{-1}$.

b) c), d) Siehe Lehrbuch 16.3.2. Es ist zu beachten, dass die unter Gl. (16.37) angegebene Formel nur für den Flachriemen Extremultus, Bauart 80/85 gilt; allgemein $f_{B\,max}$ nach TB 16-1.

16.6 Die Berechnung des Antriebs erfolgt nach Lehrbuch 16.3.2 und dem im Bild 16-18 dargestellten Ablaufplan unter Zugrundelegung der Herstellerangaben für den Extremultusriemen.
Hinweis: Durch die spezielle Forderung für d_g wird $d_{1\,min}$ nach Herstellerangaben (s. Aufg. 16.5) unterschritten. In diesem Falle ist speziell die Motorwellenbelastung zu überprüfen bzw. Rücksprache mit dem Motorenhersteller zu nehmen.

16.7 a) Die Motorleistung aus $T_{ab} = 9550\ (P_M/n_{ab}) \cdot K_A \cdot \eta$, Motorwahl n. TB 16-21; Scheibendurchmesser nach Herstellerangaben (s. A 16.5) in Verbindung mit TB 16-9.

b) … e) siehe Lehrbuch 16.3.2.

16.8 Siehe Lösungshinweise zur Aufgabe 16.7.

16.9 Siehe Lösungshinweise zu Aufgabe 11.5.

a) Motorwahl nach TB 16-21. Beachten, dass die kleine Scheibe auf der Maschinenwelle sitzt, somit anschließende Kontrolle, ob nach Herstellerangaben (TB 16-7) der kleine Durchmesser nicht unterschritten wird.

Hinweis: $d_{min} = 224$ mm für Motor 132 *M*

b) Bei der Wahl der Riemenbauart die entsprechenden Umwelteinflüsse beachten. Im vorliegenden Fall ist mit Staubentwicklung zu rechnen. Die nach DIN 111 angegebene kleinste Scheibenbreite wählen;

c) Aufgrund der baulichen Gegebenheiten wird es sinnvoll sein, die erforderliche Vorspannung des Riemens durch entsprechende Riemenkürzung zu erhalten. Eine zusätzliche Möglichkeit der Vergrößerung des Wellenabstandes durch die Motorspannschienen kann dennoch gegeben sein.

16.10 a) Siehe Lehrbuch 16.3.2 und TB 16-21;

b) Der Wellenabstand nach Gl. (16.22). Der maximale Wellenabstand e_{max} ergibt sich aus $e_{max} = e + s_{Sp}$.

c) Zweckmäßig ermittelt man für die vorliegenden Verhältnisse die erforderliche Mindestanzahl der Keilriemen und stellt sie der vorgesehenen Keilriemenanzahl gegenüber.

16

16.11 a) Wahl der Keilriemengröße nach TB 16-11c;

b) und c) Siehe Lösungshinweise zur Aufgabe 16.10.

16.12 Siehe Lösungshinweis zur Aufgabe 16.11; Lösung allgemein nach Lehrbuch, Bild 16-14. Bei der Berechnung die Betriebsdrehzahl des Motors zugrundelegen ($n_1 < n_s$; $n_1 \approx 1475\ \text{min}^{-1}$).

16.13 Siehe Lösungshinweise zur Aufgabe 16.12.

16.14 Siehe Lehrbuch 16.3.2.

16.15 In der Größenangabe 50-T20/2600 bedeutet 50 die Riemenbreite *b* in mm, 2600 die Richtlänge L_d in mm und T20 der Riementyp mit der Teilung $p = 20$ mm.

16.16 Lösung nach Lehrbuch Abschnitt 16.3.2, Bild 16-18.

Die Zähnezahl der Synchronriemenscheiben ist in den nach TB 16-19b) angegebenen Grenzen z_{min} und z_{max} frei wählbar, wobei kleine Zähnezahlen eine stärkere Krümmung des Riemens und somit höhere Biegespannungen bewirken.

Die Ermittlung der Riemenbreite *b* erfolgt entweder mit der übertragbaren spezifischen Nennleistung P_{spez} oder aber mit dem übertragbaren spezifischen Drehmoment M_{spez}, je nachdem, welche Größe maßgebend ist. Bei der praktischen Auslegung von Synchronriemen-Trieben sollte immer mit den Katalogwerten des jeweiligen Herstellers gerechnet werden!

16.17 Siehe Hinweise zur Aufgabe 16.16.

Im vorliegenden Fall ist $K_A = 1$, da die maximale Leistung angegeben wurde.

16.18 Siehe Hinweise zur Aufgabe 16.16. Beachte, dass $i = \dfrac{d_k}{d_g}$ bzw. $\dfrac{z_k}{z_g} < 1$ (Übersetzung ins Schnelle), s. hierzu Lehrbuch, Legende zur Gleichung (16.32).

16.19 a) Lösung nach Lehrbuch, Abschnitt 16.3.2. Riemenausführung nach TB 16-6a; Einfluss von Fett und Öl ist nicht zu erwarten; Scheibendurchmesser d_k nach TB 16-6 mit $P = 4$ kW und $n = 1440 \text{ min}^{-1}$ bzw. Angaben des Motorenherstellers (in diesem Falle $d_{min} = 160$ mm). Bei der Ermittlung von d_g i_{Getr} berücksichtigen ($n_g = n_3 \cdot i_{Getr}$);

b) Lösung nach Lehrbuch, Abschnitt 16.3.2. Scheibendurchmesser d_{dk} nach TB 16-21, Scheibenbreite nach TB 16-13.

16.20 Siehe Lösungshinweise zu den Aufgaben 16.16 und 16.19.
Ermittlung des Motor-Verschiebeweges zum Auflegen bzw. zum Spannen des Riemens anhand einer sinnvollen Arbeitsskizze.
Für b) ist nach Angaben des Motorenherstellers $d_{min} = 180$ mm anzunehmen.

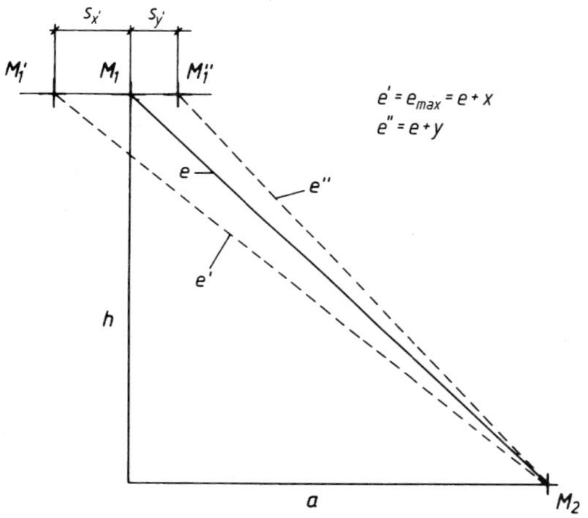

---

17 Kettentriebe

17.1 a) Die Profilabmessungen der Kettenräder für Rollenketten nach DIN 8187 sind genormt nach DIN 8196 T1, s. Lehrbuch, Abschnitt 17.2.1.

b) Für die Nabenabmessungen sind die Erfahrungswerte nach TB 12-1a zugrundezulegen unter Berücksichtigung der nach DIN 748 vorgegebenen Wellenzapfenlänge. Für die vorgesehene Befestigungsart muss die Nabenlänge $L > l$ (l Zapfenlänge) ausgeführt werden. Toleranzklasse für die Nabenbohrung nach TB 12-2b1) festlegen.

c) Passfederabmessungen nach DIN 6885, s. TB 12-2a, Toleranzklasse für die Nutbreite s. TB 12-2b2).

17.2 Siehe Lehrbuch, Abschnitt 17.3. Der Anwendungsfaktor ist $K_A = 1$ zu setzen, da das maximale Drehmoment zugrundegelegt wird. Die Trumlänge l_T kann nach den Angaben zum Bild 17-8, Lehrbuch, ermittelt werden.

17.3 Nach Lehrbuch, Abschnitt 17.1.5, ergibt sich nach Bild 17-10 $v_{min} = v_u \cdot \cos(\tau/2)$ und $v_{max} = v_u$ mit $v_u = d \cdot \pi \cdot n$. Der Geschwindigkeitsverlauf wird also einer Cosinusfunktion entsprechen. Setzt man $v_{max} = v_u = 100\%$, so kann v_{min} und ebenso $\Delta v = v_{max} - v_{min}$ entsprechend prozentual angegeben werden. Zur bildlichen Darstellung kann in einem Diagramm die x-Achse entsprechend der Zähnezahl des jeweiligen Kettenrades eingeteilt werden, z. B. für eine halbe Umdrehung des Kettenrades in 5, 10 bzw. 20 Teilungen. Die Teilung kann auch ausgedrückt werden durch $360°/z \mathrel{\hat{=}} 60/(z \cdot n)$ in m/s mit n in min^{-1}.

17.4 Die für die Bestellung maßgebende Gliederzahl wird nach Lehrbuch Gl. (17.12) errechnet, wobei der ermittelte Wert auf eine gerade Gliederzahl aufzurunden ist [s. Angaben zur Gl. (17.9), Lehrbuch]. Für die Ermittlung der Kettenlänge L bieten sich zwei Lösungswege an:

a) rechnerische Ermittlung (umständlich),

b) zeichnerische Ermittlung durch Addition der einzelnen Bogen- und Trumlängen nach Lehrbuch, Gl. (17.11).

17.5 a) Ermittlung der Kettengliederzahl s. LH zur Aufgabe 17.4. Mit der festgelegten Gliederzahl den Wellenabstand nach Lehrbuch Gl. (17.10) errechnen.

b) Zum Einstellen des Kettengetriebes ist es vorteilhaft, für das Kettenrad einen Verschiebeweg von $s \approx 1{,}5 \cdot p$ vorzusehen (s. Hinweis im Lehrbuch, Abschnitt 17.2.5).

c) Da sich beim Lauf der Kette infolge der Vieleckwirkung der Kettenräder auch die Trumlängen periodisch ändern, ist ein Durchhang des Leertrums der Kette erforderlich, s. Lehrbuch, Abschnitt 17.2.7. Selbst bei waagerechter Anordnung des Getriebes wird bei unterschiedlichen Zähnezahlen der Kettenräder z_1 und z_2 die Trumlänge $l_T > a$ sein. Nach Gl. (17.13) f mit l_T aus Bild 17-8 ermitteln.

17.6 Die Kettenwahl ist nach dem Leistungsdiagramm DIN 8195 (s. TB 17-3) zu treffen. Da die hier aufgeführten Leistungskennwerte nur unter ganz bestimmten Voraussetzungen gelten (s. Lehrbuch, Abschnitt 17.2.4), ist zunächst die Diagrammleistung P_D überschlägig zu ermitteln. Nach Vorliegen aller Kettendaten ist unter Berücksichtigung der Abweichungen gegenüber der dem Diagramm zugrundeliegenden Einsatzbedingungen die vorgewählte Kette zu kontrollieren.
Bei der Ermittlung der Gliederzahl ist zunächst von dem günstigen Wellenabstand $a \approx (30 \ldots 50) \cdot p$ auszugehen. Keine ungerade Gliederzahl wählen, um gekröpfte Glieder zu vermeiden. Mit der festgelegten Gliederzahl den Wellenabstand nach Lehrbuch Gl. (17.10) ermitteln. Für die Zeichnungsangabe Verstellmöglichkeit von $1{,}5 \cdot p$ vorsehen.

17.7 Siehe Lösungshinweise zur Aufgabe 17.6. Die geeignete Schmierungsart für die Kette ist abhängig von der Kettengröße und der Kettengeschwindigkeit, s. TB 17-8.

17.8 Siehe Lösungshinweise zur Aufgabe 17.6. Hinsichtlich der Entscheidung für eine Einfach-, Zweifach- oder Dreifach-Rollenkette siehe Lehrbuch unter 17.2.4.

17.9
a) Da alle Betriebsdaten bekannt sind, kann die Frage mit Hilfe der Gl. (17.7) beantwortet werden. Hinsichtlich des Korrekturfaktors f_3 wird davon ausgegangen, dass eine gerade Kettengliederzahl vorliegt,
b) aufgrund des vorläufigen Wellenmittenabstandes, der vorgegebenen Teilung und der Zähnezahlen ergibt sich die Kettengliederzahl nach Gl. (17.9). Bei der Festlegung der Gliederzahl auf eine gerade Anzahl achten!
c) Siehe hierzu Lehrbuch, Abschnitt 17.2.9.

17.10 Da außer den Angaben der Aufgabenstellung keine weiteren konkreten Werte zur Berechnung des Kettengetriebes vorgegeben sind, ist bei der Lösungsfindung ein großer Spielraum gegeben, der sowohl Teil- und auch Endergebnisse in weiten Grenzen ermöglicht. Die im Ergebnisteil aufgeführten Lösungen gelten nur für die hier getroffenen Annahmen und können somit von den Individuallösungen abweichen.
Im Einzelnen wird folgender Rechnungsgang vorgeschlagen: Wahl der Kettenradzähnezahlen (Lehrbuch 17.2.2) – Festlegung der Kettenbaugröße [Lehrbuch, Gl. (17.7) und TB 17-3], wobei zu beachten ist, dass Mehrfachketten mit kleinerer Teilung auch kleinere Bauabmessungen ergeben – Abmessungen der Kettenräder (Lehrbuch 17.2.1) – Kettengliederzahl und der sich damit ergebende Wellenabstand (Lehrbuch 17.2.5) – Kettenkräfte und Wellenkräfte (Lehrbuch 17.3) – vorzusehende Schmierungsart (Lehrbuch 17.2.9); die Realisierung der Kettenschmierung könnte eine Änderung der Getriebeanordnung erforderlich machen.

---

18 Elemente zur Führung von Fluiden (Rohrleitungen)

18.1 a) Berechnung der Rohrlängskraft nach Lehrbuch 18.3.3, Gl. (18.1).
b) Wandtemperatur aus Einbautemperatur $+\Delta\vartheta$, mit $\Delta\vartheta$ aus der Beziehung $\sigma_\vartheta = E \cdot \alpha \cdot \Delta\vartheta = R_e$, nach Lehrbuch 18.3.3.

18.2 a) Da die thermische Ausdehnung proportional den Schenkellängen ist, bewegt sich das freie Ende B auf der Verbindungslinie $\overline{AB}$.
b) Thermische Längenausdehnung $\Delta l = \alpha \cdot l \cdot \Delta\vartheta$. α für Kupfer wie zu Gl. (18.1). Dabei ist die Wärmedehnung identisch der Dehnung der Verbindungslinie $\overline{AB}$.

18.3 a) Thermische Längenausdehnung $\Delta l = \alpha \cdot l \cdot \Delta\vartheta$.
b) Die Ausdehnung des waagerechten Rohres verformt den senkrechten Biegeschenkel. Für seine Durchbiegung gilt: $f = +\Delta l = F \cdot l^3/(3\,E \cdot I)$. Daraus kann die Kraft F ermittelt werden, die durch Δl im Biegeschenkel auftritt. Mit dem Biegemoment $M_b = F \cdot l$ kann dann die Biegespannung an der Einspannstelle A ermittelt werden.

18.4 Berechnung der erforderlichen Wanddicke nach Gl. (18.13) (Kesselformel) oder Gl. (6.30a) (Schubspannungshypothese). Die Zuschläge für Korrosion bzw. Abnutzung und zum Ausgleich der Wanddickenunterschreitung entfallen. Für nahtlose Rohre gilt $v_N = 1{,}0$.

18.5 Bedingt durch die schwellende Beanspruchung ist die Steuerleitung mit Gl. (18.13) gegen Fließen und mit Gl. (18.14) gegen Dauerschwingbruch zu berechnen (Geltungsbereich III nach DIN 2413). Die größere sich ergebende Rohrwanddicke ist zu wählen. Sicherheitshalber wird mit rein schwellender Belastung, also einem vollen Druckanstieg von $p_{min} = 0$ auf $p_{max} = p_A + \Delta p$ gerechnet.

18.6 Überschlagsrechnung mit Faustformel Gl. (18.2).

18.7 a) Mit gewählter Strömungsgeschwindigkeit (TB 18-5) Berechnung des erforderlichen Rohrinnendurchmessers mit Gl. (18.4). Danach Wahl der nächstliegenden DN nach TB 18-4.
b) Wahl eines der gewählten Nennweite nächstliegenden Rohrdurchmessers nach TB 1-13.
c) Berechnung der Wanddicke gegen Innendruck nach Lehrbuch 18.4.2 für Rohrleitungen mit vorwiegend ruhender Beanspruchung bis 120 °C Berechnungstemperatur (Geltungsbereich I) mit den maßgebenden Gl. (18.13) und (18.12). Bei Rohren mit Auskleidung und Umhüllung ist in der Regel kein Korrosionszuschlag erforderlich.

18.8 Zunächst Ermittlung der Reynolds-Zahl nach Gl. (18.8) und damit Bestimmung der Rohrreibungszahl aus Diagramm TB 18-8. Nach Abschätzen der $\Sigma\zeta$ Berechnung des gesamten Druckverlustes nach Gl. (18.7).
Dichte ρ und dynamische Viskosität η für Luft im Betriebszustand werden mit Hilfe der Angaben zu TB 18-9 bestimmt.

18.9 Da die Reynolds-Zahl und damit die Rohrreibungszahl von der gesuchten Größe abhängt, ist eine geschlossene Lösung durch Umformen der Gl. (18.5) nicht möglich. Praktisch wird so verfahren, dass mit der wirtschaftlichen Strömungsgeschwindigkeit (s. TB 18-5) nach Gl. (18.4) ein Rohrinnendurchmesser ermittelt und damit eine genormte Nennweite (TB 18-4) festgelegt wird. Nach Gl. (18.8) kann dann die Reynolds-Zahl, nach TB 18-8 die Rohrreibungszahl und somit nach Gl. (18.7) der zu erwartende Druckverlust ermittelt werden. Deckt sich dieser nicht mit dem geforderten Grenzwert, so wird die Rechnung mit einer anderen Nennweite wiederholt. Dabei ist die starke Abhängigkeit des Druckverlustes vom Leitungsdurchmesser zu beachten.

18.10 Siehe Lösungshinweis zu Aufgabe 18.9.

18.11 Siehe Lösungshinweis zu Aufgabe 18.9.
Sicherheitshalber wird die Rauheitshöhe in die Druckverlustberechnung eingesetzt, die sich erfahrungsgemäß nach mehrjährigem Betrieb einstellt.
Da die Dichte von Erdgas geringer ist als die von Luft, ergibt sich für eine steigende Leitung infolge des spezifischen Auftriebs ein Druckgewinn.

---

20 Zahnräder und Zahnradgetriebe (Grundlagen)

20.1 Siehe Lehrbuch 20.4 mit Gl. (20.1) und (20.4); allgemein wird die Übersetzung $i = n_{an}/n_{ab}$.

20.2 Siehe Lehrbuch 20.4.

20.3 Siehe Lehrbuch 20.4 mit den Gln. (20.4) und (20.5).

21 Außenverzahnte Stirnräder

21.1 Siehe Lehrbuch 21.1.1 und 21.1.2.

21.2 a) Aus Gl. (21.7) $d_f = d - 2 \cdot h_f \approx d - 2 \cdot (1{,}25 \cdot m)$ den Modul bestimmen und nach DIN 780 (TB 21-1) festlegen.
b) und c) Siehe Lehrbuch 21.1.1 und 21.1.2.

21.3 a) Aus der Gl. (21.8) ergibt sich nach Umstellung für beide Achsabstände die Zähnezahlsumme der gesuchten Radpaarung aus $(z_1' + z_2') = (m/m') \cdot (z_1 + z_2)$. Da das Übersetzungsverhältnis gleich bleiben soll, können aus dieser Bedingung die Zähnezahlen für Ritzel und Rad bestimmt werden.
b) Siehe Lösungshinweis zur Aufgabe 21.2.
c) Siehe Gl. (21.8).
d) Siehe Gln. (21.9) und (21.10).

21.4 a) Siehe Gln. (21.9) und (21.10).
b) Siehe Gleichungen im Abschnitt 21.1.2.
c) Bei Null-Verzahnungen ist das Kopfspiel $c = 0{,}25 \cdot m$ für das Bezugsprofil II, siehe zu 20.1.4 sowie zu Gl. (21.5).
d) Siehe Gl. (21.8).

21.5 a) Siehe Lehrbuch 21.1.2 mit Gl. (21.8),
b) Siehe Lehrbuch 21.1.1 mit Gl. (21.1) und (21.2),
c) ε_α näherungsweise aus TB 21-2a, rechnerisch nach Gl. (21.13) mit $\alpha = 20°$.

21.6 a) und b) Siehe Lehrbuch Gln. (21.62), (21.8) und (21.9),
b) Siehe Lehrbuch Gl. (21.9),
c) Anordnung siehe Bild.

21.7 Siehe Lehrbuch 21.1.1 und 21.1.2 mit den angegebenen Gleichungen sowie 21.1.4 mit den Gl. (21.17) und Gl. (21.18).

21.8 Zähnezahl des Rades aus $z_2 = z_1 \cdot i$, damit Achsabstand α_d errechnen; Profilverschiebungsfaktoren Σx nach Gl. (21.32) mit $\alpha = 20°$ und α_w aus Gl. (21.21); Aufteilung der Σx nach Gl. (21.33) bzw. nach TB 21-6. Kopfhöhenänderung berücksichtigen nach Gl. (21.25) mit k nach Gl. (21.24).

21.9 a) Siehe Lehrbuch 21.1.4-4 unter *V-Null-Getriebe.*
b) Siehe Gln. (21.15) und (21.16).
c) Siehe Lehrbuch 21.1.4-5; Teil- und Grundkreisdurchmesser bleiben unverändert.
d) Siehe Gl. (21.26) mit $\alpha_w = \alpha = 20°$ (V-Null-Getriebe).

21.10 a) Zähnezahlen mit Gln. (21.8) und (21.9); wenn $z_1 < 14$, dann $x_{1\,min}$ mit Gl. (21.16); zur Verbesserung der Betriebseigenschaften des Getriebes zweckmäßig Aufteilung der Profilverschiebungsfaktoren $\Sigma x = 0$ entsprechend Lehrbuch 21.1.4-5 nach TB 21-6 bzw. nach Gl. (21.33);
b) Verzahnungsmaße nach Lehrbuch 21.1.1 und 21.1.2.
c) Rechnerisch nach Gl. (21.26), $\alpha_w = \alpha = 20°$ für $\Sigma x = 0$.

21.11 a) V-Getriebe: siehe Lehrbuch 21.1.4; x_1 nach Gl. (21.33).
b) Siehe Lehrbuch 21.1.4-5; Betriebseingriffswinkel α_w aus Gl. (21.31) mit $\alpha = 20°$, a nach Gl. (21.21).
c) Siehe Lehrbuch zunächst s_1 mit Gl. (21.19), danach s_{a1} aus Gl. (21.28) mit α_a aus $\cos\alpha_a = d \cdot \cos\alpha_a / d_a$ ermitteln.

21.12 a) Siehe Lehrbuch 21.1.2; Aufteilung Σx nach Gl. (21.33) oder nach TB 21-6.
b) Siehe Lehrbuch 21.1.4-5.
c) Siehe Lehrbuch, Gl. (21.26).

21.13 a) Empfehlung DIN 3992 siehe TB 21-6 für z_m und x_m [vergl. auch mit x_1 nach Gl. (21.33)].
b) Siehe Lehrbuch 21.1.4-5, Gl. (21.21).
c) Siehe Lehrbuch zu Gl. (21.18); Kopfspiel sollte $c \approx 0{,}25 \cdot m$ betragen; u. U. Kopfhöhenänderung nach Gl. (21.24) vornehmen und d_a nach Gl. (21.25) bestimmen.

21.14 a) Siehe Lösungshinweis zur Aufgabe 21.13.
b) Siehe Lehrbuch 21.1.4-5, Gl. (21.26). Vergl. mit der überschlägigen Ermittlung von ε_α nach TB 21-2a und TB 21-2b für Null- und V-Getriebe!

21.15 Korrektur erforderlich, wenn $a_d \neq a$. Σx nach Gl. (21.32) mit α_w aus Gl. (21.21). Aufteilung Σx nach TB 21-6 oder Gl. (21.33).

21

21.16 a) Σx aus Gl. (21.32) und Aufteilung nach TB 21-6 bzw. nach Gl. (21.33). Kontrolle der Spitzbildung nach TB 21-12.
b) Siehe Lehrbuch 21.1.4-5.

21.17 a) Σx aus TB 21-5 und Aufteilung nach TB 21-6 bzw. nach Gl. (21.33). Kontrolle der Spitzbildung nach TB 21-12.
b) Siehe Lehrbuch 21.1.4-5. Für $c < 0{,}25 \cdot m$ Kopfhöhenänderung erforderlich!

21.18 Achsabstand a wird durch Radstufe $z_{1,2}$ erreicht, so dass das Radpaar $z_{1,3}$ korrigiert werden muss ($x_1 = 0$, da hier das Ritzel der 1. Stufe mit $x_1 = 0$ und $k = 0$ unverändert bleibt und damit maßgebend ist!).

21.19 a) Σx aus Gl. (21.32); Kontrolle der Spitzbildung und Festlegung von x_1 nach TB 21-12.
b) Siehe Lehrbuch 21.1.4-5.

Schrägverzahnte Stirnräder (Verzahnungsgeometrie)

21.20 a) und b) Siehe Lehrbuch 21.2.2; beachte nach DIN 3972 Bezugsprofil II für das Werkzeug $m_n = 4{,}5$ mm, $h_f = 1{,}25 \cdot m_n$.

21.21 a) Siehe Lehrbuch 21.2.2.
b) Siehe Lehrbuch 21.2.3 mit Gl. (21.46).

21.22 a) Siehe Lehrbuch aus Gl. (21.42).
b) Siehe Lehrbuch 21.2.2.
c) Siehe Lehrbuch 21.2.3.

21.23 a) Siehe Lehrbuch 21.2.2, der Steigungswinkel am Teilzylinder aus $\gamma = 90° - \beta$.
b) s_n nach Gl. (21.52).

21.24 a) Siehe Lehrbuch 21.2.4-3, sinngemäß Angaben und Gleichungen wie bei Geradstirnrädern, Lehrbuch 21.1.4-5, anwenden.
b) Siehe Lehrbuch Gl. (21.54).
c) Kopfhöhenänderung nach Gl. (21.24) und Kopfkreisdurchmesser nach Gl. (21.25) mit m_n anstelle m.
d) Siehe Lehrbuch Gln. (21.44) ... (21.46).

21.25 a) Siehe Lehrbuch 21.2.4-2 mit Gl. (21.50).
b) Siehe Lehrbuch 21.2.2 Angaben V-Räder (vergl. Lehrbuch 21.1.4-5).
c) Siehe Lehrbuch Gln. (21.51) und (21.52).

21.26 Siehe Lösungshinweise zur Aufgabe 21.24.

21.27 a) Σx nach Lehrbuch, Gl. (21.56) mit α_{wt} aus Gl. (21.54) und α_t aus Gl. (21.35).
b) Aufteilung Σx nach TB 21-6 bzw. nach Gl. (21.33) mit z_{n1}, z_{n2} anstelle z_1, z_2.
c) Nach Lehrbuch, Gl. (21.57).

21.28 a) Siehe Lehrbuch 21.2.4, $x_1 + x_2$ Aufteilung nach TB 21-5 (ausgeglichene Verzahnung).
b) Wie a), für $x_3 + x_4$ Aufteilung nach TB 21-6 oder x_3 nach Gl. (21.33) mit z_n anstelle z.

21.29 a) a_{d1} nach Lehrbuch, Gl. (21.42) errechnen; mit $a_{d1} = a_2$ und $i_2 = u_2$ werden aus Gl. (21.11) z_3, z_4 aus d_3, d_4 und damit a_{d2} ermittelt; da $a_{d1} > a_{d2}$ werden für z_3, z_4 Profilverschiebung erforderlich, so dass $a_{d1} = a_2$ wird.
b) Σx aus Lehrbuch, Gl. (21.32), Aufteilung nach Gl. (21.33) oder TB 21-6; Abmessungen der Räder siehe Lehrbuch 21.2.4-3.

21

Verzahnungsqualität, Toleranzen

21.30 Siehe Lehrbuch 21.3.1 Gl. (21.58); Zahndickenabmaße nach Lehrbuch TB 21-8a. Die Zahndickentoleranz sollte mindestens doppelt so groß sein wie die zulässige Zahndickenschwankung R_S nach DIN 3962. $A_{sni} = A_{sne} - T_{sn}$. Achsabstandsabmaße aus TB 21-9. $\alpha_n = \alpha = 20°$, $\beta = 0°$ (Geradverzahnung). Prüfmaße siehe Lehrbuch 21.3.2.

21.31 Nennmaß der Zahndicke und -lücke mit Gln. (21.19) und (21.20); Abmaße aus TB 21-8a. Siehe auch Lösungshinweise zur Aufgabe 21.30.

21.32 Zunächst Ermittlung der Zähnezahlen des Ritzels z_1 und des Rades z_2, anschließend mit dem praktischen Profilverschiebungsfaktor x die Abmessungen des Radpaares sowie den Achsabstand a berechnen, wenn das Werkzeug-Bezugsprofil II nach DIN 3972 zugrundegelegt wird. Prüfen, ob Kopfhöhenänderung für den störungsfreien Eingriff erforderlich ist ($c \approx 0{,}25 \cdot m$).
$j_{t\,min}$ und $j_{t\,max}$ nach Gl. (21.58).

21.33 a) Siehe Lehrbuch 21.2.4-1 für z_{nl} und 21.2.4-2 für x_1, x_2.
b) Siehe Lehrbuch 21.2.4-3 Angaben V-Räder (vergl. auch Lehrbuch 21.1.4-5).
c) Siehe Lehrbuch Gln. (21.51) und (21.52).
d) Siehe Lehrbuch 21.3 mit TB 21-8 und TB 21-9.

Zahnradkräfte, Drehmomente

21.34 a) Siehe Lehrbuch 21.5.2-1 mit Bild 21-24.
b) Belastungsskizzen siehe Lösung.

21.35 a) und b) siehe Lehrbuch 21.5.2-2 mit Bild 21-25.
c) und d) siehe Lehrbuch Kapitel 11; die Wirkebenen x und y sind nebeneinander zu skizzieren, wobei zu beachten ist, dass F_{r2} und F_{a2} im Abstand $d_2/2$ stets in der gleichen Wirkebene liegen; Belastungsskizzen siehe Lösung. Kippmoment durch F_a beachten!

21.36 Siehe Lehrbuch 21.5.2 sowie Kapitel 11.

Tragfähigkeitsnachweis (geradverzahnte Stirnräder)

21.37 a) Siehe Lehrbuch 21.1.1; ε_α überschlägig aus TB 21-2a, Qualität nach TB 21-7b.
b) F_t aus Lehrbuch 21.5.2-1, K_A aus TB 3-5, Belastungsfaktoren nach Lehrbuch 21.5.3, K_v nach Gl. (21.73), $K_{H\beta}$ aus Gl. (21.74), $K_{H\alpha}$ und $K_{F\alpha}$ aus Gl. (21.80) oder angenähert aus TB 21-19.
c) Siehe Lehrbuch 21.5.4; σ_{F0} aus Gl. (21.82) und σ_F aus Gl. (21.83), getrennt für Ritzel und Rad; Formfaktor Y_{Fa} und Spannungskorrekturfaktor Y_{Sa} aus TB 21-20, sonstige Korrekturfaktoren siehe zu Gl. (21.82) und (21.85); vorhandene Sicherheit kann aus Gl. (21.84) ermittelt werden.
d) σ_{H0} aus Gl. (21.88) und σ_H aus Gl. (21.89), Korrekturfaktoren siehe zu den angegebenen Gleichungen; die zulässige Flankenpressung σ_{HP} aus Gl. (21.90).

21

21.38 Siehe Lösungshinweise zur Aufgabe 21.37.

21.39 Siehe allgemeine Lösungshinweise zu 21.37.
a) b_1 bestimmen nach Angaben zu 21.4.1-4.
b) f_{sh} Erfahrungswert aus TB 21-16a.
c) S_{vorh} aus Gln. (21.85) und (21.89) $S_{Fvorh} = \sigma_{FP}/\sigma_F$ bzw. $S_{Hvorh} = \sigma_{HP}/\sigma_H$.

21.40 a) Keilriementrieb $i_1 = n_1/n_2$; Zahnradgetriebe $i_2 = n_2/n_3 \mathrel{\widehat{=}} u = z_2/z_1$ mit n_3 aus v_{Kette}; Durchmesser d_{sh} gegeben, Ermittlung m siehe Lehrbuch 21.4.1-6.
b) Siehe Lehrbuch 21.4.1-4.
c) Siehe Lehrbuch 21.5.3; K_A nach TB 3-5, K_v aus Gl. (21.73), Flankenlinienabweichung durch Verformung nach Gl. (21.75) mit K' nach TB 21-16b.
d) und e) Tragsicherheit S = (Grenzwert/vorh. Wert) aus Gln. (21.84) und (21.90), siehe auch Hinweis zur Aufgabe 21.39.

Tragfähigkeitsnachweis (schrägverzahnte Stirnräder)

21.41 a) Siehe Lehrbuch 21.2.2 und 21.2.3.
b) Siehe Lehrbuch 21.5.3, Dynamikfaktor K_v nach Gl. (21.73); Flankenlinienabweichung durch Verformen nach Gl. (21.75), herstellungsbedingte Flankenlinienabweichung nach Gl. (21.76); Stirnfaktoren ($K_{H\alpha}$, $K_{F\alpha}$) zweckmäßig nach TB 21-19.
c) Zahnfußtragfähigkeitsnachweis aus Gl. (21.84) $S_{Fvorh} = \sigma_{FP}/\sigma_F \geq S_{F\,min}$ bzw. Nachweis der Grübchentragfähigkeit aus Gl. (21.90) $S_{Hvorh} = \sigma_{HP}/\sigma_H \geq S_{H\,min}$.

21.42 a) V-Räder, wenn $a_d \neq a$, a_d nach Gl. (21.42).
b) Siehe Lehrbuch 21.2.2.
c) Siehe Lehrbuch 21.5.2-2.
d) und e) siehe Lösungshinweise zur Aufgabe 21.41.

21.43 a) Aufteilung $(x_1 + x_2)$ nach Gl. (21.33) mit z_n anstelle z; Rad- und Getriebeabmessungen nach Lehrbuch 21.2.4-3.
b) Siehe Lehrbuch 21.5.3.
c) Siehe Lösungshinweise zur Aufgabe 21.41.

---

22 Kegelräder, Kegelradgetriebe

22.1 a) Teilkegelwinkel δ nach Lehrbuch 22.2.1, Gl. (22.4).
b) Teilkreisdurchmesser nach Gl. (22.6), Kopfkreisdurchmesser nach Gl. (22.13).
c) Siehe Lehrbuch 22.2.1, Gl. (22.8).
d) Die Kopf- und Fußkegelwinkel δ_a bzw. δ_f nach Lehrbuch Gln. (22.14) und (22.15) (diese Winkel sind nicht identisch mit dem Kopf- bzw. Fußwinkel ϑ_a bzw. ϑ_f).

22.2 a) Ausführung als Nullgetriebe möglich, wenn die Bedingung $z_1 \geq z'_{gK1}$ erfüllt ist, s. Lehrbuch zu Gl. (22.17).
b) Siehe Lösungshinweise zur Aufgabe 22.1.

22.3 Für die Berechnung der Radabmessungen wird im Gegensatz zu den geradverzahnten Kegelrädern bei schrägverzahnten Kegelrädern vielfach der mittlere Modul im Normalschnitt m_{mn} (bei geradverzahnten Kegelrädern $m_e = m$) als Nenngröße zugrunde gelegt, siehe auch zu den Gln. (22.7) und (22.21). Hinsichtlich der Verzahnungsdaten siehe Lösungshinweise zur Aufgabe 22.1.

22.4 Für den bekannten Wellendurchmesser $d_{sh} = 24$ mm zunächst den ungefähren mittleren Teilkreisdurchmesser d_{m1} nach Gl. (22.32) bestimmen. Nach Lehrbuch TB 22-1 Zähnezahl z_1 wählen. Damit kann nach Lehrbuch Gl. (22.21) der mittlere Modul m_{mn} ermittelt und nach DIN 780 (TB 21-1) festgelegt werden. Verzahnungsabmessungen nach Gln. (22.20) ff.

22.5 Nach Lehrbuch TB 22-1 wird für $i = 2{,}05$ empfohlen: $z_1 \approx 15 \ldots 30$. Mit $z_1 = 20$ und $z_2 = 41$ kann das geforderte Übersetzungsverhältnis genau eingehalten werden. Für den weiteren Rechnungsablauf s. Lösungshinweise zur Aufgabe 22.4.

Tragfähigkeitsnachweis

22.6 a) Für den bekannten Wellendurchmesser $d_{sh} = 50$ mm zunächst den ungefähren mittleren Teilkreisdurchmesser d_{m1} nach Gl. (22.32) bestimmen. Übrige Zahnradabmessungen nach Gln. (22.20) ff.
b) Nach Festlegung aller Einflussfaktoren, siehe zu den Gln. (22.42) bis (22.47), die jeweils vorhandene Sicherheit aus Gl. (22.44) $S_{F\,vorh} = \sigma_{FG}/\sigma_F$ mit $\sigma_{FG} = \sigma_{F\,lim} \cdot Y_{St} \cdot Y_{\delta\,rel\,T} \cdot Y_{R\,rel\,T} \cdot Y_x$ und $S_{H\,vor} = \sigma_{HG}/\sigma_H$ mit $\sigma_{HG} = \sigma_{H\,lim} \cdot Z_L \cdot Z_v \times Z_R \cdot Z_x$. $K_A = 1$ da maximale Leistung angegeben. Erläuterungen zu den einzelnen Einflussfaktoren siehe Kapitel 21 unter 21.5.3 und 21.5.4.

22

22.7 Mit den gegebenen Zahnraddaten die Kegelradabmessungen d_{m1} und d_{m2} ermitteln. Anwendungsfaktor $K_A = 1$, da $P = 12\,\text{kW}$ als „Maximalleistung" gegeben. Zur Ermittlung der Auflagerkräfte siehe Lehrbuch 22.5 (Berechnungsbeispiel 22.3). Die Auflagerkräfte F_A und F_B sind für den Rechts- und Linkslauf zwar gleich groß, ihre Richtungen dagegen ändern sich.

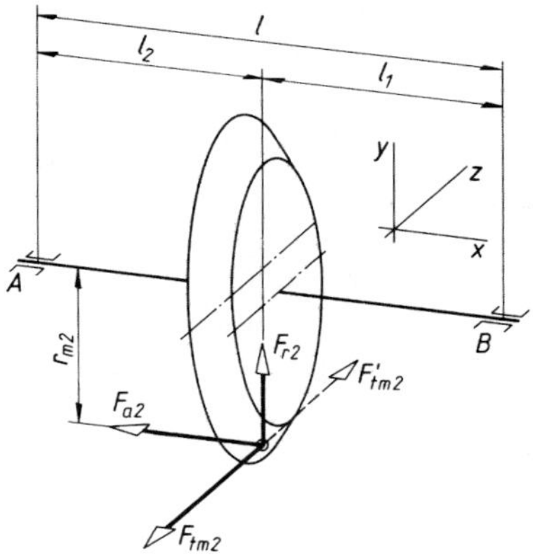

22.8 Siehe Lösungshinweise zu den vorstehenden Aufgaben.

23 Schraubrad- und Schneckengetriebe

23.1 Siehe Lehrbuch 23.1.2. Die Radabmessungen der Schraubräder werden wie die der Schrägstirnräder bestimmt, s. Lehrbuch Gln. (21.38) bis (21.41). Bei der Festlegung der Radbreiten kann allgemein $b_1 = 10 \cdot m_n$ gesetzt werden (Lehrbuch 23.1.5-Fall 1).

23.2 Die Aufteilung des Achsenwinkels Σ in β_1 und β_2 wird von der Verzahnungsgeometrie nicht zwingend vorgeschrieben und kann somit frei erfolgen. Da jedoch der Wirkungsgrad der Verzahnung η_z, der Achsabstand a und andere Verzahnungsdaten von der Größe der Schrägungswinkel β_1 und β_2 beeinflusst werden, sind für β_1 und somit auch für β_2 nur ganz bestimmte Bereiche als sinnvoll anzunehmen. Durch Auftragen des Wirkungsgrades η_z [nach Lehrbuch Gl. (20.6)] über dem Schrägungswinkel β_1 kann der günstige Bereich für β_1 abgelesen werden.

23.3
a) Günstige Wirkungsgrade ergeben sich, wenn $\beta_1 = (\Sigma + \varrho')/2$ gewählt wird, s. Lehrbuch 20.4.
b) Zähnezahl des treibenden Rades wird in Abhängigkeit von der Übersetzung i festgelegt, s. Lehrbuch TB 23-2; weiterhin s. Lösungshinweise zur Aufgabe 23.2.
c) Siehe Lehrbuch 20.4, Gl. (20.6) maßgebend, da $\Sigma < 90°$.
d) Siehe Lehrbuch 23.1.2, Gl. (23.3).

23.4
a) Da Σ, i und P_1 bekannt sind, kann die Berechnung der Getriebeabmessungen nach Lehrbuch 23.1.5 – *Fall 1* erfolgen.
b) Siehe Lehrbuch 23.1.4; $K_A = 1$, da die maximale Leistung angegeben.
c) Siehe Lehrbuch 20.4. Für den Achsenwinkel $\Sigma = 90°$ ist Gl. (20.6) zweckmäßiger.

23.5
a) Da Σ, i und P_1 bekannt sind, kann die Ermittlung der Abmessungen der Schraubräder nach Lehrbuch 23.1.5 – *Fall 1* erfolgen und Gln. (21.38)ff.
b) $P_2 = \eta_{ges} \cdot P$, wobei sich η_{ges} zusammensetzt aus den Einzelwirkungsgraden der Verzahnung, der Wellenlagerung und der Dichtungen je Getriebestufe, s. Lehrbuch 20.4.

23.6 Da es sich im vorliegenden Fall um kein Leistungsgetriebe handelt, wird aus wirtschaftlichen Gründen nach Lehrbuch 23.2.1 ein Zylinderschnecken-Getriebe mit einer ZK-Schnecke und einem Globoidschneckenrad vorgesehen. Da der Achsabstand vorgegeben ist, wird die Zähnezahl der Schnecke zweckmäßig nach Lehrbuch Gl. (23.36) errechnet und sinnvoll gerundet. Die Zähnezahl des Schneckenrades sollte möglichst eine ungerade Zahl sein, s. Lehrbuch 23.2.1. Bei der Ermittlung der Abmessungen für Schnecke und Schneckenrad ist nach Lehrbuch 23.2.5, *Fall 1* vorzugehen. Es ist zu beachten, dass der Modul zunächst überschlägig ermittelt wird, um anschießend mit dem nach DIN 780 T2 (Lehrbuch TB 23-4) festgelegten Modul die Abmessungen zu ermitteln.

23.7 Da das übertragbare Drehmoment bekannt ist und ein bestimmter Achsabstand nicht vorgegeben ist, kann die Berechnung nach Lehrbuch 23.2.5-*Fall 2*, erfolgen; s. auch die Lösungshinweise zur Aufgabe 23.6. Hinsichtlich der erforderlichen Mindestangaben s. Lehrbuch TB 20-12 und TB 20-13. Der Kopfkehlhalbmesser $r_k = a - d_{a2}/2$.

23.8 Da die zu übertragenden Momente indirekt bekannt sind, kann der Berechnungsgang nach Lehrbuch 23.2.5 – *Fall 2*, durchgeführt werden. Das Übersetzungsverhältnis kann ermittelt werden aus $M_H \cdot i \cdot \eta_{ges} = M_L$ (M_H = Handmoment, M_L = Lastmoment) mit $\eta_{ges} = \eta_Z \cdot \eta_{k1} \cdot \eta_{k2} \cdot \eta_{L1} \cdot \eta_{L1}$ [Wirkungsgrade der Verzahnung, der Kettenräder, der Lagerung von Schnecke und Schneckenrad, s. Lehrbuch 20.4, zu Gl. (20.5)].

23.9 Siehe Lehrbuch 20.4. Für die Werkstoffpaarung St/GJL wird $\varrho' \approx 6°$ [s. zu Gl. (20.7)].

23.10 Zunächst sind die Zahnkräfte zu ermitteln (Lehrbuch 23.2.4). Da die Abtriebsleistung an der Kupplung zur Verfügung stehen soll, muss die Lagerreibung der Schneckenwelle bei der Ermittlung der Tangentialkraft F_{t2} Berücksichtigung finden: $F_{t2} = (2 \cdot T_2 \cdot K_A)/(d_2 \cdot \eta_L)$.

23.11 Um bei gegebenen Bedingungen die Leistung übertragen zu können, ist nachzuweisen, dass $S_H \geq S_{H\,min}$, $S_F \geq S_{F\,min}$, $S_\vartheta \geq 1$ und $S_D \geq 1$ ist, s. Lehrbuch 23.2.6-1 bis 23.2.6-4. Für die Ermittlung der Durchbiegung f_{max} der Schneckenwelle wird davon ausgegangen, dass das Flächenmoment 2. Grades der Schneckenwelle $I = (\pi/64) \cdot d_{sh}^4$ konstant ist.

23.12 Folgender Lösungsweg wird vorgeschlagen:

a) die ungefähr erforderliche Übersetzung i' des Schneckengetriebes nach Lehrbuch Gl. (23.14) bestimmen, wenn zunächst ein Gesamtwirkungsgrad $\eta_{ges} \approx 0{,}5$ (Selbsthemmung!) angenommen wird;
b) die Zähnezahlen z_1 und z_2 von Schnecke und Schneckenrad sind festzulegen nach Lehrbuch 23.2.5-1;
c) für Schnecke und Schneckenrad sind erfahrungsgemäß auf Grund der betrieblichen Anforderungen geeignete Werkstoffe zu wählen, und zwar für das Rad eine etwa mittlere Graugusssorte, s. Lehrbuch TB 20-3;
d) Ermittlung des Moduls nach Lehrbuch 23.2.5-1 – *Fall 2*, über a;
e) Festlegung des Mittenkreisdurchmessers d_{m1} bei Ausführung als Ritzelwelle nach Lehrbuch 23.2.2-2;
f) Abmessungen von Schnecke und Schneckenrad nach Lehrbuch 23.2.2;
g) die tatsächlich aufzubringende Kurbelkraft F_H bei größter Zahnstangenkraft.

23.13 Da für die vorliegenden Betriebsbedingungen weder eine unzulässig hohe Erwärmung des Getriebes zu erwarten ist noch eine (nicht zu erwartende) evtl. größere Durchbiegung der Schneckenwelle den Schneckentrieb gefährden könnte, ist lediglich der Nachweis zu erbringen, dass sowohl eine ausreichende Flanken- als auch Zahnfuß-Tragsicherheit vorhanden ist.

23.14 Die Berechnung *kann* in folgender Reihenfolge durchgeführt werden: Übersetzung – Zähnezahl – Werkstoffwahl – Achsabstand – Modul – Abmessungen von Schnecke und Rad (Kontrolle, ob Ausführung als Ritzelwelle möglich) – Wirkungsgrade – Abtriebsleistung.

23.15 a) Tragfähigkeitsberechnung nach Lehrbuch 23.2.6-1 bis 23.2.6-4. Bei der Ermittlung der Temperatursicherheit ist davon auszugehen, dass die Schnecke teilweise in das Schmieröl eintaucht und somit „Öl fördert".

b) Siehe Lehrbuch 20.3. Für Schneckengetriebe wird die Nennviskosität in Abhängigkeit des *Kraft-Geschwindigkeitsfaktors* $k_s/v = T_2/(a^3 \cdot n_1)$ nach Lehrbuch TB 20-7 festgelegt.

Ergebnisse

1 Allgemeine Grundlagen, Normzahlen

1.1 a) 140 200 280 400 560 800 1120 1600; $q_{20/3} = 1{,}12^3 \approx 1{,}4$
b) 200 315 500 800 1250 2000; $q_{10/2} = 1{,}25^2 \approx 1{,}6$
c) 0,16 1,0 6,3 40 250; $q_{5/4} = 1{,}6^4 \approx 6{,}3$
d) 11,8 14 17 20 23,6 28; $q_{40/3} = 1{,}06^3 \approx 1{,}18$
e) 1600 1250 1000 800 630 500; $q_{20/-2} = 1/1{,}12^2 = 1/1{,}25 = 0{,}8$
f) 400 200 100 50; $q_{10/-3} = 1/1{,}25^3 = 0{,}5$

1.2 a) 4 5 6 8 10 12 16 20 25 mm
b) 0,4 0,6 1,0 1,6 2,5 4 6 10 16 mm.

1.3 a) R10/2(5 ...) mit 5 Größen (bzw. R20/4 bzw. ausnahmsweise R40/8); $q_{10/2} = 1{,}6$ (bzw. $q_{20/4}$ bzw. $q_{40/8}$).
b) R40/5(0,053 ...) mit 4 Gliedern; $q_{40/5} = 1{,}32$.
c) R5/4(6,3 ...) mit 4 Größen (bzw. R10/8 bzw. R20/16); $q_{5/4} = 6{,}3$ (bzw. $q_{10/8}$ bzw. $q_{20/16}$).
d) R20/−3(200 ...) mit 5 Gliedern (bzw. ausnahmsweise R40/−6); $q_{20/-3} = 1/1{,}4$ (bzw. $q_{40/-6}$).
e) R′20/3(18 ...) mit 5 Größen (bzw. ausnahmsweise R′40/6); $q_{20/3} = 1{,}4$.
f) R′20/−2(560 ...) mit 6 Gliedern (bzw. ausnahmsweise R′40/−4); $q_{20/-2} = 1/1{,}25$.

1.4 $d = 20\ 28\ 40\ 56\ 80\ 112$ mm nach R20/3 mit $q_{20/3} = 1{,}4$;
$A = 3{,}15\ 6{,}3\ 12{,}5\ 25\ 50\ 100\ \text{cm}^2$ nach R20/6 mit $q_{20/6} = 2$.

1.5 $V = 2\ 4\ 8\ 10\ \ell$ nach Volumen Rr/3p = R10/3 ($p = 1$); $q_{10/3} = 2$
$d = 125\ 160\ 200\ 250$ mm nach Länge Rr/p = R10 ($p = 1$); $q_{10} = 1{,}25$
$h = 160\ 200\ 250\ 315$ (bzw. 320) mm nach Länge Rr/p = R10 (bzw. R′10).
Proberechnung: $V_3 = (2\ \text{dm})^2 \cdot (\pi/4) \cdot 2{,}5\text{dm} = 8\ \text{dm}^3$ bzw. 1.

1.6 a) R′40/12 ($p = 4$); $q_{40/12} = 2$
b) R′40/4
c) $h/d = 1{,}12$ ($q_{40} = 1{,}06$; ${q_{40}}^2 = 1{,}12$)

V in ℓ	3	6	12	24
d in mm	150	190	240	300
h in mm	170	210	260	340

1

1.7 Es gilt Länge $q_L = L_1/L_0 = (5 \cdot L_0)/L_0 = 5$, somit Leistung $q_P = P_1/P_0 = q_L^2 = 5^2 = 25$; daraus $P_1 = q_P \cdot P_0 = 25 \cdot 4\ \text{kW} = 100\ \text{kW}$; desgleichen für die Drehzahl
$q_n = n_1/n_0 = 1/q_L = 1/5$, daraus $n_1 = n_0/5 = 1250\ \text{min}^{-1}/5 = 250\ \text{min}^{-1}$.

1.8 Leistung P nach R″20/4 = Rr/2p ($p = 2$); $P = 5 \ 8 \ 12 \ 20 \ 30$ kW
Länge (Durchmesser D) nach Rr/p = R20/2; $D = 900 \ 1120 \ 1400 \ 1800 \ 2240$ mm
Drehzahl n nach Rr/−p = R20/−2 (fallend); $n = 560 \ 450 \ 355 \ 280 \ 224 \ \text{min}^{-1}$.
Proberechnung mit D_1 in m und n_1 in min^{-1} aus $v_1 = D_1 \cdot \pi \cdot (n_1/60)$ ergibt: $v_1 \approx 26{,}4$ m/s $\approx v_4$

1.9 Kräfte F nach Rr/2p, Widerstandsmomente W_x nach Rr/3p, somit Abmessungen l, b, h nach Rr/p. Da $W_{x1} \approx 600 \ \text{cm}^3$ (errechnet) und $F_1 = 2$ kN (gegeben), wird die Rundwertreihe R′40 festgelegt. Damit werden F nach R′40/4 ($p = 2$), W_x nach R40/6, Abmessungen l, b, h nach R40/2 gestuft.

F in kN	**2**	1,5	3,2	4
W_x in cm^3	**600**	850	1200	1700
l_1 in mm	**1400**	1600	1800	2000
l_2 in mm	**900**	1000	1100	1250
b_1 in mm	**125**	140	160	180
h_1 in mm	**200**	220	250	280
b_2 in mm	**100**	110	125	140
h_2 in mm	**140**	160	180	200

1.10

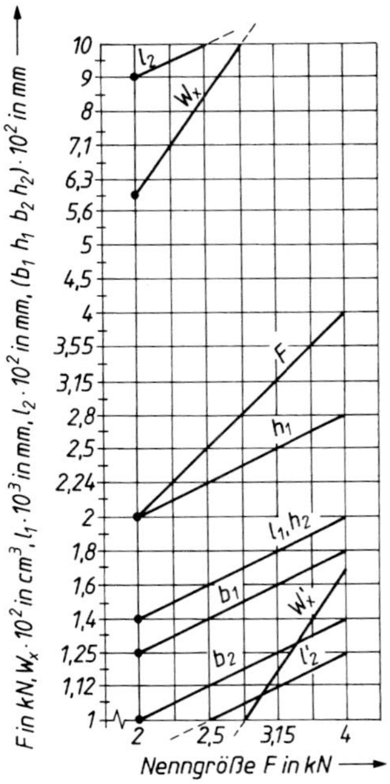

2 Toleranzen, Passungen, Oberflächenbeschaffenheit

2.1 a) H7/r6, b) H7/k6, c) H7/n6, d) H7/h6

2.2 Toleranzfeldlage H: $EI = 0$;
Toleranzfeldlage K: $ES = -3 + \delta$ ($\delta = 5, 7, 13, 19\ \mu m$ je nach Toleranzgrad, siehe TB 2-3);
Toleranzfeldlage f: $es = -36\ \mu m$ (TB 2-2);
Toleranzfeldlage m: $ei = 13\ \mu m$ (TB 2-2)

Toleranzgrad *IT* ...	5	6	7	8	9	11
Grundtoleranz *IT* in µm	15	22	35	54	87	220

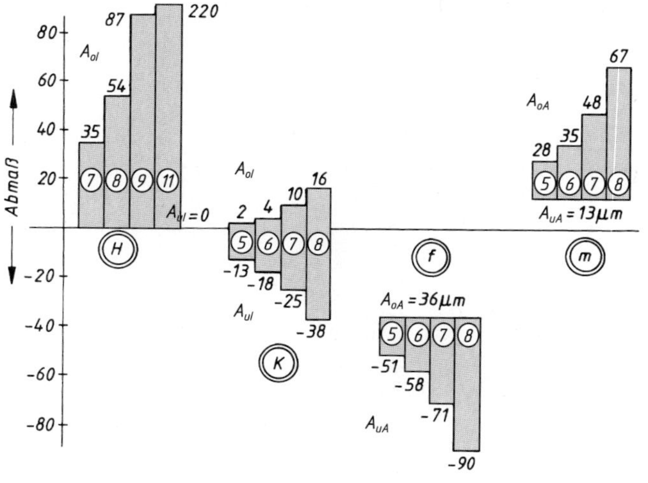

2.3 a) Welle ∅ 50 k6: $es = 18\ \mu m$, $ei = 2\ \mu m$;
Bohrung ∅ 50 H7: $ES = 25\ \mu m$, $EI = 0$;
b) $G_{oW} = 50{,}018$ mm, $G_{uW} = 50{,}002$ mm;
$G_{oB} = 50{,}025$ mm, $G_{uB} = 50{,}000$ mm;
c) $P_o = 23\ \mu m$, $P_u = -18\ \mu m$; (Übergangspassung, da $P_o > 0$ und $P_u < 0$; es ist sowohl Spiel als auch Übermaß möglich)

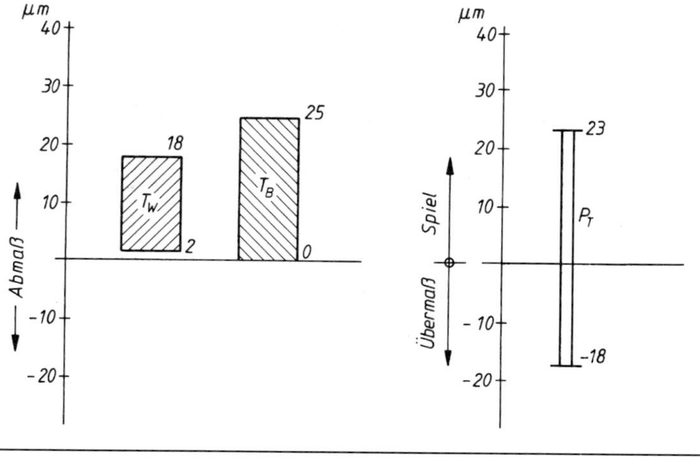

2

2.4 ∅ 30 H7: $ES = 21$ µm, $EI = 0$.

in µm	s6	r6	n6	m6	k6	j6	h6	g6	f7
es	48	41	28	21	15	-9	0	-7	-20
ei	35	28	15	8	2	-4	-13	-20	-41
P_o	-14	-7	6	13	19	25	34	41	62
P_u	-48	-41	-28	-21	-15	-9	0	7	20

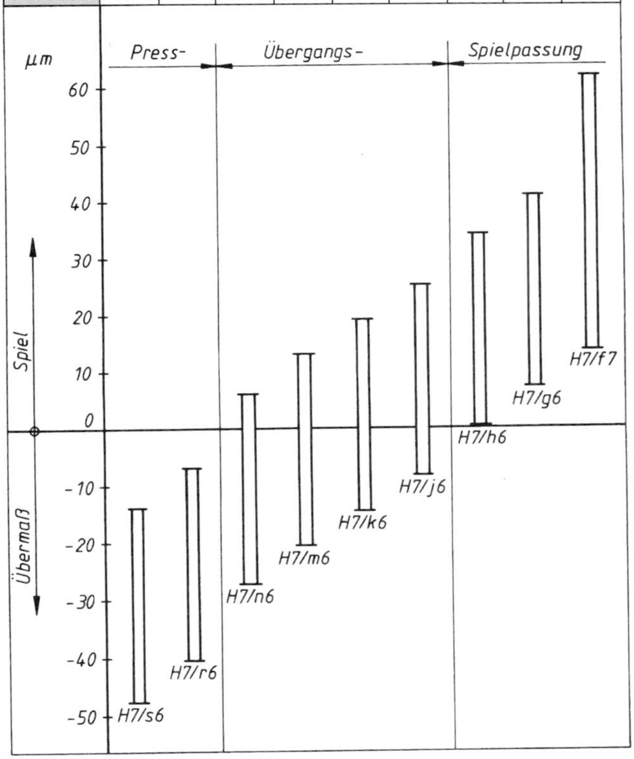

2.5
a) $P_T = 49$ µm;
b) $T'_B \approx 30$ µm; $T'_W \approx 19$ µm;
c) H7 (Toleranzklasse mit dem Toleranzgrad 7) mit $EI = 0$, $ES = 30$ µm, $T_B = 30$ µm;
d) $ei' = 123$ µm, $es' = 142$ µm;
e) x6 mit $ei = 122$ µm, $es = 141$ µm und damit $T_W = 19$ µm.

2.6 Für die Passung 25 H8/e8 sind die Grenzpassungen $P_u = 40$ µm und $P_o = 106$ µm (Sollwerte). Für die Passung 25 D9/k6 sind die Grenzpassungen $P_u = 50$ µm und $P_o = 115$ µm (Istwerte). D9 mit $ES = 117$ µm, $EI = 65$ µm.

2.7
a) H7/f7;
b) $N = 30$ mm, $T_l = 0{,}2$ mm ($l_o = 29{,}7$ mm, $l_u = 29{,}6$ mm)

$30^{-0,3}_{-0,4}$

2

2.8 a) Hebelbohrung: F7, Rollenbohrung: M7
b) $N = 100$ mm; $T_L = 0{,}1$ mm ($L_o = 10{,}3$ mm, $L_u = 10{,}2$ mm).

$10^{+0{,}3}_{+0{,}2}$

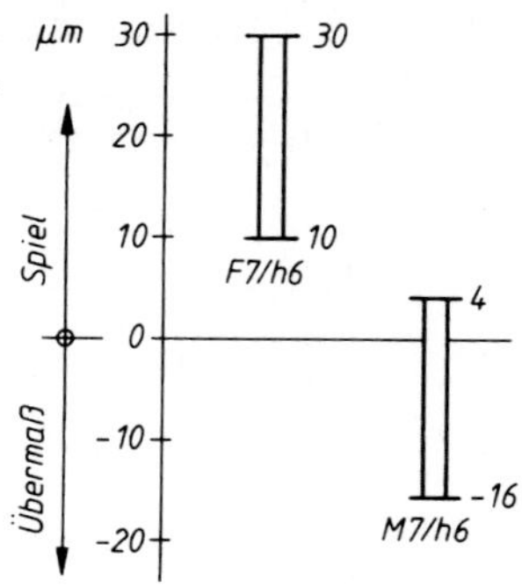

2.9 a) H7/f7; $P_o = 43$ µm, $P_u = 13$ µm ($ES = 15$ µm, $EI = 0$; $es = -13$ µm, $ei = -28$ µm);
b) $N = 10$ mm, $T_a = 0{,}06$ mm ($a_o = 17{,}28$ mm, $a_u = 17{,}22$ mm); die sinnvolle Maßeintragung wäre damit

$17^{+0{,}3}_{+0{,}2}$

c) $R_z = 6{,}3$ µm (Toleranzgrad 7, Nennmaß $N = 10$ mm, mitttelwertige Funktionsfläche)

$\sqrt{R_z\,6{,}3}$

2.10 a) $N = 29$ mm, $T_a = 0{,}05$ mm ($a_o = 29{,}05$ mm, $a_u = 29$ mm).

$29^{+0{,}05}$

b) die Bedingung des seitlichen Lagerspiels von 0 bis höchstens 0,1 mm ist nicht zu erfüllen!
c) $R_z = 6{,}3$ µm (Toleranzgrad 6, Nennmaß $N = 50$ mm, mittelwertige Funktionsfläche)

$\sqrt{R_z\,6{,}3}$

2.11 $N = 26$ mm, $T_l = 0{,}1$ mm $l_o = 26{,}5$ mm, $l_u = 26{,}4$ mm). $26^{+0{,}5}_{+0{,}4}$

2.12 $N = 45$ mm, $T_l = 0{,}2$ mm ($l_o = 44{,}75$ mm, $l_u = 44{,}55$ mm). $45^{-0{,}25}_{-0{,}45}$

2.13 $N = 7$ mm, $T_l = 0{,}1$ mm ($l_o = 7{,}2$ mm, $l_u = 7{,}1$ mm). $7^{+0{,}2}_{+0{,}1}$

2.14 $N = 102$ mm, $T_D = 0{,}515$ mm ($D_o = 102{,}079$ mm, $D_u = 101{,}564$ mm). $\varnothing\,102^{+0{,}008}_{-0{,}44}$

2.15 $N = 40$ mm, $D_{Wo} = 39{,}95$ mm, $D_{Wu} = 39{,}925$ mm, $es' = -0{,}05$ mm, $ei' = -0{,}075$ mm; e8 ($es = -0{,}05$ mm, $ei = -0{,}089$ mm).

2.16 $N = 10$ mm, $d_{1o} = 10{,}086$ mm, $d_{1u} = 10{,}035$ mm; festgelegt D9 ($ES = 76$ µm, $EI = 40$ µm)

$\varnothing\,10^{D9}$

2.17 $A_u = A_o = 0{,}15$ mm. $60 \pm 0{,}15$

2.18 $N = 16$ mm, $d_o = 15{,}9$ mm, $d_u = 15{,}727$ mm. $\varnothing\,16^{-0{,}1}_{-0{,}27}$

---

3 Festigkeitsberechnung

3.1 Spannungswerte in N/mm^2

	$d = 32$ mm				$d = 150$ mm			
	K_t	S235	S275	E335	K_t	S235	S275	E335
a) $R_m = K_t \cdot R_{mN}$	1,0	360	430	590	0,96	346	413	566
b) $R_e = K_t \cdot R_{eN}$	1,0	235	275	335	0,825	194	227	276
c) R_e/R_m	–	0,65	0,64	0,57	–	0,56	0,55	0,49
d) $\sigma_{bF} = 1{,}2 \cdot R_e$	1,0	282	330	402	0,825	233	272	332
e) $\tau_{tF} = 1{,}2 \cdot R_e \cdot f_\tau$	1,0	163	191	232	0,825	134	157	191

3.2 Spannungswerte in N/mm^2

	$d = 10$ mm			$d = 10$ mm			$d = 20$ mm		
	K_t	S275	E335	K_t	C45E	30CrNiMo8	K_t	EN-GJL-250	EN-GJS-400-18
a) $R_m = K_t \cdot R_{mN}$	1,0	430	590	1,0	417	1250	1,0	250	400
b) $\sigma_{zSch} = K_t \cdot \sigma_{zSchN}$	1,0	270	335	1,0	437	800	1,0	100	223
c) $\sigma_{bW} = K_t \cdot \sigma_{bWN}$	1,0	215	290	1,0	340	625	1,0	120	195
d) $\tau_{tW} = K_t \cdot \tau_{tWN}$	1,0	125	180	1,0	204	375	1,0	102	127

3.3 $\sigma_{zul} = 160\ N/mm^2$ ($R_{p0,2} = 240\ N/mm^2$, $S_{F\,min} \approx 1{,}5$)

3.4 $\tau_{tF} = 180\ N/mm^2$ ($R_{pN} = 260\ N/mm^2$, $K_t = 1{,}0$), $S_{F\,min} = 1{,}5$

3.5 $\sigma_A = \dfrac{\sigma_{Sch}}{2} = \dfrac{360\ N/mm^2}{2} = 180\ N/mm^2$

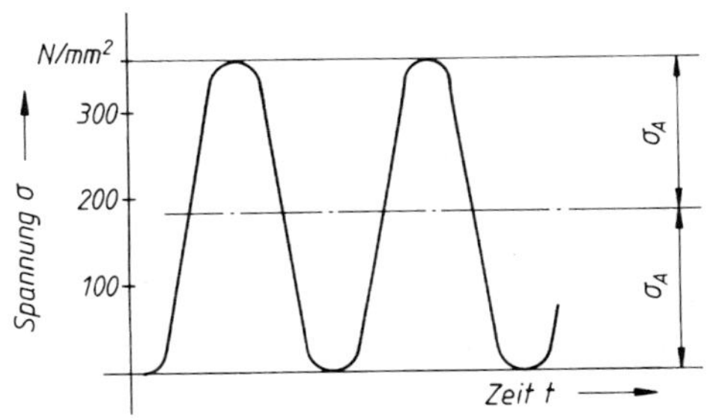

3.6 a) $\sigma_{bA} = \pm 150\ N/mm^2$
b) $\sigma_O = 220\ N/mm^2$
$\sigma_U = -80\ N/mm^2$
c) $\kappa = -0{,}36$

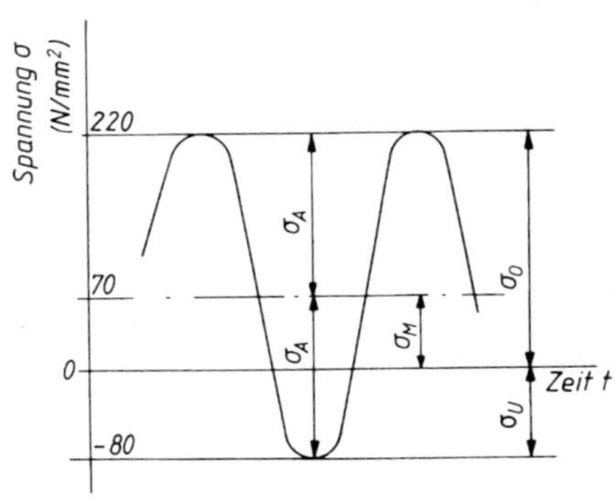

3.7 25CrMo4: $R_{mN} = R_m = 900\ \text{N/mm}^2$
$R_{p0,2N} = R_{p0,2} = 700\ \text{N/mm}^2$
$\sigma_{bWN} = \sigma_{bW} = 450\ \text{N/mm}^2$
$\sigma_{bF} \approx 1{,}2 \cdot R_{p0,2} = 840\ \text{N/mm}^2$

a) $\sigma_A = 353\ \text{N/mm}^2$ ($\psi_\sigma = 0{,}215$; $\sigma_{GW} = \sigma_{bW}$; $\sigma_{mv} = \sigma_{bm}$)
b) $\sigma_O \approx 800\ \text{N/mm}^2 < \sigma_{bF}$, $\sigma_U \approx 100\ \text{N/mm}^2$
c) $\kappa \approx 0{,}12$
d) $\sigma_A = 324\ \text{N/mm}^2$

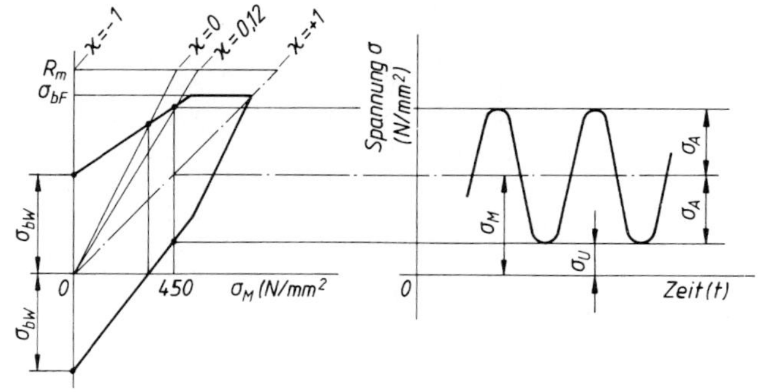

3.8 $\sigma_{GA} = 160\ \text{N/mm}^2$ ($\sigma_{GW} = 160\ \text{N/mm}^2$; $\sigma_{bW} = 468\ \text{N/mm}^2$; $K_t = 0{,}85$; $\sigma_{bWN} = 550\ \text{N/mm}^2$; $K_\sigma = 2{,}93$; $\beta_{k\sigma} = 2{,}37$; $\beta_{k\sigma\,Probe} = 2{,}3$; $K_\alpha = 0{,}95$ ($d = 60$ mm); $K_{\alpha\,Probe} = 0{,}98$ ($d_{Probe} = 15$ mm); $R_m = 935\ \text{N/mm}^2$; $R_{mN} = 1100\ \text{N/mm}^2$; $K_g = 0{,}86$; $K_{O\sigma} = 0{,}85$; $K_V = 1$).

3.9 $K_B = 0{,}59$ ($n_{b\,pl} = 1{,}94 > \alpha_{bp} = 1{,}7$, $R_{p0,2} = 280\ \text{N/mm}^2$; $R_{p0,2N} = 295\ \text{N/mm}^2$; $K_t = 0{,}95$)
$K_\sigma = 3{,}31$ ($\beta_{k\sigma} = 2{,}73$, $r_f = 0{,}49$ mm, $r = 0{,}2$ mm; $K_g = 0{,}87$, $K_{O\sigma} = 0{,}85$, $K_V = 1$, $R_m = R_{mN} = 490\ \text{N/mm}^2$; $K_t = 1$).
$K_\tau = 2{,}76$ ($\beta_{k\tau} = 2{,}27$, $K_g = 0{,}87$, $K_{O\tau} = 0{,}94$, $K_V = 1$)
als Richtwerte sind üblich $\beta_{k\sigma} = 2{,}2 \ldots 3$.

3.10

	R/d	K_t	R_m	$\beta_{k(2,0)}$	D/d	c_b	$\beta_{k\,Probe}$	$K_{\alpha\,Probe}$	K_α	β_k
	1	1	N/mm^2	1	1	1	1	1	1	1
S235		1,0	360	1,8			1,32	0,99	0,98	1,33
C60E	0,033	0,93	790	2,4	1,167	0,4	1,56	0,98	0,965	1,58
50CrMo4		0,93	1020	2,8			1,72	0,98	0,96	1,75

Hinweis: Da d und β_k nicht sehr groß sind, ist $\beta_{k\,Probe} \approx \beta_k$.
Mit zunehmender Bruchfestigkeit des Werkstoffes wird β_k größer.

3.11

	d	D	D/d	R	R/d	α_k	φ	G'	n	β_k
	mm	mm	1	mm	1	1	1	mm^{-1}	1	1
C60E	30	35	1,167	1	0,033	2,2	0,12	2,58	1,13	1,95
				1,6	0,053	1,85	0,14	1,64	1,10	1,68
				2,5	0,083	1,65	0,17	1,07	1,08	1,53
	29,6		1,182	1	0,033	2,37	0,12	2,58	1,13	2,10

$R_m = K_t \cdot R_{mN} = 0{,}93 \cdot 850\ \text{N/mm}^2 \approx 790\ \text{N/mm}^2$;
$R_{p0,2} = K_t \cdot R_{p0,2N} = 0{,}93 \cdot 580\ \text{N/mm}^2 \approx 540\ \text{N/mm}^2$;
Bei Freistich: $D_1 = 30$ mm, $\alpha_A = 2{,}2$, $\alpha_R = 2{,}8$.
Je kleiner der Rundungsradius, desto größer wird die Kerbwirkung; durch den Freistich wird zusätzlich der Durchmesser geschwächt, was über den β_k-Wert berücksichtigt wird.

3.12

	a	*b*	*c*
T_m/T_a	150/150	150/0	100/50
$\sigma_{bm\,eq}/\tau_{tm\,eq}$	0/28	0/28	0/19
$\sigma_{ba\,eq}/\tau_{ta\,eq}$	70/28	70/0	70/9
σ_{mv}/τ_{mv}	49/28	49/28	33/19
σ_{GA}/τ_{GA}	106/95	106/95	107/95
S_D	1,37	1,50	1,50

$\sigma_{GW} = 109$ N/mm^2; $\sigma_{bW} = 233$ N/mm^2; $K_t = 0{,}93$; $\sigma_{bWN} = 250$ N/mm^2; $\psi_\sigma = 0{,}063$, $a_M = 0{,}00035$, $b_M = -0{,}1$; $R_m = 465$ N/mm^2; $R_{mN} = 500$ N/mm^2; $K_\sigma \approx 2{,}14$, $\beta_{k\sigma} \approx \beta_{k\sigma\,Probe} \approx 1{,}9$, $K_g = 0{,}91$, $K_{O\sigma} = 0{,}95$, $K_V = 1$;
$\tau_{GW} = 96$ N/mm^2, $\tau_{tW} = 140$ N/mm^2, $K_t = 0{,}93$; $\tau_{tWN} = 150$ N/mm^2; $\psi_\tau = 0{,}036$, a_M, b_M wie oben; $K_\tau = 1{,}46$, $\beta_{k\tau} \approx \beta_{k\tau\,Probe} \approx 1{,}3$, $K_{O\tau} = 0{,}97$, R_m, K_g, K_V wie oben.

3.13 Passfedernut: $\tau_{GA} \approx 96$ N/mm^2 ($\tau_{GW} \approx 96$ N/mm^2; $\tau_{tW} = 170$ N/mm^2; $K_t = 0{,}9$; $\tau_{tWN} = 190$ N/mm^2; $K_\tau = 1{,}76$; $\beta_{k\tau} \approx \beta_{k\tau\,Probe} \approx 1{,}5$; $R_m \approx 570$ N/mm^2; $R_{mN} = 630$ N/mm^2; $K_g = 0{,}89$; $K_{O\tau} = 0{,}93$ für $R_z = 20$; $K_V = 1$).
Sg-Ring-Nut: $\tau_{GA} \approx 62$ N/mm^2 (τ_{tW}, K_t, R_m, K_g, $K_{O\tau}$, K_V wie oben $K_\tau = 2{,}74$; $\beta_{k\tau} = 2{,}37$, $r = 0{,}175$ mm, $r_f = 0{,}32$ mm).
Die Ringnut ist somit für die Festigkeitsberechnung maßgebend.
Erkenntnis: Sicherungsringe in den beanspruchten Bereichen vermeiden!

3.14

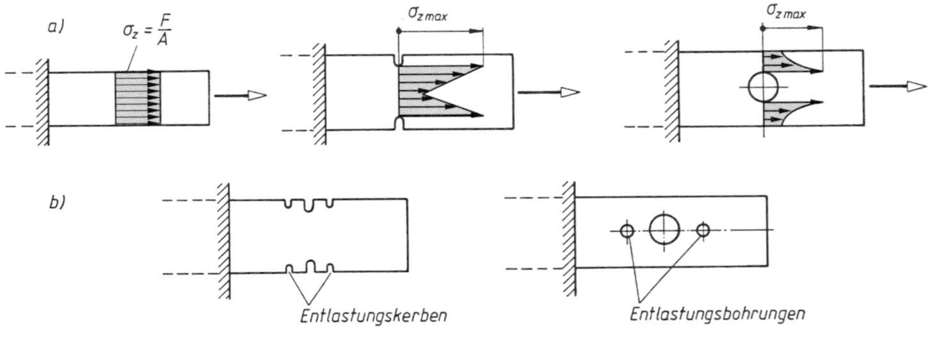

3.15

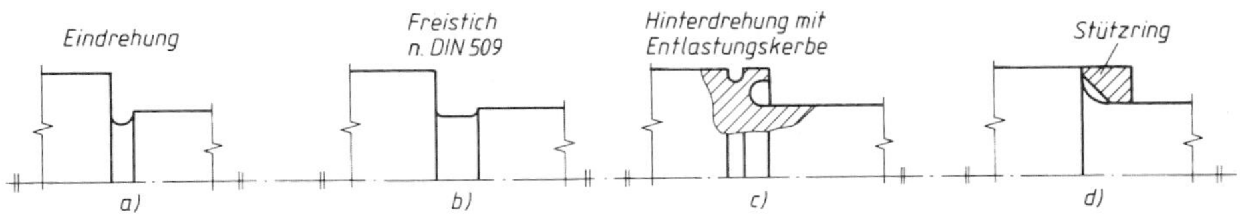

4 Klebverbindungen

4.1 $\tau_{KB} = 26\ \text{N/mm}^2$ ($A_{Kl} \approx 200\ \text{mm}^2$).

4.2 $\sigma_{KB} = 52\ \text{N/mm}^2$ ($A_{Kl} \approx 707\ \text{N/mm}^2$).

4.3 $\tau_{KBt} \approx 26\ \text{N/mm}^2$ ($T_B = 185 \cdot 10^3\ \text{N/mm}$, $W_p \approx 7 \cdot 10^3\ \text{mm}^3$).

4.4 $\tau_{KB} = 23\ \text{N/mm}^2$; $\tau_{KB(15)} = 20{,}3\ \text{N/mm}^2$; $\tau_{KB(20)} = 17{,}5\ \text{N/mm}^2$; $\tau_{KB(25)} = 14{,}4\ \text{N/mm}^2$; $\tau_{KB(30)} = 12{,}2\ \text{N/mm}^2$; prozentuale Abnahme $\approx 11{,}7\ \%$, $13{,}8\ \%$, $17{,}7\ \%$, $15{,}3\ \%$; im Mittel $\approx 14{,}6\ \%$.

4.5 a) $\sigma'_{abs} \approx 15\ \text{N/mm}$ ($F_1 = 450\ \text{N}$, $b = 30\ \text{mm}$),
b) $\sigma'_{rel} \approx 6\ \text{N/mm}$ ($F_2 = 180\ \text{N}$, $b = 30\ \text{mm}$).

4.6 a) $S_1 \approx 18$ ($\sigma_z = 25\ \text{N/mm}^2$, $A \mathrel{\hat{=}} A_{min} = 600\ \text{mm}^2$).
b) $S_2 \approx 10$ ($\tau_{KB(60)} \approx 24\ \text{N/mm}^2$, $\tau_{vorh} \approx 2{,}5\ \text{N/mm}^2$, $A_{Kl} \approx 6000\ \text{mm}^2$).

4.7 $S \approx 25$ ($F_{vorh} \approx 1{,}25\ \text{kN}$, $A_D \approx 3100\ \text{mm}^2$; $F_{Grenz} \approx 31{,}6\ \text{kN}$, $A_{Kl} \approx 3956\ \text{mm}^2$).

4.8 $F \approx 31{,}4\ \text{kN}$ (*Klebverbindung:* $l_ü \approx 20\ \text{mm}$, $A_{Kl} \approx 3140\ \text{mm}^2$, $F \approx 31{,}4 \cdot 10^3\ \text{N}$, $S \approx 2$; *Rohr:* $A \approx 300\ \text{mm}^2$, $R_m \approx 240\ \text{N/mm}^2$, $F \approx 36{,}2 \cdot 10^3\ \text{N}$, $S \approx 2$).

4.9 Bruchgefahr besteht nicht, da $\tau_{K\,vorh} \approx 1{,}4 \ll \tau_{KB} \approx 15\ \text{N/mm}^2$ ($F_t = 25 \cdot 10^3\ \text{N}$, $A_{Kl} = 18 \cdot 10^3\ \text{mm}^2$).

4.10 $P \approx 1\ \text{kW}$ ($\tau_{Kl\,Sch} \approx 12\ \text{N/mm}^2$, $A_{Kl} = 1880\ \text{mm}^2$, $F_t \approx 5650\ \text{N}$, $T \approx 150 \cdot 10^3\ \text{Nmm}$ bei $K_A = 1{,}5$, $P' \approx 2\ \text{kW}$ bzw. bei 2-facher Sicherheit wird die übertragbare Leistung $P = 1\ \text{kW}$).

4.11 $S \approx 12$ ($T_{vorh} \approx 7160\ \text{Nmm}$; $T_{max} \approx 88\,300\ \text{Nmm}$, $A_{Kl} \approx 1963\ \text{mm}^2$, $\tau_{Kl\,W} \approx 3{,}6\ \text{N/mm}^2$, $F_{t\,max} \approx 7066\ \text{N}$).

4.12 $S \approx 7$; $S_{Pr} \approx 4{,}3$ ($F \approx 11{,}3 \cdot 10^3\ \text{N}$, $F_{Pr} \approx 18{,}1 \cdot 10^3\ \text{N}$, $A_{Kl} \approx 7850\ \text{mm}^2$, $\tau_K \approx 1{,}44\ \text{N/mm}^2$, $\tau_{K\,Pr} \approx 2{,}3\ \text{N/mm}^2$).

5 Lötverbindungen

5.1

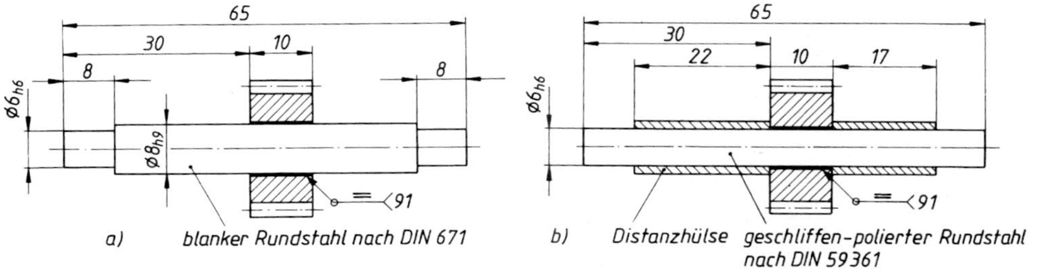

5.2 $\tau_l = 1{,}1\ \text{N/mm}^2 < \tau_{l\,zul} \approx 2\ \text{N/mm}^2$ ($F = 1832$ N, $A_l = 1696\ \text{mm}^2$).

5.3
a) $t_e = 3$ mm ($d_a = 315$ mm, $p_e = 0{,}6\ \text{N/mm}^2$, $K = 200\ \text{N/mm}^2$, $S = 4$, $v = 0{,}8$, $c_1 = 0{,}3$ mm, $c_2 = 0$, $t = 2{,}64$ mm),
b) Beide Bedingungen für überlappt weichgelötete Rundnähte an Kupfer sind erfüllt: 1. $t_e = 3\ \text{mm} \leq 6$ mm, 2. $315\ \text{mm} \cdot 6\ \text{bar} = 1890\ \text{mm bar} \leq 2500$ mm bar,
c) $l_ü = 30$ mm ($l_ü \geq 10 t_e$),
d) $\tau_l = 1{,}5\ \text{N/mm}^2$ ($F = 45$ kN, $A_l = 29\,688\ \text{mm}^2$).

5.4
a) Laschenbreite $\geq 2 \cdot 12 \cdot 2\ \text{mm} = 48$ mm, Laschendicke 2 mm,
b) $\tau_l = 0{,}7\ \text{N/mm}^2$ ($F = 19{,}7$ kN, $A_l = 30\,159\ \text{mm}^2$).

5.5
a) $t_e = 2{,}0$ mm ($D_a = 355$ mm, $p_e = 0{,}6\ \text{N/mm}^2$, $K = 235\ \text{N/mm}^2$, $S = 1{,}5$, $v = 0{,}8$, $c_1 = 0{,}12$ mm, $c_2 = 1{,}0$ mm, $t = 1{,}97$ mm),
b) ausgeführt z. B. $l_ü = 3 \cdot 2\ \text{mm} = 6$ mm (nach Gl. (5.3) reichen $l_ü = 3{,}6$ mm, mit $R_m = 360\ \text{N/mm}^2$, $\tau_{lB} = 200\ \text{N/mm}^2$).

5.6
a) $S_B = 21{,}2$ $\tau_{lB} = 240\ \text{N/mm}^2$ für L-Ag30Cd an E335, $d = 8$ mm, $l_ü = 8$ mm, $T = 7000$ Nmm, $K_A = 1{,}3$),
b) $l_ü = 2{,}5$ mm ($\tau_{tB} \approx R_m = 590\ \text{N/mm}^2$, $\tau_{lB} = 240\ \text{N/mm}^2$, $d = 8$ mm).

5.7 $l_ü = 1{,}9$ mm ($\tau_{lB} = 205\ \text{N/mm}^2$, $d = 10$ mm, $S = 5$, $T = 8000$ Nmm, $K_A = 1{,}5$).
Tatsächlich ausgeführte Hebeldicke nach konstruktiven Erfordernissen.

5.8 $F = 9{,}5$ kN (S235JR: $\sigma_{lB} = 370\ \text{N/mm}^2$, CuZn37: $\sigma_{lB} = 210\ \text{N/mm}^2$, S235Jr/CuZn37: $\sigma_{lB} \approx 290\ \text{N/mm}^2$, $S = 3$, $\sigma_{l\,zul} \approx 95\ \text{N/mm}^2$, $A_l = 100\ \text{m}^2$, $K_A = 1{,}0$).

5.9 $d = 20$ mm ($M_b = 61\,152$ Nmm, $K_A = 1{,}3$, $\sigma_{bw\,zul} = 80\ \text{N/mm}^2$, $S = 2$).

5.10 $S_B \approx 11$ ($\tau_{l\,res} = 19\ \text{N/mm}^2$, aus F: $\tau_l = 15\ \text{N/mm}^2$, aus T: $\tau_l = 12\ \text{N/mm}^2$, $A_l = 302\ \text{mm}^2$, $\tau_{lB} = 205\ \text{N/mm}^2$, $K_A = 1{,}0$).

5.11 $p_{max} \approx 154\ \text{N/mm}^2 < p_{zul} \approx 180\ \text{N/mm}^2$ ($F = 1600$ N, $l = 40$ mm, $s = 15$ mm, $d = 18$ mm, $K_A = 1{,}3$, $\sigma_{lB} = 540\ \text{N/mm}^2$, $S \approx 3$).

6 Schweißverbindungen

6.1 Bauteil: $\sigma_z = 195\ \text{N/mm}^2 < \sigma_{z\,zul} = 218\ \text{N/mm}^2$ ($A = 80\ \text{mm} \cdot 8\ \text{mm} = 640\ \text{mm}^2$).
Schweißnaht: $\sigma_\perp = 195\ \text{N/mm}^2 < \sigma_{w\,zul} = 207\ \text{N/mm}^2$ ($A_w = 640\ \text{mm}^2$; $\sigma_{w\,zul} = 207\ \text{N/mm}^2$, da Güte der Stumpfnaht nicht nachgewiesen).
Der Zugstab ist nach DIN 18800-1 ausreichend bemessen.

6.2 a) $F_{max} = 327\ \text{N/mm}^2 \cdot 3000\ \text{mm}^2 = 981\ \text{kN}$ ($A_w = A = 200\ \text{mm} \cdot 15\ \text{mm} = 3000\ \text{mm}^2$, $\sigma_{zul} = \sigma_{w\,zul} = 360\ \text{N/mm}^2/1{,}1 = 327\ \text{N/mm}^2$, $R_e = 360\ \text{N/mm}^2$ für S355, $S_M = 1$, Bauteilfestigkeit maßgebend).

b) $F_{max} = 262\ \text{N/mm}^2 \cdot 3000\ \text{mm}^2 = 786\ \text{kN}$ ($\sigma_{w\,zul} = 0{,}8 \cdot 360\ \text{N/mm}^2/1{,}1 = 262\ \text{N/mm}^2$, bei Zugbeanspruchung und nicht nachgewiesener Nahtgüte, $\alpha_w = 0{,}8$).
Die zulässige Stabkraft ist um 20 % kleiner ($\mathrel{\hat=} \alpha_w = 0{,}8$) als mit Durchstrahlungsprüfung. Bei längeren Stäben wiegt der eingesparte Werkstoff die Prüfkosten auf.

6.3 $b = 60\ \text{mm}$ ($\sigma_{w\,zul} = 207\ \text{N/mm}^2$, $b \geq 57\ \text{mm}$)

6.4 a) $F_{max} = 2 \cdot 3220\ \text{mm}^2 \cdot 218\ \text{N/mm}^2 = 1403{,}92\ \text{kN} \approx 1{,}4\ \text{MN}$
($A = 3220\ \text{mm}^2$, $\sigma_{zul} = 218\ \text{N/mm}^2$).

b) $a_{max} = 9\ \text{mm}$ ($t_2 = 11{,}5\ \text{mm} + 0{,}5 \cdot 75\ \text{mm} \cdot 0{,}08 = 14{,}5\ \text{mm}$, maßgebend $s = 14\ \text{mm}$, $a \leq 0{,}7 \cdot 14\ \text{mm} = 9{,}8\ \text{mm}$, $b = 75\ \text{mm}$, Flanschneigung 8 %).

c) $l = 190\ \text{mm}$ ($l = 1\,403\,920\ \text{N}/(4 \cdot 9\ \text{mm} \cdot 207\ \text{N/mm}^2) = 188\ \text{mm}$, $\tau_{w\,zul} = 207\ \text{N/mm}^2$, $l = 21a$, $6a < 21a < 150a$).

d) $\sigma = 239\ \text{N/mm}^2 > \sigma_{zul} = 218\ \text{N/mm}^2$, Knotenblechdicke wird auf $t_K = 16\ \text{mm}$ erhöht ($b = 200\ \text{mm} + 2 \cdot \tan 30° \cdot 190\ \text{mm} = 419\ \text{mm}$, $t_K = 14\ \text{mm}$, bei $t_K = 16\ \text{mm}$: $\sigma = 209\ \text{N/mm}^2$).

6.5 a) $F_{max} = 313{,}48\ \text{kN}$ ($\sigma_{zul} = 218\ \text{N/mm}^2$, $A = 2 \cdot 719\ \text{mm}^2$).

b) $l_1 = 85\ \text{mm}$, $l_2 = 130\ \text{mm}$ ($\tau_{w\,zul} = 207\ \text{N/mm}^2$, $c_x = e = 24{,}4\ \text{mm}$,
$F_1 = 313{,}48\ \text{kN} \cdot 24{,}4\ \text{mm}/75\ \text{mm} = 102\ \text{kN}$, $F_2 = 211{,}5\ \text{kN}$, $a_1 = 3\ \text{mm}$, $a_2 = 4\ \text{mm}$).

c) $l = 190\ \text{mm}$ (T80: $s = t = 9\ \text{mm}$, $t_K = 8\ \text{mm}$, $a = 8\ \text{mm}$, $\sigma_{zul} = 207\ \text{N/mm}^2$, da Nahtgüte nicht nachgewiesen).

6.6 a) $\sigma = 176\ \text{N/mm}^2 < \sigma_{zul} = 218\ \text{N/mm}^2$ ($A = A_S + 2A_F =$
$= 8\ \text{mm} \cdot 90\ \text{mm} + 2 \cdot 8\ \text{mm} \cdot (80\ \text{mm} - 8\ \text{mm}) = 720\ \text{mm}^2 + 2 \cdot 576\ \text{mm}^2 = 1872\ \text{mm}^2$).

b) Stumpfnaht (Steg): $\sigma_\perp = 176\ \text{N/mm}^2 < \sigma_{w\,zul} = 207\ \text{N/mm}^2$, Nachweis der Nahtgüte nicht erforderlich.
Kehlnähte: $\tau_\parallel = 101\,500\ \text{N}/(4 \cdot 3\ \text{mm} \cdot 50\ \text{mm}) = 169\ \text{N/mm}^2 < \tau_{w\,zul} = 207\ \text{N/mm}^2$ ($F_F = 330\,000\ \text{N} \cdot 576\ \text{mm}^2/1872\ \text{mm}^2 = 101{,}5\ \text{kN}$). Schubspannungen im Trägerflansch neben den Kehlnähten: $\tau = 101\,500\ \text{N}/(2 \cdot 8\ \text{mm} \cdot 50\ \text{mm}) = 127\ \text{N/mm}^2 \approx \tau_{zul} =$
$= 240\ \text{N/mm}^2/(1{,}1 \cdot \sqrt{3}) = 126\ \text{N/mm}^2$.

6.7 a) $\sigma_z = 202\,N/mm^2 < \sigma_{zul} = 218\,N/mm^2$ ($A_n = 794\,mm^2 - 7{,}5\,mm \cdot 7\,mm = 742\,mm^2$; T60: $A = 794\,mm^2$, $s = t = 7\,mm$; 1/2 I200: $t = 7{,}5\,mm$).

b) Der Steg des T-Stahls wird entsprechend der Stabneigung zugeschnitten und der Flansch so weit geschlitzt, dass er auf den Steg des durchlaufenden Gurtstabes geschoben werden kann.

c) Stumpfnaht: $\sigma_\perp \approx 202\,N/mm^2 < \sigma_{w\,zul} = 207\,N/mm^2$ (Nachweis der Nahtgüte nicht erforderlich, $a = 7\,mm$).
Kehlnähte: 2 Doppelkehlnähte $a = 3\,mm$, $l = 45\,mm$ ($F_F = 150\,kN \cdot 368\,mm^2/742\,mm^2 = 74{,}4\,kN$, $A_F \approx 60\,mm \cdot 7\,mm - 7{,}5\,mm \cdot 7\,mm \approx 368\,mm^2$, $\tau_\parallel = 74\,400\,N/(4 \cdot 45\,mm \cdot 3\,mm) = 138\,N/mm^2 < \tau_{w\,zul} = 207\,N/mm^2$, $l = 45\,mm = 15a > 30\,mm$ bzw. $6a$). Schubspannungen im Trägerflansch neben den Kehlnähten: $\tau = 74\,400\,N/(2 \cdot 7\,mm \cdot 45\,mm) = 118\,N/mm^2 < \tau_{zul} = 240\,N/mm^2/(1{,}1 \cdot \sqrt{3}) = 126\,N/mm^2$.

6.8 Stab: $\sigma_{max} = 82\,N/mm^2 + 131\,N/mm^2 = 213\,N/mm^2 < \sigma_{zul} = 218\,N/mm^2$ ($\sigma_z = 82\,N/mm^2$, $\sigma_{bz} = 131\,N/mm^2$, $A = 1100\,mm^2$, $e_y = e = 14{,}5\,mm$, $I_y = 19{,}4 \cdot 10^4\,mm^4$).
Kehlnähte: $\tau_\parallel = 113\,N/mm^2 < \tau_{w\,zul} = 207\,N/mm^2$ ($a = 5\,mm$, $l = 80\,mm > 30\,mm$ bzw. $6a$).
Stab und Schweißanschluss sind ausreichend bemessen.

6.9 a) $\sigma_z = 162\,N/mm^2 < \sigma_{zul} = 0{,}8 \cdot 218\,N/mm^2 = 174\,N/mm^2$ ($A = 691\,mm^2$, $b = 60\,mm$, Bedingung $l > b$ erfüllt).

b) $a = 3\,mm$, $l = 90\,mm$ ($\tau_{w\,zul} = 207\,N/mm^2$, erforderliche Nahtlänge $l = 112\,000\,N/(2 \cdot 3\,mm \cdot 207\,N/mm^2) = 90\,mm$, $a = 0{,}5 \cdot t = 0{,}5 \cdot 6\,mm = 3\,mm$ mit Rücksicht auf gerundete Profilkante gewählt, $30\,mm < l = 90\,mm < 150 \cdot 3\,mm$, $a \geq \sqrt{8} - 0{,}5\,mm = 2{,}3\,mm$).

6.10 a) ∟ EN 10056-1-70 × 50 × 6 ($A = 689\,mm^2$, $A_{erf} = 164\,000\,N/(0{,}8 \cdot 327\,N/mm^2) = 627\,mm^2$, $\sigma_{zul} = 327\,N/mm^2$ für S355, Bedingung $l > b$ erfüllt).

b) $a_1 = 3\,mm$, $a_2 = 5\,mm$ ($a_1 \approx 0{,}5 \cdot 6\,mm = 3\,mm$ wegen gerundeter Profilkante, $a_2 \leq 0{,}7 \cdot 1{,}2 \cdot 6\,mm = 5\,mm$ wegen Anschluss an abstehendem Schenkel; wegen rationeller Fertigung alternativ auch $a_1 = a_2 = 3\,mm$).

c) $l_1 = 70\,mm$, $l_2 = 85\,mm$ ($\tau_{w\,zul} = 262\,N/mm^2$, $e = c_x = 22{,}3\,mm$, $F_1 = 164\,000\,N \cdot 22{,}3\,mm/70\,mm = 52{,}25\,kN$, $F_2 = 111{,}75\,kN$).

6.11 a) $l = 65\,mm$ ($\tau_{w\,zul} = 207\,N/mm^2$, $A_{w\,erf} = 556\,mm^2$, $30\,mm < 65\,mm\ (21{,}7a) < 150a$).

b) $l = 35\,mm$ ($30\,mm < 35\,mm\ (11{,}7a) < 150a$). Ohne Stirnkehlnähte wäre eine Überlapplänge von 95 mm erforderlich.

6.12 $l_1 = 30\,mm$, $l_2 = 72\,mm$ ($\tau_{w\,zul} = 207\,N/mm^2$, $\Sigma l_{erf} = 193\,mm$, $l_1 \geq 30\,mm$ bzw. $6a$, $a = 3\,mm$, $l_1 + l_2 \geq 193\,mm - 2 \cdot 60\,mm = 73\,mm$, $l_2 = 60\,mm/\tan 55° + 30\,mm = 72\,mm$, ausgeführt $\Sigma l = 222\,mm > \Sigma l_{erf} = 193\,mm$, $\tau_w = 180\,N/mm^2$).

6.13 a) I-Profil DIN 1025-S235JR-IPB180 (Vorbemessung: $A_{erf} = 56\,cm^2 \ldots 67\,cm^2$, $I_{erf} \approx 1450\,cm^4$; Tragsicherheitsnachweis: $670\,kN/(0{,}54 \cdot 1424{,}7\,kN) = 0{,}87 < 1$, $l_{ky} = 4250\,mm$, $\lambda_{ky} = 93$, $\bar{\lambda}_{ky} = 1{,}0 > 0{,}2$: $k = 1{,}196$, $\kappa = 0{,}54$, Knickspannungslinie c, $\alpha = 0{,}49$, $F_{pl} = 1{,}425\,MN$, $A = 6530\,mm^2$, $i_y = 45{,}7\,mm$, $R_e = 240\,N/mm^2$, $\delta_M = 1{,}1$; b/t-Verhältnisse, Steg: $b/t = 14{,}4 < 38$, Flansch: $b/t = 5{,}1 < 13$, $b = 180\,mm$, $s = 8{,}5\,mm$, $t = 14\,mm$, $R = 15\,mm$).

b) $a = 5\,mm$ ($a_{min} = \sqrt{30} - 0{,}5\,mm = 5\,mm$, $t_{max} = 30\,mm$, anteilige Stegkraft: $F_s = 670\,kN \cdot 8{,}5\,mm \cdot 152\,mm/6530\,mm^2 \approx 132{,}6\,kN$, anteilige Flanschkraft: $F_F = 670\,kN - 132{,}6\,kN = 2 \cdot 268{,}7\,kN$, $A_{wF} \approx 5\,mm\ (2 \cdot 180\,mm - 8{,}5\,mm) = 1758\,mm^2$ $\sigma_{\perp F} = 0{,}1 \cdot 268\,700\,N/1758\,mm^2 = 15\,N/mm^2 \ll \sigma_{w\,zul} = 207\,N/mm^2$).

6.14 a) 2L EN 10 056-1-70 × 70 × 6 (Vorbemessung: $A_{erf} = 9{,}3 \ldots 11{,}2\ cm^2$, $I_{erf} \approx 79\ cm^4$; Tragsicherheitsnachweis: Knicken um x-Achse maßgebend; $112\ kN/(0{,}424 \cdot 354{,}8\ kN) = 0{,}74 < 1{,}0$; $l_{kx} = l_S = 2420\ mm$, $\lambda_{kx} = 113{,}6$, $\bar{\lambda}_{kx} = 1{,}22 > 0{,}2$: $k = 1{,}494$, $\kappa = 0{,}424$, Knickspannungslinie c, $\alpha = 0{,}49$, $F_{pl} = 354{,}8\ kN$, $A = 2 \cdot 813\ mm^2$, $I_x = 2 \cdot 369\,000\ mm^4$, $i_x = 21{,}3\ mm$, $c_x(e) = 19{,}3\ mm$, $i_{min} = i_1(i_v) = 13{,}7\ mm$; es werden 11 Flachstahlfutterstücke (z. B. Fl50 × 15 × 40 und $a = 3\ mm$) so eingeschweißt, dass 12 gleiche Felder im Abstand $l_1 \approx 201\ mm$ entstehen, $l_1 = 201\ mm < 15 \cdot i_1 = 15 \cdot 13{,}7\ mm = 205{,}5\ mm$).

b) $a_1 = a_2 = 3\ mm$, $l_1 = 30\ mm$, $l_2 = 65\ mm$ ($a \geq \sqrt{15{,}5} - 0{,}5\ mm = 3{,}4\ mm$, $a \approx 0{,}5t = 0{,}5 \cdot 6\ mm = 3\ mm$ wegen gerundeter Profilkante, $\tau_{w\,zul} = 207\ N/mm^2$, $c_x(e) = 19{,}3\ mm$, $F_1 = 0{,}5 \cdot 112\,000\ N \cdot 19{,}3\ mm/70\ mm = 15{,}44\ kN$, $F_2 = 40{,}56\ kN$, $l_{1\,erf} = 25\ mm$, $l_{2\,erf} = 65\ mm$, $l_1 \geq 30\ mm$, $30\ mm \leq l_2\ (22a) \leq 150a$).

6.15 a) 2L EN 10056-1-70 × 70 × 6 (Vorbemessung: $A_{erf} = 100/12 \ldots 100/10 = 8{,}3 \ldots 10\ cm^2$, $I_{erf} \approx 0{,}12 \cdot 100 \cdot 3{,}301^2 = 131\ cm^4$; Tragsicherheitsnachweis: Knicken um x-Achse (Stoffachse) maßgebend; $100\ kN/(0{,}377 \cdot 354{,}76\ kN) = 0{,}75 < 1$, $l_{kx} = 0{,}5\,(3402\ mm + 3200\ mm) = 3301\ mm$, $\lambda_{kx} = 123{,}2$, $\bar{\lambda}_{kx} = 1{,}33$, Knickspannungslinie c, $\alpha = 0{,}49$, $k = 1{,}66$, $\kappa = 0{,}377$, $F_{pl} = 354{,}76\ kN$, $A = 2 \cdot 813\ mm^2$, $I_x = I_u = 2 \cdot 5{,}85 \cdot 10^5\ mm^4$, $i_x = i_u = 26{,}8\ mm$, $i_{min} = i_1 = 13{,}7\ mm$).

b) Rahmenstab erhält 3 Bindebleche. Feldweite $l_1 \approx 800\ mm$. $800\ mm/13{,}7\ mm = 58 < 70$. Bemessung der Bindebleche und ihrer Schweißanschlüsse siehe DIN 18800-2, 4.4.

c) $a = 3\ mm$, $l = 45\ mm$, 4 Nähte ($\tau_{\parallel} = 185\ N/mm^2 < \tau_{w\,zul} = 207\ N/mm^2$; $a \geq \sqrt{12} - 0{,}5\ mm = 3{,}0\ mm$, auch wegen gerundeter Profilkante: $a \approx 0{,}5 \cdot t = 0{,}5 \cdot 6\ mm$, $30\ mm < 45\ mm\ (15a) < 150a$).

6.16 a) $98\ kN/(0{,}67 \cdot 456\ kN) + 1{,}1 \cdot 3{,}21 \cdot 10^6\ Nmm/6{,}12 \cdot 10^6\ Nmm + 0{,}07 = 0{,}97 < 1$, Tragsicherheit nachgewiesen (Maßgebend Ausweichen rechtwinklig zur Fachwerkebene: $\lambda_{kx} = 73{,}6$, $\bar{\lambda}_{kx} = 0{,}79 > 0{,}2$: $k = 0{,}957$, $\kappa = 0{,}67$, Knickspannungslinie c, $\alpha = 0{,}49$, $\lambda_a = 92{,}9$ für S235, $l_{kx} = 2150\ mm$, $F_{pl} = 2090\ mm^2 \cdot 240\ N/mm^2/1{,}1 = 456\ kN$, $M_{pl} \approx 1{,}14 \cdot 24\,600\ mm^3 \cdot 240\ N/mm^2/1{,}1 = 6{,}12 \cdot 10^6\ Nmm$, $\psi = +1$, $\beta_m = 1{,}1$, Korrekturwert $\Delta n = 0{,}1$ oder Näherungswert $\Delta n = 0{,}25 \cdot 0{,}67^2 \cdot 0{,}79^2 = 0{,}07$; $A = 2090\ mm^2$, $s = t = 11\ mm$, $R = 11\ mm$, $e_x = 27{,}4\ mm$, $W_x = 24\,600\ mm^3$, $i_x = 29{,}2\ mm$, $i_y = 20{,}5\ mm$. Biegeknicknachweis um y-Achse (Ausweichen in der Fachwerkebene): $98\ kN/(0{,}53 \cdot 456\ kN) = 0{,}41 < 1$, $l_{ky} \approx 0{,}9 \cdot l \approx 1935\ mm$, $\lambda_{ky} = 94{,}4$, $\bar{\lambda}_{ky} = 1{,}02$, Knickspannungslinie c, $\alpha = 0{,}49$, $k = 1{,}22$, $\kappa = 0{,}53$. Biegedrillknicken kann ausgeschlossen werden, $b/t \leq (b/t)_{grenz}$ ist erfüllt.)

b) $a = 5\ mm$, $l = 50\ mm$, 2 Nähte ($a \approx 0{,}5 \cdot t \approx 5\ mm$ wegen gerundeter Profilkante, $\tau_{w\,zul} = 207\ N/mm^2$, $30\ mm < 50\ mm\ (10a) < 150a$)

6.17 a) ∟ EN 10056-1-50 × 50 × 5 (Vorbemessung: $A_{erf} = 14/12 \ldots 14/10 = 1{,}17 \ldots 1{,}4\ cm^2$, $I_{erf} = 0{,}12 \cdot 14 \cdot 1{,}56^2 = 4{,}1\ cm^4 = I_{min}$; Tragsicherheitsnachweis: $14\ kN/(0{,}28 \cdot 104{,}7\ kN) = 0{,}48 < 1$, $\bar{\lambda}_k = 1{,}73 > \sqrt{2}$, $\bar{\lambda}'_k = 0{,}50 + 0{,}646 \cdot 1{,}73 = 1{,}62$, Knickspannungslinie c, $\alpha = 0{,}49$, $k = 2{,}16$, $\kappa = 0{,}28$, $F_{pl} = 480\ mm^2 \cdot 240\ N/mm^2/1{,}1 = 104{,}7\ kN$, $A = 480\ mm^2$, $I_{min} = I_1 = 4{,}55\ cm^4$, $i_{min} = i_1 = 9{,}73\ mm$, $R_e = 240\ N/mm^2$, $S_M = 1{,}1$).

b) $a = 3\ mm$, $l = 50\ mm$, 2 Nähte ($\tau_{\parallel} = 47\ N/mm^2 < \tau_{w\,zul} = 207\ N/mm^2$, $30\ mm < 50\ mm\ (17a) < 150a$).

6

6.18 a) Zugstab U_1: $\sigma_z = 153\,\text{N/mm}^2 < \sigma_{zul} = 218\,\text{N/mm}^2$ ($A = 2400\,\text{mm}^2$)
Zugstab D_2: $\sigma_z = 73\,\text{N/mm}^2 < \sigma_{zul} = 218\,\text{N/mm}^2$ ($A = 794\,\text{mm}^2$)
Druckstab D_1: $39{,}3\,\text{kN}/(0{,}646 \cdot 123{,}49\,\text{kN}) = 0{,}49 < 1$ ($\lambda_{ky} = 77{,}8$, $\bar{\lambda}_{ky} = 0{,}837 > 0{,}2$: $k = 1{,}0$, Knickspannungslinie c, $\alpha = 0{,}49$, $\kappa = 0{,}646$, $F_{pl} = 123{,}49\,\text{kN}$, $R_e = 240\,\text{N/mm}^2$, $S_M = 1{,}1$, $A = 566\,\text{mm}^2$, $i_y = i_{min} = 10{,}3\,\text{mm}$)

b) Knoten 1:

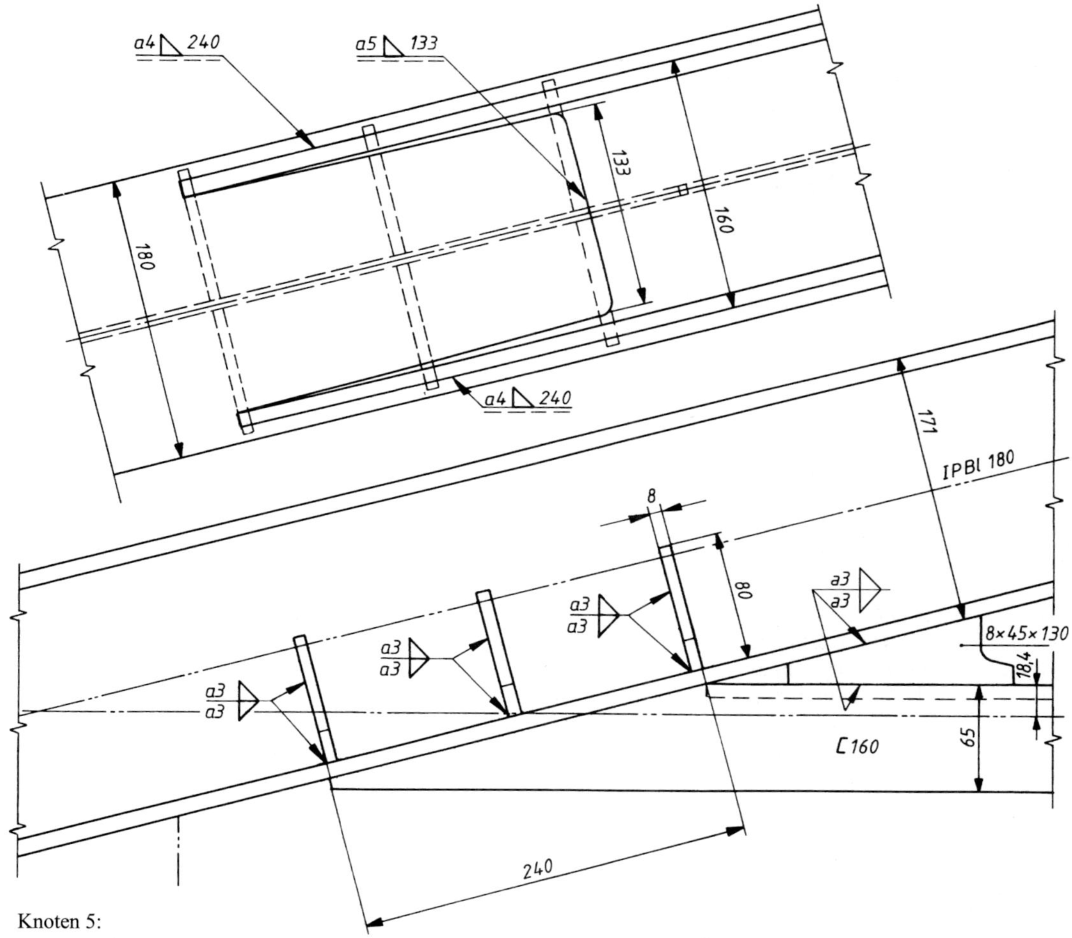

Knoten 5:

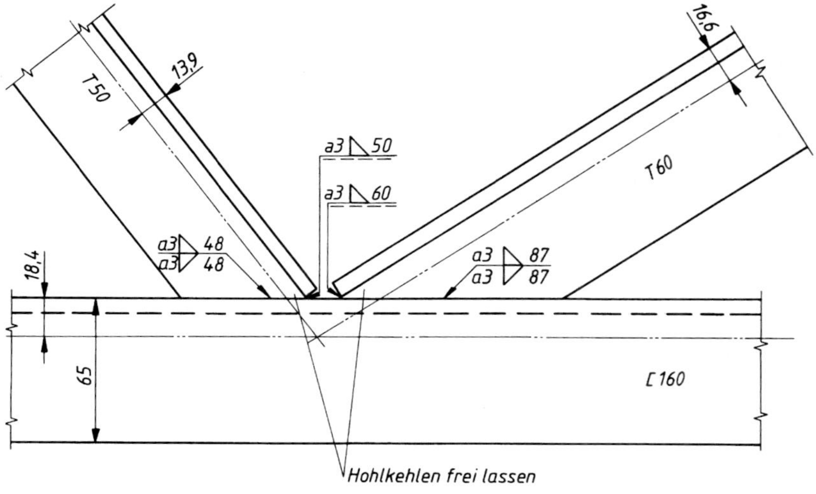

6

6.18 Fortsetzung

c)

Knoten		1	5	5
Stab		U_1	D_1	D_2
Stabkraft F	kN	+367	−39,3	+57,6
Profil		U 160	T 50	T 60
Querschnittsfläche A	mm²	2400	566	794
Stegfläche A_S	mm²	≈ 1000	≈ 264	≈ 371
Flanschfläche A_F	mm²	≈ 1400	≈ 302	≈ 423
Kraftanteil Steg $F_S = F \dfrac{A_S}{A}$	kN	+153	−18,3	+26,9
Kraftanteil Flansch $F_F = F \dfrac{A_F}{A}$	kN	+214	−21	+30,7
Stirnkehlnaht: Abmessungen		5 ◺ 133	3 ◺ 50	3 ◺ 60
Nahtfläche A_w	mm²	665	150	180
Vergleichswert $\sigma_{wv} = \dfrac{F}{A_w}$	$\dfrac{N}{mm^2}$	(115)[1]	140	171
Flankenkehlnaht: Abmessungen		2 × 4 ◺ 240	3 ▷ 48 3 ◁ 48	3 ▷ 87 3 ◁ 87
Nahtfläche A_w	mm²	1920	288	522
Vergleichswert $\sigma_{wv} = \dfrac{F}{A_w}$	$\dfrac{N}{mm^2}$	111	64	52
zulässige Spannung $\sigma_{w\,zul}$	$\dfrac{N}{mm^2}$	207	207	207

[1] Annahme: Kraftanteil des Steges wird je zur Hälfte von der Stirnkehlnaht und dem eingeschweißten Blech übertragen. (Die tatsächliche Kraftverteilung ist schwer bestimmbar und von der Steifheit der Anschlußquerschnitte abhängig.)

Wenn der Knoten 1 ohne das eingeschweißte Blech ausgeführt wird, müssen wesentlich größere Profile für den Untergurt und folglich auch für den Obergurt gewählt werden. Zur Sicherheit können auch Bleche eingeschweißt werden, welche so bemessen sind, dass sie den gesamten Steg-Kraftanteil übertragen können.

6.19 a) Randspannung $\sigma = 98\ \text{N/mm}^2 < \sigma_{zul} = 218\ \text{N/mm}^2$, mittlere Schubspannung $\tau_m = 23\ \text{N/mm}^2 < \tau_{zul} = 126\ \text{N/mm}^2$ (Schwerachse: $\tau_{max} = 1{,}5 \cdot 23\ \text{N/mm}^2 = 34\ \text{N/mm}^2 < 126\ \text{N/mm}^2$, $F_q = 68\ \text{kN}$, $M_b = 12{,}24 \cdot 10^6\ \text{Nmm}$, $A = 3000\ \text{mm}^2$, $I = 15{,}68 \cdot 10^6\ \text{mm}^4$; Nachweis der Vergleichsspannung nicht erforderlich, da $\tau/\tau_{zul} = 0{,}18 < 0{,}5$).

b) $\sigma_{wv} = 151\ \text{N/mm}^2 < \sigma_{w\,zul} = 207\ \text{N/mm}^2$ (Randspannung $\sigma_\perp = 147\ \text{N/mm}^2$, mittlere Schubspannung $\tau_\parallel = 34\ \text{N/mm}^2$, Schwerachse: $\tau_{\parallel\,max} = 1{,}5 \cdot 34\ \text{N/mm}^2 = 51\ \text{N/mm}^2 < 207\ \text{N/mm}^2$ und $\sigma_\perp = 0$; $A_w = 2000\ \text{mm}^2$, $I_w = 10{,}42 \cdot 10^6\ \text{mm}^4$).

6.20 $\sigma_{wv} = 82\ \text{N/mm}^2 < \sigma_{w\,zul} = 207\ \text{N/mm}^2$ ($A_{wS} = 800\ \text{mm}^2$, $I_w = 2{,}61 \cdot 10^6\ \text{mm}^4$, $M_b = 0{,}975 \cdot 10^6\ \text{Nmm}$, $\sigma_\perp = 15\ \text{N/mm}^2$, $\tau_\parallel = 81\ \text{N/mm}^2$, $F_q = 65\ \text{kN}$).

6.21 a) Randspannung: $\sigma = 84\ \text{N/mm}^2 < \sigma_{zul} = 218\ \text{N/mm}^2$, Steg: $\tau_m = 71\ \text{N/mm}^2 < \tau_{zul} = 126\ \text{N/mm}^2$ (Nachweis der Vergleichsspannung im Steg nicht erforderlich, da $\sigma/\sigma_{zul} < 0{,}5$, $F_q = 100\ \text{kN}$, $M = 18 \cdot 10^6\ \text{Nmm}$, $s = 7{,}5\ \text{mm}$, $t = 11{,}3\ \text{mm}$, $A = 3340\ \text{mm}^2$, $I_x = 21{,}4 \cdot 10^6\ \text{mm}^4$; $A_F/A_S \approx 2 \cdot 90\ \text{mm} \cdot 11{,}3\ \text{mm}/(177{,}4\ \text{mm} \cdot 7{,}5\ \text{mm}) = 1{,}5 > 0{,}6$, es darf mit τ_m gerechnet werden; $A_s = (200\ \text{mm} - 11{,}3\ \text{mm}) \cdot 7{,}5\ \text{mm} = 1415\ \text{mm}^2$).

b) Nachweis mit vereinfachter Verteilung der Schnittgrößen: $\sigma_\perp = 95\,390\ \text{N}/540\ \text{mm}^2 = 177\ \text{N/mm}^2 < \sigma_{w\,zul} = 207\ \text{N/mm}^2$, $\tau_\parallel = 100\,000\ \text{N}/1240\ \text{mm}^2 = 81\ \text{N/mm}^2 < \tau_{w\,zul} = 207\ \text{N/mm}^2$ ($F_F = 18 \cdot 10^6\ \text{Nmm}/(200\ \text{mm} - 11{,}3\ \text{mm}) = 95{,}39\ \text{kN}$, $A_{wF} = 540\ \text{mm}^2$, $A_{wS} = 1240\ \text{mm}^2$).
Flansch: $\sigma = 94\ \text{N/mm}^2 < \sigma_{zul} = 218\ \text{N/mm}^2$ ($A_F \approx 1017\ \text{mm}^2$).
Tragsicherheitsnachweis mit exakter Spannungsverteilung: Randspannung: $\sigma_\perp = 136\ \text{N/mm}^2 < \sigma_{w\,zul} = 207\ \text{N/mm}^2$, Stegnahtende: $\sigma_{wv} = 133\ \text{N/mm}^2 < \sigma_{w\,zul} = 207\ \text{N/mm}^2$ ($I_{wx} = 13{,}28 \cdot 10^6\ \text{mm}^4$, $y_F = 100\ \text{mm}$, $y_s = 155\ \text{mm}/2 = 77{,}5\ \text{mm}$, $A_{wS} = 1240\ \text{mm}^2$, $\sigma_\perp = 105\ \text{N/mm}^2$, $\tau_\parallel = 81\ \text{N/mm}^2$).

6.22 a) An Hohlkehlen von Walzstählen sollen Schweißnähte wegen der ungünstigen Walzeigenspannungen allgemein vermieden werden. Bei unberuhigten Stählen wie hier sind Schweißnähte in Längsrichtung unzulässig (Seigerung, Sprödbruchgefahr).

b) Gewählt werden folgende Kehlnahtdicken:
Flansch $a = 6$ mm $< 0{,}7 \cdot 13$ mm
Steg $a = 3{,}5$ mm $< 0{,}7 \cdot 8$ mm
Vereinfachter Nachweis:
Flanschnähte: $\sigma_\perp = 108$ N/mm² $< \sigma_{w\,zul} = 207$ N/mm² ($A_{wF} = 1836$ mm², Flanschkraft $F_F \approx 29{,}26 \cdot 10^6$ Nmm/(160 − 13) mm = 199 kN), $M_b \approx 29{,}26 \cdot 10^6$ Nmm, $h = 160$ mm, $t_F = 13$ mm).
Stegnaht: $\tau_\parallel = 109$ N/mm² $< \tau_{w\,zul} = 207$ N/mm² ($A_{wS} = 700$ mm², $F_q = 76$ kN).
Flansch: $\sigma = 96$ N/mm² $< \sigma_{zul} = 218$ N/mm² ($F_F = 199$ kN, $A_F \approx 160$ mm · 13 mm = 2080 mm², $b = 160$ mm, $t_F = 13$ mm).
Genauer Nachweis:
Randspannung in den Flanschnähten: $\sigma_\perp = 111$ N/mm² $< \sigma_{w\,zul} = 207$ N/mm². Stegnaht: $\sigma_{wv} = 130$ N/mm² $< \sigma_{w\,zul} = 207$ N/mm² ($\sigma_\perp = 70$ N/mm², $\tau_\parallel = 109$ N/mm²,

$$\begin{aligned} I_w &= 2 \cdot 160 \cdot 6 \cdot 80^2 &&= 12{,}288 \cdot 10^6 \\ &+ 4 \cdot 13 \cdot 6 \cdot 73{,}5^2 &&= 1{,}686 \cdot 10^6 \\ &+ 4 \cdot 60 \cdot 6 \cdot 67^2 &&= 6{,}464 \cdot 10^6 \\ &+ 2 \cdot 3{,}5 \cdot 100^3/12 &&= 0{,}583 \cdot 10^6 \\ & &&= 21{,}02 \cdot 10^6 \text{ mm}^4) \end{aligned}$$

Grundsätzlich darf der Anschluss eines I-förmigen Trägers ohne weiteren Nachweis erfolgen, wenn Flansche und Steg mit Doppelkehlnähten $a \geq 0{,}5t$ (bei S355 $a \geq 0{,}7t$) ausgeführt werden, s. Lehrbuch Bild 6-43.

6.23 a) $\sigma = 81$ N/mm² $< \sigma_{zul} = 218$ N/mm², $\tau_m = 18$ N/mm² $< \tau_{zul} = 126$ N/mm² bzw. $< 0{,}5 \cdot \tau_{zul}$, also Nachweis der Vergleichsspannung nicht erforderlich ($M_b = 10{,}8 \cdot 10^6$ Nmm, $W = 133\,333$ mm³, $A = 4000$ mm², $F_q = 72$ kN).

b) senkrechte Kehlnähte: $\tau_\parallel \approx 36$ N/mm² $< \tau_{w\,zul} = 207$ N/mm²,
waagerechte Kehlnähte: $\tau_\parallel \approx 90$ N/mm² $< \tau_{w\,zul} = 207$ N/mm².

Das Konsol ist ausreichend bemessen.

6.24 a) $\sigma = 146$ N/mm² $> \sigma_{zul} = 218$ N/mm², $\tau = 29$ N/mm² $< \tau_{zul} = 126$ N/mm² bzw. $< 0{,}5 \cdot \tau_{zul}$, also Nachweis der Vergleichsspannung nicht erforderlich ($M_b = 4{,}2 \cdot 10^6$ Nmm, $W = 28\,800$ mm³, $F_q = 42$ kN, $A = 1440$ mm²).

b) $a = 4$ mm ($a_{erf} = 2{,}3$ mm, aber $a_{min} \geq (\sqrt{20} - 0{,}5) = 4$ mm, $\tau_{w\,zul} = 207$ N/mm²).

6.25 Naht dauerfest, da $\sigma_\perp = 139$ N/mm² $< \sigma_{w\,zul} \approx 180$ N/mm² ($F_{eq\,max} = +150$ kN, $F_{eq\,min} = +10$ kN, $\kappa = +0{,}0\overline{6}$, $A_w = 1080$ mm², Spannungslinie B (1), $b \approx 0{,}98$, $\sigma_{w\,zul} \approx 0{,}98 \cdot 185$ N/mm² ≈ 180 N/mm², $K_A = 1{,}4$).

6.26 a) Naht dauerfest: $\sigma_\perp = \pm 61$ N/mm² $< \sigma_{w\,zul} = \pm 65$ N/mm² ($A_w = 1020$ mm², $F_{eq\,max} = 1{,}3 \cdot 48$ kN $= \pm 62{,}4$ kN, $\kappa = -1$, Linie E1 (5), $b = 1{,}0$);

b) Bauteil nicht dauerfest: $\sigma = \pm 61$ N/mm² $> \sigma_{zul} \approx \pm 40$ N/mm² ($A = 1020$ mm², $F_{max} = \pm 62{,}4$ kN, $\kappa = -1$, Linie F (2), $b \approx 1{,}0$).

6.27 Erforderliche Wanddicke $s = 3$ mm, also z. B. Rohr DIN 2391 – S355 GTNBK50 × 3 ($\tau_{w\,zul} = 67$ N/mm² bei Linie H mit $\kappa = -1{,}0$, $T_{eq\,max} = 2 \cdot 315$ Nm $= 630$ Nm, erf. $W_{wt} \approx 9400$ mm³, $b \approx 1$).

6.28 1. Berechnung über polares Widerstandsmoment
Naht dauerfest: $\tau_{\parallel} = 61\,\text{N/mm}^2 \approx \tau_{\text{w zul}} = 60\,\text{N/mm}^2$ ($T_{\text{eq max}} = 1{,}6 \cdot 320\,\text{mm} \cdot 6300\,\text{N} = 3{,}23 \cdot 10^6\,\text{Nmm}$, $W_p = 2\pi(65^4\,\text{mm}^4 - 55^4\,\text{mm}^4)/(16 \cdot 65\,\text{mm}) = 52\,560\,\text{mm}^3$, $\kappa = -0{,}32$, Linie H, $b \approx 0{,}83$ (für $\varnothing$ 60 mm), $\tau_{\text{w zul}} = 0{,}83 \cdot 72\,\text{N/mm}^2 = 60\,\text{N/mm}^2$).
2. Berechnung über Umfangskraft
Naht dauerfest: $\tau_{\parallel} = 57\,\text{N/mm}^2 < \tau_{\text{w zul}} = 60\,\text{N/mm}^2$
($F_{\text{u eq}} = 2 \cdot 1{,}6 \cdot 6300\,\text{N} \cdot 320\,\text{mm}/60\,\text{mm} = 107{,}5\,\text{kN}$,
$A_w = 2 \cdot 5\,\text{mm} \cdot \pi \cdot 60\,\text{mm} = 1885\,\text{mm}^2$).

6.29 Naht dauerfest: $\sigma_{\perp} = 58\,\text{N/mm}^2 < \sigma_{\text{w zul}} = 60\,\text{N/mm}^2$ (Länge der Wurzellinie $l = \pi \cdot 35\,\text{mm} = 110\,\text{mm}$, $A_w = \pi \cdot 35\,\text{mm} \cdot 4\,\text{mm} = 440\,\text{mm}^2$, $W = \pi(39^4\,\text{mm}^4 - 31^4\,\text{mm}^4)/(32 \cdot 39\,\text{mm}) = 3500\,\text{mm}^3$, $\kappa = +0{,}33$, Linie F (5), $b \approx 0{,}87$ (für $\varnothing$ 35 mm), $\sigma_{\text{w zul}} = 0{,}87 \cdot 70\,\text{N/mm}^2 \approx 60\,\text{N/mm}^2$, $M_b = 180\,000\,\text{Nmm}$).

6.30 Naht nicht dauerfest: $\sigma_{\perp} = 126\,\text{N/mm}^2 < \sigma_{\text{w zul}} \approx 50\,\text{N/mm}^2$ (Länge der Wurzellinie: $l = \pi \cdot 45\,\text{mm} = 141{,}4\,\text{mm}$, $A_w = \pi \cdot 45\,\text{mm} \cdot 5\,\text{mm} = 707\,\text{mm}^2$, $W = \pi(50^4\,\text{mm}^4 - 40^4\,\text{mm}^4)/(32 \cdot 50\,\text{mm}) = 7245\,\text{mm}^3$, $\kappa = 0$, $K_A = 1{,}35$, $F_{\text{z eq}} = 1{,}35 \cdot 5\,\text{kN} = 6{,}75\,\text{kN}$, $M_{\text{b eq}} = 1{,}35 \cdot 5000\,\text{N} \cdot 125\,\text{mm} = 843\,750\,\text{Nmm}$, Linie F (5), $b = 0{,}85$ (für $\varnothing$ 45 mm), $\sigma_{\text{w zul}} = 0{,}85 \cdot 60\,\text{N/mm}^2 \approx 50\,\text{N/mm}^2$).

6.31 Naht A ist dauerfest: $\sigma_{\text{wv}} = 27\,\text{N/mm}^2 < \sigma_{\text{w zul}} = 32\,\text{N/mm}^2$ ($a \geq \sqrt{80} - 0{,}5\,\text{mm} = 8\,\text{mm}$, $a \leq 0{,}7 \cdot t_{\min} = 0{,}7 \cdot 12\,\text{mm} = 8{,}4\,\text{mm}$, in Abhängigkeit von den Schweißbedingungen $a = 5\,\text{mm}$ erlaubt: $\sigma_{\perp} = 24\,\text{N/mm}^2$, $\tau_{\parallel} = 9\,\text{N/mm}^2$, $M_{\text{b eq}} = 1{,}1 \cdot 5600\,\text{N} \cdot 40\,\text{mm} = 246\,400\,\text{Nmm}$, $F_{\text{q eq}} = 1{,}1 \cdot 5600\,\text{N} = 6160\,\text{N}$, $A_{\text{w Steg}} = 2 \cdot 65\,\text{mm} \cdot 5\,\text{mm} = 650\,\text{mm}^2$, $W = (17\,\text{mm} \cdot 70^3\,\text{mm}^3 - 7\,\text{mm} \cdot 60^3\,\text{mm}^3)/(6 \cdot 70\,\text{mm}) = 10\,280\,\text{mm}^3$, Linie F (5), $\kappa = -1$, $b = 0{,}8$ (für $\square$ 80 mm), $\sigma_{\text{w zul}} = 0{,}8 \cdot 40\,\text{N/mm}^2 = 32\,\text{N/mm}^2$).
Naht B ist dauerfest: $\sigma_{\perp} = 38\,\text{N/mm}^2 \leq \sigma_{\text{w zul}} = 38\,\text{N/mm}^2$ ($a \geq \sqrt{16} - 0{,}5\,\text{mm} = 3{,}5\,\text{mm}$, $a \leq 0{,}7 \cdot 12\,\text{mm} = 8{,}4\,\text{mm}$, ausgeführt $a = 6\,\text{mm}$; $\sigma_{\perp\text{z,d}} = 5\,\text{N/mm}^2$, $\sigma_{\perp\text{b}} = 33\,\text{N/mm}^2$, $M_{\text{b eq}} = 1{,}1 \cdot 5600\,\text{N} \cdot (70\,\text{mm} + 0{,}5 \cdot 90\,\text{mm}) = 708\,400\,\text{Nmm}$, $F_{\text{eq}} = 1{,}1 \cdot 5600\,\text{N} = 6160\,\text{N}$, $A_w = 2 \cdot 6\,\text{mm}\,(12\,\text{mm} + 90\,\text{mm}) = 1224\,\text{mm}^2$, $W = (18\,\text{mm} \cdot 96^3\,\text{mm}^3 - 6\,\text{mm} \cdot 84^3\,\text{mm}^3)/(6 \cdot 96\,\text{mm}) = 21\,474\,\text{mm}^3$, Linie F (5), $\kappa = -1$, $b = 0{,}96$ (für $t = 16\,\text{mm}$), $\sigma_{\text{w zul}} = 0{,}96 \cdot 40\,\text{N/mm}^2 = 38\,\text{N/mm}^2$).

6.32 $F_{1x} = \sin 40° \cdot 2500\,\text{N} = 1607\,\text{N}$, $F_{1y} = \cos 40° \cdot 2500\,\text{N} = 1915\,\text{N}$, $F_2 = 1915\,\text{N} \cdot 200\,\text{mm}/120\,\text{mm} = 3192\,\text{N}$
Naht A dauerfest: $\sigma_{\text{wv}} = 42\,\text{N/mm}^2 < \sigma_{\text{w zul}} = 60\,\text{N/mm}^2$ ($\sigma_{\perp\text{z}} = 5\,\text{N/mm}^2$, $\sigma_{\perp\text{b}} = 36\,\text{N/mm}^2$, $\sigma_{\perp} = 41\,\text{N/mm}^2$, $\tau_{\parallel} = 6\,\text{N/mm}^2$, $F_{\text{z eq}} = 1{,}35 \cdot 1607\,\text{N} = 2169\,\text{N}$, $F_{\text{q eq}} = 1{,}35 \cdot 1915\,\text{N} = 2585\,\text{N}$, $M_{\text{eq}} = 1{,}35 \cdot 1915\,\text{N} \cdot 50\,\text{mm} = 129\,263\,\text{Nmm}$, $A_w = 2 \cdot 4\,\text{mm} \cdot 52\,\text{mm} = 416\,\text{mm}^2$, $W = 3605\,\text{mm}^3$, Linie F (5), $\kappa = 0$, $b \approx 1{,}0$).
Naht B nicht dauerfest: $\sigma_{\text{wv}} = 52\,\text{N/mm}^2 > \sigma_{\text{w zul}} = 48\,\text{N/mm}^2$ ($a \geq \sqrt{80} - 0{,}5\,\text{mm} = 8\,\text{mm}$, $a \leq 0{,}7 \cdot 10\,\text{mm} = 7\,\text{mm}$, in Abhängigkeit von den Schweißbedingungen $a = 5\,\text{mm}$ erlaubt; ($\sigma_{\perp} = 3\,\text{N/mm}^2 + 49\,\text{N/mm}^2 = 52\,\text{N/mm}^2$, $\tau_{\parallel} = 4\,\text{N/mm}^2$, $F_{\text{z eq}} = 2169\,\text{N}$, $F_{\text{q eq}} = 2572\,\text{N}$, $M_{\text{eq}} = 1{,}35 \cdot 1915\,\text{N} \cdot 160\,\text{mm} = 413\,640\,\text{N}$, $A_w = 700\,\text{mm}^2$, $A_{\text{w Steg}} = 600\,\text{mm}^2$, Linie F (5), $\kappa = 0$, $b = 0{,}8$ (für $\square$ 80 mm), $\sigma_{\text{w zul}} = 0{,}8 \cdot 60\,\text{N/mm}^2 = 48\,\text{N/mm}^2$).
Naht C dauerfest: $\sigma_{\text{wv}} = 42\,\text{N/mm}^2 < \sigma_{\text{w zul}} = 48\,\text{N/mm}^2$ ($\sigma_{\perp} = 41\,\text{N/mm}^2$, $\tau_{\parallel} = 7\,\text{N/mm}^2$, $F_{\text{q eq}} = 1{,}35 \cdot 3192\,\text{N} = 4309\,\text{N}$, $M_{\text{b eq}} = 1{,}35 \cdot 3192\,\text{N} \cdot 80\,\text{mm} = 344\,736\,\text{Nmm}$).

6.33 a) $p' \approx 410\,\text{bar}$ ($R_{p0,2} = 235\,\text{N/mm}^2$, $D_i = 21\,\text{mm}$, $t = 2\,\text{mm}$),
b) $p' \approx 590 \ldots 815\,\text{bar}$,
c) Das Rohr reißt in Längsrichtung auf, da die Umfangsspannung doppelt so groß ist als die Längsspannung.

6.34 a) $t_e = 8$ mm ($\beta = 2{,}49$, $y = 0{,}0165$, $D_a = 406{,}4$ mm, $p_e = 2{,}5$ N/mm^2, $K = 161$ N/mm^2, $S = 1{,}5$, $v = 1{,}0$, $c_1 = 0{,}3$ mm, $c_2 = 1{,}0$ mm). Der Ausschnitt (Stutzen) muss noch auf ausreichende Verstärkung überprüft werden.
b) $t = 26$ mm ($C = 0{,}4$, $D = 388{,}8$ mm, $p_e = 2{,}5$ N/mm^2, $K = 161$ N/mm^2, $S = 1{,}5$, $c_1 = 0{,}8$ mm, $c_2 = 1{,}0$ mm).
c) Ausgeführt: $r = 6$ mm, $t_R = 6$ mm ($r \geq 0{,}2 \cdot 26$ mm $= 5{,}2$ mm, $t_R \geq 2{,}5\ (0{,}5 \cdot 388{,}8 - 6) \cdot 1{,}3 \cdot 1{,}5/161 = 5{,}7$ mm).

6.35 a) $t_e = 13$ mm ($D_a = 1600$ mm, $p_e = 1{,}6$ N/mm^2, $K = 167$ N/mm^2 bei 360 °C, $S = 1{,}5$, $v = 1{,}0$, $c_1 = 0{,}5$ mm, $c_2 = 1{,}0$ mm);
b) $t_e = 14$ mm ($\beta = 2{,}08$, $y = 0{,}00781$, sonst wie unter a);
c) $\sigma_v = 97$ N/mm$^2 < 111$ N/mm^2 ($A_p \approx 263\,146$ mm^2, $A_\sigma = 4386$ mm^2, $t_A - c_1 - c_2 = 11{,}5$ mm, $t_S - c_1 - c_2 = 23{,}4$ mm, $b = 135$ mm, $l_S = 109{,}6$ mm, $D_i = 1574$ mm, $d_i = 305$ mm, $K = 167$ N/mm^2, $S = 1{,}5$, $p_e = 1{,}6$ N/mm^2).
Der Ausschnitt ist ausreichend verstärkt.

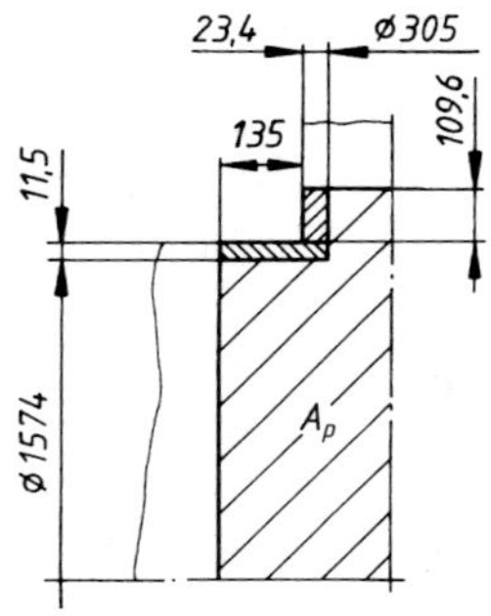

6.36 a) Mit $D_i \approx 1280$ mm (vorläufig angenommen) und $p_e = 12$ bar wird $D_i \cdot p_e = 15\,360 < 20\,000$, die Baustahlsorte S235 JR G2 ist also zulässig;
b) $t_e = 8$ mm ($D_a = 1300$ mm, $p_e = 1{,}2$ N/mm^2, $K = 235$ N/mm^2 für S235 JR G2 bis 50 °C, $S = 1{,}5$, $v = 0{,}85$, $c_1 = 0{,}5$ mm, $c_2 = 1{,}0$ mm);
c) $t_e = 9$ mm ($\beta = 3{,}08$, $y = 0{,}00592$, $v = 1{,}0$, $c_1 = 0{,}3$ mm, übrige Werte wie unter a);
d) $S' = 1{,}29 > S'_{erf} = 1{,}1$ ($p' = 1{,}3 \cdot p_e = 1{,}56$ N/mm^2, übrige Werte wie unter a).

6.37 Die Punktschweißverbindung ist ausreichend bemessen: $\tau_w = 38$ N/mm$^2 < \tau_{w\,zul} = 52$ N/mm^2 und $\sigma_{wl} = 150$ N/mm$^2 < \sigma_{wl\,zul} = 200$ N/mm^2 ($A = 19{,}6$ mm^2, $n = 4$, $m = 2$, $\tau_{w\,zul} = 0{,}5 \cdot 0{,}65 \cdot 160$ N/mm$^2 = 52$ N/mm^2, $\sigma_{wl\,zul} = 0{,}5 \cdot 2{,}5 \cdot 160$ N/mm$^2 = 200$ N/mm^2, $\sigma_{zul} = 160$ N/mm^2, $d = 5$ mm $< 5\sqrt{1{,}5} = 6$ mm).

6.38 a) $n = 3$ ($d = 8$ mm, $n_{erf} = 2{,}4$ bzw. 1,3, $\tau_{w\,zul} = 104$ N/mm^2, $\sigma_{wl\,zul} = 400$ N/mm^2, $m = 2$, $t_{min} = 6$ mm, $A = 50$ mm^2);
b) $e_1 = 30$ mm ($3 \cdot 8$ bis $6 \cdot 8$), $l = 60$ mm, $e_3 = 20$ mm ($2 \cdot 8$ bis $4 \cdot 8$), $L = 100$ mm, $e_2 = 20$ mm ($2{,}5 \cdot 8$ bis $5 \cdot 8$), $b = 40$ mm.

6.39 Die Punktschweißverbindung ist ausreichend bemessen: $\tau_w = 11$ N/mm$^2 < \tau_{w\,zul} = 52$ N/mm^2 und $\sigma_{wl} = 7$ N/mm$^2 < \sigma_{wl\,zul} = 144$ N/mm^2 ($F_u = 1250$ N, $A = 19{,}6$ mm^2, $m = 1$; $n = 6$).

6

6.40 a) $\Delta l = 4{,}94$ mm ($l = 1000$ mm, $\Delta\vartheta = 380$ K);

b) $\sigma_z > R_e$. Die Spannung hat die Streckgrenze von 235 N/mm^2 und somit auch den Gültigkeitsbereich des Hookeschen Gesetzes überschritten. Der Stab erfährt eine bleibende Längung von ca. 3,8 mm.

c)

Temperatur	Stab		
	frei aufliegend oder an einem Ende eingespannt	frei aufliegend, Ausdehnung behindert	beidseitig fest eingespannt
20 °C (Ausgangszustand) 400 °C (erwärmt) 20 °C (abgekühlt)	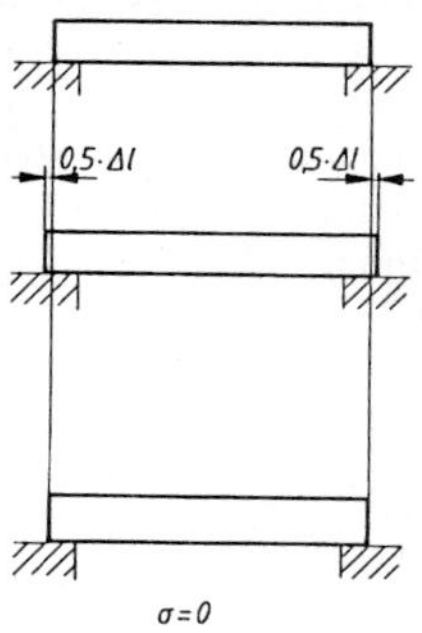	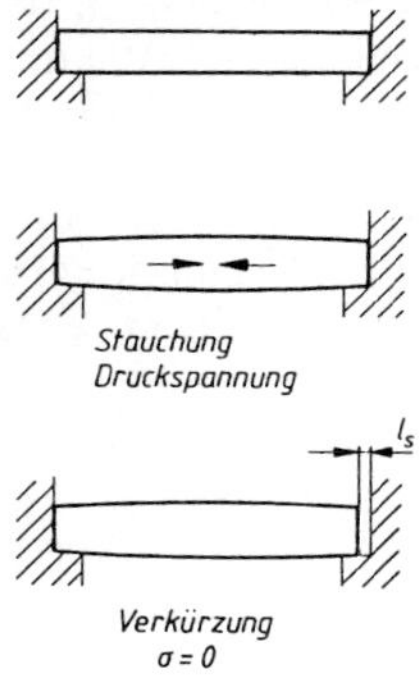	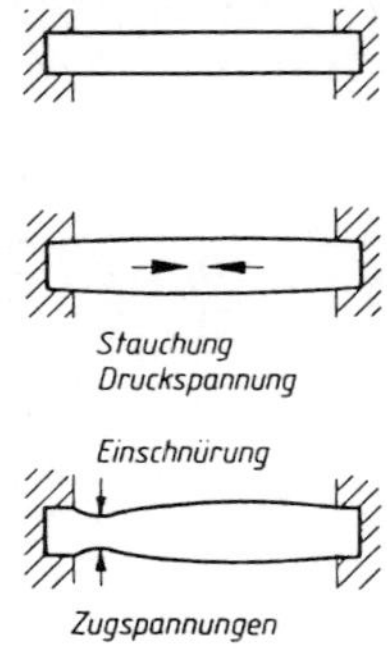
	freie Wärmeausdehnung freie Schrumpfung Stab spannungslos	behinderte Wärmeausdehnung freie Schrumpfung Stab spannungslos	Wärmeausdehnung und Schrumpfung behindert ,entspricht Spannungszustand in Schweißverbindungen

d) Wenig Wärme in das Werkstück einbringen, also geringe Nahtquerschnitte und -längen, wenig Nähte, Schrumpfung nicht behindern (große Dehnlängen schaffen), richtige Schweißfolge.

6.41 Ausgangszustand:

Stab einseitig von oben erwärmt:

Der erwärmte Oberflächenstreifen dehnt sich aus und wölbt den Stab. Da die nicht erwärmten Zonen aber wie eine Einspannung wirken, also die Wärmeausdehnung behindern, wird er zugleich gestaucht.

Stab abgekühlt:

Die Stauchung des erwärmten Streifens führt zu dessen Verkürzung und verursacht eine bleibende Winkelschrumpfung.

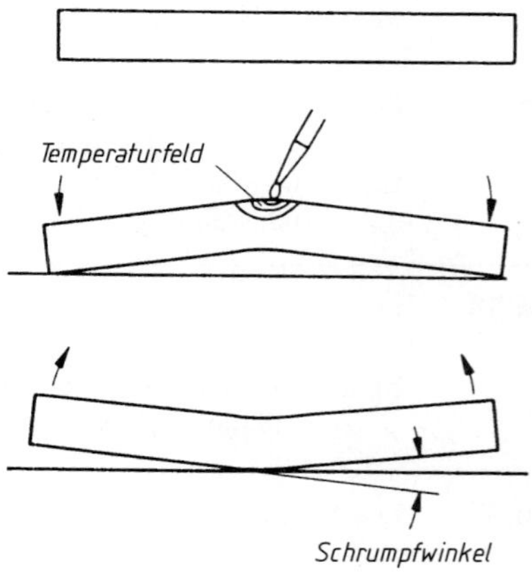

6.42 $\Delta l = 0{,}16$ mm

6.43
a) $F = 294$ kN (Schweißnahtquerschnitt $A_w \approx 4 \cdot 3{,}5^2\ \text{mm}^2 = 49\ \text{mm}^2$);
b) $\Delta l \approx 1$ mm ($A \approx 7{,}2 \cdot 10^3\ \text{mm}^2$, $E = 210 \cdot 10^3\ \text{N/mm}^2$);
c) dünne und/oder unterbrochene Kehlnähte.

6.44
a) Die längs des Trägers wandernde Wärmequelle (Lichtbogen, Schweißflamme) verursacht eine örtliche Wärmeausdehnung, welche durch die kalt gebliebenen Querschnittsteile behindert wird. Dies führt zu einer Stauchung der erhitzten Schweißzone. Nach dem Abkühlen ist die Nahtzone (= beidseitig eingespannter Stab) kürzer als ihre Umgebung. Die entstehenden Zugspannungen äußern sich als Längsschrumpfkraft. Man kann sich die längs des Trägers verlaufende Nahtzone als ein mit dem übrigen Querschnitt verbundenes, elastisch vorgespanntes Zugband vorstellen. Die Längsschrumpfkraft greift mit dem Hebelarm a am Träger an und verursacht ein über die Trägerlänge konstantes Biegemoment $F \cdot a$. Der Träger biegt sich nach unten durch.
Außer dem für die Trägerkrümmung verantwortlichen Längsschrumpfen tritt noch Quer- und Winkelschrumpfen des Flanschbleches auf.
b) $F = 600$ kN (Schweißnahtquerschnitt $A_w \approx 4 \cdot 5^2\ \text{mm}^2 = 100\ \text{mm}^2$);
c) $f = 8$ mm, $r \approx 140$ m ($A \approx 5{,}88 \cdot 10^3\ \text{mm}^2$, $e = 40{,}6$ mm, $I \approx 10{,}2 \cdot 10^6\ \text{mm}^4$).

6

7 Nietverbindungen

7.1 a) $d_1 = 16$ mm, $l = 42$ mm ($d_1 = \sqrt{50 \cdot 8} - 2 = 18$ mm, soll vermieden werden, deshalb gewählt $d_1 = 16$ mm, $l = 12$ mm $+ 8$ mm $+ 4/3 \cdot 16$ mm $= 41{,}3$ mm).
b) Niet DIN 124–16 × 42–St.
c) $F = 40{,}9$ kN ($n = 1$, $m = 1$, $\tau_{a\,zul} = 180$ N/mm², $\sigma_{l\,zul} = 655$ N/mm², $A = 227$ mm², $t_{min} = 8$ mm, $F_l = 89{,}1$ kN; aus $t_{min} > t_{lim}$, also 8 mm > 3,7 mm, folgt unmittelbar, dass Abscheren maßgebend ist).

7.2 a) $d_1 = 20$ mm, $l = 55$ mm ($d_1 = \sqrt{50 \cdot 12} - 2$ mm $= 22{,}5$ mm ≈ 22 mm, dieser Durchmesser soll vermieden werden, deshalb gewählt $d_1 = 20$ mm, $l = 2 \cdot 8$ mm $+ 12$ mm $+ 4/3 \cdot 20$ mm ≈ 55 mm).
b) Niet DIN 124–20 × 55– St.
c) $F = 373{,}7$ kN (Abscheren maßgebend, da $t_{min} > t_{lim}$, also 12 mm > 9 mm; $\tau_{a\,zul} = 180$ N/mm², $d = 21$ mm, $A = 346$ mm², $n = 3$).

7.3 Gewählt Flach DIN 1017–S235JR–55 × 8, 2 Niet DIN 124–16 × 38–USt36, $e_1 = 50$ mm, $e_2 = 27{,}5$ mm, $e = 60$ mm, $e_4 = 40$ mm, $d = 17$ mm (Stabanschluss: $\sigma_z = 224$ N/mm² $< \sigma_{zul} = 360$ N/mm²$/(1{,}25 \cdot 1{,}1) = 262$ N/mm², $A = 55$ mm × 8 mm = 440 mm², $A_n = 8$ mm (55 mm – 17 mm) = 304 mm², $A/A_n = 440$ mm²/304 mm² = 1,45 >1,2, d. h. Lochabzug darf nicht entfallen, σ_{zul} darf aber unter Zugrundelegung der Zugfestigkeit $R_m = 360$ N/mm² berechnet werden: $\sigma_{zul} = R_m/(1{,}25 \cdot 1{,}1)$, $S_M = 1{,}1$. Nietanschluss: $\tau_a = 150$ N/mm² $< \tau_{a\,zul} = 180$ N/mm², Nietwerkstoff USt36,

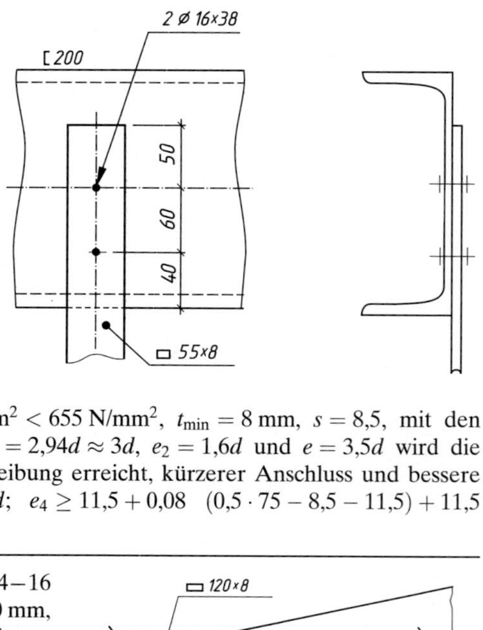

$n = 2$, $m = 1$, $A = 227$ mm²; $\sigma_l = 250$ N/mm² < 655 N/mm², $t_{min} = 8$ mm, $s = 8{,}5$, mit den ausgeführten Rand- und Lochabständen $e_1 = 2{,}94d \approx 3d$, $e_2 = 1{,}6d$ und $e = 3{,}5d$ wird die größtmögliche Beanspruchbarkeit auf Lochleibung erreicht, kürzerer Anschluss und bessere Auslastung durch $e_1 \approx 1{,}5d$ und $e \approx 2{,}2d$; $e_4 \geq 11{,}5 + 0{,}08\ (0{,}5 \cdot 75 - 8{,}5 - 11{,}5) + 11{,}5 + 0{,}8 \cdot 16 + 3 \approx 40$ mm).

7.4 Rechteckige Nietanordnung: Niet DIN 124–16 × 40–USt36, $n = 4$, $e_1 = 30$ mm, $e_2 = 30$ mm, $e_3 = 60$ mm, $e = 40$ mm ($n_a = 3{,}1$, $d = 17$ mm, $m = 1$, $\tau_{a\,zul} = 180$ N/mm², $e_1/d = 1{,}76 > 1{,}2d$, $e_2/d = 1{,}76 > 1{,}5d$, $e_3/d = 3{,}5 > 3d$, $e/d = 2{,}35 > 2{,}2d$; $\tau_a = 139$ N/mm², $A = 227$ mm²; $\alpha_l(e_1) = 1{,}1 \cdot 30$ mm/17 mm $- 0{,}30 = 1{,}64$, $\alpha_l(e) = 1{,}08 \times 40$ mm/17 mm $- 0{,}77 = 1{,}77$, $\sigma_{l\,zul} = 1{,}64 \times 240$ N/mm²/1,1 = 358 N/mm², $\sigma_l = 232$ N/mm² < 358 N/mm², $t_{min} = 8$ mm; Zugstab: $\sigma_z = 131$ N/mm² < 240 N/mm²/1,1 = 218 N/mm², $R_e = 240$ N/mm², $S_M = 1{,}1$, $A = 960$ mm², $F = 126$ kN; Lochschwächung: $A/A_n = 1{,}4 > 1{,}2$,

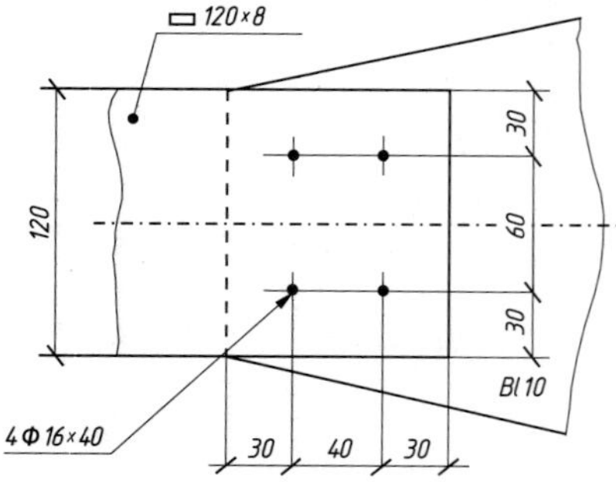

Lochabzug muss berücksichtigt werden, $\sigma = 183$ N/mm² < 360 N/mm²/(1,25 · 1,1) = 262 N/mm², $A = 960$ mm², $A_n = 8$ mm (120 mm – 2 · 17 mm) = 688 mm², $R_m = 360$ N/mm²).
Rautenförmige Nietanordnung: Niet DIN 124–16 × 40–USt36, $n = 4$, $e_1 = 30$ mm, $e_2 = 20$ mm, $e_3 = 40$ mm, $e = 40$ mm.

7.5 a) $d_1 = 22$ mm ($d = 23$ mm), soll ausgeführt werden, obwohl keine Vorzugsgröße.

b) $F_{max} = 334{,}7$ kN ($A_n = 2(1230 - 23 \cdot 8)$ mm^2 = 2092 mm^2, $\sigma_{z\,zul} = 160$ N/mm^2).

c) $n = 5$ ($t_{min} < t_{lim}$: 12 mm < 14,4 mm, also Lochleibungsdruck maßgebend, $n_l = 4{,}3$, $\sigma_{l\,zul} = 280$ N/mm^2, $d = 23$ mm, $t_{min} = 12$ mm, $m = 2$).

d) $l \approx 58$ mm, Niet DIN 124–22 × 58–St.

e) Durch Beiwinkel wäre ein kürzerer Anschluss möglich.

f) $F_{max} = 393{,}6$ kN ($A = 2 \cdot 1230$ mm^2 = 2460 mm^2, $\sigma_{z\,zul} = 160$ N/mm^2), $l = 175$ mm ($\tau_{w\,zul} = 113$ N/mm^2). Die Schweißausführung ermöglicht eine um 18 % höhere Stabkraft und einen knapp halb so langen Anschluss!

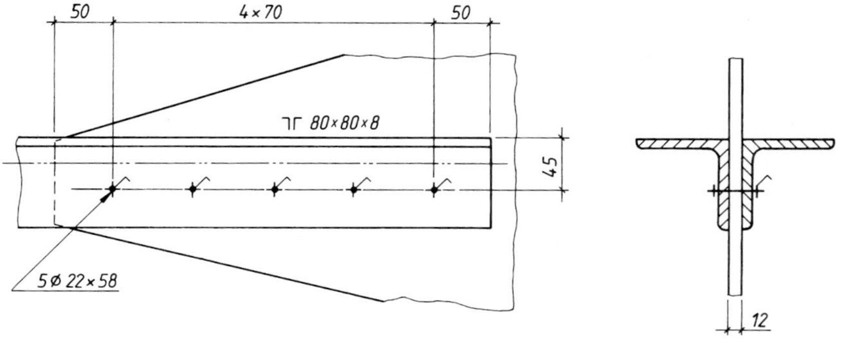

7.6 Stab S_2: 3 Niete $d_1 = 12$ mm, $\sigma_z = 134$ N/mm^2 < $\sigma_{z\,zul} = 180$ N/mm^2 ($d \leq 13$ mm für 45 mm Schenkelbreite; $t_{min} = 9$ mm > $t_{lim} = 8{,}2$ mm, also Abscheren maßgebend, $n_a = 2{,}6$, $\tau_{a\,zul} = 128$ N/mm^2, $A = 133$ mm^2, $m = 2$, $A_n = 2(390 - 13 \cdot 4{,}5) = 663$ mm^2, $w = 25$ mm, $e = 40$ mm, $e_1 = 30$ mm).

Stab S_3: 2 Niete $d_1 = 12$ mm, ($d \leq 13$ mm für 50 mm Schenkelbreite, $n_a = 1{,}5$, $w = 30$ mm, $e = 40$ mm, $e_1 = 30$ mm).

Stab $S_1 - S_4$: 2 Niete $d_1 = 16$ mm + 1 Füllniet um vorgeschriebenen Lochabstand einzuhalten ($d \leq 23$ mm für 75 mm Schenkelbreite; $t_{min} = 10$ mm < $t_{lim} = 10{,}7$ mm, also Lochleibungsdruck maßgebend; $n_l = 1{,}3$, $A = 227$ mm^2, $d = 17$ mm, $\sigma_{l\,zul} = 320$ N/mm^2, $F_{1-4} = 85$ kN − 14,5 kN = 70,5 kN; $e \approx 100$ mm ($\leq 14t = 112$ mm), da Spannungen in den Nieten unter 50 % der zul. Werte, $w = 40$ mm).

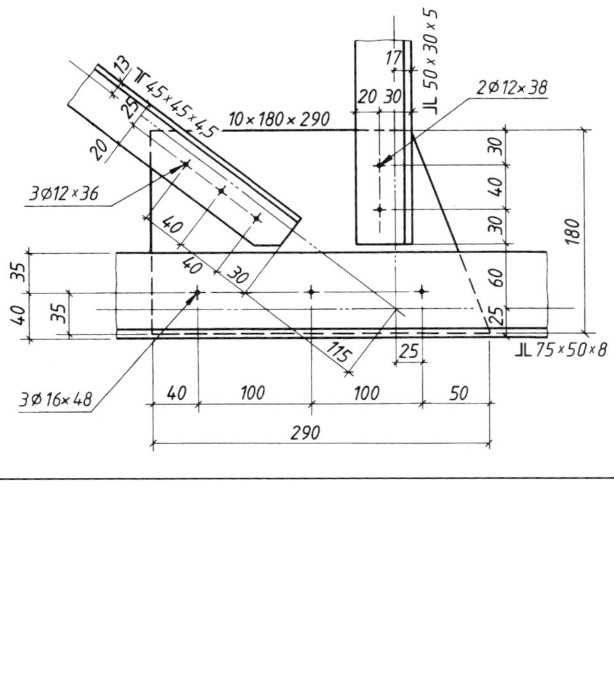

7.7 a) Stab: $\sigma_z = 154\,\text{N/mm}^2 < \sigma_{zul} = 262\,\text{N/mm}^2$ ($A = 2 \cdot 1550\,\text{mm}^2 = 3100\,\text{N/mm}^2$, $A_n = 2[1550 + 9(105 - 100) - 2 \cdot 21 \cdot 9] = 2434\,\text{mm}^2$, $A/A_n = 1{,}27$, d. h. Lochabzug erforderlich, $\sigma_{zul} = 360\,\text{N/mm}^2/(1{,}25 \cdot 1{,}1) = 262\,\text{N/mm}^2$, $d = 21\,\text{mm}$, $R_m = 360\,\text{N/mm}^2$, $S_M = 1{,}1$).
Knotenblech: $\sigma_z = 150\,\text{N/mm}^2 < 240\,\text{N/mm}^2/1{,}1 = 218\,\text{N/mm}^2$
($b' = 100 + 2 \cdot 130 \cdot \tan 30° - 2 \cdot 21 = 208\,\text{mm}$, $A_n = 2496\,\text{mm}^2$, $t_K = 12\,\text{mm}$, $R_e = 240\,\text{N/mm}^2$).
Nietanschluss:

1. Anschluss der Bei- und Hauptwinkel am Knotenblech mit 6 zweischnittigen Nieten: $\tau_a = 90\,\text{N/mm}^2 < \tau_{a\,zul} = 180\,\text{N/mm}^2$ ($t_{min} = 12\,\text{mm} < t_{lim} = 9\,\text{mm}$, bei ausreichenden Rand- und Lochabständen ist Abscheren maßgebend, Nietwerkstoff USt36, $n = 6$, $m = 2$, $A = 346\,\text{mm}^2$, äußere Schraube: $\sigma_l = 248\,\text{N/mm}^2 < \sigma_{l\,zul} = 449\,\text{N/mm}^2$, $\alpha_l(e_1) = 2{,}06$, $e_1/d = 2{,}14 < 3$).
2. Anschluss der Beiwinkel an den Hauptwinkeln mit 6 einschnittigen Nieten: Anteilige Anschlusskraft der Beiwinkel: $3/6 \cdot 375\,\text{kN} = 187{,}5\,\text{kN}$. 1,5fache Anschlusskraft: $1{,}5 \cdot 187{,}5\,\text{kN} = 281{,}25\,\text{kN}$, $\tau_a = 135\,\text{N/mm}^2 < \tau_{a\,zul} = 180\,\text{N/mm}^2$ ($t_{min} = 9\,\text{mm} > t_{lim} = 4{,}5\,\text{mm}$, also Abscheren maßgebend; $A = 346\,\text{mm}^2$, $n = 6$, $m = 1$). Der Anschluss ist ausreichend bemessen!

b) Sie ermöglichen bei größerer Nietzahl kürzere Anschlüsse, da auch der in den abstehenden Schenkeln der Hauptwinkel wirkende Stabkraftanteil an das Knotenblech angeschlossen wird.
(Durch die Vorschrift, dass ein Schenkel des Beiwinkels mit 50 % Zuschlag zur anteiligen Kraft anzuschließen ist, soll der auf dem Umweg des Kraftflusses über den Beiwinkel entstehenden zusätzlichen Verformung entgegengewirkt werden, um eine gleichmäßige Kraftverteilung auf alle Niete zu erreichen.)

7.8 Gewählt L EN 10056-1 – S355JO – 60 × 30 × 5, 2 Niet DIN 124 – 16 × 32 – RSt38, $e_1 = 30\,\text{mm}$, $e = 40\,\text{mm}$, $w = 35\,\text{mm}$, $c_x = 21{,}7\,\text{mm}$ ($A_{erf} \approx 411\,\text{mm}^2$, $v \approx 0{,}8$, $\sigma_{zul} \approx 0{,}8 \cdot 355\,\text{N/mm}^2/1{,}1 = 258\,\text{N/mm}^2$; $A = 428\,\text{mm}^2$, $A_n = 428\,\text{mm}^2 - (17\,\text{mm} \cdot 5\,\text{mm}) = 343\,\text{mm}^2$, $A/A_n = 428\,\text{mm}^2/343\,\text{mm}^2 = 1{,}25 > 1{,}2$, Lochschwächung muss berücksichtigt werden, $\sigma = 248\,\text{N/mm} < \sigma_{zul} = 0{,}8 \cdot 510\,\text{N/mm}^2/(1{,}25 \cdot 1{,}1) = 297\,\text{N/mm}^2$, $R_m = 510\,\text{N/mm}^2$ bzw. $\sigma = 85\,000\,\text{N}/428\,\text{mm}^2 = 199\,\text{N/mm}^2 < \sigma_{zul} = 0{,}8 \cdot 360\,\text{N/mm}^2/1{,}1 = 261\,\text{N/mm}^2$; breiter Winkelschenkel angeschlossen, kurzer Anschluss durch kleine Rand- und Lochabstände, $e_2/d = 25\,\text{mm}/17\,\text{mm} = 1{,}47 \approx 1{,}5$, $\alpha_l(e_1) = 1{,}1 \cdot 30\,\text{mm}/17\,\text{mm} - 0{,}30 = 1{,}64$, $\alpha_l(e) = 1{,}08 \cdot 40\,\text{mm}/17\,\text{mm} - 0{,}77 = 1{,}77$, für Lochleibung äußerer Niet maßgebend: $\sigma_{l\,zul} = 1{,}64 \cdot 360\,\text{N/mm}^2/1{,}1 = 537\,\text{N/mm}^2$, $\sigma_l = 500\,\text{N/mm}^2 < \sigma_{l\,zul}$, $n = 2$, $d = 17\,\text{mm}$, $t_{min} = 5\,\text{mm}$; $\tau_a = 187\,\text{N/mm}^2 < \tau_{a\,zul} = 202\,\text{N/mm}^2$, $m = 1$, $A = 227\,\text{mm}^2$).

7.9 Anordnung nach Bild b beanspruchsmäßig günstiger!
(Größte Nietkraft bei Anordnung nach

Bild a:

$$F_{res} = \frac{12\,\text{kN}}{2} + \frac{12\,\text{kN} \cdot 120\,\text{mm}}{60\,\text{mm}} = 30\,\text{kN}\,,$$

Bild b:

$$F_{res} = \sqrt{20^2 + 6^2} = 20{,}88\,\text{kN mit } F_x = \frac{12\,\text{kN} \cdot 100\,\text{mm}}{60\,\text{mm}} = 20\,\text{kN und } F_y = 12\,\text{kN}/2 = 6\,\text{kN})\,.$$

$\tau_a = 92\,\text{N/mm}^2 < \tau_{a\,zul} = 180\,\text{N/mm}^2$, $\sigma_l = 154\,\text{N/mm}^2 < \sigma_{l\,zul} = 429\,\text{N/mm}^2$ ($S = 227\,\text{mm}^2$, $d = 17\,\text{mm}$, $t_{min} = 8\,\text{mm}$, $n = 1$, $m = 1$, $e_2/d = 2{,}05 > 1{,}5$, $e_1/d = 2{,}05 < 3$, $\alpha_l \approx 1{,}96$).

7.10 $\tau_a = 44\ \text{N/mm}^2 < \tau_{a\,zul} = 84\ \text{N/mm}^2$, $\sigma_l = 98\ \text{N/mm}^2 < \sigma_{l\,zul} = 210\ \text{N/mm}^2$ ($F_{res} = 10$ kN, $A = 227\ \text{mm}^2$, $d = 17$ mm, $t_{min} = 6$ mm = Stegdicke des U100, $m = 1$, $n = 1$. Mit der Kraft am höher belasteten Schild $F = 2 \cdot 6{,}5\ \text{kN} \cdot 280\ \text{mm}/500\ \text{mm} = 7{,}28$ kN ergeben sich die Nietkraftkomponenten

– aus „Drehung": $F_y = \dfrac{7{,}28\ \text{kN} \cdot 160\ \text{mm}}{2 \cdot 60\ \text{mm}} = 9{,}71$ kN

– aus „Schub": $F_x = \dfrac{7{,}28\ \text{kN}}{3} = 2{,}43$ kN

und daraus die resultierende größte Nietkraft

$$F_{res} = \sqrt{9{,}71^2 + 2{,}43^2} \approx 10\ \text{kN}).$$

7.11 a) Nietanordnung nach Bild a:

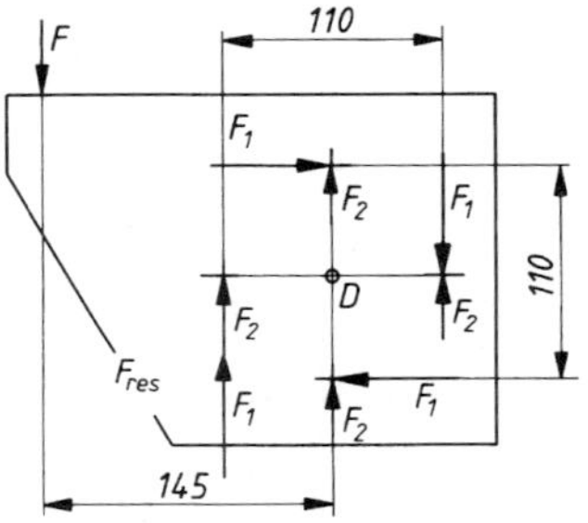

$$F_1 = \frac{35\ \text{kN} \cdot 145\ \text{mm}}{4 \cdot 55\ \text{mm}}$$

$$F_2 = \frac{35\ \text{kN}}{4} = 8{,}75\ \text{kN}$$

$F_{res} = 23{,}07\ \text{kN} + 8{,}75\ \text{kN} = 31{,}82$ kN

Niete: $\tau_a = 92\ \text{N/mm}^2 > \tau_{a\,zul} = 84\ \text{N/mm}^2$ (Spannungsüberschreitung);
$\sigma_l = 189\ \text{N/mm}^2 < \sigma_{l\,zul} = 210\ \text{N/mm}^2$
($A = 346\ \text{mm}^2$, $d = 21$ mm, $t_{min} = 8$ mm, $m = 1$).

Der linke äußere Niet ist am höchsten beansprucht.
D = gedachter Drehpunkt (Schwerpunkt).

Nietanordnung nach Bild b:

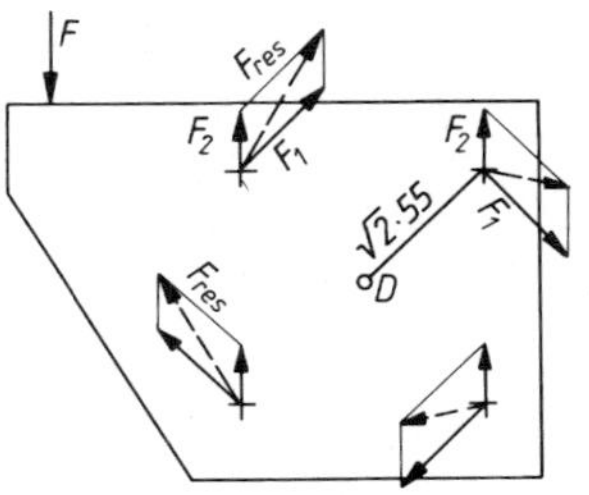

$$F_1 = \frac{35\ \text{kN} \cdot 145\ \text{mm}}{4 \cdot \sqrt{2} \cdot 55\ \text{mm}} = 16{,}31\ \text{kN}$$

$F_1/\sqrt{2} = 11{,}53$ kN

$$F_2 = \frac{35\ \text{kN}}{4} = 8{,}75\ \text{kN}$$

$$F_{res} = \sqrt{(8{,}75 + 11{,}53)^2 + 11{,}53^2} = 23{,}3\ \text{kN}$$

Niete: $\tau_a = 67\ \text{N/mm}^2 < \tau_{a\,zul} = 84\ \text{N/mm}^2$;
$\sigma_l = 139\ \text{N/mm}^2 < \sigma_{l\,zul} = 210\ \text{N/mm}^2$

Die beiden linken Nieten sind am höchsten beansprucht.

b) Die Nietanordnung nach Bild b ist beanspruchungsmäßig günstiger.

7.12 Ausführung nach Bild a nicht zulässig:
Für die äußeren Niete gilt: $\tau_a = 196\ \text{N/mm}^2 > \tau_{a\,zul} = 180\ \text{N/mm}^2$, also Spannungsüberschreitung; $\sigma_l = 323\ \text{N/mm}^2 < \sigma_{l\,zul} = 449\ \text{N/mm}^2$ für Konsolblech, $\sigma_l = 380\ \text{N/mm}^2 < \sigma_{l\,zul} = 655\ \text{N/mm}^2$ für Trägersteg ($F_{res} = 67{,}78$ kN, mit $F_{x\,ges} = 66{,}94$ kN und $F_y = 10{,}63$ kN, dabei $M_s = 17{,}85 \cdot 10^6$ Nmm, $\Sigma y^2 = 32\,000\ \text{mm}^2$ und $F = 42{,}5$ kN für 1 Konsolblech, $A = 346\ \text{mm}^2$, $d = 21$ mm, $m = 1$, $n = 1$; Konsolblech: $\sigma_{l\,zul} = 2{,}06 \cdot 240\ \text{N/mm}^2/1{,}1 = 449\ \text{N/mm}^2$, $\alpha_l = 1{,}10 \cdot 45\ \text{mm}/21\ \text{mm} - 0{,}3 = 2{,}06$, $e_2/d = 2{,}14 > 1{,}5$, $e_3/d = 3{,}8 > 3$; Trägersteg: $\sigma_{l\,zul} = 655\ \text{N/mm}^2$ ($\alpha_l = 3$) für große Rand- und Lochabstände; Nietwerkstoff USt36, $R_e = 240\ \text{N/mm}^2$ für S235, $S_M = 1{,}1$).
Ausführung nach Bild b möglich:
Für die äußeren Niete gilt: $\tau_a = 102\ \text{N/mm}^2 < \tau_{a\,zul} = 180\ \text{N/mm}^2$, $\sigma_l = 168\ \text{N/mm}^2 < \sigma_{l\,zul} = 449\ \text{N/mm}^2$ für Konsolblech, $\sigma_l = 198\ \text{N/mm}^2 < \sigma_{l\,zul} = 655\ \text{N/mm}^2$ für Trägersteg ($F_{res} = 35{,}29$ kN, mit $F_{x\,ges} = 29{,}5$ kN und $F_{y\,ges} = 19{,}37$ kN, dabei $M_s = 17{,}85 \cdot 10^6$ Nmm, $\Sigma(x^2 + y^2) = 72\,600\ \text{mm}^2$ und $F = 42{,}5$ kN).

7.13 Der Stegwinkelanschluss ist ausreichend bemessen. Unterster Niet maßgebend: $\tau_a = 103$ N/mm² $< \tau_{a\,zul} = 180$ N/mm², $\sigma_l = 170$ N/mm² $< \sigma_{l\,zul} = 392$ N/mm² für Winkel, $\sigma_l = 236$ N/mm² $< \sigma_{l\,zul} = 563$ N/mm² für Trägersteg ($F_{res} = 71{,}3$ kN, mit $F_{x\,ges} = 47{,}7$ kN und $F_y = 53$ kN, dabei $M_s = 12{,}72 \cdot 10^6$ Nmm, $\Sigma y^2 = 32\,000$ mm², $A = 346$ mm², $m = 2$, $n = 1$; res. Nietkraft hinsichtlich der Ränder schräg gerichtet, σ_l-Nachweis näherungsweise; Winkel: $\sigma_{l\,zul} = 1{,}8 \cdot 240\,\text{N/mm}^2/1{,}1 = 392\,\text{N/mm}^2$, $\alpha_l = 1{,}1 \cdot 40\,\text{mm}/21\,\text{mm} - 0{,}3 = 1{,}8$, $e_2/d = 1{,}9 > 1{,}5$, $e/d = 3{,}8 > 3{,}5$, $e_1 = e_2 = 40$ mm, $e = 80$ mm, $d = 21$ mm, $t = 2 \cdot 10$ mm, $R_e = 240$ N/mm², $S_M = 1{,}1$; Trägersteg: $\sigma_{l\,zul} = 2{,}58 \cdot 240\,\text{N/mm}^2/1{,}1 = 563\,\text{N/mm}^2$, $\alpha_l = 1{,}1 \cdot 55\,\text{mm}/21\,\text{mm} - 0{,}3 = 2{,}58$, $e_1 \approx 55$ mm, $e = 80$ mm, $e_2/d > 1{,}5$, $t = 14{,}4$ mm).

7.14 Niete: $d_1 \approx 6 + 2 = 8$ mm, $d = 8{,}1$ mm, Niet DIN 660–8 × 25–AlMgSi1F25, $n_a = 5{,}7$, $n_l = 4{,}5$, ausgeführt $n = 6$ ($\tau_{c\,zul} = 0{,}925 \cdot 60 = 56$ N/mm², $\sigma_{c\,zul} = 0{,}925 \cdot 160 = 148$ N/mm², $c = 0{,}925$ wegen $\sigma_{H_s}/\sigma_H = F_{H_s}/F_H = 0{,}688 > 0{,}5$, $A = 50$ mm², $m = 2$).
Bauteil: $\sigma_z = 84$ N/mm² $< \sigma_{c\,zul} = 0{,}925 \cdot 115 = 106$ N/mm² ($A_n = 383$ mm²).
Abstände: $e = 3 \cdot 8$ mm ... $15 \cdot 4$ mm $= 24 \ldots 60$ mm,
$e_1 = 2 \cdot 8$ mm ... $10 \cdot 4$ mm $= 16 \ldots 40$ mm, $e_2 = 1{,}5 \cdot 8$ mm ... $10 \cdot 4$ mm $= 12 \ldots 40$ mm.

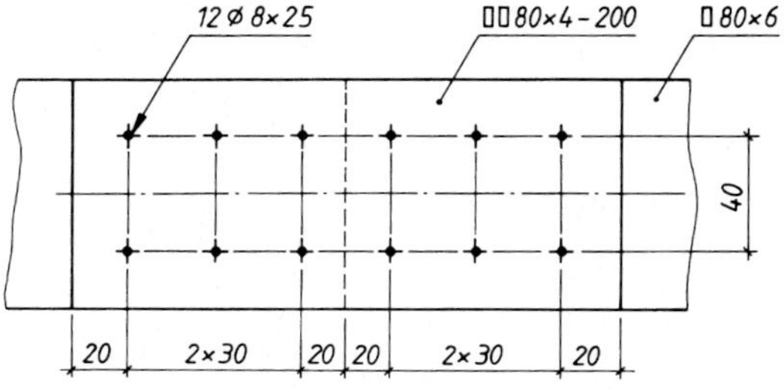

7.15 Die Stabquerschnitte und die Nietanschlüsse sind ausreichend bemessen.

a) Maßgebend ist das Ausknicken rechtwinklig zur Fachwerkebene, d. h. zur Hauptachse $y - y$: $\sigma_{\omega y} = 112$ N/mm² $< \sigma_{z\,zul} = 0{,}84 \cdot 145$ N/mm² $= 122$ N/mm² ($\omega_y = 2{,}62$, $\lambda_y = 69$, $i_y = 13{,}17$ mm, $A = 610$ mm², $l_k = 912$ mm).
Die beiden Einzelstäbe erhalten nach der früheren DIN 4114 T1, Abschnitt 8, schubfeste Querverbindungen durch entsprechend angeschlossene Futterstücke oder Bindebleche. Bei erhöhter Korrosionsgefahr ist ein durchgehendes Futter vorgeschrieben.

b) $\tau_a = 55$ N/mm² $< \tau_{c\,zul} = 0{,}840 \cdot 75$ N/mm² $= 63$ N/mm², $\sigma_l = 144$ N/mm² $< \tau_{c\,zul} = 0{,}84 \cdot 210$ N/mm² $= 176$ N/mm² ($d \approx d_1 = 10$ mm, $A \approx 79$ mm², $n = 3$, $m = 2$, $t_{min} = 6$ mm).

c) $\sigma = 63$ N/mm² $< \sigma_{c\,zul} = 0{,}84 \cdot 145$ N/mm² $= 122$ N/mm² ($b \approx 69$ mm, $t_K = 6$ mm).

d) $\sigma_z = 74$ N/mm² $< \sigma_{c\,zul} = 0{,}84 \cdot 0{,}8 \cdot 145$ N/mm² $= 97$ N/mm² ($A_n = 202$ mm², $d \approx d_1 = 10$ mm).

e) $\tau_a = 63$ N/mm² $= \tau_{c\,zul} = 0{,}84 \cdot 75$ N/mm² $= 63$ N/mm², $\sigma_l = 167$ N/mm² $< \sigma_{c\,zul} = 0{,}84 \cdot 210$ N/mm² $= 176$ N/mm² ($d \approx d_1 = 10$ mm, $A \approx 79$ mm², $t_{min} = 3$ mm, $n = 3$, $m = 1$).

7.16 $c = 1{,}0$, da $\sigma_{H_s}/\sigma_H \mathrel{\widehat{=}} F_{H_s}/F_H < 0{,}5$.

a) $\tau_a = 59$ N/mm² $< \tau_{a\,zul} = 75$ N/mm², $\sigma_l = 93$ N/mm² $< \sigma_{l\,zul} = 240$ N/mm² ($F_{res} = 2{,}96$ kN, $M_s = 0{,}512 \cdot 10^6$ Nmm, $\Sigma x^2 = 9000$ mm²; $d \approx d_1 = 8$ mm, $A \approx 50$ mm², $t_{min} = 4$ mm, $m = 1$, $n = 1$).

b) $\tau_a = 69$ N/mm² $< \tau_{a\,zul} = 75$ N/mm², $\sigma_l = 108$ N/mm² $< \sigma_{l\,zul} = 240$ N/mm² ($F_{res} = 3{,}45$ kN, $F_{x\,ges} = 3{,}43$ kN, $F_{y\,ges} = 0{,}4$ kN, $M_s = 0{,}8 \cdot 10^6$ Nmm, $\Sigma y^2 = 12\,250$ mm²).

c) $\sigma_{bz} = 25$ N/mm² $< \sigma_{zul} = 160$ N/mm², τ vernachlässigbar ($M_b = 0{,}8 \cdot 10^6$ Nmm, $W_z \approx 31\,580$ mm³, $I = 2{,}54 \cdot 10^6$ mm⁴, $\Delta I = 0{,}25 \cdot 10^6$ mm⁴, $e_z = 72{,}5$ mm).

7

7.17 4 Niet DIN 660–6 × 14–St ($n_a = 1{,}6$, $n_l = 3{,}2$; $\sigma_{w\,zul} = 100$ N/mm² bei $S_D = 4/3$, $\sigma_{Sch\,zul} = 100$ N/mm² $\cdot 1{,}\overline{6} \cdot 4/3 \cdot 1/3 \approx 75$ N/mm² bei $S_D = 3$, $\tau_{a\,zul} = 0{,}8 \cdot 75$ N/mm² $= 60$ N/mm², $\sigma_{l\,zul} = 2 \cdot 75$ N/mm² $= 150$ N/mm²; $d = 6{,}3$ mm, $A \approx 31$ mm², $t_{min} = 2$ mm, $m = 2$).
Bremsband: $\sigma_z = 52$ N/mm² $< \sigma_{z\,zul} = 75$ N/mm² ($A_n = 115$ mm², $\sigma_{z\,zul} = \sigma_{Sch\,zul}$).
Abstände: $e = 25$ mm, $e_1 = 15$ mm, $e_2 = 15$ mm und $e_3 = 40$ mm

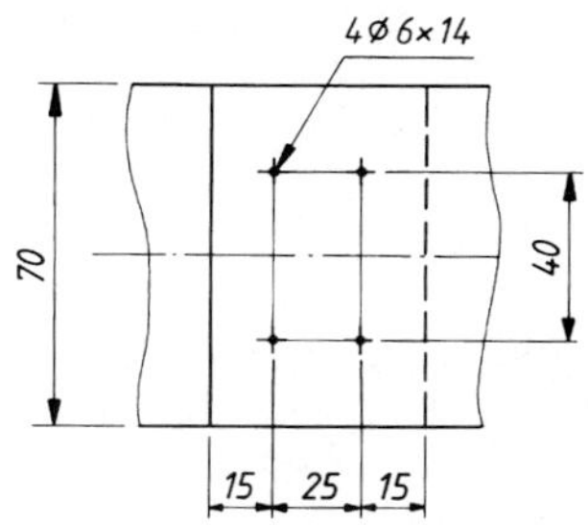

7.18 $\tau_a = 29$ N/mm² $< \tau_{a\,zul} = 0{,}75 \cdot 65$ N/mm² ≈ 50 N/mm², $\sigma_l = 19$ N/mm² $< \sigma_{l\,zul} = 0{,}75 \cdot 80$ N/mm² $= 60$ N/mm² ($F_{max} = 580$ N, $A \approx 20$ mm², $d = 5{,}1$ mm, $t_{min} = 6$ mm, $m = 1$, $T = 84{,}9$ Nm, $F_w = 1358$ N, $F_u = 2122$ N).

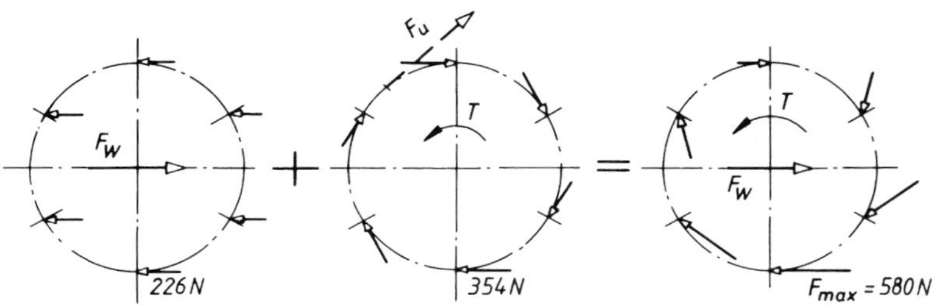

Belastung durch Wellenkraft *Belastung durch Drehmoment* *resultierende Belastung des Nietfeldes*

7.19 a) Die Nietverbindung ist dauerfest: $\tau_a = 52$ N/mm² $< \tau_{a\,zul} = 100$ N/mm², $\sigma_l = 89$ N/mm² $< \sigma_{l\,zul} = 250$ N/mm² ($T_{nenn} = 132{,}6$ Nm, $T \approx 239$ Nm mit $K_A \approx 1{,}8$, $F_u \approx 8680$ N, $d \approx d_1 = 6$ mm, $A = 28$ mm², $n = 6$, $m = 1$, $\sigma_{w\,zul} = 100$ N/mm², $\sigma_{Sch\,zul} \approx 167$ N/mm²).

b) Meist schnellere Lieferung, Austauschbarkeit der Kettenradscheibe und dadurch Änderung des Übersetzungsverhältnisses, Kettenradscheibe kann auf beiden Seiten der Anbaunabe angebracht werden, oft wirtschaftlicher.

7.20 8 Niet DIN 660–5 × l–St ($\tau_a = 8$ N/mm² $< \tau_{a\,zul} = 60$ N/mm², $\sigma_l = 104$ N/mm² $< \sigma_{l\,zul} = 150$ N/mm², $\sigma_{w\,zul} = 100$ N/mm² für S235, $d = 5{,}1 \ldots 5{,}2$ mm, $A = 20$ mm², $n = 8$, $m = 1$, $F_u \approx 1240$ N, $K_A \approx 1{,}4$ ($1{,}2 \ldots 1{,}5$), Nietabstand $a \approx 35$ mm, $a/d \approx 7 < 8$).

7.21 $\tau_a = 21$ N/mm², $\sigma_l = 54$ N/mm² ($F_{ua} = 6{,}68$ kN, $F = 1{,}11$ kN/Niet, $A \approx 52$ mm², $d = 8{,}2$ mm, $t_{min} = 2{,}5$ mm, $m = 1$).

7.22 $d = 4$ mm (aus Abscheren: $d_{erf} = 3{,}6$ mm; $\tau_{a\,zul} = 0{,}9 \cdot 8$ N/mm² $= 7{,}2$ N/mm², $\sigma_{l\,zul} = 0{,}9 \cdot 20$ N/mm² $= 18$ N/mm², $n = 4$, $m = 1$, $t_{min} = 4$ mm).

8 Schraubenverbindungen

8.1 Augenschraube DIN 444–BM16 × l–5.6 ($A_s = 157\ mm^2 > 117\ mm^2$, $\sigma_{z\,zul} = 240\ N/mm^2$, $R_{el} = 300\ N/mm^2$, $S = 1{,}25$; für die Schraubenbezeichnung Produktklasse B (Form B) angenommen).

8.2
a) M12 ($A_s = 84{,}3\ mm^2 > 79\ mm^2$, $\sigma_{z\,zul} = 127\ N/mm^2$, $R_{eL} = 190\ N/mm^2$, $S = 1{,}5$).
b) M12 ($A_s = 84{,}3\ mm^2 > 76{,}4\ N/mm^2$, $\sigma_{z\,zul} = 131\ N/mm^2$, $R_{p\,0{,}2} = 180\ N/mm^2$, $S = 1{,}1$).
c) M16 ($A_3 = 144\ mm^2 > 143\ mm^2$, $F_a = 5\ kN$).

8.3
a) Gewindeverbindung ist dauerfest ($\sigma_a = 30\ N/mm^2 < \sigma_A = 35\ N/mm^2$, $A_3 = 1045\ mm^2$, $F_a \approx 31\ kN$).
b) $\tau \approx 120\ N/mm^2 < \tau_{zul} \approx 165\ N/mm^2$ ($F \approx 62\ kN$, $d_3 = 36{,}5\ mm$, $P = 4{,}5\ mm$, $\tau_{zul} = 0{,}7 \cdot 235\ N/mm^2 = 165\ N/mm^2$)
c) Zug- oder Stulpmutter (Eindrehen einer Entlastungskerbe in die Mutter), übergreifende Muttergewinde, Rundgewinde (kerbfrei), Gewinde Rollen statt Schneiden, Nachdrücken des Gewindegrundes u. a.

8.4
a) M27 (Dehnschraube: nächsthöhere Laststufe wählen),
b) M16, 8.8,
c) M24, 5.8 (exzentrisch: nächsthöhere Laststufe wählen).

8.5
a) $F_{sp} = 43\ kN$ (für Schaftschraube bei $\mu_{ges} = 0{,}08$),
b) $M_{sp} = 61\ Nm$,
c) $M_A \approx 55\ Nm$,
d) $l_e \approx 1{,}5 \cdot d = 18\ mm$.

8.6
a) M8 ($F_{V\,max} = F_{V\,min} = 16\ kN$, $k_A = 1{,}0$, $\mu_{ges} = 0{,}12$),
b) M10 ($F_{V\,max} = 25{,}6\ kN$, $k_A = 1{,}6$),
c) M16 ($F_{V\,max} = 64\ kN$, $k_A = 4{,}0$),
d) M12 ($F_{V\,max} = 40\ kN$, $k_A = 2{,}5$),
e) M16 ($F_{V\,max} = 64\ kN$, $k_A = 4{,}0$).

8.7
a) $F_{sp} = 38{,}0\ kN$ ($\mu_{ges} = 0{,}08$, $F_{sp(8.8)} = 81\ kN$, $R_{p0{,}2(8.8)} = 640\ N/mm^2$, $R_{eL(5.6)} = 300\ N/mm^2$).
b) $M_{sp} = 69\ Nm$ ($M_{sp(8.8)} = 147\ Nm$),
c) $F_{V\,min} = 9{,}5\ kN$ ($k_A = 4{,}0$).

8.8
a) $\delta_S = 2{,}77 \cdot 10^{-6}\ mm/N$ ($l_1 = 25\ mm$, $l_2 = 15\ mm$, $b = 30\ mm$, $l_K = l_M \approx 4{,}8\ mm$, $l_G \approx 6\ mm$, $A_N = 113\ mm^2$, $A_3 = 76{,}25\ mm^2$, $E_S = 210\,000\ N/mm^2$),
b) $\delta_T = 0{,}433 \cdot 10^{-6}\ mm/N$ ($A_{ers} \approx 440\ mm^2$, $x = 0{,}766$, $D_A = 40\ mm$, $l_K = 40\ mm$, $d_w \approx 18\ mm$ (ISO 4014: $d_{w\,min} = 16{,}63\ mm$), $d_h = 13{,}5\ mm$, $E_T = 210\,000\ N/mm^2$, $D_A < d_w + l_k$),
c) $\Phi_k \approx 0{,}135$ ($\delta_S = 2{,}77 \cdot 10^{-6}\ mm/N$, $\delta_T = 0{,}433 \cdot 10^{-6}\ mm/N$).
d) $f_S = 0{,}110\ mm$, $f_T = 0{,}017\ mm$ ($F_{sp} = F_{VM90} = 39{,}9\ kN$, $\mu_{ges} = 0{,}12$).

8.9 a) $F_{sp} = 40{,}6$ kN, $M_A \approx 73$ Nm ($\mu_{ges} \approx 0{,}12$, $M_{sp} = 81$ Nm),
b) $\delta_S = 7{,}328 \cdot 10^{-6}$ mm/N ($\varnothing$ 12 mm: $\Sigma l = 20$ mm, $\varnothing$ 8,87 mm: $\Sigma l = 70$ mm, $l_K = l_M \approx 4{,}8$ mm, $l_G \approx 6$ mm, $A_N = 113$ mm^2, $A_T = 61{,}8$ mm^2, $A_3 = 76{,}25$ mm^2, $E_S = 210\,000$ N/mm^2),
c) $\delta_T = 0{,}51 \cdot 10^{-6}$ mm/N ($A_{ers} \approx 888$ mm^2, $x = 0{,}644$, $D_A = 80$ mm, $l_k = 95$ mm, $d_w \approx 18$ mm (ISO 4014 und 4032: $d_{w\,min} = 16{,}6$ mm), $d_h = 12$ mm, $E_T = 210\,000$ N/mm^2, $D_A < d_w + l_k$),
d) $\Phi_k \approx 0{,}065$ ($\delta_S = 7{,}328 \cdot 10^{-6}$ mm/N, $\delta_T = 0{,}51 \cdot 10^{-6}$ mm/N),
e) $F_Z = 890$ N ($f_Z \approx 0{,}007$ mm).

8.10 a) $\delta_S \approx 1{,}92 \cdot 10^{-6}$ mm/N, $\delta_T \approx 0{,}47 \cdot 10^{-6}$ mm/N, $\Phi_k \approx 0{,}20$ ($b = 38$ mm, $l_1 = 32$ mm, $l_2 = 18$ mm, $A_N = 201$ mm^2, $A_3 = 144{,}1$ mm^2, $E_S = 210\,000$ N/mm^2; $d_w \approx 24$ mm (ISO 4014 und 4032: $d_{w\,min} = 22{,}5$ mm), $l_k = 50$ mm, $D_A = 70$ mm, 70 mm < 24 mm + 50 mm: $A_{ers} \approx 925$ mm^2, $E_T \approx 115\,000$ N/mm^2, $d_h \approx 17{,}5$ mm),
b) $F_{V\,max} = F_{sp} = 75{,}3$ kN, $F_{V\,min} = 47{,}1$ kN ($\mu_{ges} \approx 0{,}12$, $k_A = 1{,}6$),
c) $F_Z \approx 2{,}1$ kN ($f_Z \approx 0{,}005$ mm, $l_k = 50$ mm, $d = 16$ mm, $\delta_S \approx 1{,}92 \cdot 10^{-6}$ mm/N, $\delta_T \approx 0{,}47 \cdot 10^{-6}$ mm/N),
d) $F_B = 46{,}5$ kN ($F_{sp} = F_{V\,max} \approx 75{,}3$ kN, $k_A = 1{,}6$, $F_{Kl} = 5{,}0$ kN, $F_Z \approx 2{,}1$ kN, $\Phi = 0{,}14$, $\Phi_k = 0{,}20$, $n \approx 0{,}7$),
e) $f_S = 0{,}093$ mm, $f_T = 0{,}015$ mm ($F_V = 45$ kN, $n \approx 0{,}7$, $\delta_S \approx 1{,}92 \cdot 10^{-6}$ mm/N, $\delta_T \approx 0{,}47 \cdot 10^{-6}$ mm/N),
f) $p = 521$ N/mm^2 $< p_G = 800$ N/mm^2 ($F_{sp} = 75{,}3$ kN, $F_B = 46{,}5$ kN, $\Phi = 0{,}14$, $A_p = 157$ mm^2),
g) $F_{BS} = 0{,}14 \cdot 46{,}5$ kN $= 6{,}5$ kN, $F_a = 3{,}25$ kN, $F_{BT} = (1 - 0{,}14) \cdot 46{,}5$ kN ≈ 40 kN, $F_{S\,max} = 75{,}3$ kN $+ 6{,}5$ kN $\approx 81{,}8$ kN.

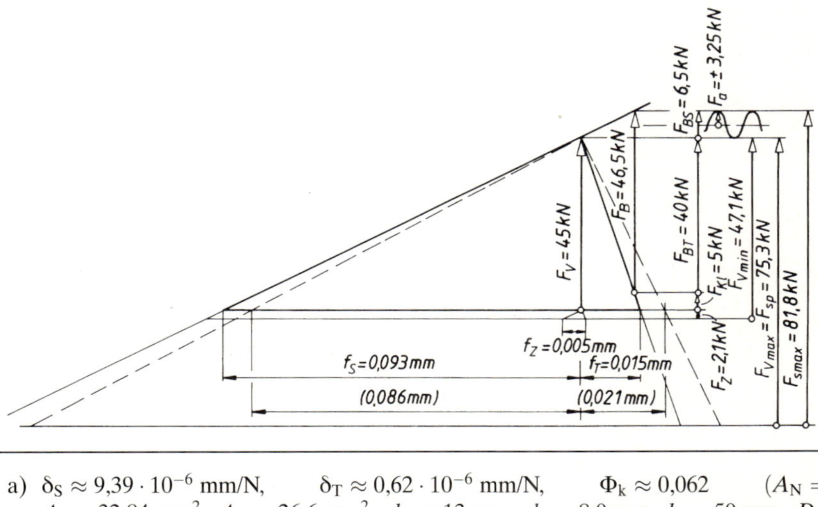

8.11 a) $\delta_S \approx 9{,}39 \cdot 10^{-6}$ mm/N, $\delta_T \approx 0{,}62 \cdot 10^{-6}$ mm/N, $\Phi_k \approx 0{,}062$ ($A_N = 50{,}3$ mm^2, $A_3 = 32{,}84$ mm^2, $A_T = 26{,}6$ mm^2, $d_w \approx 13$ mm, $d_h = 8{,}0$ mm, $l_k = 50$ mm, $D_A = 45$ mm, $E_S = E_T = 210\,000$ N/mm^2, $\varnothing$ 8 mm: $\Sigma l = 8$ mm, $\varnothing = 5{,}82$ mm: $\Sigma l = 40$ mm, M8: $l = 2$ mm, $l_k = l_M \approx 3{,}2$ mm, $l_G \approx 4$ mm, $A_{ers} \approx 383$ mm^2, $D_A < d_w + l_k$),
b) $F_{sp} = 19$ kN ($\mu_{ges} \approx 0{,}08$),
c) $F_{V\,min} = 11{,}88$ kN ($k_A = 1{,}6$),
d) $\sigma_a = 3$ N/mm^2 $< \sigma_A = 55$ N/mm^2, $F_{Kl} = 4{,}39$ kN ($F_a = 110$ N, $A_3 = 32{,}84$ mm^2, $\Phi \approx 0{,}031$, $n \approx 0{,}5$, $f_Z \approx 0{,}007$ mm, $F_Z = 700$ N),
e) $f_S = 0{,}108$ mm, $f_T = 0{,}003$ mm ($F_V = 11{,}17$ kN, $n \approx 0{,}5$, $\delta_S \approx 9{,}39 \cdot 10^{-6}$ mm/N, $\delta_T \approx 0{,}62 \cdot 10^{-6}$ mm/N),

f)

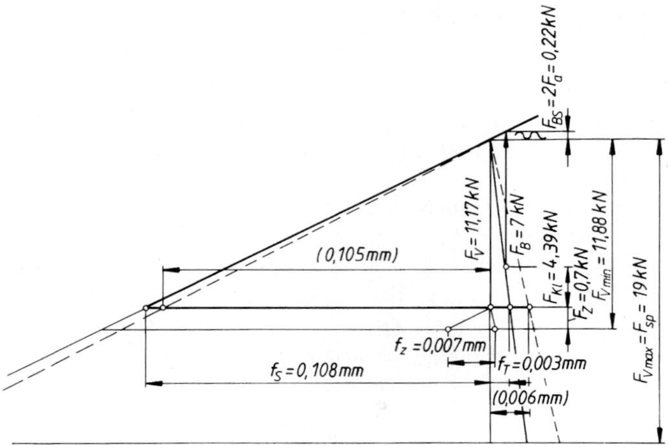

8.12 a) Sechskantschraube ISO 4014–M12 × 55–8.8

Verschraubungsfall A:

A1. M14 (dynamisch axial 16 kN – 8.8). Da M14 zu vermeidendes Gewinde wird M12 vorgewählt.
$p \approx 606$ N/mm$^2 < p_G = 700$ N/mm^2 ($F_{sp} = 39{,}9$ kN, $A_p = 73{,}2$ mm^2, $\mu_{ges} \approx 0{,}12$).

A2. $F_{VM} = 30{,}78$ kN $< F_{sp} = 39{,}9$ kN ($k_A = 1{,}6$, $F_{Kl} = 3$ kN, $F_B = 16$ kN, $\Phi_k \approx 0{,}159$, $\Phi = 0{,}08$, $n \approx 0{,}5$, $F_Z = 1{,}52$ kN; $\delta_S \approx 2{,}77 \cdot 10^{-6}$ mm/N, wobei $b = 30$ mm, $\varnothing$ 12 mm: $l = 25$ mm, M12: $l = 15$ mm, $A_N = 113$ mm^2, $A_3 = 76{,}2$ mm^2, $E_S = 210\,000$ N/mm^2; $\delta_T \approx 0{,}522 \cdot 10^{-6}$ mm/N, wobei $A_{ers} \approx 365$ mm^2, $d_w \approx 18$ mm, $d_h = 13{,}5$ mm, $D_A = 32$ mm, $l_k = 40$ mm, $E_T = 210\,000$ N/mm^2, $d_w < D_A < d_w + L_k$; $\mu_{ges} = 0{,}12$, $f_Z \approx 0{,}005$ mm).

A3. $M_A \approx 0{,}9 \cdot 80$ Nm $= 72$ Nm.

A4. $0{,}08 \cdot 16$ kN $< 0{,}1 \cdot 640$ N/mm$^2 \cdot 84{,}3$ mm^2, $1{,}28$ kN $< 5{,}40$ kN ($\Phi = 0{,}08$, $F_B = 16$ kN, $R_{p0{,}2} = 640$ N/mm^2, $A_s = 84{,}3$ mm^2). $\sigma_a = \pm 6$ N/mm$^2 < \sigma_{A(SV)} = \pm 50$ N/mm^2 ($F_a = \pm 480$ N, $A_3 = 76{,}2$ mm^2, $F_{Bo} = 16$ kN, $F_{Bu} = 4$ kN, $\Phi = 0{,}08$).

A5. $p \approx 563$ N/mm$^2 < p_G = 700$ N/mm^2 ($F_{sp} = 39{,}9$ kN, $\Phi = 0{,}08$, $F_B = 16$ kN, $A_p = 73{,}2$ mm^2).

b) Dehnschraube M12–10.9 mit $d_T = 0{,}9 \cdot d_3 = 8{,}87$ mm und Sechskantmutter ISO 4032–M12–10.

A1. 12.9 (dynamisch axial mit nächsthöherer Laststufe – M12).

A2. $F_{VM} = 31{,}1$ kN $\ll F_{sp} = 47{,}5$ kN, M12–12.9 nicht ausgelastet ($k_A = 1{,}6$, $F_{Kl} = 3$ kN, $F_B = 16$ kN, $\Phi_k = 0{,}121$, $n \approx 0{,}5$, $\Phi = 0{,}06$, $F_Z = 1{,}39$ kN, $f_Z \approx 0{,}006$ mm; $\delta_S \approx 3{,}79 \cdot 10^{-6}$ mm/N, wobei $\varnothing$ 8,87 mm: $l_T = 35$ mm, M12: $l = 5$ mm, $A_N = 113$ mm^2, $A_T = 61{,}8$ mm^2, $A_3 = 76{,}2$ mm^2, $E_S = 210\,000$ N/mm^2, $\delta_T \approx 0{,}522 \cdot 10^{-6}$ mm/N).
Korrektur der Festigkeitsklasse auf 10.9: $F_{sp} = 40{,}6$ kN $> F_{VM} = 31{,}1$ kN.

A3. $M_A \approx 0{,}9 \cdot 81$ Nm $= 73$ Nm.

A4. $0{,}06 \cdot 16$ kN $< 0{,}1 \cdot 940$ N/mm$^2 \cdot 61{,}8$ mm^2, 960 N $<$ 5810 N ($\Phi = 0{,}06$, $F_B = 16$ kN, $R_{p0{,}2} = 940$ N/mm^2, $A_T = 61{,}8$ mm^2). $\sigma_a = \pm 5$ N/mm$^2 < \sigma_{A(SV)} = \pm 50$ N/mm^2 ($F_a = \pm 360$ N, $A_3 = 76{,}2$ mm^2, $F_{Bo} = 16$ kN, $F_{Bu} = 4$ kN, $\Phi = 0{,}06$).

A5. $p \approx 568$ N/mm$^2 < p_G = 700$ N/mm^2 ($F_{sp} = 40{,}6$ kN, $\Phi = 0{,}06$, $F_B = 16$ kN, $A_p = 73{,}2$ mm^2).

8.13 a) Sechskantschraube ISO 4014 – M12 × 55 – 8.8:
($A_s \geq 63$ mm², gewählt M12 mit $A_s = 84{,}3$ mm²; $F_B = 16$ kN, $F_{Kl} = 3$ kN, $R_{p\,0{,}2} = 640$ N/mm², $E = 210\,000$ N/mm², $f_Z \approx 0{,}006$ mm, $l_k = 40$ mm, $k_A = 1{,}6$, $\beta = 1{,}1$, $\kappa = 1{,}19$ für $\mu_G \approx 0{,}12$ und Schaftschraube).
$\sigma_a = 16$ N/mm² $< \sigma_A = 50$ N/mm² ($k = 0{,}1$, $A_3 = 76{,}25$ mm²).

b) Dehnschraube M12 – 10.9 mit $d_T = 0{,}9 \cdot d_3 = 8{,}87$ mm und Sechskantmutter ISO 4032 – M12 – 10. ($R_{p\,0{,}2} \geq 653$ N/mm², gewählt Festigkeitsklasse 10.9 mit $R_{p\,0{,}2} = 940$ N/mm²; $F_B = 16$ kN, $F_{Kl} = 3$ kN, $E = 210\,000$ N/mm², $f_Z \approx 0{,}006$ mm, $l_k = 40$ mm, $k_A = 1{,}6$, $\beta = 0{,}6$, $\kappa = 1{,}25$ für $\mu_G \approx 0{,}12$ und Dehnschraube, $A_T = 61{,}8$ mm²).

Ausführliches und vereinfachtes Rechenverfahren führen zu den gleichen Abmessungen. Anziehdrehmoment und Kontrolle der Flächenpressung wie in Aufgabe 8.12.

8.14 Zylinderschraube DIN EN ISO 4762 – M16 × 70 – 8.8
Verschraubungsfall B:

B1. M16 (dynamisch axial bis 25 kN – 8.8)
$l_e \approx 1{,}5 \cdot 16$ mm $= 24$ mm, gewählt $l = 70$ mm
$p \approx 462$ N/mm² $< p_G = 800$ N/mm² ($F_{sp} = 75{,}3$ kN, $A_p = 181$ mm², $\mu_{ges} \approx 0{,}12$).

B2. $F_{VM} = 76{,}6$ kN $\approx F_{sp} = 75{,}3$ kN ($k_A = 4$, $F_B = 22$ kN, $\Phi \approx 0{,}21$, $\Phi_k = 0{,}30$, $n \approx 0{,}7$, $F_Z = 1{,}78$ kN; $f_Z = 0{,}005$ mm; $\delta_S \approx 1{,}98 \cdot 10^{-6}$ mm/N, wobei $b = 44$ mm, ⌀ 16 mm: $l = 26$ mm, M16: $l = 24$ mm, $A_N = 201$ mm², $A_3 = 144$ mm², $E_S = 210\,000$ N/mm²; $d_w \approx d_K = 24$ mm (DIN EN ISO 4762: $d_{w\,min} = 23{,}17$ mm), $l_k = 50$ mm, $D_A = 35$ mm, $\delta_T = 0{,}836 \cdot 10^{-6}$ mm/N wobei $A_{ers} \approx 520$ mm², $d_h = 17{,}5$ mm, $E_T = 115\,000$ N/mm², $d_w < D_A < d_w + l_k$).

B3. entfällt.

B4. $0{,}21 \cdot 22 \cdot 10^3$ N $< 0{,}1 \cdot 640$ N/mm² $\cdot 157$ mm², 4,62 kN < 10,05 kN, d. h. die max. Schraubenkraft wird nicht überschritten ($\Phi \approx 0{,}21$, $F_B = 22$ kN, $R_{p\,0{,}2} = 640$ N/mm², $A_s = 157$ mm²). $\sigma_a = \pm 10$ N/mm² $< \sigma_{A(SV)} = \pm 47$ N/mm² ($F_a = \pm 1{,}47$ N, $A_3 = 144$ mm², $F_{Bo} = 22$ kN, $F_{Bu} = 8$ kN, $\Phi = 0{,}21$).

B5. $p \approx 442$ N/mm² $< p_G = 800$ N/mm² ($F_{sp} = 75{,}3$ kN, $\Phi = 0{,}21$, $F_B = 22$ kN, $A_p = 181$ mm²).

8.15 Zylinderschraube DIN EN ISO 4762 – M20 × 80 – 8.8:
($A_s \geq 190$ mm², gewählt M20 mit $A_s = 245$ mm²; $F_B = 22$ kN, $R_{p\,0{,}2} = 660$ N/mm², $E = 210\,000$ N/mm², $f_Z \approx 0{,}006$ mm, $l_k = 50$ mm, $k_A = 4$, $\beta = 1{,}1$, $\kappa = 1{,}15$ für $\mu_G \approx 0{,}10$ und Schaftschraube).
$\sigma_a = 8$ N/mm² $< \sigma_A = 46$ N/mm² ($k = 0{,}125$, $A_3 = 225{,}2$ mm²).
$p \approx 490$ N/mm² $< p_G = 800$ N/mm² ($A_p = 274$ mm², $F_{sp} = 121$ kN, $\mu_{ges} \approx 0{,}12$).
Das vereinfachte Verfahren führt wegen des hohen Kraftverhältnisses zu einer Überdimensionierung (M20 statt M16).

8.16 Stiftschraube DIN 939 – M16 × 50 – 5.6
Verschraubungsfall A:

A1. M16 (statisch axial bis 16 kN – 5.6)

A2. $F_{VM} = 30{,}5$ kN $< F_{sp} = 35{,}3$ kN ($k_A = 1{,}6$, $F_{Kl} = 4$ kN, $F_B = 14$ kN, $\Phi_k \approx 0{,}223$, $n \approx 0{,}3$, $\Phi = 0{,}07$, $F_Z = 2{,}06$ kN; $f_Z = 0{,}004$ mm; $\mu_{ges} \approx 0{,}12$; $\delta_S \approx 1{,}71 \cdot 10^{-6}$ mm/N wobei $b = 38$ mm, ⌀ 16 mm: $l = 12$ mm, M16: $l = 18$ mm, $A_N = 201$ mm², $A_3 = 144{,}1$ mm², $E_S = 210\,000$ N/mm²; $d_w \approx s = 24$ mm (ISO 4032: $d_{w\,min} = 22{,}5$ mm), $l_k = 30$ mm, $D_A = 40$ mm, $\delta_T = 0{,}491 \cdot 10^{-6}$ mm/N wobei $A_{ers} \approx 531$ mm², $d_h = 17{,}5$ mm, $E_T = 115\,000$ N/mm², $d_w < D_A < d_w + l_k$; $F_{sp(5.6)} = 75{,}3$ kN $\cdot$ 300 N/mm²/640 N/mm² $= 35{,}3$ kN, $R_{p\,0{,}2(8.8)} = 640$ N/mm², $R_{eL(5.6)} = 300$ N/mm², $F_{sp(8.8)} = 75{,}3$ kN).

A3. $M_A \approx 0{,}9 \cdot 91$ Nm $= 82$ Nm ($M_{sp(5.6)} = 194$ Nm $\cdot$ 300 N/mm²/640 N/mm² $= 91$ Nm, $M_{sp(8.8)} = 194$ Nm).

A4. $0{,}08 \cdot 14 \cdot 10^3$ N $< 0{,}1 \cdot 300$ N/mm² $\cdot 157$ mm², 1,12 kN < 4,71 kN, d. h. die max. Schraubenkraft wird nicht überschritten ($\Phi = 0{,}08$, $F_B = 14$ kN, $R_{eL} = 300$ N/mm², $A_s = 157$ mm²).

A5. entbehrlich.

8.17 a) $F = 6{,}16$ kN ($A = 2463$ mm², $p_e = 2{,}5$ N/mm²).
b) Festigkeitsklasse 10.9
Verschraubungsfall A:
A1. entfällt.
A2. $F_{VM} = 12{,}07$ kN $< F_{sp} = 13{,}7$ kN ($k_A = 4$, $F_{Kl} = 1{,}5$ kN, $F_B = 1{,}03$ kN, $\Phi \approx 0{,}09$, $\Phi_k = 0{,}172$, $n \approx 0{,}5$, $F_Z = 0{,}58$ kN; $f_Z = 0{,}005$ mm; $\delta_S \approx 7{,}18 \cdot 10^{-6}$ mm/N wobei $b = 24$ mm, $\varnothing$ 6 mm: $l = 11$ mm, M6: $l = 14$ mm, $A_N = 28{,}3$ mm², $A_3 = 17{,}89$ mm², $E_S = 210\,000$ N/mm²; $\delta_T = 1{,}49 \cdot 10^{-6}$ mm/N wobei $A_{ers} \approx 140$ mm², $d_w \approx d_K = 10$ mm (DIN 912: $d_{w\,min} = 9{,}38$ mm), $d_h = 6{,}6$ mm, $D_A = 20$ mm, $l_k = 25$ mm, $E_T = 120\,000$ N/mm², $\mu_{ges} \approx 0{,}12$, $d_w < D_A < d_w + l_k$).
A3. entfällt.
A4. $0{,}09 \cdot 1030\ \text{N} < 0{,}1 \cdot 940\ \text{N/mm}^2 \cdot 20{,}1\ \text{mm}^2$, 93 N < 1889 N, d. h. die max. Schraubenkraft wird nicht überschritten ($\Phi = 0{,}09$, $F_B = 1{,}03$ kN, $R_{p0,2} = 940$ N/mm², $A_s = 20{,}1$ mm²). $\sigma_a = \pm 3$ N/mm² $< \sigma_A = \pm 62$ N/mm² ($F_a = \pm 46$ N, $A_3 = 17{,}89$ mm², $F_{Bo} = 1{,}03$ kN, $\Phi = 0{,}09$).
A5. $p \approx 395$ N/mm² $< p_G \approx 800$ N/mm² ($F_{sp} = 13{,}7$ kN, $\Phi = 0{,}09$, $F_B = 1{,}03$ kN, $A_p = 34{,}9$ mm²). Schraubenabstand $l_a \approx 34$ mm $\approx 5{,}1\, d_h \approx d_w + l_k$ (10 mm + 25 mm), also gute Abdichtung gewährleistet.

8.18 a) M6 (TB 8-13: dynamisch axial bis 2,5 kN–8.8, mit nächsthöherer Laststufe für exzentrische Verspannung und Belastung; $F_B = 8{,}3$ kN/6 = 1,38 kN),
b) Sechskantschraube ISO 4017–M6 × 20–8.8.

8.19 a) $M_A = 325$ Nm ($F_{VM} = 70{,}4$ kN, $k_A = 1{,}6$, $d_2 = 28{,}7$ mm, $\mu_G = \mu_K = \mu_{ges} \approx 0{,}12$, $\beta = 60°$. $d_w \approx s = 46$ mm (ISO 8675: $d_{w\,min} = 42{,}75$ mm), $d_h = 31$ mm, $\varphi = 1{,}27°$).
b) $\sigma_{red} = 130$ N/mm² $< 0{,}9 \cdot 295$ N/mm² $= 265$ N/mm² ($\sigma_M = 113$ N/mm², $\tau_t = 37$ N/mm², $M_G = 162{,}3$ Nm, $d_s = 28{,}12$ mm, $d_3 = 27{,}546$ mm, $d_2 = 28{,}70$ mm, $W_p = 4367$ mm³, $P = 2$ mm, $\mu_G = 0{,}12$, $A_s = 621$ mm², $F_{VM} = 70{,}4$ kN, $R_{eN} = 295$ N/mm, $K_t = 1{,}0$).

8.20 a) M12. Verschraubungsfall C:
C1. entfällt.
C2. $F_{VM} = 38{,}7$ kN $< F_{sp} = 39{,}9$ kN ($k_A = 1{,}6$, $\mu_{ges} \approx 0{,}12$, $F_B = 24{,}17$ kN).
C3. $M_A \approx 0{,}9 \cdot 80$ Nm $= 72$ Nm ($M_{sp} = 80$ Nm).
C4. entfällt.
C5. $p = 606$ N/mm² $< p_G \approx 700$ N/mm² ($F_{sp} = 39{,}9$ kN, $A_p = 73{,}2$ mm²).
b) Sechskantschraube ISO 4014–M12 × 60–8.8, $d_L = 97$ mm (60 mm + 32,4 mm + 4 mm).
c) 1. Stufe: Leichtes Anziehen. Verbindung ausrichten und einstellen.
2. Stufe: Anziehen überkreuz auf halbes Anziehdrehmoment.
3. Stufe: Anziehen überkreuz auf volles Anziehdrehmoment mit dem Drehmomentschlüssel.
4. Stufe: Kontrolle des Anziehdrehmomentes aller Schrauben.

8.21 a) M10. Verschraubungsfall C: C2. $F_{VM} = 24{,}1$ kN $< F_{sp} = 27{,}3$ kN ($k_A = 1{,}6$, $F_{V\,min} = 15{,}08$ kN, $\mu_{ges} \approx 0{,}12$). C3. $M_A \approx 0{,}9 \cdot 46$ Nm ≈ 41 Nm ($M_{sp} = 46$ Nm).
b) Sechskantschraube ISO 4017–M10 × 16–8.8 (keine handelsübliche Länge),
c) $p_{max} = 34$ N/mm² $< p_{zul} = 70$ N/mm².

8.22 12 Sechskantschrauben ISO 4017–M12 × 35–10.9 mit Sechskantmuttern ISO 4032–M10–10
Verschraubungsfall D:

D1. M10 (quer bis 3,15 kN – 10.9, $F_{\mathrm{Q\,ges}} = 34{,}46$ kN, $T = 2240$ Nm, $D = 130$ mm, $\mu = 0{,}1$ (Haftreibzahl St/St, geschmiert)).

D2. $F_{\mathrm{VM}} = 48$ kN $> F_{\mathrm{sp}} = 38{,}5$ kN, M10–10.9 reicht nicht ($k_{\mathrm{A}} = 1{,}6$, $F_{\mathrm{Kl}} = 28{,}7$ kN, $F_{\mathrm{B}} = 0$, $F_{\mathrm{Z}} = 1{,}29$ kN, $f_{\mathrm{Z}} = 0{,}004$ mm, $\mu_{\mathrm{ges}} \approx 0{,}14$, $\delta_{\mathrm{S}} = 2{,}76 \cdot 10^{-6}$ mm/N, $\delta_{\mathrm{T}} = 0{,}336 \cdot 10^{-6}$ mm/N, $A_{\mathrm{ers}} = 283$ mm^2, $E_{\mathrm{S}} = E_{\mathrm{T}} = 210\,000$ N/mm^2).
Korrektur des Schraubendurchmessers auf M12–10.9: $F_{\mathrm{VM}} = 48{,}6$ kN $< F_{\mathrm{sp}} = 56{,}2$ kN ($k_{\mathrm{A}} = 1{,}6$, $F_{\mathrm{Kl}} = 28{,}7$ kN, $F_{\mathrm{Z}} = 1{,}69$ kN, $f_{\mathrm{Z}} = 0{,}004$ mm, $\delta_{\mathrm{S}} = 2{,}03 \cdot 10^{-6}$ mm/N, wobei $l = 20$ mm, $A_3 = 76{,}25$ mm^2, $A_{\mathrm{N}} = 113$ mm^2, $E_{\mathrm{S}} = E_{\mathrm{T}} = 210\,000$ N/mm^2, $d_{\mathrm{w}} \approx s = 18$ mm (ISO 4017 und ISO 4032: $d_{\mathrm{w\,min}} = 16{,}6$ mm), $l_{\mathrm{k}} = 20$ mm, $D_{\mathrm{A}} = 30$ mm; $\delta_{\mathrm{T}} = 0{,}338 \cdot 10^{-6}$ mm/N wobei $A_{\mathrm{ers}} = 282$ mm^2, $d_{\mathrm{h}} = 13{,}5$ mm, $d_{\mathrm{w}} < D_{\mathrm{A}} < d_{\mathrm{w}} + l_{\mathrm{k}}$).

D3. $M_{\mathrm{A}} = 0{,}9 \cdot 128$ Nm $= 115$ Nm ($M_{\mathrm{sp}} = 128$ Nm).

D4. entfällt.

D5. $p \approx 853$ N/mm^2 $> p_{\mathrm{G}} = 700$ N/mm^2 für C45E. Werkstoff geändert in z. B. 42CrMo4V mit $p_{\mathrm{G}} = 850$ N/mm^2 ($F_{\mathrm{sp}} = 56{,}2$ kN, $A_{\mathrm{p}} = 73{,}2$ mm^2).

8.23 Ausführung mit mindestens 6 Schrauben
Verschraubungsfall D:

D2. $n \geq 6$ ($k_{\mathrm{A}} = 1{,}6$, $F_{\mathrm{Q\,ges}} = 7857$ N, $F_{\mathrm{sp}} = 16{,}5$ kN, $\mu_{\mathrm{ges}} \approx 0{,}14$, Trennfuge sicherheitshalber $\mu = 0{,}15$ (Haftreibungszahl, geschmiert), $F_{\mathrm{Z}} = 1148$ kN, $f_{\mathrm{Z}} = 0{,}004$ mm; $\delta_{\mathrm{S}} = 2{,}64 \cdot 10^{-6}$ mm/N wobei $l = 10$ mm, $A_{\mathrm{N}} = 50{,}3$ mm^2, $A_3 = 32{,}84$ mm^2, $E_{\mathrm{S}} = 210\,000$ N/mm^2; $\delta_{\mathrm{T}} = 0{,}844 \cdot 10^{-6}$ mm/N wobei $A_{\mathrm{ers}} = 103$ mm^2, $d_{\mathrm{w}} \approx s = 13$ mm (ISO 4017: $d_{\mathrm{w\,min}} = 11{,}63$ mm), $d_{\mathrm{h}} = 9$ mm, $l_{\mathrm{k}} = 10$ mm, $E_{\mathrm{T}} \approx 115\,000$ N/mm^2, $d_{\mathrm{w}} < D_{\mathrm{A}} < d_{\mathrm{w}} + l_{\mathrm{k}}$).

D3. $M_{\mathrm{A}} = 0{,}9 \cdot 25{,}3$ Nm ≈ 23 Nm ($M_{\mathrm{sp}} = 25{,}3$ Nm).

D4. entfällt.

D5. $p \approx 437$ N/mm^2 $< p_{\mathrm{G}} = 800$ N/mm^2 ($F_{\mathrm{sp}} = 16{,}5$ kN, $A_{\mathrm{p}} = 42$ mm^2).

8.24 Grundkombination 1: $F = 1{,}35 \cdot 190$ kN $+ 1{,}5 \cdot 0{,}9 \cdot (320$ kN $+ 80$ kN$) = 796{,}5$ kN (maßgebend).
Grundkombination 2: $F = 1{,}35 \cdot 190$ kN $+ 1{,}5 \cdot 320$ kN $= 736{,}5$ kN.

a) 5 Sechskantschraube DIN 7990–M27 × 80–Mu–4.6, 5 Scheibe DIN 7989–A30–St; $w_1 = 60$ mm, $w_2 = 105$ mm, $e_1 = 60$ mm, $e_2 = 45$ mm ($e = 2 \cdot 50$ mm), Anschlusslänge 320 mm, $\Delta d = 2$ mm.
(Maßgebend ist die äußere Schraube: $\tau_{\mathrm{a}} = 196\,800$ N/(2 · 573 mm^2) = 172 N/mm^2 $< \tau_{\mathrm{a\,zul}} = 0{,}6 \cdot 400$ N/mm^2/1,1 = 218 N/mm^2; $\sigma_1 = 196\,800$ N/(27 mm · 20 mm) = 364 N/mm^2 $< \sigma_{1\,\mathrm{zul}} = 1{,}73 \cdot 240$ N/mm^2/1,1 = 377 N/mm^2 (Knotenblech); bei Annahme einer einreihigen Anordnung mit schrägem Lochabstand $e = \sqrt{(50\text{ mm})^2 + (45\text{ mm})^2} = 67{,}3$ mm gilt mit $e/d = 67{,}3$ mm/29 mm $= 2{,}32$ und $e_2 > 1{,}5d$: $\alpha_1 = 1{,}1 \cdot 60$ mm/29 mm $- 0{,}3 = 1{,}98$ bzw. $\alpha_1 = 1{,}08 \cdot 67{,}3$ mm/29 mm $- 0{,}77 = 1{,}73$; Exzentrizität des Kraftangriffs $e \approx [(60 - 49)$ mm $\cdot 3 + (105 - 49)$ mm $\cdot 2]/5 \approx 29$ mm, Anschlussmoment: $M \approx 796\,500$ N · 29 mm = 23,1 · 10^6 Nmm, Kräftepaar $F \approx 23{,}1 \cdot 10^6$ N/mm/200 mm = 115,5 kN, resultierende äußere Schraubenkraft: $F = \sqrt{(796{,}5\text{ kN}/5)^2 + (115{,}5\text{ kN})^2} = 196{,}8$ kN; Werkstoff S235: $R_{\mathrm{e}} = 240$ N/mm^2, Schraubenwerkstoff 4.6: $R_{\mathrm{m}} = 400$ N/mm^2, $S_{\mathrm{M}} = 1{,}1$, $\alpha_{\mathrm{a}} = 0{,}6$, $A_{\mathrm{S}} = 573$ mm^2, $t = 20$ mm bzw. 2 · 12 mm, $d = 29$ mm, $A = 2 \cdot 28{,}7$ cm^2, $c_{\mathrm{x}} = 48{,}9$ mm. Tragsicherheitsnachweis Zugstab: $\sigma = 796\,500$ N/5740 mm^2 = 139 N/mm^2 $< \sigma_{\mathrm{zul}} = 240$ N/mm^2/1,1 = 218 N/mm^2; Schnitt durch 1 Loch: $A_{\mathrm{n}} = 2 \cdot 2870$ mm^2 $- 2 \cdot 29$ mm $\cdot 12$ mm $= 5044$ mm^2, Schnitt durch 2 Löcher: $A_{\mathrm{n}} = 2 \cdot 2870$ mm^2 $+ 2 \cdot 12$ mm $\cdot (67{,}3$ mm $- 45$ mm$) - 4 \cdot 29$ mm $\cdot 12$ mm $= 4883$ mm^2, $A/A_{\mathrm{n}} = 2 \cdot 2870$ mm^2/4883 mm^2 $= 1{,}18 < 1{,}2$, Lochabzug entfällt).

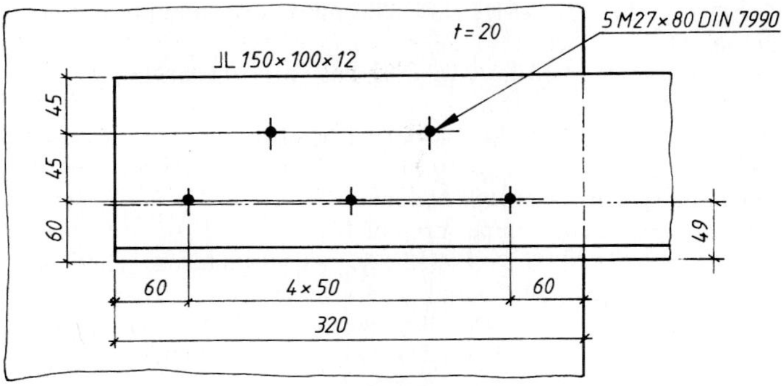

b) 3 Sechskant-Passschraube DIN 7968–M27 × 80 –Mu–5.6, 3 Scheibe DIN 7989–B30–St; $w_1 = 60$ mm, $e_1 = 70$ mm, $e = 80$ mm, 1reihig, Anschlusslänge 300 mm, $\Delta d \leq 0{,}3$ mm, $d_s = 28$ mm ($\tau_a = 271\,100\ \text{N}/(2 \cdot 616\ \text{mm}^2) = 220\ \text{N/mm}^2 < \tau_{a\,zul} = 0{,}6 \cdot 500\ \text{N/mm}^2/1{,}1$ $= 273\ \text{N/mm}^2$; äußere Schraube: $\sigma_1 = 271\,100\ \text{N}/(20\ \text{mm} \cdot 28\ \text{mm}) = 484\ \text{N/mm}^2 < \sigma_{1\,zul}$ $= 2{,}32 \cdot 240\ \text{N/mm}^2/1{,}1 = 506\ \text{N/mm}^2$, $e_1/d = 70\ \text{mm}/28\ \text{mm} = 2{,}5 < 3$, $e_2/d = 60\ \text{mm}/28\ \text{mm} = 2{,}14 > 1{,}5$, $e/d = 80\ \text{mm}/28\ \text{mm} = 2{,}86 < 3{,}5$, $\alpha_1 = 1{,}1 \cdot 70\ \text{mm}/28\ \text{mm} - 0{,}3$ $= 2{,}45$, $\alpha_1 = 1{,}08 \cdot 80\ \text{mm}/28\ \text{mm} - 0{,}77 = 2{,}32$, maßgebend; Exzentrizität des Kraftangriffs: $e = 60\ \text{mm} - 48{,}9\ \text{mm} \approx 11\ \text{mm}$, Anschlussmoment: $M \approx 796\,500\ \text{N} \cdot 11\ \text{mm}$ $= 8{,}76 \cdot 10^6\ \text{Nmm}$, Kräftepaar: $F = 8{,}76 \cdot 10^6\ \text{Nmm}/(2 \cdot 80\ \text{mm}) = 54{,}8\ \text{kN}$, resultierende äußere Schraubenkraft: $F = \sqrt{(796{,}5\ \text{kN}/3)^2 + (54{,}8\ \text{kN})^2} = 271{,}1\ \text{kN}$; Bauteilwerkstoff S235: $R_e = 240\ \text{N/mm}^2$, Schraubenwerkstoff 5.6: $R_m = 500\ \text{N/mm}^2$, $S_M = 1{,}1$, $\alpha_a = 0{,}6$, $A_S = 616\ \text{mm}^2$. Tragsicherheitsnachweis Zugstab: $\sigma = 796\,500\ \text{N}/(2 \cdot 2870\ \text{mm}^2)$ $= 139\ \text{N/mm}^2 < \sigma_{zul} = 240\ \text{N/mm}^2/1{,}1 = 218\ \text{N/mm}^2$, $A_n = 2 \cdot 2870\ \text{mm}^2 - 2 \cdot 28\ \text{mm} \cdot 12\ \text{mm}$ $= 5068\ \text{mm}^2$, $A/A_n = 1{,}13 < 1{,}2$, kein Lochabzug).

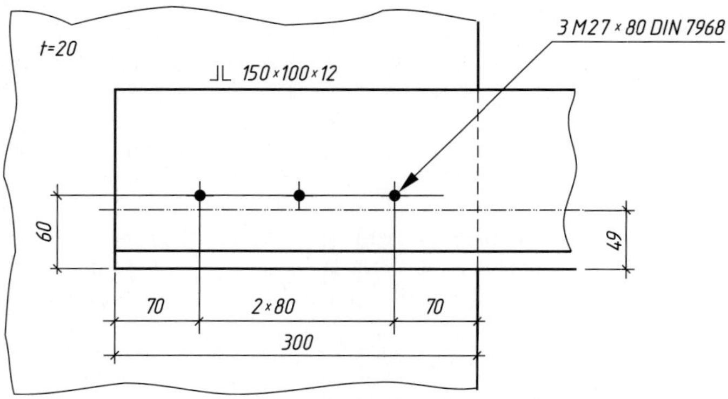

c) 3 Sechskantschraube DIN 6914–M27 × 85, 3 Sechskantmutter DIN 6915–M27, 6 Scheibe DIN 6916–28; $w_1 = 60$ mm, $e_1 = 70$ mm, $e = 80$ mm, 1reihig, Anschlusslänge 300 mm, $\Delta d = 1$ mm, Anschlussgestaltung wie bei *b*, gleitfeste planmäßig vorgespannte Verbindung ($\tau_a = 271\,100\ \text{N}/(2 \cdot 573\ \text{mm}^2) = 237\ \text{N/mm}^2 < \tau_{a\,zul} = 0{,}55 \cdot 1000\ \text{N/mm}^2/1{,}1$ $= 500\ \text{N/mm}^2$, äußere Schraube: $\sigma_1 = 271\,100\ \text{N}/(20\ \text{mm} \cdot 27\ \text{mm}) = 502\ \text{N/mm}^2 < \sigma_{1\,zul} = (2{,}32 + 0{,}5) \cdot 240\ \text{N/mm}^2/1{,}1 = 615\ \text{N/mm}^2$, $e_1/d = 70\ \text{mm}/28\ \text{mm} = 2{,}5$ $< 3{,}0$, $e_2/d = 60\ \text{mm}/28\ \text{mm} = 2{,}14 > 1{,}5$, $e/d = 80\ \text{mm}/28\ \text{mm} = 2{,}86 < 3{,}5$, $\alpha_1 = 1{,}1 \cdot 70\ \text{mm}/28\ \text{mm} - 0{,}3 = 2{,}45$, $\alpha_1 = 1{,}08 \cdot 80\ \text{mm}/28\ \text{mm} - 0{,}77 = 2{,}32$, erhöhte Grenzlochleibungsspannung, weil Grenznormalspannung im Nettoquerschnitt des Stabes nicht erreicht wird: $(\alpha_1 + 0{,}5)$; Exzentrizität des Kraftangriffs: $e = 60\ \text{mm} - 48{,}9\ \text{mm}$ $\approx 11\ \text{mm}$, Anschlussmoment: $M = 796\,500\ \text{N} \cdot 11\ \text{mm} = 8{,}76 \cdot 10^6\ \text{Nmm}$, Kräftepaar: $F = 8{,}76 \cdot 10^6\ \text{Nmm}/(2 \cdot 80\ \text{mm}) = 54{,}8\ \text{kN}$, resultierende äußere Schraubenkraft: $F = \sqrt{(796{,}5\ \text{kN}/3)^2 + (54{,}8\ \text{kN})^2} = 271{,}1\ \text{kN}$; Bauteilwerkstoff S235: $R_e = 240\ \text{N/mm}^2$, Schraubenwerkstoff 10.9: $R_m = 1000\ \text{N/mm}^2$, $S_M = 1{,}1$, $\alpha_a = 0{,}55$, $A_S = 573\ \text{mm}^2$, Tragsicherheitsnachweis Zugstab: $\sigma = 796\,500\ \text{N}/(2 \cdot 2870\ \text{mm}^2) = 139\ \text{N/mm}^2 < \sigma_{zul}$ $= 240\ \text{N/mm}^2/1{,}1 = 218\ \text{N/mm}^2$, $\sigma = 796\,500\ \text{N}/5068\ \text{mm}^2 = 157\ \text{N/mm}^2 < 218\ \text{N/mm}^2$,

Grenznormalspannung im Nettoquerschnitt wird nicht erreicht; $A_n = 2 \cdot 2870\,\text{mm}^2 - 2 \cdot 28\,\text{mm} \cdot 12\,\text{mm} = 5068\,\text{mm}^2$, $A/A_n = 2 \cdot 2870\,\text{mm}^2/5068\,\text{mm}^2 = 1{,}13 < 1{,}2$, kein Lochabzug erforderlich; Gebrauchstauglichkeitsnachweis: Grenzgleitkraft $F_G = 0{,}5 \cdot 290\,\text{kN}/(1{,}15 \cdot 1{,}0) = 126\,\text{kN}$ je Scherfuge, Nachweis erfüllt: $217{,}7\,\text{kN}/(2 \cdot 126\,\text{kN}) = 0{,}86 < 1{,}0$, $F = 1{,}05 \cdot 190\,\text{kN} + 1{,}1 \cdot (320\,\text{kN} + 80\,\text{kN}) = 639{,}5\,\text{kN}$, resultierende äußere Schraubenkraft: $F = 271{,}1\,\text{kN} \cdot 639{,}5\,\text{kN}/796{,}5\,\text{kN} = 217{,}7\,\text{kN}$, $\mu = 0{,}5$, erforderliche Vorspannkraft $F_V = 290\,\text{kN}$ nach DIN 18 800-7, Korrekturfaktor 1,15).

8.25 $F \approx 280\,\text{kN}$ (maßgebend Lochleibung)
(Tragsicherheitsnachweis für den Stab: Grenzzugkraft $F_G = 2 \cdot 890\,\text{mm}^2 \cdot 360\,\text{N/mm}^2/(1{,}25 \cdot 1{,}1) = 466\,\text{kN}$, $A = 2 \cdot 110\,\text{mm} \cdot 10\,\text{mm} = 2200\,\text{mm}^2$, $A_n = 2 \cdot 10\,\text{mm}\,(110\,\text{mm} - 21\,\text{mm}) = 2 \cdot 890\,\text{mm}^2$, $A/A_n = 2200\,\text{mm}^2/1780\,\text{mm}^2 = 1{,}24 > 1{,}2$, Nettoquerschnitt maßgebend, $\Delta d = 1\,\text{mm}$, $d = 21\,\text{mm}$, $R_m = 360\,\text{N/mm}^2$. Tragsicherheitsnachweis für Knotenblech: Grenzzugkraft $F_G = 2520\,\text{mm}^2 \cdot 240\,\text{N/mm}^2/1{,}1 = 549{,}8\,\text{kN}$, $A = 180\,\text{mm} \cdot 14\,\text{mm} = 2520\,\text{mm}^2$, $A_n = 14\,\text{mm} \cdot (180\,\text{mm} - 21\,\text{mm}) = 2226\,\text{mm}^2$, $A/A_n = 2520\,\text{mm}^2/2226\,\text{mm}^2 = 1{,}13 < 1{,}2$. Tragsicherheitsnachweis der Schrauben. Abscheren: Grenzabscherkraft $F_G = 314\,\text{mm}^2 \cdot 2 \cdot 0{,}6 \cdot 400\,\text{N/mm}^2/1{,}1 = 137{,}1$ kN/Schraube, gesamter Anschluss: $F_G = 3 \cdot 137{,}1\,\text{kN} \approx 411\,\text{kN}$, $A_S = \pi \cdot (20\,\text{mm})^2/4 = 314\,\text{mm}^2$, Schraubenwerkstoff 4.6: $R_m = 400\,\text{N/mm}^2$, $\alpha_a = 0{,}6$, $S_M = 1{,}1$, glatter Teil des Schaftes in der Scherfuge. Lochleibung: Grenzlochleibungskraft für äußere Schraube $F_G = 14\,\text{mm} \cdot 20\,\text{mm} \cdot 1{,}53 \cdot 240\,\text{N/mm}^2/1{,}1 = 93{,}5\,\text{kN}$, bei gleichmäßiger Schraubenkraftverteilung $F_G = 3 \cdot 93{,}5\,\text{kN} \approx 280\,\text{kN}$, $e/d = 55\,\text{mm}/21\,\text{mm} = 2{,}62 < 3{,}5$, $e_1/d = 35\,\text{mm}/21\,\text{mm} = 1{,}67 < 3{,}0$, $e_2/d = 55\,\text{mm}/21\,\text{mm} = 2{,}62 > 1{,}5$, $\alpha_1 = 1{,}1 \cdot 35\,\text{mm}/21\,\text{mm} - 0{,}3 = 1{,}53$ maßgebend, $\alpha_1 = 1{,}08 \cdot 55\,\text{mm}/21\,\text{mm} - 0{,}77 = 2{,}06$; bei Addition der Grenzlochleibungskräfte: $F_G = 93{,}5\,\text{kN} + 2 \cdot 14\,\text{mm} \cdot 20\,\text{mm} \cdot 2{,}06 \cdot 240\,\text{N/mm}^2/1{,}1 \approx 345\,\text{kN}$).

8.26 a) 2 Sechskantschraube DIN 7990–M20 × 50–Mu–4.6, 2 Scheibe DIN 7989–A22–St, $e_1 = 35\,\text{mm}$, $e = 50\,\text{mm}$, $w_1 = 45\,\text{mm}$, Anschlusslänge $l = 120\,\text{mm}$, $m' = 7{,}07\,\text{kg/m}$
(Tragsicherheitsnachweis des Stabes: $\sigma = 85\,000\,\text{N}/733\,\text{mm}^2 = 116\,\text{N/mm}^2 < \sigma_{zul} = 0{,}8 \cdot 360\,\text{N/mm}^2/(1{,}25 \cdot 1{,}1) = 209\,\text{N/mm}^2$, $A = 901\,\text{mm}^2$, $A_n = 901\,\text{mm}^2 - 21\,\text{mm} \cdot 8\,\text{mm} = 733\,\text{mm}^2$, $A/A_n = 901\,\text{mm}^2/733\,\text{mm}^2 = 1{,}23 > 1{,}2$ Lochabzug erforderlich, $\Delta d = 1\,\text{mm}$, $d = 21\,\text{mm}$. Nach DIN 18801 darf die Außermittigkeit unberücksichtigt bleiben, wenn der Stab nur zu 80 % ausgenutzt wird. Tragsicherheitsnachweis der Schrauben. Abscheren: $\tau_a = 85\,000\,\text{N}/(2 \cdot 314\,\text{mm}^2) = 135\,\text{N/mm}^2 < \tau_{a\,zul} = 0{,}6 \cdot 400\,\text{N/mm}^2/1{,}1 = 218\,\text{N/mm}^2$, Schraubenwerkstoff 4.6: $R_m = 400\,\text{N/mm}^2$, $\alpha_a = 0{,}6$, $S_M = 1{,}1$, $A_S = 314\,\text{mm}^2$, $m = 1$, $n = 2$, glatter Teil des Schaftes in der Scherfuge. Lochleibung: $\sigma_1 = 85\,000\,\text{N}/(2 \cdot 8\,\text{mm} \cdot 20\,\text{mm}) = 266\,\text{N/mm}^2 < \sigma_{1\,zul} = 1{,}53 \cdot 240\,\text{N/mm}^2/1{,}1 = 334\,\text{N/mm}^2$, $e_1/d = 35\,\text{mm}/21\,\text{mm} = 1{,}67 < 3{,}0$, $e/d = 50\,\text{mm}/21\,\text{mm} = 2{,}38 < 3{,}5$, $e_2/d = 35\,\text{mm}/21\,mm = 1{,}67 > 1{,}5$, $\alpha_1 = 1{,}1 \cdot 35\,\text{mm}/21\,\text{mm} - 0{,}3 = 1{,}53$ maßgebend, $\alpha_1 = 1{,}08 \cdot 50\,\text{mm}/21\,\text{mm} - 0{,}77 = 1{,}80$).

b) 2 Sechskantschraube DIN 7990–M20 × 45–Mu–4.6, 2 Scheibe DIN 7989–A22–St, $e_1 = 40\,\text{mm}$, $e = 50\,\text{mm}$, Anschlusslänge $l = 130\,\text{mm}$, $m' = 10{,}6\,\text{kg/m}$
(Tragsicherheitsnachweis des Stabes: Zugspannung $\sigma_z = 85\,000\,\text{N}/1350\,\text{mm}^2 = 63\,\text{N/mm}^2$, Biegezugspannung $\sigma_{bz} = 85\,000\,\text{N} \cdot (15{,}5\,\text{mm} + 0{,}5 \cdot 10\,\text{mm}) \cdot 15{,}5\,\text{mm}/293\,000\,\text{mm}^4 = 92\,\text{N/mm}^2$, $\sigma_{max} = 63\,\text{N/mm}^2 + 92\,\text{N/mm}^2 = 155\,\text{N/mm}^2 < \sigma_{zul} = 240\,\text{N/mm}^2/1{,}1 = 218\,\text{N/mm}^2$, $A = 1350\,\text{mm}^2$, $A_n = 1350\,\text{mm}^2 - (21\,\text{mm} \cdot 6\,\text{mm}) = 1224\,\text{mm}^2$, $A/A_n = 1350\,\text{mm}^2/1224\,\text{mm}^2 = 1{,}1 < 1{,}2$ Lochabzug nicht erforderlich, $A = 1350\,\text{mm}^2$, $e_y = 15{,}5\,\text{mm}$, $I_y = 293\,000\,\text{mm}^4$, $\Delta d = 1\,\text{mm}$, $d = 21\,\text{mm}$, $t_K = 10\,\text{mm}$, $s = 6\,\text{mm}$, $R_e = 240\,\text{N/mm}^2$, $S_M = 1{,}1$. Tragsicherheitsnachweis der Schrauben. Abscheren: $\tau_a = 85\,000\,\text{N}/(2 \cdot 314\,\text{mm}^2) = 135\,\text{N/mm}^2 < \tau_{a\,zul} = 0{,}6 \cdot 400\,\text{N/mm}^2/1{,}1 = 218\,\text{N/mm}^2$, Schraubenwerkstoff 4.6: $R_m = 400\,\text{N/mm}^2$, $\alpha_a = 0{,}6$, $A = 314\,\text{N/mm}^2$, $m = 1$, $n = 2$, glatter Teil des Schaftes in der Scherfuge. Lochleibung: $\sigma_1 = 85\,000\,\text{N}/(2 \cdot 20\,\text{mm} \cdot 6\,\text{mm}) = 354\,\text{N/mm}^2 < \sigma_{1\,zul} = 1{,}80 \cdot 240\,\text{N/mm}^2/1{,}1 = 393\,\text{N/mm}^2$, $e/d = 50\,\text{mm}/21\,\text{mm} = 2{,}38 < 3{,}5$, $e_1/d = 40\,\text{mm}/21\,\text{mm} = 1{,}90 < 3{,}0$, $e_2/d = 50\,\text{mm}/21\,\text{mm} = 2{,}38 > 1{,}5$, $\alpha_1 = 1{,}1 \cdot 40\,\text{mm}/21\,\text{mm} - 0{,}3 = 1{,}80$, $\alpha_1 = 1{,}08 \cdot 50\,\text{mm}/21\,\text{mm} - 0{,}77 = 1{,}80$, $d_S = 20\,\text{mm}$, $t = 6\,\text{mm}$).

8

8.27 a) $100\,000\,\text{N}/(0{,}56 \cdot 523\,600\,\text{N}) + (1{,}1 \cdot 2{,}34 \cdot 10^6\,\text{Nmm})/4{,}55 \cdot 10^6\,\text{Nmm} + 0{,}1 = 1{,}0 \leq 1$, Stab knicksicher ($\lambda_{ky} = 1850\,\text{mm}/18{,}9\,\text{mm} = 97{,}9$, $\lambda_a = 92{,}9$ für S235, $\bar{\lambda}_{ky} = 97{,}9/92{,}9 = 1{,}05$, $\kappa = 1/(1{,}20 + \sqrt{1{,}20^2 - 1{,}05^2}) = 0{,}56$, $k = 0{,}5 \cdot [1 + 0{,}34 \cdot (1{,}05 - 0{,}2) + 1{,}05^2] = 1{,}20$, Linie b mit $\alpha = 0{,}34$, $F_{pl} = 2400\,\text{mm}^2 \cdot 240\,\text{N/mm}^2/1{,}1 = 523{,}6\,\text{kN}$, $M = (18{,}4\,\text{mm} + 0{,}5 \cdot 10\,\text{mm}) \cdot 100\,000\,\text{N} = 2{,}34 \cdot 10^6\,\text{Nmm}$, $M_{pl} = 1{,}14 \cdot 18\,300\,\text{mm}^3 \cdot 240\,\text{N/mm}^2/1{,}1 = 4{,}55 \cdot 10^6\,\text{Nmm}$, Formbeiwert $\alpha_{pl} \approx 1{,}14$ für Walzträger, $W_y = 18\,300\,\text{mm}^3$, $\Delta n \approx 0{,}1$, $A = 2400\,\text{mm}^2$, $e_y = 18{,}4\,\text{mm}$, $\beta_{m\psi} = 0{,}66 + 0{,}44 \cdot 1{,}0 = 1{,}1$, $\psi = 1{,}0$).

b) $\tau_a = 100\,000\,\text{N}/(4 \cdot 1 \cdot 227\,\text{mm}^2) = 110\,\text{N/mm}^2 < \tau_{a\,zul} = 0{,}6 \cdot 500\,\text{N/mm}^2/1{,}1 = 273\,\text{N/mm}^2$, $\sigma_l = 100\,000\,\text{N}/(4 \cdot 17\,\text{mm} \cdot 7{,}5\,\text{mm}) = 196\,\text{N/mm}^2 < \sigma_{l\,zul} = 1{,}96 \cdot 240\,\text{N/mm}^2/1{,}1 = 473\,\text{N/mm}^2$; ($e = 55\,\text{mm}$, $e_1 = 35\,\text{mm}$, $e_2 = 45\,\text{mm}$, $e_3 = 70\,\text{mm}$, $e/d = 3{,}23 < 3{,}5$, $e_1/d = 2{,}06 < 3{,}0$, $e_2/d = 2{,}65 > 1{,}5$, $e_3/d = 4{,}12 > 3$; $\alpha_l = 1{,}1 \cdot 35\,\text{mm}/17\,\text{mm} - 0{,}3 = 1{,}96$ maßgebend, $\alpha_l = 1{,}08 \cdot 55\,\text{mm}/17\,\text{mm} - 0{,}77 = 2{,}72$, $\Delta d \leq 0{,}3\,\text{mm}$, $d = 17\,\text{mm}$, $s = t_{min} = 7{,}5\,\text{mm}$ (Stegdicke), Bauteilwerkstoff S235: $R_e = 240\,\text{N/mm}^2$, Festigkeitsklasse 5.6: $R_m = 500\,\text{N/mm}^2$).

c) $l = 50\,\text{mm}$ ($l_{erf} = 100\,000\,\text{N}/(2 \cdot 5\,\text{mm} \cdot 207\,\text{N/mm}^2) = 48\,\text{mm}$, $\tau_{w\,zul} = 0{,}95 \cdot 240\,\text{N/mm}^2/1{,}1 = 207\,\text{N/mm}^2$, $R_e = 240\,\text{N/mm}^2$, $\alpha_w = 0{,}95$, $S_M = 1{,}1$, $l = (50\,\text{mm}/5\,\text{mm}) \cdot a = 10a > 6a$).

d) Die Länge des Schweißanschlusses beträgt nur 40 % der Länge des Schraubanschlusses.

8.28 8 Sechskantschraube DIN 7990–M16 × 55–Mu–4.6 ($l_{s\,min} = 28\,\text{mm}$, $l_{g\,max} = 34\,\text{mm}$), 8 I-Scheibe DIN 435–18 (mittlere Dicke 5 mm), $e = 80\,\text{mm}$, $e_1 = 40\,\text{mm}$, $e_2 = 33{,}5\,\text{mm}$, $e_3 = w = 82\,\text{mm}$.
($F_{max} = 0{,}5 \cdot 16{,}8 \cdot 10^6\,\text{Nmm} \cdot (230\,\text{mm}/(70^2\,\text{mm}^2 + 150^2\,\text{mm}^2 + 230^2\,\text{mm}^2) = 24{,}06\,\text{kN}$, $A_{S\,erf} = 24\,060\,\text{N} \cdot 1{,}1 \cdot 1{,}1/240\,\text{N/mm}^2 = 121\,\text{mm}^2$ (M16, maßgebend) bzw. $A_{sp} = 24\,060\,\text{N} \cdot 1{,}25 \cdot 1{,}1/400\,\text{N/mm}^2 = 83\,\text{mm}^2$ (M12); $M_b = 140\,000\,\text{N} \cdot 120\,\text{mm} = 16{,}8 \cdot 10^6\,\text{Nmm}$, $a = 360\,\text{mm}/4 = 90\,\text{mm}$, $l_1 = 230\,\text{mm}$, $l_2 = 150\,\text{mm}$, $l_3 = 70\,\text{mm}$, Schraubenwerkstoff 4.6: $R_e = 240\,\text{N/mm}^2$, $R_m = 400\,\text{N/mm}^2$; $\tau_a = 17\,500\,\text{N}/201\,\text{mm}^2 = 87\,\text{N/mm}^2 < \tau_{a\,zul} = 0{,}6 \cdot 400\,\text{N/mm}^2/1{,}1 = 218\,\text{N/mm}^2$, $\sigma_l = 140\,000\,\text{N}/(8 \cdot 16\,\text{mm} \cdot 13{,}7\,\text{mm}) = 80\,\text{N/mm}^2 < \sigma_{l\,zul} = 2{,}29 \cdot 240\,\text{N/mm}^2/1{,}1 = 500\,\text{N/mm}^2$, $\alpha_l = 1{,}1 \cdot 40\,\text{mm}/17\,\text{mm} - 0{,}3 = 2{,}29$, $e/d = 4{,}7 > 3{,}5$, $e_1/d = 2{,}35 < 3$, $e_2/d = 1{,}97 > 1{,}5$, $e_3/d = 4{,}8 > 3$, $\Delta d = 1\,\text{mm}$, $d = 17\,\text{mm}$.
Interaktionsnachweis: $(120\,\text{N/mm}^2/198\,\text{N/mm}^2)^2 + (87\,\text{N/mm}^2/218\,\text{N/mm}^2)^2 = 0{,}53 < 1$, Tragsicherheit nachgewiesen, $\sigma_z = 24\,060\,\text{N}/201\,\text{mm}^2 = 120\,\text{N/mm}^2$).

8.29 a) $\sigma_{ges} = -322\,000\,\text{Nmm}/1610\,\text{mm}^3 - 7000\,\text{N}/1208\,\text{mm}^2 = -206\,\text{N/mm}^2 < \sigma_{zul} = 240\,\text{N/mm}^2/1{,}1 = 218\,\text{N/mm}^2$ (mittragende Breite $b = 98\,\text{mm} + 2 \cdot \tan 30° \cdot 46\,\text{mm} = 151\,\text{mm}$, $A = 151\,\text{mm} \cdot 8\,\text{mm} = 1208\,\text{mm}^2$, $W = 8^2\,\text{mm}^2 \cdot 151\,\text{mm}/6 = 1610\,\text{mm}^3$, $M = 7000\,\text{N} \cdot (50\,\text{mm} - 4\,\text{mm}) = 322\,000\,\text{Nmm}$, Nachweis der Tragsicherheit auf Lochleibung entfällt wegen Geringfügigkeit)

b) $\sigma_z = 8750\,\text{N}/201\,\text{mm}^2 = 44\,\text{N/mm}^2 < \sigma_{z\,zul} = 240\,\text{N/mm}^2/(1{,}1 \cdot 1{,}1) = 198\,\text{N/mm}^2$, $\tau_a = 7000\,\text{N}/(2 \cdot 201\,\text{mm}^2) = 17\,\text{N/mm}^2 < \tau_{a\,zul} = 0{,}6 \cdot 400\,\text{N/mm}^2/1{,}1 = 218\,\text{N/mm}^2$, auf den Interaktionsnachweis darf verzichtet werden, da sowohl $\sigma_z/\sigma_{z\,zul}$ als auch $\tau_a/\tau_{a\,zul}$ kleiner als 0,25 sind ($\Delta d = 1\,\text{mm}$, $d_S = 16\,\text{mm}$, $w = 55\,\text{mm}$, $l_a = 50\,\text{mm}$, $s = 8\,\text{mm}$, $l_1 = 20\,\text{mm}$, Schraubenwerkstoff 4.6: $R_m = 400\,\text{N/mm}^2$, $R_e = 240\,\text{N/mm}^2$, $S_M = 1{,}1$, $F_{max} = 8{,}75$ kN/Schraube, $A_S = 201\,\text{mm}^2$).

8.30 a) $\tau_t = 26\,\text{N/mm}^2 < \tau_{t\,zul} \approx 115\,\text{N/mm}^2$, $\sigma_d = 42\,\text{N/mm}^2 < \sigma_{d\,zul} \approx 165\,\text{N/mm}^2$, $S = 4{,}3 \approx S_{erf}$ ($T = 312{,}3 \cdot 10^3\,\text{Nmm}$, $\varphi = 9{,}85°$, $\varrho' = 6°$, $W_p = 11\,864\,\text{mm}^3$, $\tau_{t\,Sch} = 230\,\text{N/mm}^2$, $P_h = 24\,\text{mm}$; $A_3 = 1195\,\text{mm}^2$, $\sigma_{z\,Sch} = 335\,\text{N/mm}^2$; $\lambda = 108 > \lambda_0 = 89$, also elastische Knickung, $\sigma_K = 180\,\text{N/mm}^2$).

b) $p \approx 7\,\text{N/mm}^2 < p_{zul} \approx 10\,\text{N/mm}^2$.

c) Gewinde nicht selbsthemmend, da $\varphi = 9{,}85° > \varrho' = 6°$ ($\eta = 0{,}6 > 0{,}5$).

8.31 1. Vorwahl des Gewindedurchmessers: Tr40 × 10 $d_{3\,erf} \approx 29$ mm, $d_2 = d - 0{,}5P = 35$ mm, $d_3 = d - 2h_3 = 29$ mm, $H_1 = 0{,}5P = 5$ mm, $A_3 = 660$ mm^2).

2. Nachprüfen auf Festigkeit (Beanspruchungsfall 1, Schwellbelastung). $T \approx 150 \cdot 10^3$ Nmm ($\varphi = 5{,}2°$, Mutter aus CuSn-Legierung, trocken: $\varrho' = 10°$). „Verdrehteil": $\tau_t = 31$ N/mm^2 < $\tau_{t\,zul} \approx 100$ N/mm^2 ($W_p = 4878$ mm^3, $\tau_{t\,Sch} = 205$ N/mm^2). „Druckteil": $\sigma_d = 48$ N/mm^2 < $\sigma_{d\,zul} \approx 145$ N/mm^2 ($\sigma_{z\,Sch} = 295$ N/mm^2). Gewinde selbsthemmend, da $\varphi = 5{,}2° < \varrho' \approx 6°$ (geschmiert, $\eta \approx 0{,}46 < 0{,}5$).

3. Nachprüfung auf Knickung: $S = 6 > S_{erf} \approx 3$ ($\lambda = 77$, unelastischer Bereich, $\sigma_K = 287$ N/mm^2).

4. Mutterlänge $l_1 \geq 60$ mm (G-CuSn12 oder GZ-CuSn10Zn).

5. Hebel $l_H \approx 750$ mm, $d_H \approx 18$ mm ($M_b \approx 75 \cdot 10^3$ Nmm, $\sigma_{b\,zul} \approx \sigma_{b\,Sch}/2 = 270$ N/mm^2/2 = 135 N/mm^2).

8.32 Tr28 × 5 ($T \approx 140 \cdot 10^3$ Nmm, $\tau_{t\,zul} \approx 100$ N/mm^2, $\tau_{t\,Sch} = 205$ N/mm^2, $d_3 = 22{,}5$ mm, $d_{3\,erf} = 19{,}3$ mm); Selbsthemmung da $\varphi = 3{,}57° < \varrho' = 6°$; Reibungsmoment am Auflager $M_{RL} \approx 28 \cdot 10^3$ Nmm, $F_{max} \approx 52{,}1$ kN; „Druckteil": $\sigma_d = 131$ N/mm^2, $\tau_t = 12$ N/mm^2, $\sigma_V = 133$ N/mm^2 < $\sigma_{d\,zul} = 145$ N/mm^2; Knickung: $S \approx 2{,}2$, ist noch vertretbar ($\lambda = 71$, $\sigma_K = 291$ N/mm^2); M16 ($F \approx 26$ kN, $R_e = 300$ N/mm^2, sicherheitshalber $S \approx 1{,}5$).

8.33 Tr52 × 8 ($l_k = 1200$ mm, $d_{3\,erf} \approx 47$ mm, Tr60 × 9 nicht ausgelastet; Selbsthemmung da $\varphi = 3° < \varrho' = 6°$; $M_G \approx 190 \cdot 10^3$ Nmm, $M_{RL} \approx 95 \cdot 10^3$ Nmm, $\sigma_V = 46{,}5$ N/mm^2 < $\sigma_{d\,zul}$ = 145 N/mm^2, $\sigma_{z\,Sch} = 295$ N/mm^2, $\tau_t = 18{,}3$ N/mm^2, $\sigma_d = 34$ N/mm^2; $S = 3{,}6 > 3$, $\lambda = 112$, $\sigma_K = 167$ N/mm^2); $l_1 = 120$ mm ($p \approx 5{,}5$ N/mm^2 $\approx p_{zul}$); Heben: $F_H = 400$ N, Senken: $F_H \approx -220$ N, Gesamtwirkungsgrad $\eta = 0{,}22$.

---

9 Bolzen-, Stiftverbindungen und Sicherungselemente

9.1 a) $F_{A\,max} \approx 10$ kN ($\sigma_{b\,zul} \approx 0{,}2 \cdot 510$ N/mm^2 = 102 N/mm^2, $\tau_a \approx 59$ N/mm^2 < $\tau_{a\,zul} \approx 0{,}15 \cdot 510$ N/mm^2 = 76 N/mm^2, $p = 60$ N/mm^2 < $p_{zul} \approx 0{,}25 \cdot 400$ N/mm^2 = 100 N/mm^2 (maßgebend Werkstoff 4.6 für Stange), $R_{mN} = 510$ N/mm^2 für 9SMPb28 + C, $K_A = 1{,}0$, $A_S = 113$ mm^2, $A_{proj} = 168$ mm^2).

b) $\sigma_b = 60$ N/mm^2 < $\sigma_{b\,zul} = 102$ N/mm^2, $\tau_{max} = 47$ N/mm^2 < $\tau_{a\,zul} = 76$ N/mm^2, $p = 63$ N/mm^2 < $p_{zul} = 0{,}25 \cdot 360$ N/mm^2 = 76,5 N/mm^2 ($F_B = 14{,}14$ kN, $A_S = 201$ mm, $M_{b\,max}$ = 24 745 Nmm, $A_{proj} = 224$ mm^2, $K_A = 1{,}0$). Das Gelenk B ist für die vorgesehene Spannkraft F_A ausreichend bemessen.

9.2 a) Bolzen 1: $d_1 = 20$ mm, $t_{G1} = 12$ mm ($\sigma_{b\,zul} \approx 0{,}2 \cdot 510$ N/mm^2 = 102 N/mm^2, $R_m = 510$ N/mm^2, $K_A \approx 1{,}35$, $M_{b\,max} = 48\,000$ Nmm, $\tau_{max} = 46$ N/mm^2 < $\tau_{a\,zul} \approx 0{,}15 \cdot 510$ N/mm^2 = 76,5 N/mm^2, $p = 45$ N/mm^2 < $p_{zul} \approx 0{,}25 \cdot 400$ N/mm^2 = 100 N/mm^2, $A_S = 314$ mm^2, $A_{proj} = 480$ mm^2; rechn. auch kleinere Gabeldicke möglich).

Bolzen 2: $d_2 = 24$ mm, $t_{G2} = 12$ mm ($\sigma_{b\,zul} \approx 92$ N/mm^2, $M_{b\,max} = 96\,000$ Nmm, $K_A \approx 1{,}35$, $\tau_{max} = 32$ N/mm^2 < $\tau_{a\,zul} \approx 76{,}5$ N/mm^2, $p = 38$ N/mm^2 < $p_{zul} \approx 0{,}25 \cdot 360$ N/mm^2 = 90 N/mm^2, $A_S = 452$ mm^2, $A_{proj} = 576$ N/mm^2; rechn. auch kleinere Gabeldicke möglich).

b) Bolzen 1: Stange/Bolzen Zb11/h11 Gabel/Bolzen D10/h11
Bolzen 2: Stange/Bolzen D10/h11 Gabel/Bolzen D10/h11

c) (1) Bolzen ISO 2340–A–20 × 55–St (Beachte Fasenbreite z_1)
(2) Bolzen ISO 2341–B–24 × 65–St ($l_1 \geq 48 + 4 + 0{,}5 \cdot 6{,}3 + 9 = 64{,}15$ mm)
(3) Splint DIN 94–6,3 × 36–St
(4) Scheibe ISO 8738–24–160 HV

9.3 a) $d = 22$ mm, $t_S = 22$ mm, $t_G = 11$ mm, $D = 50$ mm ($\sigma_{b\,zul} \approx 0{,}15 \cdot 510$ N/mm^2 = 76,5 N/mm^2, $k = 1{,}6$, $K_A \approx 1{,}25$, $R_{mN} = 510$ N/mm^2, $\tau_{max} = 22$ N/mm^2 < $\tau_{a\,zul} \approx 0{,}1 \cdot 510$ N/mm^2 = 51 N/mm^2, $p = 25$ N/mm^2 < $p_{zul} = 0{,}25 \cdot 360$ N/mm^2 = 90 N/mm^2, $A_S = 380$ mm^2, $A_{proj} = 484$ mm^2, $D \approx (2 \ldots 2{,}5) \cdot d$.

b) H8/f8

c) Bolzen ISO 2341–A–22f8 × 50–St, Sicherungsring DIN 471–22 × 1,2.

9.4 $S_D \approx 5{,}4 > S_{D\,erf} \approx 1{,}5$ ($\sigma_{ba} = 22$ N/mm^2, $K_A = 1{,}5$, $M_b = M_{b\,nenn} = 40\,000$ Nmm für Einbaufall 2, $\sigma_{GD} \approx 119$ N/mm^2, $\sigma_{bWN} = 250$ N/mm^2, $R_{mN} = 500$ N/mm^2, $K_t \approx 0{,}93$, $K_\sigma \approx 1{,}95$, $\beta_{k\sigma} \approx 1{,}75$ (wenn radiales Schmierloch im Bereich der Biegerandspannung), $K_g \approx 0{,}91$, $K_{0\sigma} \approx 0{,}97$, $K_v = 1$, $S_{D\,min} = 1{,}5$, $S_z = 1{,}0$)

9.5 $S_D \approx 2{,}64 > S_{D\,erf} = 1{,}5$ ($\sigma_{ba} = 53$ N/mm^2, $K_A \approx 1{,}8$, $M_{b\,nenn} \approx 10^6$ Nmm, $\sigma_{GD} \approx 140$ N/mm^2, $\sigma_{bWN} = 350$ N/mm^2, $K_l = 0{,}83$, $R_{mN} = 700$ N/mm^2, $R_m \approx 580$ N/mm^2, $K_\sigma \approx 2{,}08$, $\beta_{k\sigma} \approx 1{,}75$ (wenn radiales Schmierloch im Bereich der Biegerandspannung), $K_g \approx 0{,}85$, $K_{0\sigma} \approx 0{,}98$, $K_v = 1$, $S_{D\,min} = 1{,}5$, $S_z = 1{,}0$).

9.6 Die Bolzenverbindung ist dauerfest.
Grenzfall 1: Bolzen nicht vorgespannt.
$S_D \approx 5{,}1 > S_{D,erf} \approx 1{,}8$ $\sigma_b = 50\ \text{N/mm}^2$, $\sigma_{ba} \approx 25\ \text{N/mm}^2$, $M_b = 3000\ \text{N} \cdot (98 - 45)\ \text{mm}/4 = 39\,750\ \text{Nmm}$, $\sigma_{GD} \approx 127{,}5\ \text{N/mm}^2$, $R_m \approx 500\ \text{N/mm}^2$, $R_{mN} = 510\ \text{N/mm}^2$, $K_t \approx 0{,}97$ für Automatenstahl 9SMnPb28 + C, $K_\sigma \approx 1{,}94$, $\beta_{k\sigma} \approx 1{,}7$, $K_g \approx 0{,}93$, $K_{0\sigma} = 0{,}9$, $\sigma_{bWN} \approx 255\ \text{N/mm}^2$, $k_v \approx 1$).
Grenzfall 2: Bolzen voll vorgespannt. Hülse und Bolzen durch hohe Spannkraft überwiegend ruhend beansprucht.
$\sigma_{d\,ges} = 141\ \text{N/mm}^2 < \sigma_{zul} = 190\ \text{N/mm}^2$ ($F_{sp} \approx 49\ \text{kN}$ für M16, 5.8 und $\mu_{ges} = 0{,}12$; aus $F_{sp} = 75{,}3\ \text{kN}$ für 8.8 mit $R_{e\,(5.8)} = 420\ \text{N/mm}^2$ und $R_{p0,2\,(8.8)} = 640\ \text{N/mm}^2$; radiale Reibkräfte: $F_R = 2 \cdot 0{,}1 \cdot 49\ \text{kN} > F = 3\ \text{kN}$ mit $\mu \approx 0{,}1$; Hülse $\varnothing$ 20/$\varnothing$ 30: $\sigma_b = 16\ \text{N/mm}^2$, $\sigma_d = 125\ \text{N/mm}^2$, $\sigma_{d\,ges} = 141\ \text{N/mm}^2$, $M_b = 3000\ \text{N} \cdot (90 - 45)\ \text{mm}/4 = 33\,750\ \text{Nmm}$, $A_S = 393\ \text{mm}^2$, $W = 2127\ \text{mm}^3$, ohne Berücksichtigung der kleinen Schmier-Ringnut; $R_{eN} \approx 295\ \text{N/mm}^2$ für E295; $S_F \approx 1{,}5$, $\sigma_{d\,zul} \approx \sigma_{z\,zul} \approx 190\ \text{N/mm}^2$).

9.7 $d = 60\ \text{mm}$, $t_S = 90\ \text{mm}$, z. B. D10/h11 für Stange und H11/h11 für Gabel ($k = 1{,}9$ für Einbaufall 1, $\sigma_{b\,zul} \approx 94{,}5\ \text{N/mm}^2$, $R_{mN} = 900\ \text{N/mm}^2$, $k_t = 0{,}7$, $R_m = 630\ \text{N/mm}^2$, Nachprüfung: $\sigma_b = 85\ \text{N/mm}^2$, $\tau_{max} = 25\ \text{N/mm}^2$, $p = 19\ \text{N/mm}^2$ (Gleitlager), $\tau_{zul} \approx 0{,}1 \cdot 630\ \text{N/mm}^2 = 63\ \text{N/mm}^2$, $p_{zul} = 0{,}7 \cdot 40\ \text{N/mm}^2 = 28\ \text{N/mm}^2$ (Gleitlager), $M_b = 1{,}225 \cdot 10^6\ \text{Nmm}$, $A_S = 2827\ \text{mm}^2$, $A_{proj} = 5400\ \text{mm}^2$, Gabel: $p = 35\ \text{N/mm}^2 < 0{,}25 \cdot 360\ \text{N/mm}^2 = 90\ \text{N/mm}^2$).

9.8
a) Die Gelenkverbindung ist ausreichend bemessen ($\sigma_b = 31\ \text{N/mm}^2 < 0{,}2 \cdot 750\ \text{N/mm}^2 \approx 150\ \text{N/mm}^2$, $R_m = 750\ \text{N/mm}^2$, $M_{b\,max} = 12\,500\ \text{Nmm}$ für Einbaufall 2, $\tau_{max} = 17\ \text{N/mm}^2 < 0{,}15 \cdot 750\ \text{N/mm}^2 \approx 110\ \text{N/mm}^2$, $A_S = 201\ \text{mm}^2$; Exzenternabe: $p = 16\ \text{N/mm}^2 < 0{,}7 \cdot 25\ \text{N/mm}^2 \approx 18\ \text{N/mm}^2$, $A_{proj} = 320\ \text{mm}^2$).
b) System Einheitswelle, z. B. Bolzen h9 (h6), Exzenterbohrung F8, Gabelbohrung U9 (R7).

9.9 Kolbenbolzen und Pleuellagerung sind ausreichend bemessen ($\sigma_b = 189\ \text{N/mm}^2 < \sigma_{b\,zul} = 200\ \text{N/mm}^2$, $M_b = 165\,000\ \text{Nmm}$ für Einbaufall 1, $W = 874\ \text{mm}^3$; $\tau_{max} = 97\ \text{N/mm}^2 < \tau_{a\,zul} = 140\ \text{N/mm}^2$, $A_S = 226\ \text{mm}^2$; Pleuelauge: $p = 36\ \text{N/mm}^2 < p_{zul} = 40\ \text{N/mm}^2$, $A_{proj} = 616\ \text{mm}^2$; Gefahr des Ovaldrückens des Hohlbolzens besteht nicht, da Bolzenwanddicke 4 mm > 22 mm/6 = 3,67 mm).

9.10
a) $S \approx 14$
b)

Bauteil	vorhandene Spannung in N/mm²	zulässige Spannung in N/mm² Richtwerte:
Bolzen (1)	$\sigma_b \approx 233$	$\sigma_{b\,zul} = 0{,}3 \cdot 590 \approx 175$
	$\tau_{max} = 75$	$T_{zul} = 0{,}2 \cdot 590 \approx 120$
Buchse (2)	$p = 29$	$p_{zul} = 25$ [1]
Lasche (3)	$p = 89$	$p_{zul} = 0{,}35 \cdot 690 \approx 240$

[1] für gleitende Flächen nach TB 9-1, Zeile 11

9.11
a) $d \approx 6\ \text{mm}$ ($F_t = 8000\ \text{N/Bolzen}$, $R_m = 360 \ldots 440\ \text{N/mm}^2$ für normalgeglühten E235JR, $\tau_B \approx 0{,}8 \cdot R_m = 288 \ldots 352\ \text{N/mm}^2$, $A_{S\,erf} = 28 \ldots 23\ \text{mm}^2$).
b) 1. Brechmoment nicht genau berechenbar;
2. Anlage muss zum Auswechseln der zerstörten Bolzen stillgesetzt werden;
3. Schwierigkeiten beim Ausbau der verformten Bolzen.

9

9.12 a) $\sigma_b = 127$ N/mm² $> \sigma_{b\,zul} \approx 0{,}15 \cdot 690$ N/mm² ≈ 104 N/mm², Richtwert der zul. Spannung wird etwas überschritten ($M_{b\,max} = 810\,000$ Nmm für Einbaufall 1, $K_A = 1{,}0$, $R_{mN} = 900$ N/mm², $k_t \approx 0{,}77$, $R_m \approx 690$ N/mm² für 16MnCr5); $\tau_{max} = 38$ N/mm² $< \tau_{a\,zul} \approx 0{,}1 \cdot 690$ N/mm² $= 78$ N/mm² ($A_S = 1257$ mm², $R_{mN} = 900$ N/mm², $k_t \approx 0{,}77$, $R_m \approx 690$ N/mm²);
Schwenklager: $p = 40$ N/mm² $< p_{zul} \approx 0{,}7 \cdot 80$ N/mm² $= 56$ N/mm² ($p_{zul} = 80$ N/mm² nach TB 9-1 bei niedriger Gleitgeschwindigkeit, wegen dyn. Belastung 0,7fache Werte; $A_{proj} = 1800$ mm²); Gabel: $p = 40$ N/mm² $< p_{zul} \approx 0{,}25 \cdot 590$ N/mm² ≈ 150 N/mm² ($A_{proj} = 1800$ mm², $R_{mN} = 590$ N/mm² für St60N);
b) Gabel: $\sigma = 109$ N/mm² $< \sigma_{zul} \approx 0{,}2 \cdot 590$ N/mm² ≈ 115 N/mm² ($F = 40$ kN für 2 Wangen, $c = 25$ mm, $t_G = 22{,}5$ mm, $d_L = 40$ mm, $R_{mN} = 590$ N/mm² für St60N, $K_A = 1{,}0$);
Schwenklager (Stangenkopf): $\sigma = 130$ N/mm² $> \sigma_{zul} \approx 0{,}2 \cdot 490$ N/mm² ≈ 100 N/mm², Richtwert der zul. Spannung wird um 30 % überschritten ($F = 50$ kN, $c = 23$ mm, $t_S = 45$ mm, $R_{mN} = 490$ N/mm², $K_A = 1{,}0$).

9.13 a) $d = 48$ mm (Nenngröße des Schäkels = zulässige Belastung in t, hier: Schäkel DIN 82101–A10);
b) $t = 18$ mm, $c = 82{,}5$ mm, $b = 215$ mm, $d_L = 50$ mm ($p_{zul} = 0{,}35 \cdot 360$ N/mm² ≈ 126 N/mm², $R_{mN} = 360$ N/mm² für S235 JRG2, $\sigma_{zul} \approx 0{,}5 \cdot 235$ N/mm² $\approx 117{,}5$ N/mm², $R_{eN} = 235$ N/mm² für S235JRG2, $K_A = 1{,}0$).

9.14 a) $F_G = 20{,}5$ kN ($q = 9{,}375$ kN/m);
b) $d = 14$ mm ($M_{b\,max} \approx 43\,300$ Nmm, $\sigma_{b\,zul} = 0{,}8 \cdot 300$ N/mm²$/1{,}1 = 218$ N/mm², $t_M = 6{,}9$ mm, $t_A = 5$ mm, $W = 269$ mm³, $\sigma_b = 161$ N/mm², $R_{p0,2N} = 300$ N/mm² für C35E; $\tau_a = 67$ N/mm² $< \tau_{a\,zul} = 0{,}6 \cdot 550$ N/mm²$/1{,}1 = 300$ N/mm², $A_S = 154$ mm²; $\sigma_l = 212$ N/mm² $< \sigma_{l\,zul} = 1{,}5 \cdot 240$ N/mm²$/1{,}1 = 327$ N/mm², $R_{mN} = 550$ N/mm² für C35E, $R_e = 240$ N/mm² für S235[1], $S_M = 1{,}1$).

9.15 a) $t_M = 24$ mm, $t_A = 16$mm, $s = 1$ mm, $d = 60$ mm, $d_L = 61$ mm, $a = 65$ mm, $c = 44{,}5$ mm, $b = 150$ mm, $r = 75$ mm ($R_e = 240$ N/mm² für S235).[1]
Mittellasche:
b) Bolzen ISO 2341–B–60 × 90 × 73–St
Scheibe ISO 8738–60–160 HV
Splint ISO 1234–10 × 80–St

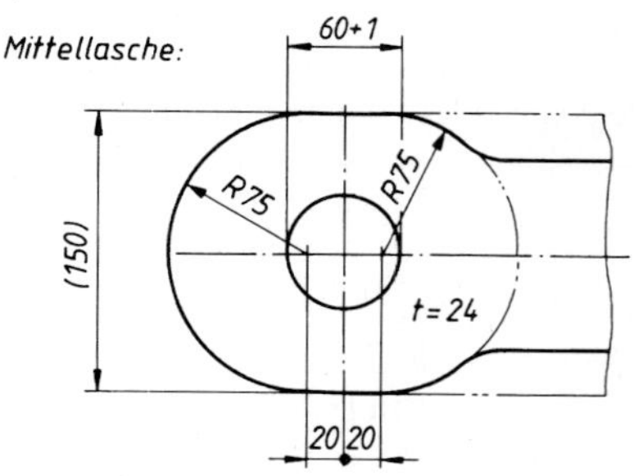

9.16 Stift reichlich bemessen ($P_N = 26$ N/mm² $< p_{zul} \approx 0{,}25 \cdot 510 \approx 125$ N/mm², $p_W = 58$ N/mm² $< p_{zul} \approx 0{,}25 \cdot 510 \approx 125$ N/mm², $\tau_a = 35$ N/mm² $< \tau_{a\,zul} = 0{,}15 \cdot 510 \approx 75$ N/mm², $K_A \approx 1{,}35$, $R_{mN} = 510$ N/mm² für 9SMnPb28+E, $R_{mN} = 580$ N/mm² für E295+C).

9.17 $d = 10$ mm ($p_N = 22$ N/mm² $< p_{zul} \approx 0{,}25 \cdot 510 \approx 125$ N/mm², $p_W = 100$ N/mm² $< p_{zul} \approx 0{,}25 \cdot 490 \approx 122$ N/mm², $\tau_a = 53$ N/mm² $< \tau_{a\,zul} \approx 0{,}15 \cdot 510 \approx 75$ N/mm², $K_A \approx 1{,}1$, $R_{mN} = 510$ N/mm² für 9SMnPb28+E, $R_{mN} = 490$ N/mm² für E295).

9.18 $d = 8$ mm ($p_N = 30$ N/mm² $< p_{zul} \approx 0{,}7 \cdot 0{,}25 \cdot 200 \approx 35$ N/mm², $p_W = 70$ N/mm² $< p_{zul} \approx 0{,}7 \cdot 0{,}25 \cdot 490 \approx 86$ N/mm², $\tau_a = 41$ N/mm² $< \tau_{a\,zul} \approx 0{,}8 \cdot 0{,}15 \cdot 510 \approx 60$ N/mm², $K_A \approx 1{,}0$, $R_{mN} = 510$ N/mm² für 9SMnPb28+E, $R_m = 200$ N/mm² für EN-GJL-200, $R_{mN} = 490$ N/mm² für E295).

---

[1] nach DIN 18600 T1 (11.90)

9.19 a) $F_a = 12{,}7$ kN;
b) $F_a = 13$ kN;
c) $F_a = 11$ kN.

9.20 Stiftdurchmesser $d = 12$ mm erforderlich ($\sigma_b = 79$ N/mm^2 $< \sigma_{b\,zul} \approx 0{,}8 \cdot 0{,}2 \cdot 510 \approx 80$ N/mm^2, $M_b = 13\,600$ Nmm, $K_A = 1{,}0$, $p_{max} = 31$ N/mm^2 $< p_{zul} = 0{,}7 \cdot 0{,}25 \cdot 360 \approx 63$ N/mm^2, $R_{mN} = 510$ N/mm^2 für 9SMnPb28+E, $R_{mN} = 360$ N/mm^2 für E235JR).

9.21 Kerbstift ISO 8745–8×50–St ($\sigma_b = 107$ N/mm^2 $< \sigma_{b\,zul} \approx 0{,}8 \cdot 0{,}3 \cdot 510 \approx 120$ N/mm^2, $p_{max} = 14$ N/mm^2 $< p_{zul} = 0{,}7 \cdot 0{,}35 \cdot 150 \approx 37$ N/mm^2, $F \approx 390$ N, $M_b \approx 5460$ Nmm, $K_A = 1{,}0$, $R_{mN} \approx 510$ N/mm^2 für 9SMnPb28+E, $R_m \approx 150$ N/mm^2 für EN-GJL-150).

9.22 $d = 10$ mm ($\sigma_b = 45$ N/mm^2 $< \sigma_{b\,zul} \approx 0{,}8 \cdot 0{,}15 \cdot 510 \approx 60$ N/mm^2, $p_{max} = 22$ N/mm^2 $< p_{zul} = 0{,}7 \cdot 0{,}25 \cdot 200 = 35$ N/mm^2, $F_t = 333$ N/Stift, $M_b = 3333$ Nmm, $K_A = 1{,}35$, $R_{mN} = 510$ N/mm^2 für 9SMnPb28+E, $R_m = 200$ N/mm^2 für EN-GJL-200).

9.23 a) Sehr einfache Herstellung und geringe Kerbwirkung.
b) Kegelstift mit Innengewinde nach DIN EN 28736 (ungehärtet).
c) z. B. Kegelstifte ISO 8736–A–10×80–St ($p_{max} = 61$ N/mm^2 $< p_{zul} = 0{,}25 \cdot 360 = 90$ N/mm^2 für S235JR, $K_A \approx 1{,}1$, $R_{mN} = 360$ N/mm^2 für S235JR, $l \approx 80 - 2 \cdot 1{,}2 \approx 77$ mm, $a \approx 1{,}2$ mm).

9.24 $F_H \approx 210$ N ($T = 52\,500$ Nmm, $p_{zul} = 0{,}7 \cdot 0{,}25 \cdot 360 \approx 63$ N/mm^2, $l = 30 - 0{,}63 - 1{,}7 \approx 28$ mm; Kuppenhöhen $a = 0{,}63$ mm, $c_2 = 1{,}7$ mm, $K_A = 1{,}0$, $R_{mN} = 360$ N/mm^2 für S235JR).

9.25 a)

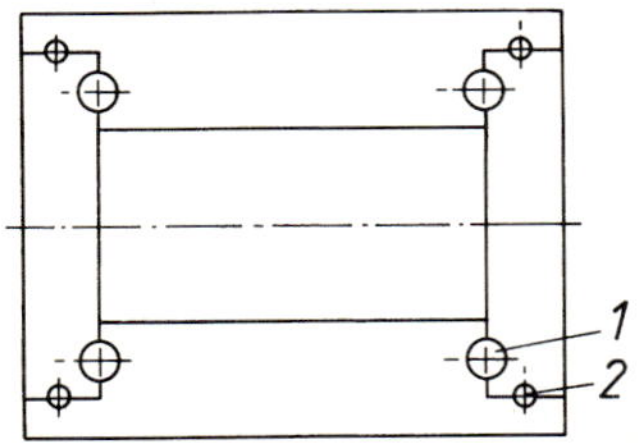

b) Stifte (1): Zylinderstift ISO 8734–B–10×45–St ($p = 171$ N/mm^2 $< p_{zul} = 0{,}25 \cdot 850 = 212{,}5$ N/mm^2 bei Schwellbelastung, $F = 0{,}5 \cdot 45$ mm $\cdot$ 100 mm $\cdot$ 16 N/mm^2 $= 36$ kN, $K_A = 1{,}0$, $R_{mN} = 850$ N/mm^2 für C60E+QT, $l = 45 - 1{,}2 - 2 \approx 42$ mm, Kuppenhöhen: $a = 1{,}2$ mm, $c_2 = 2$ mm);
Stifte (2): Zylinderstift ISO 8734–B–5×45–St ($p = 166$ N/mm^2 $< p_{zul} = 200$ N/mm^2, $F = 18$ kN, $K_A = 1{,}0$, $l = 45 - 0{,}63 - 0{,}8 \approx 43{,}5$ mm, Kuppenhöhen: $a = 0{,}63$ mm, $c_2 = 0{,}8$ mm).

10

10 Elastische Federn

10.1 a) $L_1 = 502{,}5$ mm ($t = 1{,}5$ mm)
b) $s = 9{,}5$ mm

10.2 a) $\sigma_b = 427$ N/mm^2 $< \sigma_{b\,zul} \approx 980$ N/mm^2 ($E = 206 \cdot 10^3$ N/mm^2, $q_1 = 4$);
b) $h_{max} \approx 12$ mm $> h_{vorh}$ ($q_2 = 2/3$, $\sigma_{b\,zul} \approx 924$ N/mm^2, $E = 206 \cdot 10^3$ N/mm^2);
c) $R_{soll} = 4{,}17$ N/mm^2; $R_{ist} = 4{,}05$ N/mm (relativ gute Übereinstimmung).

10.3 a) gewählt $b' = 16$ mm.
b) $\sigma_b = 427$ N/mm^2 $< \sigma_{b\,zul} \approx 980$ N/mm^2 ($E = 206 \cdot 10^3$ N/mm^2, $q_1 = 4$); gegenüber der Aufgabe 10.2 keine Veränderung.
c) $V_{Rechteckfeder} = 156\,800$ mm^3, $V_{Trapezfeder} = 100\,800$ mm^3. Das Volumen (und damit auch das Gewicht) der Trapezfeder beträgt ≈ 64 % der Rechteckfeder.

10.4 a) Gewählt $h = 1{,}0$ mm, $b = 20$ mm ($R_m = 2000$ N/mm^2, $E = 206\,000$ N/mm^2);
b) $s_{zul} \approx 32$ mm $> s_{max} = 30$ mm.

10.5 a) Gewählt $h = 0{,}6$ mm, ($\sigma_{b\,zul} \approx 1300$ N/mm^2, $R_m = 1850$ N/mm^2);
b) $\sigma_b = 1140$ N/mm^2 $< \sigma_{b\,zul} \approx 1300$ N/mm^2, ($s_1 \approx 36$ mm, $s_2 \approx 41$ mm, $F_{max} \approx 17{,}1$ N).

10.6 a) $d = 4$ mm; $D = 25$ mm;
b) $n = 4{,}75$;
c) $L_{K0} = 28$ mm (rechnerischer Wert $L'_{K0} = 27{,}75$ mm).
d) $\sigma_q \approx 914$ N/mm^2 $< \sigma_{zul} \approx 925$ N/mm^2 ($w = 6{,}25$).

10.7 a) $d = 3{,}6$ mm (geschätzt $d < 3{,}8$ mm, $k \approx 0{,}38$, $D = 28$ mm), $n = 15$, $L_{K0} \approx 58$ mm;
b) Draht DIN 2076–B3,6 mit $\sigma_{zul} \approx 1100$ N/mm^2 ($w = 8{,}3$, $q \approx 1{,}1$, $\sigma_q \approx 968$ N/mm^2); $R_{soll} = 22{,}2$ N/mm/° $\approx R_{ist} = 22{,}4$ N/mm°; (gute Übereinstimmung).

10.8 a) Gewählt $d = 0{,}7$ mm, $D = 8$ mm (mit $D_i = 7{,}3$ mm, $k \approx 0{,}023$, $M_{max} \approx 25$ Nmm);
b) $\varphi_{max} = 44{,}5°$, $\varphi_1 = 28{,}5°$;
c) $L_{K0} = 3{,}2$ mm mit $n = 3$ gewählt;
d) $\sigma_{q2} \approx 800$ N/mm^2 < 1275 N/mm^2 ($w \approx 11{,}4$, $q \approx 1{,}08$).

10.9 a) $F_G = 40$ N, je Feder $F_{G1} = 20$ N; $M_2 = 2500$ Nmm, $F_2 = 62{,}5$ N ($l_2 = 125$ mm, $H = 40$ mm), $M_{max} = 3750$ Nmm, $F_3 = 93{,}75$ N;
b) $\varphi_1 = 90°$, $\varphi_{max} = 180°$;
c) $d = 3{,}6$ mm ($k \approx 0{,}047$, $D_i \approx 20$ mm), $D = 24$ mm, $L_{K0} = 76$ mm ($n \approx 19{,}5$);
d) $F_1 \approx 47{,}5$ N ($M_1 \approx 1898$ Nmm), $F_2 \approx 63{,}3$ N ($M_2 \approx 2531$ Nmm mit $\varphi_1 + \Delta\varphi$); $F_3 \approx 93{,}4$ N ($M_3 \approx 3737$ Nmm $= M_{max}$ mit φ_{max});
e) $\sigma_{q3} \approx 932$ N/mm^2 $< \sigma_{zul} \approx 1100$ N/mm^2 ($w \approx 6{,}7$, $q \approx 1{,}14$).

10.10 a) $\sigma_i = 450$ N/mm^2 $< \sigma_{zul} \approx 800$ N/mm^2 ($M = 150\,000$ Nmm);
b) $F \approx 2200$ N ($l = 771$ mm, $r_e \approx 68$ mm);
c) $n = 2{,}5$ Windungen.

10.11 a) $s_{ges} = 5{,}85$ mm, $F_{ges} = 8550$ N; (Hinweis: Bei Berücksichtigung der Reibung ergeben sich $s'_{ges} = 5{,}62$ mm und $F'_{ges} = 9240$ N; die Reibung lässt eine höhere Belastung der Feder zu).
b) $L_0 = 61{,}8$ mm, $L = 55{,}95$ mm.

10.12 a) $L_0 = 39{,}2$ mm ($h_0 = 2{,}8$ mm, $t = 3{,}5$ mm).
b) $L = 36{,}4$ mm.

10.13 a) $F_{ges} = 3100$ N, $s_{ges} = 21{,}6$ mm ($F_{0,75} = 1550$ N, $s_{0,75} = 1{,}2$ mm);
b) $L_0 = 73{,}8$ mm, $L'_0 = 51{,}3$ mm. Bei einer Auflösung in 2 Teilsäulen zu je 18 Einzeltellern wird die Säule um 22,5 mm kürzer.

10.14 a) je Tellerfedersäule $F_{max} = 25\,200$ N.
b) entweder Tellerfeder DIN 2093–A90 mit $D_i = 46$ mm bei $Sp \approx 0{,}6$ mm, $s_1 \approx 1{,}2$ mm, Ausnutzung ≈80 %, oder Tellerfeder DIN 2093–B90 mit $D_i = 46$ mm bei $Sp \approx 0{,}6$ mm, $s_1 \approx 1{,}55$ mm, Ausnutzung ≈82 %;
c) Tellerfeder DIN 2093–A90: $i = 22$;
Tellerfeder DIN 2093–B90; $i = 34$ (unsinnig, da $i \gg 20$).
d) Tellerfeder DIN 2093–A90: $s_{ges} \approx 25{,}2$ mm $< s_{max}$; $L_0 = 147$ mm < 180 mm.
Tellerfeder DIN 2093–B90: $s_{ges} \approx 26{,}4$ mm $< s_{max}$; $L_0 = 152$ mm < 180 mm.

10.15 a) $F = 8130$ N ($s \approx 1{,}21$ mm, $K_1 \approx 0{,}684$ für $\delta = 1{,}95$ oder mit $F_C = 12\,840$ N oder mit $s/h_0 \approx 0{,}53$ wird $F/F_C \approx 0{,}64$ abgelesen);
b) $F \approx 5840$ N ($s \approx 1{,}55$ mm oder mit $F_C \approx 6950$ N und $F/F_C \approx 0{,}84$ für $s/h_0 \approx 0{,}53$ abgelesen).

10.16 a) $s \approx 0{,}75$ mm ($K_1 \approx 0{,}696$ für $\delta \approx 2{,}0$, $F_C \approx 4475$ N, $F/F_C \approx 0{,}67$ abgelesen $s/h_0 \approx 0{,}58$);
b) $\sigma \mathrel{\widehat{=}} \sigma_{dI} = -1690$ N/mm² < -2600 N/mm², $\sigma_{II} \approx 610$ N/mm, $\sigma_{III} \approx 910$ N/mm² ($K_2 \approx 1{,}22$; $K_3 \approx 1{,}38$).

10.17 a) $F \approx 5850$ N, $F_R \approx 6030$ N;
b) $F_C \approx 8900$ N, $F_{CR} \approx 9180$ N;
c) $W \approx 3820$ Nmm, $W_R \approx 3700$ Nmm ($w_R \approx 0{,}03$).

10.18 a) 1. Für $F_1 = 1800$ N wird $s_1 \approx 0{,}37$ mm, $\sigma_1 \approx 390$ N/mm² ($\delta \approx 1{,}96$, $K_1 \approx 0{,}687$, $K_2 \approx 1{,}21$, $K_3 \approx 1{,}36$); für $F_2 = 3400$ N wird $s_2 \approx 0{,}83$ mm, $\sigma_2 \approx 800$ N/mm²;
2. dsgl. gemäß Lehrbuch Bild 10-20 durch Ablesen der Werte im Diagramm.
b) Druckspannung $\sigma_{dI} \approx 700$ N/mm² > 600 N/mm², (Vorspannung somit ausreichend), $\sigma_0 \approx 805$ N/mm² $> \sigma_2$ ($\sigma_O \approx 1030$ N/mm² bei $\sigma_U \mathrel{\widehat{=}} \sigma_1$);
Für die zeichnerische Lösung wird abgelesen $s_{max} \approx 0{,}92$ mm $> s_2$; $\Delta s_{zul} \approx 0{,}55$ mm $> \Delta s = 0{,}46$ mm, d. h. Federn arbeiten im dauerfesten Bereich (darstellbar nach Lehrbuch Bild 10-20).
c) $L_1 = 25{,}73$ mm, $L_2 = 22{,}14$ mm ($L_0 = 28{,}8$ mm; $s_{1\,ges} = 3{,}07$ mm, $s_{2\,ges} = 6{,}66$ mm).

10.19 a) Druckspannung $\sigma_{dI} \approx 616$ N/mm > 600 N/mm² ($s_1 = 0{,}35$ mm, $\delta \approx 2$, $K_1 \approx 0{,}7$);
b) $\Delta s_{ges} = 4{,}6$ mm (je Teller $F_2 = 5000$ N, $F/F_C \approx 0{,}56$, $s_2/h_0 \approx 0{,}46$, $\Delta s \mathrel{\widehat{=}} s_h = 0{,}46$ mm);
c) $\sigma_H \approx 640$ N/mm² $> \sigma_h \approx 385$ N/mm² ($\sigma_1 \approx 330$ N/mm² für $s_1 = 0{,}35$ mm; $\sigma_2 \approx 720$ N/mm² für $s_2 \approx 0{,}81$ mm).

10.20 a) $s_1 \approx 0{,}132$ mm, $s_2 \approx 0{,}35$ mm;
b) $n = 1$ ($F_{0,75} = 2910$ N $> F_2 = 2500$ N); $i = 11$ ($\Delta s_{ges} \approx 2{,}4$ mm, $\Delta s = s_2 - s_1 \approx 0{,}218$ mm).
c) $s_{1\,ges} \approx 1{,}45$ mm, $s_{2\,ges} \approx 3{,}82$ mm; $L_1 \approx 21{,}1$ mm, $L_2 \approx 18{,}73$ mm ($L_0 = 22{,}55$ mm);
d) $N \approx 5 \cdot 10^5$ Lastspiele ($\sigma_{Sch} \approx 933$ N/mm², $\sigma_U \mathrel{\widehat{=}} \sigma_1 \approx 407$ N/mm², $\sigma_O \mathrel{\widehat{=}} \sigma_2 \approx 1165$ N/mm² jeweils an der Stelle II).

10.21 a) $\varphi \approx 20°$ ($d = 15$ mm, $l_f = 677$ mm, $G = 80\,000$ N/mm^2);
b) $\tau_t \approx 320$ N/mm^2 < $\tau_{t\,zul} = 700$ N/mm^2;
c) $p \approx 10$ N/mm^2 $\ll p_{zul}$.

10.22 a) $R_{Soll} \approx 10{,}8$ N/mm;
b) $d = 2$ mm (überschlägig und nach DIN 2976 festgelegt mit $\tau_{vorh} = 570$ N/mm^2 < τ_{zul} = 760 N/mm^2); $n = 5{,}5$ Windungen, $n_t = 7{,}5$ Windungen; $D = 14$ mm.
c) $L_0 \approx 28{,}9$ mm (gewählt $S_a \approx 1{,}9$ mm, $L_c \approx 15$ mm, $s_c = 13{,}9$ mm).

10.23 $d = 2{,}0$ mm (rechnerisch ca. $d' \approx 2{,}2$ mm); $D = 17$ mm; $R_{soll} = 6{,}5$ N/mm; $\tau_{max} = 690$ N/mm^2; gewählt Federdraht A mit $\tau_{zul} \approx 760$ N/mm^2 (TB 10-11 a, statische Belastung); $\tau_c \approx 770$ N/mm^2 < $\tau_{c\,zul} \approx 850$ N/mm^2; $n' = 5{,}1$, festgelegt $n = 5{,}5$ und $n_t = 7{,}5$ ($G = 81\,500$ N/mm^2), damit wird $R_{ist} \approx 6{,}03$ N/mm (evtl. mit geänderten Daten günstigere Übereinstimmung von R_{soll} und R_{ist}); Federweg $s \approx 21{,}6$ mm; $S_a \approx 2{,}4$ mm; $L_c \approx 15$ mm; $L_n \approx 16{,}3$ mm; $L_0 \approx 40$ mm festgelegt. Die Feder ist knicksicher (Einbaufall 2, $s_2 = 21{,}55$ mm).

10.24 a) je Feder wird $F_{max} = F_2 = 7400$ N/4 = 1850 N, gewählt $d = 8$ mm, $D = 60$ mm (R40 nach DIN 323), Draht DIN 2076–B8 mit $\tau_{max} \approx 542$ N/mm^2 < $\tau_{zul} \approx 650$ N/mm^2 (Nachrechnung bestätigt richtige Wahl), gewählt $n = 9{,}5$ ($n_t = 11{,}5$, $S_{a\,ist} \approx 15$ mm), $L_0 = 198$ mm ($L_c = 92$ mm, $s_c = 106$ mm); mit $F_c \approx 2160$ N wird $\tau_c \approx 630$ N/mm^2 < $\tau_{c\,zul} \approx 735$ N/mm^2, $R_{soll} = 20{,}6$ N/mm $\approx R_{ist} = 20{,}3$ N/mm, d. h. Drahtwerkstoff mit den festgelegten Federdaten insgesamt gut ausgenutzt.
b) für L_0 knicksicher mit geführten Einspannenden (Knickfall 3).

10.25 Gewählt $d = 10$ mm, $D = 88$ mm ($k_1 = 0{,}16$, $k_2 \approx 0{,}72$); mit $R_{soll} = 48$ N/mm wird $n = 3{,}5$, $n_t = 5{,}5$; $L_0 = 120$ mm ($R_{ist} = 48$ N/mm, $w = 9$, $S_a \approx 8{,}8$ mm, $L_c = 55$ mm, $s_c = 65$ mm); Draht DIN 2076–B10 mit $\tau_{t\,zul} \approx 620$ N/mm^2 > $\tau_{max} = 530$ N/mm^2; $\tau_c \approx 610$ N/mm^2 < $\tau_{c\,zul} \approx 690$ N/mm^2 ($F_c \approx 2780$ N). Feder genügt den Anforderungen und ist für den Fall 3 knicksicher.

10.26 a) je Feder $F_{max} \mathrel{\hat{=}} F_2 \approx 1100$ N ($F_t \approx 14\,100$ N mit $d_R = 220$ mm, $F = 176\,240$ N, $F_d \approx 11\,000$ N);
b) Gewählt Draht DIN 2076–A5 mit $\tau_{vorh} \approx 440$ N/mm^2 < $\tau_{zul} \approx 630$ N/mm^2, $D = 20$ mm, $n = 4{,}5$ ($n_t = 6{,}5$), $L_0 = 42$ mm (gewählt $S_a \approx 3{,}3$ mm, $F_c \approx 1680$ N, $\tau_c \approx 670$ N/mm^2 < $\tau_{c\,zul} \approx 700$ N/mm^2);
$R_{ist} = 177$ N/mm, $R_{soll} \approx 183$ N/mm.
Alternative Lösung: DIN 2076–B4,5 mit $\tau_{vorh} \approx 605$ N/mm^2 < $\tau_{zul} \approx 750$ N/mm^2, $D = 20$ mm, $n = 3$ ($n_t = 5$), $L_0 = 31$ mm (gewählt $S_a \approx 2{,}2$ mm, $F_c \approx 1480$ N, $\tau_c \approx 810$ N/mm^2 < $\tau_{c\,zul} \approx 840$ N/mm^2);
$R_{ist} = 174$ N/mm, $R_{soll} \approx 183$ N/mm.
c) für L_0 nach Knickfall 1 ist die Feder für beide Varianten knicksicher.

10.27 a) $F_1 \approx 550$ N, $F_2 \approx 690$ N; gewählt $d = 4{,}5$ mm, $D = 30$ mm (Draht DIN 2076–A4,5 mit $\tau_{t\,zul} \approx 640$ N/mm^2 > $\tau_{max} \approx 570$ N/mm^2, $\Delta s = 5$ mm, $s_2 = 25$ mm), gewählt $n = 5{,}5$, $n_t = 7{,}5$, $L_0 \approx 63$ mm, $L_1 = 44$ mm ($S_{a\,ist} \approx 4{,}7$ mm, $L_c \approx 34$ mm), $\tau_c \approx 680$ N/mm^2 < $\tau_{c\,zul} \approx 720$ N/mm^2 ($F_c \approx 825$ N).
b) für $L_0 = 63$ mm ist die Feder nach Knickfall 2 knicksicher.

10.28 a) Gewählt $d = 4{,}5$ mm, $D = 31{,}5$ mm ($w = 7$, $k = 1{,}2$, $\Delta F = 350$ N, $s_1 \approx 12{,}4$ mm, $s_2 \approx 27$ mm, $\tau_{k2} \approx 675$ N/mm^2 bei $\tau_{kO} \approx 685$ N/mm^2, $\tau_{k1} \approx 310$ N/mm^2); mit $n = 5{,}5$, ($n_t = 7{,}5$), $L_0 = 68$ mm ($S_{a\,ist} \approx 7{,}5$ mm), $\tau_c \approx 720$ N/mm^2 < $\tau_{c\,zul} \approx 940$ N/mm^2 ($F_c \approx 830$ N) für Draht DIN 2076–VD4,5.
b) $\tau_{kh} = 365$ N/mm^2 $\approx \tau_{kH} \approx 375$ N/mm^2; nach den Angaben zu TB 10-13 ist die Feder für den Knickfall 2 knicksicher.

10.29 a) Gewählt $d = 4$ mm, $D = 25$ mm; $s_2 \approx 33$ mm, $s_1 \approx 20$ mm; $L_0 = 85$ mm, $L_2 \approx 51{,}4$ mm > 50 mm (gewählt $n = 8{,}5$, $n_t = 10{,}5$, $s_c = 43$ mm; $w = 6{,}25$, $S_{a\,ist} = 9{,}4$ mm); $\tau_c \approx 825$ N/mm^2 $< \tau_{c\,zul} \approx 965$ N/mm^2 ($F_c \approx 845$ N);

b) $\tau_{kh} \approx 310$ N/mm^2 $< \tau_{kH} \approx 360$ N/mm^2 ($\tau_{k1} \approx 480$ N/mm^2 $\mathrel{\hat{=}} \tau_{kU}$, $\tau_{k2} \approx 790$ N/mm^2, $\tau_{kO} \approx 840$ N/mm^2);

c) nach den Angaben zu TB 10-12 ist die Feder mit $L_0 = 85$ mm und $s_{max} \mathrel{\hat{=}} s_2 = 33$ mm für den Knickfall 3 knicksicher.

d) $\omega_e \approx 276$ l/s, d. h. würde die Feder bei einer Maschinendrehzahl verwendet, von der ein ganzzahliges Vielfaches gleich ω_e ist, wäre Resonanz zu erwarten.

10.30 a) $d = 2{,}6$ mm, $D = 16$ mm, $d_e = 18{,}6$ mm, $D_i = 13{,}4$ mm;

b) $n = n_t = 5{,}5$ Windungen, $R_{soll} = 20{,}8$ N/mm, $R_{ist} \approx 20{,}7$ N/mm;

c) $L_K \approx 16{,}9$ mm, $L_0 \approx 39$ mm;

d) die Drahtklasse A ist zulässig, da $\tau_{max} \approx 570$ N/mm^2 $< \tau_{zul} \approx 650$ N/mm^2 (F_{max} ist ohne Schaden aufzunehmen).

10.31 Mit $F_0 \approx 80$ N ($n = n_t = 22{,}5$, $D = 32$ mm, $s_2 = L_2 - L_0 \approx 83$ mm bzw. $s_1 = L_1 - L_0 = 30$ mm für F_2 bzw. F_1 wird $\tau_0 \approx 70$ N/mm^2 $< \tau_{0\,zul} \approx 117$ N/mm^2 ($\tau_{zul} \approx 580$ N/mm^2, $\alpha_1 \approx 0{,}2$, $w \approx 7{,}1$) und $F_{max} \approx 650$ N $> F_2$ also F_2 ist ohne Schaden aufzunehmen.

10.32 a) Gewählt $d = 2{,}5$ mm, $D = 22$ mm, $L_0 = 82$ mm, $L_k \approx 50$ mm, $L_H \approx 16$ mm, gewählt $n = n_t = 19$;

b) Draht DIN 2076–A2,5 mit $\tau_{zul} \approx 656$ N/mm^2, $\tau_0 \approx 106$ N/mm^2, $\tau_{0\,zul} \approx 117$ N/mm^2 ($F_0 \approx 30$ N, $\alpha_1 \approx 0{,}18$, $w \approx 8{,}8$); $\tau_2 \approx 528$ N/mm^2 $< \tau_{zul}$.

10.33 a) $F_1 \approx 250$ N;

b) $F_2 \approx 330$ N, $\Delta s \approx 48$ mm;

c) gewählt $d = 3{,}2$ mm, $D = 25$ mm ($F_0 \approx 83$ N, $R_{soll} \approx 1{,}7$ N/mm); Draht DIN 2076–C3,2 mit $\tau_{zul} \approx 813$ N/mm^2 $> \tau_2 \approx 630$ N/mm^2;

d) $s_1 = 100$ mm, $L_0 \approx 170$ mm, $L_1 \approx 270$ mm ($n = n_t = 41{,}25$, $D_i = 21{,}8$ mm, $L_k \approx 135$ mm); $\tau_0 \approx \tau_{0\,zul} \approx 156$ N/mm^2 ($\alpha_1 \approx 0{,}19$, $w \approx 7{,}8$).

10.34 a) $F_2 \approx 940$ N ($F \approx 154$ N, $F_y \approx 924$ N, $\alpha \approx 11°$), $F_1 \approx 470$ N;

b) $L_2 \approx 975$ mm, $s_2 - s_1 = 175$ mm, $F_{max} \approx 1330$ N bei $s_{max} = 320$ mm;

c) gewählt $d = 6{,}3$ mm, $D = 45$ mm, Draht DIN 2076–B6,3 mit $\tau_{2\,vorh} \approx 598$ N/mm^2 $< \tau_{zul} \approx 625$ N/mm^2;

d) $L_0 \approx 482$ mm, $n = n_t = 65{,}75$, $L_K \approx 420$ mm, $L_H \approx 31$ mm, $L_1 \approx 658$ mm ($s_1 = 175$ mm).

10.35 a) Gewählt $d = 50$ mm, $h = 41$ mm ($F = 5500$ N, $\sigma_{d\,zul} = 4$ N/mm^2, $A = 1375$mm^2);

b) $\sigma_d \approx 2{,}8$ N/mm^2 $< \sigma_{d\,zul} \approx 3 \ldots 5$ N/mm^2 ($s = 15{,}95$ mm $> 0{,}2 \cdot 41 = 8{,}2$ mm) daher neu gewählt: $d = 70$ mm, $h = 41$ mm; $\sigma_d = 1{,}43$ N/mm^2 $< \sigma_{d\,zul} = 1 \ldots 1{,}5$ N/mm^2 (dynamisch) und $\sigma_{d\,zul}$ (statisch), $s \approx 8{,}1$ mm $< 8{,}2$ mm.

10.36 a) $\tau = 0{,}4$ N/mm^2 $< \tau_{zul} = 1 \ldots 2$ N/mm^2 (statisch), $\tau_{zul} = 0{,}3 \ldots 0{,}8$ N/mm^2;

b) $z = 10$ Federelemente ($F = 603$ N, wenn $A_i = d \cdot \pi \cdot h$);

c) gewählt Shore-Härte 40 ($G \approx 0{,}42$ N/mm^2).

---

11 Achse, Wellen und Zapfen

11.1 Die in den Lagern A und B drehbar gelagerte Achse läuft um und wird somit bei konstanter Richtung der Wellenkraft F wechselnd auf Biegung (s. M-Verlauf) und Schub (s. F_Q-Verlauf) beansprucht; im gefährdeten Querschnitt wirkt die Schubkraft $F_Q = F_A$ und das innere Biegemoment $M = F_A \cdot a$ (s. Bild b). Die Schubbeanspruchung ist meist vernachlässigbar gering. Die Biegung folgt bei umlaufenden Achsen i. a. dem Fall III – wechselnd. Für die Festigkeitsberechnung ist die Gestaltfestigkeit maßgebend.

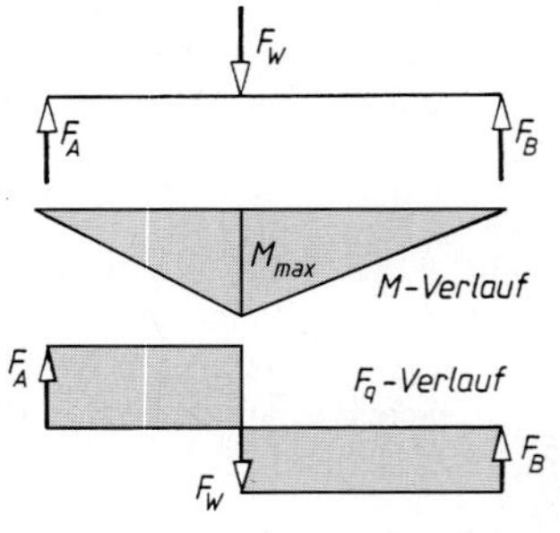

11.2 $M_{max} = (F/2) \cdot (l - l_1)/2$; $M_{max} \approx 1313$ Nm; Beanspruchung und maßgebende Festigkeit wie bei 11.1.

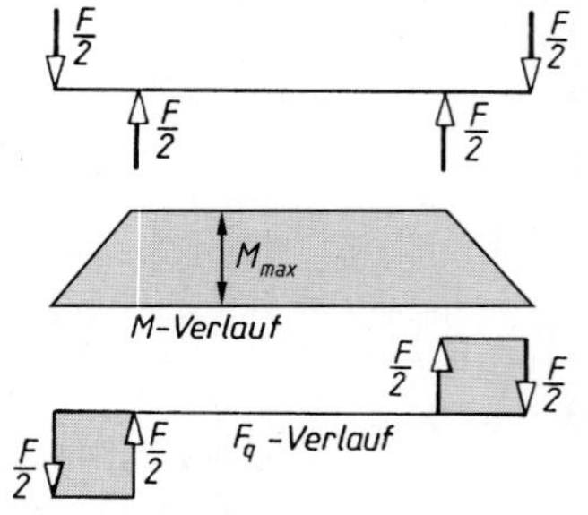

11.3 Querschnitt 1-1: Beanspruchung auf Torsion;
Querschnitt 2-2: Beanspruchung auf Torsion, Biegung und Schub;
Querschnitt 3-3: Beanspruchung auf Biegung und Schub.

Bei Annahme einer konstanten Drehrichtung des Elevators kann für die Torsion der Fall II angenommen werden; für die Biegung ist der Fall III maßgebend.

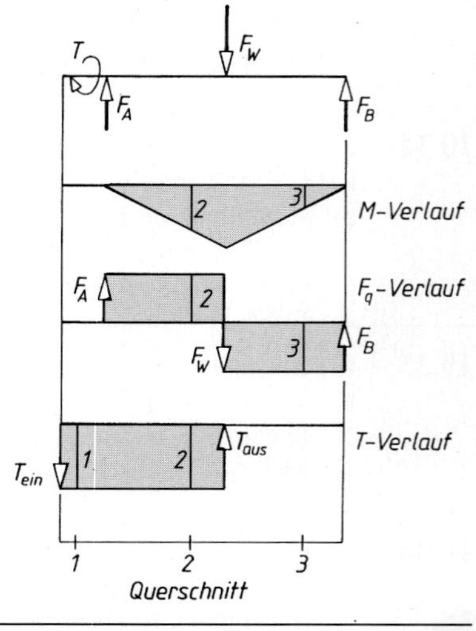

11.4 $T \approx 10\,640$ Nm; ($i_{ges} = 42{,}336$).

11.5 $T \approx 11\,342$ Nm.

11.6 $M \approx 70{,}2$ Nm; ($F_b \approx 1{,}6$ kN, $F_B \approx 0{,}675$ kN, $F_A \approx 0{,}923$ kN).

11.7 $M_{max} \approx 1853$ Nm; ($M_1 = F_A \cdot l_1 = 1242$ Nm, $M_2 = F_B \cdot l_2 = 1853$ Nm, $F_A \approx 15{,}52$ kN, $F_B \approx 20{,}59$ kN).

11.8 $M_{max} \approx 5{,}3 \cdot 10^3$ Nmm; ($F_A \approx 710$ N; $F_B \approx 530$ N).

11.9 $d \approx 65$ mm; ($d' \approx 65{,}5$ mm; $M \approx 1{,}75 \cdot 10^6$ Nmm; $\sigma_{bWN} \approx 245$ N/mm^2).

11.10 $d = 32$ mm; ($d' \approx 26{,}7$ mm; $t_1 \approx 5$ mm; $K_A = 1{,}2$; $\tau_{tSchN} = 190$ N/mm^2).

11.11 $d_1 = 50$ mm; (rechnerisch $d_1 \approx 42{,}5 \ldots 54{,}5$; $t_1 \approx 5{,}5$ mm; $\sigma_{bWN} \approx 350$ N/mm^2),
$d_2 = 75$ mm; (rechnerisch $d_2 \approx 64{,}3 \ldots 82{,}7$; $t_1 \approx 7{,}5$ mm),
$d_3 = 100$ mm; (rechnerisch $d_3 \approx 84{,}7 \ldots 100{,}9$; $t_1 \approx 9$ mm).

11.12 a) Überschlägig nach Lehrbuch Gl. (11.16) oder Gl. (11.1) $d_1 = 55$ mm; ($M \approx 975 \cdot 10^5$ Nmm; $\sigma_{bWN} = 245$ N/mm^2 oder $\sigma_{b\,zul} \approx 70$ N/mm^2 bei einem Mittelwert $S_{D\,min} \approx 3{,}5$ nach Lehrbuch Gl. (3.26); $d' \approx 53{,}3$ bzw. 52,2).
b) $D = 100$ mm, $L = 80$ mm.
c) h6/J7.

11.13 $d = 65$ mm; ($d' \approx 58$ mm; $M \approx 1{,}08 \cdot 10^6$ Nmm; $M_v \approx 1{,}2 \cdot 10^6$ Nmm; $\sigma_{bWN} \approx 245$ N/mm^2, $t_1 = 7$ mm).

11.14 $d = 70$ mm nach DIN 671 (TB 1-6) festgelegt; ($M \approx 2{,}87 \cdot 10^6$ Nmm; $\sigma_{bD} = \sigma_{bSchN} = 355$ N/mm^2 n. TB 1-1).

11.15 Dauerbruch: Die gefährdete Stelle ist die Übergangsstelle zum festsitzenden Innenring des Lagers (größere Kerbwirkung) mit $S_D \approx 3{,}7 > S_{D\,erf} = 1{,}5$; ($M = 4{,}8 \cdot 10^6$ Nmm; $W \approx 1{,}7 \cdot 10^5$ mm^3; $\sigma_b \approx 28{,}3$ N/mm^2; $\sigma_{GD} \approx 105$ N/mm^2; $\sigma_{bWN} = 245$ N/mm^2; $K_t \approx 0{,}98$; $K_\sigma \approx 2{,}3$; $\beta_{k\sigma} \approx 1{,}8$; $K_g \approx 0{,}81$; $K_{0\sigma} \approx 0{,}93$; $K_v = 1$),
statischer Nachweis: Nachzuweisende Stelle ist der Achsabsatz, da dort das größere Biegemoment wirkt. $S_F \approx 8{,}5 > S_{F\,min} = 1{,}5$; ($M \approx 6{,}0 \cdot 10^6$ Nmm; $\sigma_b \approx 35{,}3$ N/mm^2; $S_{bF} \approx 300$ N/mm^2; $R_{p0,2N} = 295$ N/mm^2, $K_t \approx 0{,}85$).

11.16 Statischer Nachweis: $S_F \approx 4{,}6 > S_{F\,erf} \approx 1{,}5$ ($M \approx 1{,}39 \cdot 10^6$ Nmm; $W \approx 2{,}12 \cdot 10^4$ mm^3, $\sigma_b \approx 65{,}8$ N/mm^2; $R_{p0,2N} = 275$ N/mm^2, $K_t \approx 0{,}93$; $\sigma_{bF} \approx 305$ N/mm^2),
Dynamischer Nachweis: $S_D \approx 2{,}0 > S_{D\,erf} = 1{,}5$; ($\sigma_{GD} \approx 135$ N/mm^2; $R_{mN} = 430$ N/mm^2, $\sigma_{bWN} = 215$ N/mm^2; $K_t = 1$; $K_\sigma = 1{,}56$; $\beta_{k\sigma} \approx \beta_{k\sigma\,(Probe)} \approx 1{,}34$; $R/d = 0{,}025$; $D/d = 117$; $\beta_{k(2,0)} \approx 1{,}8$; $c_b \approx 0{,}42$; $K_{0\sigma} = 1$; $S_{D\,min} = 1{,}5$; $S_z = 1$).

11.17 a) $d_1 = 15$ mm; ($M \approx 2{,}5 \cdot 10^4$ Nmm; $\sigma_{bSchN} = 270$ N/mm^2, $d_1' \approx 15{,}4$ mm).
b) Statischer Nachweis: $S_F \approx 3{,}7 > S_{F\,min} = 1{,}5$ ($\sigma_b \approx 75{,}5$ N/mm^2; $\sigma_{bF} \approx 280$ N/mm^2, $R_{p0,2N} = 235$ N/mm^2; $K_t = 1$),
dynamischer Nachweis: $S_D \approx 3{,}2 > S_{D\,erf.} = 1{,}8$, ($\sigma_{GD} \approx 120$ N/mm^2; $\sigma_{ba} = \sigma_{b/2} \approx 37{,}8$ N/mm^2; $\sigma_{bWN} = 180$ N/mm^2; $K_t = 1$; $K_\sigma \approx 1{,}5$; $d_2 = 20$ mm; $r = 0{,}6$ mm; $r/d_1 = 0{,}04$; $d_2/d_1 \approx 1{,}33$; $\beta_{k\sigma} \approx \beta_{k\sigma\,(Probe)} \approx 1{,}4$; $\beta_{k(20)} \approx 1{,}6$; $c_b \approx 0{,}65$; $K_g \approx 0{,}95$; $K_{0\sigma} \approx 1$; $K_v = 1$; $S_{D\,min} = 1{,}5$; $S_z = 1{,}2$).
c) H7/n6.

11.18 a) H7/f7; $R_z = 6{,}3$ µm,
b) Statische Sicherheit: $S_F \approx 7{,}4 > S_{F\,erf} = 1{,}5$; ($\sigma_{bF} \approx 530$ N/mm^2; $R_{p0,2N} = 490$ N/mm^2; $K_t \approx 0{,}9$; $M \approx 4{,}5 \cdot 10^5$ Nmm; $W \approx 6283$ mm^3; $\sigma_b \approx 71{,}6$ N/mm^2),
dynamische Sicherheit: $S_D \approx 3{,}0 > S_{D\,erf} = 1{,}8$ ($\sigma_{GD} \approx 110$ N/mm^2; $\sigma_{bWN} = 350$ N/mm^2; $K_\sigma \approx 2{,}92$; $\beta_{k\sigma} = 2{,}5$ festgelegt; $K_{0\sigma} \approx 0{,}9$; $K_g \approx 0{,}89$; $K_v = 1$; $\sigma_{ba} = \sigma_b/2 \approx 35{,}8$ N/mm^2).

11.19 a) $d_1 = 50$ mm festgelegt ($d_1' \approx 44$ mm; $T \approx 8{,}8 \cdot 10^5$ Nmm; $\tau_{t\,SchN} = 205$ N/mm^2; $t_1 = 5{,}5$ mm),
b) Torsion schwellend mit relativ kleinen Ausschlägen, Biegung unbedeutend. Deshalb nur statischer Nachweis. $S_F = 2{,}7 > S_{F\,min} = 1{,}5$ ($T_{max} = 2 \cdot T \approx 17{,}6 \cdot 10^5$ Nmm; $W_p \approx 2{,}45 \cdot 10^4$ mm^3; $\tau_{t\,max} \approx 71{,}7$ N/mm^2; $\tau_{tF} \approx 195$ N/mm^2; $R_{p0,2N} = 295$ N/mm^2; $K_t \approx 0{,}95$).
c) H7/k6.

11.20 $S_D \approx 2{,}38 > S_{erf} = 1{,}8$; ($F_A \approx 15{,}2$ kN; $F_B \approx 29{,}9$ kN; $M_{max} \approx 3{,}29 \cdot 10^6$ Nmm; $\sigma_{ba} \approx 54{,}6$ N/mm^2; $\sigma_{GD} \approx 130$ N/mm^2; $\sigma_{bWN} = 245$ N/mm^2; $K_t = 1$; $K_\sigma \approx 3{,}2$; $\beta_{k\sigma} \approx \beta_{k\sigma\,(Probe)} \approx 2{,}6$; $K_g \approx 0{,}84$; $K_{0\sigma} \approx 0{,}89$ für $R_z = 6{,}3$ µm; $K_v = 1$; $S_{D\,min} = 1{,}5$; $S_z = 1{,}2$).

11.21 a) $S_d \approx 3{,}54 > S_{D\,erf} = 1{,}8$ ($F_A \approx 1{,}62$ kN; $F_B \approx 0{,}59$ kN; $M_{b\,max} \approx 1{,}3 \cdot 10^5$ Nmm; $T \approx 2{,}87 \cdot 10^5$ Nmm; $W \approx 6280$ mm^3; $W_p \approx 12\,560$ mm^3; $\sigma_{ba} \approx 20{,}7$ N/mm^2; $\tau_{ta} \approx 11{,}4$ N/mm^2; $K_\tau \approx 1{,}5$; $K_\sigma \approx 2{,}0$; $\beta_{k\sigma} \approx \beta_{k\sigma\,(Probe)} \approx 1{,}7$; $\beta_{k\tau} \approx \beta_{k\tau\,(Probe)} \approx 1{,}3$; $K_g \approx 0{,}89$; $K_{0\sigma} \approx 0{,}91$; $K_{0\tau} \approx 0{,}95$; $\sigma_{GD} \approx 90$ N/mm^2; $\tau_{GD} \approx 70$ N/mm^2; $S_{D\,min} = 1{,}5$; $S_z = 1{,}2$).
b) $S_D \approx 2{,}6 > S_{D\,erf} = 1{,}8$ ($W_p \approx 5300$ mm^2; $\tau_{ta} \approx 27$ N/mm^2; $\beta_{k\tau} \approx \beta_{k\tau\,(Probe)} \approx 1{,}3$; sowohl für Querschnitt mit Passfedernut als auch für Wellenabsatz; $K_g \approx 0{,}91$; $K_{0\tau} \approx 0{,}95$; $K_v = 1$; $K_\tau \approx 1{,}5$; $\tau_{GD} \approx 70$ N/mm^2; $S_{D\,min} = 1{,}5$; $S_z = 1{,}2$).
c) H7/j6 oder H7/k6.

11.22 a) $n_{erf} = 27{,}6$ min^{-1}; $i_{Getr.} = 35{,}5$; $d_1 = 85$ mm; $S_F \approx 2{,}23$; $S_D \approx 3{,}0$ ($d_1' \approx 76{,}1$ mm; $F_w = 25{,}5$ kN; $T \approx 2649$ Nm; $T_{max} \approx 5300$ Nm; $M \approx 2233$ Nm; $M_{max} \approx 4670$ Nm; $R_{p0,2N} = 295$ N/mm^2; $K_{t\,(Zugfestigkeit)} \approx 0{,}89$; $K_{t\,(Streckgrenze)} = 1$; $\sigma_{bF} \approx 315$ N/mm^2; $\tau_{tF} \approx 180$ N/mm^2; $\sigma_{b\,max} \approx 93{,}4$ N/mm^2; $W \approx 50\,000$ mm^3; $W_p \approx 87\,800$ mm^3; $\tau_{t\,max} \approx 64{,}0$ N/mm^2; $\sigma_{ba} \approx 37{,}0$ N/mm^2; $K_\sigma \approx 2{,}25$; $\beta_{k\sigma\,(Probe)} \approx 1{,}75$; $K_\alpha \approx 0{,}96$; $K_{\alpha\,(Probe)} \approx 0{,}9$; $\beta_{k\sigma} \approx 1{,}8$, $K_g \approx 0{,}84$; $K_{0\sigma} \approx 0{,}9$; $K_v \approx 1$; $S_{D\,erf} = 1{,}8$; $S_{D\,min} = 1{,}5$; $S_z = 1{,}2$);
b) $d_2 = 75$ mm; $S_F \approx 2{,}1$ ($W_p \approx 61\,500$ mm^3; $\tau_{t\,max} \approx 86{,}2$ N/mm^2; $S_{F\,min} = 1{,}5$);
c) $D = L = 145$ mm;
d) Passfeder DIN 6885–A25 × 14 × 140.

11.23 Der Verdrehwinkel im Bereich zwischen den Zahnrädern beträgt bei Belastung $\approx 0{,}2°$; ($l = 370$ mm, $G = 81\,000$ N/mm^2, $I_p \approx 4{,}021 \cdot 10^6$ mm^3).

11.24 $n_{kb} \approx 36\,000$ min^{-1}; ($f \approx 0{,}688 \cdot 10^{-3}$ mm).

11.25 $n_{kb} \approx 5290$ min^{-1}; ($d \approx 60$ mm, $f_{max} \approx 0{,}032$ mm, $k = 1$).

11.26 $n_{kb} \approx 2960$ min^{-1}; ($\omega_0 \approx 1273$ s^{-1}, $n_{k0} \approx 12\,270$ min^{-1}, $\omega_1 \approx 752$ s^{-1}, $n_{k1} \approx 7180$ min^{-1}, $\omega_2 \approx 400$ s^{-1}, $n_{k2} \approx 3820$ min^{-1}, $\omega_3 \approx 752$ s^{-1}, $n_{k3} \approx 7180$ min^{-1}.

11.27 Resonanz ist möglich, da die verdrehkritische Drehzahl $n_k \approx 420$ min^{-1} beträgt und diese damit in den gefährlichen Bereich von $n_k' = 3 \cdot 150$ min^{-1} $= 450$ min^{-1} gerät. ($\omega_k \approx 44$ s^{-1}, $c \approx 21{,}14 \cdot 10^6$ Nm, $I_p \approx 3{,}91 \cdot 10^{-4}$ m^4).

11.28 $f_{max} \approx 0{,}21$ mm; $\tan\alpha \approx 0{,}0012$, $\tan\beta \approx 0{,}0011$. Zur Lagerung der Welle können die vorgesehenen Lager eingesetzt werden, da die Schiefstellung in den Lagern jeweils kleiner als die zulässige ist ($\alpha \approx 4'$, $\beta \approx 3'\,47''$).

Querschnittsstelle	Durchmesser in cm	Biegemoment in KNcm	Trägheitsmoment in cm^4	Quotient M/I in KN/cm^3	Flächeninhalte (Hilfskräfte) in kN/cm^2
1	6	80	63,6	1,26	$A_1 = 2{,}52$
	8		201	0,3	$A_2 = 4{,}83$
2	8	216	201	1,08	
3	8	232	201	1,15	$A_3 = 7{,}8$
	10		491	0,47	$A_4 = 2{,}9$
4	10	240	491	0,49	
	8		201	1,19	$A_5 = 8{,}61$
5	8	256	201	1,27	
6	8	192	201	0,96	$A_6 = 7{,}8$
	7,5		155	1,24	$A_7 = 13$
7	7,5	32	155	0,21	
	6		63,6	0,5	$A_8 = 1{,}4$

$$f_{max} = \frac{1}{E} \cdot y_{max} \cdot H = \frac{1}{2100\,\text{kN/cm}^2} \cdot 22\,\text{cm} \cdot 20\,\text{kN/cm}^2 = 0{,}021\,\text{cm} = 0{,}21\,\text{mm}$$

$$\tan\beta = \frac{A_B}{E} = \frac{23{,}5\,\text{kN/cm}^2}{2100\,\text{kN/cm}^2} = 0{,}0011$$

$$\tan\alpha = \frac{A_A}{E} = \frac{24{,}5\,\text{kN/cm}^2}{2100\,\text{kN/cm}^2} = 0{,}0012$$

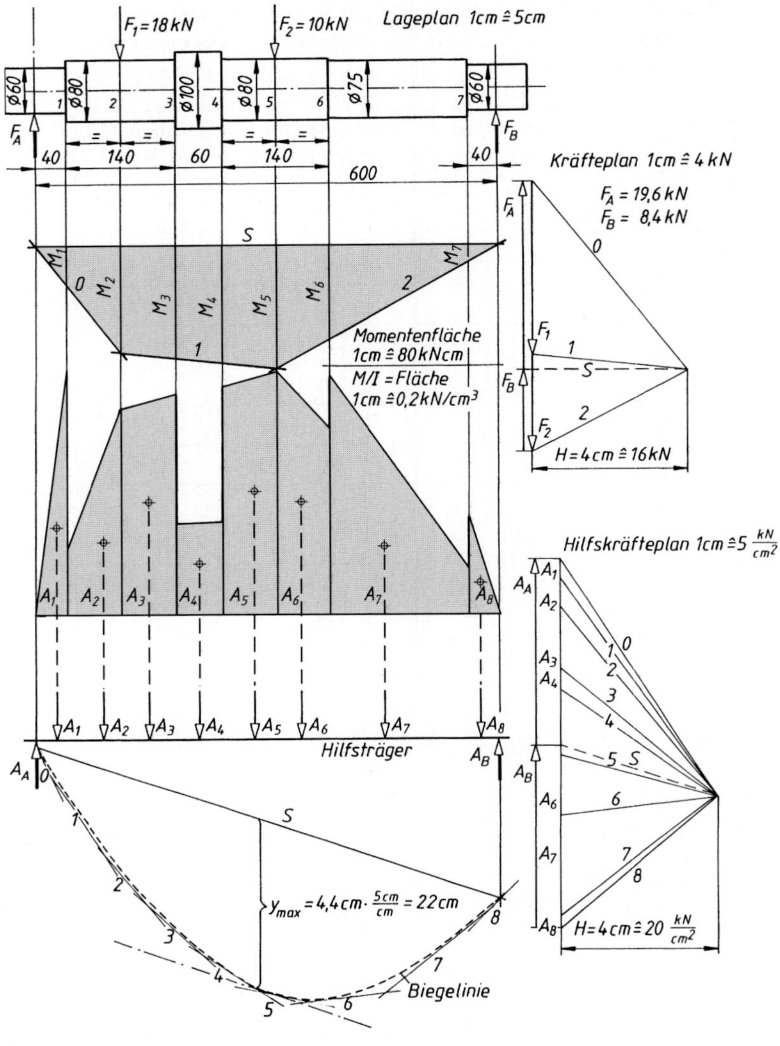

11.29 $n_{kb} \approx 8700\ \text{min}^{-1}$; ($f_{max} \approx 0{,}012$ mm, $k = 1$); weitere Zahlenwerte siehe zeichnerische Lösung.

Gewichtskräfte in N	G_1	G_2	G_3	G_4	G_5	G_6	G_I	G_{II}
	9	55	37	55	62	9	250	850

Querschnittsstelle	Durchmesser in cm	Biegemoment in KNcm	Trägheitsmoment in cm^4	Quotient M/I in KN/cm^3	Flächeninhalte (Hilfskräfte) in kN/cm^2
1	6	1,48	63,6	23	$A_1 = 92$
2	6	2,94	63,6	46	
	8		201	15	$A_2 = 193$
3	8	8,06	201	40	
4	8	11,04	201	55	$A_3 = 333$
	10		491	23	
5	10	12,3	491	25	$A_4 = 153$
6	10	13,5	491	28	
	8		201	67	$A_5 = 511$
7	8	15,9	201	79	
8	8	12,2	201	61	$A_6 = 490$
	7,5		155	79	
9	7,5	7,6	155	49	$A_7 = 846$
10	7,5	2,34	155	15	
	6		63,6	37	$A_S = 74$
11	6	1,18	63,6	19	

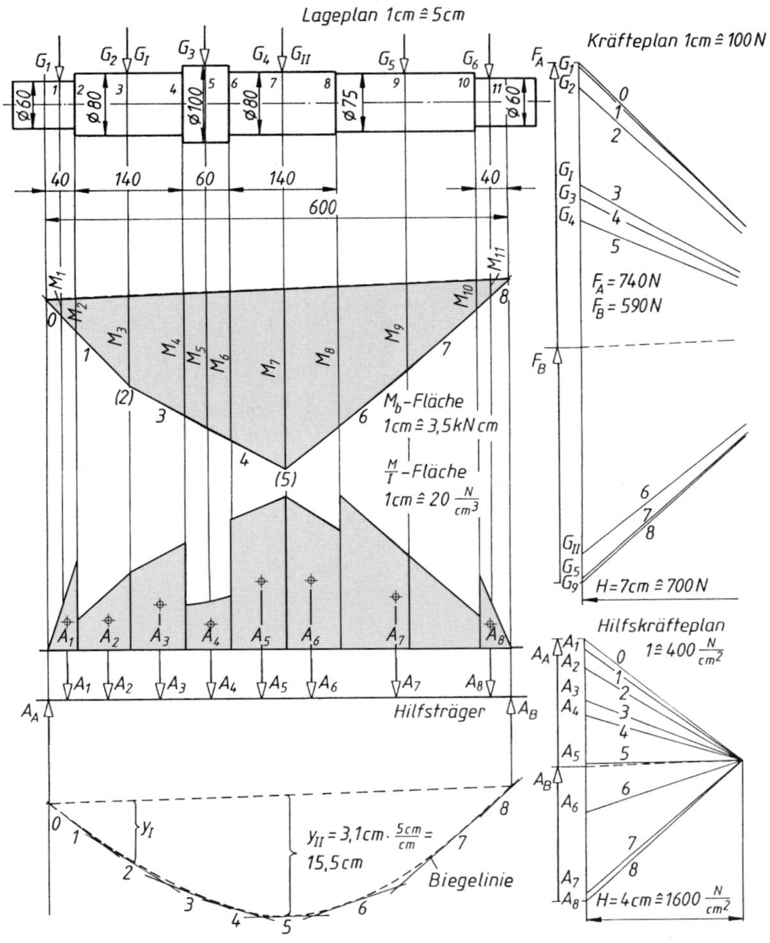

12 Elemente zum Verbinden von Wellen und Naben

12.1 Ausführung mit Passfeder DIN 6885–A18 × 11 × 80 möglich; ($l_4 = 85$ mm, $l = 80$ mm, $p_{vorh} \approx 74$ N/mm², $p_{zul} \approx 177$ N/mm², $h' \approx 4{,}9$ mm, $l' = 62$ mm, $K_t = 1{,}0$, $R_{p0,2} = 230$ N/mm², $S_F \approx 1{,}3$); geeignete ISO-Toleranzklassen: Nabenbohrung H7, Welle m6 (k6).

12.2 Die vorgesehene Passfeder DIN 6885–A10 × 8 × 32 ist ausreichend, da $p_{vorh} \approx 15$ N/mm² $\ll p_{zul} \approx 84$ N/mm²; ($T \approx 13{,}4$ Nm, $h' \approx 3{,}6$ mm, $l' = 22$ mm, $K_t = 0{,}76$ mit $d \approx (120 - 35)$ mm, $R_m = 152$ N/mm², $S_B \approx 1{,}8$).

12.3 $L \approx 22$ mm ($T \approx 72$ Nm, $d_m = 28$ mm, $h' = 1{,}6$ mm, $n = 6$, $p_{zul} \approx 65$ N/mm², $K_t = 1{,}0$, $R_{p0,2} = 230$ N/mm², $S_F \approx 2{,}7 \ldots 3{,}6$).

12.4 $Ü_u \approx 39$ µm ($Z_k \approx 33$ µm, $p_{Fk} \approx 53$ N/mm², $F_{R1} \approx 14$ kN, $l_F \approx 25$ mm, $K = 2{,}93$, $G \approx 6$ µm).

12.5 H8/u7 ($Ü_u \approx 43$ µm, $G \approx 8$ µm, $Z_k \approx 35$ µm, $p_{Fk} \approx 16{,}5$ N/mm², $K = 4{,}41$, $F_{Rl} \approx 17{,}5$ kN, $l_F \approx 45$ mm, $Ü_o \approx 166$ µm, $Z_g \approx 158$ µm, $p_{Fg} \approx 75$ N/mm², $K_t = 1{,}0$ mit $d \approx (160 - 100)/2$ mm, $R_{pA} = 235$ N/mm², $S_{pA} = 1{,}1$, $P_T \approx 123$ µm), mit der gewählten Passung $Ü'_u = 70$ µm und $Ü'_o = 159$ µm.

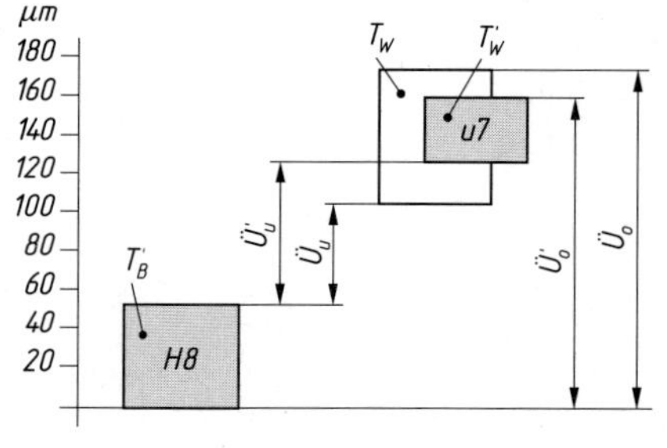

12.6 a) H8/x7 ($Ü_u \approx 244$ µm, $G \approx 10$ µm, $Z_k \approx 234$ µm, $p_{Fk} \approx 68$ N/mm², $F_t \approx 960$ kN, $l_F = 200$ mm, $S_H = 2{,}0$, $\mu = 0{,}18$, $K = 2{,}89$, $Ü_o \approx 422$ µm, $Z_g \approx 412$ µm, $p_{Fg} \approx 120$ N/mm², $K_t = 1{,}0$ mit $d \approx (450 - 250)/2$ mm, $R_{pA} = 300$ N/mm², $S_{pA} = 1{,}0$, $P_T \approx 178$ µm), mit der gewählten Passung $Ü'_u = 353$ µm und $Ü'_o = 471$ µm wird der Maximalwert $Ü_o$ überschritten (Gefahr plastischer Verformung!), somit ist eine direkte Maßangabe für die Welle empfehlenswert.

b) $\vartheta_A \approx 280\,°$C; ($S_u \approx 250$ µm, $\alpha_A \approx 11 \cdot 10^{-6}$ 1/K, $Ü'_o = 471$ µm).

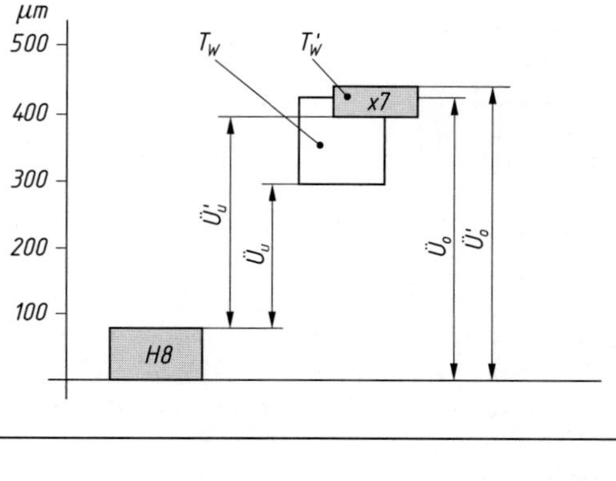

12.7 $F_e \approx 13{,}1$ kN ($p'_{Fg} = 13{,}5$ N/mm², $A_F \approx 13\,900$ mm² mit $l_F \approx 59$ mm, $\ddot{U}'_o = es = 62$ µm für H7/r6, $G \approx 5$ µm, $R_{zAi} \approx 4$ µm, $R_{zIa} \approx 2{,}5$ µm, $Z_g \approx 123$ µm, $p_{FgI} \approx 29$ N/mm², $K = 11{,}84$, $E_I = 95\,000$ N/mm², $\nu_I = 0{,}36$, $R_{pI} \approx 140$ N/mm², $S_{pI} = 1{,}0$, $\mu_e = 0{,}07$).

12.8 Vorgesehen Passung H7/r6 ist nicht ausreichend, da $\ddot{U}'_u < \ddot{U}_u$ ($\ddot{U}_u \approx 44$ µm, $Z_k \approx 36$ µm, $p_{Fk} \approx 3$ N/mm², $F_{Rt} = 9{,}1$ kN, $A_F \approx 17\,600$ mm², $\mu \approx 0{,}17$, $K = 6{,}98$, $Q_A \approx 0{,}84$, $Q_I \approx 0{,}19$, $G \approx 8$ µm, $R_{zAi} \approx 6{,}3$ µm, $R_{zIa} \approx 4$ µm, $\ddot{U}_o \approx 267$ µm $> \ddot{U}'_o$, $Z_g \approx 259$ µm, $p_{Fg} \approx 22$ N/mm², $R_{pA} \approx 140$ N/mm², $S_{pA} = 1{,}1$), mit der Passung $\ddot{U}'_u = 25$ µm und $\ddot{U}'_o = 90$ µm.

12.9 a) H8/u8 ($\ddot{U}_u \approx 23$ µm, $Z_k \approx 13$ µm, $p_{Fk} \approx 20$ N/mm², $F_{R\,res} \approx 42$ kN, $F_{res} \approx 24$ kN, $F_t = 23{,}95$ kN, $l_F = 72$ mm, $S_H = 1{,}75$, $\mu = 0{,}19$, $K = 2{,}85$, $Q_A = 0{,}55$, $G \approx 10$ µm, $\ddot{U}_o \approx 136$ µm, $Z_g \approx 126$ µm, $p_{Fg} = 186$ N/mm², $K_t = 0{,}73$, $R_{pA} = 460$ N/mm², $S_{pA} = 1{,}0$, $P_T = 113$ µm, $\ddot{U}'_u = 31$ µm, $\ddot{U}'_o = 109$ µm).

b) $\vartheta_A \approx 320$ °C ($S_u \approx 55$ µm, $\alpha_A \approx 11 \cdot 10^{-6}$ 1/K, $\ddot{U}'_o = 109$ µm), Mit dieser Temperatur wird die zulässige Temperatur für einsatzgehärteten Stahl $\vartheta_{A\,max} = 200$ °C (s. TB 12-6c) überschritten. Empfohlen wird Unterkühlung mit Trockeneis, dann $\vartheta_A \approx 200$ °C ($\vartheta_I \approx -70$ °C, $\alpha_I \approx -8{,}5 \cdot 10^{-6}$ 1/K).

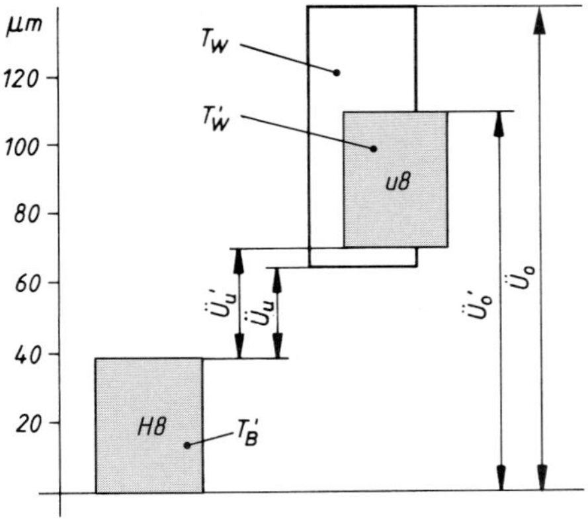

12.10 a) $F_e \approx 5{,}74$ kN ($D_2 = 44$ mm, $D_{mF} = 47$ mm, $\alpha/2 = 2{,}8624°$, $\mu = 0{,}1$),

b) $a_{min} = 0{,}14$ mm, $a_{max} = 0{,}59$ mm; ($Z_k \approx 3{,}8$ µm, $G \approx 10$ µm, $p_{Fk} \approx 4{,}3$ N/mm², $K = 2{,}22$, $Q_A \approx 0{,}47$, $E_A \approx 120\,000$ N/mm², $\nu_A = 0{,}25$, $Z_g \approx 49$ µm, $p_{Fg} = 56{,}7$ N/mm², $K_t = 0{,}84$, $R_{mA} = 252$ N/mm², $S_{pA} = 1{,}0$).

12.11 a) $F_e \approx 81$ kN ($D_2 = 54$ mm, $D_{mF} = 62$ mm, $\alpha/2 = 5{,}71°$, $\mu = 0{,}11$),

b) $a_{min} = 0{,}25$ mm, $a_{max} = 0{,}32$ mm; ($Z_k \approx 34$ µm, $G = 16$ µm, $p_{Fk} \approx 25$ N/mm², $K = 2{,}24$, $Q_A \approx 0{,}5$, $E_A \approx 100\,000$ N/mm², $\nu_A = 0{,}25$, $Z_g \approx 48$ µm, $p_{Fg} \approx 35$ N/mm², $K_t \approx 0{,}8$ mit $d \approx (125 - 62)$ mm, $R_{mA} = 160$ N/mm², $S_{pA} = 1{,}0$).

12.12 a) $n = 2$ ($p_{Fg} \approx 82$ N/mm², $K_t = 1{,}0$, $R_{pA} = 250$ N/mm², $S_{pA} = 1{,}0$, $Q_A \approx 0{,}658$, $p_N = 88{,}6$ N/mm², $T_{eq} = 1146$ Nm, $T_{Tab} = 1120$ Nm, $f_n = 1{,}11$).

b) aufgrund der niedrigeren Nabenpressung wird $F'_S \approx 163$ kN ($F_S = (31 + 145)$ kN).

12.13 Die Verbindung ist ausreichend bemessen, da $T_{ges} = 3656$ Nm $> T_{eq} = 3600$ Nm und die zulässige Flächenpressung der Nabe (und der Welle) nicht überschritten wird ($p_{Fg} \approx 108$ N/mm² $> p_N = 87{,}9$ N/mm², $T_{Tab} = 1810$ Nm, $f_n = 2{,}02$, $K_t = 0{,}67$ mit $d \approx (150 - 80)$ mm, $R_{pA} = 456$ N/mm², $S_{pA} = 1{,}2$, $Q_A \approx 0{,}6276$).

12.14 $n = 2$ ($P_{FgI} \approx 108$ N/mm² $> p_W = 100$ N/mm², $K_t \approx 0{,}93$ für $d = 60$ mm (Wellendurchmesser), $R_{pI} = 274$ N/mm², $S_{pI} = 1{,}1$, $Q_I \approx 0{,}5$, $D_{Ii} \approx 30$ mm, $T_{eq} = 764$ Nm, $T_{Tab} = 705$ Nm, $f_n = 1{,}08$), maßgebend ist die durch die Schrauben geschwächte Welle, wobei die zulässige Flächenpressung durch die Tabellenwerte nicht überschritten wird. (Überschlägig sind 4 Schrauben M12-8.8 zum Verspannen erforderlich. Die hierdurch verursachte Schwächung der Welle wird mit $D_{Ii} \approx 30$ mm berücksichtigt.)

12.15 Die Verbindung ist ausreichend, da $T_{Tab} = 312$ Nm $> T_{eq} = 300$ Nm und die zulässige Flächenpressung der Nabe (und der Welle) nicht überschritten wird $p_{Fg} \approx 166$ N/mm^2 $> p_N = 92$ N/mm^2, $K_t \approx 0{,}6$ für $d \approx (140 - 40)$ mm, $R_{pA} \approx 400$ N/mm^2, $S_{pA} = 1{,}2$, $Q_A \approx 0{,}371$).
Zum Anziehen der Nutmutter ist für das Spannmoment der Tabellenwert $M_s = 401$ Nm vorzusehen.

12.16 a) $p_{Fk} \approx 13$ N/mm^2 ($p_{Fg} \approx 37$ N/mm^2, $K_t \approx 0{,}83$ mit $d \approx (105 - 50)$ mm, $R_{mA} = 166$ N/mm^2, $S_{pA} = 1$, $\mu \approx 0{,}16$, $S_H = 1{,}5$, $K = \pi^2/8$),
b) $F_{Kl} \geq 12{,}9$ kN.

12.17 $F_{Kl} \geq 18{,}1$ kN ($p_{Fg} \approx 40$ N/mm^2 $> p_{Fk} \approx 11$ N/mm^2, $K_t \approx 0{,}93$ mit $d \approx 30$ mm, $R_{mA} = 186$ N/mm^2, $S_{pA} = 1{,}0$, $\mu \approx 0{,}16$, $S_H = 1{,}5$, $T_{eq} = 135$ Nm, $l_1 = 22{,}5$ mm, $l_2 = 52{,}5$ mm).

12.18 $p_{Fk} = 9{,}8$ N/mm^2, $F_{Kl} \geq 5{,}6$ kN ($p_{Fg} = 58{,}3$ N/mm^2, $K_t \approx 0{,}93$ mit $d \approx 60$ mm, $R_{eA} \approx 220$ N/mm^2, $S_{pA} = 1{,}2$, $Q_A \approx 0{,}67$, $\mu \approx 0{,}16$, $S_H = 1{,}5$, $T_{eq} = 50$ Nm, $l_1 = 25$ mm, $l_2 = 52$ mm).

---

13 Kupplungen und Bremsen

13.1 a) Kupplung Bild a):

Aufbau: Im Nabenteil (6) sitzen in einer Lochscheibe über dem Umfang verteilte Kugeln (4). Durch mit einer Ringmutter (1) vorgespannte Tellerfedern (2) werden diese über eine große Druckscheibe (3) in pfannenförmige Vertiefungen des Flanschteiles (5) der Kupplung gepresst, welches auf dem Nabenteil (6) gelagert ist. Die im Durchmesser überstehende Druckscheibe (3) gestattet die mechanische Betätigung eines Endschalters (7).

Wirkungsweise: Beim Überschreiten des durch die Vorspannung der Tellerfedern bestimmten Drehmomentes werden die als Sperrkörper dienenden Kugeln aus den Vertiefungen des Flanschteiles herausgedrückt, die Kupplung ratscht durch und der Kraftfluss wird unterbrochen. Fällt das zu übertragende Drehmoment wieder auf das Nenndrehmoment ab, so wird der Kraftfluss wieder hergestellt.

Um ein zu lange andauerndes Durchratschen der Kupplung zu verhindern, wird über den durch die Axialbewegung der Druckscheibe betätigten Endschalter der Antrieb stillgesetzt.

Kupplung Bild b):

Aufbau: Auf der Profilnabe (1) sind die Fliehgewichte (2) gelagert und durch die Zugfedern (3) über die Belagbügel (4) zusammengehalten. Axial sind die Fliehgewichte (2) durch die Scheiben (5) gesichert. Die Belagbügel (4) weisen am Innenradius eine Sicke auf, die ein seitliches Ausweichen verhindert und die Belagbügel zum Fliehgewicht fixiert.

Wirkungsweise: Wird die Profilnabe (Antrieb) in Drehung versetzt, überwinden die Fliehgewichte infolge der Fliehkraft die Federkraft, legen sich an den Innendurchmesser der Kupplungsglocke (Abtrieb) an und übertragen das auf die Profilnabe wirkende Drehmoment reibschlüssig auf die Kupplungsglocke.

b) Kupplung Bild a): schaltbar – momentbetätigt – kraftschlüssig – reibschlüssig (Sicherheitskupplung, hier Kugelratsche);

Kupplung Bild b): schaltbar – drehzahlbetätigt – kraftschlüssig – reibschlüssig (Fliehkraftkupplung);

c) Kupplung Bild a):  Bild b): 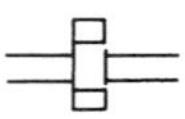

13.2

Fall Nr.	Gewählte Kupplungsart	Begründung
1	Einscheiben-Trockenkupplung	Kostengünstig; Als Sonderkupplungen, ausgelegt auf den Einsatzfall, werden sie allen Forderungen gerecht
2	Nasslaufende Lamellenkupplung (s. Lehrbuch, Bilder 13-36 und 13-40)	kleiner Außendurchmesser erlaubt kleine Achsabstände, Ölumlauf sorgt für gute Wärmeabfuhr (Ölversorgung für Zahnräder und Lager ohnehin erforderlich), alle Betätigungsarten sind möglich
3	Reibungsring-Kupplung („Doppelkonus-Kupplung“, s. Lehrbuch Bild 13-37)	drehspielfreie Übertragung von Wechseldrehmomenten, einfacher und robuster Aufbau, verschlissene Keilreibringe einfach auswechselbar
4	Pneumatisch betätigte Zweiflächen-Kupplung bzw. Zylinderkupplung (s. Lehrbuch Bild 13-43)	Schaltzeiten sind bei großen Drehmomenten kürzer als bei jeder anderen Betätigungsart, feinfühlig einstellbares Drehmoment durch Verändern des Luftdrucks, gleicht Verschleiß selbsttätig aus, gute Wärmeabfuhr
5	Elektromagnetisch betätigte Einflächen-Kupplung (s. Lehrbuch Bild 13-39)	kurze Schaltzeit, kleine Abmessungen, weitgehend wartungsfrei, einfacher Aufbau, günstiger Preis

13.3 $J = 23\ \text{kgm}^2/4 = 5{,}75\ \text{kgm}^2$ oder $J = 23\ \text{kpm}^2 \cdot \text{s}^2/(10\ \text{m} \cdot 4) = 0{,}575\ \text{kpm s}^2$, mit $1\ \text{kp} \approx 10\ \text{kgm/s}^2$ folgt $J = 5{,}75\ \text{kgm}^2$.

13.4 Trägheitsmoment der Spindel:

Teilkörper Nr.	Abmessungen mm	Masse m kg ($\varrho = 7850\ \text{kg/m}^3$)	Durchmesser d m	Trägheitsmoment in kgm^2 $J = \frac{1}{8}md^2$
1	∅ 85 × 125	5,57	0,085	0,0050
2	∅ 105 × 190	12,91	0,105	0,0178
3	∅ 120 × 410	36,40	0,12	0,0655
4	∅ 105 × 140	9,52	0,105	0,0131
5	∅ 85 × 115	5,12	0,085	0,0046
		69,52 kg		**0,106 kgm²**

$J_{\text{ges}} = (0{,}106 + 0{,}07 + 4{,}7)\ \text{kgm}^2 = 4{,}876\ \text{kgm}^2 = 4{,}9\ \text{kgm}^2$

13.5

Teilkörper	Abmessungen mm	Masse m kg	Trägheitsmoment J kgm^2
Nabe (1)	∅ 120 × ∅ 190 × 170	22,74	0,144
Scheibe (2)	∅ 810 × ∅ 190 × 12	45,87	3,969
12 Rippen (3)	▭ 60 × 8 × 310	14,02	0,989
Kranz (4)	≈ ∅ 867 × ∅ 810 × 160	94,29	16,593 ≙ 76,5 %
		176,92 kg	**21,695**

13.6
$$J_{\text{red}} = 0{,}007\ \text{kgm}^2 + \frac{0{,}02\ \text{kgm}^2}{3{,}15^2} + \frac{0{,}028\ \text{kgm}^2}{(3{,}15 \cdot 2{,}5)^2} + 560\ \text{kg}\left(\frac{2{,}5\ \text{m/s}}{150{,}8\ \text{s}^{-1}}\right)^2 = 0{,}164\ \text{kgm}^2$$

13.7 a) Das mittlere Beschleunigungsdrehmoment beträgt ca. $2{,}3\ T_N$,
b) $t_a = 0{,}07\ \text{s}$ ($T_{\text{am}} \approx 2{,}3 \cdot 98\ \text{Nm} = 226\ \text{Nm}$, $\omega = 157\ \text{s}^{-1}$),
c) $\varphi \approx 315°$ (5,5 rad)

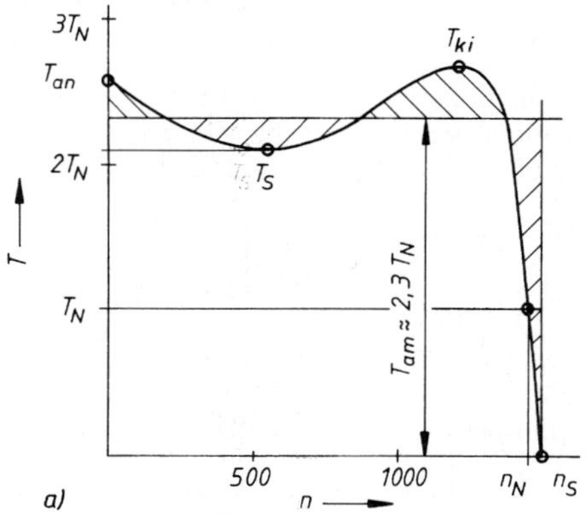

13.8 a) z. B. N-Eupex-Kupplung Baugröße B80 oder Hadeflex-Kupplung, Bauform XW1, Baugröße 28.

b) Die maximal zulässigen Bohrungsdurchmesser der Kupplungsnaben (30 bzw. 28 mm) sind $\geq$ dem Durchmesser 28k6 des Wellenendes vom Drehstrommotor. Die Baugrößen sind damit ausreichend.
Die Anordnung der Kupplungsteile auf den zu verbindenden Wellenenden ist in der Regel beliebig. Für die N-Eupex-Kupplung empfiehlt der Hersteller, die Kupplungshälfte mit den Paketen auf die treibende, bei senkrechter Anordnung auf die untere Welle zu setzen.
Die Nabenbefestigung erfolgt normalerweise mit Passfedern und Stellschrauben. Das Wellenende des Motors ist mit 60 mm wesentlich länger als die Kupplungsnaben (30 bzw. 28 mm), Nabenverlängerungen sind grundsätzlich zu vermeiden. Bei Bedarf werden Ausgleichsbuchsen eingesetzt.

13.9 Systematische Wahl nach Lehrbuch Bild 13-3a: nichtschaltbare Kupplung – nachgiebig – formschlüssig – längs-, quer-, winkel-, drehnachgiebig – elastisch. In Frage kommen gummielastische Kupplungen hoher Elastizität, nach Bild 13-58 also z. B. eine hochelastische Wulstkupplung (Radaflex-Kupplung). Gewählt *Radaflex-Kupplung, Baugröße 10* ($T'_K = 38{,}2\,\text{Nm} \cdot 2{,}4 = 92\,\text{Nm} < T_{KN} = 100\,\text{Nm}$; Antrieb Verbrennungsmotor 1 Zylinder – Anlauf selten – Belastung Volllast, stoßfrei – Kupplung – tägliche Laufzeit 8 h: $K_A \approx 2{,}4$; $T_N = 38{,}2\,\text{Nm}$).

13.10 a) Systematische Auswahl nach Lehrbuch Bild 13-3a: nichtschaltbare Kupplung – nachgiebig – formschlüssig – längs-, quer-, winkel-, drehnachgiebig – elastisch. Geeignet sind gummielastische Kupplungen mittlerer Elastizität, nach Bild 13-58 also z. B. eine elastische Klauenkupplung (N-Eupex-Kupplung).

b) Gewählt *N-Eupex-Kupplung, Baugröße B160* ($T'_K = 276\,\text{Nm} \cdot 1{,}8 = 498\,\text{Nm} < T_{KN} = 560\,\text{Nm}$; Antrieb Elektromotor – Anlauf leicht – Belastung Volllast, mäßige Stöße – Kupplung – tägliche Laufzeit 12 Stunden: $K_A \approx 1{,}8$; $T_N = 276\,\text{Nm}$, Bohrungen der Kupplungsnaben ≤ 65 mm passen zu den Wellenzapfen mit $\varnothing$ 38 mm bzw. $\varnothing$ 50 mm).

13.11 a) Biegenachgiebige Ganzmetallkupplung, z. B. Thomas-Kupplung, Bauform 923 mit Zwischenhülse.

b) Gewählt: Thomas-Kupplung, Bauform 923, Baugröße 25 (bei antriebsseitigem Stoß durch Anfahren mit direkt eingeschaltetem Käfigläufermotor: $T'_K = 340\,\text{Nm} < T_{K\,max} = 1250\,\text{Nm}$, mit $J_L \approx 0{,}125 + 0{,}5 \cdot 0{,}0086 = 0{,}129\,\text{kgm}^2$, $J_A \approx 0{,}045 + 0{,}5 \cdot 0{,}0086 = 0{,}049\,\text{kgm}^2$, $T_{AS} \approx 72{,}4 \cdot 3{,}6 = 261\,\text{Nm}$, $S_A \approx 1{,}8$, $S_z = 1$, $S_t = 1$, $T_{K\,max} = 2{,}5 \cdot 500 = 1250\,\text{Nm}$; $T_N = 72{,}4\,\text{Nm}$, $T_{LN} \approx 63\,\text{Nm}$, $T_{KN} = 500\,\text{Nm}$, $T_{ki} \approx 3{,}6 \cdot T_N$, $J_K = 0{,}0086\,\text{kgm}^2$, $J_M = 0{,}045\,\text{kgm}^2$; Nabenbohrung $d_{max} = 50\,\text{mm} > d_{Welle} = 42\,\text{mm}$). Die nächstkleinere Baugröße 16 wäre festigkeitsmäßig bereits ausreichend, jedoch ist die Nabenbohrung zu klein.

c) $\Delta W_r = \dfrac{\Delta K_r}{S_f \cdot S_t} = 0{,}84$, $F_r = 546\,\text{N}$ ($C_r = 650\,\text{N/mm}$, $S_t = 1{,}0$; $S_f = 1{,}55$).

13.12 Hadeflex-Kupplung, Bauform XW1, Baugröße 48 (Auswahl nach $T'_K = 71{,}7 \cdot 1{,}5 = 108\,\text{Nm}$ und $d_{1\,max} = d_{Motor} = 48\,\text{mm}$, $T_{LN} = 71{,}5\,\text{Nm}$, $S_t = 1{,}5$).
Belastung durch antriebsseitigen Stoß: $T'_K = 386\,\text{Nm} < T_{K\,max} = 3 \cdot 240\,\text{Nm} = 720\,\text{Nm}$ ($J_A = 0{,}0763\,\text{kgm}^2$; $J_L = 0{,}151\,\text{kgm}^2$; $T_{AS} = T_{Ki} = 3 \cdot 71{,}7 = 215\,\text{Nm}$; $S_A = 1{,}8$; $S_z = 1{,}0$).

13.13 a) $T'_K = 279\,\text{Nm} < T_{K\,max} = 300\,\text{Nm}$ ($T_N = 42{,}4\,\text{Nm}$, $J_A = 0{,}051 + 0{,}5 \cdot 0{,}0142 = 0{,}058\,\text{kgm}^2$, $J_L = 0{,}5 \cdot 0{,}0142 + 0{,}040 + 61\,000 \quad (0{,}333/94{,}2)^2 = 0{,}811\,\text{kgm}^2$, $T_{AS} = T_{ki} = 2{,}8 \cdot 42{,}4 = 118{,}8\,\text{Nm}$, $\omega_0 = 94{,}2\,\text{s}^{-1}$, $S_A = 1{,}8$, $S_z = 1{,}0$, $S_t = 1{,}4$ für Wellenreifen aus Naturgummi). Die elastische Wulstkupplung ist richtig ausgelegt.

b) $t_a \approx 1{,}1\,\text{s}$ ($T_{am} \approx 2{,}3 \cdot 42{,}4 - 25 = 72{,}6\,\text{Nm}$, $J_{ges} \approx 0{,}869\,\text{kgm}^2$).

c) $s \approx 0{,}18\,\text{m}$.

13.14 a) $\omega \approx 38\,s^{-1}$ bzw. $n \approx 360\,min^{-1}$ ($t_a \approx 0{,}026\,s$ mit $J = 0{,}018\,kgm^2$, $\omega = 157\,s^{-1}$, $T_N = 36{,}3\,Nm$ und $T_{am} \approx 3 \cdot 36{,}3\,Nm = 109\,Nm$; $\alpha \approx 6050\,s^{-2}$, $\varphi_s = 0{,}122\,rad$).

b) $T_{KS} \approx 228\,Nm$ ($J_A \approx 0{,}018\,kgm^2$, $J_L \approx 0{,}09\,kgm^2$, $\Delta\omega \approx 38\,s^{-1}$). Das Stoßmoment entspricht also dem 6fachen Nenndrehmoment. Drehspiel in den Übertragungselementen unbedingt vermeiden!

13.15 a) Hochelastische (drehspielfreie) Wulstkupplung, z. B. Radaflex-Kupplung;

b) Radaflex-Kupplung, Bauform 300, Baugröße 10 (Belastung durch das Nenndrehmoment: $T'_K = 55\,Nm \cdot 1{,}4 = 77\,Nm < T_{KN} = 100\,Nm$, wenn $T_{LN} = T_N$; Durchfahren der Resonanz: $T'_K = 131\,Nm < T_{K\,max} = 300\,Nm$; Kontrolle des Dauerwechseldrehmomentes: $T'_K = 20\,Nm < T_{KW} = 40\,Nm$; $S_z = 1{,}0$, $S_t = 1{,}4$, $S_f \approx 1{,}6$, $\omega = 157\,s^{-1}$, $V_R = 2\pi/1{,}2 = 5{,}2$. $V = 1/(1{,}74^2 - 1) \approx 0{,}5$; Schwingungsrechnung: $\omega_e = 45\,s^{-1}$, $\omega_k = 45\,s^{-1}/0{,}5 = 90\,s^{-1}$, $n_k = 860\,min^{-1}$, $C_{T\,dyn} = 917\,Nm/rad$, $i = 0{,}5$; $\omega/\omega_k = 1{,}74 > \sqrt{2}$, Anlage arbeitet ruhig im überkritischen Bereich).

13.16

	a) Hadeflex-Kupplung Baugröße 38	b) Radaflex-Kupplung Baugröße 10
Belastung durch das Nenndrehmoment	$T'_K = 43\,Nm \cdot 1{,}4 = 60\,Nm$ $< T_{KN} = 120\,Nm$, mit $S_t = 1{,}4$	$T'_K = 43\,Nm \cdot 1{,}4 = 60\,Nm$ $< T_{KN} = 100\,Nm$, mit $S_t = 1{,}4$
Belastung durch antriebsseitigen Stoß (Kippdrehmoment)	$T'_K = 360\,Nm = T_{K\,max}$ $= 3 \cdot 120\,Nm = 360\,Nm$; mit $J_A = 0{,}0318\,kgm^2$, $T_N = 49{,}6\,Nm$, $T_{AS} = T_{ki}$ $= 3{,}1 \cdot 49{,}6\,Nm = 154\,Nm$, $S_A = 1{,}8$, $S_z = 1{,}0$	$T'_K = 354\,Nm > T_{K\,max} = 3 \cdot 100\,Nm$ $= 300\,Nm$; mit $J_A \approx 0{,}0318$ $+ 0{,}5 \cdot 0{,}0156 = 0{,}0396\,kgm^2$, $J_L \approx 0{,}4 + 0{,}5 \cdot 0{,}0156$ $= 0{,}4078\,kgm^2$, $T_N = 49{,}6\,Nm$, $T_{AS} = T_{ki} = 154\,Nm$, $S_A = 1{,}8$, $S_z = 1{,}0$; Kupplung zu klein !
kritische Kreisfrequenz	$\omega_e = 520\,s^{-1}$, $\omega_k = 520\,s^{-1}/2 \approx 260\,s^{-1}$, $n_k = 2483\,min^{-1}$, mit $C_{T\,dyn} = 8000\,Nm/rad$, $i = 2$, $\omega = 151\,s^{-1}$; $\frac{\omega}{\omega_k} = 0{,}6$, Anlage läuft unterhalb des Resonanzbereiches, ungünstig – zu hart!	$\omega_e = 159\,s^{-1}$, $\omega_k = 159\,s^{-1}/2$ $\approx 80\,s^{-1}$, $n_k = 760\,min^{-1}$, mit $C_{T\,dyn} = 917\,Nm/rad$, $i = 2$, $\omega = 151\,s^{-1}$; $\omega/\omega_k \approx 1{,}9 > \sqrt{2}$; Anlage läuft ruhig außerhalb des Resonanzbereiches
Durchfahren der Resonanz bei lastseitiger Schwingungserregung	Da die Kupplung beim Anfahren den Resonanzbereich nicht durchläuft entfällt Rechnung.	$T'_K = 18\,Nm < T_{K\,max} = 300\,Nm$, mit $V_R = 5{,}2$, $\psi \approx 1{,}2$
Belastung durch Dauerwechseldrehmoment	$T'_K = 8\,Nm < T_{KW}$ $= 0{,}5 \cdot 120\,Nm = 60\,Nm$, mit $V = 1{,}56$, $S_f = \sqrt{151/63} = 1{,}55$	$T'_K = 2\,Nm < T_{KW} = 0{,}4 \cdot 100\,Nm$ $= 40\,Nm$, mit $V = 0{,}39$, $S_f = 1{,}55$
Ergebnis	Bauart ungeeignet	Bauart geeignet, Baugröße 16 wählen

---

13.17 Hochelastische Wulstkupplung, z. B. Radaflex-Kupplung, Bauform 300, Baugröße 40 (Belastung durch Nenndrehmoment: $T'_K = 150\,\text{Nm} \cdot 1{,}1 = 165\,\text{Nm} < T_{KN} = 400\,\text{Nm}$, mit $S_t = 1{,}1$ für Reifen aus NR; Durchfahren der Resonanz: $T'_K \approx 890\,\text{Nm} < T_{K\max} = 3 \cdot 400\,\text{Nm} = 1200\,\text{Nm}$, mit $J_A = 2{,}3 + 0{,}5 \cdot 0{,}175 \approx 2{,}39\,\text{kgm}^2$, $J_L = 0{,}9 + 0{,}5 \cdot 0{,}175 = 0{,}99\,\text{kgm}^2$, $\psi = 1{,}2$, $V_R \approx 2 \cdot \pi/1{,}2 = 5{,}2$, $S_z = 1{,}0$; kritische Kreisfrequenz: $\omega_e = 60{,}7\,\text{s}^{-1}$, $\omega_k = 60{,}7\,\text{s}^{-1}/2 \approx 30\,\text{s}^{-1}$, $n_k = 286\,\text{min}^{-1}$, $\omega = 157\,\text{s}^{-1}$, $C_{T\,dyn} = 2578\,\text{Nm/rad}$, $\omega/\omega_k = 5{,}2 > \sqrt{2}$, Anlage läuft sehr ruhig weit über der Resonanzdrehzahl; Dauerwechseldrehmoment: $T'_K = 11\,\text{Nm} < T_{KW} = 0{,}4 \cdot 400\,\text{Nm} = 160\,\text{Nm}$, mit $V = 1/(5{,}2^2 - 1) \approx 0{,}04$, $S_f \approx 1{,}6$; max. zul. Drehzahl $n_{\max} = 2000\,\text{min}^{-1} > 1500\,\text{min}^{-1}$).

13.18 BSD-Lamellenkupplung, Bauform 100, Baugröße 10 ($T_{Ks} = 91\,\text{Nm} < T_{KNs} = 100\,\text{Nm}$, mit $\omega_A = 152\,\text{s}^{-1}$, $\omega_{L0} = 0$; damit Wahl der Baugröße; $T_{KNü} = 140\,\text{Nm} > T_L = 80\,\text{Nm}$; auftretende Rutschzeit $t_R = 0{,}7\,\text{s} < 0{,}8\,\text{s}$; $W = 5{,}32 \cdot 10^3\,\text{Nm} < W_{zul} = 6 \cdot 10^4\,\text{Nm}$, $W_h = 5{,}32 \cdot 10^3\,\text{Nm} \cdot 120\,\text{h}^{-1} = 0{,}64 \cdot 10^6\,\text{Nm/h} < W_{h\,zul} = 6 \cdot 10^4\,\text{Nm} \cdot 20 = 1{,}2 \cdot 10^6\,\text{Nm/h}$; zul. max. Drehzahl $n_{\max} = 2500\,\text{min}^{-1} > n = 1450\,\text{min}^{-1}$).

13.19 Die Kupplung kann die anfallende Schaltarbeit (Schaltwärme) aufnehmen: $W_h = 7{,}2 \cdot 10^6\,\text{Nm/h} \approx W_{h\,zul} = 7 \cdot 10^6\,\text{Nm/h}$ ($t_R \approx 0{,}17\,\text{s}$, mit $J_L = 1{,}85\,\text{kgm}^2$, $\omega_A = 47\,\text{s}^{-1}$, $\omega_{L0} = 0$; $W \approx 10^4\,\text{Nm}$, $z_h = 720$).

13.20 Elektromagnetisch betätigte BSD-Lamellenkupplung, Bauform 100, Baugröße 16, für Vor- und Rücklauf (Kupplung K_v für den Vorlauf: $T_{Ks} = 124\,\text{Nm} < T_{KNs} = 160\,\text{Nm}$, mit $J_L = J_{red} \approx 15\,000\,\text{kg}\ (1\,\text{m/s}/73{,}3\,\text{s}^{-1})^2 \approx 2{,}8\,\text{kgm}^2$, $\omega_{L0} = 0$; $\omega_A = 73{,}3\,\text{s}^{-1}$ und $T_L = 1500\,\text{N} \cdot 0{,}25\,\text{m}/(2 \cdot 2{,}5 \cdot 3{,}55) = 21\,\text{Nm}$; $t_R \approx 1{,}5\,\text{s} < 2\,\text{s}$; $W \approx 8680\,\text{Nm} < W_{zul} = 70 \cdot 10^3\,\text{Nm}$, $W_h = 8680\,\text{Nm} \cdot 120\,\text{h}^{-1} = 1{,}04 \cdot 10^6\,\text{Nm/h} < W_{h\,zul} = 1{,}4 \cdot 10^6\,\text{Nm/h}$. Kupplung K_r für den Rücklauf: $T_{Ks} = 52\,\text{Nm} < T_{KNs} = 160\,\text{Nm}$, mit $J_L = J_{red} \approx 3000\,\text{kg}\ (1{,}5\,\text{m/s}/73{,}3\,\text{s}^{-1})^2 \approx 1{,}26\,\text{kgm}^2$ und $T_L = 300\,\text{N} \cdot 0{,}25\,\text{m}/(2 \cdot 1{,}7 \cdot 3{,}55) \approx 6\,\text{Nm}$; Baugröße 6,3 ausreichend, aber aus baulichen Gründen gleiche Größe wie für K_v gewählt).

13.21 a) Verbrennungsmotor und Fliehkraftkupplung haben ihre größte Leistung im oberen Drehzahlbereich. Richtig aufeinander abgestimmt schaltet die Kupplung erst über der Motor-Leerlaufdrehzahl, so dass der Verbrennungsmotor sein volles Drehmoment entwickeln kann, ohne abgewürgt zu werden und bei Leerlaufdrehzahl vollkommen frei (unbelastet) läuft.

b) – Motor kann annäherend unbelastet hochlaufen (geringer Anlaufstrom bei E-Motoren, lastfreies Anlaufen von Verbrennungsmotoren).
– Sanfter Anlauf der Arbeitsmaschine.
– Schweranläufe können mit kleineren Motoren durchgeführt werden, die Antriebsmaschine wird vor Überlastung geschützt.
– Sie können auch als Sicherheitskupplungen eingesetzt werden.

c) Rutschzeit (Anfahrzeit) ca. 23 s ($\omega = 157\,\text{s}^{-1}$, $T_N = T_{KNs} = 191\,\text{Nm}$, $J_L = 16{,}7\,\text{kgm}^2$, $T_L = 0{,}4 \cdot 191\,\text{Nm} = 76{,}4\,\text{Nm}$).

d) Die Kupplung weist bei einmaliger Schaltung eine ausreichende Schaltarbeit auf, da $W = 0{,}34 \cdot 10^6\,\text{Nm} < W_{zul} = 0{,}44 \cdot 10^6\,\text{Nm}$.

13.22 a) Rutschzeit (Anfahrzeit) $t_R \approx 60\,\text{s}$ ($J_{red} = 86\,\text{kgm}^2/0{,}8^2 \approx 135\,\text{kgm}^2$, $\omega_A = 102\,\text{s}^{-1}$, $\omega_{L0} = 0$).

b) Einmalige Schaltung: $W = 0{,}70 \cdot 10^6\,\text{Nm} \approx W_{zul} = 0{,}698 \cdot 10^6\,\text{Nm}$, Dauerschaltung: $W_h = 2{,}8 \cdot 10^6\,\text{Nm} \approx W_{h\,zul} = 2{,}77 \cdot 10^6\,\text{Nm}$. Die Kupplung ist wärmemäßig ausgelastet.

c) Erforderliche Motornennleistung ca. 64 kW. Der erforderliche Motor, z. B. Baugröße 315 S, ist für diesen Fall 3...4mal teurer als beim Anfahren mit Anlaufkupplung und rechtfertigt die Anschaffung der Kupplung bei weitem ($T_a \approx 1370\,\text{Nm}$, $T_N = 1370\,\text{Nm}/2{,}2 \approx 623\,\text{Nm}$, $\omega_A = 102\,\text{s}^{-1}$).

13.23 a) Rutschzeit $t_R \approx 5{,}9\,s$ ($T_N = 2590\,Nm$, $T_L \approx 0{,}4 \cdot 2590\,Nm = 1036\,Nm$, $J_L \approx 280\,kgm^2$, $\omega_A = 62\,s^{-1}$, $\omega_{L0} = 0$).

b) Schaltarbeit $W = 0{,}73 \cdot 10^6\,Nm$. Mit dem Kuplungshersteller wäre noch zu klären, ob diese Schaltarbeit zulässig ist.

13.24 a) $\Delta\varphi = 4°\,42'$ ($\varphi_2 = 44°\,42'$),

b) $n_{2\,max} = 117{,}9\,min^{-1}$ und $n_{2\,min} = 84{,}8\,min^{-1}$ bzw. $\omega_{2\,max} = 12{,}35\,s^{-1}$ und $\omega_{2\,min} = 8{,}88\,s^{-1}$ ($\omega_1 = 10{,}47\,s^{-1}$),

c) $T_{2\,max} = 117{,}9\,Nm$ und $T_{2\,min} = 84{,}8\,Nm$.

13.25 a) $n_{2\,max} = 608\,min^{-1}$ und $n_{2\,min} = 515\,min^{-1}$,

b) $T_{2\,max} = 371\,Nm$ und $T_{2\,min} = 314\,Nm$ ($T_1 = T_3 = 341\,Nm$),

c) $M = 145\,Nm$,

d) $F_A = F_B = 580\,N$.

13

14 Wälzlager

14.1 a) $L_{10} = 24{,}4 \cdot 10^6$ Umdrehungen ($C = 29$ kN, $P = 10$ kN).
b) $F_{r\,zul} \mathrel{\widehat{=}} P = 12{,}6$ kN ($L_{10} = 12{,}2 \cdot 10^6$ Umdrehungen). Die radiale Lagerkraft nimmt im Verhältnis zur Abnahme der Lebensdauer nur wenig zu.

14.2 a) $C \approx 39{,}15$ kN ($p = 3$), daher gewählt
Rillenkugellager DIN 625–6014 mit $C = 39$ kN, $d = 70$ mm, $D = 110$ mm, $B = 20$ mm
–6211 mit $C = 43$ kN, $d = 55$ mm, $D = 100$ mm, $B = 21$ mm
–6308 mit $C = 42{,}5$ kN, $d = 40$ mm, $D = 90$ mm, $B = 23$ mm
–6406 mit $C = 42{,}5$ kN, $d = 30$ mm, $D = 90$ mm, $B = 23$ mm
b) $C \approx 34{,}15$ kN ($p = 10/3 = 3{,}33$), daher gewählt
Zylinderrollenlager DIN 5412–NU 1010 mit $C = 36$ kN, $d = 50$ mm, $D = 80$ mm, $B = 16$ mm
–NU 206E mit $C = 39$ kN, $d = 30$ mm, $D = 62$ mm, $B = 16$ mm
–NU 305E mit $C = 41{,}5$ kN, $d = 25$ mm, $D = 62$ mm, $B = 17$ mm

Bei Ausnutzung der Tragfähigkeit, aber unterschiedlicher Maßreihe (MR) ergeben sich verschiedene Lagerabmessungen. Im allgemeinen nehmen die Kosten mit kleinerer Bohrungskennzahl je nach Lagerkraft und MR ab; preiswerte Lager sind in jedem Fall Rillenkugellager.

14.3 a) $L_{10h} \approx 4000$ Betriebsstunden ($C = 62$ kN);
b) $F_{r\,zul} \mathrel{\widehat{=}} P = 7{,}92$ kN ($C/P = 7{,}83$ bei $L_{10h} \approx 8000$ Betriebsstunden, $p = 3$),
c) $n \approx 500\ \text{min}^{-1}$.

14.4 a) $d = 50$ mm, gewählt Zylinderrollenlager DIN 5412–NU210E mit $C = 64$ kN, $D = 90$ mm, $B = 20$ mm; $L_{10h} \approx 8100$ Betriebsstunden (vgl. 14.3).
b) MR 03, daher gewählt Zylinderrollenlager DIN 5412–NU310E mit $C = 110$ kN, $D = 110$ mm, $B = 27$ mm: $L_{10h} \approx 49\,000$ Betriebsstunden.

Die Lagerabmessungen des Rillenkugellagers und des Zylinderrollenlagers sind nur bei gleicher Maßreihe MR dieselben, d. h. Lager austauschbar.

14.5 Erforderlich für Kugellager $C \geq 28{,}7$ kN ($p = 3$, $P = F_r$ bzw. $f_L \approx 2{,}5$, $f_n \approx 0{,}4$) gewählt Rillenkugellager DIN 625–6210 mit $C = 36{,}5$ kN, $D = 90$ mm, $B = 20$ mm bzw. Pendelkugellager DIN 630–1310 mit $C = 41{,}5$ kN, $D = 110$ mm, $B = 27$ mm; erforderlich für Rollenlager $C \geq 24$ kN ($p = 10/3$ bzw. $f_L \approx 2{,}3$, $f_n \approx 0{,}44$) gewählt Zylinderrollenlager DIN 5412–NU1010 mit $C = 36$ kN, $D = 80$ mm, $B = 16$ mm. Geringster Einbauraum mit Zylinderrollenlager oder Rillenkugellager; preiswertestes und somit günstigstes Lager ist das Rillenkugellager.

14.6 $L_{5\,ah} \approx 5700$ Betriebsstunden ($C = 163$ kN, $F_r = P$, $L_{10} \approx 277{,}2 \cdot 10^6$ Umdrehungen, $L_{10h} \approx 4600$ Betriebsstunden; $d_m = 157{,}5$ mm, $\nu_1 \approx 12\ \text{mm}^2/\text{s}$, $\kappa \approx 2$, $a_{23} = 2$, $a_1 = 0{,}62$, $K_1 = 0$, $K_2 \approx 2$, $K \approx 2$, $a_{23\,\text{II}} \approx 2$, $V = 1$, $s = 1$).

14.7 $L_{10h} \approx 25\,000$ Betriebsstunden ($C = 42{,}5$ kN, $C_0 = 23{,}2$ kN; $F_a/C_0 = 0{,}052$, somit $e \approx 0{,}25$, $F_a/F_r = 0{,}3 > e$, daher $X = 0{,}56$, $Y \approx 1{,}73$, $P = 4{,}32$ kN; $f_n \approx 0{,}375$, $f_L = 3{,}68$.

14.8 und $L_{10h} \approx 25\,000$ Betriebsstunden > Richtwert $L_{10h} \approx 4000 \ldots 20\,000$ Betriebsstunden nach LB 14-7 ($C = 42{,}5$ kN, $C_0 = 25$ kN, $F_a/C_0 \approx 0{,}06$, $e = 0{,}26$, $F_a/F_r = 0{,}5 > e$, $X = 0{,}56$, $Y \approx 1{,}67$, $P = 4{,}2$, $f_n \approx 0{,}35$, $f_L = 3{,}54$.

14.9 $L_{10h} \approx 23\,000$ Betriebsstunden < max. Richtwert $L_{10h} \approx 75\,000$ Betriebsstunden. Damit genügt das Schrägkugellager DIN 628–3212 mit $C = 72$ kN ($F_a/F_r = 0{,}45 < 0{,}68$, $X = 1$, $Y = 0{,}92$, $P = 5{,}66$ kN. $f_n = 0{,}28$, $f_L \approx 3{,}6$ nicht den Anforderungen.

14.10 a) Für $L_{10h} = 10\,000$ Betriebstunden ergibt sich $f_L \approx 2{,}7$, $f_n \approx 0{,}32$; $F_a/F_r = 0{,}55 > e$ in jedem Fall, also $X = 0{,}56$ und sicherheitshalber $Y = 1{,}8$ geschätzt, so dass $P \approx 6{,}2$ kN und $C \approx 52{,}3$ kN; gewählt Rillenkugellager DIN 625–6309 mit $C = 53$ kN, $C_0 = 32$ kN. Nachprüfung: $L_{10h} \approx 13\,000$ Betriebsstunden ausreichend ($F_a/C_0 = 0{,}07$, $e \approx 0{,}27$, $F_a/F_r = 0{,}55 > e$, $X = 0{,}56$, $Y \approx 1{,}6$, $P = 5{,}76$ kN, $f_L \approx 2{,}94$).

b) Abmessungen: $d = 45$ mm, $D = 100$ mm, $B = 25$ mm, $r_{1s} = r_{2s} = 1{,}5$ mm $= r_{as} = r_{bs}$, $h_{min} = 4{,}5$ mm für Durchmesserreihe 3, somit $d_1 = d + 2h_{min} = 54$ mm, gewählt $d_1 = 56$ mm, also wirklich $h = 5{,}5$ mm $< h_{max} = 6{,}25$ mm.

14.11 Stehlager: erforderlich für $L_{10h} \approx 15\,000$ Betriebsstunden $f_L \approx 3{,}1$, $f_n \approx 0{,}75$ je Lager $P = F_r = F/2$ wird $C \geq 22{,}7$ kN, daher gewählt bei d_1 Spannhülse DIN 5415–H216 mit $d = 80$ mm für 2 Pendelkugellager DIN 630 – 1216K mit $C = 40$ kN, bei MR 02 $D = 140$ mm. $B = 26$ mm und Stehlagergehäuse DIN 736–SN516, womit $L_{10h} \approx 80\,000$ Betriebsstunden wäre.

14.12 Für $L_{10h} \approx 50\,000$ Betriebsstunden bei $n \approx 28\ \text{min}^{-1}$ ($f_n = 1{,}06$, $f_L \approx 4{,}6$, $P = F_r = F_A/2$) erforderlich $C \geq 21{,}7$ kN sind geeignet: 2 Pendelkugellager DIN 630–1210 mit $C = 22{,}8$ kN, $d_1 = 50$ mm. $D = 90$ mm, $B = 20$ mm; Anschlussmaße für DR2 $r_{1s} = 1{,}1$ mm, $r_{as} = 1$ mm, $h_{min} = 3{,}5$ mm, somit $h_{wirkl} = 5$ mm $< h_{max} = 5{,}25$ mm; Toleranzen: Gehäusebohrung H7, Achszapfen k6.

14.13 a) $d = 95$ mm für Pendelrollenlager DIN 635–22319E mit $C = 560$ kN ($F_a/F_r = 0{,}2 < e = 0{,}33$, $X = 1$, $Y = 2$, $P = 70$ kN, $C \geq 540$ kN, $f_n \approx 0{,}48$, $f_L \approx 3{,}7$).

b) $L_{10h} \approx 43\,000$ Betriebsstunden ($f_L \approx 3{,}8$).

14.14 $L_{10h} \approx 55\,000$ Betriebsstunden > 32 500 Betriebsstunden ($v \approx 11{,}1$ m/s, $n \approx 470\ \text{min}^{-1}$, $f_n \approx 0{,}45$; $C = 335$ kN, $e = 0{,}34$, $F_a/F_r = 0{,}1 < e$, $Y = 2$, $P = 36$ kN, $f_L \approx 4{,}1$).

14.15 a) Pendelrollenlager DIN 635–22317K mit $C = 455$ kN für $d = 85$ mm, $D = 180$ mm, $B = 60$ mm; und Abziehhülse DIN 5416–AHX2317 mit $d_1 = 80$ mm, M95 × 2, $L = 74$ mm, $a = 4$ mm, $b = 13$ mm.

b) $f_L \approx 3{,}01 \approx f_{L\,min} = 3$ ($f_n \approx 0{,}53$, $F = P$).

14.16 a) $d = 60$ mm, $D = 110$ mm, $B = 44$ mm.

b) $L_{10h} \approx 17\,000$ Betriebsstunden > 15000 Betriebsstunden, ausreichend ($F_a/F_r = 0{,}75 < e = 1{,}14$, $P = 11{,}3$ kN, $C = 91$ kN bei $C_{Einzel} = 56$ kN, $f_n \approx 0{,}4$, $f_L \approx 3{,}22$.

c) Schrägkugellager DIN 628–3212 mit $C = 69{,}5$ kN nicht geeignet, denn $L_{10h} \approx 6300$ Betriebsstunden < 13 500 ... 50 000 Betriebsstunden, obwohl $B = 36{,}5$ mm günstiger wäre ($P = 11{,}96$ kN, $f_L \approx 2{,}32$).

14.17 Festlager: Schrägkugellager DIN 628–7314B: Erreichbare Lebensdauer $L_{nah} \approx 26\,000$ h. Sie liegt damit im unteren Bereich der anzustrebenden Lebensdauer für Kreiselpumpen nach TB 14-7 ($F_a/F_r = 1{,}29 > e = 1{,}14$, $P = 10{,}28\text{kN} = P_0^*$, $C_{Einzel} = 114$ kN, $C \approx 185$ kN, $C_{0\,Einzel} = 86{,}5$ kN, $C_0 \approx 173$ kN, $f_n \approx 0{,}28$, $f_L \approx 5$, $L_{10h} \approx 64\,000$ h, $d = 70$ mm, $D = 150$ mm, $d_m = 110$ mm, $\nu_1 \approx 11\ \text{mm}^2/\text{s}$, $\kappa \approx 1{,}8$, $a_1 = 1$, $f_s^* \approx 16{,}8$, $K_1 = 0$, $K_2 = 0$, $K = 0$, $a_{23\,II} \approx 2{,}3$, $s \approx 0{,}18$, $V = 2$ (Metallabrieb und Eindringen von Kondenswasser), $a_{23} \approx 0{,}4$).

Loslager: Zylinderrollenlager DIN 5412–NU314E: Erreichbare Lebensdauer $L_{nah} \approx 40\,000$ h. Sie entspricht dem Mittelwert der anzustrebenden Lebensdauer nach TB 14-7 ($P = F_r = P_0^*$, $C = 204$ kN, $C_0 = 220$ kN, $f_n \approx 0{,}32$, $f_L \approx 5{,}93$, $L_{10h} \approx 190\,000$ h, d, D, d_m, ν_1, κ, a_1, K_1, K_2, K, $a_{23\,II}$, V wie oben, $f_s^* \approx 22$, $s \approx 0{,}1$, $a_{23} \approx 0{,}23$.

14.18 a) Lager 1: $F_{r1} = 7{,}23$ kN, $F_a = 0$;
Lager 2: $F_{r2} = 2{,}12$ kN, $F_a = 6$ kN.
b) Zylinderrollenlager DIN 5412–NU213E: $L_{10h} \approx 46\,000$ Betriebsstunden ausreichend. ($C_1 = 108$ kN, $P_1 = F_{r1}$, $f_n \approx 0{,}26$, $f_L \approx 3{,}88$).
Schrägkugellager DIN 628–7213B: $L_{10h} \approx 20\,000$ Betriebsstunden noch ausreichend. ($C_{Einzel} = 64$ kN, $C_2 = 104$ kN, $f_n \approx 0{,}22$, $F_a/F_{r2} \approx 2{,}83 > e = 1{,}14$, $P_2 = 6{,}79$ kN, $f_L \approx 3{,}42$.

14.19 Lager I: $L_{10hI} \approx 20\,000$ Betriebsstunden für Kegelrollenlager DIN 720–30308A
($C_I = 91{,}5$ kN, $e_I = 0{,}35$, $Y_I = 1{,}74$, $F_{rI}/Y_I \approx 4{,}89$ kN $> F_{rII}/Y_{II} = 3{,}26$, so dass $F_{aI} = 3{,}63$ kN für $F_a > 0{,}81$ kN, $F_{aI}/F_{rI} = 0{,}43 > e_I$, $P_I = 9{,}7$ kN, $f_n \approx 0{,}32$, $f_{LI} \approx 3{,}0$.
Lager II: $L_{10hII} \approx 22\,000$ Betriebsstunden für Kegelrollenlager DIN 720–30306A
$F_{aII} = 1{,}63$ kN, $F_{aII}/F_{rII} = 0{,}26 < e_{II} = 0{,}31$, $P_{II} = F_{rII}$, $C_{II} = 60$ kN, $f_{LII} \approx 3{,}10$.

14.20 Lager I: $L_{10hI} \approx 31\,000$ Betriebsstunden
($F_a = 0$, $F_{rI}/Y_I = 4{,}89$ kN $> F_{rII}/Y_{II} \approx 1{,}32$ kN, so dass $F_{aI} = 2{,}44$ kN und $F_{aI}/F_{rI} \approx 0{,}29 < e_I = 0{,}35$, $P_I \mathrel{\hat{=}} F_{rI}$, $f_{LI} \approx 3{,}44$).
Lager II: $L_{10hII} \approx 28\,000$ Betriebsstunden
($F_{aII} = F_{aI}$, $F_{aII}/F_{rII} = 1 \gg e_{II} = 0{,}31$, $X_{II} = 0{,}4$, $Y_{II} = 1{,}9$, $P_{II} = 5{,}75$ kN, $f_{LII} = 3{,}34$).

14.21 Zylinderrollenlager DIN 5412–NU1008 mit $C = 29$ kN, wirklich $L_{10h} \approx 73\,000$ Betriebsstunden, $d = 40$ mm, $D = 68$ mm, $B = 15$ mm; $r_{1s} = 1$ mm, $r_{as} = r_{bs} = 1$ mm, $h_{min} = 2{,}3$ mm ($h_{max} = 3{,}45$ mm) ($n_m \approx 324\ \text{min}^{-1}$, $q_1 = 16{,}25\,\%$, $q_2 = 30\,\%$, $q_3 = 10\,\%$, $q_4 = 2{,}5\,\%$, $q_5 = 16{,}25\,\%$, $q_6 = 25\,\%$; $P_i \approx 3{,}29$ kN, $f_n \approx 0{,}5$, erforderlich $C \approx 19{,}7$ kN, wirklich mit gewählt C wird $f_L \approx 4{,}41$).

14.22 a) $F_{a1} = 40$ kN, $F_{a2} = 60$ kN
b) $P \approx 143{,}7$ kN ($Y = 3{,}06$, $F_1 = 124$ kN, $F_2 = 186$ kN, $n_m = 395\ \text{min}^{-1}$, $p = \frac{10}{3} \approx 3{,}33$)
$L_{10h} \approx 19\,500$ Betriebsstunden ($C = 900$ kN, $f_n \approx 0{,}48$, $f_L = 3{,}0$).

14.23 a) Rillenkugellager DIN 625–6409 nicht ausreichend, da $L_{10h} \approx 17\,000$ Betriebsstunden $< 18\,000$ Betriebsstunden.
($C = 76{,}5$ kN, $C_0 = 45$ kN, $f_n \approx 0{,}285$, $F_a/C_0 \approx 0{,}056$, $F_a/F_{Ar} \approx 0{,}556 > e \approx 0{,}255$, $X = 0{,}56$, $Y \approx 1{,}7$, $P = 6{,}77$ kN, $f_L \approx 3{,}22$), daher gewählt:
Schrägkugellager DIN 628–3309B (zweireihig), $L_{10h} \approx 11\,500$ Betriebsstunden nicht ausreichend ($C = 68$ kN, $F_a/F_{Ar} \approx 0{,}556 < e = 0{,}68$, $P = 6{,}8$ kN, $f_L \approx 2{,}85$ *oder* trotz größerer Einbau-Breite paarweise in X- bzw. O-Anordnung. Schrägkugellager DIN 628–7309B (einreihig), $L_{10h} \approx 53\,000$ Betriebsstunden $\gg 18\,000$ Betriebsstunden ($C_{Einzel} = 60$ kN, $C = 97{,}5$ kN, $F_a/F_{Ar} \approx 0{,}56 < e = 1{,}14$, $P \approx 5{,}88$ kN, $f_L \approx 4{,}73$).
b) Rillenkugellager DIN 625–6309, $L_{10h} \approx 40\,000$ Betriebsstunden ausreichend ($C = 53$ kN, $P = F_{Br}$, $f_L \approx 4{,}32$).
c) Welle k5 (k6); Gehäuse H7 D = 100 mm, $r_{1s} = 1{,}5$ mm, $r_{as} = r_{bs} = 1{,}5$ mm, $h_{min} = 4{,}5$ mm ($h_{max} = 6{,}75$ mm).
Schrägkugellager, paarweise $B = 50$ mm, sonst wie vorher.
Rillenkugellager $B = 25$ mm, sonst wie oben.

14.24 $L_{10h} \approx 44\,000$ Betriebsstunden $> 18\,000$ Betriebsstunden
($C_{Einzel} = 132$ kN, $C \approx 226{,}4$ kN, $f_n \approx 0{,}32$, $F_a/F_{Ar} \approx 0{,}36 > e = 0{,}35$, $X = 0{,}67$, $Y = 1{,}74$, $P \approx 18{,}86$ kN, $f_L \approx 3{,}84$.

14.25 a) Lagerstelle A – Festlager: Rillenkugellager DIN 625–6310 oder Schrägkugellager DIN 628–3310
Lagerstelle B – Loslager: Rillenkugellager DIN 625–6209 oder Zylinderrollenlager DIN 5412–NU209E

b) F_A in Richtung F_t: $F_{Ar} \approx 15{,}23$ kN ($F_{Ax} \approx 15{,}18$ kN, $F_{Ay} \approx 1{,}2$ kN)
$F_{Br} \approx 2{,}82$ kN ($F_{Bx} \approx 2{,}78$ kN, $F_{By} \approx 0{,}45$ kN)
F'_A entgegen F_t: $F'_{Ar} \approx 12{,}31$ kN ($F'_{Ax} \approx 12{,}25$ kN, $F_{Ay} \approx 1{,}2$ kN)
$F'_{Br} \approx 8{,}66$ kN ($F_{Bx} \approx 8{,}65$ kN, $F_{By} \approx 0{,}45$ kN)

c) Lagerstelle A mit $F_r \mathrel{\hat{=}} F_{Ar} = 15{,}23$ kN, $F_a = 1{,}2$ kN beansprucht
gewählt: Rillenkugellager $L_{10h} \approx 9000$ Betriebsstunden genügt nicht ($C = 62$ kN, $C_0 = 38$ kN, $F_a/C_0 \approx 0{,}03$, $e = 0{,}23$, $F_a/F_r \approx 0{,}08 < e$, daher $P = F_r$, $f_n \approx 0{,}64$, $f_L \approx 2{,}6$)
Schrägkugellager (zweireihig) $L_{10h} \approx 17\,000$ Betriebsstunden genügt ($C = 81{,}5$ kN, $C_0 = 62$ kN, $F_a/F_r < e = 0{,}68$, $X = 1$, $Y = 0{,}92$, $P \approx 16{,}3$ kN, $f_L \approx 3{,}42$)
Lagerstelle B mit $F_r \mathrel{\hat{=}} F'_{Br} = 8{,}66$ kN
gewählt: Rillenkugellager $L_{10h} \approx 6000$ Betriebsstunden genügt nicht ($C = 31$ kN, $P = F_r$, $f_L \approx 2{,}29$)
Zylinderrollenlager $L_{10h} \approx 100\,000$ Betriebsstunden, genügt in jedem Fall ($C = 61$ kN, $C_0 = 63$ kN, $f_n \approx 0{,}67$, $f_L \approx 4{,}72$)

d) gewählt Lagerstelle A: Schrägkugellager DIN 628–3310B
Lebensdauer $L_{5ah} \approx 10\,000$ Betriebsstunden $\mathrel{\hat{=}}$ gerade der Mindesterwartung für Universalgetriebe (s. TB 14-7)
($d_m = 80$ mm, $\nu_1 \approx 45$ mm²/s, $f_s^* \approx 4{,}07$, $\kappa \approx 1{,}1$, $K_1 = 0$, $K_2 \approx 4{,}5$, $K \approx 4{,}5$, $V = 1$, $s = 1$, $a_1 = 0{,}62$, $a_{23\,II} = a_{23} \approx 0{,}9$)
Lagerstelle B: Zylinderrollenlager DIN 5412–NU209E
Lebesndauer $L_{5ah} \approx 96\,000$ Betriebsstunden
($d_m = 65$ mm, $\nu_1 \approx 48$ mm²/s, $f_s^* \approx 7{,}23$, $\kappa \approx 1{,}04$, $K_1 = 0{,}6$, $K_2 \approx 1$, $K \approx 1{,}6$, $V = 1$, $s = 1$, $a_1 = 0{,}62$, $a_{23\,II} = a_{23} \approx 1{,}6$)

e) Eingebaut für Lagerstelle A: Schrägkugellager DIN 628–3310, $d = 50$ mm, $D = 110$ mm, $B = 44{,}4$ mm, $r_{1s} = 2$ mm $= r_{as} = r_{bs}$, $h_{min} = 5{,}5$ mm.
für Lagerstelle B: Zylinderrollenlager DIN 5412–NU209E, $d = 45$ mm, $D = 85$ mm, $B = 19$ mm; $r_{1s} = 1{,}1$ mm, $r_{as} = r_{bs} = 1$ mm, $h_{min} = 3{,}5$ mm.
Toleranzen: Welle k6 (k5), Gehäuse H7 (H6).

14.26 gewählt Rillenkugellager DIN 625–6207 mit $C_0 = 15{,}3$ kN
($F \approx 9{,}81 \cdot m = 14{,}72$ kN, $F_{r0} = P_0 = 7{,}36$ kN, $f_S = 1$, $f_T = 0{,}6$, erforderlich $C_0 \geq 12{,}27$ kN).

14.27 Rillenkugellager DIN 625–6205 mit $C_0 = 7{,}8$ kN
($F_{r0} \mathrel{\hat{=}} F_{Ar} = F_{Br} = 5$ kN, $F_a = F \mathrel{\hat{=}} F_{a0} = 2{,}5$ kN, $F_{a0}/F_{r0} = 0{,}5 < e = 0{,}8$, daher $P_0 \mathrel{\hat{=}} F_{r0} = 5$ kN, $f_S = 1$, erforderlich $C_0 = 5$ kN).

---

15 Gleitlager

15.1 $\nu_{20} \approx 225\ \text{mm}^2/\text{s}$ ($\eta_{20} \approx 203$ mPa s), $\nu_{40} \approx 68\ \text{mm}^2/\text{s}$ ($\eta_{40} \approx 61$ mPa s), $\eta_{50} \approx 38$ mPa s ($\nu_{50} \approx 42\ \text{mm}^2/\text{s}$), $\eta_{100} \approx 7{,}3$ mPa s ($\nu_{100} \approx 8{,}2\ \text{mm}^2/\text{s}$).

15.2 a) $\varrho_{40} \approx 888\ \text{kg/m}^3$
b) $\eta_{40} \approx 60$ mPa s ($\nu_{40} = 68\ \text{mm}^2/\text{s}$)

15.3 $So \approx 0{,}24$ und $\varepsilon \approx 0{,}15$, so dass $h_0 = 85\ \mu\text{m} \gg h_{0\,\text{zul}} = 9\ \mu\text{m}$ ($p_\text{L} \approx 0{,}44\ \text{N/mm}^2 < p_{\text{L zul}} = 5\ \text{N/mm}^2$, $\omega_\text{eff} \approx 576\ \text{s}^{-1}$, $u_\text{w} \approx 28{,}8$ m/s, $\eta_\text{eff} \approx 12{,}5 \cdot 10^{-9}\ \text{Ns/mm}^2$, $\psi_\text{B} = 2 \cdot 10^{-3}$). Die Welle läuft trotz relativ großen Lagerspiels nahezu zentrisch im Gleitraum und neigt bei auftretender Unwucht wegen mangelhafter Radialführung bei unregelmäßigem Wellenlauf zur Instabilität und zu Schwingungen. Empfohlen wird daher ein Mehrflächengleitlager mit $\psi_\text{B} < 1$ ‰ zur Stabilisierung der Welle.

15.4 a) $h_0 \approx 39\ \mu\text{m} \gg h_{0\,\text{zul}} = 9\ \mu\text{m}$ bei $\varepsilon \approx 0{,}64$ für $b/d_\text{L} = 1{,}5$, $So \approx 2$ mit $p_\text{L} \approx 3{,}47\ \text{N/mm}^2 < p_{\text{L zul}} = 5\ \text{N/mm}^2$ ($\eta_\text{eff} = 44$ mPa s $= 44 \cdot 10^{-9}\ \text{Ns/mm}^2$, $u_\text{w} \approx 3{,}8$ m/s, $\omega_\text{eff} \approx 31{,}4\ \text{s}^{-1}$, $\psi_\text{B} \approx 0{,}88 \cdot 10^{-3}$); Welle läuft störungsfrei (Bereich B);
b) $n'_\text{ü} \approx 42\ \text{min}^{-1}$, empfohlen $n_\text{w}/n'_\text{ü} \approx 7{,}1 > 3{,}8$ für $u_\text{w} > 3$ m/s ($V_\text{L} \approx 16{,}3\ \text{dm}^3$, $C_\text{ü} = 1$), d. h. ausreichend niedrig; bei evtl. Betriebsunterbrechungen und Anlaufen unter Last besser $n'_\text{ü}$ noch niedriger, was durch Erhöhen von η_eff erreichbar wäre.

15.5 a) 100 H7: $EI = 0$, $ES = +35\ \mu\text{m}$; 100 d6: $es = -120\ \mu\text{m}$, $ei = -142\ \mu\text{m}$; $s_{\text{B max}} \approx s_{\text{E max}} = 0{,}177$, $s_{\text{B min}} \approx s_{\text{E min}} = 0{,}120$ mm;
b) $\psi_\text{B} = 1{,}49$ ‰.

15.6 a) Mit $p_{\text{L zul}} = 5\ \text{N/mm}^2$ für $b = d_\text{L}$ errechnet $d_\text{L} = 44{,}7$ mm, gewählt Bauform kurz mit $d_\text{L} = 56$ mm: Gleitlager DIN 7474–A56 × 40–2K, $p_L \approx 4{,}5\ \text{N/mm}^2$.
b) zulässig $R_\text{zW} = R_\text{zL} = 4\ \mu\text{m}$.
c) $\psi_\text{B} = 1{,}59$ ‰ ($ES = 30\ \mu\text{m}$, $EI = 0$, $es = -30\ \mu\text{m}$, $ei = -60\ \mu\text{m}$, $s_{\text{E max}} = 0{,}090$ mm, $s_{\text{E min}} = 0{,}030$ mm, $\psi_\text{E} = 1{,}07$ ‰, $\Delta\psi = 0{,}52$ ‰, $\alpha_\text{W} = 11 \cdot 10^{-6}\ K^{-1}$, $\alpha_\text{L} = 24 \cdot 10^{-6}\ \text{K}^{-1}$, $\Delta s_\text{max} = 0{,}0292$ mm, $\Delta s_\text{min} = 0{,}0291$ mm, $s_{\text{B max}} = 0{,}119$ mm, $s_{\text{B min}} = 0{,}059$ mm).

15.7 a) $\psi_\text{E} = 1{,}2$ ‰.
b) $\psi_\text{B} = 1{,}34$ ‰, $s_\text{B} = 0{,}134$ mm ($\alpha_\text{W} = 11 \cdot 10^{-6}$ 1/°C, $\Delta\psi = 0{,}14 \cdot 10^{-3} = 0{,}14$ ‰).
c) $\varepsilon = 0{,}86$ ($h_{0\,\text{zul}} = 7\ \mu\text{m}$ für $d_\text{L} = 100$ mm, $u_\text{w} = 5{,}24$ m/s);
d) $\eta_\text{eff} = 20 \cdot 10^{-9}\ \text{Ns/mm}^2 \mathrel{\widehat{=}} 20$ mPa s ($p_\text{L} = p_{\text{L zul}} = 7\ \text{N/mm}^2$, $\omega_\text{eff} = 104{,}7\ \text{s}^{-1}$, $So \approx 6{,}0$ für $b/d_\text{L} = 0{,}95$, ISO-Viskositätsklasse ISO VG 22); gewählt Schmieröl DIN 51 501–L–AN22 ($\nu_{40} = 22\ \text{mm}^2/\text{s} \pm 10\,\%$, $\eta_{40} \approx 20$ mPa s).

15.8 a) $p_\text{L} = 2\ \text{N/mm}^2 < p_{\text{L zul}} = 5\ \text{N/mm}^2$;
b) $\eta_\text{eff} \approx 9{,}5 \cdot 10^{-9}\ \text{Ns/mm}^2$ bei $\vartheta_\text{eff} = 60$ °C für ISO VG 22;
c) $So \approx 2{,}23$ ($\omega_\text{eff} = 209{,}4\ \text{s}^{-1}$, $\psi_\text{B} = 1{,}49 \cdot 10^{-3}$);
d) $\varepsilon \approx 0{,}75$ ($b/d_\text{L} = 0{,}8$) für S_o bei störungsfreiem Betrieb (Bereich B);
e) $h_0 \approx 19\ \mu\text{m} > h_{0\,\text{zul}} = 9\ \mu\text{m}$ ($u_\text{w} \approx 10{,}5$ m/s); $\beta \approx 35$° (halbumschließend).

15.9 a) $s_B \approx 0{,}09$ mm festgelegt aus $\psi_B = 1{,}12\,‰$ (errechnet $\psi_B \approx 1{,}11\,‰$ für $u_w = 3{,}77$ m/s);
b) $p_L \approx 4{,}7$ N/mm² $< p_{L\,zul} = 5$ N/mm²; $\eta_{eff} \approx 23 \cdot 10^{-9}$ Ns/mm² für $\vartheta_0 = \vartheta_{eff}$, $\omega_{eff} = 94{,}25\ s^{-1}$, $So \approx 2{,}72$, somit $\varepsilon \approx 0{,}79$ für $b/d_L = 0{,}75$; rechnerisch $\mu/\psi_B \approx 2{,}12$, $\beta \approx 36°$, $P_R \approx 201$ W ($\mu \approx 2{,}37 \cdot 10^{-3}$), also $\vartheta_L \mathrel{\hat=} \vartheta_m = 70{,}3\,°C$, so dass $|\vartheta_m - \vartheta_0| = 0{,}3\,°C < 2\,°C$ ausreichend genau, d. h. Betrieb möglich, da auch $\vartheta_L < \vartheta_{L\,zul}$;
c) $h_0 \approx 9{,}4\ \mu m > h_{0\,zul} = 7\ \mu m$;
d) $\dot V_D \approx 7\ cm^3/s = 0{,}42$ l/min mit $\dot V_{D\,rel} \approx 0{,}13$.

15.10 a) $p_L = 2{,}13$ N/mm² $< p_{L\,zul} = 5$ N/mm² für Lagerwerkstoff-Gruppe Sn-Pb-Legierung ($d'_L \approx 141{,}42$ mm, $b' = 53{,}03$ mm).
b) $b'/d'_L \approx 0{,}375$, $n_w = 25\ s^{-1}$, $u_w = 7{,}85$ m/s, $\omega_{eff} = 157{,}08\ s^{-1}$, $\psi_B =$ konst.

Zustandsgröße	Einheit	Rechenschritt (Rundwerte)	
		1	2
$\vartheta_0 \mathrel{\hat=} \vartheta_{eff}$	°C	60	82,5
η_{eff}	Ns/mm²	$18 \cdot 10^{-9}$	$9 \cdot 10^{-9}$
So	–	1,68	3,35
ε	–	0,82	0,89
β	°	31	25
μ/ψ_B	–	3,48	2,24
P_R	Nm/s, W	651	419
$\vartheta_L \mathrel{\hat=} \vartheta_m$	°C	105,1	81,9
$\lvert\vartheta_m - \vartheta_0\rvert$	°C	45,1	0,4

Iteration eingestellt, da $|\vartheta_m - \vartheta_0| < 2\,°C$ und $\vartheta_L \approx 82° < \vartheta_{L\,zul} = 90\,°C$
c) $\dot V_D \approx 1{,}134$ l/min;
d) $h_0 \approx 8\ \mu m > h_{0\,zul} = 7\ \mu m$.

15.11 $p_L = 2{,}59$ N/mm², $\omega_{eff} = 78{,}54\ s^{-1}$, $u_w = 2{,}36$ m/s, $n_w = 12{,}5\ s^{-1}$, $\psi_E = 1 \cdot 10^{-3}$, $b/d_L = 0{,}75$, $\alpha_L = 24 \cdot 10^{-6}$ 1/°C, $\alpha_w = 11 \cdot 10^{-6}$ 1/°C.

Zustandsgröße	Einheit	Rechenschritt (Rundwerte)		
		1	2	3
$\vartheta_0 \mathrel{\hat=} \vartheta_{eff}$	°C	60	68,8	66,9
η_{eff}	Ns/mm²	$66 \cdot 10^{-9}$	$44 \cdot 10^{-9}$	$48 \cdot 10^{-9}$
ψ_B	–	$1{,}52 \cdot 10^{-3}$	$1{,}63 \cdot 10^{-3}$	$1{,}61 \cdot 10^{-3}$
So	–	1,15	1,99	1,78
ε	–	0,64	0,74	0,72
β	°	46	40	42
μ/ψ_B	–	3,79	2,58	2,78
P_R	W	95	70	74
$\vartheta_L \mathrel{\hat=} \vartheta_m$	°C	77,5	65	67
$\lvert\vartheta_m - \vartheta_0\rvert$	°C	17,5	3,8	–

Iteration eingestellt, da $|\vartheta_m - \vartheta_0| < 2\,°C$ und $\vartheta_L < \vartheta_{L\,zul}$
Das Lager kann noch mit natürlicher Kühlung betrieben werden.

15.12 a) $p_L = 2$ N/mm² $< p_{L\,zul} = 5$ N/mm².
b) 1. $\vartheta_{a0} = 60\,°C$, $\vartheta_{eff} = 50\,°C$, $\eta_{eff} = 13{,}5 \cdot 10^{-9}$ Ns/mm²; $b/d_L = 0{,}8$, $So \approx 1{,}05$, ($n_w = 50\ s^{-1}$, $\omega_{eff} \approx 314{,}2\ s^{-1}$), $\varepsilon \approx 0{,}61$, $\beta \approx 48°$, $\mu/\psi_B \approx 4$, $P_R \approx 1497\ W$ ($u_w = 15{,}7$ m/s); $\dot V_D \approx 49\,157$ mm³/s ($\dot V_{D\,rel} \approx 0{,}105$), $\dot V_{pZ} \approx 3455$ mm³/s ($q_T = 2{,}03$, $\dot V_{pZ\,rel} \approx 0{,}047$), $\dot V = 52\,612$ mm³/s; $\vartheta_L \mathrel{\hat=} \vartheta_a = 55{,}8\,°C$, d. h. Iteration, weil $|\vartheta_{a0} - \vartheta_a| = 4{,}2\,°C > 2\,°C$;
2. $\vartheta_{a0\,neu} = 57{,}9\,°C$, $\vartheta_{eff} = 49\,°C$, $\eta_{eff} = 14 \cdot 10^{-9}$ Ns/mm²; $So \approx 1$, $\varepsilon \approx 0{,}6$, $\beta \approx 49°$, $\mu/\psi_B \approx 4{,}15$, $P_R \approx 1552$ W; $\dot V_D \approx 48\,220$ mm³/s ($\dot V_{D\,rel} \approx 0{,}103$), $\dot V_{pZ} \approx 3332$ mm³/s ($q_T = 2{,}03$, $\dot V_{pZ\,rel} \approx 0{,}047$), $\dot V = 51\,552$ mm³/s; $\vartheta_L \mathrel{\hat=} \vartheta_a = 56{,}7\,°C$, $|\vartheta_a - \vartheta_{ad}| = 1{,}2\,°C < 2\,°C$. Iteration eingestellt, denn auch $\vartheta_L \approx 57° < \vartheta_{L\,zul} = 100\,°C$.
c) $h_0 = 29{,}8\ \mu m > h_{0\,zul} = 9\ \mu m$, d. h. Verschleißgefährdung für stationären Betrieb nicht gegeben.

15.13 a) $p_L = 1{,}94\ \text{N/mm}^2 < p_{L\,zul} = 7\ \text{N/mm}^2$ nach Erfahrungswert.

b) $\psi_E \approx 1{,}16\,‰$ ($u_w \approx 4{,}4$ m/s),
$\psi_B = 1{,}44\,‰$ ($\Delta\psi = 0{,}28 \cdot 10^{-3}$ für $\alpha_L = 18 \cdot 10^{-6}$ 1/°C, $\alpha_w = 11 \cdot 10^{-6}$ 1/°C, $\vartheta_{eff} = 60$ °C bei $\vartheta_{a0} = 70$ °C.

c) $\omega_{eff} = 125{,}66\ \text{s}^{-1}$, $b/d_L = 1$, $q_T \approx 2{,}4$.

Zustandsgröße	Einheit	Rechenschritt (Rundwerte) 1	2
$\vartheta_0 \mathrel{\widehat{=}} \vartheta_{a0}$ bzw. $\vartheta_{a0\,neu} = 0{,}5\ (\vartheta_{a0\,alt} + \vartheta_a)$	°C	70	65,8
$\vartheta_{eff} = 0{,}5\ (\vartheta_e + \vartheta_{a0})$	°C	60	57,9
η_{eff}	Ns/mm²	$24 \cdot 10^{-9}$	$26{,}5 \cdot 10^{-9}$
ψ_B	–	$1{,}44 \cdot 10^{-3}$	$1{,}42 \cdot 10^{-3}$
So	–	1,33	1,17
ε	–	0,61	0,58
β	°	50	52
μ/ψ_B rechnerisch	–	3,22	3,523
P_R	W	194	209
$\dot{V}_{D\,rel}$	–	0,12	0,11
$\dot{V}_D$	mm³/s	7448	6732
$\dot{V}_{pZ\,rel}$	–	0,223	0,21
$\dot{V}_{pZ}$	mm³/s	1903	1556
$\vartheta_L \mathrel{\widehat{=}} \vartheta_a$	°C	61,5	64
$\lvert\vartheta_{a0} - \vartheta_a\rvert$	°C	8,5	1,6

Iteration eingestellt, da $|\vartheta_m - \vartheta_0| < 2$ °C und auch $\vartheta_L \leq \vartheta_{L\,zul}$
$h_0 \approx 20{,}9\ \mu\text{m} > h_{0\,zul} = 7\ \mu\text{m}$, keine Gefährdung.

15.14 a) $p_L = 2{,}59\ \text{N/mm}^2$, $\omega_{eff} = 78{,}54\ \text{s}^{-1}$, konstant $\dot{V} \approx 8333\ \text{mm}^3/\text{s}$, $u_w \approx 2{,}36$ m/s, $b/d_L = 0{,}75$, $\alpha_L = 24 \cdot 10^{-6}$ 1/°C, $\alpha_w = 11 \cdot 10^{-6}$ 1/°C.

Zustandsgröße	Einheit	Rechenschritt (Rundwerte) 1	2
$\vartheta_0 \mathrel{\widehat{=}} \vartheta_{a0}$ bzw. $\vartheta_{a0\,neu} = 0{,}5\ (\vartheta_{a0\,alt} + \vartheta_a)$	°C	50	48,8
$\vartheta_{eff} = 0{,}5\ (\vartheta_e + \vartheta_{a0})$	°C	40	39,4
η_{eff}	Ns/mm²	$200 \cdot 10^{-9}$	$210 \cdot 10^{-9}$
$\psi_B = \psi_E + \Delta\psi$	–	$1{,}26 \cdot 10^{-3}$	$1{,}25 \cdot 10^{-3}$
So	–	0,26	0,25
ε	–	0,29	0,28
β	°	69	70
μ/ψ_B rechnerisch	–	12,76	13,22
P_R	W	264	273
$\vartheta_L \mathrel{\widehat{=}} \vartheta_a$	°C	47,6	48,2
$\lvert\vartheta_{a0} - \vartheta_a\rvert$	°C	2,4	0,6

Iteration eingestellt, da $|\vartheta_a - \vartheta_{a0}| < 2$ °C und auch $\vartheta_L \leq \vartheta_{L\,zul}$

b) $h_0 \approx 27\ \mu\text{m} > h_{0\,zul} = 8\ \mu\text{m}$.

c) Für $So \leq 0{,}3$ kann die Welle im Lager zu Schwingungen angeregt werden, daher wenn möglich Schmieröl mit niedrigerer η_{eff} wählen, andernfalls MF-Lager verwenden.

15.15 a) $p_L = 5\,N/mm^2 < p_{L\,zul} = 7\,N/mm^2$; $n_w = 33{,}33\,s^{-1}$, $u_w = 12{,}57\,m/s$, $\omega_{eff} = 209{,}4\,s^{-1}$, $\alpha_w = 11 \cdot 10^{-6}\,1/°C$, $\alpha_L = 18 \cdot 10^{-6}\,1/°C$;
$\vartheta_L \mathrel{\hat=} \vartheta_m \approx 458\,°C \gg \vartheta_{L\,zul}$ ($\vartheta_0 \mathrel{\hat=} \vartheta_{eff} = 60\,°C$, $\eta_{eff} \approx 35 \cdot 10^{-9}\,Ns/mm^2$; $\psi_B = 1{,}28 \cdot 10^{-3}$, wenn $\psi_E = 1 \cdot 10^{-3}$ und $\Delta\psi = 0{,}28 \cdot 10^{-3}$; $So \approx 1{,}12$, $\varepsilon \approx 0{,}73$, $\beta \approx 38°$, $\mu/\psi_B \approx 4{,}33$, $P_R \approx 2507\,W$). Die Rechnung wird nicht weitergeführt, da natürliche Kühlung nicht in Betracht kommt.

b) $\vartheta_e = 50\,°C$, $p_Z = 0{,}5\,N/mm^2$.

Zustandsgröße	Einheit	Rechenschritt (Rundwerte) 1	2
$\vartheta_0 \mathrel{\hat=} \vartheta_{a0}$ bzw.	°C	70	74,8
$\vartheta_{a0\,neu} = 0{,}5\,(\vartheta_{a0\,alt} + \vartheta_a)$			
$\vartheta_{eff} = 0{,}5\,(\vartheta_e + \vartheta_{a0})$	°C	60	62,4
η_{eff}	Ns/mm^2	$35 \cdot 10^{-9}$	$32 \cdot 10^{-9}$
$\psi_B = \psi_E + \Delta\psi$	–	$1{,}28 \cdot 10^{-3}$	$1{,}3 \cdot 10^{-3}$
So	–	1,12	1,26
ε	–	0,73	0,76
β	°	38	37
μ/ψ_B rechnerisch	–	4,33	4,07
P_R	W	2507	2394
$\dot V_{D\,rel}$	–	0,086	0,09
$\dot V_D$	mm^3/s	39832	42336
q_L	–	1,24	1,24
$\dot V_{pZ\,rel}$	–	0,136	0,143
$\dot V_{pZ}$	mm^3/s	7041	8483
$\vartheta_L \mathrel{\hat=} \vartheta_a$	°C	79,7	76,2
$\lvert\vartheta_{a0} - \vartheta_a\rvert$	°C	9,7	1,4

Iteration eingestellt, da $|\vartheta_a - \vartheta_{a0}| < 2\,°C$ und auch $\vartheta_L = 76\,°C < \vartheta_{L\,zul}$

c) $h_0 \approx 18{,}7\,\mu m > h_{0\,zul} = 9\,\mu m$ keine Gefährdung.

15.16 a) $p_T \approx 158\,N/cm^2 \approx 16\,bar$ ($r_a = 10\,cm$, $r_i = 8\,cm$);

b) $\dot V \approx 5{,}71\,cm^3/s \approx 0{,}343\,dm^3/min$ ($h_{0\,zul} = 14{,}5\,\mu m \approx 0{,}015\,mm \approx 0{,}0015\,cm$, somit $h_0 = 0{,}003\,cm$, $p_T \approx 158\,N/cm^2$, $\eta_{eff} \approx 17{,}5 \cdot 10^{-7}\,Ns/cm^2$);

c) $\Delta\vartheta \approx 3\,°C$ ($P_R \approx 23{,}7\,Nm/s$ bzw. W, $P_P \approx 11{,}3\,W$ mit $p_T \approx 158\,N/cm^2$, $\omega_{eff} = 20{,}94\,s^{-1}$. $c \approx 2000\,Nm/(kg \cdot °C)$ für $\varrho_{15} \approx 915\,kg/m^3$ und 60 °C, $\dot V \approx 5{,}71 \cdot 10^{-6}\,m^3/s$).

15.17 a) $h_0 = 125\,\mu m$ (Faktor 15, $d_m = 270\,mm$, $h_{0\,zul} = 25\,\mu m$);

b) $p_Z \approx 140\,N/cm^2 \approx 14\,bar$, $\dot V \approx 107\,cm^3/s = 6{,}42\,l/min$ ($\eta_{eff} \approx 60 \cdot 10^{-7}\,Ns/cm^2$);

c) $\Delta\vartheta \approx 3\,°C$ geringfügig ($P_R \approx 456\,Nm/s$, $P_P \approx 200\,Nm/s$, $\omega_{eff} = 45\,1/s$, $\varrho \cdot c = 1{,}8 \cdot 10^6\,N/(m^2\,°C)$, $\dot V = 107 \cdot 10^{-6}\,m^3/s$);

d) $\mu \approx 1{,}35 \cdot 10^{-3}$.

15.18 a) $b = 63\,mm$, $d_m = 315\,mm$, $l \approx 66\,mm$, somit $l/b \approx 1{,}05$, $p_L \approx 26{,}7 \cdot 10^5\,N/m^2 < p_{L\,zul}$; $h_{seg} \approx 23\,mm$, mit Sn/Pb-Lauffläche $s = 25\,mm$;

b) $h_0 \approx 18\,\mu m > h_{0\,zul} = 9\,\mu m$ ($\eta_{eff} \approx 28 \cdot 10^{-3}\,Ns/m^2$ bei ϑ_{eff}, abgelesen $k_1 \approx 0{,}068$ für $l/b \approx 1$, $u_m = 7{,}09\,m/s$); $t \approx 18\,\mu m$;

c) $P_R \approx 3025\,Nm/s$ ($k_2 \approx 2{,}95$ für $l/b \approx 1$);

d) $\Delta\vartheta \approx 13\,°C < 20\,°C$ ($2 \cdot \dot V_{ges} \approx 135 \cdot 10^{-6}\,m^3/s$, $c \approx 2050\,Nm/(kg\,°C)$).

---

16 Riementriebe

16.1 a) $\beta_1 = 2 \cdot \arccos[(d_2 - d_1)/2e]$, siehe Lehrbuch Gl. (16.24);
b) $L = 2e \cdot \sin(\beta_1/2) + \pi(d_2 + d_1)/2 + \pi[1 - (\beta_1/180)] \cdot (d_2 - d_1)/2$.

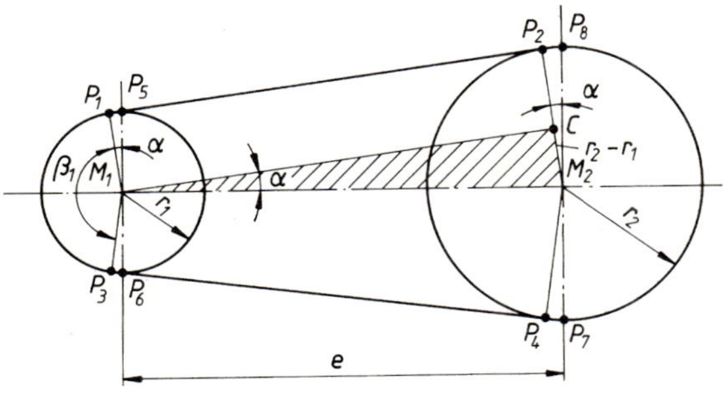

16.2 $\beta_1 \approx 157°$; ($d_2 = 800$ mm).

16.3 a) $F_1 \approx 950$ N, $F_2 \approx 380$ N, ($P = 11$ kW, $T \approx 71$ Nm, $F_t \approx 568$ N, $\kappa \approx 0{,}6$, $m \approx 2{,}47$, $\beta_1 \approx 173°$, $\mu \approx 0{,}3$);
b) $F_w \approx 1310$ N; ($k \approx 2{,}3$).

16.4 a) ($F_b = 250$ N/mm^2, $\kappa \approx 0{,}873$, $m = 7{,}87$, $\mu \approx 0{,}7$, $\beta_1 \approx 169°$);
b) $v_{opt} \approx 46{,}77$ m/s.

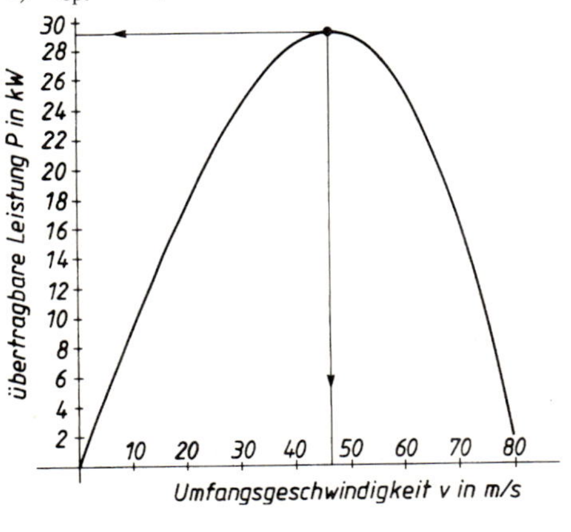

16.5 a) $d_g = 280$ mm, $d_k = 140$ mm; ($d'_k \approx 137$ mm, $n_k \approx 2940$ min^{-1});
b) $L = 3150$ mm; ($L' \approx 3064$ mm, Umschlingungswinkel an der kleinen Scheibe $\beta_2 \approx 173{,}3°$);
c) $e \approx 1245$ mm;
d) $f_B \approx 18$ 1/s $< f_{B\,max} \approx 40$ 1/s; $v \approx 22$ m/s $< v_{max} \approx 50$ m/s n. TB 16-1.

16.6 a) Riemenausführung: 80 *LT*;
b) $d_k = 200$ mm; $d_g = d_{g\,max} = 400$ mm; ($P = 22$ kW);
c) $L = 2640$ mm; ($\beta_1 \approx 164{,}7°$);
d) gewählter Riementyp: Typ 20; $b = 70$ mm; $B = 80$ mm; ($F_t \approx 1567$ N; $F'_t \approx 23$ N/mm);
e) $F_{w0} \approx 3264$ N; ($\varepsilon_1 \approx 2{,}3$; $\varepsilon_2 \approx 0{,}1$; $k_1 = 20$; $b' = 68$ mm);
f) $x \approx 30$ mm.

16.7 a) Drehstrom-Norm-Motor 180 L, $P = 15$ kW bei $n_s = 1000\ \text{min}^{-1}$ ($n_M \approx 975\ \text{min}^{-1}$), $d_k = 280$ mm, $d_g = 710$ mm, ($i_2 \approx 2{,}54$);
b) $e' \approx 1336$ mm; $L = 4000$ mm; ($L' \approx 4262$ mm; $\beta = 159{,}7°$);
c) $b = 50$ mm, $B = 63$ mm; ($b' \approx 50$ mm, $F_t \approx 1575$ N, $F'_t \approx 31{,}5$ N/mm);
d) $F_{w0} \approx 3290$ N; ($\varepsilon_1 \approx 2{,}25$; $\varepsilon_2 \approx 0{,}1$ für $\upsilon \approx 15$ m/s; $k_1 = 28$);
e) $x \approx 45$ mm.

16.8 a) $d_k = 355$ mm, $d_g = 1000$ mm, ($d'_k \approx 333\dots360$ mm, $d'_g \approx 960$ mm, $n'_g \approx 530\ \text{mm}^{-1}$);
b) Siegling Extremultus 85 GT;
c) $L = 5000$ mm; ($L' \approx 5168$ mm, $\beta_1 \approx 153{,}4°$, $e \approx 1399$ mm);
d) $b = 160$ mm, $B = 180$ mm; ($F_t \approx 5960$ N, $K_A \approx 1{,}5$, $b' = 157$ mm, $F'_t \approx 38$ N/mm);
e) $F_{w0} \approx 13\,440$ N; ($\varepsilon_1 \approx 1{,}9$; $\varepsilon_2 \approx 0{,}2$; $k = 40$);
f) $x \approx 50$ mm.

16.9 a) Baugröße 132 S mit $P_1 = 5{,}5$ KW bei $n_s = 3000\ \text{min}^{-1}$; ($n_1 \approx 2880\ \text{min}^{-1}$); $d_g = 224$ mm, $d_k = 112$ mm; ($n_k \approx 5760\ \text{min}^{-1}$);
b) Riemenausführung 85 GT, Riementyp 14; ($\beta_1 \approx 169{,}3°$, $b = 20$ mm, $b' \approx 16$ mm, $B_{erf} = 25$ mm – nach DIN 111 $B_{min} = 63$ mm –, $F_t \approx 212$ N, $K_A \approx 1{,}3$, $F'_t \approx 13$ N/mm).
c) Bestelllänge $L = 1700$ mm; ($L' \approx 1733$ mm, $\varepsilon_1 \approx 1{,}9$ %).

16.10 a) $d_{dk} = 140$ mm; $d_{dg} = 710$ mm; $n_k = 288{,}9\ \text{min}^{-1}$);
b) $e = 1300$ mm; $e_{max} = 1420$ mm; $y = 70$ mm; ($L_d \approx 4000$ mm; $x = 120$ mm);
c) $z_{erf} = 5 = z_{vorh}$; ($P = 15$ kW; $c_1 = 0{,}93$; $c_3 = 1{,}17$; $\beta_1 = 150°$; $P_N \approx 4{,}15$ kW/Riemen; $\ddot{U}_z = 0{,}28$ kW/Riemen.

16.11 a) Profil *SPB*; $d_{dk} = 250$ mm; $d_{dg} = 900$ mm;
b) $L_d = 5000$ mm; $e_{max} = 1713$ mm ($L_{d'} \approx 4877$ mm; $\beta_1 = 156°$; $x \approx 150$ mm);
c) $z = 4$; ($P_N \approx 12$ kW/Riemen; $\ddot{U}_z = 0{,}7$ kW/Riemen; $c_1 \approx 0{,}94$; $c_3 \approx 1{,}05$; $K_A \approx 1{,}1$).

16.12 Drehstrom-Norm-Motor nach DIN 42673T1, Baugröße 100 L; ($K_A \approx 1{,}4$; $P' \approx 3{,}08$ kW); $d_{dk} = 90$ mm; $d_{dg} = 400$ mm; gewähltes Profil *SPZ*; *Bestellbezeichnung:* Satz Keilriemen DIN 7753–2 × SPZ × 2240 ($L_{d'} \approx 2204$ mm; $e \approx 718$ mm; $\beta_1 = 155°$; $y \approx 35$ mm; $x = 70$ mm; $z = 2$; $P_N = 2{,}2$ kW/Riemen; $\ddot{U}_z = 0{,}27$ kW/Riemen; $c_1 \approx 0{,}94$; $c_3 \approx 1{,}05$; $f_B = 6{,}25\ \text{s}^{-1} < f_{B\,max} = 60\ \text{s}^{-1}$; $\upsilon \approx 7$ m/s $< \upsilon_{max} \approx 40$ m/s; $F_{w0} \approx 600$ N; $F_t \approx 443$ N).

16.13 Drehstrom-Norm-Motor nach DIN 42673T1, Baugröße 100 L ($K_A \approx 1{,}4$; $P' \approx 3{,}08$ kW); $d_{dk} = 75$ mm, $d_{dg} = 355$ mm, gewähltes Profil *PJ*; *Bestellbezeichnung:* Keilrippenriemen DIN 7867–7 PJ × 2100; ($L_{d'} \approx 2103$ mm; $e \approx 698$ mm; $\beta_1 = 156{,}9°$; $y \approx 32$ mm; $x \approx 65$ mm; $z = 7$; $P_N = 0{,}41$ kW/Rippe; $\ddot{u}_z = 0{,}02$ kW/Rippe; $c_1 \approx 0{,}94$; $c_2 \approx 1{,}15$; $\upsilon \approx 6{,}09$ m/s); $F_{w0} \approx 786\ \text{N} < F_{0\,zul} = 1060$ N ($F_t \approx 523$ N).

16.14 a) $z_g = 70$; $z_R = 126$;
b) $d_{dk} = 22{,}28$ mm, $d_{dg} = 111{,}41$ mm;
c) $e \approx 205{,}16$ mm;
d) $\beta_1 = 155°$;
e) $z_e = 6$ Zähne.

16.15 $z_k = 24$ Zähne $> z_{min} = 20$ nach TB 16-19b
Die übertragbare Leistung beträgt $P \approx 24{,}6\ \text{kW} > K_A \cdot P_{nenn} \approx 16{,}8$ kW;
($P_{spez} \approx 20{,}5 \cdot 10^{-4}$ kW/mm), $z_e = 10$ Zähne; $\beta_1 = 160°$; $e \approx 817$ mm; $F_{t\,max} \approx 3350\ \text{N} < F_{r\,zul} \approx 7750$ N).

16

16.16 a) Riementyp T10;
b) $z_k = 20$, $z_g = 47$, $d_{dk} = 63{,}66$ mm, $d_{dg} = 149{,}61$ mm; ($i \approx 2{,}34$);
c) $L_d = 1140$ mm; ($z_R = 114$ Zähne);
d) $e = 400{,}2$ mm;
e) $b = 25$ mm; (rechnerisch $b \approx 20{,}3$ mm, $P_{spez} \approx 7 \cdot 10^{-4}$ kW/mm; $z_e \approx 9{,}32$, $\beta_1 = 167{,}7°$);
f) $F_t \approx 537$ N $< F_{t\,zul} = 2000$ N, $f_B \approx 8{,}6\ s^{-1} < f_{B\,zul} \approx 100\ s^{-1}$; ($v \approx 4{,}92$ m/s),
g) $F_{w0} \approx 600$ N.

16.17 a) Riementyp T10 ;
b) $z_k = 24$, $z_g = 48$, $d_{dk} = 76{,}39$ mm, $d_{dg} = 152{,}79$ mm;
c) $L_d = 800$ mm; ($z_R = 80$);
d) $e = 216{,}6$ mm, $x = 8$ mm;
e) $b = 25$ mm; ($P_{spez} \approx 6{,}5 \cdot 10^{-4}$ kW/mm, $z_e \approx 10{,}65$, $\beta_1 = 160°$);
f) $F_t \approx 600$ N $< F_{t\,zul} = 2000$ N, $f_B \approx 12{,}5\ s^{-1} < f_{B\,zul} \approx 100\ s^{-1}$;
g) $F_{w0} \approx 700$ N.

16.18 a) Riementyp T20; ($K_A \approx 1{,}7$, $n_2 = n_k = 2000\ min^{-1}$), *Bestellbezeichnung:* Synchroflex-Zahnriemen T20/1000.
b) $z_g = 24$, $z_k = 17$, $d_{dk} = 152{,}79$ mm, $d_{dk} = 108{,}23$ mm;
c) $L_d = 1000$ mm; ($z_R = 50$);
d) $e = 294{,}16$ mm, $x = 10$ mm;
e) $b = 100$ mm; ($P_{spez} \approx 25 \cdot 10^{-4}$ kW/mm, $z_e \approx 8{,}1$, $\beta_1 = 171°$);
f) $F_t \approx 4000$ N $< F_{t\,zul} = 16\,000$ N, $f_B \approx 23\ s^{-1} < f_{B\,zul} \approx 100\ s^{-1}$;
g) $F_{w0} \approx 4400$ N.

16.19 a) Riemenausführung: GT; $d_k = 160$ mm; $d_g = 200$ mm; ($P/n \approx 0{,}0028$ kW · min; $n_g = 1100 \ldots 1200\ min^{-1}$; $i = 1{,}2 \ldots 1{,}3$); $L = 1800$ mm; ($\beta = 176{,}3°$); $e = 617$ mm, Riementyp 20; $b = 20$ mm; $B = 25$ mm; ($b' \approx 19$ mm; $F_t \approx 365$ N; $K_A = 1{,}6$; $F_t' = 19{,}23$ N/mm); $v = 12{,}1$ m/s; $f_B \approx 13{,}4\ s^{-1}$; $f_{B\,zul} \approx 14{,}8\ s^{-1}$; $F_{w0} \approx 1120$ N; $F_{w\,zul} = 1040 \ldots 1270$ N, also Riemen einsetzbar.
Bestellangabe: Extremultus-Flachriemen GT 20–30 × 1800 endlos;
b) Riemenprofil *SPZ*; $d_{dk} = 112$ mm, $d_{dg} = 140$ mm; $L_d = 1600$ mm; ($\beta_1 = 173{,}3°$); $e = 602$ mm; $x \geq 48$ mm; $y \geq 24$ mm; $z = 3$; $B = 52$ mm; ($P_N = 3{,}1$ kW/Riemen; $\ddot{U}_z \approx 0{,}14$ kW/Riemen; $c_1 = 0{,}99$; $c_2 \approx 1{,}03$); $F_{w0} \approx 1140$ N; $F_{w\,zul} = 1040 \ldots 1270$ N, also Riemen einsetzbar.
Bestellangabe: 1 Satz Schmalkeilriemen DIN 7753–3 × *SPZ* 1600.

16.20 a) Motor-Baugröße 132 S;
b) Riemenausführung: GT; $d_k = 180$ mm; $d_g = 355$ mm; ($P/n \approx 0{,}0038$ kW · min); $L = 1800$ mm; ($\beta = 158{,}6°$); $e = 472$ mm, Riementyp 20; $b = 25$ mm; $B = 32$ mm; ($F_t \approx 437$ N; $K_A = 1{,}1$; $F_t' = 14{,}5$ N/mm); $v = 13{,}85$ m/s $< v_{zul} = 60$ m/s; $f_B \approx 15{,}4\ s^{-1}$; $f_{B\,zul} \approx 21{,}1\ s^{-1}$; ($k_3 = 1$; $d_{1N} = 200$); $F_{w0} \approx 920$ N; $\varepsilon_1 = 1{,}97$; $\varepsilon_2 = 0{,}1$; $k_1 = 20$; $b' \approx 22{,}2$ mm); $F_{w\,zul} = 1530 \ldots 1940$ N, Riemen also einsetzbar.
Bestellangabe: Extremultus-Flachriemen GT 20–25 × 1800 endlos;
c) Riementyp T10; $z_k = 24$; $z_g = 48$; $d_{dk} = 76{,}4$ mm, $d_{dg} = 152{,}8$ mm; $L_d = 1250$ mm; ($z_R = 125$ Zähne); $e \approx 443$ mm; $b = 50$ mm; $B = 60$ mm; ($P_{spez} \approx 7 \cdot 10^{-4}$ kW/mm; $z_e \approx 11{,}3$; $\beta_1 \approx 170°$); $F_{w0} \approx 1800$ N; Riemen also einsetzbar.
Bestellangabe: Synchroflex-Zahnriemen 50–T10/1250;
d) Riemenprofil *SPZ*; $d_{dk} = 125$ mm, $d_{dg} = 250$ mm; $L_d = 1400$ mm; ($\beta_1 = 162°$); $e = 400{,}6$ mm; $z = 2$; ($P_N = 3{,}6$ kW/Riemen; $\ddot{U}_z \approx 0{,}21$ kW/Riemen; $c_1 = 0{,}96$; $c_2 \approx 0{,}99$); $B = 28$ mm; $F_{w0} = 1050$ N, Riemen also einsetzbar.
Bestellangabe: 1 Satz Schmalkeilriemen DIN 7753–2 × *SPZ* 1400.

---

17 Kettentriebe

17.1 a) $p = 38{,}1$ mm; $\tau = 9{,}47°$; $d = 461{,}37$ mm; $d_f = 435\,97$ mm; ($d_1' = 25{,}4$ mm); $d_a = 480$ mm; $d_s = 415$ mm mit $r_4 = 2$ mm; ($r_4 = 0{,}4 \ldots 2{,}5$ mm);
b) $D = 95$ mm Toleranzfeld H7 festgelegt; ($D \approx 88 \ldots 99$ mm); aufgrund der Zapfenlänge gewählt $L = 112$ mm; (rechnerisch $L \approx 88 \ldots 99$ mm).
c) Passfeder DIN 6885–A $16 \times 10 \times 100$; $t_2 = 4{,}3$ mm, $b = 16\,$JS6.

17.2 a) $F_t \approx 29{,}47$ kN; ($d_1 \approx 244{,}33$ mm, $p = 50{,}8$ mm);
b) $F_Z \approx 3{,}5$ N (vernachlässigbar klein, $q = 10{,}5$ kg/m, $\upsilon \approx 0{,}58$ m/s);
c) $l_T \approx 1768$ mm; ($\varepsilon_0 \approx 10{,}85°$, $d_2 \approx 922{,}17$ mm);
d) $F_s \approx 1138$ N;
e) $F_{so} = 1013$ N mit $F_s' = 5$; $F_{su} = 911$ N;
f) $F_{wo} \approx 31{,}5$ kN; $F_{wu} \approx 31{,}3$ kN.

17.3

z	$\left(\frac{t}{2}\right) = \frac{180°}{z}$ °	$\upsilon_{max} = \upsilon_u = d \cdot \pi \cdot n$ %	$\upsilon_{min} = \upsilon_{max} = \cos\left(\frac{\tau}{2}\right)$ %	$\Delta\upsilon = \upsilon_{max} = \upsilon_{min}$ %
10	18	100	95,11	4,89
20	9	100	98,77	1,23
40	4,5	100	99,69	0,31

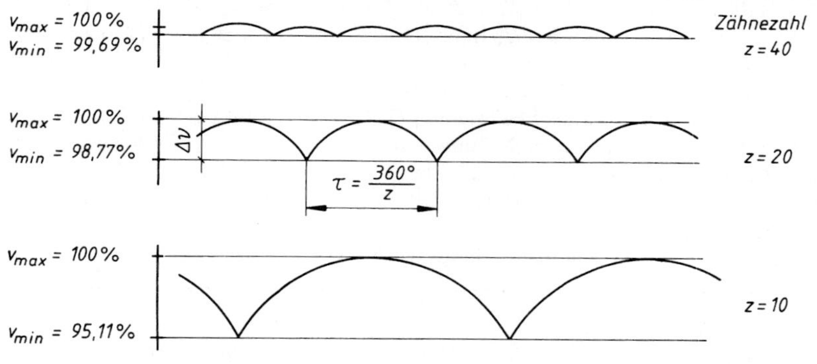

17.4 $X = 92$ Glieder; ($X_0 \approx 90{,}6$ Glieder, $L \approx 1438$ mm, $l_1 \approx 317$ mm, $l_2 \approx 300$ mm, $l_3 \approx 437$ mm, $b_1 \approx 225$ mm, $b_2 \approx 62$ mm, $b_3 \approx 97$ mm). Rollenkette DIN 8187–10B–1 × 92. Längendifferenz sollte durch Kettenspanner ausgeglichen werden.

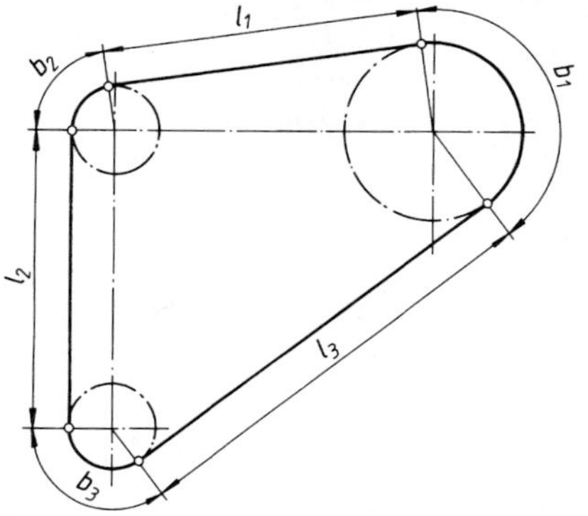

17.5 a) $X = 110$; $a \approx 593{,}6$ mm; ($X_0 \approx 110{,}5$);
b) $s \approx 40$ mm;
c) $f \approx 5\ldots15$ mm; ($f_{rel} \approx 1\ldots3$ %, $l_T \approx 508$ mm; $\varepsilon_0 \approx 31{,}14°$, $d_1 = 154{,}32$ mm, $d_2 = 768{,}22$ mm). Für $f_{rel} \approx 2$ % wird $f \approx 10$ mm.

17.6 Rollenkette DIN 8187–16B–1 × 118; ($K_A \approx 1{,}6$, $p = 25{,}4$ mm, $z_2 = 57$, $a_0 = 1000$ mm, $X_0 = 117{,}6$, $X = 118$, $a = 1004{,}3$ mm, $f_1 = 1$, $f_2 \approx 0{,}99$, $f_3 \approx 1$, $f_4 = 1$, $f_5 \approx 0{,}84$, $f_6 \approx 0{,}9$).

17.7 Rollenkette DIN 8187–08B–2 × 148; ($K_A \approx 1{,}7$, $f_1 \approx 1{,}13$, $f_2 \approx 1{,}03$, $f_3 = f_4 = 1$, $f_5 \approx 1{,}14$, $f_6 \approx 0{,}9$), $X_0 = X = 148$, $z_2 = 85$).
Tropfschmierung; ($d_1 \approx 69{,}12$ mm, $\upsilon \approx 3{,}5$ m/s).

17.8 a) Rollenkette DIN 8187–32B–3 × 58; Dreifach-Rollenketten ergeben die kleinsten Bauabmessungen. ($P_D \approx 63{,}7$ kW, $f_1 = 1$, $f_2 \approx 0{,}86$, $f_3 \approx 1$, $f_4 \approx 1$, $f_5 \approx 1{,}08$, $f_6 \approx 0{,}5$, $p = 50{,}8$ mm, $n_1 \approx 71{,}6$ min^{-1}, $X_0 \approx 58{,}4$, $X = 58$);
b) $a = 990{,}6$ mm;
c) $F_w \approx 32$ kN; ($T \approx 2466$ Nm, $F_t \approx 16$ kN, $F_s \approx 1943$ N, $l_T = a = 990{,}6$ mm, $f_{rel} \approx 0{,}02$, $q = 32$ kg/m).

17.9 a) vorgesehene Rollenkette ist ausreichend, da $P_{D\,erf} = 0{,}98\text{ kW} < P_{D\,max} \approx 1{,}8$ kW; ($f_1 = 1{,}13$, $f_2 \approx 1{,}04$, $f_3 = f_4 = f_5 = 1$, $f_6 \approx 0{,}7$);
b) Rollenkette DIN 8187–16B–1 × 136; ($X_0 \approx 136{,}25$, damit $X = 136$); der Wellenabstand ergibt sich damit zu $a = 1247$ mm;
c) Schmierbereich 1 (Ölzufuhr durch Kanne oder Pinsel aufgrund der geringen Kettengeschwindigkeit $\upsilon \approx 0{,}18$ m/s), Viskositätsklasse SAE 30.

17.10 $z_1 = 19$, $z_2 = 76$ ($i = 4$); Rollenkette DIN 8187–28B–3 mit $p = 44{,}45$ mm; ($P'_D \approx 77$ kW, $K_A \approx 1{,}4$, $f_1 = 1$);
Radabmessungen: $d_1 = 270{,}06$ mm, $d_2 = 1075{,}62$ mm, $d_{a1} = 288{,}73$ mm, $d_{a2} = 1097{,}1$ mm, $X = 130$, $a = 1788$ mm, Normbezeichnung der Kette: Rollenkette DIN 8187–28B–3 × 130.
Eine Leistungskontrollrechnung nach Gl. (17.14) mit $f_1 = f_2 = f_3 = f_4 = f_5 = 1$ und $f_6 \approx 0{,}7$ ergab die Zulässigkeit der vorgewählten Kette.
Kettenkräfte: $F_t \approx 24{,}32$ kN, $F_z \approx 128$ N, $F_{so} \approx 2650$ N, $F_{su} \approx 2560$ N, $F_{wo} \approx 39{,}4$ kN, $F_{wu} \approx 39{,}2$ kN.
Schmierung: Ölbad oder Schleuderscheibe.

---

18 Elemente zur Führung von Fluiden (Rohrleitungen)

18.1 a) $F_\vartheta \approx 258$ kN ($E = 210\,000$ N/mm², $\alpha = 12 \cdot 10^{-6}$ K^{-1}, $\Delta\vartheta = 60$ K, $A = 1710$ mm²),
b) 113 °C ($R_e = 235$ N/mm², $\alpha = 12 \cdot 10^{-6}$ K^{-1}, $E = 210\,000$ N/mm², $\Delta\vartheta = 93$ K, $\vartheta_1 = 20$ °C).

18.2 a) Das Rohrsystem dehnt sich in der Richtung der Verbindungslinie seiner Endpunkte.
b) 5,8 mm ($l = \sqrt{(8000\text{ mm})^2 + (3000\text{ mm})^2} = 8544$ mm, $\alpha = 17 \cdot 10^{-6}$ K^{-1}, $\Delta\vartheta = 40$ K).

18.3 a) Verlängerung 105 mm, Verkürzung 21 mm ($\alpha = 150 \cdot 10^{-6}$ K^{-1}, $l = 14\,000$ mm, $\Delta\vartheta = 50$ K bzw. 10 K),
b) $\sigma_b = 1{,}9$ N/mm² ($F = 2{,}3$ N, $l = 2000$ mm, $E = 1200$ N/mm², $I = 48\,576$ mm⁴, $W = 2429$ mm³, $M_b = 4600$ Nmm).

18.4 a) $t = 3{,}75$ mm, b) $t = 7{,}5$ mm, c) $t = 7{,}5$ mm.

18.5 $t_{erf} = 2{,}94$ mm < 4 mm ($p_{max} = 24{,}5$ N/mm², $p_{min} = 0$, $d_a = 30$ mm, $K = 235$ N/mm², $S = 1{,}5$, $v_N = 1{,}0$, $\sigma_{Sch\,zul} = 226$ N/mm²/1,5 = 151 N/mm²; gegen Verformen: $t_v = 2{,}35$ mm, gegen Schwingbruch: $t_v = 2{,}65$ mm, $c' = 10\,\%$, $c_2 = 0$).

18.6 a) $L = 6{,}9$ m, b) $L = 4{,}6$ m.

18.7 a) DN 400 ($\dot{V} = 0{,}222$ m³/s, $v = 2$ m/s),
b) $d_a = 406{,}4$ mm,
c) $s = 4$ mm, $t = 3{,}95$ mm ($d_a = 406{,}4$ mm, $p_e = 2{,}5$ N/mm², $K = 235$ N/mm², $S = 1{,}5$, $v_N = 0{,}9$, $c_1 = 0{,}35$ mm, $c_2 = 0$).

18.8 $\Delta p = 2150$ Pa $= 21{,}5$ mbar ($\varrho = 8{,}33$ kg/m³: aus $\varrho_n = 1{,}293$ kg/m³, $T = 293{,}15$ K, $R = 287{,}06$ J/(kg · K); $\eta = 18{,}13 \cdot 10^{-6}$ Pa s: aus $\eta_n = 17{,}16 \cdot 10^{-6}$ Pa s, $T_n = 273{,}15$ K, $T = 293{,}15$ K, $C = 110{,}4$; $v = 6{,}9$ m/s; $Re = 507\,200$, $k = 0{,}05$ mm angenommen, $d_i/k = 3200$, $\lambda = 0{,}0165$, $\Sigma\zeta = 2 \cdot 0{,}6 + 6 \cdot 0{,}23 \approx 2{,}6$, $l = 80$ m, $d_i = 0{,}16$ m).

18.9 DN 350 (zunächst $\Delta p = 7{,}5$ bar > 5 bar mit: DN 300, $v = 1{,}27$ m/s, $Re = 527 < 2320$ (laminar), $\lambda = 0{,}121$; nach Korrektur auf DN 350 : $v = 0{,}929$ m/s, $Re = 452$ (laminar), $\lambda = 0{,}142$, $\Delta p = 4{,}08$ bar).

18.10 DN 200 ($\Delta p \approx 0{,}43$ bar, $\lambda \approx 0{,}03$, $Re \approx 483\,300$, $\varrho \approx 992{,}2$ kg/m³, $\nu = 0{,}658 \cdot 10^{-6}$ m²/s, $v = 1{,}59$ m/s, $k = 1{,}0$ mm angenommen, $l = 480$ m, $\Delta h = 6$ m, $d_i/k = 200$, $\Sigma\zeta = 2 \cdot 4 + 4 \cdot 0{,}23 \cdot 0{,}7 = 8{,}64$, $\varrho_{Luft} \approx 1{,}3$ kg/m³).

18.11 DN 150 ($\Delta p = 193$ Pa ≈ 2 mbar, $\varrho = 0{,}75$ kg/m³: aus $\varrho_n = 0{,}78$ kg/m³, $T = 283{,}15$ K, $T_n = 273{,}15$ K; $\eta = 10{,}73 \cdot 10^{-6}$ Pa s: aus $\eta_n = 10{,}4 \cdot 10^{-6}$ Pa s, $C = 165$; $v = 2{,}52$ m/s, $Re = 26\,420$, $k = 0{,}3$ mm, $d_i/k = 500$, $l = 600$ m, $\Delta h = +16$ m, $\varrho_{Luft} \approx 1{,}25$ kg/m³, $\lambda \approx 0{,}0285$).

---

20 Zahnräder und Zahnradgetriebe

20.1 a) $i_{ges} = 10{,}85$;
b) $n_3 = 84\ \text{min}^{-1}$;
c) $T_3 = T_{ab} \approx 38{,}6\ \text{Nm}$ ($T_{an} \approx 42\ \text{Nm}$).

20.2 a) $i = 19{,}4$;
b) $z_4 = 92$, ($i_{vorh} = 19{,}55$);
c) $P_1 \approx 5{,}1\ \text{kW}$ ($\eta_{ges} \approx 0{,}82$, $T_1 = 50\ \text{Nm}$).

20.3 $P_{ab} = P_{an} \cdot \eta_{ges} = P_{an} \cdot \eta_Z^3 \cdot \eta_L^3 \cdot \eta_D^3$;
$P_{ab} \approx 21{,}5\ \text{kW}$, ($P_{an} = 25\ \text{kW}$, $\eta_Z \approx 0{,}98$, $\eta_L \approx 0{,}99$, $\eta_D \approx 0{,}98$).

---

21 Außenverzahnte Stirnräder

21.1 a) $d = 150$ mm, $d_b = 140{,}954$ mm, $d_a = 160$ mm, $d_f = 137{,}5$ mm;
b) $h_a = 5$ mm, $h_f = 6{,}25$ mm, $h = 11{,}25$ mm;
c) $p = 15{,}708$ mm, $p_b \mathrel{\widehat{=}} p_e = 14{,}761$ mm, $s = e = 7{,}854$ mm.

21.2 a) errechnet $m = 4{,}07$ mm, gewählt n. TB 21-1 $m = 4$ mm;
b) $d = 68$ mm, $d_a = 76$ mm. $d_f = 58$ mm;
c) $h_a = 4$ mm, $h_f = 5$ mm, $h = 9$ mm.

21.3 a) $z_1' = 56$, $z_2' = 76$;
b) $d_1 = 168$ mm, $d_{a1} = 174$ mm, $d_{f1} = 160{,}5$ mm;
$d_2 = 228$ mm, $d_{a2} = 234$ mm, $d_{f2} = 220{,}5$ mm;
c) $a = 198$ mm;
d) $u' = 1{,}36$, $u = 1{,}4146$, die Abweichung beträgt $\Delta u \approx 3{,}86\,\%$.

21.4 a) $n_2 \approx 167\ \text{min}^{-1}$, $z_2 = 85$;
b) $d_1 = 120$ mm, $d_{a1} = 132$ mm, $d_{f1} = 105$ mm;
$d_2 = 510$ mm, $d_{a2} = 522$ mm, $d_{f2} = 495$ mm, $h = 13{,}5$ mm;
c) $c_{\text{vorh}} = 1{,}5$ mm (somit ist $c = 0{,}25 \cdot m$);
d) $a_d = 315$ mm.

21.5 a) $z_1 = 18$, $z_2 = 63$;
b) $d_1 = 72$ mm, $d_{b1} = 67{,}66$ mm; $d_2 = 252$ mm, $d_{b2} = 236{,}80$ mm;
c) angenähert $\varepsilon_\alpha \approx 1{,}66$, dgl. rechnerisch.

21.6 a) $z_2 = 81$; $z_4 = 72$; $z_6 = 64$; $z_5 = 23$ ($d_4 = d_6 = 288$ mm; $i_{\text{ges}} = 45$; $i_3 = 2{,}78$);
$a_{d1} = 173{,}25$ mm; $a_{d2} = 184$ mm; $a_{d3} = 195{,}75$ mm;
b) $n_2 = 160\ \text{min}^{-1}$, $n_3 = 44{,}4\ \text{min}^{-1}$;
c) Ausführung möglich.

21.7 $d = 59{,}5$ mm, $d_b = 55{,}912$ mm, $d_a = 70{,}126$ mm, $d_f = 54{,}376$ mm, $h = 7{,}875$ mm.

21.8 $\Sigma x = 0{,}5247$, $x_1 = 0{,}37$, $x_2 = 0{,}1547$, $a_d = 182{,}5$ mm, $\alpha_w = 22{,}029°$, $k = -0{,}124$ mm, $\varepsilon_\alpha = 1{,}5$;
Ritzel z_1: $d_1 = 95$ mm, $d_{a1} = 108{,}452$ mm, $d_{f1} = 86{,}20$ mm, $d_{b1} = 89{,}271$ mm,
$d_{w1} = 96{,}301$ mm, $s_{n1} = 9{,}201$ mm, $V_1 = 1{,}85$ mm, $h_1 = 11{,}126$ mm;
Rad z_2: $d_2 = 270$ mm, $d_{a2} = 281{,}302$ mm, $d_{f2} = 259{,}05$ mm, $d_{b2} = 253{,}717$ mm,
$d_{w2} = 273{,}699$ mm, $s_{n2} = 8{,}418$ mm, $V_2 = 0{,}775$ mm, $h_2 = 11{,}126$ mm.

21.9 a) ja, die Ausführung als V-Null-Getriebe ist möglich, da $z_1 + z_2 = 42 > 28$;
b) $x_1 = 0{,}235$, $x_2 = -0{,}235$; $V_1 = +0{,}705$ mm, $V_2 = -0{,}705$ mm;
c) $d_1 = 30$ mm, $d_{b1} = 28{,}19$ mm, $d_{a1} = 37{,}41$ mm;
$d_2 = 96$ mm, $d_{b2} = 90{,}21$ mm, $d_{a2} = 100{,}59$ mm, $a = a_d = 63$ mm;
d) $\varepsilon_\alpha = 1{,}47 > 1{,}25$.

21.10 a) $z_1 = 11 < 14$ (Unterschnitt!), $z_2 = 33$, daher $z_1 + z_2 = 44 > 28$ V-Null-Getriebe mit praktischen Mindest-Profilverschiebungsfaktoren $x_{1,2} = \pm 0{,}176$; zur Verbesserung der Betriebseigenschaften wird für $\Sigma x = 0$ nach Gl. (21.33) bzw. nach TB 21-5 $x_{1,2} = \pm 0{,}4$ vorgesehen.
b) Ritzel (V-Plus-Rad): $d_1 = 33$ mm, $d_{b1} = 31{,}01$ mm, $d_{a1} = 41{,}4$ mm, $d_{f1} = 27{,}9$ mm, $h_1 = 6{,}75$ mm;
Rad (V-Minus-Rad): $d_2 = 99$ mm, $d_{b2} = 93{,}03$ mm, $d_{a2} = 102{,}6$ mm, $d_{f2} = 89{,}1$ mm, $h_2 = h_1 = h = 6{,}75$ mm;
c) $\varepsilon_\alpha \approx 1{,}44$.

21.11 a) $x_1 = -x_2 = 0{,}1$ gewählt (empfohlen $x_1 = 0{,}083$); $V_1 = 0{,}3$ mm, $V_2 = -0{,}3$ mm ($x_2 = -0{,}1$);
b) $a = a_d = 45$ mm, $d_1 = 42$ mm, $d_2 = 48$ mm, $d_{a1} = 48{,}6$ mm, $d_{a2} = 53{,}4$ mm ($k = 0$); $d_{f1} = 35{,}1$ mm, $d_{f2} = 39{,}9$ mm;
c) $s_{a1} = 1{,}79 \text{ mm} \approx 0{,}6 \cdot m > 0{,}2 \cdot m$.

21.12 a) $a_1 = +0{,}27$, $x_2 = +0{,}23$ ($x_m = 0{,}25$, $z_m = 75{,}5$ Linie zwischen L12 und L13);
b) $d_1 = 201$ mm, $d_2 = 252$ mm; $d_{b1} = 188{,}88$ mm, $d_{b2} = 236{,}80$ mm; $a = 227{,}97$ mm ($a_d = 226{,}5$ mm, $\alpha_w = 20{,}99°$); $d_{a1} = 208{,}55$ mm, $d_{a2} = 259{,}32$ mm ($k = k^* \cdot m = -0{,}035$ mm); $d_{f1} = 195{,}12$ mm, $d_{f2} = 245{,}89$ mm; $h_{1,2} = 6{,}72$ mm, ($c = 0{,}75 \text{ mm} \mathrel{\hat{=}} 0{,}25 \cdot m$);
c) $\varepsilon_\alpha \approx 1{,}74 > 1{,}25$.

21.13 a) $x_1 = +0{,}33$, $x_2 = +0{,}47$ ($x_m = 0{,}4$, $z_m = 35$ zwischen *S8* und *S10*) ;
b) $a = 178{,}72$ mm ($\alpha_w = 23{,}06°$, $a_d = 175$ mm);
c) $c = 1{,}25 \text{ mm} \mathrel{\hat{=}} 0{,}25 \cdot m$ ($d_{a1} = 117{,}74$ mm, $d_{f1} = 95{,}80$ mm; $d_{a2} = 259{,}14$ mm, $d_{f2} = 237{,}20$ mm; $k^* \cdot m = k = -0{,}279$ mm).

21.14 a) $V_1 = -0{,}15$ mm ($x_1 = -0{,}05$), $V_2 = -0{,}75$ mm ($x_2 = -0{,}25$); $d_2 = 72$ mm, $d_{b1} = 67{,}66$ mm, $d_{a1} = 77{,}70$ mm, $d_{f1} = 64{,}20$ mm; $d_2 = 108$ mm, $d_{b2} = 101{,}49$ mm, $d_{a2} = 112{,}5$ mm, $d_{f2} = 99$ mm; $a = 89{,}06$ mm ($a_d = 90$ mm, $\alpha_w = 18{,}27°$); $c = 0{,}71 \text{ mm} \mathrel{\hat{=}} 0{,}237 \cdot m$ (ausreichend).
b) $\varepsilon_\alpha = 1{,}74$ (Kontrolle $\varepsilon_\alpha = \varepsilon_1 + \varepsilon_2 = 1{,}74$). Nullgetriebe $\varepsilon_\alpha = 1{,}65$ ($d_{a1} = 78$ mm, $d_{a2} = 114$ mm); prozentuale Erhöhung ca. 5,5 %.

21.15 $a_d = 142 \text{ mm} < a = 145$ mm, daher V-Radpaar mit positiver Profilverschiebung; $\alpha_w = 23{,}04°$, $\Sigma x = 0{,}81$; $V_1 = 1{,}76$ mm, $V_2 = 1{,}46$ mm ($x_1 \approx +0{,}44$, $x_2 = +0{,}37$).

21.16 a) $V_1 = 2{,}4$ mm, $V_2 = 3{,}293$ mm ($\alpha_w = 25{,}56°$, $\Sigma x = 1{,}4231$, $x_1 = +0{,}6$, $x_2 = +0{,}8231$) $V_{1\,max} = 4 \text{ mm} > V_1$ keine Spitzenbildung (Ablesung aus TB 21-12, $x_{1\,max} \approx +1$);
b) $d_1 = 64$ mm, $d_{a1} = 75{,}42$ mm, $d_{f1} = 58{,}50$ mm; $d_2 = 176$ mm, $d_{a2} = 189{,}20$ mm, $d_{f2} = 172{,}58$ mm ($k = k^* \cdot m = -0{,}692$).

21.17 a) gewählt $\Sigma x = +0{,}9$; Übersetzung ins Langsame $i = u$, $z_2 = 96$; $V_1 = 2$ mm, $V_2 = 1{,}6$ mm (mit $z_m = 58$, $x_m = 0{,}45$ zwischen L_{13} und L_{14} zweckmäßig $x_1 = +0{,}5$, $x_2 = +0{,}4$);
b) $d_1 = 80$ mm, $d_{a1} = 91{,}64$ mm, $d_{f1} = 74$ mm; $d_2 = 384$ mm, $d_{a2} = 394{,}84$ mm, $d_{f2} = 377{,}2$ mm; $a = 235{,}42$ mm ($a_d = 232$ mm, $\alpha_w \approx 22{,}2°$), $c = 1{,}0$ mm mit Kopfhöhenänderung $k = k^* \cdot m = -0{,}181$ mm.

21.18 *Stufe* $z_{1,2}$: $\Sigma x_{1,2} = 0$; $a_d = 136$ mm, $\alpha_w = 20°$, $k = 0$ mm, $\varepsilon_\alpha = 1{,}68$;
Stufe $z_{1,3}$: $\Sigma x_{1,3} = 0{,}5267$; $x_1 = 0$, $x_2 = 0{,}5267$, $a_d = 134$ mm, $\alpha_w = 22{,}2°$, $k = 0$ mm, $\varepsilon_\alpha = 1{,}58$;
Ritzel z_1: $d_1 = 128$ mm, $d_{a1} = 136$ mm, $d_{f1} = 118$ mm, $d_{b1} = 120{,}281$ mm, $d_{w1} = 128$ mm, $s_{n1} = 6{,}283$ mm, $V_1 = 0$ mm, $h_1 = 9$ mm;
Rad z_2: $d_2 = 144$ mm, $d_{a2} = 152$ mm, $d_{f2} = 134$ mm, $d_{b2} = 135{,}316$ mm, $d_{w2} = 144$ mm, $s_{n2} = 6{,}283$ mm, $V_2 = 0$ mm, $h_2 = 9$ mm;
Rad z_3: $d_3 = 140$ mm, $d_{a3} = 152{,}216$ mm, $d_{f3} = 134{,}216$ mm, $d_{b3} = 131{,}557$ mm, $d_{w3} = 142{,}089$ mm, $s_{n2} = 7{,}818$ mm, $V_3 = 2{,}108$ mm, $h_3 = 9$ mm;
$n_2 = 853{,}3\ \text{min}^{-1}$, $n_3 = 877{,}7\ \text{min}^{-1}$, $\Delta n = 24{,}4\ \text{min}^{-1}$.

21.19 a) $a_{d1} = 102\ \text{mm} < a_{d2} = 106{,}5\ \text{mm} = a$ ($\alpha_w = 25{,}84°$), $\Sigma x = 1{,}72$, bei $x_2 = 0$ Spitzenbildung, daher nach TB 21-12 für $s_a \approx 0{,}3 \cdot m$ wird $x_1 = +0{,}7$ und $x_2 = \Sigma x - x_1 = +1{,}02$ abgelesen; $V_1 = 2{,}1$ mm, $V_2 = 3{,}06$ mm;
b) $k = k^* \cdot m = -0{,}66$ mm; $d_1 = 54$ mm, $d_{a1} = 62{,}89$ mm, $d_{f1} = 50{,}70$ mm, $d_2 = 150$ mm, $d_{a2} = 160{,}8$ mm, $d_{f2} = 148{,}61$ mm; $c = 0{,}75$ mm; $d_3 = 87$ mm, $d_{a3} = 93$ mm, $d_{f3} = 79{,}5$ mm, $d_4 = 126$ mm, $d_{a4} = 132$ mm, $d_{f4} = 118{,}5$ mm; $c = 0{,}75$ mm.

Schrägverzahnte Stirnräder (Verzahnungsgeometrie)

21.20 a) $p_n = 14{,}137$ mm, $p_t = 14{,}402$ mm, $p_{en} \mathrel{\hat{=}} p_{bn} = 13{,}285$ mm, $p_{et} \mathrel{\hat{=}} p_{bt} = 13{,}503$ mm, $s_n = 7{,}069$ mm, $s_t = 7{,}201$ mm.
b) $d = 371{,}322$ mm, $d_a = 380{,}322$ mm, $d_f = 360{,}072$ mm, $h = 10{,}125$ mm, $d_b = 348{,}160$ mm ($\alpha_t = 20{,}344°$, $\beta_b = 10{,}329°$).

21.21 a) $d_1 = 107{,}67$ mm, $d_{b1} = 100{,}75$ mm ($\alpha_t = 20{,}65°$), $d_{a1} = 115{,}67$ mm, $d_{f1} = 97{,}67$ mm; $d_2 = 356{,}14$ mm, $d_{b2} = 333{,}26$ mm, $d_{a2} = 364{,}14$ mm, $d_{f2} = 346{,}14$ mm; $a_d = 231{,}90$ mm;
b) $\varepsilon_\gamma = 2{,}67$ ($\varepsilon_\alpha = 1{,}64$, $\varepsilon_\beta = 1{,}03$).

21.22 a) $\beta \approx 14{,}07°$;
b) $d_1 = 39{,}175$ mm, $d_{b1} = 36{,}678$ mm ($\alpha_t \approx 20{,}57°$) ; $d_{a1} = 43{,}175$ mm, $d_{f1} = 34{,}175$ mm; $d_2 = 160{,}825$ mm, $d_{b2} = 150{,}574$ mm, $d_{a2} = 164{,}825$ mm, $d_{f2} = 155{,}825$ mm;
b) $\varepsilon_\gamma = 2{,}77$ ($\varepsilon_\alpha = 1{,}61$, $\varepsilon_\beta = 1{,}16$).

21.23 a) $d = 88{,}056$ mm, $d_a = 95{,}286$ mm ($V = 0{,}615$ mm), $h = 6{,}5$ mm, $d_b = 82{,}271$ mm ($\alpha_t = 20{,}884°$);
b) $s_n = 5{,}16$ mm.

21.24 a) $d_1 = 90{,}455$ mm, $d_{b1} = 84{,}349$ mm ($\alpha_t = 21{,}1728°$), $d_{a1} = 100{,}455$ mm, $d_{f1} = 89{,}205$ mm; $d_2 = 226{,}138$ mm, $d_{b2} = 210{,}873$ mm, $d_{a2} = 236{,}138$ mm, $d_{f2} = 224{,}888$ mm;
b) $a = 162{,}888$ mm ($\alpha_n = 20°$, $\alpha_{wt} = 25{,}014°$);
c) $c = 0{,}2175 < 0{,}25 \cdot m_n = 0{,}625$ mm, daher $k = k^* \cdot m_n = -0{,}408$ mm, $d_{a1} = 99{,}640$ mm, $d_{a2} = 235{,}323$ mm, so dass $c = 0{,}25 \cdot m_n$;
d) $\varepsilon_\gamma = 3$ ($\varepsilon_\alpha \approx 1{,}27$, $\varepsilon_\beta \approx 1{,}74$).

21.25 a) $x_1 = +0{,}146, x_2 = -0{,}146$ ($z_{n1} = 11{,}52$), $V_1 = +0{,}657$ mm, $V_2 = -0{,}657$ mm ($\alpha_{wt} = 20{,}285°$);
b) $d_1 = 50{,}264$ mm, $d_{a1} = 60{,}578$ mm; $d_2 = 205{,}624$ mm, $d_{a2} = 213{,}310$ mm, $a = 127{,}944$ mm;
c) $s_{n1} = 7{,}55$ mm, $s_{n2} = 6{,}59$ mm, $s_{t1} = 7{,}67$ mm, $s_{t2} = 6{,}69$ mm.

21.26 $d_1 = 56{,}94$ mm, $d_{a1} = 63{,}344$ mm, $d_{f1} = 52{,}19$ mm, $d_2 = 100{,}939$ mm, $d_{a2} = 106{,}56$ mm, $d_{f2} = 95{,}405$ mm ($a_d = 78{,}94\ \text{mm} < a$; $\alpha_t = 20{,}647°$, $\alpha_{wt} = 22{,}576°$, $\Sigma x = x_1 + x_2 = 0{,}4432$, $z_{n1} = 24{,}41$, $z_{n2} = 43{,}27$, $z_{nm} \approx 33{,}84$, $x_m \approx 0{,}227$; $x_1 \approx +0{,}3$, $x_2 = +0{,}1432$).

21.27 a) $\Sigma x = 0{,}9357$ ($\alpha_t = 20{,}942°$, $\alpha_{wt} = 25{,}442°$, $a_d = 111{,}192$ mm);
b) $x_1 \approx 0{,}48$, $x_2 = 0{,}4557$; $V_1 = 2{,}16$ mm, $V_2 = 2{,}052$ mm;
c) $\varepsilon_\alpha \approx 1{,}233$ ($d_1 = 66{,}242$ mm, $d_{b1} = 61{,}866$ mm, $d_{a1} = 78{,}756$ mm, $d_2 = 156{,}142$ mm, $d_{b2} = 145{,}828$ mm, $d_{a2} = 168{,}44$ mm, $k = k^* \cdot m = -0{,}403$ mm, $c = 1{,}125$ mm).

21.28 a) zweckmäßig $x_1 = +0{,}5$, $x_2 = +0{,}5$; $V_1 = V_2 = 2$ mm und $a = 120{,}16$ mm ($z_2 = 37$, $z_{n1} = 21{,}39$, $z_{n2} = 41{,}66$; $a_d = 116{,}514$ mm, $\alpha_t = 20{,}738°$, $\alpha_{wt} = 24{,}922°$);
b) $\Sigma x = +0{,}409$, $x_3 \approx +0{,}34$, $x_4 = +0{,}069$, $V_3 = 1{,}36$ mm, $V_4 = 0{,}275$ mm ($z_4 = 41$, $z_{n3} = 18{,}01$, $z_{n4} = 46{,}16$, $a_d = 118{,}594$, $\alpha_{wt} = 22{,}621°$).

21.29 a) $a_{d1} = a_2 = 194{,}114$ mm ($i = 7{,}937$, $i_1 = u_1 = 3{,}167$, $i_2 = u_2 = 2{,}506$), $z_3 = 22$, $z_4 = 55$ ($d_3 = 113{,}88$ mm, $a_{d2} = 199{,}291$ mm);
b) $\Sigma x_{3,4} = -0{,}931$ ($\alpha_w = 16{,}1106°$), $x_3 = -0{,}14$, $x_4 = -0{,}791$, $d_3 = 113{,}88$ mm, $d_{a3} = 121{,}436$ mm, $d_{f3} = 99{,}98$ mm; $d_4 = 284{,}701$ mm, $d_{a4} = 285{,}747$ mm, $d_{f4} = 264{,}291$ mm, $k = -0{,}522$ mm, damit wird $c = 1{,}25 = 0{,}25 \cdot m_n$.

Verzahnungsqualität, Toleranzen

21.30 $A_{sne1} = -54$ µm, $S_{sne2} = -70$ µm; $T_{sn1} = 50$ µm $> 2 \cdot R_s = 2 \cdot 16$ µm $= 32$ µm, $T_{sn2} = 60$ µm $> 2 \cdot R_s = 2 \cdot 20$ µm $= 40$ µm (aus TB 21-8c für $m = 2$ mm; Verzahnungsqualität richtig gewählt).
$A_{sni1} = -104$ µm, $A_{sni2} = -130$ µm, A_{sne1} bzw. $A_{sne2} < A_{ai}$; $A_{ae} = +23$ µm, $A_{ai} = -23$ µm, $a_{max} = 63{,}023$ mm, $a_{min} = 62{,}977$ mm, $\Delta j_{ai} \approx -17$ µm, $\Delta j_{ae} \approx +17$ µm; $j_{t\,min} = 107$ µm, $j_{t\,max} = 251$ µm; Messzähnezahl $k_1 = 2$, $k_2 = 6$; $W_{ki1} = 8{,}902$ mm, $W_{ki2} = 33{,}878$ mm, $W_{ke1} = 8{,}949$ mm, $W_{ke2} = 33{,}934$ mm.

21.31 $s = 6{,}772$ mm ($d = 59{,}5$ mm, $d_b = 55{,}912$ mm); oberes Abmaß $-0{,}040$ mm, unteres Abmaß $= -0{,}100$ mm $A_{sne} = -40$ µm, somit wird $s_{max} = 6{,}732$ mm, $s_{min} = 6{,}67$ mm, $T_{sn} = 60$ µm, $R_s = 12$ µm) $e = 4{,}224$ mm ($s + e = p = m \cdot \pi$).

21.32 Ausführung als V-Getriebe notwendig, da $z_1 = 11 < 14$, $z_2 = 54$, $V_1 = 1{,}76$ mm ($x_1 = +0{,}176$, $x_2 = 0$); $d_1 = 110$ mm, $d_2 = 540$ mm, $a = 326{,}74$ mm ($a_d = 325$ mm, $\alpha_w = 20{,}82°$).
$j_{t\,min} = 219$ µm, $j_{t\,max} = 421$ µm ($A_{sne1} = -85$ µm, $A_{sne2} = -155$ µm; $T_{sn1} = 60$ µm $> 2 \cdot R_s = 44$ µm, $T_{sn2} = 100$ µm $> 2 \cdot R_s = 56$ µm; $A_{sni1} = -145$ µm, $A_{sni2} = -255$ µm; $A_{ae,i} = \pm 28{,}5$ µm.

21.33 a) $x_1 = +0{,}146$, $x_2 = -0{,}146$ ($z_{n1} = 11{,}52$), $V_1 = +0{,}657$ mm, $V_2 = -0{,}657$ mm ($\alpha_{wt} = 20{,}285°$);
b) $d_1 = 50{,}264$ mm, $d_{a1} = 60{,}578$ mm; $d_2 = 205{,}624$ mm, $d_{a2} = 213{,}310$ mm, $a = 127{,}944$ mm;
c) $s_{n1} = 7{,}55$ mm, $s_{n2} = 6{,}59$ mm ($A_{sne1} = -125$ µm, $A_{sni1} = -185$ µm; $A_{sne2} = -170$ µm, $A_{sni2} = -250$ µm; $T_{sn1} = 60$ µm $> 2 \cdot R_{s1} = 40$ µm, $T_{sn2} = 80$ µm $> 2 \cdot R_{s2} = 44$ µm);
d) $j_{t\,min} = 285$ µm, $j_{t\,max} = 457$ µm ($\Sigma A_{sne} = -295$ µm, $\Sigma A_{sni} = -435$ µm; $\Sigma A_{ste} \approx -300$ µm, $\Sigma A_{sti} \approx -442$ µm; $A_{ae} = +20$ µm, $A_{ai} = -20$ µm, wenn $A_{sne1} < A_{ai}$ und $A_{sne2} < A_{ai}$).

21.34 a) 1. z_1 im Uhrzeigersinn 2. z_1 entgegen Uhrzeigersinn

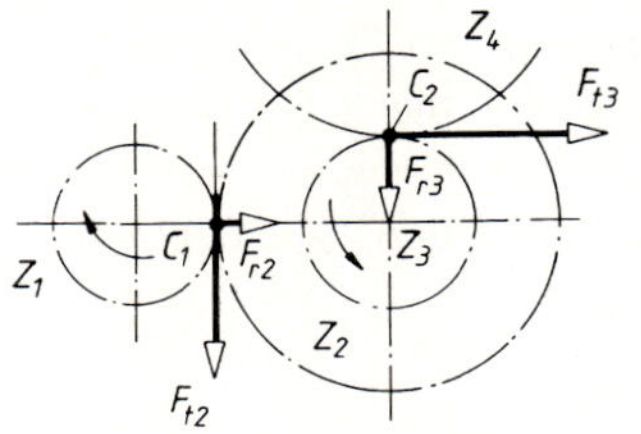

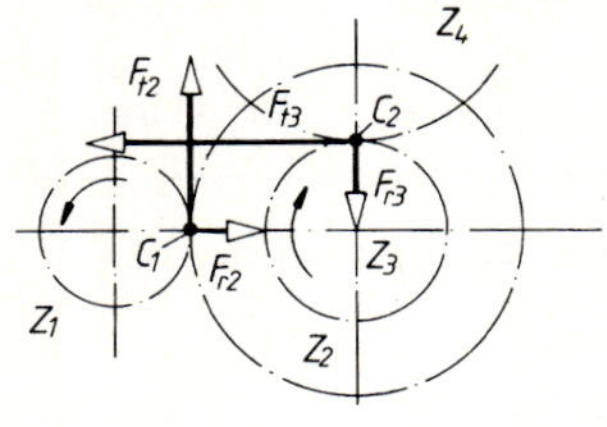

$F_{t2} = 2102$ N, $F_{r2} = 765$ N ($T_2 = 298$ Nm, $d_2 = 283{,}5$ mm); $F_{t3} = 7450$ N, $F_{r3} = 2712$ N ($d_3 = 80$ mm).

b)

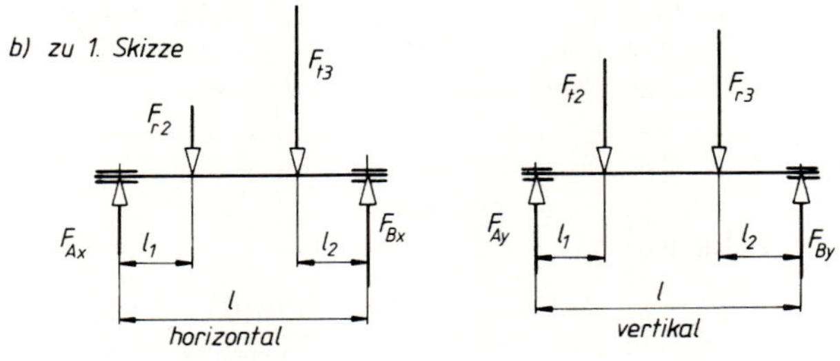

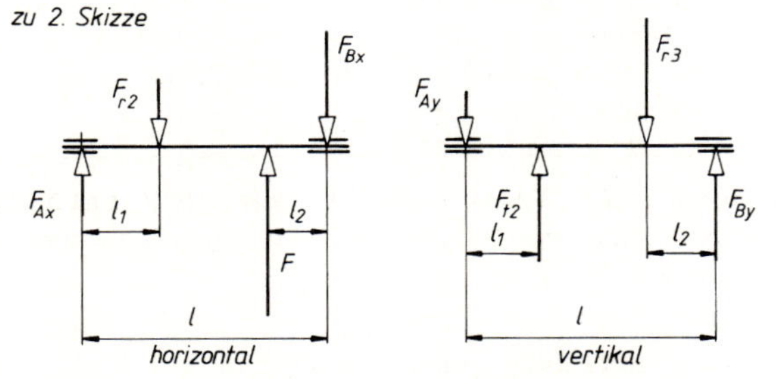

resultierende Lagerkräfte: $F_{Ar} = \sqrt{F_{Ax}^2 + F_{Ay}^2}$; $F_{Br} = \sqrt{F_{Bx}^2 + F_{By}^2}$

21.35 a)

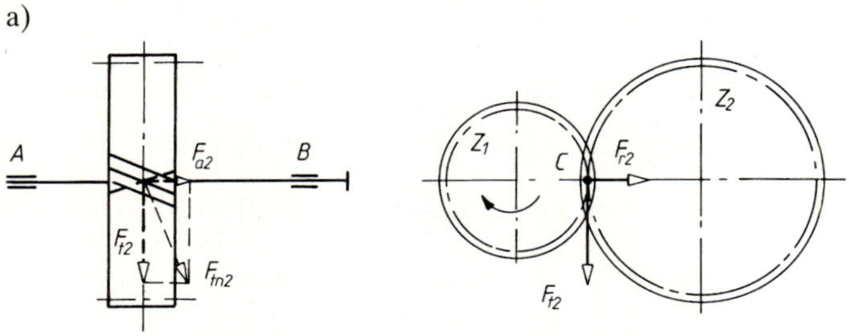

b) $F_{t2} \approx 1103$ N ($T_2 \approx 94{,}742$ kN), $d_2 = 171{,}856$ mm), $F_{r2} \approx 416$ N, $F_{a2} \approx 295$ N.

c) $F_{Ar} \approx 700$ N ($F_{Ax} \approx 102$ N, $F_{Ay} \approx 689$ N); $F_{Br} \approx 520$ N ($F_{Bx} \approx 314$ N, $F_{By} \approx 414$ N).
Hinweis: $F_{Ax} - F_{r2} + F_{Bx} = 0$; $F_{Ay} - F_{t2} + F_{By} = 0$.

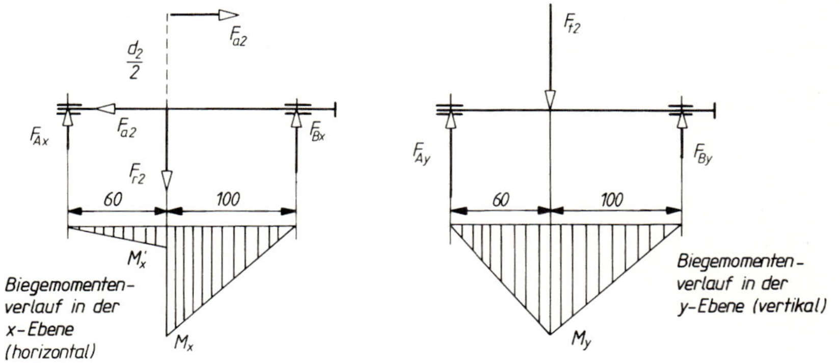

d) $M' \approx 42 \cdot 10^3$ Nm, $M_{max} = M \approx 52 \cdot 10^3$ Nm
($M'_x \approx 6120$ Nmm, $M_x \approx 31\,500$ Nmm, $M_y \approx 41\,400$ Nmm)

21.36 a)

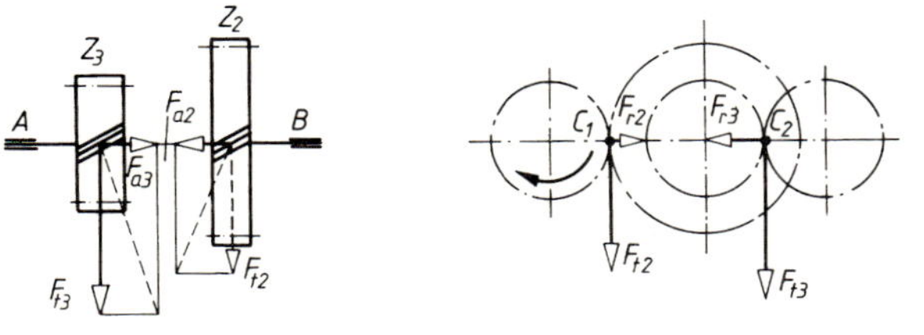

b) $F_{t2} = 2081$ N, ($T_2 = 105{,}05$ Nm, $d_2 = 100{,}94$ mm), $F_{r2} = 784$ N, $F_{a2} = 558$ N; $F_{t3} = 2586$ N, ($d_3 = 81{,}23$ mm), $F_{r3} = 956$ N, $F_{a3} = 693$ N.

c)

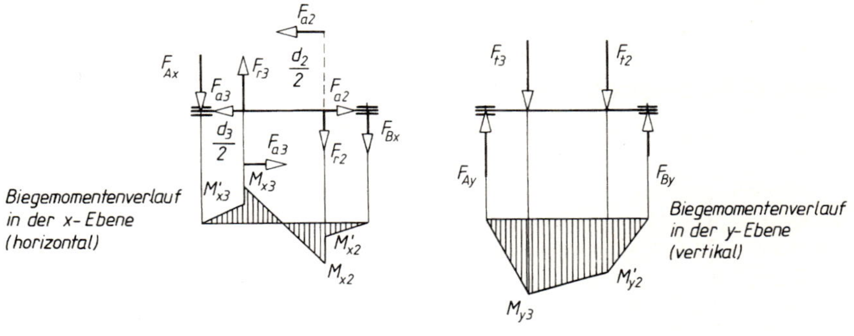

d)

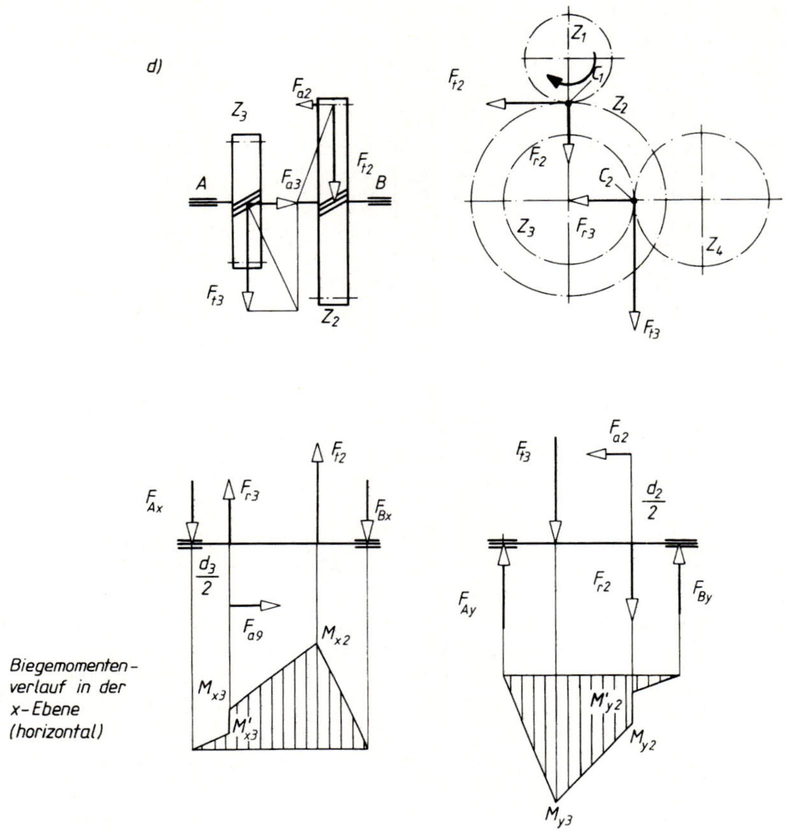

Tragfähigkeitsnachweis (geradverzahnte Stirnräder)

21.37 a) $d_1 = 110$ mm, $d_2 = 275$ mm, $d_{b1} = 103{,}366$ mm, $d_{b2} = 258{,}415$ mm, $d_{a1} = 115$ mm, $d_{a2} = 280$ mm, $d_{f1} = 103{,}75$ mm, $d_{f2} = 268{,}75$ mm, $h_1 = h_2 = 5{,}625$ mm, $a_d = a = 192{,}5$ mm, $\varepsilon_\alpha \approx 1{,}8$ ($u = 2{,}5$), Qualität 8 ($v_t \approx 4{,}32$ m/s);

b) $F_{t1} \approx 3473$ N ($T_1 = 191$ Nm), $K_A \approx 1{,}25$, $K_v \approx 1{,}43$ ($K_4 \approx 1{,}765$ m/s), $K_{H\beta} \approx 2{,}47 > 2$ ($f_{sh} \approx 0{,}47$ mit $K' = 0{,}48$, $f_{ma} \approx 18\ \mu$m, $F_{\beta x} \approx 28{,}7\ \mu$m, $y_\beta \approx 4{,}3\ \mu$m, $F_{\beta y} \approx 24{,}4\ \mu$m), $K_{F\beta} \approx 2{,}18$ ($N_F \approx 0{,}86$), $K_{F\alpha} = K_{H\alpha} \approx 1$, $K_{F\,ges} \approx 4{,}03$, $K_{H\,ges} \approx 2{,}14$;

c) Zahnfußtragfähigkeit ausreichend, $S_{F\,vor1} \approx 2{,}2$, $S_{F\,vor2} \approx 2$ ($\sigma_{F01} \approx 88$ N/mm^2, $\sigma_{F1} \approx 360$ N/mm^2, $Y_{FA1} \approx 2{,}41$, $Y_{Sa1} \approx 1{,}78$, $Y_\varepsilon \approx 0{,}67$, $Y_\beta = 1$, $Y_{ST} = 2$, $Y_{NT} = Y_{\delta\,rel\,T} = Y_x = 1$, $Y_{r\,rel\,T} \approx 1{,}04$, $\sigma_{F02} \approx 100$ N/mm^2, $\sigma_{F2} \approx 330$ N/mm^2, $Y_{FA2} \approx 2{,}2$, $Y_{Sa2} \approx 1{,}95$);

d) Grübchentragfähigkeit ausreichend, $S_{H\,vor1} \approx 1{,}3$, $S_{H\,vor2} \approx 1{,}3$ ($\sigma_{H0} \approx 430$ N/mm^2, $\sigma_H \approx 910$ N/mm^2, $Z_H = 2{,}5$, $Z_E = 189{,}8\ \sqrt{(\mathrm{N/mm^2})}$, $Z_\varepsilon \approx 0{,}86$, $Z_\beta = Z_L = Z_v = Z_R = Z_W = Z_x = Z_{NT1} = Z_{NT2} = 1$ für $9 \cdot 10^8$ bzw. für $3{,}3 \cdot 10^8$ Lastspiele).

21.38 a) V-Getriebe erforderlich, da $a_d = 115{,}5$ mm $< a = 119$ mm ($\Sigma x = 1{,}288$, $x_1 = 0{,}55$, $x_2 = 0{,}738$, $\alpha_w \approx 24{,}21°$);
b) $d_1 = 39$ mm, $d_2 = 192$ mm, $d_{b1} = 36{,}648$ mm, $d_{b2} = 180{,}421$ mm, $d_{a1} = 47{,}572$ mm, $d_{a2} = 201{,}70$ mm, $d_{f1} = 34{,}80$ mm, $d_{f2} = 188{,}928$ mm, $h_1 = h_2 = 6{,}386$ mm, $\varepsilon_\alpha \approx 1{,}293$, $k = -0{,}364$ mm);
c) $F_{t1} \approx 10\,754$ N ($T_1 \approx 216$ Nm), Qualität 7 ($v_t \approx 0{,}64$ m/s); $K_A \approx 1$, $K_v \approx 1$ ($K_4 \approx 0{,}082$ m/s), $K_{H\beta} \approx 1{,}92$ ($f_{sh} \approx 7{,}9$ µm, $c = 1$, $K' = -1$, $f_{ma} \approx f_{H\beta} \approx 13{,}3$ µm, $F_{\beta x} \approx 23{,}8$ µm, $F_{\beta y} \approx 20$ µm mit $y_\beta = 3{,}8$ µm), $K_{F\beta} \approx 1{,}77$ ($N_F \approx 0{,}874$), $K_{H\alpha} = K_{F\alpha} \approx 1$, $K_{F\,ges} \approx 1{,}79$, $K_{H\,ges} \approx 1{,}39$.
d) Zahnfußtragfähigkeit ausreichend, $S_{F\,vor1} \approx 2{,}26$, $S_{F\,vor2} \approx 2{,}16$ ($\sigma_{F01} \approx 255$ N/mm², $\sigma_{F1} \approx 455$ N/mm², $Y_{FA1} \approx 2{,}3$, $Y_{Sa1} \approx 1{,}86$, $Y_\varepsilon \approx 0{,}83$, $Y_\beta = 1$, $Y_{ST} = 2$, $Y_{NT} = Y_{\delta\,rel\,T} = Y_x = 1$, $Y_{r\,rel\,T} \approx 1{,}03$, $\sigma_{F02} \approx 267$ N/mm², $\sigma_{F2} \approx 477$ N/mm², $Y_{FA2} \approx 2{,}04$, $Y_{Sa2} \approx 2{,}2$); Grübchentragfähigkeit ausreichend, $S_{H\,vor1} \approx 1{,}15$, $S_{H\,vor2} \approx 1{,}23$ ($\sigma_{H0} \approx 1051$ N/mm², $\sigma_H \approx 1465$ N/mm², $Z_H = 2{,}24$, $Z_E = 189{,}8\ \sqrt{(\text{N/mm}^2)}$, $Z_\varepsilon \approx 0{,}96$, $Z_\beta = Z_L = Z_v = Z_R = Z_W = Z_x = 1$, $Z_{NT1} = 1{,}12$, $Z_{NT2} = 1{,}2$ für $1{,}46 \cdot 10^8$ bzw. für $2{,}97 \cdot 10^7$ Lastspiele).

21.39 a) $i_2 \mathrel{\hat{=}} u = 4{,}8$ ($i = 19{,}2$, $i_1 = 4$); $m = 5$ mm, $z_2 = 96$, $d_1 = 100$ mm, $d_2 = 480$ mm, $d_{b1} = 93{,}969$ mm, $d_{b2} = 451{,}052$ mm, $d_{a1} = 110$ mm, $d_{a2} = 490$ mm, $d_{f1} = 87{,}50$ mm, $d_{f2} = 467{,}50$ mm, $h_1 = h_2 = 11{,}25$ mm, $\varepsilon_\alpha \approx 1{,}70$, $k = 0$ mm); $b_1 = 60$ mm, $b_2 = 55$ mm ($\psi_m \approx 15$, $\psi_d \approx 0{,}5$); $a_d = 290$ mm.
b) $K_A \approx 2{,}2$, $K_v \approx 1{,}03$ ($K_4 \approx 0{,}246$ m/S), $F_{t1} = 5968{,}80$ N ($T_1 \approx 298{,}44$ Nm), Qualität 8 ($v_t \approx 1{,}26$ m/s); $K_{H\beta} \approx 1{,}92$ ($f_{sh} \approx 7$ µm, $f_{ma} \approx f_{H\beta} \approx 18{,}9$ µm, $F_{\beta x} \approx 28$ µm, $F_{\beta y} \approx 20$ µm mit $y_\beta = 8$ µm), $K_{F\beta} \approx 1{,}61$ ($N_F \approx 0{,}802$), $K_{H\alpha} = K_{F\alpha} = 1$ ($c_\gamma = 20$, $f_{pe} \approx 10$, $q = 2{,}75$, $y_\alpha \approx 1{,}375$), $K_{f\,ges} \approx 3{,}65$, $K_{H\,ges} \approx 2{,}03$.
c) Zahnfußtragfähigkeit ausreichend, $S_{F\,vor1} \approx 3{,}31$, $S_{F\,vor2} \approx 2{,}51$ ($\sigma_{F01} \approx 64$ N/mm², $\sigma_{F1} \approx 233$ N/mm², $Y_{FA1} \approx 2{,}9$, $Y_{Sa1} \approx 1{,}6$, $Y_\varepsilon \approx 0{,}69$, $Y_\beta = 1$, $Y_{ST} = 2$, $Y_{NT} = Y_{\delta\,rel\,T} = Y_x = 1$, $Y_{r\,rel\,T} \approx 1{,}04$, $\sigma_{F02} \approx 64$ N/mm², $\sigma_{F2} \approx 233$ N/mm², $Y_{FA2} \approx 2{,}2$, $Y_{Sa2} \approx 1{,}93$); Grübchentragfähigkeit für Ritzel ausreichend ($S_{H\,vor1} \approx 1{,}27$), für das Rad nicht ausreichend ($S_{H\,vor2} \approx 0{,}83$, $\sigma_{H0} \approx 465$ N/mm², $\sigma_H \approx 942$ N/mm², $\sigma_{HG1} \approx 1200$ N/mm², $\sigma_{HG2} \approx 780$ N/mm², $Z_H = 2{,}5$, $Z_E = 188{,}9\ \sqrt{(\text{N/mm}^2)}$, $Z_\varepsilon \approx 0{,}86$, $Z_\beta = Z_L = Z_v = Z_R = Z_W = Z_x = Z_{NT1} = Z_{NT2} = 1$).

21.40 a) $n_2 = 302{,}1\ \text{min}^{-1}$, $n_3 \approx 41{,}4\ \text{min}^{-1}$; $i_2 \mathrel{\hat{=}} u = 7{,}3$, aus $d_2' \approx 380$ mm gewählt $m = 3$ mm, $z_2 = 124$, $d_1 = 51$ mm, $d_2 = 372$ mm, $d_{b1} = 47{,}924$ mm, $d_{b2} = 349{,}566$ mm, $d_{a1} = 57$ mm, $d_{a2} = 378$ mm, $d_{f1} = 43{,}50$ mm, $d_{f2} = 364{,}50$ mm, $d_{w1} = 51$ mm, $d_{w2} = 372$ mm, $h_1 = h_2 = 6{,}75$ mm, $\varepsilon_\alpha \approx 1{,}70$, $k = 0$ mm);
b) $b_1 = 60$ mm, $b_2 = 55$ mm ($\psi_m \approx 22$, $\psi_d \approx 1$); Verzahnungsqualität 7; ($v_t \approx 0{,}81$ m/s);
c) $K_A \approx 1{,}25$, $K_v \approx 1{,}02$ ($K_4 \approx 0{,}136$ m/s), $F_{t1} = 6820$ N ($T_1 \approx 174$ Nm), $K_{H\beta} \approx 2{,}3$ ($f_{sh} \approx 7$ µm, $K' \approx -0{,}48$, $f_{ma} \approx f_{H\beta} \approx 18{,}9$ µm, $F_{\beta x} \approx 21{,}3$ µm, $F_{\beta y} \approx 18$ µm mit $y_\beta = 3{,}1$ µm), $K_{F\beta} \approx 2{,}09$ ($N_F \approx 0{,}88$), $K_{H\alpha} = K_{F\alpha} = 1$ ($c_\tau = 20$, $f_{pe} \approx 7$, $q = 2$, $y_\sigma \approx 0{,}6$), $K_{F\,ges} \approx 2{,}66$, $K_{H\,ges} \approx 1{,}72$.
d) Zahnfußtragfähigkeit ausreichend: $S_{F\,vor1} \approx 2{,}14$, $S_{F\,vor2} \approx 2{,}27$ ($\sigma_{F01} \approx 127$ N/mm², $\sigma_{F1} \approx 337$ N/mm², $Y_{FA1} \approx 3{,}1$, $Y_{Sa1} \approx 1{,}56$, $Y_\varepsilon \approx 0{,}69$, $Y_\beta = 1$, $Y_{ST} = 2$, $Y_{NT} = Y_{\delta\,rel\,T} = Y_x = 1$, $Y_{r\,rel\,T} \approx 1{,}03$, $\sigma_{F02} \approx 120$ N/mm², $\sigma_{F2} \approx 318$ N/mm², $Y_{FA2} \approx 2{,}13$, $Y_{Sa2} \approx 1{,}96$);
e) Grübchentragfähigkeit ausreichend: $S_{H\,vor1} \approx 1{,}05$, ($S_{H\,vor2} \approx 1{,}05$, $\sigma_{H0} \approx 694$ N/mm², $\sigma_H \approx 1190$ N/mm², $\sigma_{HG1} = \sigma_{HG2} \approx 1250$ N/mm², $Z_H = 2{,}5$, $Z_E = 189{,}8\ \sqrt{(\text{N/mm}^2)}$, $Z_\varepsilon \approx 0{,}88$, $Z_\beta = Z_L = Z_v = Z_R = Z_W = Z_x = Z_{NT1} = Z_{NT2} = 1$).

Tragfähigkeitsnachweis (schrägverzahnte Stirnräder)

21.41 a) $d_1 = 91{,}625$ mm, $d_2 = 287{,}092$ mm, $d_{a1} = 97{,}625$ mm, $d_{a2} = 293{,}092$ mm, $d_{f1} = 84{,}125$ mm, $d_{f2} = 279{,}592$ mm, $d_{b1} = 85{,}916$ mm, $d_{b2} = 269{,}205$ mm, $h_1 = h_2 = 6{,}75$ mm, $a_d = 189{,}358$ mm, $\varepsilon_\gamma \approx 2{,}699$, $\varepsilon_\alpha = 1{,}704$, $\varepsilon_\beta = 0{,}995$;

b) $F_{t1} = 6606$ N ($T_1 \approx 302{,}64$ Nm), $K_A = 1{,}25$, $K_v \approx 1{,}15$ ($K_1 = 8{,}5$, $K_2 = 1$, $K_3 = 0{,}0087$, $K_4 \approx 1{,}947$ m/s), $K_{H\beta} \approx 1{,}52$ ($f_{sh} \approx 1{,}5\,\mu$m, $f_{ma} \approx 9{,}5\,\mu$m, $F_{\beta x} \approx 11{,}5\,\mu$m, $y_\beta = 1{,}7\,\mu$m, $F_{\beta y} \approx 9{,}8\,\mu$m); $K_{F\beta} \approx 1{,}43$ ($N_F \approx 0{,}87$), $K_{H\alpha} = K_{F\alpha} \approx 1$; $K_{F\,ges} \approx 2{,}06$, $K_{H\,ges} \approx 1{,}48$.

c) *Zahnfußtragfähigkeit:* $S_{F1} \approx 2{,}56$ ($\sigma_{FG1} \approx 630$ N/mm², $\sigma_{F1} \approx 246$ N/mm², $\sigma_{F01} \approx 120$ N/mm², $Y_{Fa1} \approx 2{,}57$, $Y_{Sa1} \approx 1{,}7$ bei $z_{n1} \approx 31{,}65$, $Y_\varepsilon \approx 0{,}68$, $Y_\beta = 0{,}92$), $S_{F2} \approx 2{,}61$ ($\sigma_{FG2} \approx 630$ N/mm², $\sigma_{F2} \approx 242$ N/mm², $\sigma_{F02} \approx 117$ N/mm², $Y_{Fa2} \approx 2{,}21$, $Y_{Sa2} \approx 1{,}94$ bei $z_{n2} \approx 99{,}18$).
Grübchentragfähigkeit: $S_{H1} \approx 1{,}79$ ($\sigma_{HG1} \approx 1300$ N/mm², $\sigma_{H1} \approx 725$ N/mm², $\sigma_{H01} \approx 491$ N/mm², $Z_H = 2{,}46$, $Z_E = 189{,}8\ \sqrt{(\text{N/mm}^2)}$, $Z_\varepsilon \approx 0{,}77$, $Z_\beta \approx 0{,}99$, $Z_{NT} = 1$, $Z_L = Z_v = Z_R = 1$, $Z_W = Z_x = 1$); $S_{H2} \approx 1{,}79$ ($\sigma_{HG2} \approx 1300$ N/mm², $\sigma_{H2} \approx 725$ N/mm², $\sigma_{H02} \approx 491$ N/mm², $Z_{NT} = 1$).

21.42 a) $a_d = 245{,}36$ mm $< a = 250$ mm daher $\Sigma x = +0{,}8219$, ($\alpha_t \approx 20{,}6429°$, $\alpha_{wt} \approx 23{,}3063°$), $x_1 = +0{,}45$, $x_2 = +0{,}3719$ ($z_{n1} \approx 22{,}19$, $z_{n2} \approx 65{,}47$);

b) $d_1 = 124{,}233$ mm, $d_2 = 366{,}488$ mm, $d_{a1} = 141{,}051$ mm, $d_{a2} = 382{,}370$ mm, $d_{f1} = 114{,}633$ mm, $d_{f2} = 355{,}952$ mm, $d_{b1} = 116{,}254$ mm, $d_{b2} = 342{,}949$ mm, $d_{w1} = 126{,}582$ mm, $d_{w2} = 373{,}419$ mm, $h_1 = h_2 = 13{,}209$ mm, $V_1 = 2{,}7$ mm, $V_2 = 2{,}232$ mm, $k = -0{,}291$ mm, $\varepsilon_\gamma \approx 2{,}746$, $\varepsilon_\alpha = 1{,}4$, $\varepsilon_\beta = 1{,}346$;

c) $F_{t1} \approx 50\,297$ N ($T_1 \approx 3183{,}33$ Nm), $K_A \approx 1$, $K_v \approx 1{,}07$ ($K_1 = 8{,}5$, $K_2 = 1$, $K_3 = 0{,}0087$, $K_4 \approx 1{,}883$ m/s), $K_{H\beta} \approx 1{,}33$ ($f_{sh} \approx 7{,}9\,\mu$m, $f_{ma} \approx 10{,}4\,\mu$m, $F_{\beta x} \approx 21\,\mu$m, $y_\beta \approx 3\,\mu$m, $F_{\beta y} \approx 18\,\mu$m), $K_{F\beta} \approx 1{,}28$ ($N_F \approx 0{,}867$); $K_{H\alpha} = K_{F\alpha} \approx 1$, $K_{F\,ges} \approx 1{,}367$, $K_{H\,ges} \approx 1{,}191$.

d) $S_{F1} \approx 3{,}19$ ($\sigma_{FG1} \approx 1030$ N/mm², $\sigma_{F1} \approx 323$ N/mm², $\sigma_{F01} \approx 236$ N/mm², $Y_{Fa1} \approx 2{,}25$, $Y_{Sa1} \approx 1{,}9$, $Y_\varepsilon \approx 0{,}75$, $Y_\beta \approx 0{,}88$), $S_{F2} \approx 3{,}1$ ($\sigma_{FG2} \approx 1030$ N/mm², $\sigma_{F2} \approx 334$ N/mm², $\sigma_{F02} \approx 244$ N/mm², $Y_{Fa2} \approx 2{,}13$, $Y_{Sa2} \approx 2{,}03$, $Y_{NT} = Y_{\delta\,rel\,T} = Y_{R\,rel\,T} \approx 1$, $Y_x \approx 0{,}98$);

e) $S_{H1,2} \approx 1{,}56$ ($\sigma_{HG1,2} \approx 1500$ N/mm², $\sigma_{H1,2} \approx 961$ N/mm², $\sigma_{H01,2} \approx 807$ N/mm², $Z_H \approx 2{,}46$, $Z_E = 189{,}8\ \sqrt{(\text{N/mm}^2)}$, $Z_\varepsilon \approx 0{,}77$, $Z_\beta = 0{,}99$, $Z_{NT} = 1$, $Z_L = Z_v = Z_R = 1$, $Z_W = Z_x = 1$).

21.43 a) $x_1 = 0{,}55$, $x_2 = 0{,}742$; $d_1 = 202{,}914$ mm, $d_2 = 884{,}126$ mm, $d_{a1} = 243{,}104$ mm, $d_{a2} = 929{,}692$ mm, $d_{f1} = 183{,}314$ mm, $d_{f2} = 869{,}902$ mm, $d_{b1} = 189{,}881$ mm, $d_{b2} = 827{,}340$ mm, $d_{w1} = 209{,}066$ mm, $d_{w2} = 910{,}933$ mm, $V_1 = 7{,}7$ mm, $V_2 = 10{,}388$ mm, $k = -1{,}605$ mm, $h_1 = h_2 = 29{,}895$ mm, $a_d = 543{,}520$ mm, $\alpha_t = 20{,}647°$, $\alpha_{wt} \approx 24{,}738°$, $\varepsilon_\gamma \approx 2{,}258$, $\varepsilon_\alpha = 1{,}258$, $\varepsilon_\beta = 1$;

b) $F_{t1} \approx 179\,670$ N ($T_1 \approx 18\,780$ Nm), $K_A = 1{,}25$, $K_v \approx 1$ ($K_1 = 8{,}5$, $K_2 = 1$, $K_3 = 0{,}0087$, $K_4 \approx 0{,}023$ m/s), $K_{H\beta} \approx 1{,}18$ ($f_{sh} \approx 12\,\mu$m, $f_{ma} \approx 11\,\mu$m, $F_{\beta x} \approx 27\,\mu$m, $y_\beta \approx 4\,\mu$m, $F_{\beta y} \approx 23\,\mu$m); $K_{F\beta} \approx 1{,}14$ ($N_F \approx 0{,}83$); $K_{H\alpha} = K_{F\alpha} = 1$, $K_{F\,ges} \approx 1{,}43$, $K_{H\,ges} \approx 1{,}21$.

c) *Zahnfußtragfähigkeit:* $S_{F1} \approx 2{,}51$ ($\sigma_{FG1} \approx 828$ N/mm², $\sigma_{F1} \approx 330$ N/mm², $\sigma_{F01} \approx 230$ N/mm², $Y_{Fa1} \approx 2{,}24$, $Y_{Sa1} \approx 1{,}92$ bei $z_{n1} \approx 15{,}53$, $Y_\varepsilon \approx 0{,}81$, $Y_\beta \approx 0{,}88$, $Y_x \approx 0{,}92$), $S_{F2} \approx 2{,}2$ ($\sigma_{FG2} \approx 745$ N/mm², $\sigma_{F2} \approx 339$ N/mm², $\sigma_{F02} \approx 237$ N/mm², $Y_{Fa2} \approx 2{,}03$, $Y_{Sa2} \approx 2{,}18$ bei $z_{n2} \approx 67{,}69$).
Grübchentragfähigkeit: $S_{H1} \approx 1{,}48$ ($\sigma_{HG1} \approx 1876$ N/mm², $\sigma_{H1,2} \approx 1266$ N/mm², $\sigma_{H01,2} \approx 1045$ N/mm², $Z_H = 2{,}2$, $Z_E = 189{,}8\ \sqrt{(\text{N/mm}^2)}$, $Z_\varepsilon \approx 0{,}89$, $Z_\beta = 0{,}98$, $Z_{NT1} = 1{,}36$, $Z_L = Z_v = Z_R = 1$, $Z_W = 1$, $Z_x = 0{,}92$); $S_{H2} \approx 1{,}55$ ($\sigma_{HG2} \approx 1958$ N/mm², $Z_{NT2} = 1{,}52$).

21

22 Kegelräder, Kegelradgetriebe

22.1 a) $\delta_1 = 28{,}775°$, $\delta_2 = 46{,}225°$;
b) $d_{e1} = 77$ mm, $d_{e2} = 115{,}5$ mm ($z_2 = 33$); $d_{ae1} = 83{,}136$ mm, $d_{ae2} = 120{,}344$ mm ($h_{ae} = m_e = 3{,}5$ mm);
c) $R_{e1} = R_{e2} = 79{,}98$ mm;
d) $\delta_{a1} = 31{,}281°$, $\delta_{f1} = 25{,}644°$; $\delta_{a2} = 48{,}731°$, $\delta_{f2} = 43{,}094°$ ($\vartheta_a = 2{,}51°$, $\vartheta_f = 3{,}13°$).

22.2 a) Ausführung als Geradzahn-Kegelrad-Nullgetriebe möglich, da $z_1 > z'_{gK1}$ ($z_1 = 12$, $z'_{gK1} = 11$);
b) $z_2 = 15$, $R_e = 57{,}627$ mm, $b = 15$ mm, $h_{ae} = 6$ mm, $h_{fe} = 7{,}5$ mm;
$\delta_1 = 38{,}66°$, $d_{e1} = 72{,}00$ mm, $d_{ae1} = 81{,}37$ mm, $\delta_{a1} = 44{,}604°$, $\delta_{f1} = 31{,}245°$,
$\delta_2 = 51{,}34°$, $d_{e2} = 90{,}00$ mm, $d_{ae2} = 97{,}496$ mm, $\delta_{a2} = 57{,}284°$, $\delta_{f2} = 43{,}925°$.

22.3 $z_2 = 63$, $R_e = 282{,}37$ mm, $b = 84$ mm, $h_{ae} = 8{,}23$ mm, $h_{fe} = 10{,}28$ mm,
Ritzel: $d_{e1} = 122{,}51$ mm, $d_{m1} = 104{,}29$ mm, $d_{ae1} = 138{,}57$ mm, $d_{fe1} = 101{,}95$ mm, $\delta_1 = 12{,}53°$, $\delta_{a1} = 14{,}2°$, $\delta_{f1} = 10{,}44°$;
Rad: $d_{e2} = 551{,}30$ mm, $d_{m2} = 469{,}30$ mm, $d_{ae2} = 554{,}87$ mm, $d_{fe2} = 530{,}74$ mm, $\delta_2 = 77{,}47°$, $\delta_{a2} = 79{,}14°$, $\delta_{f2} = 75{,}39°$.

22.4 $m_{mn} = 2{,}5$ mm ($d_{m1} \approx 58 \ldots 62$ mm), $z_1 = 20$, $z_2 = 36$, $i_{vorh} = 1{,}8$ ($n_1/n_2 \approx 1{,}77$), $b = 20$ mm, $R_m \approx 59{,}44$ mm, $R_e \approx 69{,}44$ mm, $h_{ae} = 2{,}92$ mm, $h_{fe} = 3{,}65$ mm;
Ritzel: $d_{m1} = 57{,}74$ mm, $d_{e1} = 67{,}45$ mm, $d_{ae1} = 72{,}55$ mm, $d_{fe1} = 60{,}15$ mm, $\delta_1 \approx 29{,}06°$, $\delta_{a1} = 31{,}46°$, $\delta_{f1} = 26{,}05°$;
Rad: $d_{m2} = 103{,}92$ mm, $d_{e2} = 121{,}41$ mm, $d_{ae2} = 124{,}24$ mm, $d_{fe2} = 114{,}11$ mm, $\delta_2 \approx 60{,}95°$, $\delta_{a2} = 63{,}35°$, $\delta_{f2} = 57{,}94°$.

22.5 $m_{mn} = 5$ mm ($d_{m1} \approx 96 \ldots 104$ mm), $z_1 = 20$, $z_2 = 41$, $R_m \approx 125{,}84$ mm, $R_e \approx 147{,}84$ mm, $b = 44$ mm, $h_{ae} = 5{,}87$ mm, $h_{fe} = 7{,}34$ mm,
Ritzel: $d_{m1} = 110{,}34$ mm, $d_{e1} = 129{,}63$ mm, $d_{ae1} = 140{,}19$ mm, $d_{fe1} = 114{,}94$ mm, $\delta_1 \approx 26°$, $\delta_{a1} = 28{,}28°$, $\delta_{f1} \approx 23{,}16°$,
Rad: $d_{m2} = 226{,}19$ mm, $d_{e2} = 265{,}74$ mm, $d_{ae2} = 270{,}89$ mm, $d_{fe2} = 251{,}05$ mm, $\delta_2 \approx 64°$, $\delta_{a2} \approx 66{,}27°$, $\delta_{f2} \approx 61{,}15°$.

Tragfähigkeitsnachweis

22.6 a) $m_{mn} = 7$ mm, $z_1 = 20$, $z_2 = 30$, $b = 42$ mm, $R_m \approx 145{,}42$ mm, $R_e \approx 166{,}42$ mm, $h_{ae} = 8{,}01$ mm, $h_{fe} = 10{,}01$ mm,
Ritzel: $d_{m1} = 140{,}00$ mm, $d_{e1} = 160{,}22$ mm, $d_{ae1} = 174{,}26$ mm, $\delta_1 \approx 28{,}78°$, $\delta_{a1} = 31{,}53°$, $\delta_{f1} = 25{,}33°$,
Rad: $d_{m2} = 210{,}00$ mm, $d_{e2} = 240{,}33$ mm, $d_{ae2} = 251{,}41$ mm, $\delta_2 = 46{,}23°$, $\delta_{a2} = 48{,}98°$, $\delta_{f2} = 42{,}78°$,
b) $K_A \approx 1$, $b_e \approx 35{,}7$ mm, $F_{mt} \approx 4550$ N, $\varepsilon_{v\alpha} \approx 1{,}63$, $Y_\varepsilon \approx 0{,}71$, $Y_\beta = 1$, $Y_K = 1$, 11. Qualität, $K_1 = 146{,}08$, $K_2 = 1{,}065$, $K_3 = 0{,}0193$, $K_4 \approx 0{,}11$, $K_v \approx 1{,}14$, $K_{F\alpha} \approx 1{,}41$, $K_{H\alpha} \approx 1{,}29$, $K_{F\beta} \approx K_{H\beta} \approx 2{,}25$, $Z_H = 2{,}5$, $Z_E = 189{,}8\ \sqrt{(\text{N/mm}^2)}$, $Z_K \approx 1$, $Z_\beta = 1$, $Z_v \approx 0{,}95$, $Z_L \approx 1$, $Z_R \approx 0{,}85$, $Z_X \approx 1$,
Ritzel: $S_F \approx 2{,}22$, $\sigma_{FG} \approx 470$ N/mm², $\sigma_F \approx 212$ N/mm², $\sigma_{F0} \approx 59$ N/mm², $z_{vn1} = 22{,}82$, $Y_{Fa} = 2{,}8$, $Y_{sa} = 1{,}63$, $Y_{\delta\,rel\,t} \approx 0{,}96$, $Y_{R\,rel\,T} \approx 1$, $Y_X \approx 0{,}98$, $S_H \approx 1{,}05$, $\sigma_{HG} \approx 870$ N/mm², $\sigma_H \approx 837$ N/mm²,
Rad: $S_F \approx 2{,}36$, $\sigma_{FG} \approx 470$ N/mm², $\sigma_F \approx 200$ N/mm², $\sigma_{F0} \approx 56$ N/mm², $z_{vn2} = 43{,}36$, $Y_{Fa} = 2{,}42$, $Y_{Sa} = 1{,}77$, $Y_{\delta\,rel\,t} \approx 0{,}96$, $Y_{R\,rel\,T} \approx 1$, $Y_X \approx 0{,}98$, $S_H \approx 1{,}05$, $\sigma_{HG} \approx 870$ N/mm², $\sigma_H \approx 837$ N/mm².

22.7 $F_A \approx 3475$ N ($F_{Ax} \approx 3255$ N, $F_{Ay} \approx 1213$ N, $F_{mt2} \approx 5900$ N, $F_{a2} \approx 1950$ N, $F_{r2} \approx 885$ N, $T_1 \approx 143{,}25$ Nm, $d_{m1} = 48{,}76$ mm, $d_{e1} = 57$ mm, $\delta_1 = 24{,}34°$);
$F_B \approx 2665$ N ($F_{Bx} \approx 2645$ N, $F_{By} \approx 328$ N);
$M_{max} = M_1 = F_A \cdot l_2 \approx 226 \cdot 10^3$ Nmm, $M_2 = F_B \cdot l_1 \approx 214 \cdot 10^3$ Nmm.

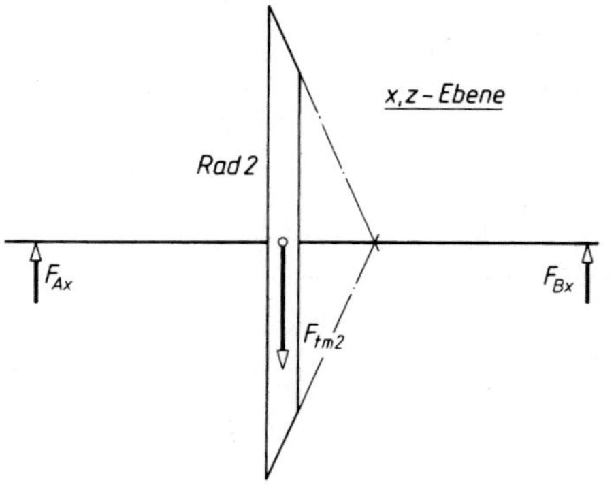

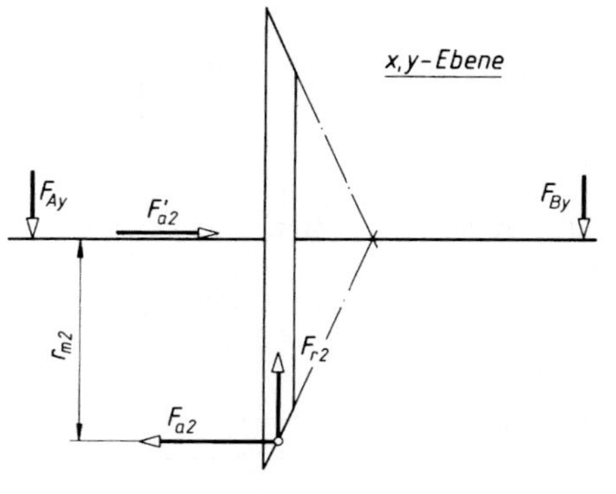

22.8 *Verzahnungsgeometrie:* $m_{mn} = 2{,}5$ mm ($d_{m1} \approx 58 \ldots 62$ mm), $z_1 = 20$, $z_2 = 36$, $i_{vorh} = 1{,}8$ ($n_1/n_2 \approx 1{,}77$), $b = 20$ mm, $R_m = 59{,}44$ mm, $R_e = 69{,}44$ mm, $h_{ae} = 2{,}92$ mm, $h_{fe} = 3{,}65$ mm;
Ritzel: $d_{m1} = 57{,}74$ mm, $d_{e1} = 67{,}45$ mm, $d_{ae1} = 72{,}55$ mm, $d_{fe1} = 60{,}15$ mm, $\delta_1 = 29{,}06°$, $\delta_{a1} \approx 31{,}46°$, $\delta_{f1} \approx 26{,}05°$;
Rad: $d_{m2} = 103{,}92$ mm, $d_{e2} = 121{,}41$ mm, $d_{ae2} = 124{,}24$ mm, $d_{fe2} = 114{,}11$ mm, $\delta_2 \approx 60{,}95°$, $\delta_{a2} = 63{,}35°$, $\delta_{f2} = 57{,}94°$.
Tragfähigkeitsnachweis: $K_A \approx 1{,}25$, $b_e \approx 17$ mm, $F_{mt} \approx 176$ N, $\varepsilon_{v\alpha} \approx 1{,}74$, $Y_\varepsilon \approx 0{,}68$, $Y_\beta = 1$, $Y_K = 1$, 7. Qualität, $K_1 = 15{,}34$, $K_2 = 1$, $K_3 = 0{,}01$, $K_4 \approx 1{,}49$, $K_v \approx 1{,}22$, $K_{F\alpha} \approx 1$, $K_{H\alpha} \approx 1$, $K_{F\beta} \approx K_{H\beta} \approx 1{,}88$, $Z_H = 2{,}5$, $Z_E = 189{,}8 \sqrt{(N/mm^2)}$, $Z_K = 1$, $Z_\beta = 0{,}87$, $Z_v \approx 0{,}95$, $Z_L \approx 1$, $Z_R \approx 0{,}85$, $Z_X \approx 1$,
Ritzel: $S_F \approx 7{,}88$, $\sigma_{FG} \approx 274$ N/mm², $\sigma_F \approx 35$ N/mm², $\sigma_{F0} \approx 12$ N/mm², $z_{vn1} = 35{,}22$, $Y_{Fa} = 2{,}5$, $Y_{sa} = 1{,}72$, $Y_{\delta\,rel\,t} \approx 0{,}98$, $Y_{R\,rel\,T} \approx 1$, $Y_X \approx 1$, $S_H \approx 2{,}91$, $\sigma_{HG} \approx 808$ N/mm², $\sigma_H \approx 278$ N/mm²,
Rad: $S_F \approx 8{,}17$, $\sigma_{FG} \approx 286$ N/mm², $\sigma_F \approx 35$ N/mm², $\sigma_{F0} \approx 12$ N/mm², $z_{vn2} = 114{,}13$, $Y_{Fa} = 2{,}16$, $Y_{sa} = 2$, $Y_{\delta\,rel\,t} \approx 1{,}02$, $Y_{R\,rel\,T} \approx 1$, $Y_X \approx 1$, $S_H \approx 2{,}91$, $\sigma_{HG} \approx 808$ N/mm², $\sigma_H \approx 278$ N/mm².

---

23 Schraubrad- und Schneckengetriebe

23.1 $z_2 = 32$, $\beta_2 = 40°$, $d_1 = 124{,}46$ mm, $d_2 = 208{,}87$ mm, $d_{a1} = 134{,}46$ mm, $d_{a2} = 218{,}87$ mm, $b_1 = b_2 = 50$ mm, $a = 166{,}66$ mm.

23.2 Günstige Wirkungsgrade ergeben sich für $45° < \beta_1 < 50°$.

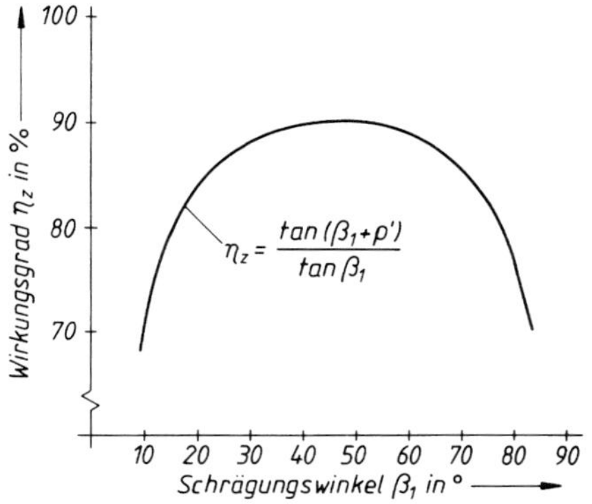

23.3
a) $\beta_1 = 23°$, $\beta_2 = 17°$;
b) $z_1 = 12$, $z_2 = 36$, $d_1 = 32{,}59$ mm, $d_2 = 94{,}11$ mm, $d_{a1} = 37{,}59$ mm, $d_{a2} = 99{,}11$ mm, $b_1 = b_2 = 25$ mm, $a = 63{,}35$ mm;
c) $\eta_Z \approx 0{,}94$;
d) $v_g \approx 0{,}54$ m/s ($v_1 \approx 0{,}81$ m/s, $v_2 \approx 0{,}78$ m/s)

23.4
a) $z_1 = 14$, $z_2 = 35$ ($i_{\text{vorh}} \approx 2{,}5$) $\beta_1 = 48°$, $\beta_2 = 42°$ ($\varrho' \approx 5°$); $m_n = 5$ mm ($c = 3$ N/mm^2, $K_A = 1$, $d_1' \approx 95$ mm), $d_1 = 104{,}61$ mm, $d_2 = 235{,}49$ mm, $d_{a1} = 114{,}61$ mm, $d_{a2} = 245{,}49$ mm, $b_1 = b_2 = 50$ mm, $a = 170{,}05$ mm;
b) $F_{t1} = 610$ N ($T_1 \approx 31{,}83$ Nm, $K_A = 1$), $F_{a1} \approx 570$ N, $F_{r1} \approx 300$ N, $F_{t2} \approx 570$ N, $F_{a2} \approx 610$ N, $F_{r2} = 300$ N;
c) $\eta_Z \approx 0{,}84$.

23.5
a) $z_3 = 20$, $z_4 = 21$ ($i_{\text{ges}} \approx 3{,}79$, $u_1 = 3{,}61$, $u_2 = 1{,}05$), $\beta_1 = 48°$, $\beta_2 = 42°$ ($\varrho' \approx 5°$); $m_n = 2{,}5$ mm ($d_3' \approx 64$ mm mit $K_A \approx 1{,}1$, $P_1 \approx 0{,}36$ kW, $c = 6$ N/mm^2, $n_1 \mathrel{\widehat{=}} n_2 \approx 400$ min^{-1}), $d_3 = 74{,}72$ mm, $d_4 = 70{,}65$ mm, $d_{a3} = 79{,}72$ mm, $d_{a4} = 75{,}65$ mm, $b_3 = b_4 = 25$ mm, $a = 72{,}68$ mm;
b) $P_2 \approx 0{,}28$ kW ($\eta_{\text{ges}} \approx 0{,}76$, $\eta_{z2} \approx 0{,}84$).

23.6 $z_1 = 3$, $z_2 = 37$ (wegen gleichmäßigeren Verschleißes), $i_{\text{vorh}} = 12{,}23$; $m = 3{,}15$ mm ($d_{m1} \approx 25$ mm mit $\psi_a \approx 0{,}35$).
Schnecke: $d_{m1} \approx 23{,}45$ mm, $\gamma_m = 21{,}949°$, $d_{a1} = 29{,}75$ mm, $d_{f1} \approx 15{,}58$ mm, $b_1 = 40$ mm (rechnerisch $b_1 \approx 38{,}8$ mm);
Schneckenrad: $d_2 = 116{,}55$ mm, $\beta = 21{,}949°$, $d_{a2} = 122{,}85$ mm, $d_{f2} \approx 108{,}68$ mm, $b_2 = 20$ mm (rechnerisch $b_2 \approx 19{,}06$ mm), $d_{e2} = 126$ mm.

23.7 $a = 125$ mm (rechnerisch $a \approx 117$ mm mit $\sigma_{\mathrm{H\,lim}} \approx 400$ N/mm^2); $z_1 = 3$, $z_2 = 45$, $m = 4$ mm festgelegt ($d_{\mathrm{m1}} \approx 60$ mm, $d_2 \approx 190$ mm).
Schnecke: $d_{\mathrm{m1}} \approx 70$ mm, $d_{\mathrm{a1}} = 78$ mm, $d_{\mathrm{f1}} \approx 60$ mm, $b_1 = 82$ mm $h_1 = 9$ mm, $p_{\mathrm{z1}} = 37{,}7$ mm, $\gamma_{\mathrm{m}} = 9{,}728°$, rechtssteigend, 9. Qualität ($v \approx 4{,}5$ m/s).
Schneckenrad: $d_2 = 180$ mm, $d_{\mathrm{a2}} = 188$ mm, $d_{\mathrm{e2}} \approx 192$ mm, $d_{\mathrm{f2}} \approx 170$ mm, $h_2 = 9$ mm, $b_2 = 42$ mm, $\beta_{\mathrm{m}} = 9{,}728°$, $r_{\mathrm{k}} = 31$ mm, rechtssteigend, 9. Qualität.

23.8 $i' \approx 14$ ($M_{\mathrm{L}} \approx 460$ Nm, $M_{\mathrm{H}} \approx 46{,}5$ Nm, $\eta_{\mathrm{ges}} \approx 0{,}7$), $a = 125$ mm ($\sigma_{\mathrm{H,lim}} \approx 300$ N/mm^2 angenommen), $z_1 = 3$, $z_2 = 43$ (gleichmäßigerer Verschleiß), $i_{\mathrm{vorh}} = 14{,}33$, $m = 5$ mm.
Schnecke: $d_{\mathrm{m1}} \approx 35$ mm, $d_{\mathrm{a1}} = 45$ mm, $d_{\mathrm{f1}} \approx 22{,}5$ mm, $b_1 = 68$ mm $h_1 = 11{,}25$ mm, $\gamma_{\mathrm{m}} = 23{,}2°$.
Schneckenrad: $d_2 = 215$ mm, $d_{\mathrm{a2}} = 225$ mm, $d_{\mathrm{f2}} \approx 202{,}5$ mm, $b_2 = 30$ mm, $d_{\mathrm{e2}} = 230$ mm, $h_2 = h_1 = 11{,}25$ mm, $\beta = 23{,}2°$, $r_{\mathrm{k}} = 12{,}5$ mm.

23.9
a) $\eta_{\mathrm{Z}} \approx 0{,}76$ ($\gamma_{\mathrm{m}} = 23{,}2°$, $\varrho' \approx 6°$ für St/GJL), $\eta_{\mathrm{ges}} \approx 0{,}68$ ($\eta_{\mathrm{L1}} \approx \eta_{\mathrm{L2}} \approx 0{,}94$). Das Getriebe ist nicht selbsthemmend, da $\gamma_{\mathrm{m}} > \varrho'$ bzw. $\eta_{\mathrm{Z}} > 0{,}5$.
b) $\eta_{\mathrm{ges}} \approx 0{,}62$.
c) $F_{\mathrm{H}} \approx 360$ N.

23.10 *Zahnkräfte:* $F_{\mathrm{t2}} \approx 6500$ N ($T_2 \approx 820$ Nm, $\eta_{\mathrm{L}} \approx 0{,}97$, $n_2 \approx 23{,}33$ min^{-1}), $F_{\mathrm{a1}} = F_{\mathrm{t2}} \approx 6500$ N, $F_{\mathrm{t1}} \approx 510$ N ($\gamma_{\mathrm{m}} = 3{,}366°$, $\varrho' \approx 1{,}1°$ für $v_{\mathrm{g}} \approx 6{,}5$ m/s), $F_{\mathrm{r1}} \approx 2400$ N ($\alpha_{\mathrm{n}} = 20°$).
Lagerkräfte: $F_{\mathrm{A\,res}} \approx 2050$ N ($F_{\mathrm{At}} \approx 240$ N, $F_{\mathrm{Ar}} \approx 1120$ N, $F_{\mathrm{Aa}} \approx 920$ N, $F_{\mathrm{B\,res}} \approx 450$ N ($F_{\mathrm{Bt}} \approx 272$ N, $F_{\mathrm{Br}} \approx 1280$ N, $F_{\mathrm{Ba}} \approx 920$ N).

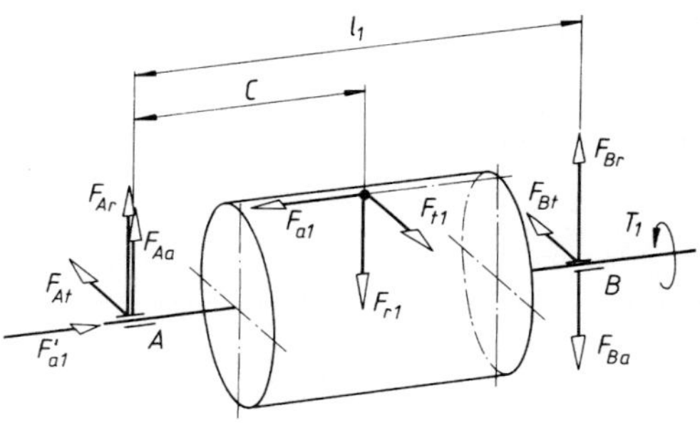

23.11 Die Leistung kann übertragen werden, da
a) $S_{\mathrm{H}} \approx 2{,}6$ ($\sigma_{\mathrm{H\,lim}} = 480$ N/mm^2, $Z_{\mathrm{h}} \approx 1{,}35$, $Z_{\mathrm{N}} \approx 0{,}85$, $Z_{\mathrm{p}} \approx 2{,}6$, $Z_{\mathrm{E}} \approx 147\sqrt{\mathrm{N/mm^2}}$, $T_2 \approx 600$ Nm, $a = 125{,}5$ mm, $K_{\mathrm{A}} = 1$);
b) $S_{\mathrm{F}} \approx 4{,}4$ ($U_{\mathrm{lim}} = 190$ N/mm^2, $F_{\mathrm{t2}} \approx 6700$ N mit $\eta_{\mathrm{L}} \approx 0{,}97$, $K_{\mathrm{A}} = 1$);
c) $S_{\vartheta} \approx 1{,}35$ ($q_1 \approx 7{,}3$, $q_2 \approx 0{,}36$, $q_3 \approx 1$, $q_4 \approx 0{,}8$, $P_1 \approx 1{,}8$ kW mit $\eta_{\mathrm{ges}} \approx 0{,}7$);
d) $S_{\mathrm{D}} \approx 1{,}9$ ($f_{\mathrm{D\,zul}} \approx 0{,}067$ mm, $f_{\mathrm{max}} \approx 0{,}035$ mm mit $F_1 \approx 2400$ N, $F_{\mathrm{t1}} \approx 560$ N, $F_{\mathrm{r1}} \approx 2330$ N, $\gamma_{\mathrm{m}} \approx 3{,}42°$, $\varrho' \approx 1{,}6°$ für $v_{\mathrm{g}} \approx 3{,}3$ m/s, $I \approx 39{,}7 \cdot 10^3$ mm^4 mit $d_{\mathrm{sh}} = 30$ mm).

23.12 $i \approx 45$ ($M_{\mathrm{L}} \approx 1332 \cdot 10^3$ Nmm, $M_{\mathrm{H}} \approx 60 \cdot 10^3$ Nmm, $\eta'_{\mathrm{ges}} = 0{,}5$), $z_1 = 1$, $z_2 = 45$; Werkstoffe: *Schnecke* aus E335, vergütet und ungeschliffen, *Rad* aus GJL-250; $m = 6{,}3$ mm, $d_{\mathrm{m1}} = 60$ mm, $d_2 = 283{,}5$ mm, $a = 171{,}75$ mm, $d_{\mathrm{a1}} = 72{,}6$ mm, $d_{\mathrm{a2}} = 296{,}1$ mm, $d_{\mathrm{e2}} \approx 302{,}4$ mm, $d_{\mathrm{f1}} \approx 44{,}25$ mm, $d_{\mathrm{f2}} \approx 267{,}75$ mm, $b_1 = 86$ mm, $b_2 = 44$ mm, Getriebe ist selbsthemmend, da $\eta_{\mathrm{Z}} = 0{,}49 < 0{,}5$ ($\varrho \approx 6°$). $F'_{\mathrm{H}} \approx 175$ N ($\eta_{\mathrm{ges}} \approx \eta_{\mathrm{Z1}} \cdot \eta_{\mathrm{L1}} \cdot \eta_{\mathrm{L2}} \cdot \eta_{\mathrm{Z2}} \approx 0{,}42$ mit $\eta_{\mathrm{Z1}} = 0{,}49$, $\eta_{\mathrm{L1}} = \eta_{\mathrm{L2}} \approx 0{,}97$, $\eta_{\mathrm{Z2}} \approx 0{,}98$).

23.13 $S_{\mathrm{H}} \approx 1{,}9 > S_{\mathrm{H\,min}}$ ($\sigma_{\mathrm{H\,lim}} \approx 0{,}72 \cdot 400$ N/mm$^2 \approx 290$ N/mm^2, $Z_{\mathrm{h}} \approx 1$ für $L_{\mathrm{h}} \approx 1000$ h, $Z_{\mathrm{N}} \approx 1$ für $n_2 = 1$ min^{-1}, $Z_{\mathrm{E}} \approx 152 \cdot \sqrt{\mathrm{N/mm^2}}$, $Z_{\mathrm{P}} \approx 2{,}9$ für $d_{\mathrm{m1}}/a \approx 0{,}35$, $T_2 \mathrel{\widehat{=}} M_{\mathrm{L}} \approx 1332$ Nm, $K_{\mathrm{A}} \approx 1{,}2$, $a = 171{,}75$ mm), $S_{\mathrm{F}} \approx 3{,}7 > S_{\mathrm{F\,min}}$ ($U_{\mathrm{lim}} \approx 150$ N/mm^2, $F_{\mathrm{t2}} \approx 9400$ N, $K_{\mathrm{A}} \approx 1{,}2$).

23.14 $i = 29{,}5$, $z_1 = 2$, $z_2 = 59$, Werkstoffe: *Schnecke* aus C15 (gehärtet und geschliffen), *Schneckenrad* aus GZ-CuSn12, $a = 125$ mm ($a' \approx 116$ mm mit $T_2 \approx 850$ Nm, $\sigma_{H\,lim} = 480$ N/mm^2, $\eta'_g \approx 0{,}8$ angenommen), $m = 3{,}15$ mm, $d_2 = 185{,}85$ mm, $d_{m1} = 64{,}15$ mm, $d_{a1} = 70{,}45$ mm, $d_{a2} = 192{,}15$ mm, $d_{f1} \approx 56$ mm, $d_{f2} \approx 178$ mm, $d_{e2} \approx 195$ mm, $h_1 = h_2 = 7{,}09$ mm, $\gamma_m = \beta = 5{,}609°$, $b_1 = 50$ mm, $b_2 = 38$ mm, $\eta_Z \approx 0{,}82$ ($\varrho' \approx 1{,}25°$ für $v_g \approx 5$ m/s), $\eta_g \approx 0{,}77$ ($\eta_{L1} = \eta_{L2} \approx 0{,}97$), $P_2 \approx 4{,}2$ kW.

23.15 a) $S_H \approx 1{,}5 > S_{H\,min}$ ($\sigma_{H\,lim} \approx 480$ N/mm^2, $Z_h \approx 1$, $Z_N \approx 0{,}78$, $Z_E \approx 147 \cdot \sqrt{\text{N/mm}^2}$, $Z_P \approx 2{,}6$ für $d_{m1}/a \approx 0{,}51$, $K_A \approx 1$); $S_F \approx 2{,}6 > S_{F\,min}$ ($U_{lim} \approx 190$ N/mm^2, $F_{t2} \approx 8700$ N, $K_A \approx 1$); $S'_\vartheta \approx 1{,}03 \approx S_{\vartheta\,min} = 1$ ($q_1 \approx 9{,}5$, $q_2 \approx 0{,}52$, $q_3 \approx 1$, $q_4 \approx 1$); $S_D \approx 2 > S_{D\,min} = 1$ ($f_{D\,zul} \approx 0{,}064$ mm, $f_{max} \approx 0{,}028$ mm, $F_1 \approx 3600$ N, $F_{t1} \approx 1120$ N, $F_{r1} \approx 3420$ N, $\varrho' \approx 1{,}25$, $I = 73{,}6 \cdot 10^3$ mm^4).

b) $\nu_{40} \approx 330$ mm^2/s ($k_s/\nu = T_2/(a^3 \cdot n_1) \approx 280$ N $\cdot$ min/m^2).

23